凝煉知識品味閱讀

LED構裝技術

Packaging Technology for Light-Emitting Diode

蘇永道 吉愛華 趙超 編著 顏怡文 校訂

五南圖書出版公司 印行

内容提要

隨著發光二極體（LED）製造技術的進步，新材料的開發，各種顏色的超高亮度LED取得突破性發展，LED成爲第四代光源已指日可待。本書介紹LED的基礎知識，詳細敘述了LED的原材料、構裝製程、構裝形式與技術、構裝的配光基礎、性能指標與測試，以及LED構裝防靜電的知識和行業標準等，本書可作爲大學相關專業的教材，也可作爲LED生產企業技術人員、管理人員的參考資料。

校訂者 序

發光二極體（LED）具有低能耗的特性，被認爲是次世代的照明新星。而台灣LED的總產能爲世界第一，產值則僅次於日本，爲世界第二。台灣在LED的關鍵技術上雖保有領先優勢，但在面對中國與南韓等新興對手的競爭下，也面臨了存亡關鍵。因此，爲確保台灣在LED產業上持續保有領先的優勢，首要之道即爲積極培養LED專業人才。LED屬於成熟產業，在台灣紮根已久；然綜觀台灣出版業，目前卻沒有一本專門以LED技術爲主的專業書籍。後學此次應五南圖書出版社之邀，將中國濟南大學所出版之『LED封裝技術』一書，校正爲台灣之繁體版。除了將書籍名稱修改爲『LED構裝技術』，以更貼切LED之實際生產與組裝技術外，文中專業名詞亦參考國家教育研究院所出版之學術名詞與台灣產業所慣用術語加以修正，以期盼能讓台灣讀者能更瞭解書中所欲傳達之技術與相關知識。唯後學才疏學淺，部分名詞或術語恐無法精準傳達原作者之含意，還望各界先進專家不吝賜教，以讓本書更達臻善。也期盼本書的出版能培育更多LED專業人才，讓台灣在世界LED產業中能繼續掌握關鍵技術及確保領先之地位。

顏怡文

2011年夏於台北

前　言

自從愛迪生發明了燈泡之後，人類就進入了用電進行照明的新時代。而在白熾燈發明近100年後，人類又迎來了照明史上的又一次革命，而引領這次革命的正是LED的發明。LED具有高效低耗、綠色環保、響應快、壽命長等優點，其對照明產業帶來的衝擊勝過當年白熾燈的發明。

第一個LED由通用電氣公司的研究人員，於1962年所發明，是一種能夠產生低亮度紅光的低功耗元件，但在當時價格較高。1968年，LED價格瓶頸被打破，美國孟山都公司和惠普公司開始使用性價比高的砷化鎵磷化物大批量生產紅色LED。這種紅色LED最初大量用於替代白熾燈和氖管指示燈，隨後很快又用於數位顯示器。現在的LED產品系列可以提供寬泛的顏色選擇空間，單個元件還可以具有多種顏色、亮度和功耗等級，並且可以提供各種獨特的構裝類型。除了常見的可見光LED之外，還有許許多多、各種各樣的LED元件能夠發出紅外線、紫外線的一系列不可見光。

LED元件類型的快速發展通常都會導致革命性的應用。可見光LED不再只是用作指示燈，也用於代替幾乎所有照明和標識性應用中的白熾燈和螢光燈。近年來由於LED材料科技的突飛猛進，使得LED亮度不斷升高、多彩化及價格降低，故其應用領域也愈來愈廣。

除了單個元件外，其他通用LED還包括數位顯示器、雙色和三色LED、紅綠藍LED和閃光LED。這些LED產品的一個顯著優點是壽命長，一般可以達到5萬小時以上。大功率LED的亮度可以達到105 lm/W以上，LED通過精心的系統設計，可以提供與3000 K、75 W等級，相當於BR-30燈泡的光線輸出，功耗比白熾燈低78%。2009年12月Cree公司的LED就達到了186 lm/W，2010年1月Cree公司又突破了208 lm/W。目前，在晶片製作和構裝技術上科學工作者們正在朝著白光電光當量的360 lm/W邁進。

在光譜的另外兩端，人們研製出了一系列紅外和紫外光LED。紅外LED具有850 nm、880 nm和940 nm等多種波長，採用工業標準基座和多種發光角度，可以在完全黑暗的環境中實現圖像捕捉，這種LED燈可以防止環境光線和電磁干擾。紫外LED具有385 nm、405 nm和415 nm等多種波長，與其他類似元件相比，這種LED壽命長10倍，並且提供更嚴格的光束角度、更高的耐用性和更低的成本。紫外LED應用包括醫療衛生殺菌、洩漏和生物危害檢測控制、贗品檢測和體液流動分析辨析以及螢光墨水等。

進入21世紀後，LED的高效率化、超高亮度化、全色化不斷發展創新。LED晶片和構裝不再沿襲傳統的設計理念與製造生產模式，在增加晶片的光輸出方面，研發不再侷限於改變材料內雜質數量、晶格缺陷和差排來提高內部效率，改善管芯及構裝內部結構，增強LED內部產生光子射出機率，提高發光效率、解決散熱、取光和散熱器最佳化設計、改進光學性能，加速表面黏著（SMD）製程，已是業界研發的主流，也是熱門的構裝研究方向。近年來業界已順利地解決了SMD構裝的亮度、視角、平整度、可靠性、一致性等問題，採用更輕的PCB板和反射層材料，去除較重的碳鋼材料引腳，通過縮小尺寸、降低重量使產品更趨完善。SMD構裝更加適合户內、户外全彩螢幕應用。

LED產業在中國快速流行，僅2009年上半年，中國各地紛紛投入LED專案總投資預算已超過200億元。2010年，中國政府將LED產業列爲中國十大重點發展產業之一，由此導致中國LED產業化進程發展到一個新的轉捩點：工業園區遍地開花；民間資本蜂擁而入，LED企業逆勢上市；技術研究成果層出不窮；企業投入和營收環比成倍增長。隨著中國國內外LED晶片企業在產業核心區域的強勢佈局，構裝企業在背光應用的帶動下，在規模和技術上將有重大突破。同時，LED應用企業深入照明細分領域，室外室內照明齊頭並進。傳統照明向第四代光源LED照明的轉移，加快了整個照明邁向高效節能、綠色環保的步伐。

雖然LED產業在中國欣欣向榮，大有一朝春來騰長空之勢，但不可否認的是，相比於國外已開發國家，中國的LED產業還處在初期發展階段，市場LED產業化過程會有專業化、良率、技術、人才、專利、投資、管道、標準、成本、政策諸多問題。儘管這些問題通過企業自身的努力大部分會逐步得到解決，但還需要政府部門、民間組織、企業、研究單位、專家學者以及熱愛LED的朋友結成夥伴關係密切合作，尤其希望學校能夠儘快開設LED技術專業課程，爲國家培養出一批一流的LED構裝技術人才。人才是振興LED民族產業之本。

在LED技術人才的培養中，LED構裝技術應是重中之重。LED構裝的功能主要是：機械保護，以提高可靠性；加強散熱，以降低晶片接面溫度，提高LED性能；光學控制，提高發光效率，光束最佳化分布等。LED構裝方法、材料、結構和技術的選擇主要由晶片結構、光電／機械特性、具體應用和成本等因素決定。經過40多年的發展，LED構裝先後經歷了支架式（lamp-LED）、表面黏著式（SMD-LED）、功率型LED（power-LED）等發展階段，隨著晶片功率的增大，特別是固態照明技術發展的需求，對LED構裝的光學、熱學、電學和機械結構等提出了更新、更高的要求。在各種構裝技術中，高功率LED構裝由於結構和技術複雜，並直接影響到LED的使用性能和壽命，一直是近年來的研究焦點。爲了有效地降低構裝熱阻，提高發光效率，必須採用全新的技術思路來進行構裝設計。

LED產業的發展離不開專業人才的培養，而人才培養的一個首要環節是，編寫出具有國際先進水準的高品質教材。本書正是順應LED構裝技術人才培養的急需而編寫的。本書側重構裝技術，並在內容上進行了精心佈局，分別涉及低功率LED構裝、高功率LED構裝、白光LED構裝、表面黏著LED構裝、多片LED積體構裝，以及近兩年出現的新技術構裝和先進的印刷技術的構裝制程、細部流程及所需構裝材料。書中LED技術詳實具體，通俗易懂，除作LED構裝技術的專用教材之外，還可作爲LED構裝員工的培訓教材，同時也是LED研發工程師的必備參考書。

本書由濟南大學蘇永道教授執筆編著，吉愛華高級工程師最後定稿。吉愛華高級工程師爲中國幾十家LED企業籌建生產線，目睹了中國近三十年的照明產業發展歷程，參觀了上千家LED企業，並與多家企業的研發、技術、生產負責人進行過探討。他把多年來建設LED構裝生產線的實踐經驗以及中國國內外新技術集中起來，爲本書的形成提供了寶貴的第一手資料。山東宇科同茂新能源技術有限公司的趙超高級工程師參與了部分章節的編寫，張鵬工程師爲本書提供了部分實驗資料。濟南大學李學磊同學繪製了部分插圖，用C++語言編寫了類比LED光學特性的MFC程式。本書在編寫過程中還得到了有關各方的大力支持，山東魏仕照明科技有限公司魏波董事長、張在忠總經理無償地贈送給濟南大學理學院一條LED手動構裝生產線；濟南大學理學院宋朋博士爲編著此書提供了各種測試設備；山東科技大學理學院姜琳教授受託校對了全部書稿，並提出了許多寶貴修改意見，在此一併表示衷心的感謝。

因作者水準有限，加之編著時間倉促，疏漏乃至錯誤在所難免，望讀者不吝指教。

作者

於濟南大學

目 錄

第 5 章 | 高功率和白光LED構裝技術 187

第 1 章

LED的基礎知識

1.1 LED的特點

1.2 LED的發光原理

1.3 LED系列產品介紹

1.4 LED的發展史和前景分析

1.1 LED的特點

利用半導體pn接面作爲發光源的二極體（LED）問世於20世紀60年代初，1964年首先出現紅色LED，之後出現黃色LED。直到1994年藍色、綠色LED才研製成功。1996年由日本Nichia公司（日亞）成功開發出白色LED。

LED以其固有的特點，如省電、壽命長、耐震動，響應速度快、冷光源等特點，廣泛應用於指示燈、信號燈、顯示幕、景觀照明等領域，在我們的日常生活中處處可見，例如家用電器、電話、儀表照明、汽車防霧燈、交通信號燈等。但由於其亮度差、價格昂貴等條件的限制，無法作爲通用光源推廣應用。

近幾年來，隨著人們對半導體發光材料研究的不斷深入，LED製造技術的不斷進步和新材料（氮化物晶體和螢光粉）的開發和應用，各種顏色的超高亮度LED取得了突破性進展，其發光效率提高了近1000倍，色度方面已實現了可見光波段的所有顏色，其中最重要的是超高亮度白光LED的出現，使LED應用領域跨越至高效率照明光源市場成爲可能。曾經有人斷言，高亮度LED將是人類繼愛迪生發明白熾燈泡後最偉大的發明之一，LED將成爲第四代照明光源。

LED的基本特徵是：

1. 發光效率高

LED經過幾十年的技術改良，其發光效率有了較大的提升。白熾燈、鹵鎢燈光效爲12～24 lm/W，螢光燈爲50～70 lm/W，鈉燈爲90～140 lm/W，大部分的耗電變成熱量損耗。LED光效經改良後將達到50～200 lm/W，而且其光的單色性好、光譜窄，無需過濾可直接發出有色可見光。目前，世界各國正加緊提高LED光效方面的研究，在不久的將來其發光效率將有更大的提高。

2. 耗電量少

低功率LED單管功率爲0.03～0.06 W，採用直流驅動，單管驅動電壓1.5～3.5 V，電流15～20 mA，反應速度快，可在高頻操作。同樣照明效果的前提下，耗電量是白熾燈泡的八分之一，螢光燈管的二分之一。日本估計，如採用光效比螢光燈還要高兩倍的LED替代日本一半的白熾燈和螢光燈，相當於每年可節約60億升原油。就橋樑護欄燈爲例，同樣效果的一支日光燈40多瓦，而採用LED每支的功率只有8 W，而且可以變換七彩顏色。

3. 使用壽命長

採用電子光場輻射發光，燈絲具有發光易燒、散熱器積、光衰減等缺點。而LED燈體積小、重量輕，環氧樹脂封裝，可承受高強度機械衝擊和震動，不易破碎。LED燈具使用壽命可達5～10年，可以大大降低燈具的維護費用，避免經常換燈之苦。

4. 安全可靠性強

發熱量低，無熱輻射，冷光源，可以精確控制光型及發光角度，光色柔和，無眩光；不含汞、鈉元素等可能危害健康的物質。內置微處理系統可以控制發光強度，調整發光方式，實現光與藝術結合。

5. 有利於環保

LED爲全固體發光體，耐震、耐衝擊、不易破碎；廢棄物可回收，沒有污染；光源體積小，可以隨意組合，易開發成輕便、薄短的小型照明產品，也便於安裝和維護。

節能是考慮使用LED光源的最主要原因。目前雖然LED光源要比傳統光源昂貴，但只需使用一年時間，從節能成本上就能收回光源的投資，進而獲得4～9年中每年幾倍的節能淨收益期。且隨著LED生產技術水準的改進和大規模生產，價格將會很快達到人們能接受的程度。

1.2　LED的發光原理

1.2.1　LED簡述

LED（Light Emitting Diode）是發光二極體的英文簡寫，是自發輻射的發光元件，可以發射紫外光、可見光及紅外光。其發光原理是電激發光，在p型和n型半導體的體接觸面，即在pn接面上加正向（順向）電流後，自由價電子與電洞結合而將電能轉變爲可見輻射能，如圖1.1所示。

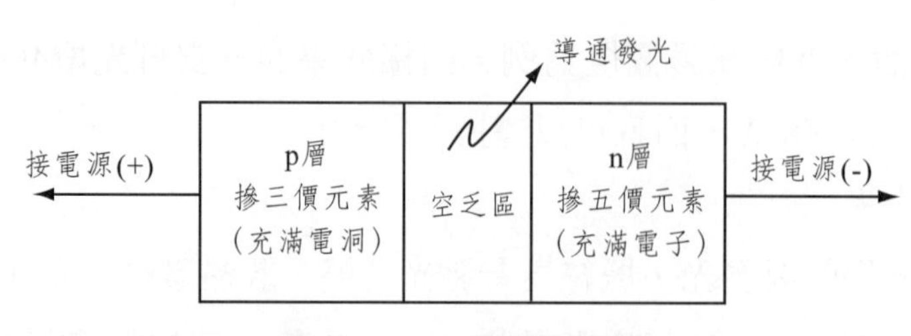

圖1.1　LED結構示意圖

LED常被用於電子儀器的指示燈，室內或室外顯示幕及可見光照明光源，而紅外線LED常用於光傳感、夜視照明、紅外線傳輸和光纖通信等。

1.2.2　LED的基本特性

LED的基本特性如表1.1所示。

表1.1　LED的特性表

序號	特性	說明
1	構造堅固，不易破損	經環氧樹脂封裝，經高溫烘烤，硬度極高
2	信賴度好，使用壽命長	電子與電洞結合發光，不易發熱，故壽命長
3	操作電流及電壓低，消耗功率小，省電	由電轉換成光之效率高，故耗電量極低
4	反應速度快，傳導性好，容易配合高頻驅動	放電性發光，點亮、關燈速度快
5	體積小	可根據客户不同需求採用不同模條構裝，甚至可成形極小表面型、薄型及輕量化之產品
6	可回收，產品符合環保要求	產品不易碎，故對環境不會造成影響
7	可選擇多種不同的顏色及外觀	可配合多種不同色劑並按不同比例調配顏色

1.2.3　LED的發光原理

1.2.3.1　認識發光二極體（LED）

1. LED在電子線路中的符號

發光二極體在電子線路中的電路符號如圖1.2所示。用於發光的二極體，在直流供電時，都是正向接到線路中，即p極接電源

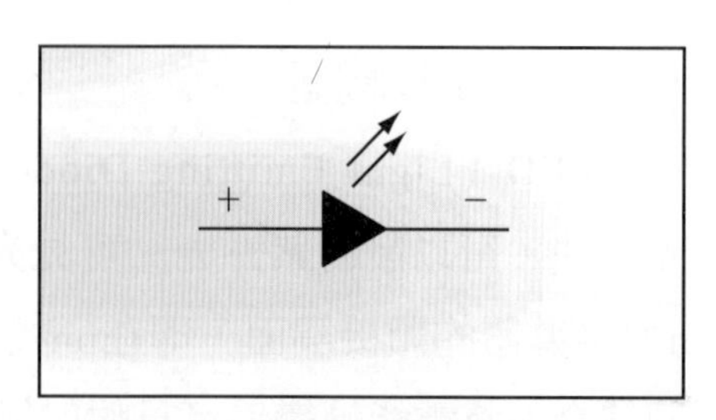

圖1.2　LED的電路符號圖

正極，n極接電源負極。而在交流供電時，因LED反向擊穿電壓低，需要接阻值較大的限流電阻或串接一支矽二極體。

2. 半導體pn接面和發光原理

發光二極體是由Ⅲ-Ⅴ族合化合物，如GaAs（砷化鎵）、GaP（磷化鎵）、GaAsP（磷砷化鎵）、GaN（氮化鎵）等半導體製成的，其核心是pn接面。因此，它具有一般pn接面的V-I（伏特-安培）特性，即正向導通、反向截止和擊穿特性。

當給發光二極體加上正向電壓後（p極加正電壓，n極加負電壓），普通矽二極體正向電壓大於0.6 V時，鍺二極體正向工作電壓大於0.3 V時，而發光二極體正向工作電壓V_F大於1.5～3.8 V（V_F由半導體材料決定。大部分紅光和黃光的發光二極體的工作電壓是2 V左右，其他顏色的發光二極體工作電壓都是3 V左右），則從發光二極體p區注入n區的電洞和由n區注入p區的電子，在pn接面附近數微米區域內分別與n區的電子和p區的電洞結合，產生自發輻射的螢光，如圖1.3所示（圖中E_g為能隙寬度）。不同的半導體材料中電子和電洞所處的能量狀態不同。當電子和電洞結合時釋放出的光子能量大小不同，釋放的光子能量越大，則發出的光波長越短。常用的是發紅光、綠光、藍光和黃光的二極體。若在二極體兩端加反向電壓（p極負電壓，n極加正電壓），其電流很小，幾乎為零，稱為反向漏電流。但所加反向電壓超過耐壓值時，便有很大的反向電流，此電壓稱為二極體的反向擊穿電壓，在無限流措施時便會損壞二極體。一般發光管的反向擊穿電壓在5 V左右，依各廠家及各種晶片的製程不同其反向擊穿電壓值也不同，紅、黃、黃綠等四元晶片反向電壓可做到20～40 V，藍、純綠、紫色等晶片反向電壓只能做到5 V左右。

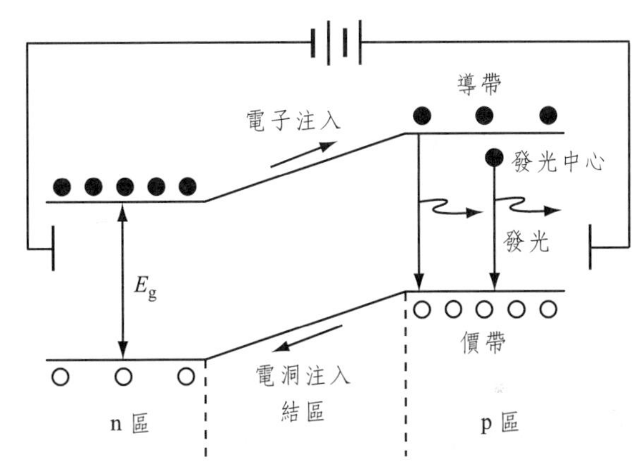

圖1.3　半導體能帶和複合發光

3. 無機半導體材料發光二極體及發光顏色

下面是部分無機半導體材料及其對應的發光顏色：

鋁砷化鎵（AlGaAs）——紅色及紅外線；

鋁磷化鎵（AlGaP)——綠色；

磷化銦鎵鋁（AlGaInP）——高亮度的橘紅色、橙色、黃色、黃綠色；

磷砷化鎵（GaAsP）——紅色、橘紅色、黃色；

磷化鎵（GaP）——紅色、黃色、綠色；

氮化鎵（GaN）——綠色、翠綠色、藍色；

銦氮化鎵（InGaN）——近紫外線、藍綠色、藍色；

碳化矽（SiC）（用作襯底）——藍色；

矽（Si）（用作襯底）——藍色（開發中）；

藍寶石（Al_2O_3）（用作襯底）——藍色；

硒化鋅（ZnSe）——藍色；

鑽石（C）（用作襯底）——紫外線；

氮化鋁（AlN），鋁氮化鎵（AlGaN）——波長爲遠、近紫外線。

4. 二極體的結構

圖1.4(a)、(b)分別爲單電極和雙電極LED的基本構造。以圖1.4(a)單電極爲例，結晶基板依次生長n型及p型層（當結晶基板爲p型時，則依次生長p型及n型層），晶體的上下方並鍍上一層金屬層，銲接引線，分別加入負電壓及正電壓於n型、p型結晶基板，形成pn接面後，導入電子和電洞於半導體中而形成正向電流，進而在pn接面區域發光。

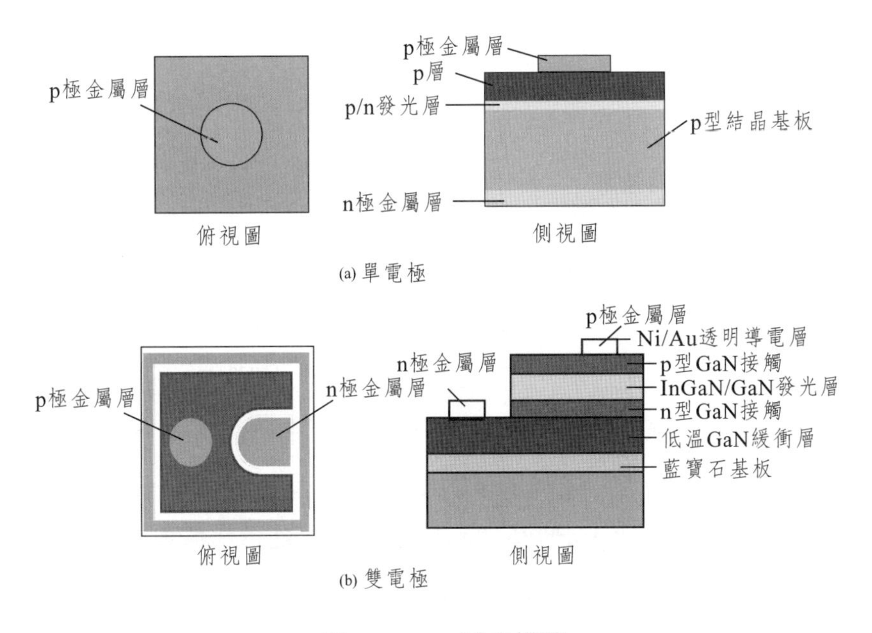

圖1.4　LED基本構造

1.2.3.2　半導體材料的能帶和LED的發光條件

1.半導體的能帶

在結晶基板上連續生長半導體n型及p型層後，即形成pn接面，當p型及n型層接合時，即形成不加電壓和加正向電壓的能帶圖及費米能階，如圖1.5所示。

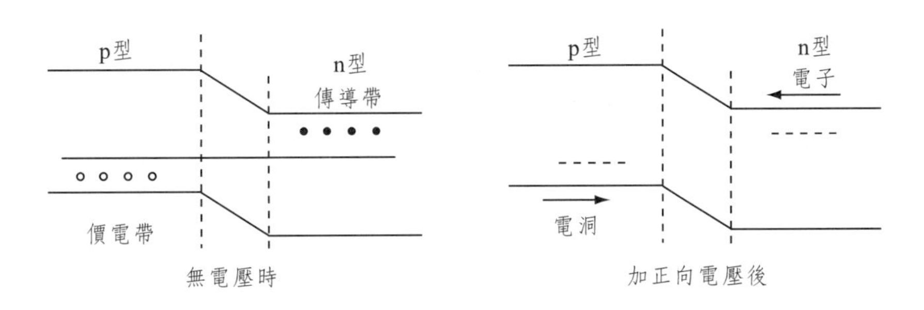

圖1.5　二極體的能帶圖和費米能階圖

圖1.5中，豎直方向表示能量，對電子而言，愈往上表示能量愈高，對電洞而言，愈往下表示能量愈高。因此，電子要從n型領域進入p型領域（或電洞要

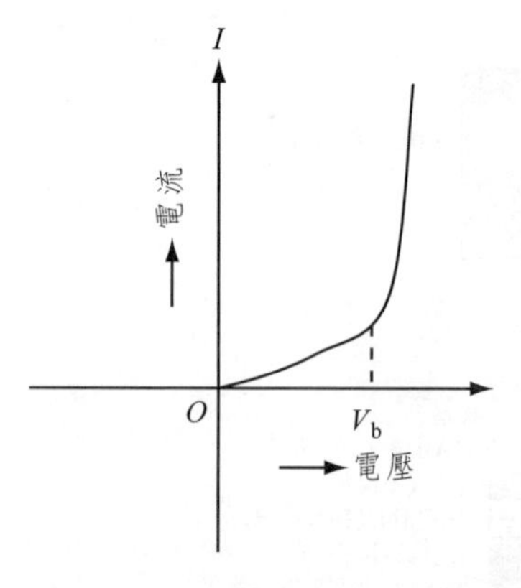

圖1.6　二極體的起始電壓V_b

從p型領域進入n型領域時），必須先越過障礙。而與此障礙之「高度」相當的，就是二極體的起始電壓V_b（built in voltage）——正向偏壓，如圖1.6所示。

當正負電壓分別加入pn接面之p型層及n型層時，電壓超過V_b，電流隨即急速增加，這表示電子、電洞已越過障礙，分別向p區及n區移動，這種現象又稱為「少數載流子注入」。亦即，p區由於電洞是多數載流子，因此，當電子進入時，稱為少數載流子注入。同樣的，注入n型領域的是電洞，也稱為少數載流子注入。

不是所有的半導體材料都能發光，半導體材料分為直接帶隙材料和間接帶隙材料，只有直接帶隙材料才能發光。

直接帶隙材料：電子可在導帶垂直躍遷到價帶，它在導帶和價帶中具有相同的動量，發光效率高。

間接帶隙材料：電子不能在導帶垂直躍遷到價帶，它在導帶和價帶中的動量不相等，因此必須有另一粒子參與後使動量相等，這個粒子的能量為E_p，動量為K_p。這種間接帶隙材料很難發光，因此發光效率很低，如半導體材料矽（Si）和鍺（Ge）。

圖1.7是半導體直接帶隙材料，它說明了半導體電阻率的產生方式，並附有各項專有名稱。其中，位於導帶的載流子稱為電子，位於價帶的載流子稱為電洞，導帶與價帶之間的部分稱為能帶隙或能隙（E_g）。摻雜半導體的電阻率與摻雜濃度及溫度有關，說明電子及電洞是雜質濃度和溫度函數。電子和電洞是有關電性傳導的兩個重要載流子，電子具有負電荷（negative）、電洞具有正電荷（positive）。

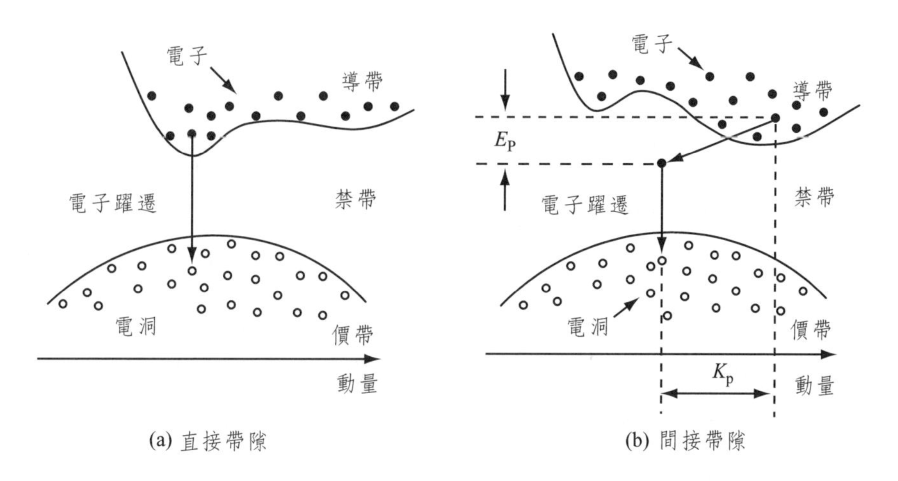

圖1.7　半導體直接和間接帶隙材料圖

圖1.8是半導體中的電子及電洞在加入電壓後所產生的電流流動方向及電子、電洞行走方向之模型圖。由圖可知，電流流動方向即爲電洞流動方向，而電子則朝相反的方向行走。事實上，電子和電洞是同時存在於半導體中，其密度會因溫度上升而急劇增加，只要不改變溫度，密度大致保持一定。電子愈多，電洞就越少；而電洞越多，電子就會越少。因此，電子數多的半導體便稱n（negative）型半導體，電洞數多者爲p（positive）型半導體。而n型半導體的電子數越多（或p型半導體的電洞越多），電阻就會越低。

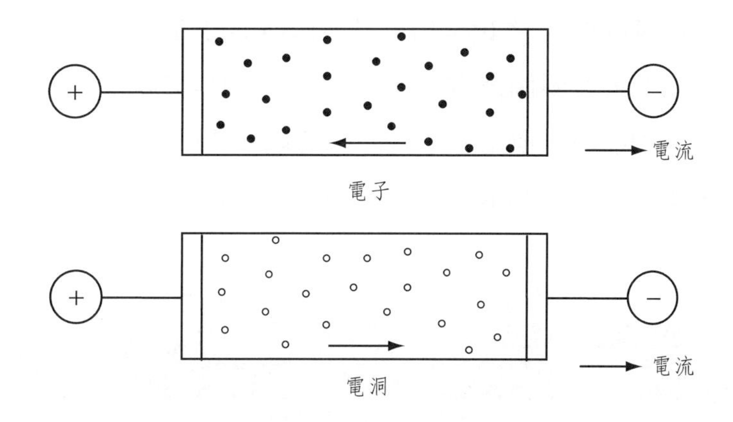

圖1.8　電洞和電子導電示意圖

2. 製造LED的發光條件

(1)化合物半導體晶體的能隙要能夠用來獲得所希望的發光波長。

(2)發光材料能容易製成pn二極體，各個結層的晶格常數a要匹配。做成所謂DH層（Double Hetero Layer），但兩側晶格常數a必須一致。

(3)以能隙較大的材料夾著活性層發光區域的兩側，活性層的帶隙比覆面層的帶隙小，活性層的折射率比覆面層的折射率大，所發光很容易由內部射出。

(4)能有穩定的物理及化學結構。結晶的離子性高，能隙E_g也較大，熔點也較高，所成的化合物半導體晶體材料能在較高溫度環境下工作，如GaP、AlP、GaN等化合物的半導體。

(5)有直接遷移帶或間接遷移帶的晶體。發光區域多爲直接遷移帶隙材料，其有較高的發光效率。電子（電洞）的移動度也比間接遷移帶隙材料要高。

能滿足上述LED條件的材料有Ⅲ-Ⅴ族元素，如鎵和砷的GaAs化合物，鎵和磷的GaP化合物，鎵、砷和磷的鎵砷磷化合物GaAsP，鋁鎵砷ALGaP的化合物，鎵和氮的GaN化合物。

部分半導體和摻雜材料在化學元素週期表上的位置如表1.2所示。

一般在週期表中位於同一週期的元素，其價電子數由左至右逐一增加，例如以第Ⅳ族的鍺爲中心，其左邊的鎵少一個價電子，而右邊的砷多一個價電子。因此，Ⅲ-Ⅴ族的結合（即GaAs）在化學上和第Ⅳ族的Ge和Si一樣具有同樣的性質。這種化合物稱爲Ⅲ-Ⅴ族化合物，是製作LED最重要的晶體。又比如Ⅱ-Ⅵ族元素（比鍺少兩個或多兩個價電子）的結合，和Ⅲ-Ⅴ族化合物一樣，也有可能成爲LED所使用的晶體，但由於某些原因造成Ⅱ-Ⅵ族化合物尚無法成爲製作LED的材料。此外，碳化矽（SiC）的Ⅳ-Ⅳ族化合物也可作爲LED的材料。

表1.2　部分半導體和摻雜材料在化學元素週期表上的位置

週期	族				
	II	III	IV	V	VI
2		B	C(6)	N(7)	
3		Al(13)	Si(14)	P(15)	S
4	Zn	Ga(31)	Ge	As(33)	Se
5	Cd	In(49)	Sn	Sb	Te

1.3 LED系列產品介紹

1.3.1 LED產業分工

1.3.1.1 流程圖示

LED生產流程如圖1.9所示。

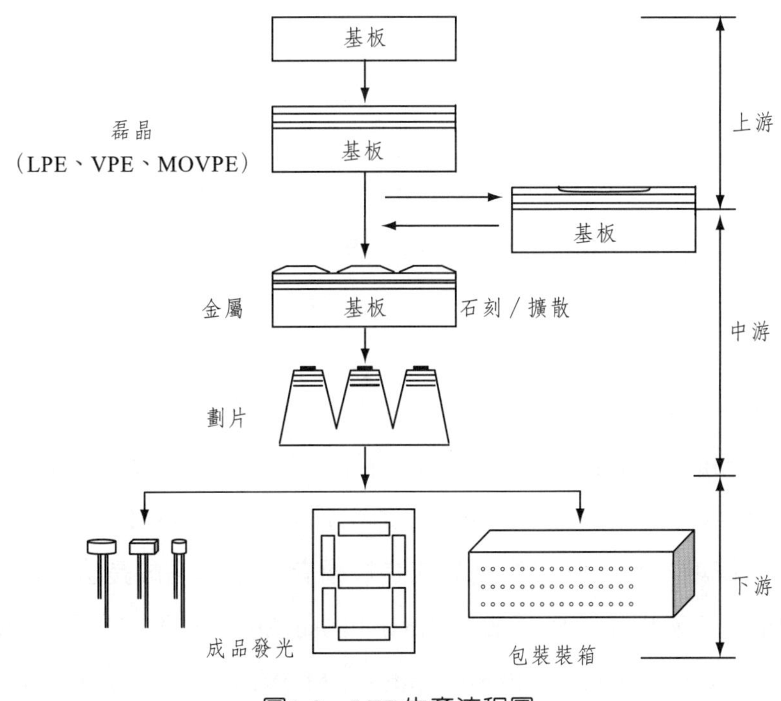

圖1.9　LED生產流程圖

LPE—液相磊晶成長法；VPE—氣相磊晶成長法；MOVPE—有機金屬氣相磊晶法

1.3.1.2 生產流程圖的說明

對圖1.9上游、中游和下游各生產環節的說明如圖1.10所示。

上游

晶圓：單晶棒（GaAs、GaP）→單晶片→結構設計→疊晶片
成品：（單晶片、疊晶片）

中游

制程：金屬蒸鍍→光罩石刻→熱處理（p、n電極製作）→切割→崩裂成品（晶粒）

下游

封裝：點膠固晶→焊線→灌膠→切腳測試→分光→包裝
LED應用：燈泡（lamp）、數字／字符、表面黏貼、點矩陣型、集束型、模塊

圖1.10　上游、中游和下游各生產環節說明圖

1. 上游

LED上游產品爲單晶片及疊晶片：單晶片爲製造LED的基板，多採用GaAs（砷化鎵）、GaP（磷化鎵）材料；疊晶片則是依不同產品在單晶片上成長多層不同厚度的單晶薄膜，如AlGaAs（砷化鋁鎵）、AlGaInP（磷化鋁鎵銦）GaInN（氮化鎵銦）等。常用的磊晶成長技術有液相磊晶成長法（Liquid Phase Epitaxy, LPE）、氣相磊晶成長法（Vapor Phase Epitaxy, VPE）及有機金屬氣相磊晶法（Metal Organic Vapor Phase Epitaxy, MOVPE，又稱MOCVD）等，其中VPE、LPE等技術已相當成熟，皆可生產一般亮度的LED，而MOVPE除可生產高亮度紅、黃、橙、綠藍光LED外，還可生產微波通信用的GaAs元件、紅外線LED（IrDA）、雷射二極體（LD）等產品，應用層面相當廣泛，成爲廠商競相投入的生產方法。

2. 中游

中游廠商依元件結構的需求製作電極（電極的大小及形狀會影響LED的發光效率及亮度）及切割成晶粒。

3. 下游

下游廠商針對客戶需求對LED尺寸、功率、配光特性、發光顏色等指標進行構裝。對LED在各方面的應用進行開發。

1.3.2　LED構裝分類

LED依發光波長分爲可見光（波長380～780 nm，nm爲十億分之一米）與不可見光（紅外線和紫外線）LED（波長850～1550 nm和波長小於390 nm）兩類，分類及用途如表1.3所示。可見光LED以發光強度1坎德拉（Candela，簡寫爲cd，40 W燈泡的發光強度約爲40 cd）作爲一般發光強度LED和高發光強度（發光強度人們習慣稱亮度，實際亮度是另一光度學量）LED之分界點。一般發光強度LED適用於數字鐘、銀行匯率看板等室內顯示用途及用於消費性電子產品中的指示燈和數位顯示。高發光強度LED適用於汽車第三煞車燈、交通號誌、戶外資訊看板等戶外顯示用途及背光面板、SMD產品等。不可見光（紅外線）LED應用於資訊及通信產品，如遙控器、紅外線無線通信的信號發射與接收（IrDa模組）、自動門及自動沖水裝置的感測等。

表1.3　LED的分類及用途

LED分類		用途	應用產品
可見光（波長380～780 nm）	一般LED	戶內顯示	家電、資訊等產品指示光源
	高亮度LED	戶外顯示	大型看板、交通號誌、背光源
不可見光（波長850～1500 nm）	短波長紅外光	紅外線無線通信	IrDa模組、遙控器
	長波長紅外光	中、短距離光纖通信	光通信用光源

LED晶粒經下游廠商構裝後，部分產品如圖1.11所示。

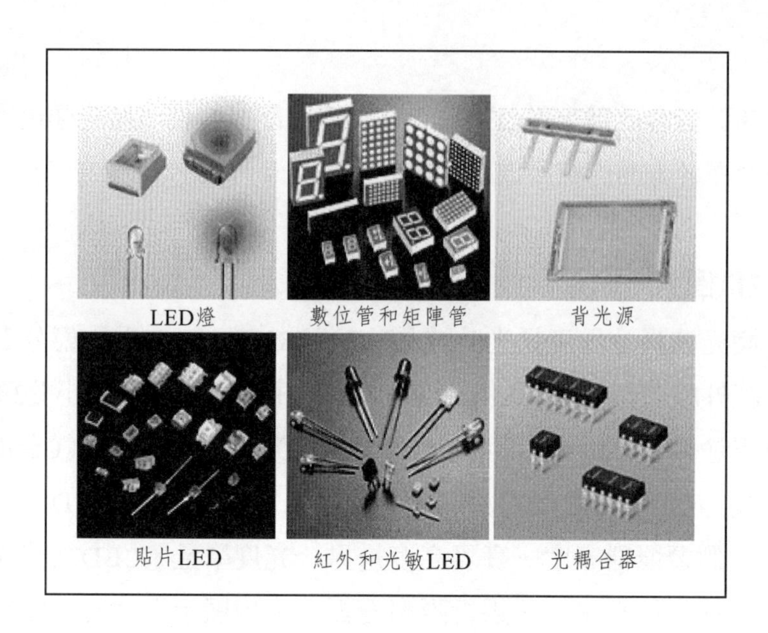

圖1.11　部分LED產品圖

1.4　LED的發展史和前景分析

1.4.1　LED的發展史

1907年Henry Joseph Round第一次在一塊碳化矽裡觀察到電致發光現象。由於其發出的黃光太暗，不適合實際應用；更難之處在於碳化矽與電致發光無法良好適應，研究被摒棄了。20世紀20年代晚期Bernhard Gudden和Robert Wichard在德國使用從鋅硫化物與銅中提煉的黃磷發光，再一次因發光暗淡而停止。

1936年，George Destiau發表了一個關於硫化鋅粉末發射光的報告。隨著電流的應用和被廣泛的認識，最終出現了「電致發光」這個術語。20世紀50年代，英國科學家在電致發光的實驗中使用半導體砷化鎵發明了第一個具有現代意義的LED，並於60年代面世。據說在早期的試驗中，LED需要放置在液化氮中，更需要進一步的操作與突破才能高效率地在室溫下工作。第一個商用LED只能發出不可見的紅外光，但迅速應用於感應與光電領域。

20世紀60年代末，在砷化鎵基體上使用磷化物發明了第一個可見的紅光LED。磷化鎵的改變使得LED更高效、發出的紅光更亮，甚至產生出橙色的光。

70年代中期，磷化鎵被用作發光光源，隨後就發出灰白綠光。LED採用雙層磷化鎵晶片（一個紅色，另一個是綠色）能夠發出黃色光。就在此時，俄國科學家利用金剛砂製造出發出黃光的LED，儘管它不如歐洲的LED高效，但在70年代末，它就能發出純綠色的光。

80年代早期到中期對砷化鎵、磷化鋁的使用使得第一代高亮度的LED誕生，先是紅色，接著就是黃色，最後爲綠色。到20世紀90年代早期，採用銦鋁磷化鎵生產出了橘紅、橙、黃和綠光的LED。第一個有歷史意義的藍光LED也出現在90年代早期，再一次利用金鋼砂——早期半導體光源的障礙物，根據當今的技術標準去衡量，它與俄國以前的黃光LED一樣光源暗淡。

90年代中期，出現了超亮度的氮化鎵LED，隨即又製造出能產生高強度的綠光和藍光銦氮鎵LED。超亮度藍光晶片是白光LED的核心，在這個發光晶片上抹上螢光粉，螢光粉吸收來自晶片上的藍色光源再轉化爲白光。就是利用這種技術製造出任何可見顏色的光，如淺綠色和粉紅色。LED的發展經歷了一個漫長而曲折的過程。最近開發的LED不僅能發射出純紫光，而且能發射出不可見的「黑色」紫外光，也許將來的某一天能研發成功X射線LED。

LED從最初的約0.05 lm/W的光效，經歷了0.1 lm/W時代，幾流明／瓦時代，數十流明／瓦時代，到現在的約120 lm/W以上的發光效率，然而，LED的發展不單純是它的顏色和亮度，而是像電腦一樣，遵循摩爾定律的發展。每隔18個月，它的亮度就會增加一倍。早期的LED只能應用於指示燈，而現在開始出現在超亮度的照明和顯示領域。

2005年美國所有的交通信號指示燈已被LED所取代；美國汽車產業也會於10年內停止使用白熾燈而採用LED燈，包括汽車前燈。大多數的大型戶外顯示幕也採用成千上萬個LED，以便產生高品質視頻效果。不久，LED將會照亮我們的家、辦公室甚至街道。高效節能的LED意味著太陽能充電電池能夠通過太陽光爲其充電，進而能夠把光源帶到第三世界及其他沒有電能的地方。曾經暗淡的發光二極體現在眞正預示著LED新時代的來臨。

LED具有無限美妙的廣闊空間和未來，美國、日本、韓國等國家均已經進行了LED戰略發展規劃和部署。美國2000年制定的「NGLP」已被列入國家能源法案，主要內容有：減少2.58億噸碳污染，少建133座新的發電廠，2010年55%的白熾燈和螢光燈由LED取代，2025年LED產業突破500億美元大關，提供百萬人的就業機會等。日本於1998年制定了「21世紀照明計畫」，2006年已實現全國過半的照明系統改爲LED照明，目前日本已經在實施第二階段發展計畫了，即2010年以前實現120 lm/W光效的LED產業化。

目前LED行業中，較著名的晶片製造商和構裝企業有日本的Nichia、Toshiba、Citizen、ToyotaGosei、Sanso等，美國的Gree、Lumileds、Agilent、Gelcore、Veeco等，德國的Orsam、Aixtron等，臺灣的晶元、億光、光寶等，韓國的木山、LG、三星等。

在LED上游磊晶片、晶片生產上，美國、日本、歐盟仍擁有巨大的技術優勢，而臺灣則已經成爲全球重要的LED生產基地。目前全球形成了以美國、亞洲、歐洲爲主導的三足鼎立的產業格局，並呈現出以日、美、德爲產業龍頭，中國和臺灣、韓國等緊隨其後產業格局。

中國大陸LED發展概況

經過30多年的發展，中國大陸LED產業已初步形成了較爲完整的產業鏈。中國大陸LED產業在經歷了買元件、買晶片、買磊晶片之路後，目前已經實現了自主生產磊晶片和晶片。現階段，從事該產業的人數達5萬多人，研究機構20多家，企業4000多家，其中上游企業50餘家，構裝企業1500餘家，下游應用企業3000餘家。特別是2003年中國半導體照明工作小組的成立標誌著政府對於LED在照明領域的發展寄予厚望，LED作爲光源進入通用照明市場成爲日後產業發展的核心。在「國家半導體照明工程」的推動下，形成了上海、大連、南昌、廈門和深圳等國家半導體照明工程產業化基地。長三角、珠三角、閩三角以及北方地區則成爲中國LED產業發展的聚集地。

「十五」期間中國發展LED產業的主要任務是通過建設半導體照明特色產業基地和示範工程，建立半導體照明技術標準體系和知識產權聯盟，儘快形成中國半導體照明新興產業。中國國家科技部已把「國家半導體照明工程」列入「十一五」科技發展規劃，作為一項重點工作來規劃。同時，根據中國自身半導體照明的發展現狀，中國制定了符合自身發展的半導體照明產業發展計畫和技術發展路線圖。

雖然中國在LED磊晶片、晶片的生產技術上距離國際先進水準還有一定的差距，但是中國國內龐大的應用需求，給LED下游廠商帶來巨大的發展機會，中國國內生產的顯示螢幕、景觀照明燈具等LED應用產品已經出口到美國、歐盟等國家和地區。

從LED研發技術和應用而言，2003年6月啓動「國家半導體照明計畫」以來，截至2008年年底，半導體照明工程取得的重大進展如下：

(1)探索性、前沿性材料生長和元件研究出現部分原創性技術。

中國已研製出280 nm紫外LED元件，20 mA注入電流其輸出功率達到毫瓦量級，處於國際先進水準。

非極性氮化鎵的磊晶生長，X射線繞射半高寬由原來的780"下降至559"，這一數值是目前國際上報導的最好結果之一。

首次實現大面積奈米和薄膜型光子晶格LED，20 mA室溫連續驅動小晶片輸出功率由4.3 mW提升至8 mW。

全磷光型疊層白光OLED發光效率已達到45 lm/W；成功開發出6片型和7片型MOCVD樣機，正在進行技術驗證。

(2)產業化關鍵技術取得較大突破。

中國自產晶片替代進口比例逐年增長，截至目前已接近50%。

功率型白光LED構裝接近國際先進水準，已成為全球重要的LED構裝基地。以企業為主體的100 lm/W的LED製造技術進展較快，通過圖形襯底技術和改善磊晶層結構，產業化線上完成的功率型晶片構裝後達到75 lm/W。

(3)規模化系統積體技術研究和重大應用進展順利。

應用產品種類與規模處於國際前列，已成為全球LED全彩顯示螢幕、太陽能LED、景觀照明等應用產品最大的生產和出口國。天津一汽夏利和常州星宇已開發出LED汽車車用大燈模組，2008年7月海信首款42英寸超薄LED背光液晶電視上市，目前已銷售近萬台，顯示占世界產量40%的中國消費類電子產品開始大規模使用LED技術。

以奧運示範工程爲代表的規模化系統積體技術的實施，促進了產品積體創新與示範應用，顯示了節能、環保的效果，提高了國際社會的認知度。2008年8月，北京奧運會開幕式及場館採用的LED景觀照明、全彩顯示螢幕等產品，開創了奧運歷史上大規模使用LED照明技術的先例，LED成爲支撐綠色奧運、科技奧運的重要力量。據測算，僅水立方5萬平方米的LED景觀照明，與螢光燈相比，全年可節電74.5萬度，節能70%以上。功率型LED（用國外的晶片構裝可達80～90 lm/W）已開始在次幹道路燈、停車場、加油站等照明領域應用，可節電30～50%，採購與運行綜合成本約3年左右與傳統光源持平，而且光效每年提高約30%，價格下降40%，約5萬盞LED路燈已在20多個城市開始示範應用，用LED進行市政照明節能改造已全面展開。

LED應急照明燈具在抗震救災工作中發揮重要作用。在科技部的統一部署下，聯盟組織部分「863」課題承擔單位在第一時間，向汶川地震災區緊急提供了約3萬套LED手提燈、LED礦燈、閱讀燈、手電筒，在災區無法正常供電的情況下，這批LED燈具對災區應急照明和傷患救治等發揮了非常重要的作用。

(4)130 lm/W半導體白光照明積體技術研究帶動公共平台條件建設。

中科院半導體照明研發中心自主開發的圖形襯底和相關的磊晶技術成功地轉移到企業，實現了部分關鍵技術的突破，初步建成了採用產業化設備，可開展產業化技術開發的「柔性」技術線。

(5)搭建了產學研究合作平台。

中國國家半導體照明工程研發及產業聯盟通過建立產業研發基金、組織奧運重大示範工程、舉辦創新大賽、建立專利池等工作，提高了技術創新的效率與水準，促進了重大專案的實施。

在標準協調推進方面成效顯著，12項中國國家標準和7項行業標準正在審批。特別是組織成員單位自發籌資應對美國「337調查」專利訴訟。聯盟還積極利用兩個市場、兩種資源，推動國際合作，已成功組織召開五屆半導體照明國際論壇暨展覽，累計與會人數達3000人次。參加美國固態照明系統與技術聯盟

（ASSIST），以每季度參與國際成員相關會議爲契機，協調推進國際標準化工作。

通過半導體照明工程重大專案的實施，預計2010年，中國有望突破材料、元件部分核心技術，使白光發光效率達到130 lm/W，產業化水準達100 lm/W，申請發明專利200項以上，進一步降低成本，在產業鏈的主要環節上形成2～3家龍頭品牌企業。應用開始進入通用照明領域，相關產業規模達1000億元，年節電500億度（kW·h），最終形成具有自主知識產權和國際競爭力的中國半導體照明新興產業。

1.4.2　可見光LED的發展趨勢和前景

1.4.2.1　高亮度LED發展進程飛快

據美國能源局預測，當2020年傳統光源被LED取代時，將可節省50%能源消耗，不過其前提是LED發光效率順利提升至150 lm/W。LED業者指出，目前高亮度LED應用的兩大障礙分別是價格太高和效率太低，如2008年白熾燈、螢光燈每1000 lm的購入成本約爲2美元，但LED光源卻需要20美元，價格相差高達10倍，顯見LED降價壓力非常大。

儘管LED目前仍有應用瓶頸，但業界認爲，當LED發光效率提升2倍，驅動電流提升3倍、構裝成本下降1/2三個條件同時具備時，可促使整體LED照明價格大幅度下降，LED照明走進家庭成爲可能。其中發光效率是影響關鍵，當發光效率提升後，目前備受關注的散熱問題也將會獲得解決。

2009年12月Cree公司宣佈白光大功率LED光效已實現186 lm/W；2010年1月Cree公司又宣佈白光大功率LED光效已實現208 lm/W，這相當於電光轉換效率達到了65%，比現在節能燈的電光轉換效率要高3倍。LED電光轉換效率比圖1.12預計的2010年達到的流明數發展得還要快。

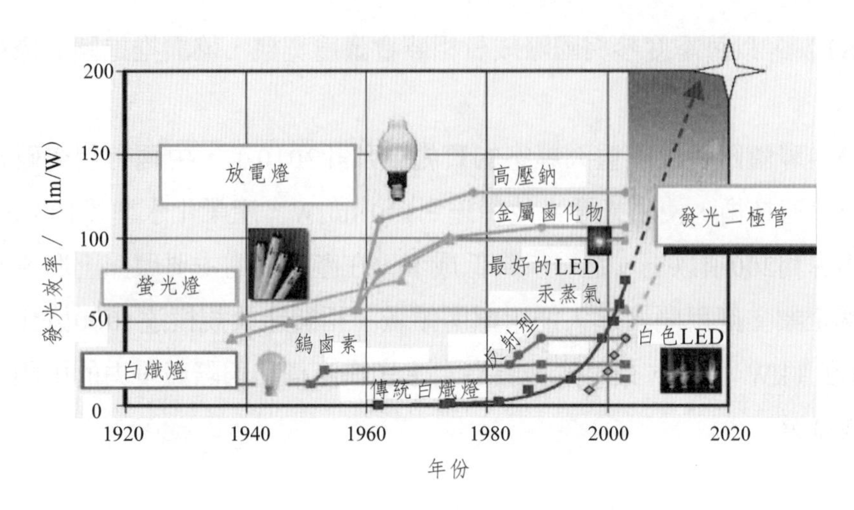

圖1.12　可見光LED的發展示意圖

1.4.2.2　中國LED發展前景

LED巨大的應用市場註定將使LED的生產發展成一個龐大的產業鏈。由此可以帶動其他相關產業的提升，如LED驅動晶片可得到蓬勃發展。

LED產業在中國有良好的發展前景，基於以下幾點：①就技術而言，LED具有技術成長瓶頸高，學習門檻低特性，中國在半導體領域長期累積的研究資源都可以用得上，具備較好的研究基礎。儘管中國積體電路製造基礎比較薄弱，技術水準比較低，但中國國內一些企業通過聘請海外技術人員加盟，在技術上不斷取得突破，中國國內好的企業技術水準已經與臺灣大廠的技術水準相差不大，與國際大廠的整體差距也在不斷拉近。②LED的投資額比較小，初始投資1億就可建廠，中國國內企業進入門檻低，容易實現自我成長的蓬勃發展，這與積體電路製造及液晶面板製造動輒幾十億到上百億人民幣的投資而言顯得「微不足道」，中國企業容易進入，形成產業集群。③中國國內需市場巨大，LED未來主要市場是通用照明市場，市場容量大，終端消費市場比較分散，不易形成壟斷，中國境內企業生存空間廣闊。④中國內部一些企業擁有核心知識產權，如晶能光電的矽襯底氮化鎵藍光專案，大連路美的晶片領域核心技術，都具有全球競爭力，這些企業在技術發展上容易形成示範效應，促進中國境內企業市場健康成長。⑤技術成熟後，LED下游構裝和元件生產屬於勞動密集型，勞動力成本低，大陸具備發展的優勢。

中國大陸現階段的應用市場主要在建築照明、室內外顯示幕，基於上述原因，下一波的主力可能還是目前這些市場，但在手機、小尺寸液晶背光、汽車的滲透會加大，另外一些零散市場，如特種照明的開拓也會更大（特種照明對成本的要求沒有通用照明那麼苛刻）。經過前幾年的替換，LED交通指示燈已經非常普遍，由於LED的使用壽命較長，短期內很難再出現大規模的替換工作，這就使得交通指示燈對於LED的需求將出現一段低潮期；中國境內轎車市場龐大，但要求較高，認證週期長，只要有品質經得起嚴格考驗的產品問世，中國車用背光及車燈的LED市場需求非常大，而且這一市場的需求增長比較穩定；而LED顯示螢幕以拼裝簡易、低功耗、高亮度等優點，市場有很大增長潛力；在奧運會、世博會、一些城市夜景工程示範效應的帶動以及國家半導體照明工程等眾多有利因素的促進下，建築照明市場依然前景廣闊。

中國境內LED構裝材料及配件的配套能力較強。除個別材料外，絕大部分材料均為中國國內提供，主要有金絲、矽鋁絲、環氧樹脂、矽膠、銀膠、導電膠、支架、條帶以及塑封料、構裝模具和夾具等，已形成一定規模的產業鏈。

在白光LED構裝用螢光粉方面，中國境內研發和生產企業有幾十家。研究單位有北京有色金屬研究院、中山大學化學系、中科院化學所、長春物理所等單位。這些單位近年來開展研究提高黃色螢光粉的光激發效率、抗光衰性能等，取得很好的成果。同時開發出紅色螢光粉和紫外光激發三基色螢光粉，對推動中國國內白光LED的發展起積極作用。

目前，中國具有一定構裝規模的企業約600家，各種大大小小構裝企業已超過1500家，中國國內LED元件構裝能力約600億支／年，2006年中國國內高亮度LED構裝產品的銷售額約146億元，比2005年的100億元增長46%。從分佈地區來看，主要集中在珠江三角洲、長江三角洲、江西、福建、環渤海等地區。2005年統計中國國內LED產業總產值133億元，其中構裝產品的銷售額約100億。

在產能方面，隨著中國國內相關企業生產規模的擴大及新的晶片公司的陸續進入，在中國國內需求市場的推動下，中國國內InGaN晶片產能保持30%左右的年複合增長率，至2010年中國國內將超過日本成爲全球第二大GaN晶片生產基地，產能高達1650 kk／月。

不久的將來，如果中國境內的照明由LED取代，每年可節省1000億度電能，相當於一個三峽工程。21世紀，全球最主導的產業排序中，首當其衝的就是光電產業。

1.4.3 LED的應用

1.4.3.1 LED的應用簡介

LED具有體積小、壽命長、耗電量小、反應速率快、耐震性佳、適合量產等特點，又能配合輕薄、短小的型化的應用設備潮流，已普遍應用於3C產品之指示燈和顯示裝置上。中國國內LED產品除了大量用於各種電器及裝置、儀器儀錶、設備的顯示外，主要集中在以下幾方面：

(1)大、中、小LED顯示幕：室內外看板、體育場記分牌、資訊顯示屏幕等。

(2)交通信號燈：全國各大、中城市的市內交通信號燈、高速公路、鐵路和機場信號燈。

(3)光色照明：室外景觀照明和室內裝飾照明。

(4)專用普通照明：可攜式照明（手電筒、頭燈）、低照度照明（廊燈、門牌燈、庭用燈）、閱讀照明（飛機、火車、汽車的閱讀燈）、顯微鏡燈、照相機閃光燈、檯燈、路燈。

(5)安全照明：礦燈、防爆燈、應急燈、安全指示燈。

(6)特種照明：軍用照明燈（無紅外輻射）、醫用手術燈（無熱輻射）、醫用治療燈、農作物和花卉專用照明燈。

從中國國內LED應用市場看，建築照明、顯示螢幕及交通信號燈合計占56%，這些市場總量增長比較快，但相對分散，技術標準也不統一；而在小尺寸背光與汽車上的應用合計只有7%。在LED應用市場上，手機背光市場、即將開發的大尺寸背光市場、汽車市場是目標市場比較集中的「整裝」市場，技術要求比較高；未來通用照明市場在細分市場上比較集中，總體看比較分散，但整體規模龐大，進入技術門檻比較高。因此，背光市場、汽車市場與通用照明市場有利於進入企業持續穩定地成長，這些領域的利潤也更高，中國國內企業應更多地參與到這類市場的佈局中來，以贏得未來更廣闊的成長空間。在照明驅動IC領域，中國國內企業還主要處於研發階段，更沒有做到一定規模，沒有驅動IC，LED照明「燈泡」就進不了千家萬戶，同樣，LED照明的爆發必將促進驅動IC的大發展。

圖1.13是2008年6月臺灣工研院對2007～2012年全球照明產業市場規模的預測。由此可以看出，2007～2009年產值呈直線上升，而從2009～2012年呈曲線上升，市場規模發展迅速。

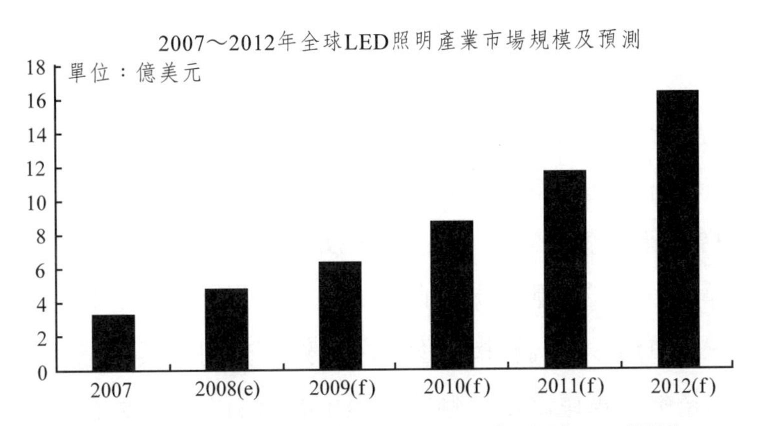

圖1.13　臺灣工研院對2007～2012年全球LED預測

資料來源：Strategies Unlimited，臺灣工研院IEK，2008年6月

1.4.3.2　LED在交通燈上的應用

圖1.14是交通路口的各種LED信號燈。目前在中國大中小城市的交通路口，都用LED替代了以前的各種白熾燈泡信號燈，除節省電力外，其使用壽命長避免了經常更換燈泡帶來的麻煩。

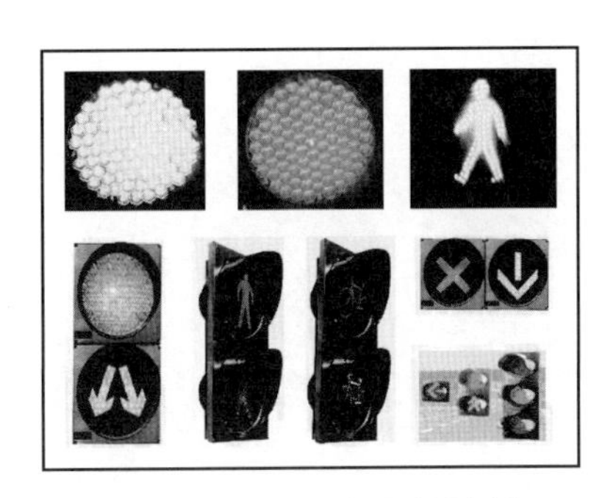

圖1.14　LED交通信號燈

1.4.3.3 LED在汽車上的應用

1. LED在汽車上應用的優點

LED在汽車應用上的優點見表1.4。

表1.4 LED在汽車應用上的優點

節省電力	降低消耗力，可節省五分之四至十分之九
降低保固成本	LED使用壽命可達5萬小時（約6年），接近一輛車的使用壽命
減少重工成本	LED元件模組為樹脂構裝、具有耐震耐撞特性，降低廠內及裝設重工成本且可與造型一體成型
節省空間	採用體積小之LED為光源，可減少燈具佔據之空間，使表現造型及造型設計彈性大幅增加，獨特創新風格彰顯。也使得非連續空間、曲弧、牆窪間隙可以發揮照明造型
符合環保需求	不但大幅降低耗能，而且不具鹵素燈、螢光燈之有害化學物質
增加安全性	LED反應速度快近乎即時回應，色澤飽和可辨識性高，增加行車安全
顏色變化豐富	LED不但提供飽和純正的色光，可用以建立品牌形象較易提供顏色變換混合之設計，創造絢麗的視覺效果

2. LED在汽車上的應用舉例

至於汽車市場方面則相當具有潛力，每台汽車的車內與車外照明所需使用的光源約60個，1980年起就已經有高亮度LED應用於高級車種的第三煞車燈。由於歐洲重視能源節省與環保觀念，因此至今已有超過50%以上的歐洲車種使用高亮度LED於第三煞車燈、80%於指示面板。此外，方向燈與車尾燈部分也有漸漸廣泛使用LED的趨勢，車尾燈使用輕薄、短小的LED更有加大行李箱空間之附加價值。圖1.15展示了LED在汽車內外各部位的用途，圖1.16展示了各類機動車輛LED儀錶板，圖1.17展示了LED用於某種轎車的大前燈和尾燈。

圖1.15　LED在汽車上的用途

圖1.16　汽車上的儀錶板

圖1.17　汽車前燈和尾燈

1.4.4 全球光源市場的發展動向

1.4.4.1 國際LED廠商

白光LED技術的開發與掌握，是目前國際LED廠商發展的重點。爲維持未來市場上的優勢，全球重要策略聯盟早已成形。

(1)Philips（51%）和HP合資成立Lumileds。

(2)Osram和Siemens合資成立Osram Opto Semiconductor Co。

(3)EMCORE和GE Lighting合資成立Gelcore。

(4)Toyada Gosei與Toshiba合資成立TG White。

(5)Nichia與Citizen合作量產白光LED。

1.4.4.2 白光LED各種製造技術的優缺點

表1.5是白光LED各種製造技術的優缺點比較。未來非高亮度LED趨於產值逐年下降的趨勢，而高亮度LED將繼續呈現快速上升的發展趨勢。

表1.5 白光LED各種製造技術的優缺點比較

材質	白光LED	目前開發狀況	優點	缺點
GaN	Blue LED+YAG	商品化	以單一晶粒發白光，成本低，電子迴路設計簡單	較紅綠藍三色的LED發光效率低
	紅、綠、藍三色的LED	商品化	發光效率高，目前20 lm/W，可自由選定顏色，適用於照明設備	需要三顆晶粒，且各晶粒需擁有各自的電子回路設計，成本高
	紫外光的LED(375 nm)+螢光材料	開發中	可使用轉換率YAG螢光材料，由提高發光效率的空間	紫外光的LED尚在開發中
ZnSe	Blue LED+ZnSe基板	商品化（日本住友電工宣稱開發成功）	以單一晶粒發白光，成本低，電子回路設計簡單，驅動電路使用更低的2.7伏特	發光效率較GaN系列低50%，約8 lm/W，壽命只有8000小時太短
ZnS ZnO AlN	紫外LED（253.7 nm）	開發中（商品化的時間未定）		現在253.7 nm的紫外光LED尚在基礎研究的階段，未來商品化的時間還未確定

1.4.4.3 大功率LED構裝形態發展的考量點

半導體照明領域寬廣，產品種類繁多，要想只有一種單一的主流構裝形態是不現實的。盡可能統一大功率LED的構裝形態，是構裝業者的理想。根據不同照明產品類別的應用需求，主流化與個性化共存是大功率LED構裝形態發展的必然。不管今後大功率LED的構裝形態如何，其發展必須基於以下幾點考量：

(1)具有自主知識產權。

(2)主流產品標準化。

(3)有助於性能指標的提高。

(4)有助於光源可靠性的提高。

(5)方便照明應用（電路連接、系統配光、散熱裝配、結構安裝）。

(6)適合大批量生產。

(7)有利於降低成本。

1.4.4.4　半導體照明的LED構裝形態發展趨勢

目前應用於半導體照明的大功率LED形態各異，各有優劣，業內人士對其形態發展趨勢看法也不盡一致。根據以上分析，對大功率LED構裝形態的發展趨勢作出以下預測：

從發光效率、應用難度和成本考慮，照明用的大功率LED主流光源依然是直接白光LED，而非RGB調控混色產生白光的LED。

從熱量管理、發光效率、製造難度和可靠性等方面考慮，10 W以下的分立大功率LED仍然是照明光源的主流形式，多晶片陣列組合的超大功率LED（10 W以上）將主要用於個性化的特種照明燈具。

因應不同照明產品類別的應用需求，將發展出若干種新的大功率LED主流構裝形態。新的大功率LED主流構裝形態的特徵是：

(1)應用安裝形式平面表面黏著化。

(2)元件尺寸小型化。

(3)光學透鏡矽膠模造一體化。

(4)出光形式泛光化。

(5)熱電管理分離化。

(6)熱量管理應用化（註：元件散熱器將越來越小，構裝廠家只負責做好晶片的熱量導出，而散熱的任務主要由照明應用廠家完成）。

(7)單燈光通量最大化。

(8)元件熱阻最小化。

(9)元件接面溫度最高化。

(10)應用對接即插化。

(11)供電模式交流化。

(12)生產技術成熟化。

(13)生產技術簡單化。

(14)生產模式標準化。

(15)生產能力規模化。

(16)生產成本最低化。

第 2 章

LED的構裝原物料

LED的構裝技術有其自身的特點。對LED構裝前首先要做的是控制原物料。因爲許多場合需要戶外使用，環境條件往往比較惡劣，不是長期在高溫下工作就是長期在低溫下工作，而且長期受雨水的腐蝕，如LED的信賴度不是很好，很容易出現盲點現象，所以注意對原物料品質的控制顯得尤其重要。

2.1 LED晶片結構

LED晶片是半導體發光元件LED的核心部件，它主要由砷（As）、鋁（Al）、鎵（Ga）、銦（In）、磷（P）、氮（N）、鍶（Sr）這幾種元素中的若干種組成。

晶片按發光亮度分類可分爲：一般亮度的R（紅色GAaAsP 655 nm）、H（高紅GaP 697 nm）、G（綠色GaP 565 nm）、Y（黃色GaAsP/GaP 585 nm）、E（桔色GaAsP/GaP 635 nm）等；高亮度的VG（較亮綠色GaP 565 nm）、VY（較亮黃色GaAsP/GaP 585 nm）、SR（較亮紅色GaA/AS 660 nm）；超高亮度的UG、UY、UR、UYS、URF、UE等。

晶片按組成元素可分爲：二元晶片（磷、鎵）：H、G等；三元晶片（磷、鎵、砷）：SR（較亮紅色GaA/AS 660 nm）、HR（超亮紅色GaAlAs 660 nm）、UR（最亮紅色GaAlAs 660 nm）等；四元晶片（磷、鋁、鎵、銦）：SRF（較亮紅色AlGalnP）、HRF（超亮紅色AlGalnP）、URF（最亮紅色AlGalnP 630 nm）、VY（較亮黃色GaAsP/GaP 585 nm）、HY（超亮黃色AlGalnP 595 nm）、UY(最亮黃色AlGalnP 595 nm)、UYS（最亮黃色AlGalnP 587 nm）、UE（最亮桔色AlGalnP 620 nm）、HE（超亮桔色AlGalnP 620 nm）、UG（最亮綠色AlGalnP 574 nm）LED等。

LED晶片是有上述半導體材料通過磊晶等技術製作的。不是所有的半導體材料都能製作發光晶片，只有具有直接帶隙的半導體材料才能夠製作發光晶片，晶片的發光波長與半導體材料能帶有關，不同材料有不同能帶，同種材料摻雜比例不同能帶也不同，發光波長就不同。生長晶片有不同的技術，且晶片還有單電極和雙電極之分。

發光二極體晶片製作方法和材料的磊晶種類：

(1)LPE：Liquid Phase Epitaxy（液相磊晶法）GaP/GaP。

(2)VPE：Vapor Phase Epitaxy（氣相磊晶法）GaAsP/GaAs。

(3)MOVPE：Metal Organic Vapor Phase Epitaxy（有機金屬氣相磊晶法）AlGaInP、GaN。

(4)SH：Single Heterostructure（單異型結構）GaAlAs/GaAs。

(5)DH：Double Heterostructure（雙異型結構）GaAlAs/GaAs。

(6)DDH：Double Heterostructure（雙異型結構）GaAlAs/GaAlAs。

不同LED晶片，其結構大同小異，有基板（藍寶石基板、碳化矽基板等）和摻雜的磊晶半導體材料及透明金屬電極等構成。

2.1.1　LED單電極晶片

單電極晶片的結構如圖2.1所示。

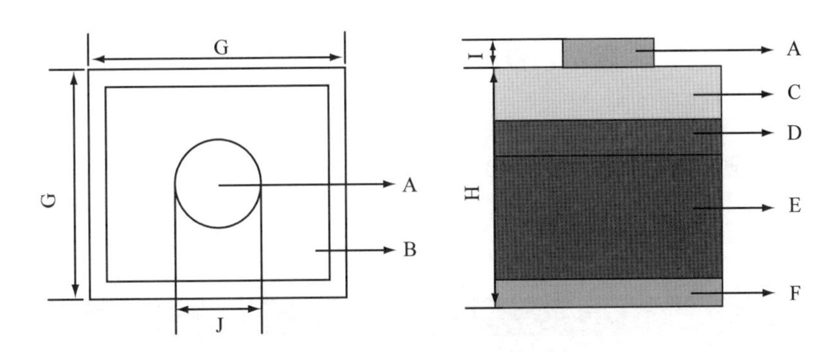

圖2.1　單電極晶片結構示意圖

圖2.1中代碼的含義如表2.1所示。

表2.1　結構代碼含義

代碼	說明	代碼	說明	代碼	說明	代碼	說明
A	p極金屬層	F	n極金屬層	D	n層	I	電極厚度
B	發光區	G	晶片尺寸（長×寬）	E	n型結晶基板	J	電極直徑
C	p層	H	晶片高度				

2.1.2　LED雙電極晶片

雙電極晶片的結構如圖2.2所示。

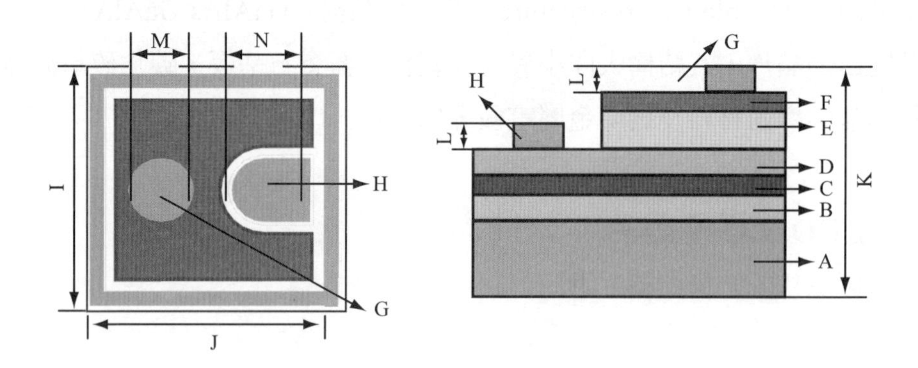

圖2.2　雙電極晶片結構示意圖

圖2.2中的代碼的含義見表2.2。

表2.2　結構代碼含義

代碼	說明	代碼	說明	代碼	說明	代碼	說明
A	藍寶石基板	E	p型接觸	I	晶片尺寸（長）	M	p極電極直徑
B	低溫緩衝層	F	透明導電層	J	晶片尺寸（寬）	N	n極電極直徑
C	n型接觸	G	p極金屬層	K	晶片高度		
D	發光層	H	n極金屬層	L	電極厚度		

2.1.3　LED晶粒種類簡介

不同材料晶粒，具有不同能隙，即具有不同發光波長，晶粒種類對應的發光材料見表2.3。

表2.3　晶粒種類

類　別	顏　色	波　長	結　構
可見光	紅	645～655 nm	AlGaAs/GaAs
	高亮度紅	630～645 nm	AlGaInP/GaAs
	橙	605～622 nm	GaAsP/GaP
	高亮度橙		AlGaInP/GaAs
	黃	585～600 nm	GaAsP/GaP
	高亮度黃		AlGaInP/GaAs
	黃綠	569～575 nm	GaP/GaP
	高亮度黃綠		AlGaInP/GaAs
	綠	555～560 nm	GaP/GaP
	高亮度綠		AlGaInP/GaAs
	高亮度藍綠／綠	490～540 nm	GaInN/Sapphire
	高亮度藍	455～485 nm	GaInN/Sapphire
不可見光	紅外線	850～940 nm	GaAs/GaAs AlGaAs/GaAs AlGaAs/AlGaAs

2.1.4　LED基材材料的種類

對於製作LED晶片來說，基材材料的選用是首要考慮的問題。應該採用哪種合適的基材，需要根據設備和LED元件的要求進行選擇。目前市面上一般有3種材料可作為基材：

(1)藍寶石（Al_2O_3）。

(2)矽（Si）。

(3)碳化矽（SiC）。

2.1.4.1　藍寶石基板

通常，GaN基材料和元件的磊晶層主要生長在藍寶石基材上。藍寶石基材有許多的優點：首先，藍寶石基材的生產技術成熟、元件品質較好；其次，藍寶石的穩定性很好，能夠運用在高溫生長過程中；最後，藍寶石的機械強度高，易於處理和清洗。因此，大多數技術一般都以藍寶石作為基材。

使用藍寶石作為基材也存在一些問題，例如晶格不匹配和熱應力不匹配，這會在磊晶層中產生大量缺陷，同時給後續的元件加工過程造成困難。藍寶石是一種絕緣體，常溫下的電阻率大於1011Ω · cm，在這種情況下無法製作垂直結構的元件；通常只在磊晶層上表面製作n型和p型電極（如圖2.2所示）。在上表面製作兩個電極，造成了有效發光面積減少，同時增加了元件製造中的微影蝕刻技術過程，結果使材料利用率降低、成本增加。由於p型GaN摻雜困難，當前普遍採用在p型GaN上製備金屬透明電極的方法，使電流擴散，以達到均勻發光的目的。但是金屬透明電極一般要吸收約30%～40%的光，同時GaN基材料的化學性能穩定、機械強度較高，不容易對其進行刻蝕，因此在刻蝕過程中需要較好的設備，這將會增加生產成本。

藍寶石的硬度非常高，在自然材料中其硬度僅次於金剛石，但是在LED元件的製作過程中卻需要對它進行減薄和切割（從400 nm減到100 nm左右）。購置完成減薄和切割加工的設備又要增加一筆較大的投資。

藍寶石的導熱性能不是很好（在100℃約為25 W/(m · K)）。因此在使用LED元件時，會傳導出大量的熱量；特別是對面積較大的高功率元件，導熱性能是一個非常重要的考慮因素。為了克服以上困難，很多人試圖將GaN光電元件直接生長在矽基材上，進而改善導熱和導電性能。

2.1.4.2 矽基材

目前有部分LED晶片採用矽基材。矽基材的晶片電極可採用兩種接觸方式，分別是L接觸（Laterial-contact，水平接觸）和V接觸（Vertical-contact，垂直接觸），以下簡稱為L型電極和V型電極。通過這兩種接觸方式，LED晶片內部的電流可以是橫向流動的，也可以是縱向流動的。由於電流可以縱向流動，因此增大了LED的發光面積，進而提高了LED的出光效率。因為矽是熱的良導體，所以元件的導熱性能可以明顯改善，進而延長了元件的壽命。

2.1.4.3 碳化矽基材

碳化矽基材（美國的CREE公司專門採用SiC材料作為基材）的LED晶片電極是L型電極，電流是縱向流動的。採用這種基材製作的元件的導電和導熱性能都非常好，有利於做成面積較大的高功率元件。採用碳化矽基材的LED晶片如圖2.3所示。

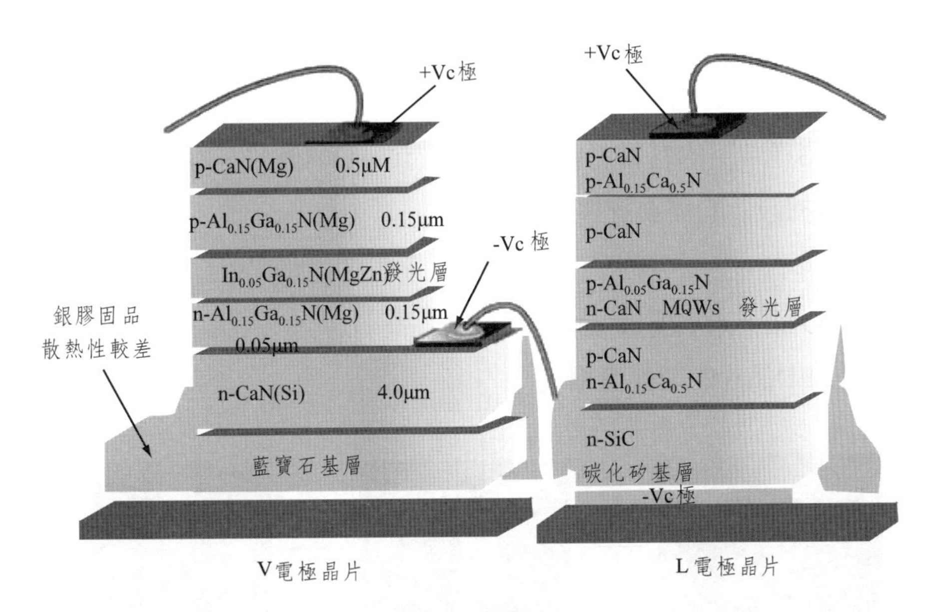

圖2.3 採用藍寶石基材和碳化矽基材的LED晶片

碳化矽基材的導熱性能（碳化矽的導熱係數爲490 W/(m · K)）要比藍寶石基材高出10倍以上。藍寶石本身是熱的不良導體，並且在製作元件時底部需要使用銀膠晶圓固著，這種銀膠的傳熱性能也很差。使用碳化矽基材的晶片電極爲L型，兩個電極分佈在元件的表面和底部，所產生的熱量可以通過電極直接導出；同時這種基材不需要電流擴散層，因此光不會被電流擴散層的材料吸收，這樣又提高了出光效率。但是相對於藍寶石基材而言，碳化矽製造成本較高，實現其商業化還需要降低相應的成本。

2.1.4.4 三種基材的性能比較

前面的內容介紹的就是製作LED晶片常用的三種基材材料。這三種基材材料的綜合性能比較可參見表2.4。

表2.4　三種基材材料的性能比較

基材材料	導熱係數／（W/m·K）	膨脹係數／$\times 10^{-6}$	穩定性	導熱性	成本	抗靜電能力
藍寶石（Al_2O_3）	46	1.9	一般	差	中	一般
矽（Si）	150	5～20	良	好	低	好
碳化矽（SiC）	490	−1.4	良	好	高	好

除了以上3種常用的基材材料之外，還有GaAs、AlN、ZnO等材料也可作爲基材，通常根據設計的需要選擇使用。

2.1.5　LED晶片的製作流程

圖2.4是LED晶片的製作流程。

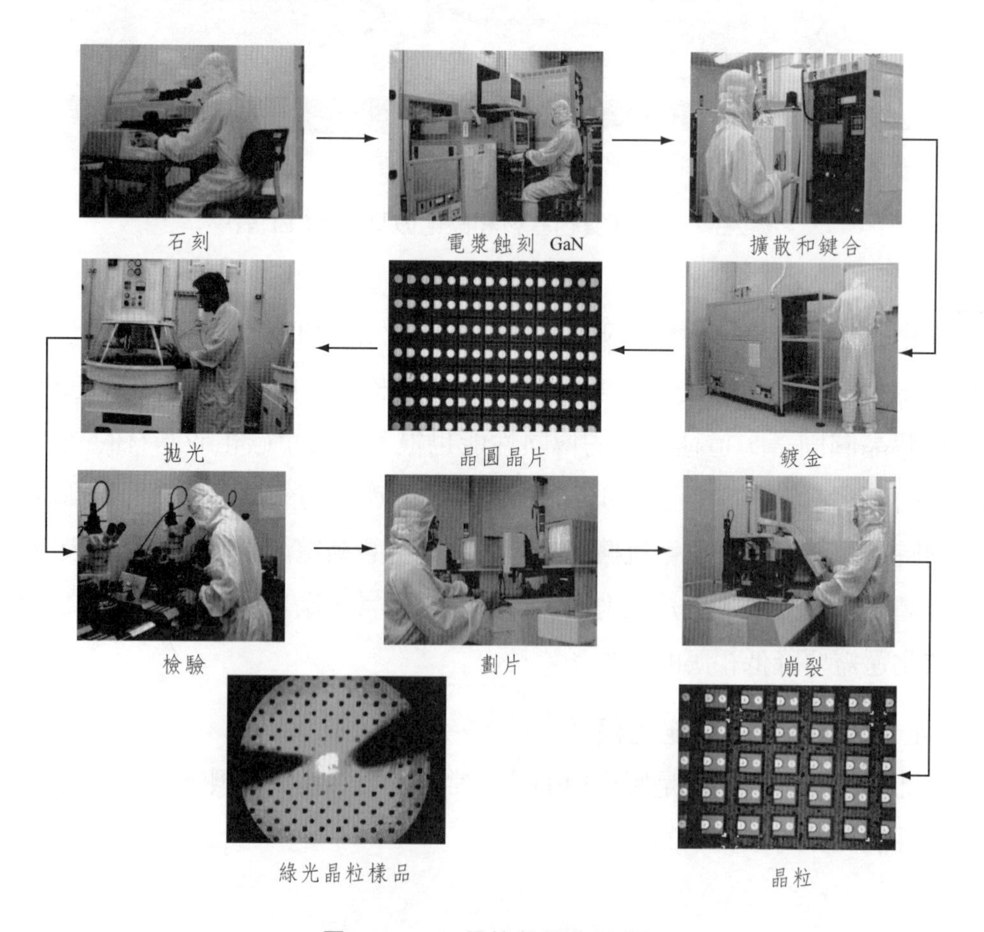

圖2.4　LED晶片的製作流程

圖2.5是某晶片廠家藍光LED的上游製作流程。

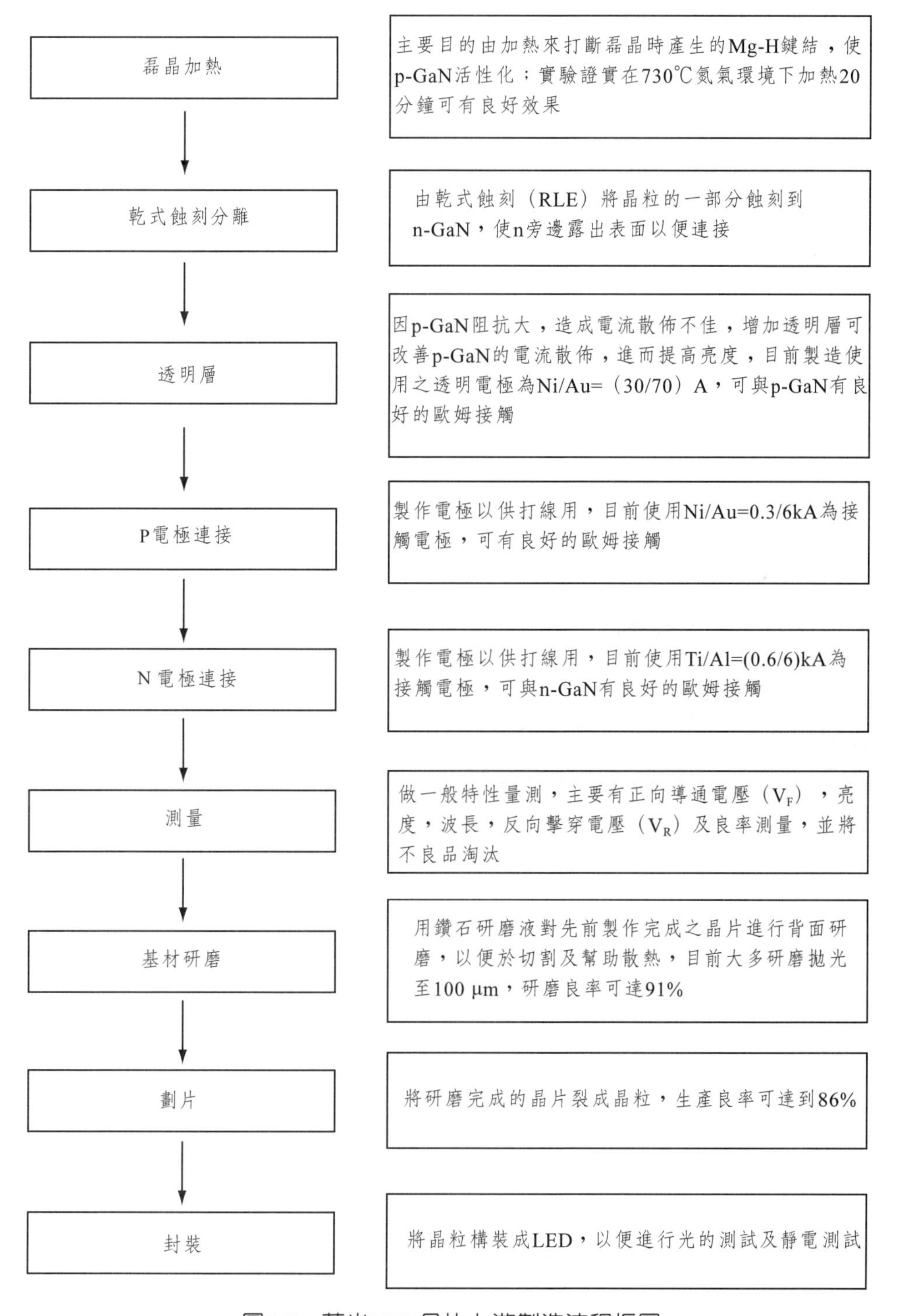

圖2.5　藍光LED晶片上游製造流程框圖

2.1.6 製作LED磊晶片方法的比較

前面列出了製作LED晶片的方法和材料磊晶的種類，下面透過表2.5說明三種製作方法的特色、優點、缺點和主要應用。

表2.5 製作磊晶片的幾種常用方法比較

磊晶方法	特色	優點	缺點	主要應用
LPE	以溶融態的液體材料直接和基板接觸而沉積晶膜	操作簡單 磊晶長成速度快 具量產能力	磊晶薄度控制差 磊晶平整度差	傳統LED
VPE	以氣體或電漿材料傳輸至基板促使晶格表面粒子凝結（condensation）或解離（desorb）	磊晶長成速度快 量產能力尚	可磊晶薄度及平整度控制不易	傳統LED
MOCVD	將有機金屬以氣體形式擴散至基板促使晶格表面粒子凝結（condensation）	磊晶純度佳 磊晶薄度控制佳 磊晶平整度佳	成本較高 良好率低 原料取得不易	HB-LED LD VCSEL HBT

2.1.7 常用晶片簡圖

2.1.7.1 單電極晶片

1. 圓電極晶片

LED的各種圓電極顯微照片見圖2.6。

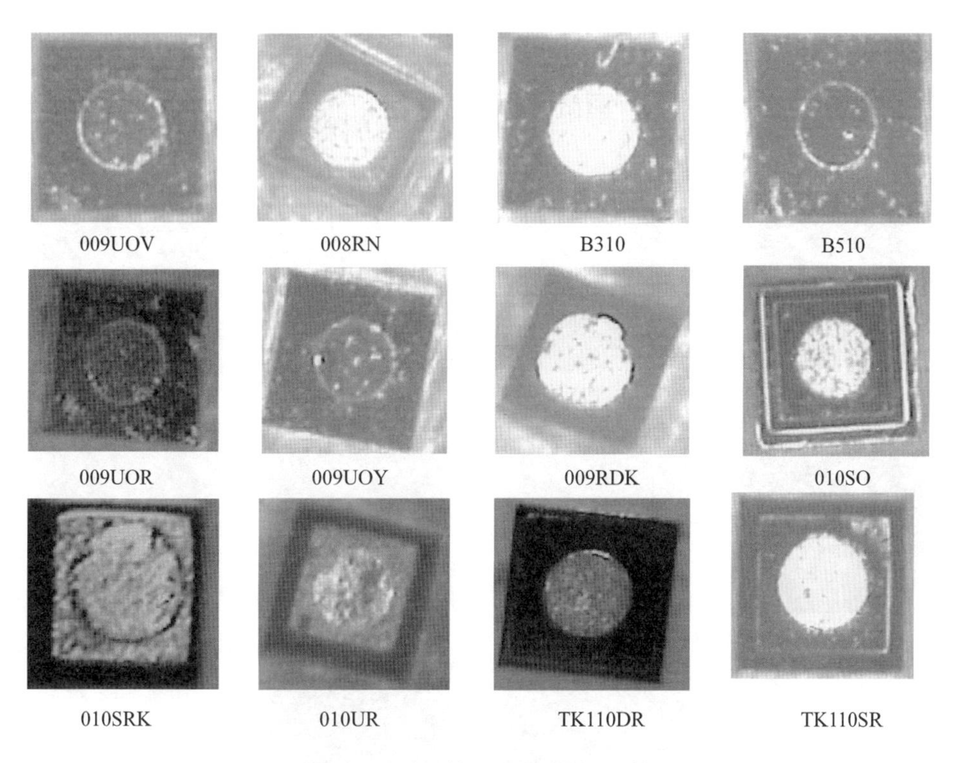

圖2.6 LED的各種圓電極晶片

2. 方電極晶片

LED的各種方電極晶片顯微照片見圖2.7。

圖2.7 LED的各種方電極晶片

3. 帶角電極晶片

LED的各種帶角電極晶片顯微照片見圖2.8。

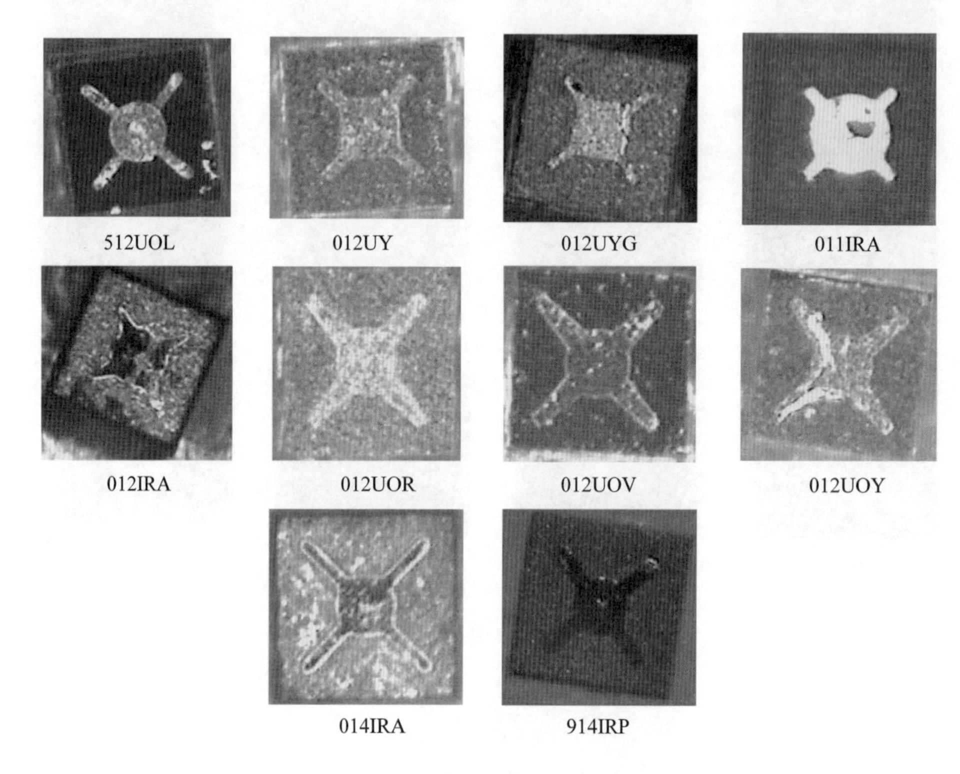

圖2.8　LED的各種帶角電極晶片

2.1.7.2　雙電極晶片

LED的各種雙電極晶片顯微照片見圖2.9。

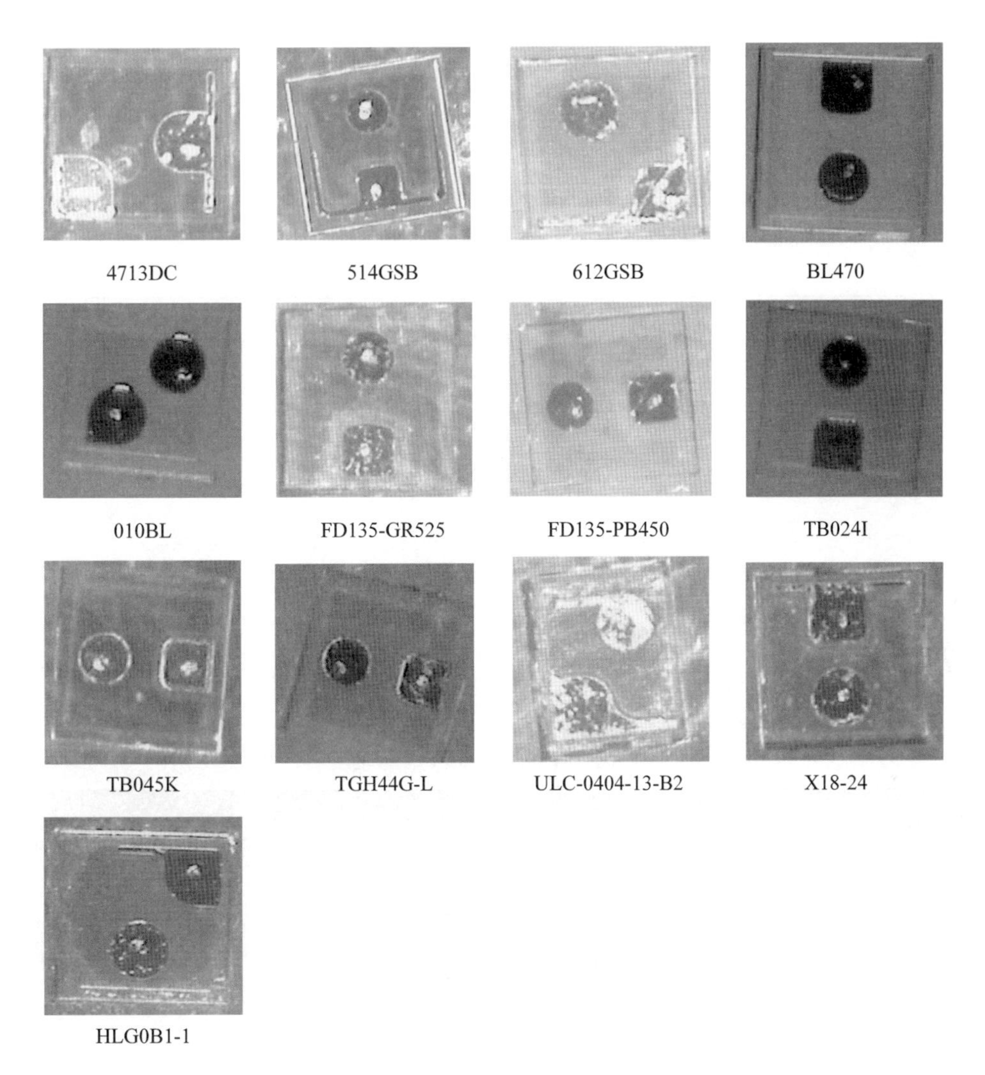

圖2.9　LED的各種雙電極晶片

2.2　lamp-LED支架介紹

支架的作用：用來導電和支撐晶片。

支架的組成：一般來說是由支架素材經過電鍍而形成，由裏到外是素材、銅、鎳、銅、銀這五層所組成。

2.2.1 lamp-LED支架結構與相關尺寸

2.2.1.1 LED支架圖

LED支架如圖2.10所示。

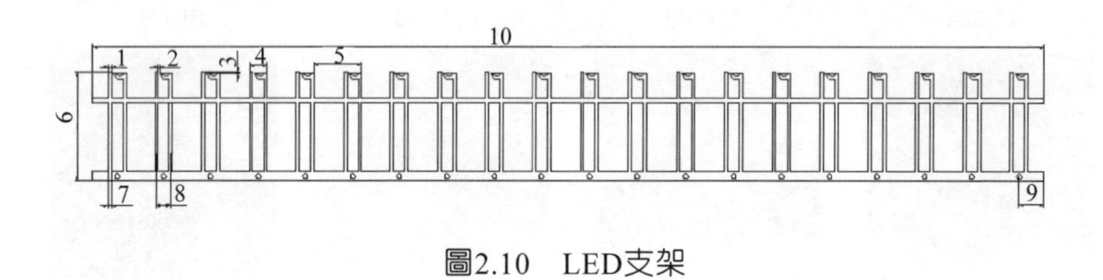

圖2.10 LED支架

2.2.1.2 LED支架結構說明

表2.6是LED支架代碼說明。

表2.6 LED支架代碼說明

代碼	1	2	3	4	5
支架部位	銲點	陰陽極間隙	段差	陰陽極寬	碗PICH
代碼	6	7	8	9	10
支架部位	高度	腳寬	腳中心距	邊距	長度
備註	上Bar以上稱功能區、上Bar及上Bar以下稱非功能區				

2.2.1.3 尺寸說明

表2.7是LED支架尺寸說明。

表2.7 LED支架尺寸

<table>
<tr><td>總長</td><td colspan="2">152.4 mm</td><td rowspan="2">腳距</td><td>03、04支架</td><td>2.54 mm</td></tr>
<tr><td>厚度</td><td colspan="2">0.50 mm×0.50 mm</td><td>02支架</td><td>2.28 mm</td></tr>
<tr><td rowspan="3">鍍層管控厚度</td><td>鎳層厚度</td><td>120～150 μm</td><td>杯中心距</td><td colspan="2">7.62 nm</td></tr>
<tr><td>銅層厚度</td><td>40～50 μm</td><td></td><td></td><td></td></tr>
<tr><td>銀層厚度</td><td>80～100 μm</td><td></td><td></td><td></td></tr>
</table>

2.2.1.4 LED支架材質

表2.8是LED支架所用材料說明。

表2.8　LED支架材料

基材		鐵材（SPCC）、銅材（Cu）			
外鍍	1	鎳（Ni）	銅（Cu）	銀（Ag）	
	2	銅（Cu）	鎳（Ni）	銅（Cu）	銀（Ag）

2.2.1.5 支架電鍍知識

1. 電鍍流程

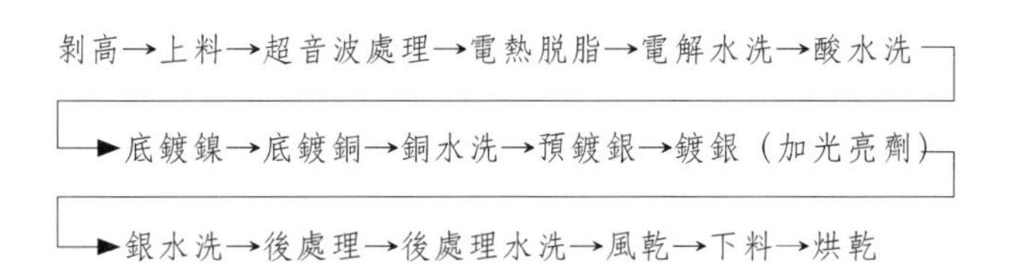

2. 鍍液成分及電鍍溫度

表2.9是電鍍LED支架時所用的電鍍液和電鍍溫度。

表2.9　鍍液和電鍍溫度

鍍液	熱脫脂劑	電解脫脂劑	鹽酸	硫酸鎳	氯化鎳
	硼酸	添加劑	氰化鉀	氰化亞銅	氰化銀鉀
電鍍溫度	50～60℃				

2.2.1.6 支架管控相關條件

1. 支架供應商管控條件

表2.10是支架供應商的管控條件。

表2.10　支架供應商管控條件

項目	長烤	短烤	焊接標準（03、04支架）	焊接標準（06、07、09支架）
管控條件	(170±10)℃/3h	(500±10)℃/3 min	(420±10)℃/6s	(420±10)℃/5s
項目	成品氧化	銲線拉力	銀層管控	
管控條件	正常空氣中滯留3～7天	≥5g	上Bar 80 μm以上，下Bar 45 μm以上	

2. LED製造商的支架管控條件

表2.11是LED製造商的支架管控條件。

表2.11　LED製造商支架管控條件

專案	焊線拉力	扭力程度	檢驗烘烤標準	作業烘烤標準	檢驗焊接標準
管控條件	≥5g	可順時針鈕8圈	150℃/3h	150℃/1.5h	420℃/6s
專案	作業焊接標準	儲存環境溫度	儲存環境濕度	保質期	
管控條件	(200～300)℃/(25～35)ms	(25±5)℃	70%以下	6個月	

2.2.2　常用支架外觀圖集

圖2.11是常用的LED支架外觀顯微圖片。

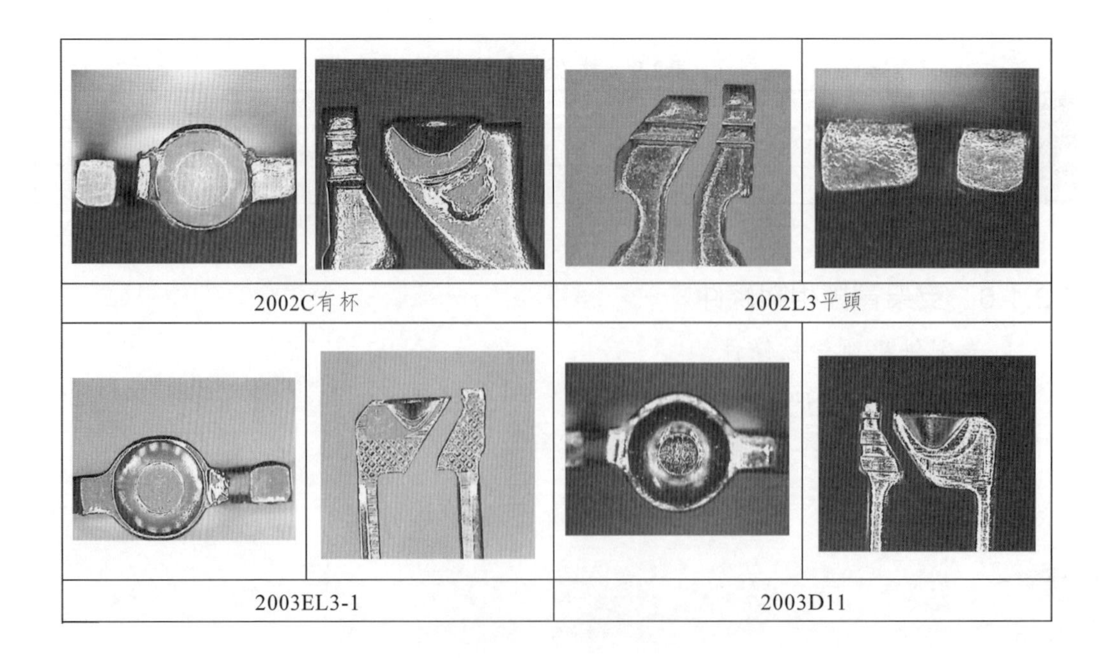

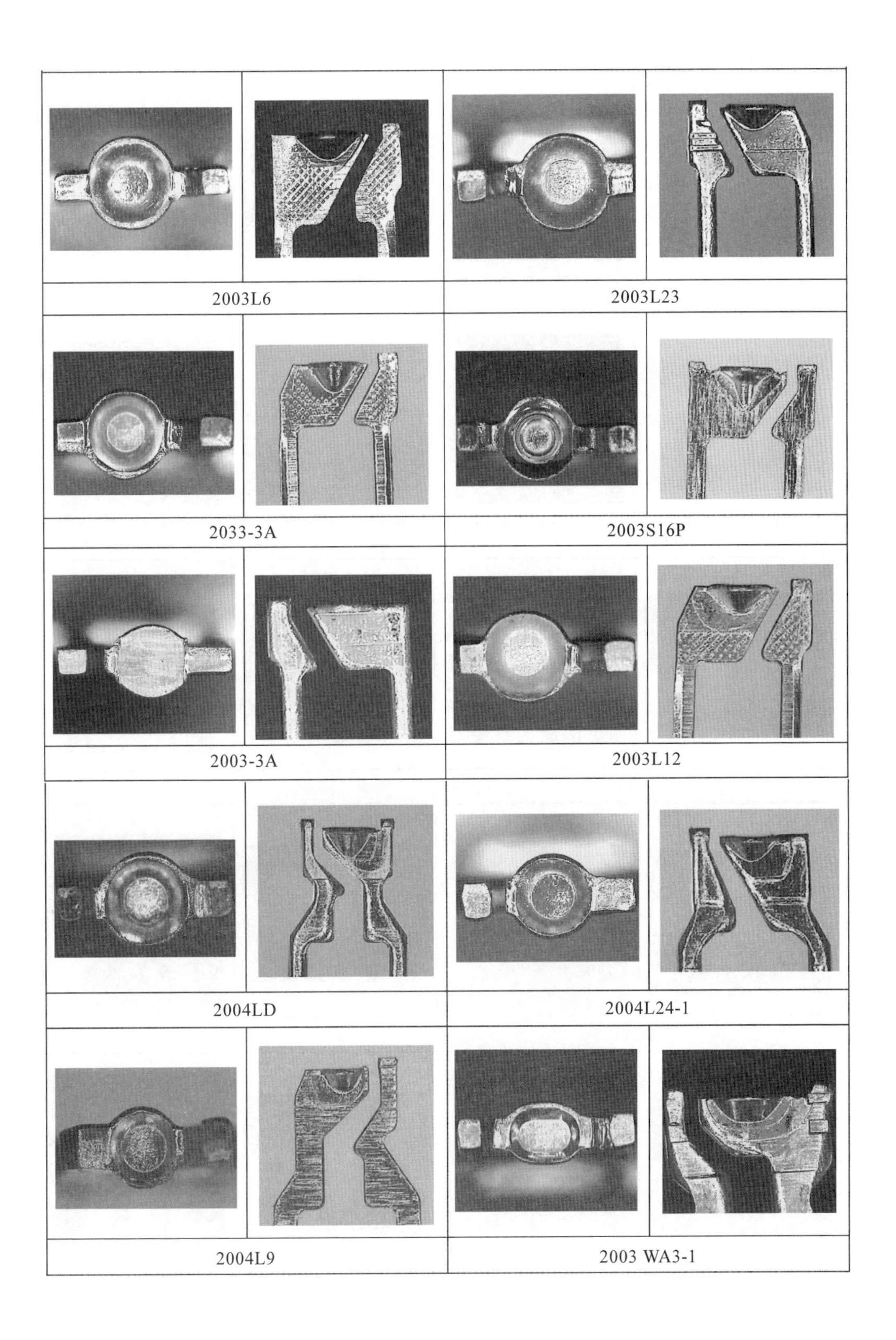

2003L6	2003L23
2033-3A	2003S16P
2003-3A	2003L12
2004LD	2004L24-1
2004L9	2003 WA3-1

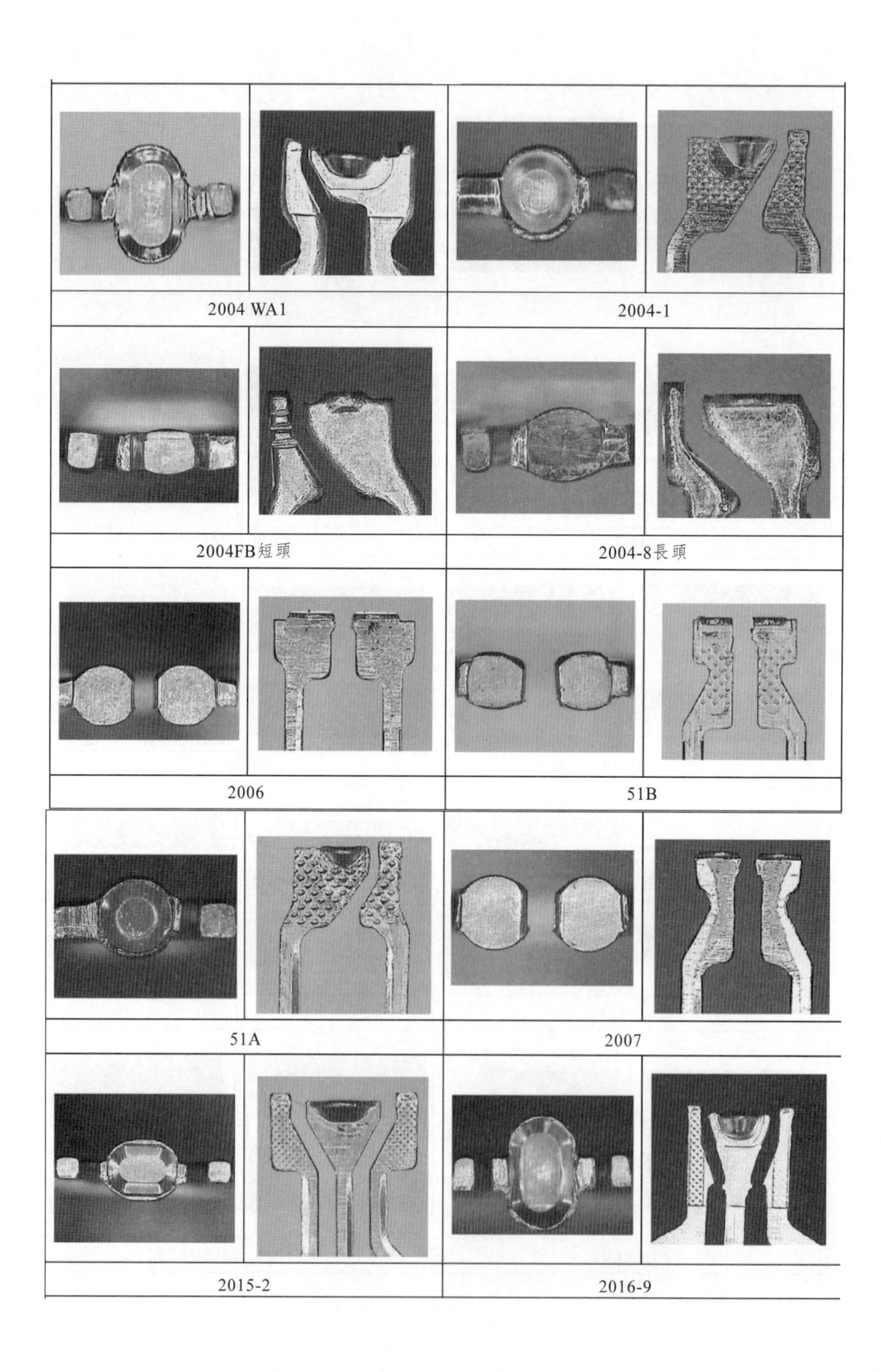
2004 WA1
2004-1
2004FB短頭
2004-8長頭
2006
51B
51A
2007
2015-2
2016-9

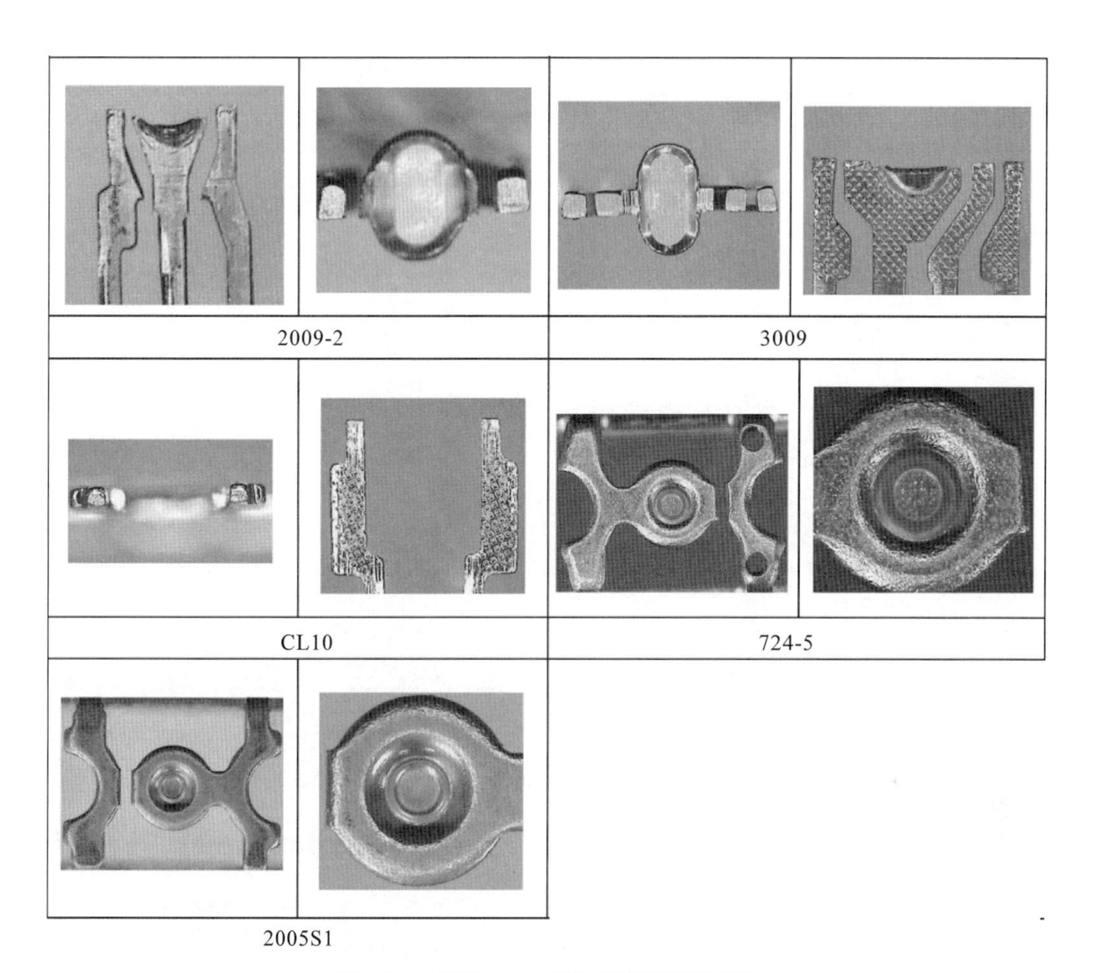

圖2.11　常用LED支架外觀顯微圖片

2.2.3　LED支架進料檢驗內容

表2.12是LED構裝廠家對支架進料時的檢驗內容。

表2.12　LED構裝廠家對支架進料時的檢驗內容

專案	不良說明	對LED造成的影響
數量短少	抽檢時每1千包裝內少的數或少整千包的數	1.影響數量管控 2.成本增加
混料	同批支架內混有兩種或兩種以上不同型號支架	1.影響產品特性 2.造成作業困擾，增加挑選工時

專案	不良說明	對LED造成的影響
生銹變色	電鍍層氧化等造成生銹變色（特別是功能區）	1.晶圓固著推力不足 2.打線拉力不足 3.成品V_F值增加 4.水清產品造成外觀上不良
鍍層起泡脫落	經150℃/3h烘烤或銲接實驗後鍍層有起泡或脫落露出銅層	1.死燈（影響產品壽命） 2.成品V_F值增加
彎曲變形	銲點及反射座偏離中心軸線向前後左右偏移（支架彎曲管控：0.5 mm）	1.成品偏心 2.造成銲線寬度距離過遠或過近 3.造成銲線滑球
支架扇形彎曲	支架立於水平面上，量測底部與平面的間隙大於0.2 mm	1.造成銲線跳高現象（銲點不良） 2.損傷磁嘴
支架傾斜	支架陰陽極前後左右偏移大於0.05 mm	成品偏心
支架壓傷	支架上Bar陰陽極或下Bar有壓傷痕跡（壓傷面積超過0.1 mm×0.1 mm，深度超出0.03 mm）	1.影響LED外觀 2.對LED的組裝造成一定影響
支架刮傷	有刮傷痕跡造成電鍍層脫落等（受損面積0.05 mm×0.05 mm）	1.影響LED外觀 2.影響LED焊接
反射座口變形	反射座因受損而造成變形	1.影響作業（嚴重時） 2.影響成品光斑、角度、亮度
凹凸不平	反射座底或第二焊點銲台有凹凸高低不平現象	1.晶片傾斜造成晶圓固著推力不足、銲線掉晶 2.晶片未固到底與碗底接觸不良造成電性問題 3.第二焊點不平造成銲點不良
陰陽極變形	杯子或第二焊點偏離中心點（陰陽極位置不在一條直線上或同時往一邊偏離）	1.成品偏心不良 2.造成銲線寬度距離過遠過近（嚴重造成黏固不牢形成死燈）
衝壓不良	支架任何部位因衝壓過程造成不規則變形者	尺寸不符，無法使用
電鍍不均	支架銀層有厚薄不一而造成銀層顏色差異	1.造成成品亮度有差異 2.烘烤變色造成外觀不良
支架污染	杯內及第二焊點銲台有殘留髒物或水紋污染	1.影響成品外觀 2.造成焊接不良
支架燒焦	支架有燒黑燒糊狀物質（由於電鍍廠商製程中瞬間電流過高所致）	嚴重外觀不良，無法使用
反射座底粗糙	反射座底有粗糙不光滑現象（素材衝壓不平）	造成晶片與支架連接空隙過大對電性造成影響（阻抗增大、V_F值上升）
腳彎曲	支架腳彎曲大於0.05 mm（腳中心值須符合公差內）	1.影響LED外觀 2.影響LED切腳 3.影響LED組裝
支架粗糙	支架陽極銲點面有粗糙現象大於1/3基板（pad）者	1.粗糙過大造成無法銲線 2.造成銲接不良

專案	不良說明	對LED造成的影響
銀殘留	支架鍍層表面附著不規則多餘銀物質	1.影響LED外觀 2.對插件造成影響
支架彎頭	支架杯及陰極有左右偏離或上下偏離（可由測繪儀量測）	1.成品偏心 2.嚴重者無法銲線
支架毛邊	支架上Bar及下Bar均有毛刺現象，上Bar毛邊大於0.03 mm，下Bar毛邊大於0.05 mm	1.影響LED外觀 2.影響切腳作業
支架異物（腳及下Bar發白）	支架上Bar以下腳上有發白現象者	1.影響LED外觀 2.影響LED組裝銲接
支架電鍍過薄	支架表面鍍層厚度上Bar為（100±10）μm（上Bar橫檔以上1 mm）。全鍍下Bar為（75±10）μm；半鍍下Bar不低於10 μm	1.造成成品亮度有差異 2.烘烤變色造成外觀不良 3.影響銲線
烘烤檢驗	150℃/3h下有變色、氣泡、銀層脫落現象	1.死燈（影響產品壽命） 2.成品V_F值增加 3.變色造成外觀不良及銲接問題
銲線耐熱試驗	420℃/6s下有變色、氣泡、銀層脫落現象	同上

2.3　LED模條介紹

2.3.1　模條的作用與模條簡圖

模條是LED成形的模具，一般有圓形、方形、塔形等。支架植得深還是淺由模條的卡點高低所決定。模條需存放在乾淨及室溫以下的環境中，否則會影響產品外觀。

圖2.12是模條的簡圖。

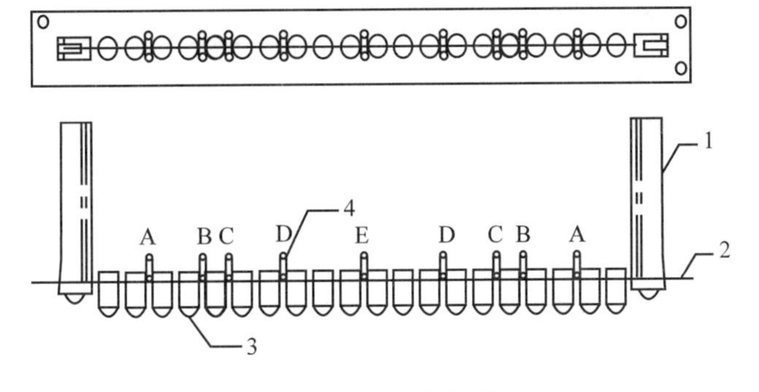

圖2.12　模條的簡圖

2.3.2 模條結構說明

表2.13是模條代碼說明。

表2.13 模條代碼說明

代碼	1	2	3	4
結構名稱	導柱	鋼片	膠杯	卡點

2.3.3 模條尺寸

表2.14是模條的尺寸。

表2.14 模條的尺寸

卡槽間距	152.4 mm	相鄰膠杯中心間距	3～6Φ	7.62 mm
			8、10Φ	15.24 mm
卡點規格（見2.12）	(0.52±0.02) mm（主卡點卡內寬度）	(0.49±0.03) mm（輔助卡點卡內寬度）	卡點公差為±0.05 mm，左右相稱的卡點所測值公差為±0.02 mm	
矽鋼片規格	(0.5±0.02) mm（厚）	(15±0.1) mm（寬）	(178±0.15) mm（長）	
導柱規格	（見圖2.14）			

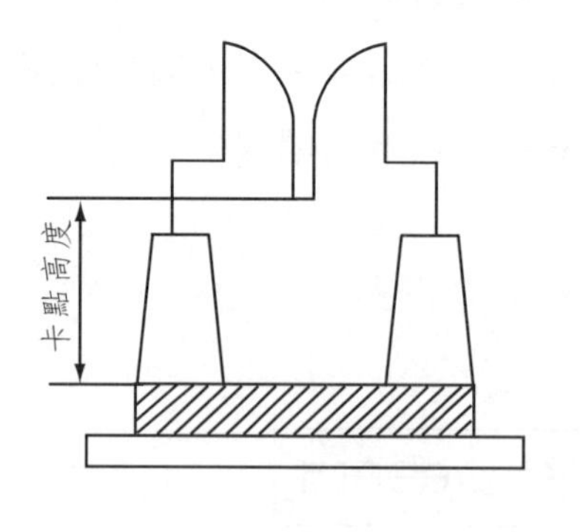

圖2.13 卡點示意圖

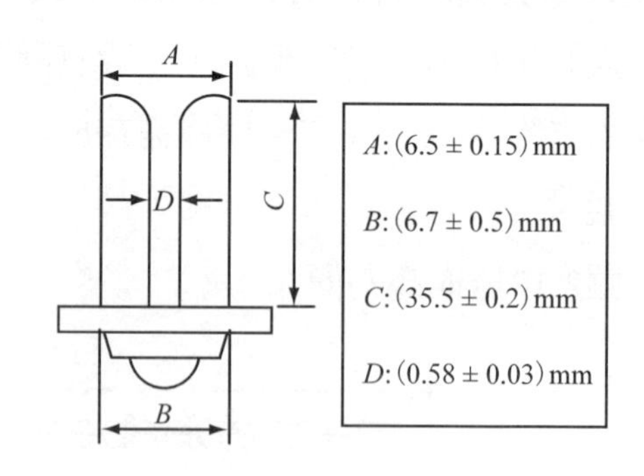

圖2.14 導柱示意圖

1. 模條材質

塑膠（TPX材質）。

2. TPX物料簡介

TPX如同PC、PMMA，有極佳的透明度，但PC和PMMA是非結晶型，而TPX是結晶的材料，且在物理上有相當的差異存在。

3. TPX在以模具成型時要注意以下幾點

(1)TPX具有極佳的耐熱性，耐化學品及耐蒸汽性等，且TPX在透光性聚合物中比重最輕。

(2)TPX的耐擊性和PS及PMMA相當，TPX是結晶型的材料，所以比其他非結晶型的材料有更大的收縮率。

2.3.4　開模注意事項

表2.15是開模時的注意事項。

表2.15　開模時的注意事項

專案	注意事項
卡點尺寸	1.卡點公差為±0.05 mm，左右相稱的卡點所測值公差為±0.02 mm 2.修改之模具卡點、輔助卡，卡點公差為±0.10 mm，左右相稱公差±0.05 mm 3.卡點毛邊在0.2 mm以內可接受，超出需改成型條件或模具
帽檐尺寸	1.模粒成品帽簷以目視檢視毛邊，再以顯微鏡檢視無帽簷缺膠變形，毛邊以0.3 mm為範圍，超出以不良計，需調整射出條件或修改模具 2.模粒帽簷量測以卡點量測儀量測，範圍為鋼片至模粒帽簷頂端之尺寸，最大最小值不可超出0.05 mm，超出一律需修改模具
膠杯	1.膠杯共分功能區（發光區）及一般區 2.功能區不可有任何塑膠流痕，需光滑平順；一般區流痕不可大於膠杯總長二分之一

2.3.5　LED封裝成形

圖2.15是LED成形後的外形示意圖。

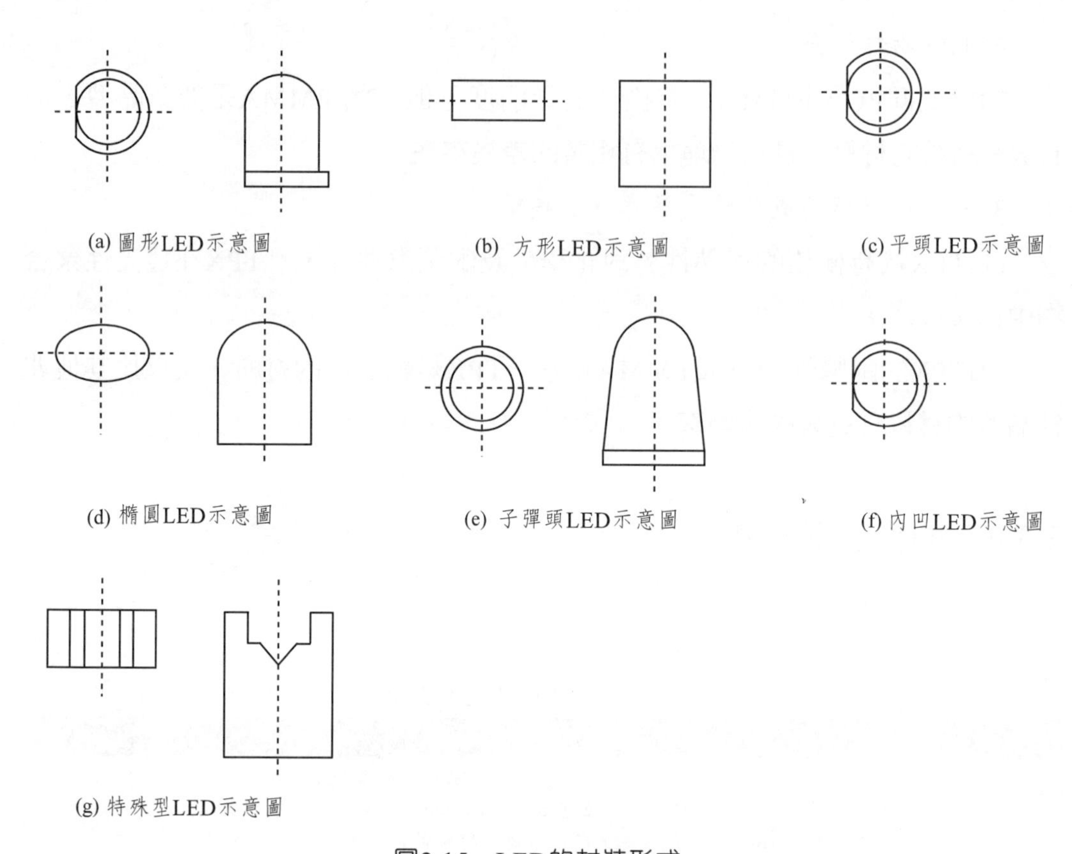

圖2.15　LED的封裝形式

2.3.6　模條進料檢驗內容

表2.16是模條進料時的檢驗內容，進料時要按表中說明的要求嚴格檢驗。

表2.16　模條進料時的檢驗內容

專案	不良說明	對LED造成的影響
型號不符	來料與實際要求不符	1.無法生產 2.影響LED生產進度
模條混裝	來料同批中有兩種或多種不同型號模條裝在一起	1.產品封膠錯誤 2.浪費成本
模粒內表面模糊	在模粒內有水紋狀物質	1.成形後表面不良 2.造成外觀不良
模粒內表面刮傷	在模粒內有劃傷痕跡	1.成形後表面刮傷 2.造成外觀不良

專案	不良說明	對LED造成的影響
模粒裂痕	模粒帽簷與矽鋼片間有裂痕	1.會造成模粒鬆脫轉動 2.模條使用次數減少 3.插淺不良
模粒帽簷破損	模粒帽簷有缺損	1.會造成成品毛邊 2.造成外觀不良
矽鋼片生銹	矽鋼片上有生銹痕跡	導致產品有異物
矽鋼片變形	矽鋼片有彎曲變形（影響裝模條作業）	1.影響裝模條作業 2.材料插深或插淺
模條底部塑膠殘留	模條矽鋼片底部有塑膠殘留（供應商制程不良所造成）	影響裝模條作業
卡點脫落	卡點有掉落（運輸過程搬運不當所致）	1.無法使用 2.成形後插深或插淺不良
導柱脫落	模條導柱有掉落（運輸過程搬運不當所致）	無法使用
圓缺邊方向錯位	圓邊或缺邊方向不規則，不在要求的方向（膠杯與矽鋼片結合不好）	1.成形後膠體外觀不規則 2.嚴重外觀不良
卡點誤差過大（插深或插淺）	經卡點量測儀量測 1.與標準卡值相差0.1 mm以上 2.同一支模條對稱卡點值相差0.5 mm以上	成形後插深或插淺
中心間距不等（封膠實驗有偏心）	1.杯與杯間距超出標準公差 2.導柱間卡槽間距過寬 3.偏心角在5°以上	成形後偏心不良（支架杯中心明顯偏離膠體中心）
膠杯成形不良（封膠實驗有光斑不良）	注塑成形膠杯內不規則	成形後光斑不圓

2.4　銀膠和絕緣膠

銀膠是用來導電、散熱和固定晶片的；絕緣膠除了不導電外，也是用來散熱和固定晶片的。因爲在LED構裝過程中的作用不同，因此所用位置也不同。

2.4.1　銀膠和絕緣膠的包裝

圖2.16是銀膠和絕緣膠罐裝圖。

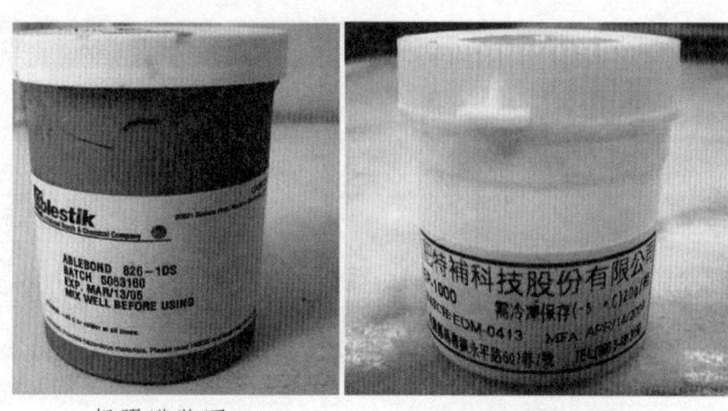

銀膠罐裝圖　　絕緣膠罐裝圖

圖2.16　銀膠和絕緣膠罐裝圖

2.4.2　銀膠和絕緣膠成分

表2.17是銀膠和絕緣膠的型號和成分。

表2.17　銀膠和絕緣膠的型號和成分

材料名稱	銀膠	絕緣膠
型號	826-1DS	EP-1000
成分	樹脂、銀粉、硬化劑	樹脂
備註	其中銀粉含量為65%～70%	

2.4.3　銀膠和絕緣膠作業條件

表2.18是銀膠和絕緣膠的作業條件。

表2.18　銀膠和絕緣膠的作業條件

材料名稱	銀膠	絕緣膠
使用條件	在常溫25℃、濕度為50%～70%環境下回溫90 min以上，攪拌10 min以上	在常溫25℃、濕度為50%～70%環境下回溫90 min以上即可使用
保存條件	−40℃以下保存一年；−10℃以上保存三個月	−40℃以下保存一年；−10℃以上保存三個月
烘烤條件	恆溫150℃，30 min就硬化，為保證其結合度，標準烘烤條件150℃/1.5h	恆溫150℃，20 min就硬化，為保證其結合度，標準烘烤條件150℃/1.5h

2.4.4 操作標準及注意事項

表2.19是銀膠和絕緣膠的操作標準及注意事項。

表2.19 銀膠和絕緣膠的操作標準及注意事項

膠類	操作標準	注意事項
銀膠	1.銀膠採購回來後，置於冷凍櫃保存 2.在欲使用銀膠之前一日，由冷凍櫃改放冷藏室保存 3.使用前3h，將銀膠自冷藏室取出，置於室溫下回溫再開罐（大罐新銀膠需回溫3h，小罐分裝後之銀膠需回溫1h） 4.開罐後，以玻璃棒或不銹鋼攪拌（攪拌前，攪拌棒應以丙酮先擦乾淨），攪拌方式應順向由下往上，攪拌時間需10 min左右 5.銀膠分裝前，先將分裝容器擦乾淨，再將膠裝入帶蓋的容器中；如使用時將銀膠置於針筒內 6.開始點膠作業 7.晶圓固著烘烤後做推力測試	1.回溫達到規定時間後，先用布擦乾瓶罐表層，並查看瓶罐表層是否沾有水氣，如沾有水氣必須繼續回溫，應由其自由揮發完全即可，回溫很重要，按標準作業才能保持品質穩定 2.因銀膠對溫度較敏感，不宜使用其他材質攪拌 3.因銀膠內含硬化劑及銀片，其厚度約為0.1～0.2 mm，需充分攪拌（10 min左右）與樹脂混合 4.因銀膠之膠為懸浮物，如置久不使用時會使銀與膠分離（銀在底層，膠在上層），故分裝的銀膠最好配合產量一天使用完畢為最佳，若在自動線使用，應於3～5次內使用完；未作業完之銀膠第二次使用時需再次攪拌 5.因銀膠有其使用壽命，殘留在瓶罐盒內及罐蓋之銀膠，若不清理乾淨，易與新銀膠混合，舊銀膠因置久造成汽化或凝固，致使混合後之銀膠混有較大顆粒，故在倒入新銀膠時瓶罐必須清洗乾淨方可作業 6.晶圓固著後之推力應過100g以上，做推力測試時應注意作業方式需標準，不能因人為操作不當造成資料過大或過小而不準確
絕緣膠	1.絕緣膠採購回來後，置於冷凍櫃保存 2.在欲使用絕緣膠之前一日，由冷凍櫃改放冷藏室保存 3.使用前3h，將絕緣膠自冷藏室取出，置於室溫下回溫 4.開始點膠作業，未使用完之絕緣膠再置於冷藏室保存 5.晶圓固著烘烤後做推力測試	1.回溫達到規定時間後，先用布擦乾瓶罐表層，並查看瓶罐表層是否沾有水氣，如沾有水氣必須繼續回溫，應由其自由揮發完全方可，回溫很重要，按標準作業才能保持品質穩定 2.晶圓固著後之推力應過100g以上，做推力測試時應注意作業方式需標準，不能因人為操作不當造成資料過大或過小而不準確

2.4.5 銀膠及絕緣膠烘烤注意事項

(1)必須一次烤乾，若有軟化、鬆動現象，倘若前一次未烤乾，取出材料後空氣進入銀膠再次加溫膨脹導致結合度變差。

(2)烘乾硬化後不能立即從烤箱中取出，應待其自然冷卻後再取出。

(3)烘烤時注意時間不能過長過短，進出烤箱時都需確實做好記錄，製程檢驗員（IPQC）做好監督。

2.4.6 銀膠與絕緣膠的區別

(1)銀膠需攪拌，絕緣膠不需攪拌。

(2)銀膠硬化速度比絕緣膠慢，銀膠推力比絕緣膠小。

(3)銀膠散熱性較好，絕緣膠散熱較差。

(4)銀膠較絕緣膠吸光性強、反光性弱，成形產品中銀膠亮度較絕緣膠低。

(5)銀膠推力較小，絕緣膠推力較大。

(6)絕緣膠可與螢光粉混合在一起配製成杯底絕緣膠做白光。

2.5 焊接線—金線和鋁線

在構裝LED時需要用金線或鋁線把晶片兩個電極和LED支架銲接起來，這才能把電源通過支架加到LED晶片上。

2.5.1 金線和鋁線圖樣和簡介

圖2.17是成品金線的照片。

圖2.17　金線圖樣

圖2.18是成品鋁線的照片。

圖2.18　鋁線圖樣

金線和鋁線都可以作爲LED晶片與支架間的連接線。金線電阻率比鋁線電阻率小，在LED功率比較大或要求電參數比較高的場合往往使用金線，其他場合可以使用比較廉價的鋁線。

2.5.2　經常使用的銲線規格

表2.20是經常使用銲線規格。

表2.20　銲線規格

金線	機型	手動銲線機	自動銲線機	食人魚銲線機
	線徑	0.9 mil	1.0 mil	1.2 mil
	含金量（Au）	99.9%		
鋁線	機型	手動鋁線機、晶片壓合機		
	線徑	1.2 mil		

注：1 mil=0.0254 mm

2.5.3　金線應用相關知識

1. 銲線示意圖

圖2.19是LED銲線示意圖，焊接時要保證銲點牢固可靠。

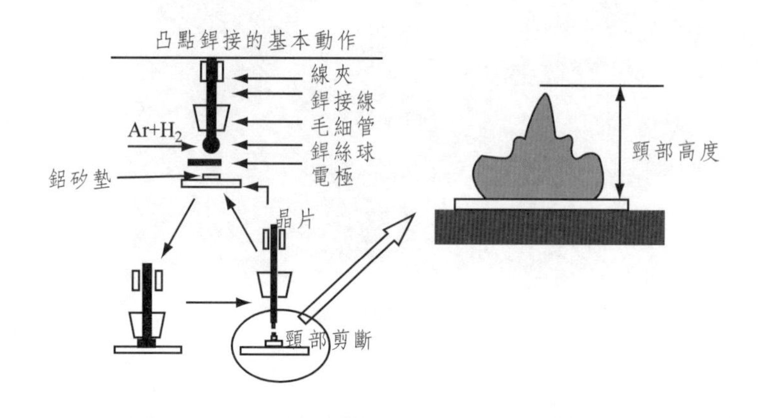

圖2.19　LED晶片銲線示意圖

2. 銲球相關名詞定義

LED晶片銲球標注如圖2.20所示。表2.21是銲球代碼定義，表示了各部分的含義。

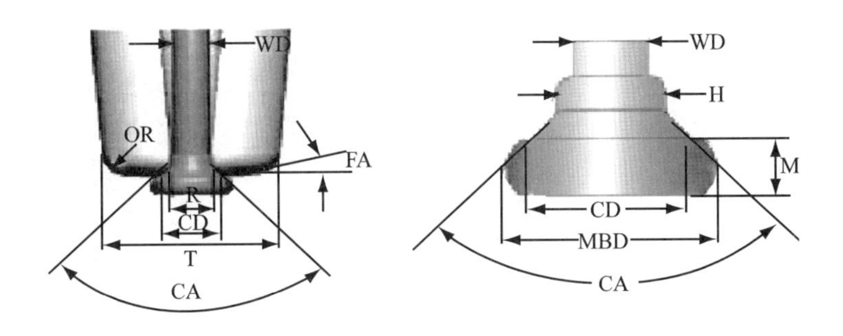

圖2.20　LED銲球標注圖

表2.21　銲球代碼定義

代碼	H	CD	T	CA	FA
定義	磁嘴孔徑	斜切後直徑	磁嘴頂端直徑	壓球後球形角度	磁嘴頂端斜角
代碼	WD	OR	MBD	MBH	
定義	線徑	磁嘴頂端圓弧度	壓球後直徑	壓球後高度	

3. 線尾切斷方式

圖2.21是LED晶片的銲尾切斷方式圖（圖中SL是切痕長度）。

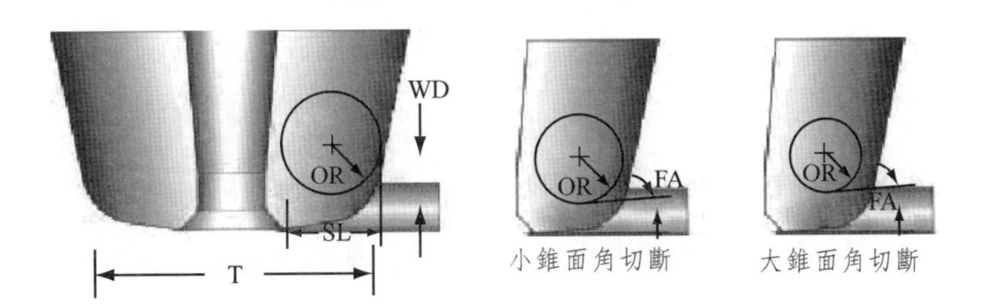

圖2.21　銲尾切斷方式

4. 金線原材料品質會影響到銲球

圖2.22(a)是銲球焊接不良的示意圖，圖2.22(b)是第二銲點不良的顯微圖片。

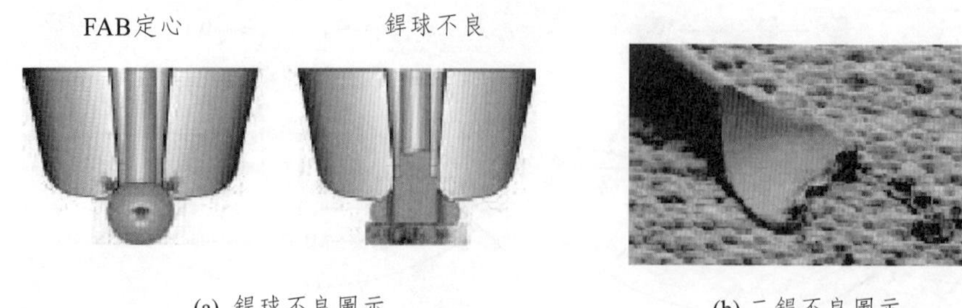

(a) 銲球不良圖示　　(b) 二銲不良圖示

圖2.22　銲球不良示意圖

圖2.23(a)是銲球良品顯微圖片，圖2.23(b)是第二焊點良品的顯微圖片。

(a) 銲球良品

(b) 二銲良品

圖2.23　銲球良品顯微圖片

2.5.4　金線的相關特性

金線在高溫下焊接如加熱時間過長，其結合力會下降。圖2.24爲金線放置時間與結合力的圖示（溫度T爲200℃，功率爲70 mW，結合力爲50 mg）。由此可知，金線放置時間越長與晶片的結合力越低。

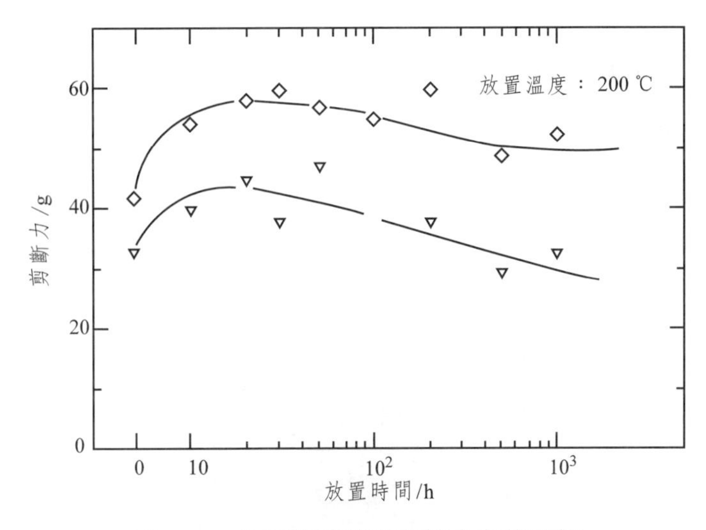

圖2.24　金線放置時間與結合力的關係

2.5.5　金線製造商檢測金線的幾種方法

金線製造商在實驗金線的延展力、柔韌力及銲球結合力時，通過不同的打線方式來檢測，如圖2.25所示。

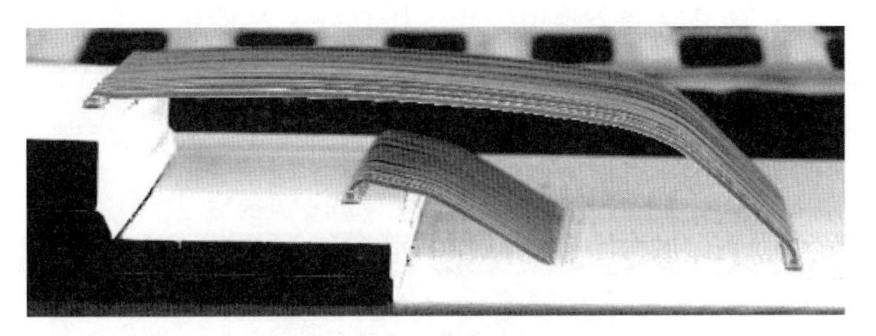

(a) 段式銲線

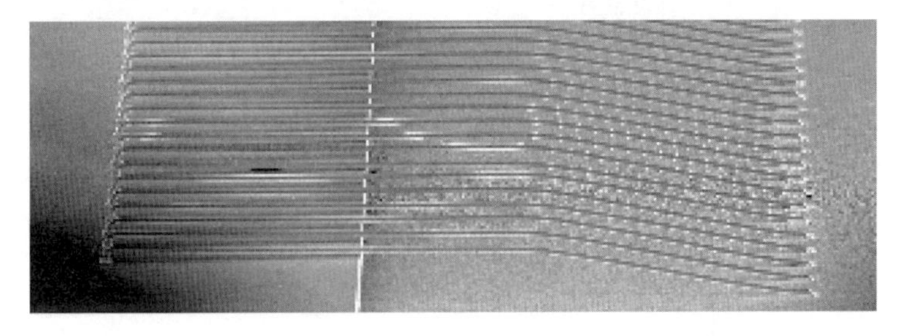

(b) 超低式銲

(c) 超長式銲線

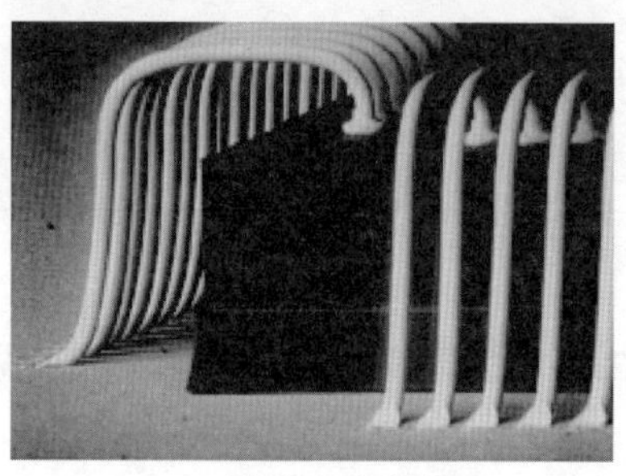

(d) 超短式銲線

圖2.25　金線的幾種檢驗方法

2.5.6　LED構裝廠家檢驗金線的方法

LED生產廠家爲了保證金線預先片焊接良好，在使用金線前和使用過程中都要對金線進行檢驗，檢驗內容如表2.22所示。

表2.22　LED生產廠家檢驗金線的方法

判定項目	說明	備註
銲線拉力	在機台正常設定下拉力大於5g	相對應圖形見前面圖片（不良與良品圖）
銲點（金球球形、第第二焊點點魚尾）	金球飽滿無裂痕，第二焊點切斷處無碎裂	
球頸	球頸圓滑，無斷層、裂痕	
色澤	色澤光滑、匀稱，無雜質	

2.6　封裝膠水

2.6.1　LED封裝經常使用的膠水型號

2.6.1.1　宜加化工生產的部分膠水簡表

宜加化工生產的部分膠水型號見表2.23。

表2.23　宜加化工生產的部分膠水型號

類別	主劑	硬化劑	擴散劑	色劑
膠水	2015A	2015B		
膠水	2339A	2339B		
膠水	4000ER	4000BR		

2.6.1.2　包裝圖示

宜加A膠

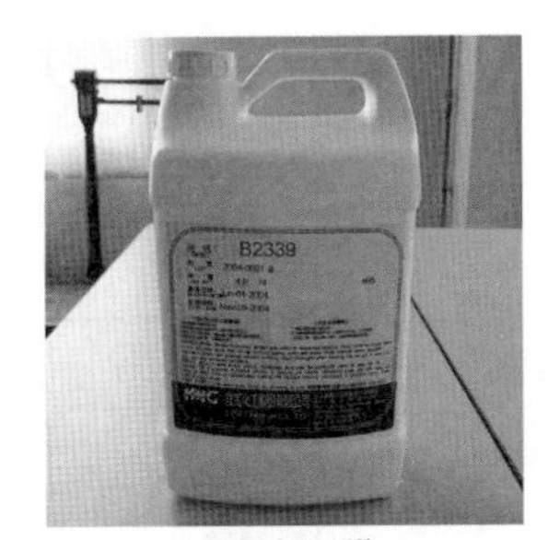

宜加B膠

圖2.26　宜加A膠和B膠包裝圖

2.6.2　膠水相關知識

2.6.2.1　膠的種類及成分

表2.24給出了4種膠水和各膠水的成分。

表2.24　膠水的種類和成分

種類	成分
A膠	Bisphenol A型環氧樹脂、Bisphenol F型環氧樹脂 Cycloaliphatic epoxy、Novolac epoxy
B膠	酸酐類（酸無水物，Anhydride）、胺類
CP膠	有機染料
DP膠	碳酸鈣、氧化鋁、矽粉

2.6.2.2　膠水的應用過程

圖2.27是膠水在LED生產中應用過程的流程圖。

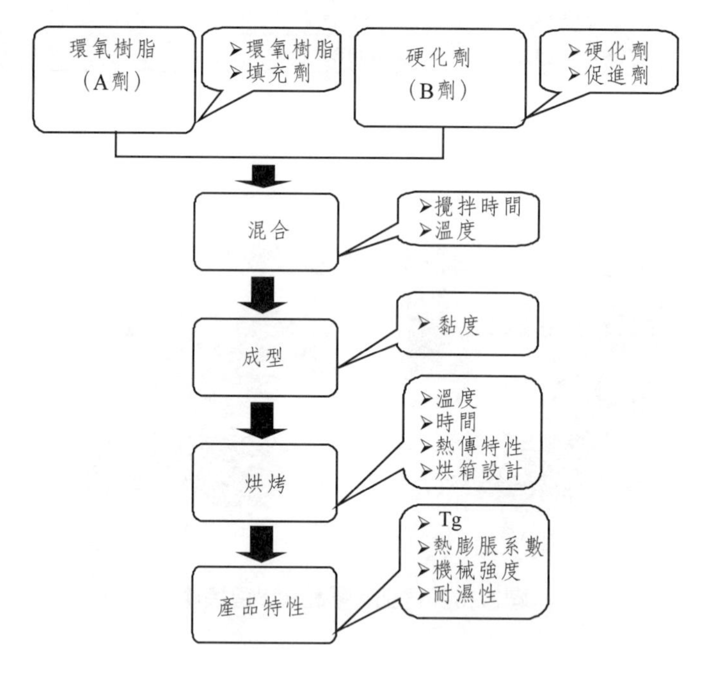

圖2.27　膠水應用過程

2.6.2.3　宜加2015膠水相關特性參數

表2.25是宜加廠家生產的2015膠水和性能指標。

表2.25　宜加2015膠水相關特性參數

型號（lot no）	環氧樹脂A2015（resin A2015）	硬化劑B2015（hardener B2015）
外觀（appearance）	淡藍色（blue tinged grade）	無色微黃（colorless to slight yellow）
比重（specific gravity）/(g/m³)	1.16	1.16
黏性〔viscosity (cps, 25℃)〕/Pa · s	9000±2000	195±100
分解溫度〔decomposition temp (TGA)〕T/℃	301±5	5165±5

2.6.2.4　環氧樹脂化學分子式

圖2.28是環氧樹脂的化學分子式。

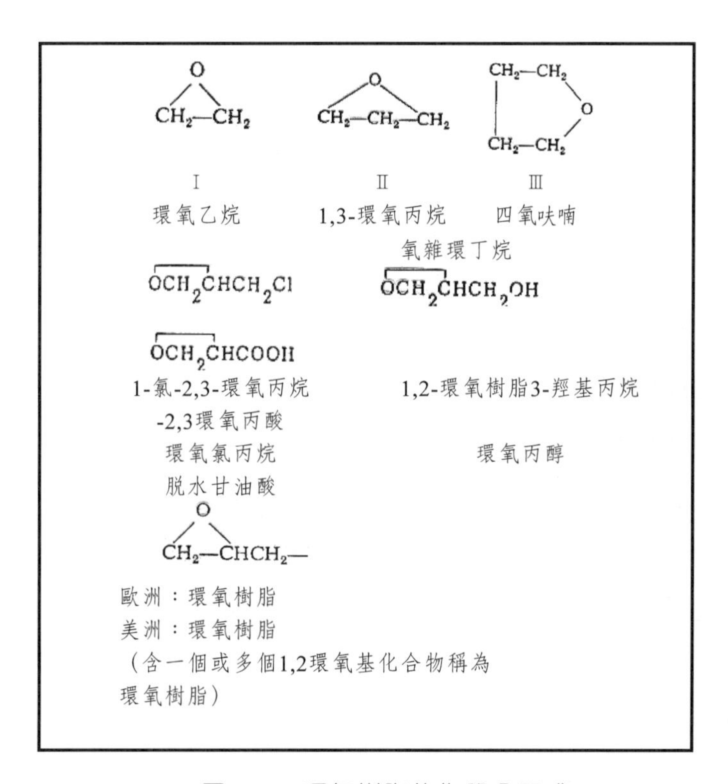

圖2.28　環氧樹脂的化學分子式

2.6.2.5 玻璃轉化溫度（T_g）

1. 對轉化溫度的定義

當高分子材料由硬而脆之玻璃狀態，轉變成軟而韌之橡膠狀態時，其溫度範圍稱之爲玻璃轉化溫度。圖2.29是某種玻璃態的轉化溫度曲線。

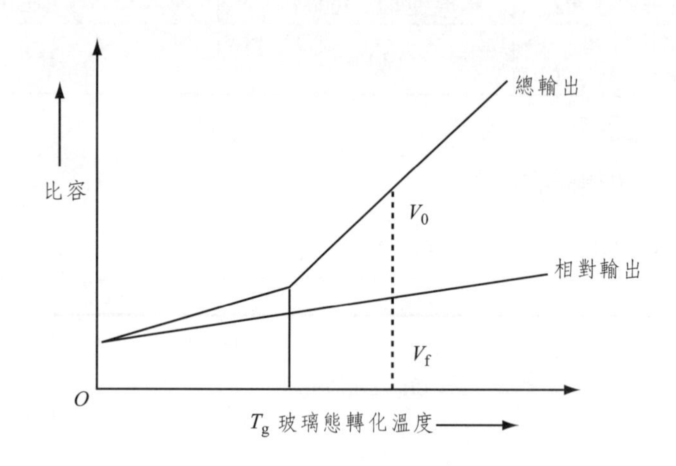

圖2.29　玻璃轉化溫度曲線

2. 曲線說明

當$T > T_g$是橡膠狀態，當$T < T_g$是玻璃狀態。

(1)可由玻璃轉化溫度（T_g）來預期溫度循環（Temp.-cycle），熱衝擊（Thermal-shock）及產品使用溫度。

(2)玻璃轉化溫度（T_g）與使用條件有關，亦與硬化情形有關。

(3)玻璃轉化溫度（T_g）高於使用溫度5%～10%較適合。

(4)當同一配方，其所得硬化物玻璃轉化溫度（T_g）愈高時，交聯密度（cross linking density）較高。（交聯密度——單位長度內的交聯點數）。

(5)硬度愈高，對機械或熱應力而言較脆。

(6)收縮愈大，內應力愈大。

(7)吸濕性較高。

(8)使用壽命下降。

(9)預期溫度循環下降。

3. T_g點與時間的關係圖

T_g與時間的關係見圖2.30，開始隨時間非線性增長，後來隨時間略有下降。

4. 玻璃轉化溫度測試圖

圖2.31是玻璃轉化溫度測試曲線。

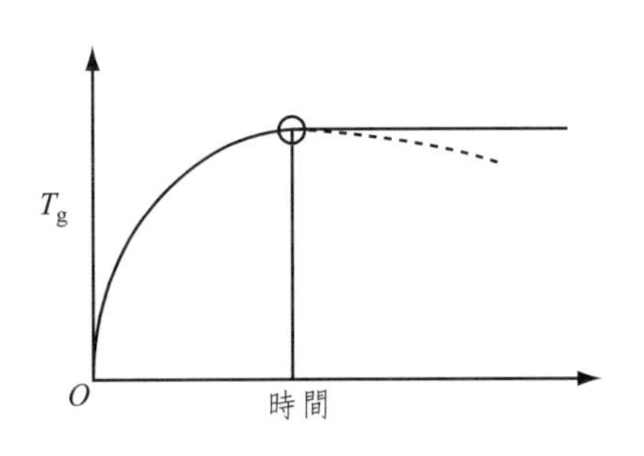

圖2.30　T_g點與時間的關係

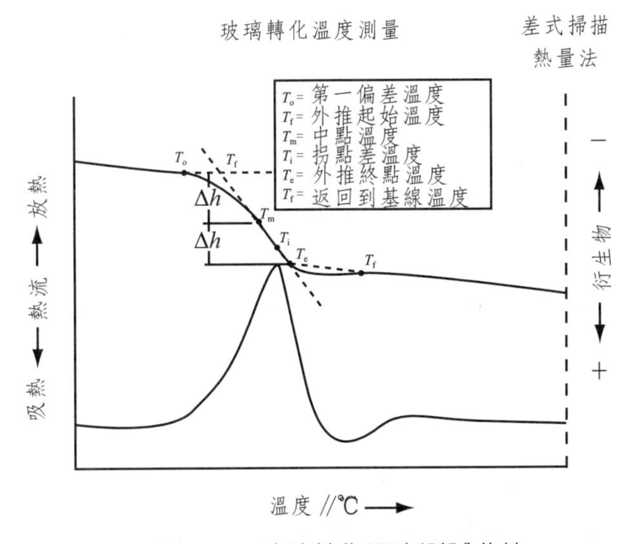

圖2.31　玻璃轉化溫度測試曲線

5. 吸水與不吸水的T_g進行比較

表2.26是按比例混合好的膠水，其吸水和不吸水的T_g比較情況。

表2.26　吸水和不吸水的T_g比較

硬化條件	不吸水	吸水
	*T_g	T_g
120℃, 1h	93.9	90.9
2h	113.8	–
5h	125.6	95.6
120℃, 5h/150℃, 3h	135.5	95.6
120℃, 5h/150℃, 15h	140.7	106

注：配製好的膠水務必在使用時間內用完。

2.6.2.6 輔助說明

(1)通常而言，我們所說的T_g點是取轉化區域的中心值，這一溫度確切地說是以區域進行表示，而不是由單一點的數值進行表示的。例如：材料A的玻璃轉化度範圍是98～115℃，而材料B的玻璃轉化溫度範圍是98～102℃，則如果按照中值規定，相關的報告值將是100～105℃，中點基於較窄的轉化範圍，玻璃轉化溫度T_g爲100℃的材料可能是更好的適用材料。

(2)環氧樹脂的化學性質稱爲附加的化學性質。這意味著爲獲得特殊的材料特性，A部分（即環氧樹脂部分）與B部分（即硬化劑部分）要進行混合。產生的混合物性質包括黏度、硬度、熱膨脹係數（CTE）以及玻璃轉化溫度T_g。這類型的化學性質很難達到大大高於固化溫度的玻璃轉化溫度T_g，尤其對於較短的固化時間而言。例如，如果兩部分材料在80℃的溫度下進行固化，則在通常情況下，材料的玻璃轉化溫度T_g不會大大超過85～90℃的範圍。當玻璃轉化溫度T_g達到固化溫度時，環氧樹脂基體將迅速成爲凝膠狀態，隨後固化速度大大降低。

(3)固化不足對環氧樹脂的影響。對於環境影響以及尺寸特性，固化不足的環氧樹脂不是最佳的。對於具體的應用情況來說，從來就不需要100%的最佳特性，儘管較長的、溫度較高的固化時間方案可以達到將近100%的固化效果，但是較短的、溫度較低的固化週期也可以使固化效果達到完全固化情況下的90%～95%。更重要的是這些時間較短、溫度較低的固化週期的成本較低，主要原因是烤箱的運行溫度較低，所以可以使用較便宜的材料，使固化時間縮短，進而可以提高產量。

(4)後期固化週期。可以採用未來進行的、二次固化週期來提高熱固化環氧樹脂的玻璃轉化溫度T_g。可以使用初次固化週期來有效地進行材料凝膠作業。

(5)圖2.32是LED輔料中各成分T_g點曲線示意圖。

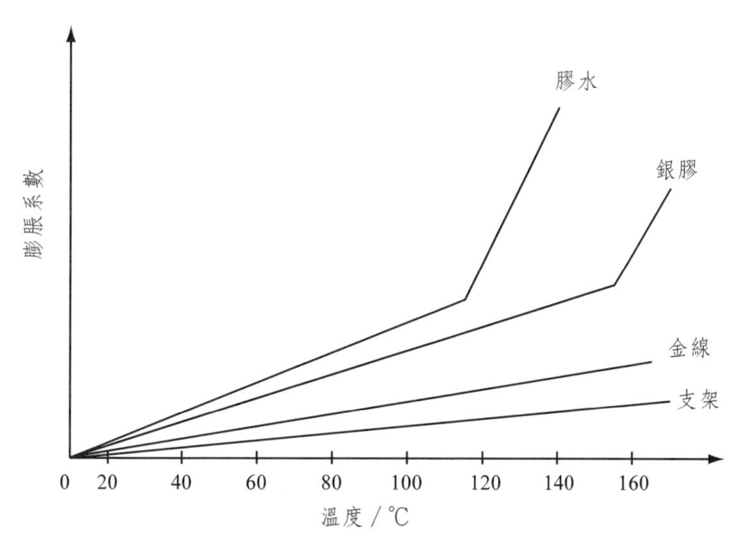

圖2.32　LED輔料中各成分T_g點曲線

2.6.2.7　膠水的操作壽命及反應速率

1. 操作壽命定義

操作壽命指環氧化合物的黏度超過可使用範圍的極限時，通常用centipoises（cps）來表示，此外，溫度是一主要的因素。

2. 操作壽命具體說明

(1)A/B膠混合後，黏度上升至起始黏度兩倍時。

(2)A/B膠混合後，黏度上升至無法操作時。

3. 反應速率具體說明

(1)多數環氧樹脂的反應速率，將會每增加10℃的溫度就成長一倍。

(2)加熱環氧樹脂通常用來降低黏度，使其達到易除氣泡的目的。

4. 凝膠點（gel point）

反應進行中，分子量迅速增加，且最後使得幾條分子鏈連接在一起，成爲極大的分子量網狀系統。由一黏性的液體變成一有彈性的膠狀，將呈現極大網狀系統的主要現象，這種迅速且無法改變的變化，即稱爲凝膠點。

2.6.2.8 膠水的硬化

1. 定義

硬化在化學上屬於完全反應，在工業上使用時，指能得到最佳性能所需的硬化程度。

2. 硬化溫度對LED的影響

1）前硬化溫度太低（在gel-T_g以下）

(1)凝膠化與玻璃化同時發生，當溫度再增高，可能仍會呈液體狀。

(2)轉化率不夠，硬化不完全，且所需時間太長。

2）前硬化溫度適中

(1)硬化反應速率慢，微粒凝膠大（primary microgel）。

(2)T_g與硬化溫度相同。

(3)網狀結構密度大（交聯度高）。

(4)抗化學性高及各種物性優異。

3）硬化溫度高

(1)放熱量大，溫度聚集太高，造成邊緣與中心溫差大。

(2)硬化速率太快，微粒凝膠小。

(3)網狀結構密度小，Tg低。

(4)抗化學性低，物性差。

2.6.2.9 膠水的保存條件（環氧樹脂系統及相關材料）

(1)必須保存在原來的容器內。

(2)應避免過度加熱——如持續保存在40℃以上，對於大多數的環氧樹脂來說，將會大幅度縮短其生命週期。

(3)應避免太陽直接照射。

(4)擴散膏Dp（Diffusant paste）內含易於沉澱的填充料（如礦石），絕對需要先攪拌均勻再取用。

(5)建議使用冷藏的方式來保存單液型的原料（銀膠）。

(6)二液型的原料（A、B膠）不需冷藏（25～40℃），冷藏保存將導致某些原料結晶。

2.6.2.10　膠水使用注意事項

表2.27是幾種膠水在使用中需要注意的事項。

表2.27　膠水使用注意事項

序號	注意事項	說明
1	A膠使用前需預熱60 min（預熱溫度：手動線70±5℃；自動線50±5℃） B膠不能預熱 色劑預熱溫度70±5℃（紅色）	A膠預熱後與B膠更容易結合
2	A膠預熱溫度不能過高	A膠雖可加熱降低黏度以利混合脫泡，但預熱溫度過高，將加速混合黏度上升，但會縮短可使用時間
3	B膠（硬化劑）使用完後需蓋緊瓶蓋	1.B膠是酸酐類易吸收空氣的水分，形成羚酸沉澱粉而造成不良，進而變質無法使用；B劑（硬化劑）→水解→表面硬塊→無法融化或分解→效果降低（特別是有關電氣與耐濕性） 2.同時瓶蓋也要擦拭乾淨，以免打不開
4	主劑A膠和B膠（硬化劑）混合後務必在可使用時間內用完 填膠後需立刻進烤箱	AB膠一經混合後即慢慢起化學反應，造成黏度變高，當黏度過高時導致無法灌注或產生氣泡；填膠後如在空氣中停留過久會造成表面吸濕，導致成品不良現象。
5	配膠過程中需嚴格注意配比的正確	各種膠量的比重過多或過少會造成如下不良。 A膠多（B膠少），烘烤不易乾、膠體變軟、剝模變形 B膠多（A膠少），膠體脆、易碎 C膠多，成品亮度變低、顏色越深 C膠少，成品亮度會稍高，但顏色越淡 DP膠多，成品亮度變低、角度會變大 DP膠少，成品亮度變高、角度會變小、見光點
備註	環氧樹脂與硬化劑的反應是放熱反應，環氧樹脂的熱傳導很差，黏度又很大，所產生的熱量不易消散，對整體來說，此系統的反應是處於絕熱狀況。熱量效應與樹脂的重量、模具的形狀也有關係，在反應過程中，因熱量的累積，常常中心反應溫度比其他地方高	

2.6.2.11　不同膠水組合形成膠體外觀方式

表2.28是不同膠水組合後的自命名。

表2.28　不同膠水組合後的自命名

膠水組合方式	成形膠體顏色	某企業產品命名中代碼
A膠+B膠	水清透明	C
A膠+B膠+CP膠	有色透明	T
A膠+B膠+DP膠	白色霧狀	M
A膠+B膠+CP膠+DP膠	有色霧狀	D
配膠順序	CP膠→DP膠→A膠→B膠	
配膠重量原則	B膠=A膠+CP+DP	

2.6.2.12　膠水T_g點實驗圖示

膠水在使用過程中固化不夠會降低牢固程度，其固化不夠的實驗曲線見圖2.33。

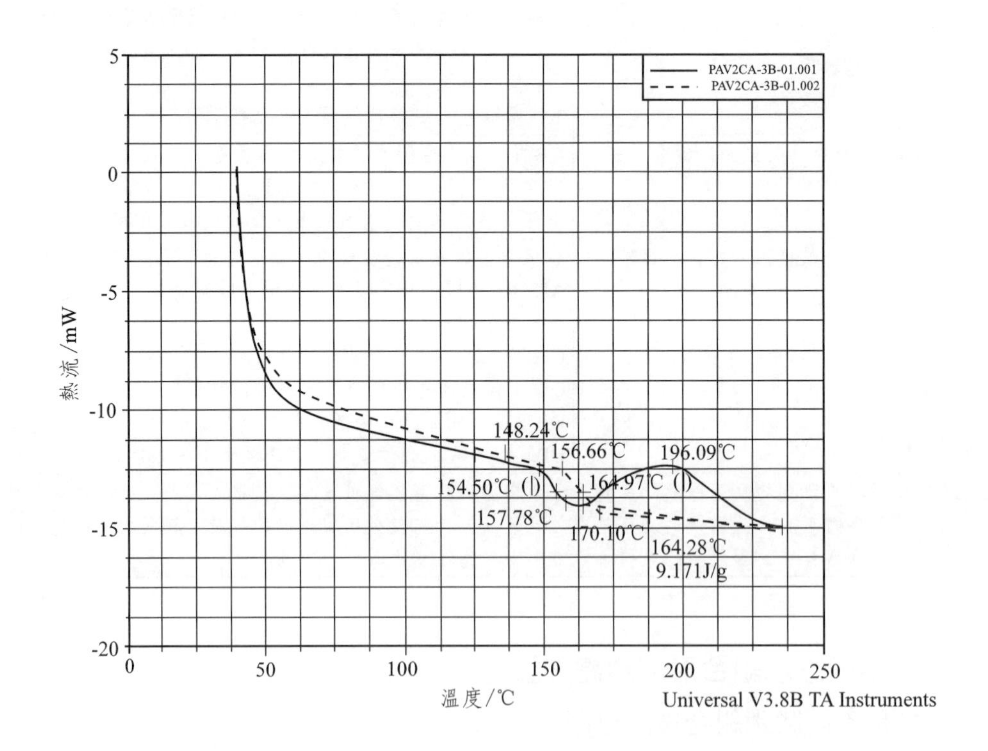

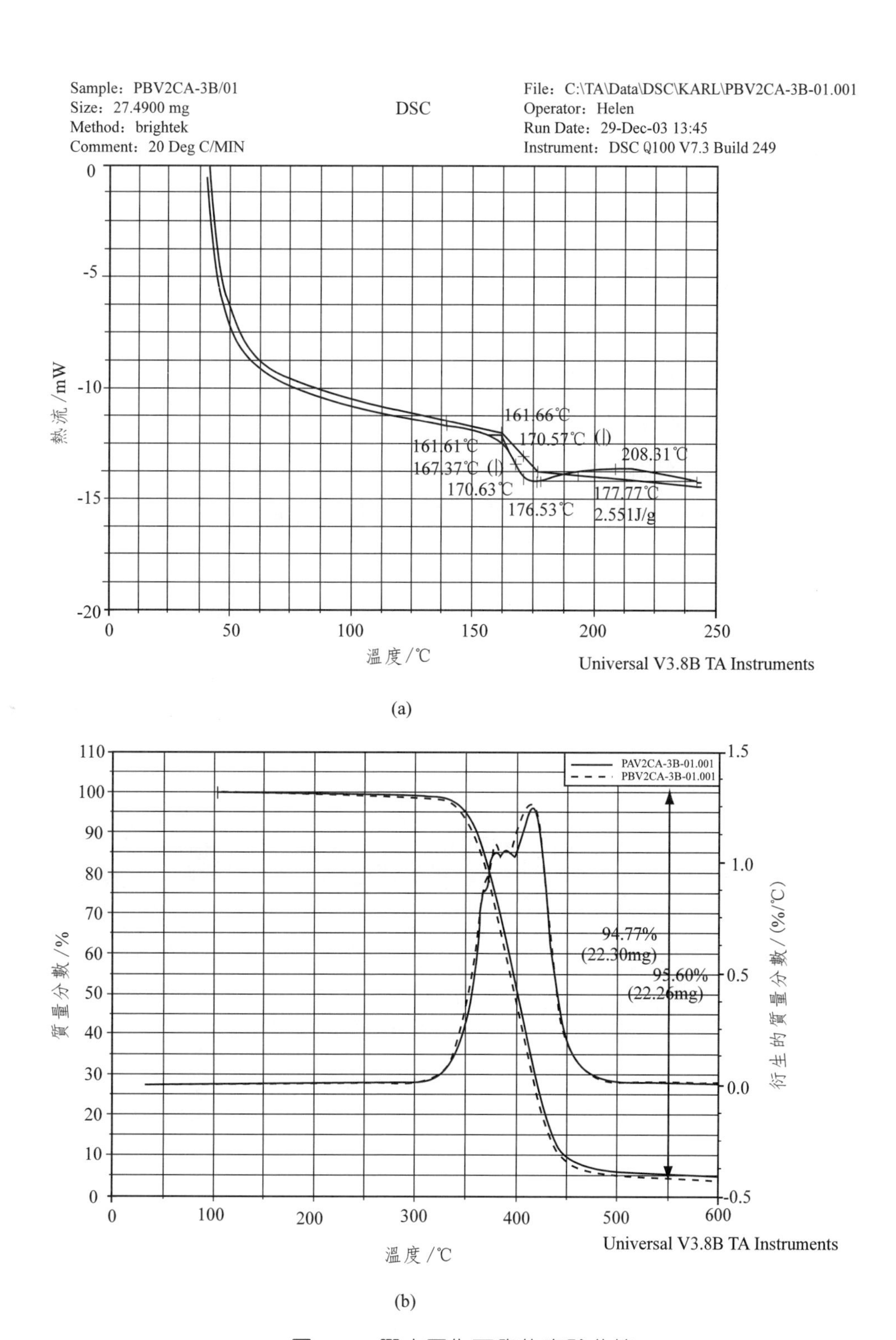

圖2.33　膠水固化不夠的實驗曲線

2.6.2.13 LED製造廠對膠水的需求及膠水製造商的潛在問題

1. LED製造廠對膠水的需求

(1)縮短加工時間。

(2)增加模具的使用次數。①增加產量；②降低成本。同時通過改變樹脂配方及提高硬化溫度的方法來達到想要的效果。

2. 提高硬化溫度的潛在問題

(1)樹脂硬化反應太紊亂（random）的傾向。

(2)網狀結構的內部應力（internal stress）增加。

(3)溫度偏高導致架橋反應與裂解反應相互競爭。

(4)硬化物的機械、物理、電氣、熱穩定性等性質普遍降低。

第 3 章

LED的構裝製程

構裝（Package）對於晶片來說是必需的，也是至關重要的。構裝也可以說是指安裝半導體晶片用的外殼，它不僅起著保護晶片和增強導熱性能的作用，而且還是溝通晶片內部世界與外部電路的橋樑，半導體構裝具有規格通用化的功能。構裝的主要作用有：

(1)物理保護。

(2)電氣連接。

(3)標準規格化。

LED構裝技術大都是在分立半導體元件構裝技術的基礎上發展與演變而來的，但卻有很大的特殊性。一般情況下，分立元件的管芯被密封在構裝體內，構裝的作用主要是保護管芯和完成電氣互連。而LED構裝則是完成輸出電信號，保護管芯正常工作、輸出可見光，既有電參數，又有光參數的設計及技術要求，無法簡單地將半導體分立元件的構裝用於LED。

LED的核心發光部分是p型半導體和n型半導體構成的pn接面管芯。當注入pn接面的少數載流子與多數載流子復合時，就會發出可見光、紫外線或者紅外線。但pn接面區發出的光子是非定向的，即向各個方向發射有相同的機率。因此，並不是管芯產生的所有光都可以釋放出來，這主要取決於半導體材料的品質、管芯結構和幾何形狀、構裝內部結構與包封材料。LED的應用要求是提高內、外部量子效率。常規ϕ5 mm型LED構裝是將邊長0.25 mm的正方形管芯黏結或燒結在引線架上，管芯的正極通過球形接觸點與金絲鍵合爲內引線與一條管腳相連，負極通過反光杯和引線架的另一管腳相連，然後其頂部用環氧樹脂包封。反光杯的作用是收集管芯側面、界面發出的光，向期望的方向角內發射。頂部包封的環氧樹脂做成一定形狀，有這樣幾種作用：保護管芯等不受外界侵蝕；採用不同的形狀和材料性質（摻或不摻散色劑），產生透鏡或漫射透鏡功能，控制光的發散角；管芯折射率與空氣折射率相差太大，致使管芯內部的全反射臨界角很小，其有源層產生的光只有小部分被取出，大部分在管芯內部經多次反射被吸收，易發生全反射導致過多光的損失。選用相應折射率的環氧樹脂過渡，可提高管芯的光出射效率。用作構成管殼的環氧樹脂須具有耐濕性、絕緣性、機械強度，對管芯發出光的折射率和透射率高。選擇不同折射率的構裝材料，構裝幾何形狀對光子逸出效率的影響是不同的，發光強度的角分佈也與管芯結構、光輸出方式、構裝透鏡所用材料和形狀有關。若採用尖形樹脂透鏡，可使光集中到LED的軸線方向，相應的視角較小；如果頂部的樹脂透鏡爲圓形或平面型，其相應視角將增大。

一般情況下，LED的發光波長隨溫度變化爲（0.2～0.3）nm/℃，光譜寬度隨之增加，影響顏色鮮豔度。另外，當正向電流流經pn接面，發熱性損耗使接面區產生溫升。在室溫附近，溫度每升高1℃，LED的發光強度會相應地減少1%左右，構裝散熱時保持色純度與發光強度非常重要。以往採用減少其驅動電流的辦法，降低接面溫度，多數LED的驅動電流限制在20 mA左右。但是，LED輸出的光會隨著電流的增大而增加。目前，很多功率型LED的驅動電流可以達到70 mA、100 mA、350 mA甚至1A級，W級LED需要改進構裝結構。全新的LED構裝設計理念和低熱阻構裝結構及技術，改善了熱特性。例如，採用大面積晶片倒裝結構，選用導熱性能好的銀膠，增大金屬支架的表面積，銲料凸點的矽載體直接裝在散熱器上等方法。此外，在應用設計中，PCB線路板等的熱設計、導熱性能也十分重要。有關大功率和白光LED的構裝詳見第5章。

規格通用功能是指構裝的尺寸、形狀、引腳數量、間距、長度等有標準規格，既便於加工，又便於與印刷電路板相配合，相關的生產線及生產設備都具有通用性。這對於構裝用戶、電路板廠家、半導體廠家都很方便，而且便於標準化。中國至今還沒有制定出LED的構裝標準，隨著LED應用的普及，中國將會加快規範LED的電參數、光參數以及結構尺寸等技術標準。

LED構裝不僅將外引線連接到LED晶片的電極上，並且起到提高光取出效率的作用。關鍵工序有裝架、壓焊、構裝。LED構裝形式可以說是五花八門，主要根據不同的應用場合採用相應的外形尺寸，散熱對策和出光效果。LED按構裝形式分類有Lamp-LED（引腳式LED）、TOP-LED（頂部發光LED）、Side-LED（側發光LED）、SMD-LED（表面黏著LED）、Flip Chip-LED（覆晶LED）、High-Power-LED（高功率LED）等。本章主要介紹小功率Lamp-LED構裝制程。

3.1 LED構裝流程簡介

3.1.1 LED構裝整體流程

在講解晶圓固著站製程前，首先介紹lamp-LED（引腳式LED）整體製造流程，以便對LED整個構裝過程有一個大概瞭解。

圖3.1是lamp-LED構裝的整體流程圖，圖中給出了晶圓固著流程、銲線流程、填膠流程、測試流程及分光流程的框圖。在各個流程中簡要給出了流程中的工序步驟，直到生產出技術參數合格的LED產品。

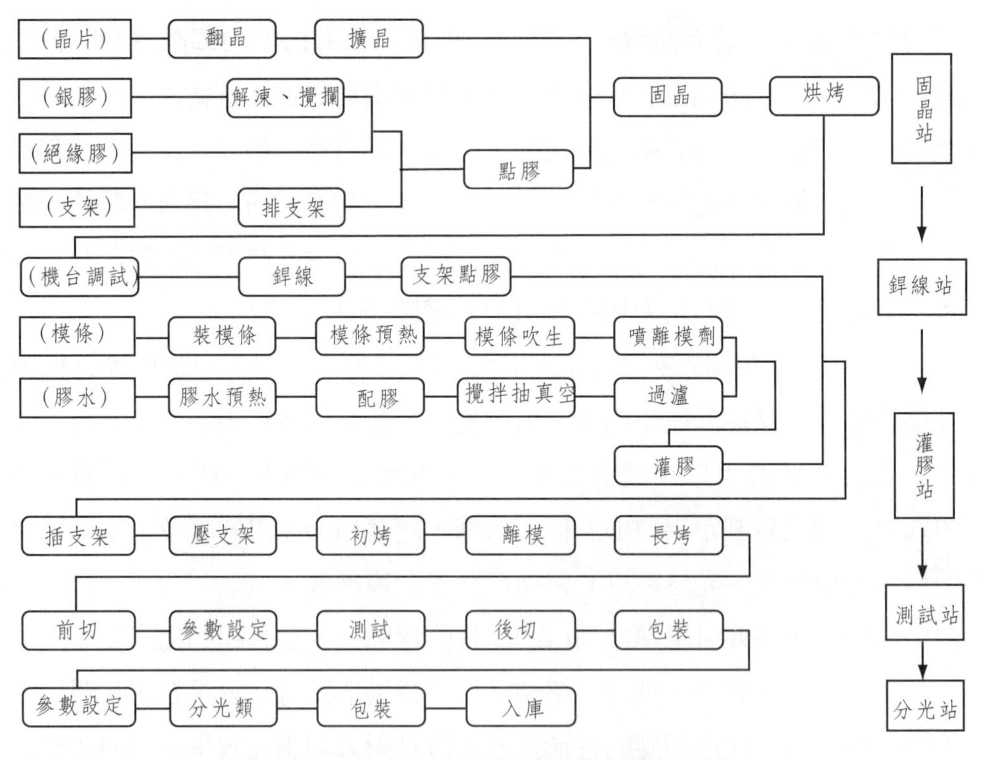

圖3.1　lamp-LED手動構裝線整體流程圖

為了充分瞭解整體流程圖的工作進程，以手動構裝線為例，並以大量現場拍攝場景來詳解其操作工序。從圖示中可以更加清楚地看到廠家對LED構裝的全過程，並可粗略地瞭解到LED手工構裝線所需的構裝材料和設備。

3.1.2　手動lamp-LED構裝線流程

手動構裝是企業構裝技術人員必備的基本技能，企業構裝人員在具備了手工構裝技能前提下，才能夠在自動和半自動構裝過程中更好地控制產品品質。圖3.2是lamp-LED手動構裝線的照片展示圖。

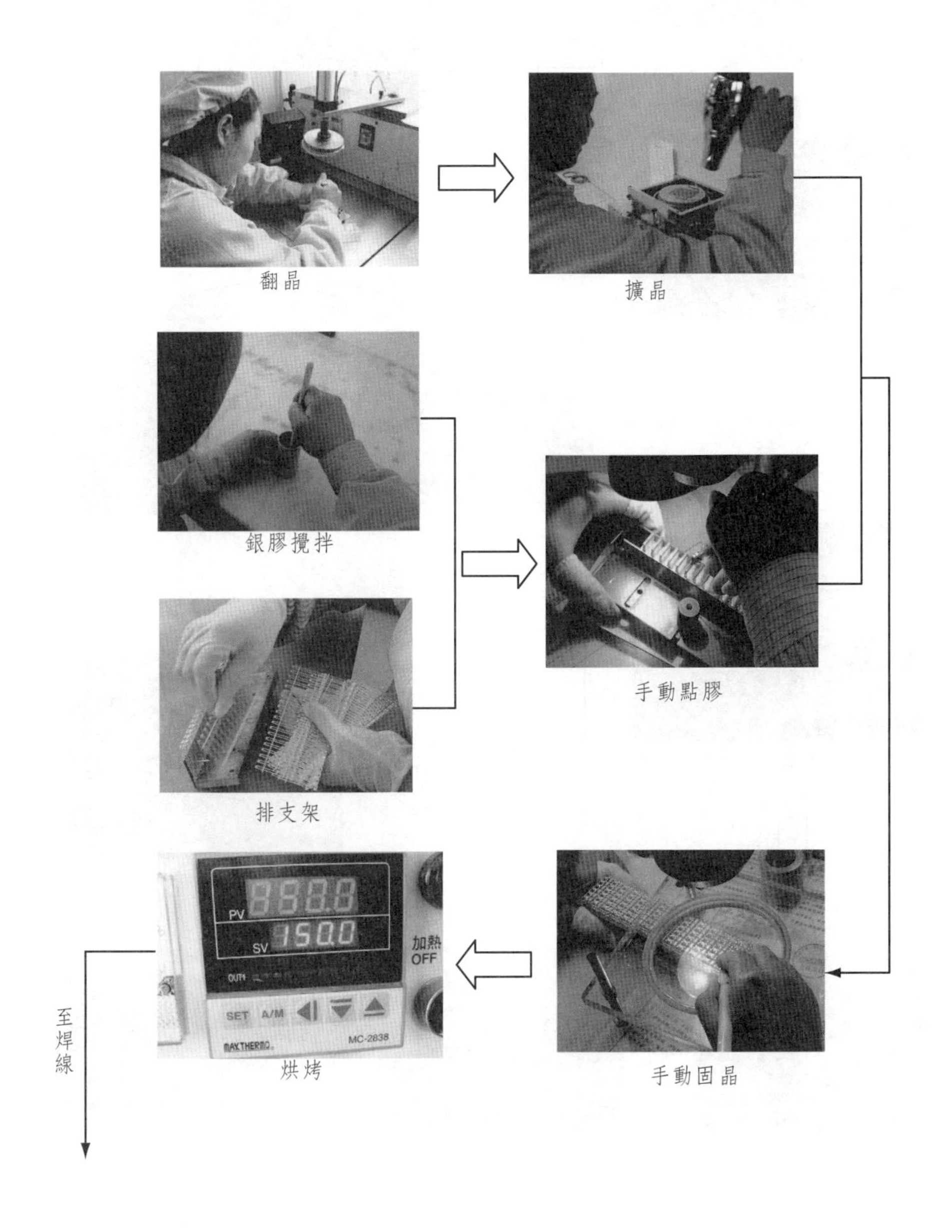

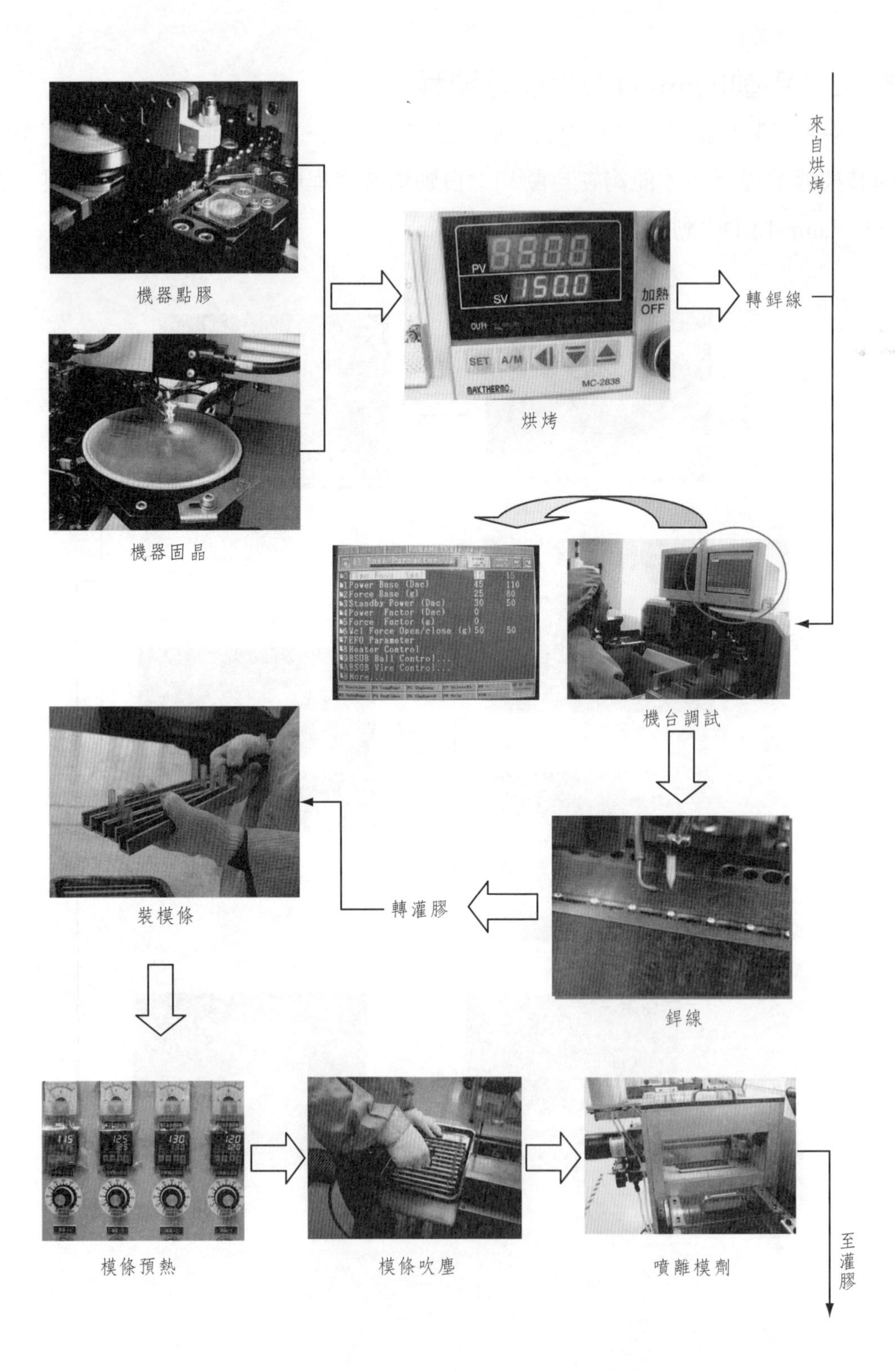
機器點膠
機器固晶
PV
SV
150.0
加熱
OFF
SET A/M
MAXTHERMO
MC-2838
烘烤
轉銲線
來自烘烤
Power Base (Dac) 45 110
Force Base (g) 25 80
Standby Power (Dac) 30 50
Power Factor (Dac) 0
Force Factor (g) 0
Vcl Force Open/close (g) 50 50
EFO Parameter
Heater Control
BSOB Ball Control...
BSOB Wire Control...
More...
機台調試
銲線
轉灌膠
裝模條
115
125
130
120
模條預熱
模條吹塵
噴離模劑
至灌膠

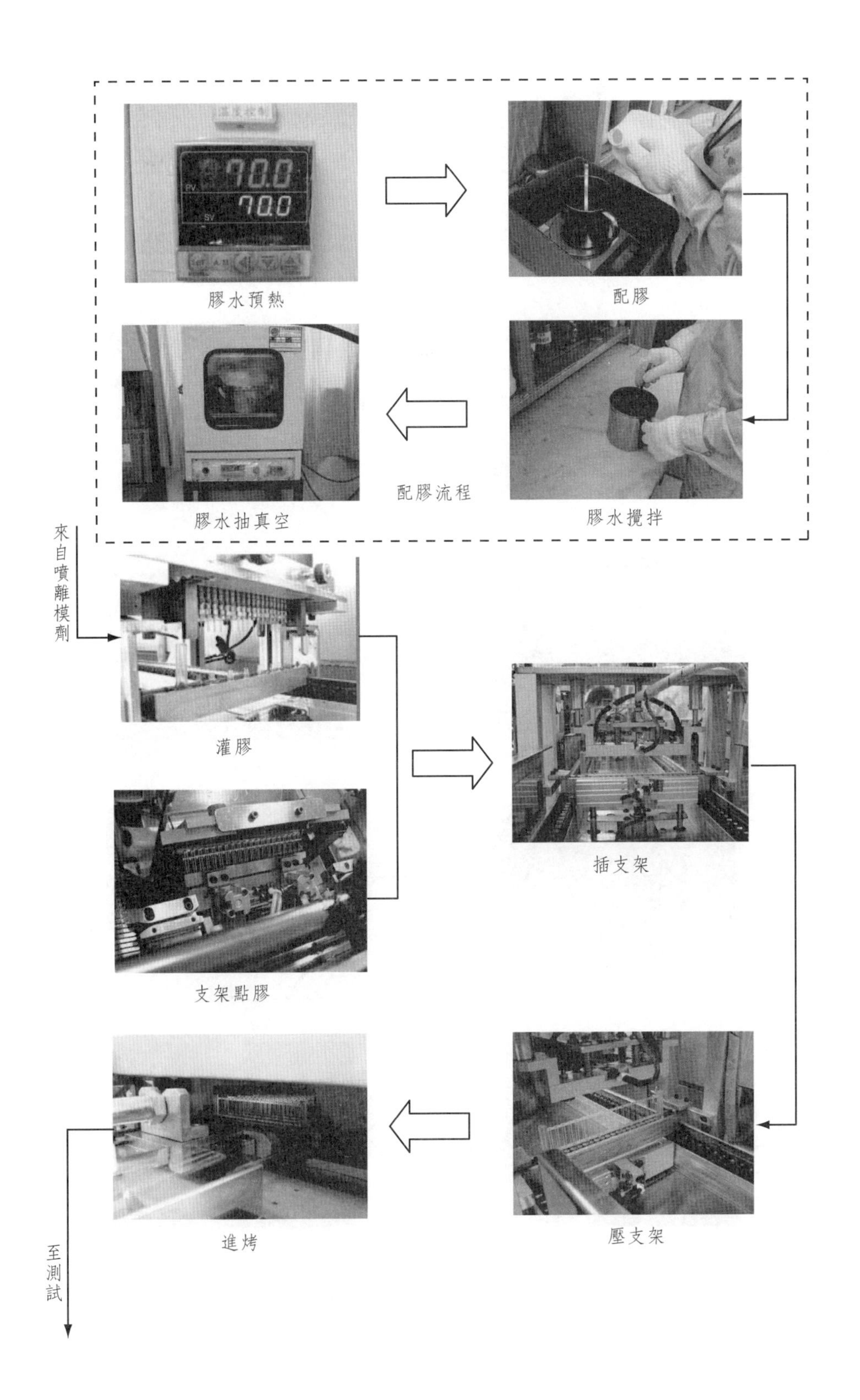
膠水預熱
配膠
膠水攪拌
膠水抽真空
配膠流程
來自噴離模劑
灌膠
支架點膠
插支架
壓支架
進烤
至測試

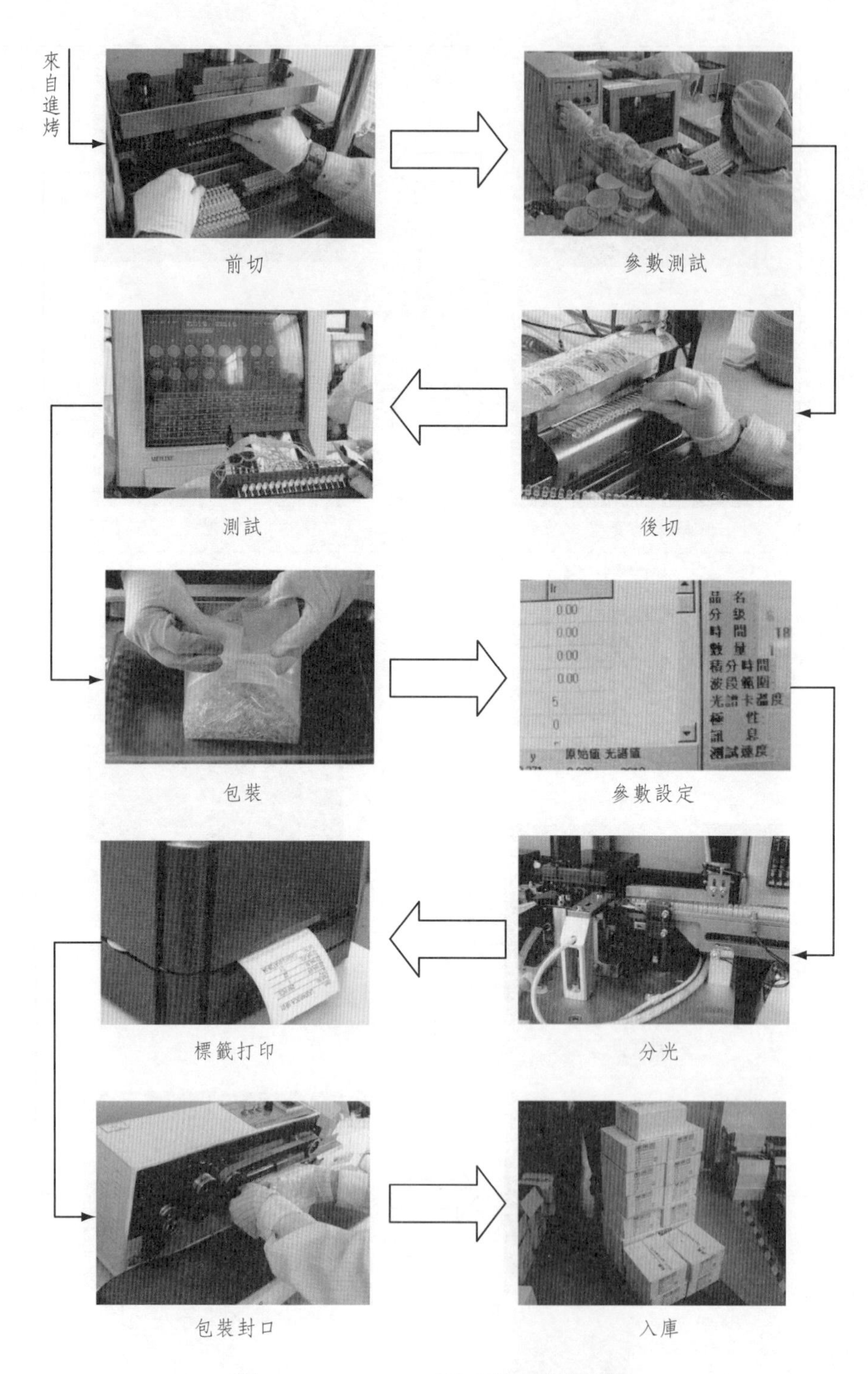

圖3.2　lamp- LED手工構裝線作業圖

3.1.3 手動晶圓固著站流程

3.1.3.1 晶片翻轉

圖3.3是晶片翻轉製程工序中的照片。

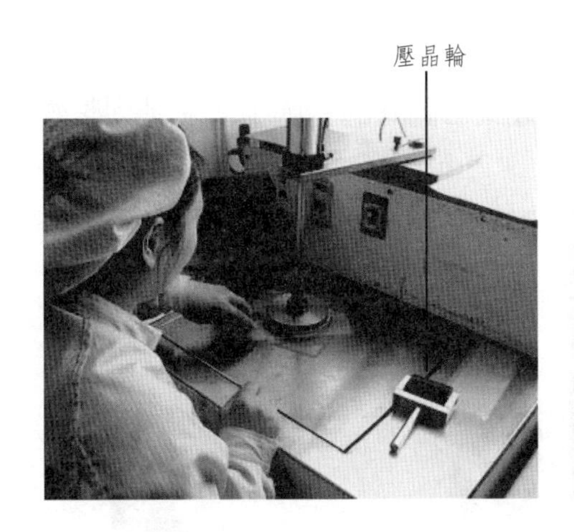

圖3.3 晶片翻轉圖示

1. 晶片翻轉作業標準

(1)晶片翻轉機插上220 V電源，桌上備負離子風扇並打開。

(2)將原張晶片對準負離子風扇撕開後，再把保護膜貼於晶片膜的晶片四周，取一白膜貼於晶片膜與保護膜上，然後白膜朝下並放于預熱盤正中，按下預熱器的開關，使氣缸動作。

圖3.4 晶片翻轉溫度設定圖

(3)溫控器的溫度設定為40～60℃，如圖3.4所示。

(4)氣缸提起後用壓晶輪來回滾壓晶片，使之受溫貼緊。

(5)用手壓緊下膜，對準負離子風扇並迅速拉開上膜，然後取下保護膜即可。

2. 晶片翻轉注意事項

(1)晶片翻轉機台務必接地良好。

(2)藍白光等高級晶片晶片翻轉過程（特別是撕膜過程）中，需嚴格做好防靜電措施，打開負離子風扇進行吹風。

(3)勿用手去觸摸電熱盤和翻好的晶片。

(4)當個別晶片不能翻下時，需用鑷子夾到已翻好的膠膜上，並排列整齊。

3.1.3.2 擴晶

圖3.5是擴晶製程工序中的照片。

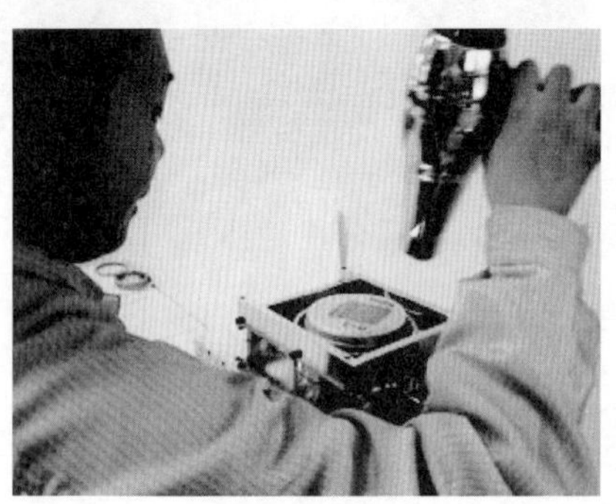

圖3.5 擴晶圖示

1. 擴晶作業標準

(1)按機器操作說明，將調溫器溫度調至35±5℃。

(2)過10 min待機器升溫至要求溫度時，將子環套在發熱盤上。

(3)將翻好的晶片或手動晶片對準負離子風扇將膜撕下，並放在發熱盤正中央，晶片朝上。

(4)啓動擴晶機，將加熱盤緩慢上升，並用吹風機對準晶片，使其間距能均匀吹開。

(5)將母環套於子環上。

(6)用壓晶模將母環壓到發熱盤底，將經擴晶程序好的晶片取出，再按下降按鈕使發熱盤回復原位。

(7)用剪刀將露出子母環外膠紙割掉，再在膜上注明具體晶片規格及數量等。

2. 擴晶注意事項

(1)檢查晶片晶圓（WAFER）直徑，若超過加熱盤規定範圍不能擴晶作業。

(2)擴晶片前，應放在顯微鏡底下檢查晶片是否有異常，如晶片反向、電極方向排列錯誤、電極損壞等等。

(3)膠紙切勿放反，以免將晶片壓壞（晶片朝上、膠紙朝下）。

(4)擴晶作業員不得留有長指甲以免人為刺破膠膜。

(5)套子環時須弧形光滑的一邊朝上，以防刮破膠膜。

(6)注意膠帶置於發熱盤上時需超出壓環。

(7)晶片在擴張過程發熱盤上升速度要適中，以防膠紙破裂。

(8)母環需均勻平行向下使其壓到發熱盤底。

(9)晶片擴開取下後，須置於光滑黏性膠膜上以保護晶片。

(10)如生產藍光、藍綠光等高級晶片，擴晶機確實接地，且需吹負離子風。

(11)晶片擴張間距要適中，不能有過寬或過密現象，兩晶片間距約為1～2個晶片的距離，如圖3.6的顯微照片所示。

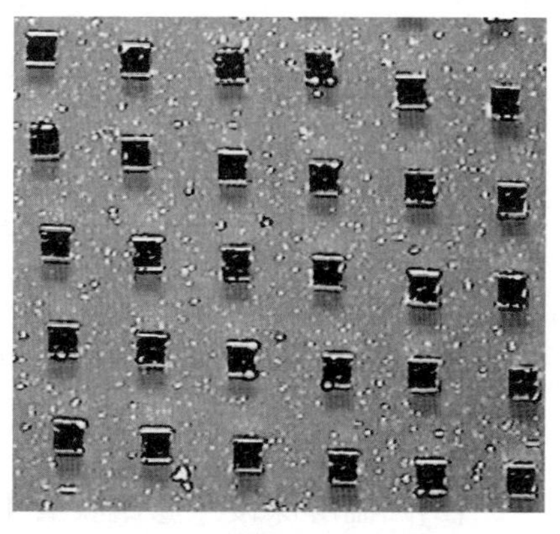

圖3.6　擴晶後晶片間距

3.1.3.3　銀膠解凍、攪拌

圖3.7是銀膠解凍和攪拌製程工序中的照片。

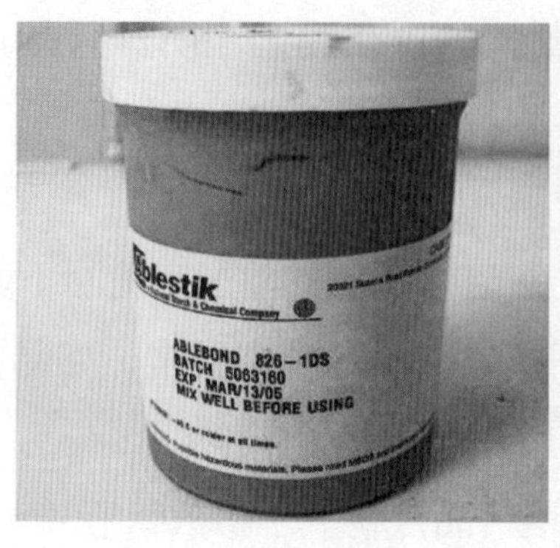

(a)銀膠解凍圖示

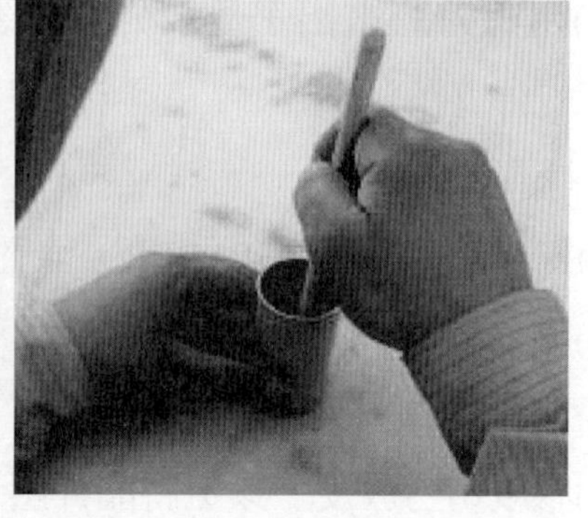
(b)銀膠攪拌圖示

圖3.7　銀膠解凍和攪拌

1. 銀膠解凍作業標準

(1)從冷凍冰箱內取出銀膠，置於室溫下進行解凍（常溫25℃，濕度85%以下）。

(2)解凍時間在90 min以上。

2. 銀膠解凍注意事項

(1)如爲大罐銀膠，需回溫3h以上，回溫完成後，需分裝成小罐裝後冷藏，冷藏條件-5℃。

(2)分裝容器要潔淨（如有的公司用乾淨的底片盒進行盛裝），每瓶分裝之銀膠建議3～5次用完。

(3)回溫解凍後，膠瓶表層不得有水氣附著，以保證品質。

3. 銀膠攪拌作業標準

(1)解膠回溫後開罐，再用玻璃棒或不銹鋼棒進行攪拌。

(2)攪拌方式自下而上全方位攪拌，時間在10 min以上。

4. 銀膠攪拌注意事項

(1)攪拌棒需用丙酮等溶液清洗乾淨方可使用。

(2)未使用完的銀膠，需將殘留在罐內側或罐蓋的銀膠清理乾淨，以防久置而凝固，進而造成銀膠出現較大顆粒。

3.1.3.4 排支架

圖3.8是排列LED支架製程工序中的照片。

(a)排支架圖示　　(b)已排好支架圖示

圖3.8 排支架操作示意圖

1. 排支架作業標準

(1)核對生產任務單，備好排支架治具。

(2)戴好手套，將需排的支架取出。

(3)按同一方向，插空處理杯的位置，依次排放在排支架治具上。

(4)對25片支架，即0.5k爲一個單元（或其他支架），數滿後將支架排放整齊，然後再從治具上取出。

(5)支架取出後用鐵夾夾住，放入鐵盤中。

2. 排支架注意事項

(1)需戴手套作業，以防止支架氧化。

(2)在排支架前需確認支架規格、有無氧化、變形、混料及電鍍等情形（桌上不可放置其他規格的支架），如有不良支架需剔除。

(3)在排放整理過程中，杯不能錯位、受擠壓，特殊支架需用廢支架區隔，且不能人爲造成支架變形。

3.1.3.5 點膠

圖3.9是工作人員點膠的照片。

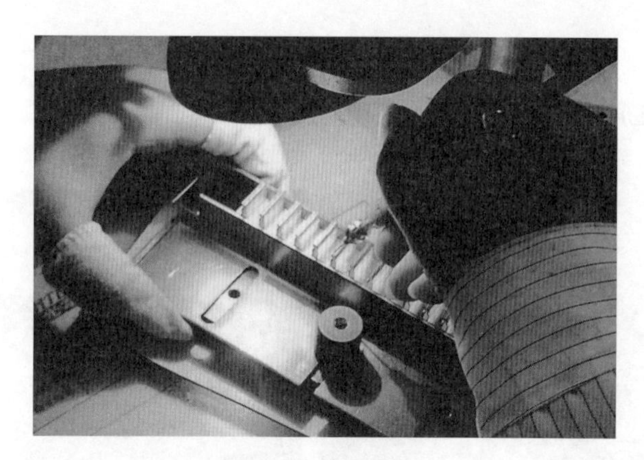

圖3.9　點膠圖片

1. 點膠作業標準

(1)將攪拌好的銀膠注入100 cc（1 cc=1 cm^3）注射筒內，再分別裝入2.5 cc的注射筒裏，並在其下方套上整修好的針頭，針頭界面處與點膠機上的空氣縮管相接。

(2)啓動點膠機，按《點膠機操作說明書》要求調試作業（根據晶片高低大小調試出膠量）。

(3)將支架座置於臺面上，並將支架擺放整齊放於支架座內再鎖緊。

(4)打開檯燈，調節顯微鏡至適當位置。

(5)左手持支架座，右手持注射筒放在扶手上，腳踏住氣壓開關，使銀膠流出點至支架陰極杯子正中央，銀膠高度爲晶片高度的1/4～1/3（最高不能超過晶片高度的1/2）。圖3.10是點膠位置標準圖，圖3.11是銀膠高度標準圖。

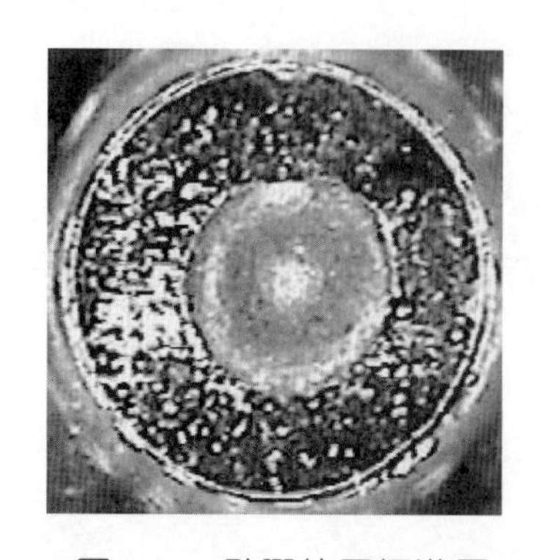

圖3.10　點膠位置標準圖

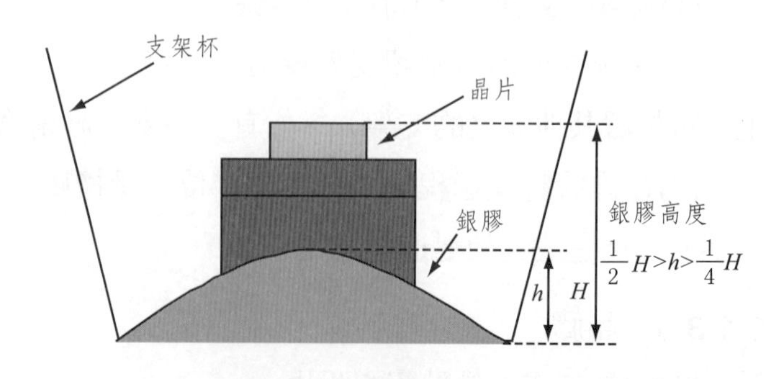

圖3.11　點膠高度標準圖

2. 點膠注意事項

(1)作業時顯微鏡需調試至最清晰位置。

(2)銀膠需點於支架杯的正中央。

說明：

如銀膠點偏，會造成如圖3.12(a)的不良現象。

(1)晶圓固著時隨著點膠位置的偏離而偏離，進而造成晶圓固著偏心不良，如圖3.12(b)所示。

(2)晶圓固著時位置不偏離，人爲將晶片推到支架杯底中部，但會造成固上去的晶片一邊少膠，一邊多膠，如圖3.12(c)所示。

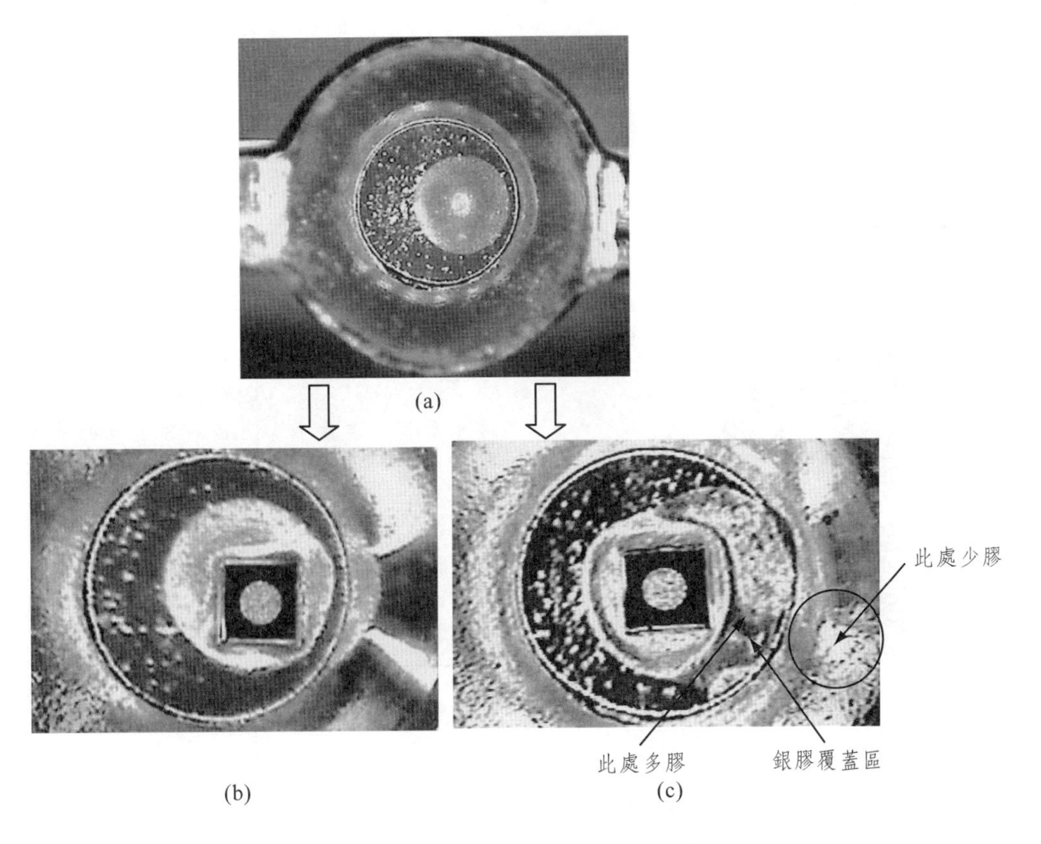

圖3.12　晶圓固著不良顯微照片

3. 點膠站不良產生原因和解決方法簡介

表3.1是各種點膠不良現象產生的原因及解決方法。

表3.1 點膠不良現象產生原因及解決方法

不良專案	不良圖示	不良說明	產生原因	解決方法
漏點		支架點膠區未點銀膠	作業員移動支架速度過快疏忽造成	要求作業員工作認真，並做好自主檢查
點偏		銀膠的圓心和反射座圓心之間的距離大於1/6反射座直徑	1.作業員操作不熟練 2.作業員對標準不瞭解 3.作業員情緒不佳	1.領班針對作業員做好工作前培訓，先培訓再操作 2.督導作業員做好自主檢查及品質管制員（QC）做好品質檢查
銀膠過多		晶圓固著後銀膠量高於晶片高度的1/2	1.點膠氣壓調太大 2.點膠時針頭出膠時間停留過長 3.作業員「求量不求質」的心理造成 4.作業員對標準不瞭解	1.注意點膠機氣壓的調整 2.領班講解標準，加強作業員對標準的瞭解 3.提高作業員的品質意識，並採取品質獎罰的方式約束
銀膠過少		晶圓固著後銀膠量低於晶片高度的1/4	1.點膠時氣壓調太小 2.點膠時針頭出膠時間停留過短 3.作業員「求量不求質」的心理造成 4.作業員對標準不瞭解	1.注意點膠機氣壓的調整 2.領班講解標準，加強作業員對標準的瞭解 3.提高作業員的品質意識，並採取品質獎罰的方式約束
杯壁沾膠		支架杯內壁沾有多餘銀膠或絕緣膠	1.點膠速度過快造成 2.點膠員作業不熟練 3.握針筒的方式不正確	1.注意速度控制 2.加強作業員工作前培訓，領班講解作業標準，培訓合格後再操作

3.1.3.6 晶圓固著

圖3.13是晶圓固著照片，清楚地給出了在顯微鏡下的操作過程。

圖3.13　晶圓固著圖示

1. 晶圓固著作業標準

(1)將擴晶後的晶片放在晶圓固著的框架上，並用手將其按到底且保持水準。

(2)將點好銀膠的支架，用治具夾好後放置於手座下的拖板上，用不銹鋼板輕輕地把支架敲平。

(3)通過晶圓固著座的四個旋鈕調節好支架與晶片間的距離。

(4)左手抓住拖板，右手持劃筆，將晶片輕輕地固定在杯子正中央的銀膠中。圖3.14是晶圓固著標準和晶圓固著偏心的顯微照片及它們發出的光束光斑圖。由此可知，晶圓固著偏心時的光斑不均勻。

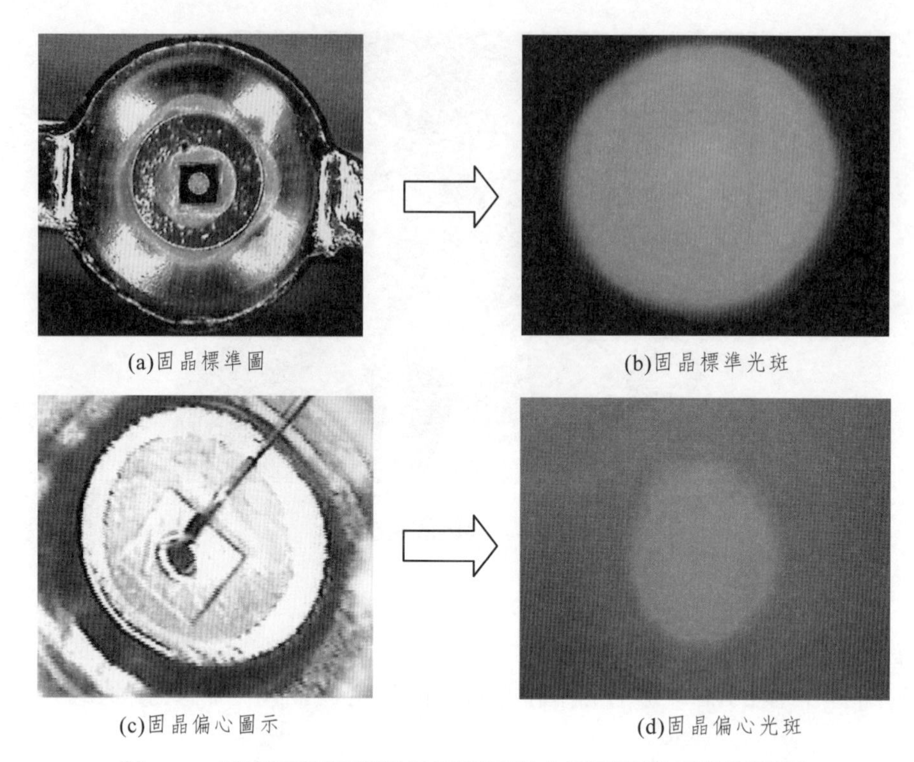

(a)固晶標準圖 (b)固晶標準光斑

(c)固晶偏心圖示 (d)固晶偏心光斑

圖3.14 晶圓固著標準和晶圓固著偏心圖示及對應的光斑圖

2. 注意事項

(1)晶圓固著座上晶片與支架的間距須調整適當，以保證品質及生產效率。

(2)劃筆尖、晶片、銀膠應保持在一條直線上，以免把膠紙刺破。

(3)晶片必須固定於支架杯的正中央位置（晶片未固定於支架杯正中心會導致晶圓固著偏心，圖3.14(c)、(d)爲晶圓固著偏心導致LED光斑不良）。

(4)晶圓固著時注意銀膠不能沾於晶片亮窗及電極上。

(5)作業藍光、藍綠光、紫光等晶片時，注意做好防靜電措施。

(6)作業環境溫度和濕度要適宜（溫度23±5℃；濕度85%以下），且晶圓固著好的材料不宜在作業環境中停留過長。

3. 晶圓固著站不良講解

表3.2 晶圓固著站不良原因和解決方法

不良專案	不良圖示	不良說明	產生原因	解決方法
漏固	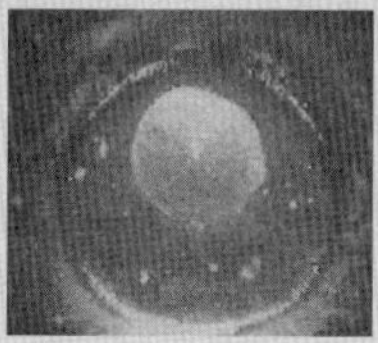	支架晶圓固著區無晶圓固著片	1.作業員疏忽造成 2.整張單晶片做完，不夠完成一條支架而造成無晶圓固著片形成空杯	1.要求作業員工作認真，並做好自主檢查 2.一張單只剩下一片支架要做記錄，進而做到無空杯
多晶圓固著片	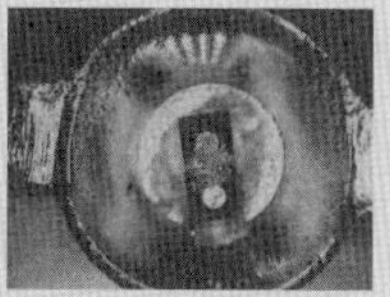	支架杯內多固一個或多個多餘晶片	1.手動晶圓固著時因晶圓固著框架調試過低，及擴晶晶片過密造成晶圓固著時多餘晶片掛到或掉落到已固好晶片的杯中 2.自動機台作業誤將已固好晶片的材料重新晶圓固著導致重疊多固	1.作業前調整並檢查好所使用的工治具（晶圓固著框架與拖把） 2.自動機台作業員嚴格要求做好首件及隨機確認
混晶片	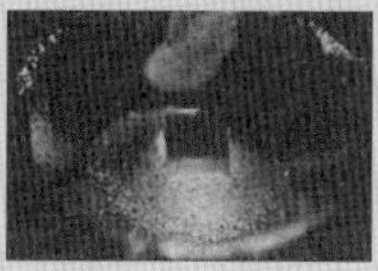	晶片與任務單不符或同一批材料中有顏色不同，電性不同晶粒	1.發晶片時錯誤，作業員未做好自主檢查 2.晶片外觀形狀極像，未做好標示造成混晶片	1.從分發晶片源頭處杜絕晶片規格錯誤 2.領料、上線前做好確認及在一系列工序中作業員做好自主檢查，不讓規格不符不良的晶片流入後續工序
銀膠過高		銀膠量高於晶片高度的1/2以上	1.作業員操作不熟練 2.作業員對標準不瞭解 3.作業員情緒不佳 4.銀膠或絕緣膠點偏導致晶片流動而偏離中心位元	1.領班針對作業員做好工作前培訓，先培訓再操作 2.督導作業員做好自主檢查及質檢員做好品質檢查
銀膠過低		銀膠量小於晶片高度1/4以上	1.點膠時氣壓調太小 2.點膠時針頭出膠時間停留過短 3.作業人員「求量不求質」的心理造成 4.作業人員對標準不瞭解 5.作業人員修正未固正晶片造成一邊少膠	1.注意點膠機氣壓的調整 2.領班講解標準，加強作業員對標準的瞭解 3.提高作業人員的品質意識，並採取品質獎罰的方式約束 4.當有固偏時不能用推的方式修正
晶片破損	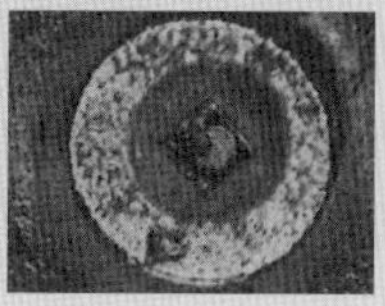	破損面積大於晶片面積1/4以上	1.晶片翻轉或擴晶時造成晶片破損 2.晶圓固著太用力壓傷晶片 3.晶片本身破損	1.晶片翻轉及晶圓固著作業時注意不能損傷晶片 2.晶片本身破損反映至供應商要求改善

不良專案	不良圖示	不良說明	產生原因	解決方法
晶片沾膠		晶片表面附著有銀膠或絕緣膠	1.銀膠過多造成爬到晶片表面 2.在對固著好晶片進行修正時銀膠帶到晶片表面上	1.注意銀膠膠量的控制 2.修正時注意鑷子或沾水筆不能沾有銀膠或絕緣膠，如有須用碎布清除後再作業
位置不當		晶粒偏離支架中心1/2晶粒寬以上（特別是透明機種）	1.作業人員操作不熟練 2.作業人員對標準不瞭解 3.作業人員情緒不佳 4.銀膠或絕緣膠點偏導致晶片流動導致偏離正中心位	1.領班針對作業員做好標準講解，先培訓再操作，做好工作前培訓 2.督導作業人員做好自主檢查及質檢員做好品質檢查
晶片刺傷		晶片電極表面有明顯刮痕	1.晶圓固著時用力過大刺破薄膜造成 2.作業人員修正晶片時刺傷	1.加強作業細心度 2.修正時不能碰及晶片表面
晶片傾斜		晶片底部一邊偏離水平面（偏離水平面5°）	1.晶圓固著時沾水筆未將晶片固著到底 2.晶圓固著時速度過快導致將已固到底的晶片又黏連起來 3.晶片切割不良	1.晶圓固著務必將晶片固著到底，並做好自主檢查 2.晶圓固著時講究數量的同時注意品質 3.晶片切割不良反映至原材料廠商
晶片翻倒		晶粒側面和銀膠連接	1.晶圓固著速度過快因晶片傾斜而翻倒 2.銀膠量過多而造成晶粒懸浮不穩而翻倒 3.端放材料及進烤箱時用力過大造成晶粒晃動不穩	1.注意晶圓固著速度 2.注意銀膠量的控制 3.端放材料及進烤箱時注意輕拿輕放
掉晶		支架晶圓固著區無晶片，但有晶圓固著痕跡	1.銀膠過少導致黏固不牢 2.膠膜不小心將固好的晶片帶出	1.根據晶片大小注意膠量的控制不能太少 2.作業時自主檢查不能將晶片帶出
支架變色		支架氧化變色生銹影響外觀及銲線	1.支架在空氣中停留時間過長 2.作業環境溫度及濕度過高 3.支架電鍍銀層過薄烘烤變色	1.控制支架半成品線上時間不超過7天 2.作業環境溫度控制在23～28℃；濕度控制在80%以下 3.要求支架電鍍商電鍍銀層不能過薄（上Bar在80 μm以上，下Bar在50 μm以上）
陽極沾膠		沾膠面積大於陽極面積1/2以上	點膠時速度過快不小心點到陽極	點膠時注意速度及準確性

不良專案	不良圖示	不良說明	產生原因	解決方法
晶粒倒置		晶片底部朝上而鋁墊與銀漿連接	1.特別是藍白光晶片因底面和表面外觀形狀很相似，如需晶片翻轉，在此作業過程中方向辨別錯誤 2.作業時沒有做好自主檢查，進而未發現不良	1.晶片翻轉時注意辨別方向 2.作業人員做好自主檢查
推力不足		隨機抽取一片（20pcs）進行推力測試，其推力銀膠小於70g、絕緣膠小於100g	1.烘烤時間過短 2.烘烤溫度過低 3.銀膠量過小 4.晶片未附著於所點銀膠正中心	1.嚴格按標準作業（150℃/1.5h） 2.工程部定時對烤箱溫度進行量測，檢驗機台是否正常 3.根據晶片大小注意膠量的控制不能太少 4.注意晶片務必固於銀膠正中心，作業人員做好自主檢查

3.1.3.7 烘烤

圖3.15是晶圓固著烘烤時烘箱的溫度顯示圖片。

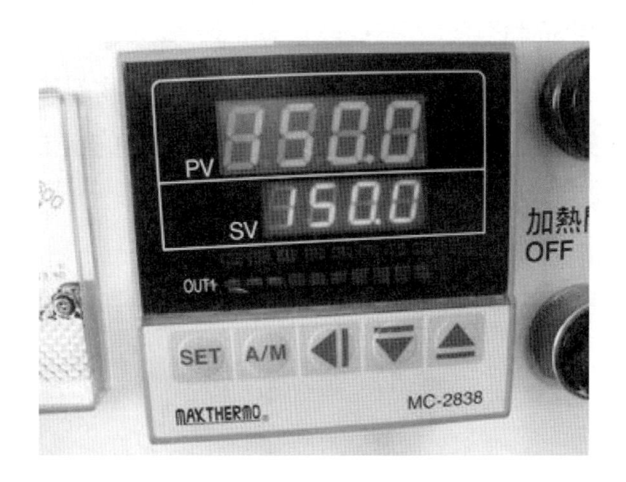

圖3.15 烘烤溫度

1. 烘烤作業標準

(1)開啓烤箱電源開關。

(2)設定溫控計之溫度至所需溫度（LED標準設定溫度爲150℃）。

(3)當升溫完成後再將烤箱超保護調至所需範圍。

(4)將晶圓固著好的材料轉料至烤箱內進行烘烤，LED正常烘烤時間爲1.5h。

(5)材料進出烤箱時需正確填寫生產型號、數量、進出烤箱時間等並做好簽名確認。

2. 烘烤注意事項

(1)需定時量測烤箱內（全方位）的溫度是否在標準誤差範圍內。

(2)一個烤箱一次性進料數量最多爲200k（200000）。

(3)烤箱需定時清潔保養（每月需大保養一次）。

(4)烤箱進烤記錄表須切實認眞填寫並嚴格按標準要求執行（品質控制須確認到位）。

3.2 銲線站製程

3.2.1 銲線站總流程

銲線站在對LED銲線前，需要籌備銲線需要的各種物料，然後通過機台調整把晶片和選用的支架進行可靠的焊接，最後把完成焊接的LED半成品轉移給下一道工序進行測試。銲線站總流程如圖3.16所示。

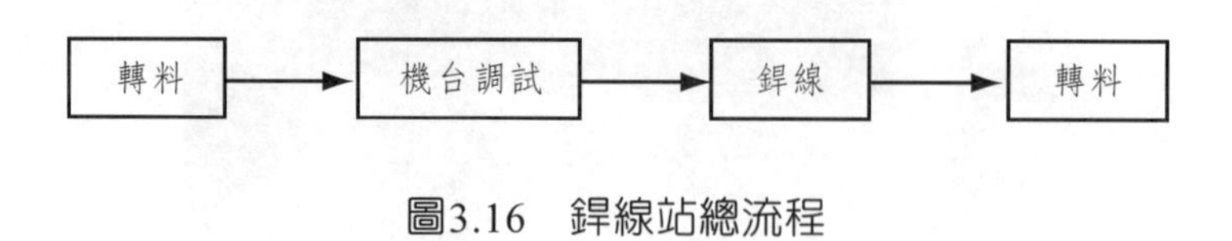

圖3.16　銲線站總流程

下面主要針對機台調試和銲線操作規程介紹其細部流程。

3.2.2　銲線站細部流程

3.2.2.1　機台調試（圖3.17）

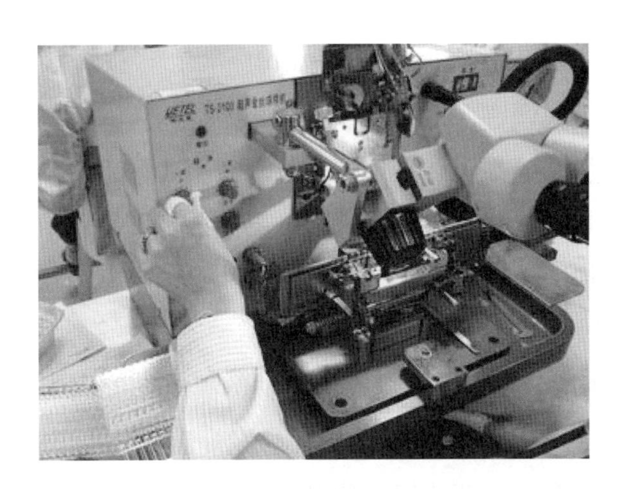

圖3.17　機台調試

1. 作業標準

(1)開啓電源，打開聚光燈。

(2)打開溫度控制器，使溫度上升至200～250℃之間。

(3)設定功率、壓力、時間，一般在2～4格之間。

(4)把金線穿好並燒好金球準備銲線。

(5)將材料送入夾具內，根據自己的情況調整顯微鏡，待溫度上升後方可銲線。

2. 具體打線調試過程

將金線燒一金球，大小約為線徑的3倍，將「手／自動過片」開關調到半自動，雙手移動操縱盒，使瓷嘴對準第一銲點，即晶片鋁墊上，打開右面板上的高度開關，按下按鍵，調整一銲瞄準位置高度，然後鎖定，放鬆按鍵，瓷嘴嘴上升到拱絲位置。打開右面板上的調整寬度開關，雙手移動操縱盒，調整寬度，使瓷嘴嘴對準第第二焊點點，然後鎖定。接著再次打開調整高度開關，按下操縱盒上的按鍵，調整第二焊點瞄準位置高度，然後鎖定。打開右面板上的尾絲開關，放鬆按鍵，瓷嘴翹起，形成尾絲，然後鎖定，此時磁嘴回到初始位置，即完成一個週期迴圈。

3. 注意事項

(1)溫度不能過高（金線加熱溫度200℃左右；材料加熱溫度在350℃左右），以免對晶片造成傷害。

說明：①金線加熱過高，易造成斷線。②材料加熱過高，易造成掉晶片，鋁墊脫落。③金線加熱過低，材料加熱過高，易造成鋁墊脫落。④金線加熱過高，材料加熱過低，易造成斷線及鬆銲。

(2)各功率、壓力、時間的參數調整需適當。

(3)弧度規格要求：深杯支架弧度最高點應與支架的第二焊點基本相平；正常杯支架弧度的最高點f點應比支架的第二焊點高出h/2～h（h爲晶粒高度）；平頭支架弧度的最高點應比支架的第二焊點高3h/2～2h（圖3.18）。

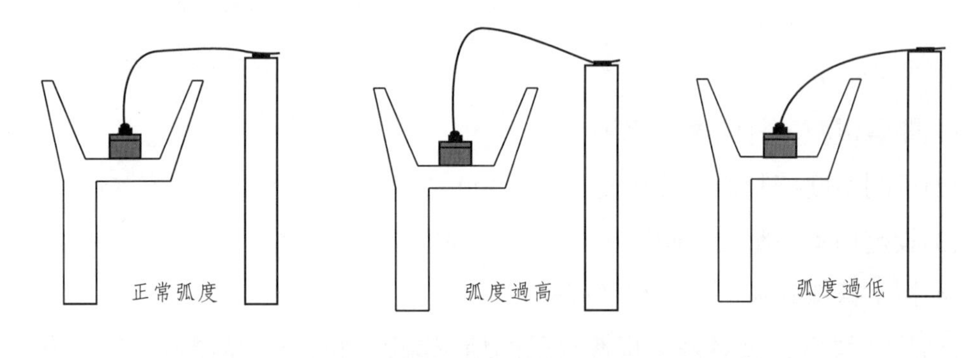

圖3.18　銲線弧長

(4)銲球的要求：直徑寬須介於1.3～3.0倍之間，銲球正常和非正常現象如圖3.19所示。

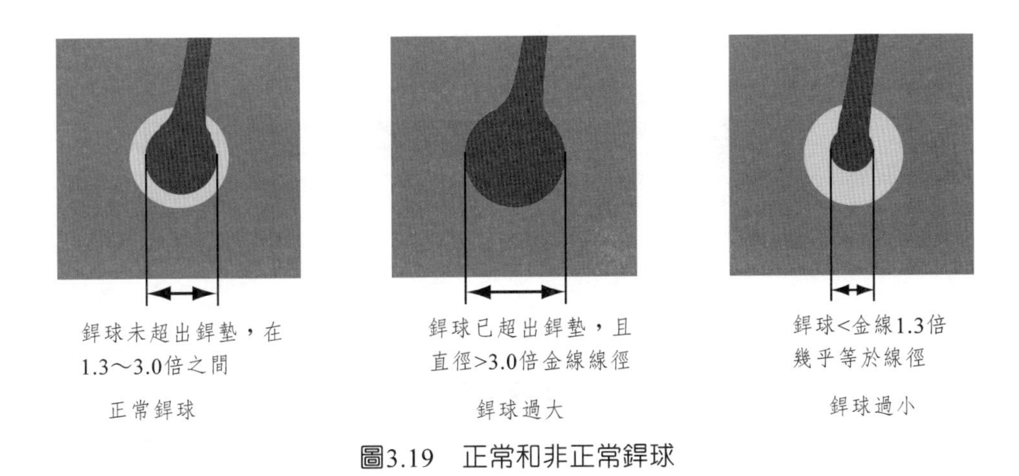

圖3.19　正常和非正常銲球

(5)尾線的要求：尾線長度不能超出2個晶片的寬度（圖3.20）。

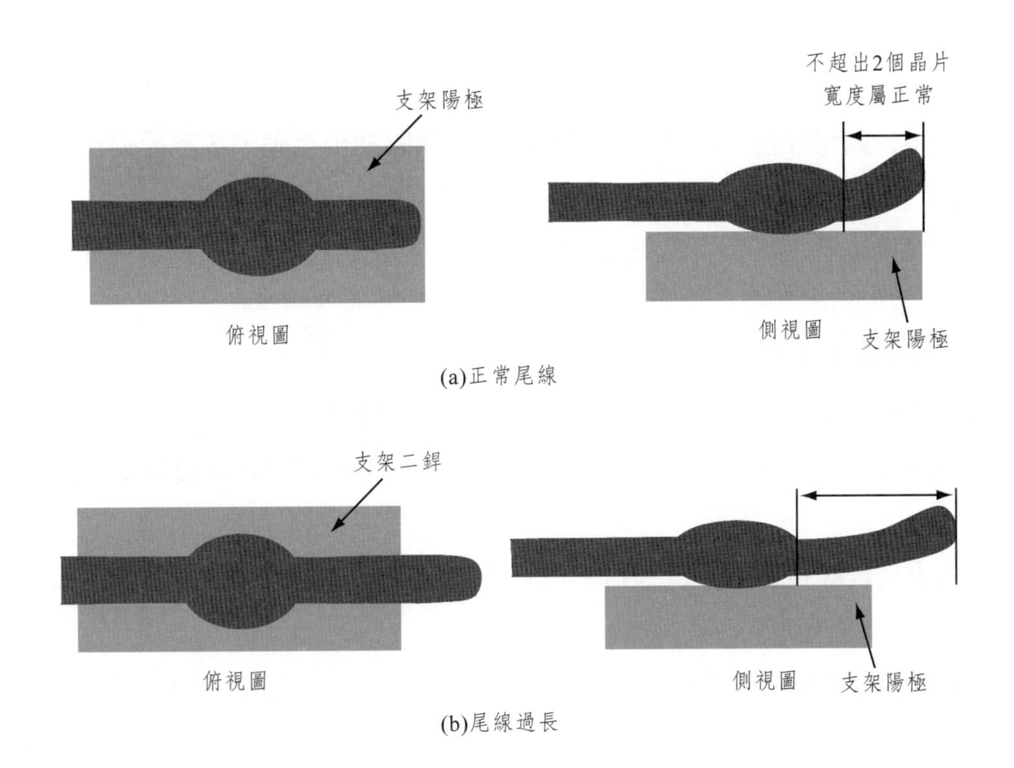

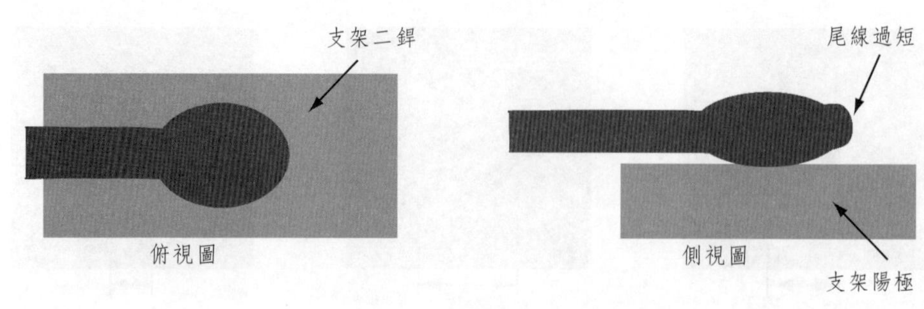

(c)尾線過短

圖3.20　尾線長度的確定

(6)作業前檢查機台是否接地良好，作業人員須戴好靜電環，並須定時檢查靜電環功能是否正常。

3.2.2.2　銲線

1. 銲線作業標準

(1)機台調整好後，將「手／自動過片」開關調至自動，按下操縱盒邊的送料開關，使支架沿著夾具向前移動，並重複進行下一個支架焊接。

(2)焊接後不良品與良品須分開放置，不良品予以返修。銲線作業如圖3.21所示。

2. 銲線注意事項

(1)所銲線支架必須是經過標準烘烤時間作業的材料。

(2)銲線前必須檢查所焊支架規格與流程單相符，須經檢驗員確認後方可作業。

(3)支架銲好後作業人員需自主檢查支架是否有彎曲，如有發現就立即停止並請修復人員處理。

(4)針對特殊機種要嚴格對照（特殊機種作業圖紙）確認無誤後方可作業。

(5)銲線後測試其拉力須在5gf（1gf=0.00981N）以上，在拉力作用下，各中斷點示意圖如圖3.21所示。

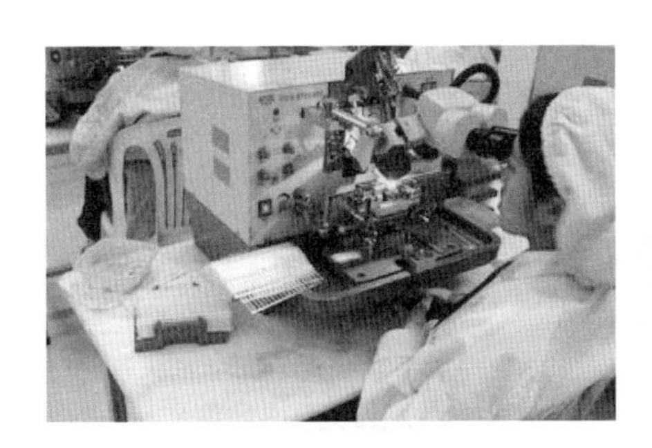

圖3.21　銲線作業

3.2.2.3　銲線站不良的原因和解決方法

表3.3是銲線不良產生的原因和解決方法如表3.3所示。

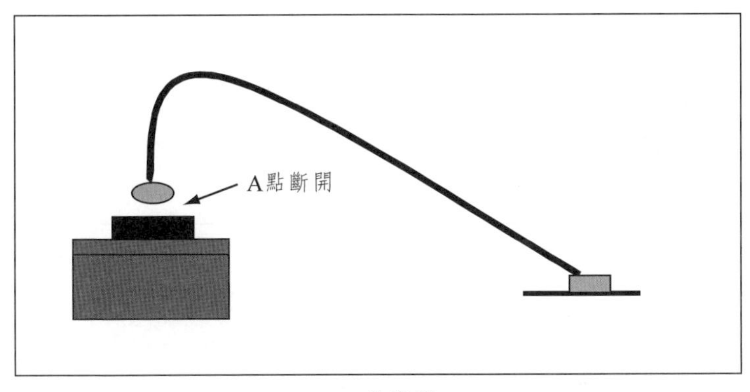

(a)A點斷開

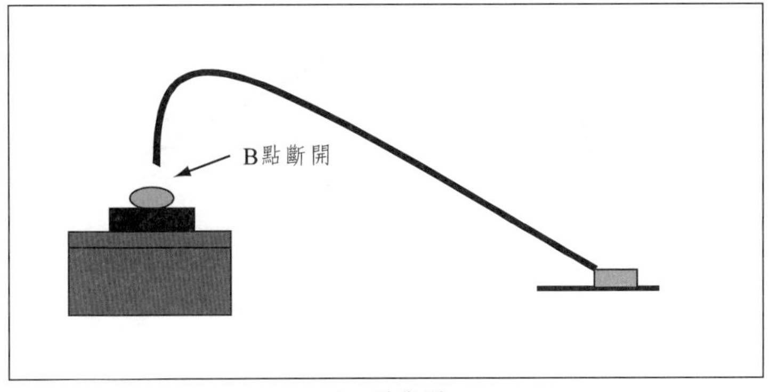

(b)B點斷開

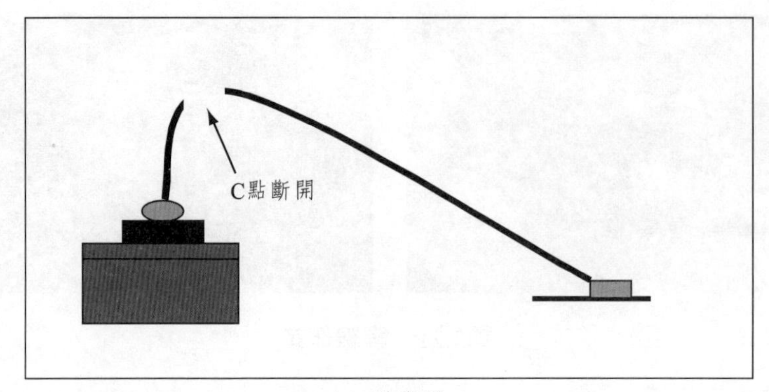

(c)C點斷開

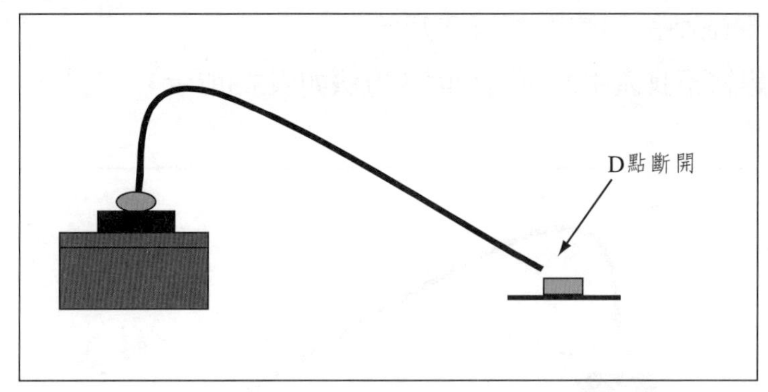

(d)D點斷開

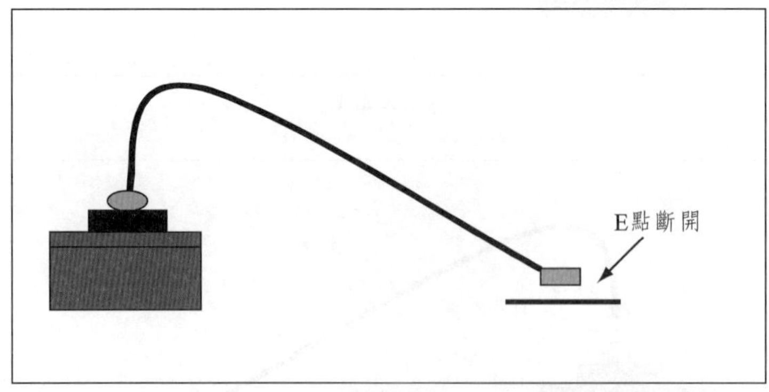

(e)E點斷開

圖3.22　銲線中斷點位置

表3.3　銲線不良產生的原因和解決方法

不良專案	不良圖示	不良說明	產生原因	解決方法
塌線	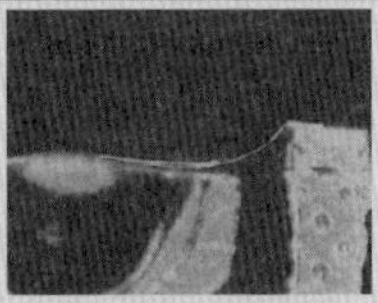	金線與晶片邊緣接觸或反射座邊與陽極塌線短路	1.材料搬運拿取時不小心導致 2.弧度過高導致容易塌線	1.搬運材料務必要小心，做到輕拿輕放 2.將銲線弧度調整標準狀態
斷線	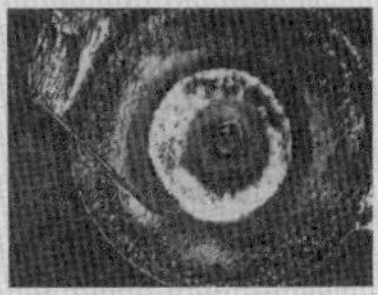	第一銲點與第第二銲點點之間任何一處斷線（A、B、C、D、E）	1.金線溫度過高材料銲點不良導致斷線 2.因機器故障導致弧度變形、拉斷	將機台調至穩定狀態
銲點不良	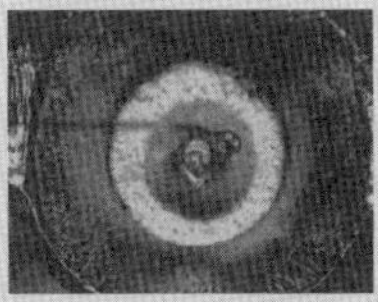	第一銲點銲球脱離晶片或第二焊點鬆銲	1.功率、壓力、時間調整過小 2.作業人員操作不熟練、偏焊引起銲點不良 3.晶片電極氧化問題	1.將時間、功率、壓力加大 2.針對不熟練作業加強培訓 3.反應給供應商要求改善
銲墊打穿	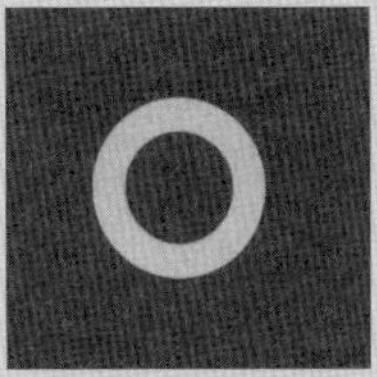	銲墊打穿的部分已露出晶片色澤	1.壓力過大、溫度過低 2.原材料問題	1.將壓力減小，溫度升高 2.反應給供應商要求改善
晶片鬆動	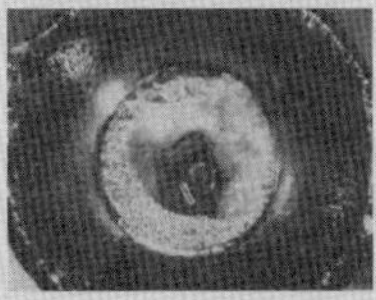	銲線後晶片底部銀膠碎裂或晶片懸浮	1.機台調整參數（壓力功率）過大 2.銀膠過少 3.銀膠未烤乾	1.將機台壓力減小 2.點膠人員注意膠量控制 3.領班、檢驗員切實確認進出烤箱時間
晶片龜裂		晶片表面或側面出現裂痕或晶片有缺角	1.銲線時壓力過大 2.晶片本身有問題	1.根據晶片的材質適當調整壓力 2.晶圓固著發現晶片破裂現象及時挑出
掉晶	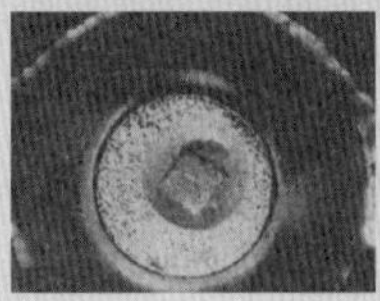	支架上無晶片，只殘留銀膠	1.機台調試參數（壓力功率）過大 2.銀膠過少 3.銀膠未烤乾 4.作業人員操作不熟練	1.將機台參數調小 2.點膠人員注意膠量控制 3.嚴格按標準作業（150℃/1.5h）
尾線過長		尾線長度超出1/3個晶片寬度（單電極）	1.銲線機台線夾太鬆 2.第二焊點銲點多次銲在同一位置上因金球過多將磁嘴內金線黏出	1.將機台線夾扭緊 2.第二焊點金球過多時，應用鑷子將金球刮掉再焊接（單電極）

不良專案	不良圖示	不良說明	產生原因	解決方法
偏焊		銲點與銲墊接觸面積小於銲墊面積的2/3	1.新手作業，操作不熟練 2.作業人員對標準不瞭解 3.作業人員情緒不佳 4.作業人員速度過快	1.領班對作業人員做好工作前培訓，先培訓後再操作，並講解作業標準及對不良操作預防及改善 2.督導作業人員嚴格按作業標準作業 3.針對偏焊嚴重者，增加檢驗次數
倒線		銲線弧線倒向一邊，且貼在支架上	1.因晶圓固著位置不當，造成銲線倒線 2.作業人員拿取材料或轉料過程中不小心碰倒	1.督導晶圓固著作業人員務必固于銀膠正中心位置 2.要求作業人員小心作業，將碰撞倒線支架進行全檢
雜線		支架上有多餘的金線或其他雜線	1.因支架存放太久，導致空氣中雜線掉入支架中 2.第一銲點或第第二焊點點未焊上線，重焊時未將多餘線挑出	1.晶圓固著站排支架時，就將支架中的雜線用氣槍吹乾淨 2.用鑷子將多餘雜線夾掉
弧度過高		深杯的支架：弧度的最高點應與支架的第二焊點平齊；正常杯的支架：弧度的最高點（f）點應比支架的第二焊點高出h/2～h的範圍內（h為晶粒高度）；平頭支架：弧度的最高點應比支架的第二焊點高3h/2～2h	1.銲線機線夾太鬆 2.瓷嘴太髒	1.扭緊線夾開關 2.清洗瓷嘴
弧度過低		同上弧度標準要求，弧度過低超出弧度標準範圍	1.銲線機線夾太緊 2.瓷嘴太髒 3.作業人員操作不熟練	1.線夾開關扭鬆 2.清洗瓷嘴 3.針對操作不熟練作業人員加強培訓
金球過大		金球過大超出銲墊	1.機台調整不當（功率壓力時間） 2.空焊造成金球過大	1.加強作業人員掌握機台基本操作及調試能力 2.要求作業人員認真工作
金球過小		金球過小等於線徑	1.線夾太緊 2.瓷嘴太髒 3.功率壓力調整過小	1.將線夾扭鬆 2.清洗瓷嘴 3.將機台調好再作業

不良專案	不良圖示	不良說明	產生原因	解決方法
拉力不足		於抽樣數中隨機抽取1片（20pcs）進行拉力測試，其拉力不可小於5gf	1.機台未調試好 2.瓷嘴產量過高 3.金線刮傷	1.將機台調整穩定狀態 2.注意瓷嘴的更換 3.清洗過絲系統
漏銲		支架與晶片上無銲線痕跡	1.作業人員工作不認真 2.打線時未打上而直接跳過 3.調整機台時疏忽未銲線	1.加強作業人員品質意識 2.作業時加強自主檢查意識，針對調機時所銲材料進行全檢
掉電極		晶片銲墊掉落無法焊接	1.溫度過高，功率過大 2.晶片本身問題	1.降低溫度，減少功率 2.反應給供應商要求改善
第二焊點過近		連於支架第二焊點之銲球位置過近（靠杯內側）	1.銲線寬度距離調試過短 2.晶圓固著固偏（太靠杯外側） 3.手動打線時寬度移動距離過小，打上線後未修正	1.注意機台調試標準 2.晶圓固著位置的要求 3.作業人員的熟練度要求及品質觀念要端正
第二焊點過遠		連於支架第二焊點之銲球位置過遠（靠支架腳外側）	1.銲線寬度距離調試過長 2.晶圓固著固偏（太靠杯內側） 3.手動打線時寬度移動距離過大，打上線後未修正	1.注意機台調試標準 2.晶圓固著位置的要求 3.作業人員的熟練度要求及品質觀念要端正

3.3 填膠站製程

3.3.1 填膠站總流程

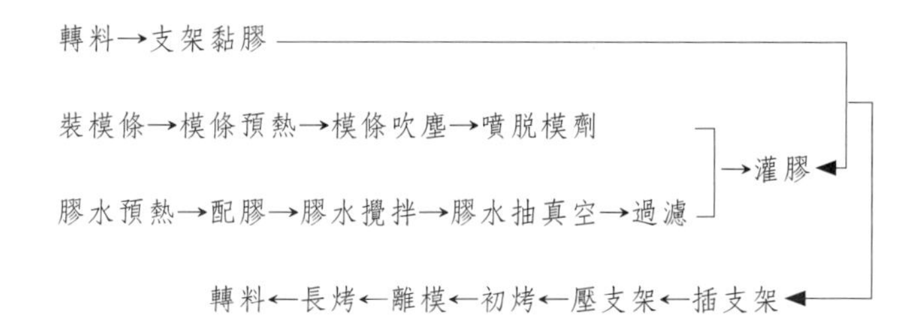

3.3.2 填膠站細部流程

3.3.2.1 裝模條

圖3.23是操作人員在裝模條。

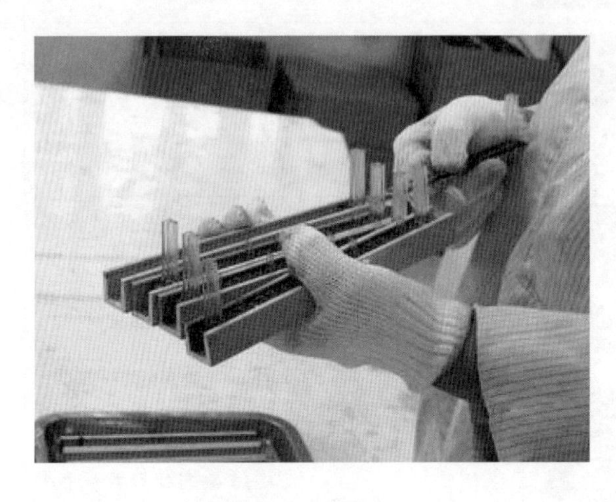

圖3.23 裝模條

1. 裝模條作業標準

(1)根據生產任務單及生產計畫表選取所要裝的模條。

(2)確認好模條的使用次數。

(3)確認所用模條各卡點的高度，特別是所選用的卡點的高度確認。

(4)確認無誤後開始裝模條作業（模條缺口對鋁條缺口，用插銷定位）。

(5)將裝好的模條按統一方向放於鋼盤內。

2. 裝模條注意事項

(1)所使用模條規格須配合檢驗員嚴格確認無誤後方可作業。

(2)當使用模條爲新模條，如使用卡點在幾組卡點中不爲最高卡時須剪卡點作業。

(3)如模條使用次數到期不能繼續使用。

(4)當模條卡點有插傷現象時，需選取樣本再次測量確認卡點是否標準（特別是顯示幕、交通燈等昂貴產品）。

(5)裝模時不能裝反，且不能人爲造成導柱、卡點變形或脫落。

(6)當發現有導柱脫落、卡點脫落、導柱變形、卡點變形、矽鋼片嚴重變形等來料不良現象時須將不良模條挑出，並反映給品質部。

3.3.2.2　模條預熱

模條需要預熱，預熱模條溫度在130±5℃範圍，圖3.24顯示的數字就是烤箱預熱模條的溫度。

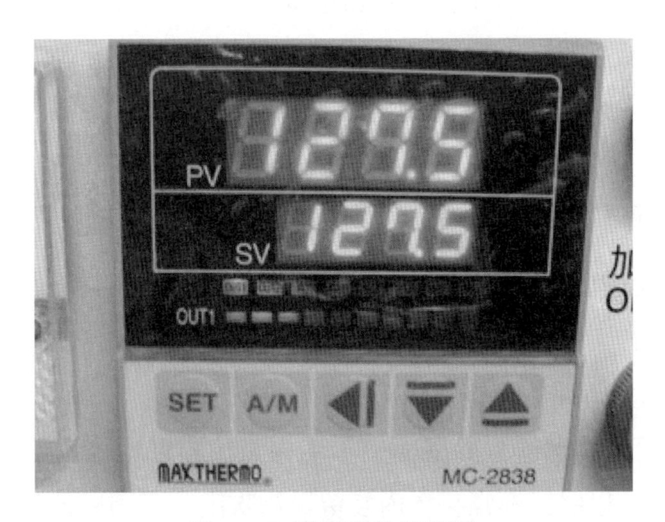

圖3.24　模條預熱溫度圖

1. 模條預熱作業標準

(1)將烤箱電源總開關打開。

(2)調整溫度至130±5℃，再調超溫保護至適當位置。

(3)將模條放進烤箱烘烤。

(4)調整計時器至烘烤所需的時間（40～60 min）。

(5)觀察電流錶工作是否正常。

(6)將模條預熱進出口狀況記錄於「模條預熱記錄表」中，相關人員簽名確認。

2. 模條預熱注意事項

1）預熱的溫度及時間

須在標準規定範圍內。

2）針對烤箱需注意以下幾點

(1)烤箱電壓爲380 V，如發現電線有破裂，請勿接觸，讓相關人員維修。

(2)開機前檢查進風口和出風口是否全部打開，確保進出風良好。

(3)正常工作中，應檢查溫控器所顯示溫度與設定的溫度是否相符，如有異常，請相關人員處理。

(4)超溫保護設定的溫度須大於實際溫度15～20℃。

(5)烤箱要確實接地。

3）預熱完成後之模條不宜在室溫下停放過久而導致冷卻，進而失去預熱意義

4）預熱記錄須切實填寫，品質管制員做好確認工作

3.3.2.3 模條吹塵

1. 模條吹塵作業標準

(1)將已到預熱時間的模條從烤箱中取出。

(2)將盛放模條的鋼盤置於臺面上，手握氣槍對準模條自上而下、自左而右全方位進行吹塵，以保證模條膠杯內殘留異物吹出，見圖3.25。

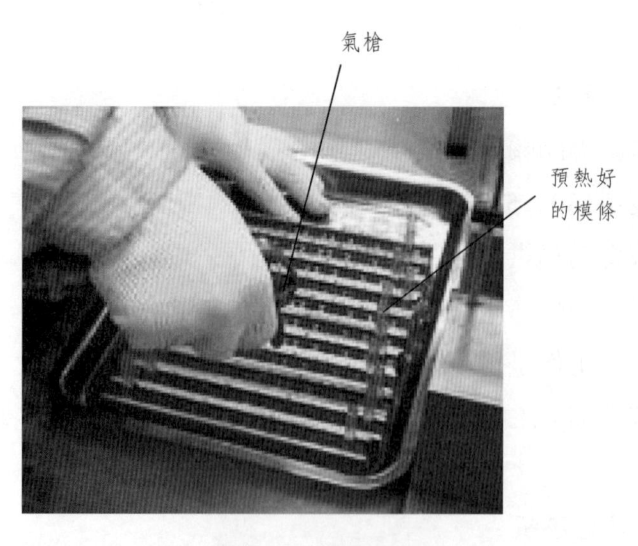

圖3.25　模條吹塵

2. 模條吹塵注意事項

(1)吹塵作業只針對首輪作業時進行。

(2)從烤箱內取出的模條應立即吹塵，不宜停留過久。

(3)吹塵時需戴手套且要求乾淨，以防吹塵後其他異物掉進模粒中。

(4)吹塵時間不宜過長，以免加速模條冷卻。

3.3.2.4　噴剝模劑

剝模劑也稱脫模劑。脫模劑是一種用在兩個彼此易於黏著的物體表面的一個界面塗層，它可使物體表面易於脫離、光滑及潔淨。剝模劑和噴剝模劑如圖3.26所示。

(a)脫模劑

(b)噴離模劑

圖3.26　噴剝模劑

1. 噴剝模劑作業標準

(1)接通電源及氣管接頭，並檢查電線是否外漏，氣管是否漏氣。

(2)往漏斗裏加入約4/5高的剝模劑量。

(3)根據不同的機種、模條調整氣閥大小、及剝模劑噴嘴大小。

(4)調整馬達的傳送速度。

(5)調整噴頭的位置，使其位於軌道的正上方。

(6)兩手依次將吹好塵的模條（鋁條）或離好模的模條（鋁條）送入軌道。

2. 噴剝模劑注意事項

(1)注意電線是否外露、氣管是否漏氣。

(2)注意噴劑量的多少和軌道的速度。

(3)剝模劑量不能過多也不能過少。

(4)注意噴剝模劑機表面的清潔。

當剝模劑量噴過多或過少時對成品造成的影響如圖3.27所示。當生產白光產品剝模劑噴少時，將呈現虛光斑，如圖3.28所示。

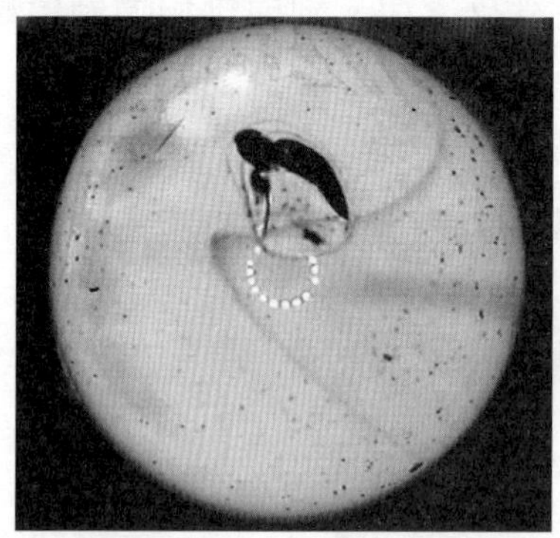

(a)噴劑過多形成表面水珠形不良圖

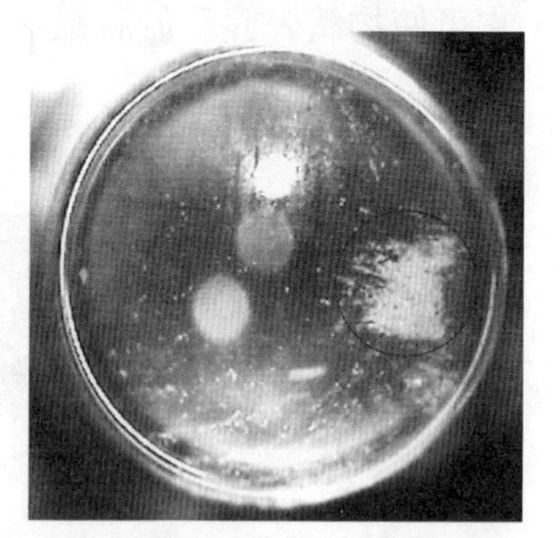

(b)噴劑過少形成表面模糊不良圖

圖3.27　噴劑過多和過少不良圖

圖3.28　虛光斑

3.3.2.5　支架黏膠

圖3.29　LED支架黏膠

圖3.29是LED支架黏膠照片，操作時要戴乾淨手套在黏膠機上進行。

1. 支架黏膠作業標準

(1)將裝好的乾淨丙酮倒進鍋內，將黏膠機的滾輪和膠槽洗乾淨。

(2)使用乾淨的碎布將滾輪和膠槽擦乾淨，並裝好黏膠機。

(3)開啓黏膠機電源，加膠到膠槽內，調整馬達速度至適當位置。

(4)調整汽缸的速度至適當位置（機台總氣壓源壓強度約爲0.4MPa）。

(5)將配好的膠倒進備膠杯內，調整膠層厚度及夾料板與滾輪間距離（用厚薄規調試膠槽與滾輪之間的間隙）。

(6)將待黏的支架放在左邊，左手把支架水平放到夾板上，腳踏一下氣壓開關，夾板將支架夾緊並將支架杯送往黏膠層，等支架滿杯並退回原處後，右手將支架水平拿出並放於料盒內完成黏膠作業。

2. 支架黏膠注意事項

(1)支架要水平輕放在夾板上，黏滿膠後要水平提出，防止碰塌線和膠水溢出杯外。

(2)黏膠時務必檢查杯是否黏滿，如果沒滿要及時補上，否則會造成氣泡不良（特別是透明機種），如圖3.30所示。

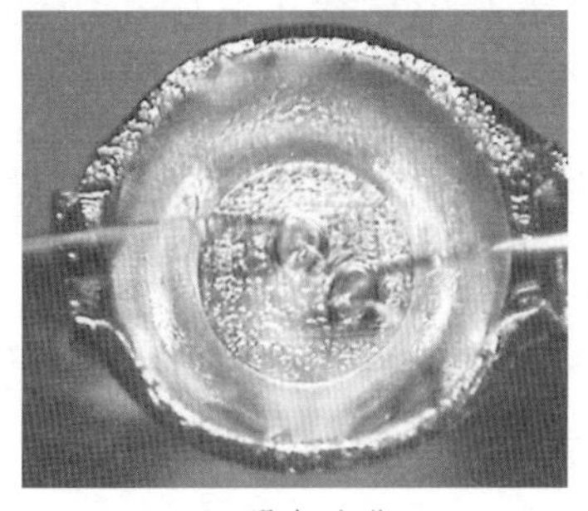

(a)膠未點滿

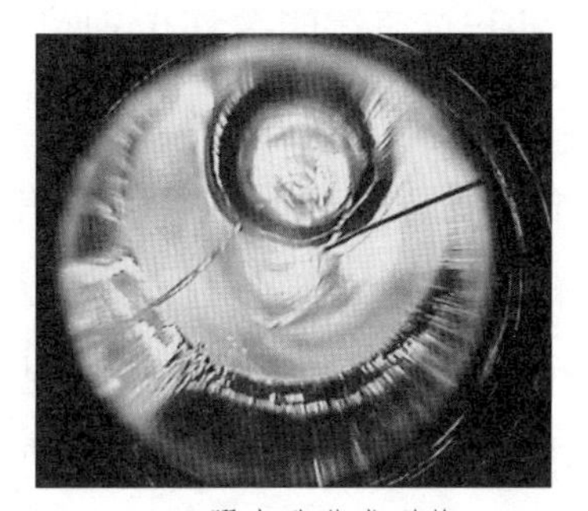

(b)膠未點滿成形後

圖3.30　LED晶片膠未點滿及成形後的顯微照片

(3)黏膠機調試時，支架杯與黏膠輪的距離標準為相隔一點距離，支架杯黏滿是通過膠層與支架的接觸而完成。

(4)黏膠機使用過程中，需每2h換膠一次，並清洗膠杯和滾輪。

(5)當黏膠機出現異常或不穩定時，要及時報告領班並通知工程維修人員。

(6)黏完膠後要及時把滾輪和膠槽用丙酮清洗乾淨。

(7)點膠時一次不能過多，最多2k（2000）。

3.3.2.6　膠水預熱

1. 膠水預熱作業標準

(1)將烤箱電源總開關打開。

(2)調整溫度至70±5℃，再調超溫保護至適當位置，如圖3.31所示。

(3)將膠水放進烤箱進行預熱。

(4)觀察電表工作是否正常。

圖3.31　膠水預熱溫度設定

2. 膠水預熱注意事項

1）預熱的溫度及時間

須在標準規定範圍內（70℃/60 min）。

2）預熱對象

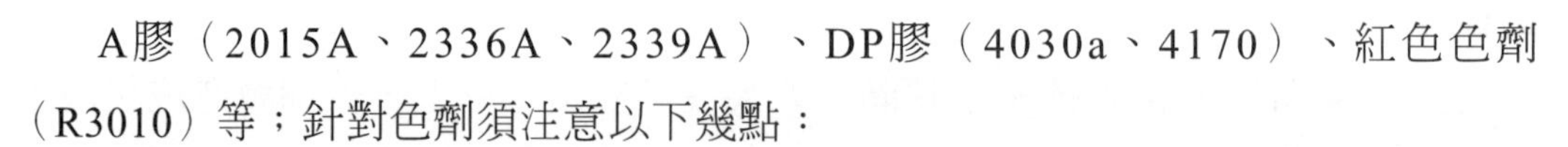

A膠（2015A、2336A、2339A）、DP膠（4030a、4170）、紅色色劑（R3010）等；針對色劑須注意以下幾點：

(1)將染料全面倒出到小鋼杯內，以方便操作。

(2)小鋼杯上必須注明各杯色別以利分辨避免拿錯，其中黃色染料在底的染體不要挖出（因易造成色體走樣），其他各色一律挖到底。

(3)配紅色A膠時，紅黃色染料必須拿到70℃烤箱預熱呈水狀，攪拌均勻後才配製。其他綠、橙等染料不可拿到烤箱預熱（將造成染料變色），直接用湯匙攪拌均勻即可配成A膠。（在特殊情況下，發現綠、黃、橙色染料呈結晶硬體狀時，才可以拿到烤箱預熱3～5 min，使之呈液體狀再使用）。

3）針對烤箱使用須注意以下幾點

(1)烤箱電壓爲380 V，如發現電線有破裂，請勿接觸，讓相關人員維修。

(2)開機前檢查進風口和出風口是否全部打開，確保進出風良好。

(3)正常工作中，應檢查溫控器所顯示溫度與設定的溫度是否相符，如有異常，請相關人員處理。

(4)超溫保護設定的溫度需大於實際溫度15～20℃。

3.3.2.7　配膠、攪拌

1. 配膠、攪拌作業標準

(1)將配膠容器、攪拌湯匙、電子秤等設備工具準備好。

(2)將相關需配的膠水準備好（將預熱好的膠水從烤箱中取出）。

2. 配膠過程

1）準備工作

(1)將洗淨的鋼杯置於電子秤上，將電子秤歸零。

(2)查找所需配膠比例，並根據計畫生產單量算出相對應需配膠的份數，再依配膠順序分別按比例將不同膠慢慢倒入杯中，如圖3.32所示。

(a)配膠

(b)膠水攪拌

圖3.32　配膠和攪拌

2）配膠順序

(1)配有色膠：首先配A膠，A膠即是用2015A加上各類CP（顏料）及DP（擴散劑）形成有色「A膠」，然後再配B膠。

(2)配水清膠：首先配B膠，然後再配A膠（目的是防止A膠黏鍋攪拌不均）。

3）配膠比例原則

(1)水清透明機種A、B膠之比例以100：100計算。

(2)其他品種以B膠：（A膠+CP膠+DP膠）=100：100進行配膠。

4）膠水搭配方式

(1)BG-A2015與B2015搭配。

(2)EG-A2339與B2339搭配。

(3)EG-A2336與B2336搭配。

在配膠過程中，將配膠所對應的生產型號、配膠重量等記錄於「配膠記錄表」中。將配好的膠水用鐵棒攪拌均勻後進行抽眞空作業；將電子秤顯示數値歸零。

3. 配膠、攪拌注意事項

1）配膠前

一定先將容器、桌面、攪拌湯匙、電子秤表面等處理乾淨才可正式配膠。

2）在配膠時

注意空氣流動不能過大，以免造成配膠不精准。

3）如配膠比例不對，會造成以下不良

(1)A膠多（B膠少）：烘烤不易乾、膠體變軟、剝模變形，且膠體會偏黃色。

(2)B膠多（A膠少）：膠體脆、易碎，顏色會偏深。

(3)CP膠多：成品亮度變低、顏色偏深。

(4)CP膠少：成品亮度會稍高，但顏色偏淡。

(5)DP膠多：成品亮度變低、角度會變大。

(6)DP膠少：成品亮度變高、角度會變小、見光點。

4）一次性配膠量

不能過多過少，配多造成浪費，配少影響作業。

5）配膠時的一次性量

不能超出電子秤所負荷的重量。

6）配膠時注意

(1)務必有檢驗員陪同進行監督作業是否有誤。

(2)務必戴手套作業。

7）膠水攪拌務必均勻

使各比例不同的膠充分結合。

3.3.2.8　膠水抽真空

1. 膠水抽眞空作業標準

(1)將攪拌好的膠水置於圖3.33所示的抽眞空機內。

(2)關閉放氣閥，再打開抽氣閥。

(3)打開馬達開關，開始抽眞空作業。

(4)抽眞空15～20 min後，將馬達開關關閉，然後將抽氣閥關閉，再慢慢打開放氣閥，放氣完畢後將膠水取出。

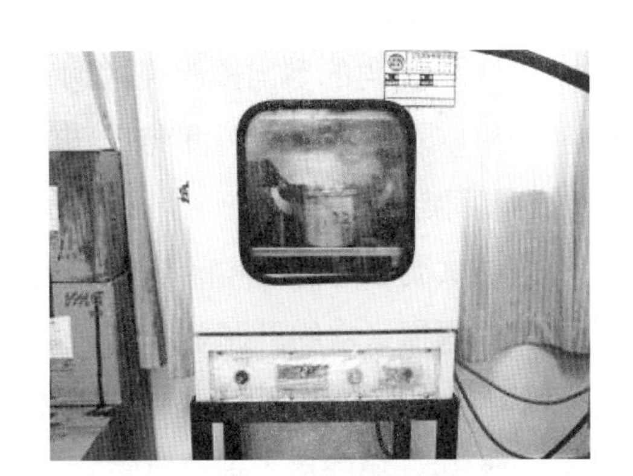

圖3.33　膠水抽真空圖

(5)將抽眞空時間記錄到「配膠記錄表」中。

2. 膠水抽眞空注意事項

(1)開機前須檢查眞空機的眞空油位是否正常，壓力是否達到0.09kPa以上。

(2)在打開抽氣閥開始抽眞空時，需專注杯內的氣泡不能超出鋼杯外，邊抽邊放氣，直至氣泡完全下降後將抽氣閥打至最大。

(3)放氣時不能過急，過急會造成膠水溢出導致浪費。

(4)抽眞空時間須在15～20 min之間。

(5)抽眞空機每月換油一次。

3.3.2.9　填膠

圖3.34是LED構裝填膠操作照片。

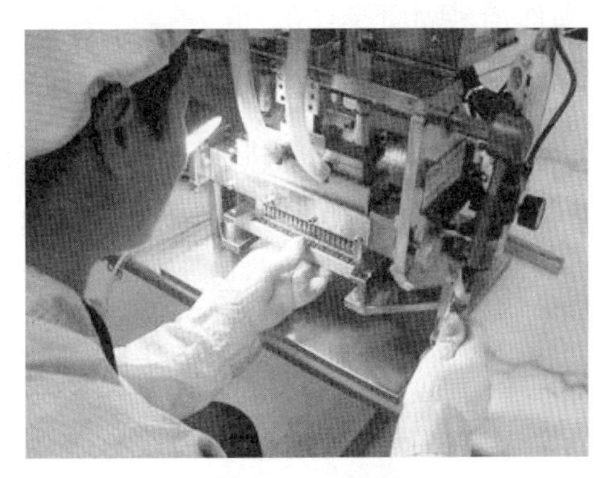

圖3.34　灌膠

1. 填膠作業標準

1）填膠作業前準備工作

(1)將裝好的乾淨丙酮倒進鍋內，將填膠機頭洗乾淨。

(2)機頭加上A膠，加A膠的目的在於使機台不產生空隙及氣泡，並起潤滑和加慢硬化的作用。

(3)將配好的膠倒進備膠杯內，倒膠前注意：①出膠孔的螺絲鬆開；②膠機裏面的空氣放乾淨；③膠杯和機台，查看保持膠杯和膠管是否清潔；④右手拿鋼杯，沿45°斜角的導向攪拌湯匙倒入少量膠，讓膠順著膠杯壁膠管流入機台盛膠容器內；⑤膠孔，當膠孔膠流出來，並無氣泡流入時立即將螺絲鎖住膠孔，使其不出膠固定爲止。

(4)試機台是否正常有氣，氣量大小調整適當。

(5)選擇適當的針頭並將每一個吹氣導通，然後將針頭裝到填膠機頭上，並使用乾淨的棉棒沾剝模劑塗在填膠機每一個針頭上。

2）裝好填膠機，進行試膠作業（氣泡排出及調試膠量）

(1)膠桶放在機台針頭下面試填膠，是否有氣泡，如沒有氣泡則試膠完畢，如還有氣泡就再壓灌幾次，直到沒氣泡爲止。

(2)氣泡已完全排出，再由烤箱拿出預熱好的一盤模條，先試灌看膠量如何，試膠時注意各針頭出膠狀況，如發現膠量相差較大，其一是機台沒裝到位，需調整某部分螺絲是否沒鎖好，其二是針頭有異常，查看如有問題須更換。

3）將預熱吹塵好的模條置於臺面上，左手拿模條，右手按填膠把手，具體操作流程如下：

(1)左手拿鋁條，大拇指和其他四指分開夾於鋁條中間部位（輕托即可）。

(2)推入機台模腳上，推到底定位。

(3)左手托起鋁條到頂點，對準模粒，靠模粒邊緣固定。

(4)右手拉起手柄台到達頂點。

(5)壓下啓動開關（拉拔到定位）不要放。

(6)手柄和下壓的開關一齊壓下到底（膠水壓內模粒內）。

(7)鬆開啓動開關（讓拉拔恢復原位），收回鋁條，放入鋁盤。

(8)重複第一項操作。

2. 填膠時注意事項

機台加A膠時應先行預熱使之呈近液狀以利作業，加A膠時注意：

(1)抽膠引腳的引腳溝要加滿。

(2)須加到前擋板及後擋板的內溝和拉扳上。

3. 倒膠時注意事項

(1)膠管不能有氣泡，如有，將造成整批生產的成品產生氣泡。

(2)膠不可由中間倒入而導致產生氣泡，如發現膠塞滿膠管時，暫停倒膠。

(3)倒膠時膠需以斜角慢慢流入膠管，絕不可前面留有空隙而後面膠已封住，等膠管充滿膠後倒膠量可加大，但同樣須保持從容器邊緣倒入，直到膠全部倒完為止。

4. 試膠時注意事項

(1)如重複察看時，膠依舊有氣泡，代表機台內氣泡依然很多，只得再次鬆開出膠孔放掉機台內的氣泡，再鎖緊重新試膠。

(2)膠量須調整到標準為止才可以正式填膠，試作模條須插上報廢支架才能入烤箱，以免浪費模條。

(3)填膠時分一次填膠及分段填膠。\1一次填膠：在機台無氣泡情況下，針對圓形機種及模型頂部半圓形填膠。\2分段填膠：針對方形機種均需要採取分段填膠（針頭須對模條膠杯內側邊緣）。第一段打底，只下壓少許膠後停頓，第二段下壓後灌滿為標準量。

(4)作業過程中必須戴手套。

3.3.2.10　插支架、壓支架

1. 插支架、壓支架作業標準

1）插支架前

查看晶片、支架是否與所灌機種相符（每更換0.5 K材料時把支架盤以45°傾斜讓支架後退定位，看支架種類是否為所灌機種或其中是否混有其他材料，以防插錯支架）。

2）檢查支架時

同時確認材料是否有嚴重彎曲、變形、變色、歪頭、塌線等現象，發現有問題須挑出，不可繼續作業，此批機種完成後統一修正或報廢處理。

3）插支架時做到

(1)模條缺邊在左右方向的插支架方式：順向晶片，晶片對缺邊；反向晶片，晶片對圓邊（特殊機種按圖紙作業）。

(2)模條缺邊在上下方向的插支架方式：順向晶片，支架光滑面對平邊；反向晶片，支架光滑面對圓邊。

(3)灌好膠的模條，統一方向以利作業，插支架一律陰極（大杯）晶圓固著片朝左（除特殊機種外）。

(4)插支架時兩手將料盒內支架托起，再旋轉180°將支架頭朝下，並空出支架底部兩頭，將支架一邊先行插入導柱溝槽，一邊定位後再將支架底部另外一邊空出位對準導柱卡槽順利卡入，然後同時著力將兩端支架壓到卡點定位位置。圖3.35是插支架與壓支架的照片。

(a)插支架

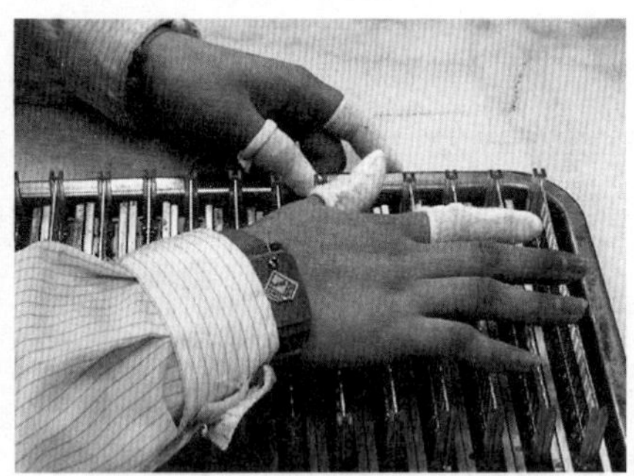
(b)壓支架

圖3.35　插支架與壓支架

4）支架入烤箱

(1)入烤箱前利用雙手掌統一輕壓一下支架底部，並作最後自我檢查，確定支架已卡入定位無誤。

(2)插支架時注意不能碰到金線以免斷線或塌線造成產品不亮。

(3)支架壓好後送烤箱烘烤作業。

2. 插支架、壓支架注意事項

(1)所插支架千萬不要用錯或混料及嚴重彎曲、變形、變色、歪頭、塌線等現象。

(2)注意插支架方式嚴格按標準作業（特殊機種參照圖紙作業），不能插反。

(3)插支架時檢查支架是否正確卡入導柱溝槽，如未卡入正確位置須立刻做調整，務必卡到位。

(4)壓支架時用力不要過大且要均勻，不能造成插壞卡點、插深插淺及插偏等不良現象。

3.3.2.11　初烤

1. 初烤作業標準

(1)開啓烤箱電源總開關，將烤箱溫度調至（130±5）℃，如圖3.36所示，預熱30 min後將超溫保護器調至適當位置。

圖3.36　初烤溫度

(2)檢查烤箱進出風口是否打開，確保通風良好。

(3)檢查烤箱是否水平。

(4)將插好的支架送至烤箱進行烘烤。

(5)ϕ3 mm、ϕ5 mm材料初烤條件爲（130±5）℃，ϕ8、ϕ10等材料進烤箱時，由於膠體面積大，烤乾環氧樹脂較慢，故材料初烤溫度設定在（110±5）℃。

(6)初烤時間在45 min以上。

(7)材料初烤的時間應詳細記錄于塡膠自主／首件檢查表中。

2. 初烤注意事項

(1)進烤時拿鋼盤應平穩，材料輕拿輕放，開關烤箱門時用力不可過大。

(2)設定溫度應正確，設定過低會導致烘烤不乾，需延長烘烤時間，設定過高會導致材料裂膠、變形。

(3)超溫保護設定的溫度須大於實際溫度15～20℃。

(4)檢查烤箱接地是否良好。

(5)烤箱正常運作時，須隨時檢查烤箱實際溫度是否與設定溫度相符，如發現不符時該烤箱立即停止作業，以維修申請單方式交工程部予以維修處理。

(6)烘烤記錄應如實正確填寫。

3.3.2.12 剝模

1. 剝模作業標準

(1)從熱風烤箱裏面端出烤好的材料。

(2)將兩手放在靠近模條導柱兩邊的支架部位，兩手同時用力垂直向上提取支架。

(3)脫模後暫時掛於剝模材料架上，如圖3.37(a)所示。

(4)將材料從剝模架上取出用包裝紙包好，ϕ3 mm的每50條爲一把，ϕ5 mm的每25條爲一把，並放入鋼盤如圖3.37(b)所示。

(5)材料裝滿一鋼盤時，將材料重新放入熱風烤箱進行長烤作業。

(a)離模作業

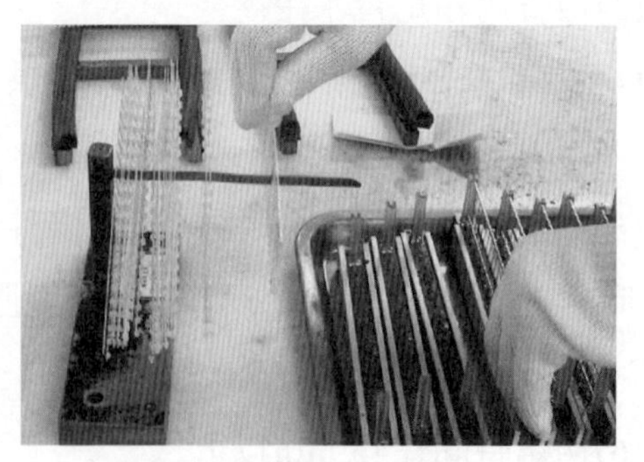
(b)離模掛材料作業

圖3.37 剝模和掛材料

2. 剝模注意事項

(1)初烤夠時間後才能將材料從熱風烤箱取出進行剝模。

(2)剝模時用力要均勻，不可單邊先起，如此作業會造成剝模不易及剝模變形。

(3)剝模後擺放順序要一致，不能放反或混放。

(4)包裝數量要準確，材料排放於鋼盤中要整齊有序。

(5)剝模時檢視材料是否有變色、插深插淺、針孔、表面外觀、偏心、刮傷、多膠、少膠、異物、毛邊等主要外觀不良現象，做好自主檢查並做好記錄。

(6)作業過程中須戴手套。

(7)落實好防靜電措施。

3.3.2.13　長烤

1. 長烤作業標準

(1)調整溫度錶到135℃，如圖3.38所示，再調整超溫保護器到適當位置。

(2)調整計時器至烤箱所需的時間（4h以上）。

(3)將材料依序放入烤箱內烘烤。

(4)觀察電流表工作是否正常。

(5)每次材料烘烤的時間須詳細記錄於（LED烘烤記錄表）中。

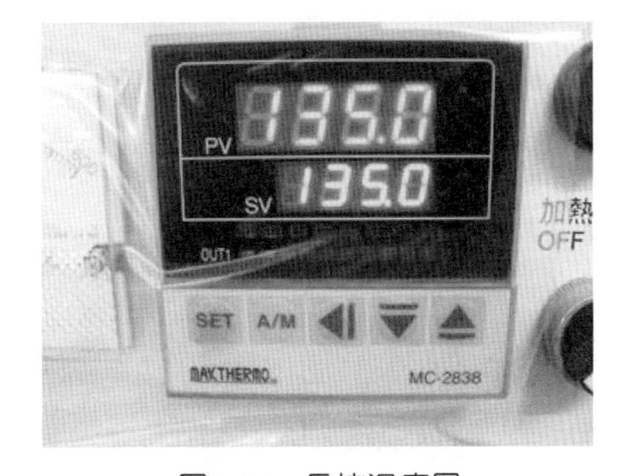

圖3.38　長烤溫度圖

2. 長烤注意事項

(1)設定溫度應正確，設定過低會導致烘烤不完全，未達到膠水的T_g點，設定過高會導致材料裂膠、烘烤變形。

(2)超溫保護設定的溫度須大於實際溫度15～20℃。

(3)檢查烤箱接地是否良好。

(4)烤箱正常運作時，須隨時檢查烤箱實際溫度是否與設定溫度相符，如發現不符時該烤箱立即停止作業，以維修申請單方式交工程部予以維修處理。

(5)烘烤記錄應如實正確填寫。

3.3.2.14 膠水不良原因和解決方法

表3.4 膠水操作不良原因和解決方法

不良項目	不良圖示	不良說明	產生原因	解決方法
膠水預熱異常	略	膠水預熱溫度與標準「(70±5)℃/1h」不符	1.烤箱溫度調試錯誤 2.預熱時間不夠	1.配膠員須自主檢查烤箱是否正確 2.預熱好的數量確認是否夠1h
模粒預熱異常	略	模粒預熱溫度與標準「(130±5)℃/0.5h」不符	1.溫度調試錯誤，私自更改設定條件 2.預熱時間不夠或未預熱	1.督導作業人員加強對標準的瞭解，講解利害得失，增強品質意識 2.檢驗員確認檢查溫度是否正確
配膠錯誤	略	所配膠水與生產任務單要求不符	1.未認真核對生產任務單，造成使用膠水規格不符 2.未認真核對生產任務單，特殊配比時按常規配比作業造成配膠比例錯誤 3.膠水存放位置混亂造成配膠時誤拿 4.配膠時比例計算錯誤 5.生產任務單開錯或模糊不清導致生產配錯 6.配膠時只有配膠員無品質管制員或第二者監督造成配錯 7.電子秤出現故障	1.作業前認真核對生產任務單 2.將不同膠水按區域劃分，配膠員作業前嚴格做好自主檢查，品質管制員監督 3.領班、品質管制員、配膠員針對特殊配比，第一、提出疑問；第二、模糊不清時及時向上級提出，確認後再行生產 4.配膠員作業前一定要找品質管制員或領班監督，否則予以處分 5.電子秤定時校正，出現異常及時修理及校正
多膠		封膠時膠量多出模粒帽檐	1.點杯內膠時膠量不均造成(膠量要求較小的機種) 2.機台未調試好出膠量不均勻 3.針頭針管有壓彎	1.檢查點膠時每個支架杯內之膠量是否一致(膠體小機種) 2.填膠員按模粒膠量做好首件確認，確認好後將螺絲擰緊再作業 3.剝模時首輪確認，如發現多膠及時做調整(顯示幕特別注意) 4.如針管有異常提報領班予以更換

不良項目	不良圖示	不良說明	產生原因	解決方法
少膠		封膠時膠量未達到模粒帽檐	1.點杯內膠時膠量不均造成（膠量要求較小的機種） 2.機台未調試好出膠量不均勻 3.膠水溢出膠杯外導致少膠	1.檢查點膠時每個支架杯內之膠量是否一致（膠體小機種） 2.填膠員注膠做好首檢 3.剝模時首輪確認，如發現少膠及時做調整 4.填膠及插支架時小心，如為模條原因反應至供應商要求改善
插淺		支架插入膠體深度尺寸相差超出±0.1 mm以上	1.卡點使用錯誤 2.插支架未插到位 3.入烤前及入烤時擺放材料動作不按規範造成支架晃動上浮 4.供應商本身原因	1.插支架時檢查卡點是否正確 2.要求插支架作業人員按標準作業並做好自主檢查 3.要求作業人員在擺放材料時輕拿輕放，針對上浮支架重新作業 4.模條問題反映至品質部IQC（進料品質管制）處再通知供應商做改善
插深		支架插入膠體深度尺寸相差超出±0.1 mm以上	1.卡點使用錯誤 2.作業時用力過大導致卡點損壞而造成誤差過大 3.插支架後補壓時兩邊用力不均勻造成 4.模條使用次數過多 5.模條本身卡點誤差過大	1.插支架檢查卡點是否正確（核對標示卡） 2.作業人員插支架及壓支架時注意用力均勻，且不能用力過猛（手動）自動機作業按標準參數設定作業 3.模條到一定使用次數報廢處理 4.模條問題反應至品質部IQC處再通知供應商做改善
插反		插支架方向與生產任務單不符（正常以支架陰極對模粒缺邊）	1.填膠的人員將模條裝反 2.自動填膠的人員將整盒材料放反 3.銲線時將支架個別放反，而點膠及插支架時未發現 4.領班、品質管制員、作業人員在首件確認時出錯	1.模條裝好後上線前全檢 2.自動機作業人員嚴格做好自檢 3.要求前段作業時不能放反材料，且點膠員及插支架員作業時細心觀察是否有放反，發現後及時改正 4.品質管制員、領班務必正確確認支架正、反裝配，對特殊LED須認真核對作業圖紙，如有疑問及時提出

不良項目	不良圖示	不良說明	產生原因	解決方法
杯內氣泡		杯內有殘餘空氣造成杯內氣泡（在晶片及金線旁或上方，影響發光及壽命）	1.點膠時膠量過薄或時間過短導致未點滿膠 2.支架與點膠輪之間調試過寬導致未點到或未點滿 3.膠水抽真空未到時間就取出 4.膠水配膠後停留時間過長膠水變稠 5.插支架速度過快 6.抽真空機異常導致抽真空不淨	1.點膠作業前將膠量厚薄、時間、支架與點膠輪之間搭配調試好 2.嚴格要求抽真空時間在15～20 min左右 3.膠水抽真空後至填膠完成時間不能超過1h 4.要求插支架速度不能過快 5.如查明為抽真空原因須申請工程維修或委外維修
膠色不一		膠水顏色與正常相比存在差異	1.用錯膠水 2.配膠比錯誤 3.配不同機種材料時前次配膠未處理乾淨或機器未沖洗乾淨	1.配膠時嚴格按任務單要求作業 2.配膠員做好自主檢查，品質管制員做好監督、複算，不能計算錯誤 3.品質管制員確認配膠鋼杯及換機種時機台清洗是否乾淨
混模條	略	同一批模條內混有其他不同尺寸外觀的模條	1.拆模條時放錯位置而在用時未發現 2.剝模人員端錯模條	1.督導作業人員細心，按任務要求裝相應規格模條，領班品質管制員確認 2.督導要求作業人員裝好全檢一遍
烤箱溫度誤差	略	烤箱溫度設定與標準設定不符及實際溫度與標示溫度不符	1.調試不正確（違規操作） 2.烤箱溫度異常	1.嚴格要求作業人員按標準作業，提高品質意識 2.進烤箱前核對烤箱溫度與實際所需溫度是否相符 3.如屬烤箱故障申請工程維修，未修復前不能允許正常作業（可掛暫停牌）
刮傷		膠體表面有劃傷，痕跡影響外觀及發光	1.插支架用力過大插傷模粒 2.材料未擺放好，刺傷膠體 3.人員的指甲過長，且未戴手套	1.針對特殊模條（如UP529）要求作業人員插支架時小心 2.剝模後注意材料用薄紙包裝好後擺放要整齊有序 3.作業人員的指甲不能留得過長，在作業及轉料過程中須戴手套作業

不良項目	不良圖示	不良說明	產生原因	解決方法
表面氣泡		封膠時空氣殘留膠體內形成表面氣泡	1.膠水抽真空時間不夠未抽乾淨 2.膠水在空氣中停留時間過長而冷卻 3.手動填膠壓膠時氣泡未完全排除乾淨 4.填膠作業時速度過快	1.膠水抽真空務必須按標準要求作業 2.從配膠、抽真空至填膠完進烤箱時間儘量控制在1h內完成 3.作業前壓膠時將氣泡排除 4.填膠時速度不能過快，特別是內凹等特殊材料
偏心		支架碗中心明顯偏離膠體中心位	1.支架本身偏心（a.邊距誤差過大，b.各杯中心距有誤差） 2.模條各膠杯中心距的公差過大 3.支架變形（陰陽極不在同一線上，上下偏離） 4.模條導柱鬆動造成左右偏心（a.人為抓導柱造成，b.導柱與鋼片結合度不良） 5.插支架不熟練，支架未完全卡在模條卡槽內	1.用高精密測繪儀檢查支架之邊距、杯中心距以及模條膠杯中心距是否在標準範圍內 2.進料及作業人員自主檢查支架是否有陰陽極變形 3.杜絕人為抓導柱的行為，如屬導柱與鋼片結合度問題反映至供應商要求改善 4.插支架作業人員進行教育訓練，並灌輸品質意識，不能只求量不求質
雜物		膠體表面有明顯黑點或其他雜物	1.模條吹塵不淨或未吹塵 2.填膠環境衛生差，桌面、地板不乾淨造成 3.烤箱未定時保養形成雜物 4.人員（插支架、填膠、剝模人員）手套使用過久、髒汙造成 5.新人著便衣將異物帶入無塵室造成 6.料盒不乾淨，前一工序將異物帶入填膠無塵室 7.無塵室環境未密閉，外來空氣中雜物進入無塵室造成	1.模條第一輪使用前務必進行吹塵而且吹塵力度要夠 2.切實做好量產前確認工作（環境5S），領班與品質管制員同時執行 3.烤箱切實定時保養（1個星期一次） 4.在不浪費的前提下做好手套更換工作（插支架用手指套每天更換一次、填膠及剝模人員每兩天更換一次，霧狀一天更換一次） 5.新人上線後安排上線就發工作服，銲線站之料盒每星期用氣槍進行吹塵作業 6.將車間玻璃等用密封膠封好

不良項目	不良圖示	不良說明	產生原因	解決方法
表面不良		膠體表面模糊不清，點亮時嚴重影響外觀	1.噴剝模劑過少導致剝模困難，經多次拔模後造成對模條的損傷 2.噴剝模劑過多造成剝模後表面殘留剝模劑量 3.模條已到使用次數還在使用 4.注膠時針頭戳到模條內側或底部造成 5.模條供應商材質有問題	1.噴剝模劑時注意噴劑量的控制 2.使用前認真檢查核對模條之使用次數表 3.填膠時嚴格注意填膠方式，不能有戳傷模粒 4.做好首檢，模條問題由品質檢驗員反映到模條商，並由品質檢驗員追蹤原因分析及改善結果
卡點錯誤	略	模條卡點高度與生產任務單要求不符	1.模條上線前確認錯誤 2.剪錯卡點	1.裝模條時須看標識卡與任務單要求是否相符 2.剪卡點時領班及質檢員須確認到位

3.4 測試站製程

3.4.1 測試站總流程

測試站在對LED測試前需要籌備LED半成品物料，首先對LED半成品進行支架前切，設定檢測設備參數並進行測試，清點數量後進行後切，並防靜電包裝入庫後待銷售。測試站總流程如圖3.39所示。

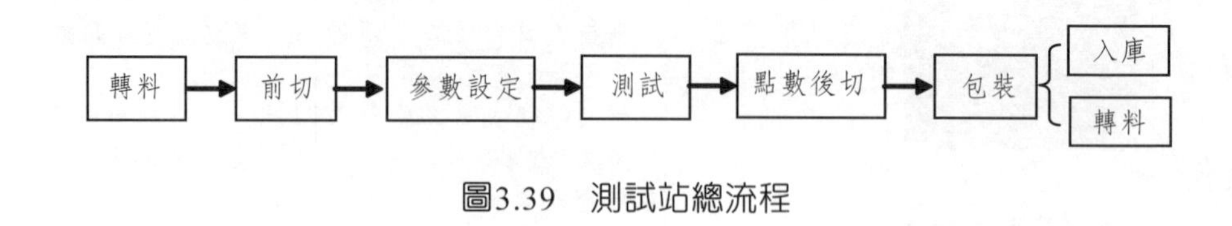

圖3.39 測試站總流程

下面主要針對以上總流程介紹其系部流程。

3.4.2　測試站細部流程

3.4.2.1　前切

前切的作用就是把支架靠近晶片部位的連接筋切掉，使其成為兩個獨立引腳，也為測試做好準備。

1. 前切作業標準

(1)見圖3.40，開機前清除廢料盒中的廢料並送料。

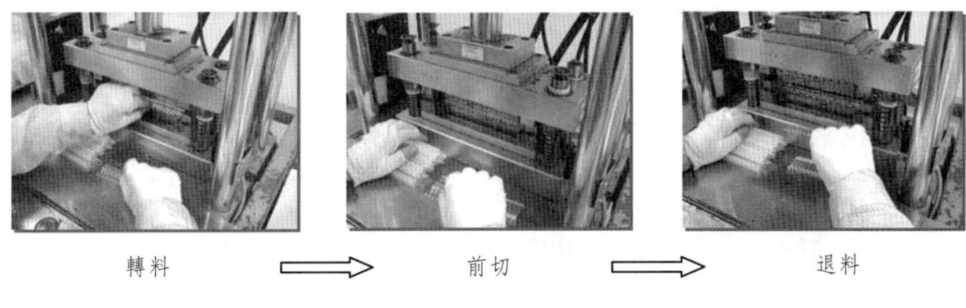

圖3.40　前切過程

(2)電源開關至「ON」位置。

(3)馬達開關至「ON」位置。

(4)將「手動／自動」鈕旋轉到手動後，用上（下）按鈕操作一次，看其動作行程情況後，選用待切材料的模具裝入機台。

(5)將「手動／自動」鈕轉到自動，並調整半切適當的時間。

(6)將待切材料，確定切腳方向後進行前切。

(7)待切材料置於左邊臺面上，左手取材料送至刀模定位點上，然後雙手同時按下下降開關，即將上連接及短腳切開，然後右手將切好之材料取出，包好後再放入鋼盤中。

2. 前切時的注意事項

(1)機台為單獨操作，絕對不可兩人同時操作。

(2)壓力不可過大，一般為75 kg/cm^2，時間為2～4s。

(3)裝模應注意選用與待切材料相符的模具，並確認好切腳方向。

(4)作業過程中，按按鈕時手不能伸入模內，以免傷手。

(5)作業時兩隻手同時按下開關作業，嚴禁將一邊之開關固定後作業。

(6)切腳後正負極長度相差不得超出2 mm。

(7)開始切腳作業時作業員須做好自主檢查，且質檢員須在場確認並記錄於「首件檢查表」中。

(8)前切好的材料不能有切壞、毛刺、倒鉤、歪頭、切反等的外觀不良。

(9)作業時須戴手套作業。

(10)藍、純綠、白光等雙線高檔晶片切腳時須吹負離子產生器。

3. 常用模具型號

(1)2002正常邊模：只能切2002支架。

(2)2003正常邊模：可切2004、2003、2006、2007等型號支架。

(3)2003寬邊模：可切2004、2003、2006、2007等型號支架。

(4)正常2009模：可以切2009A、B；2015-1、2015-2、2016-9支架（三支腳）。

(5)特殊2009模：2009-2支架專用模（三支腳）。

(6)3009模：3009支架專用模（四支腳）。

(7)腳模：切負極用，可切2002、2003、2004、2006、2007等兩支腳的支架。

4. 模具簡介

模具由前下刀、前上刀、後上刀、後下刀、上壓刀共5套刀模及退料板上下刀座組成。上壓刀及前下刀起到固定支架管腳及決定上連接卡位寬度的作用，後上刀爲切正、負極的作用；前上刀的作用爲分開整條支架的上連接及材料的正負極。切腳方向確認原則如下：

1）總的原則

由模具的順反及晶片的反順來決定，模具的反順取決由後上刀的反切面方向，切面方向正面在右爲反向刀模，在左則爲順向刀模（9支架模具除外）。

2）二極體正負極的判定標準有兩個地方

(1)模條的平邊爲負、圓邊爲正。

(2)支架的長為正、短腳為負（雙電極晶片按順向作業）。

(3)特殊情況參照特殊規定。

3）切腳原則

順向模具：順向晶片→順切（支架光滑面朝上）；反向晶片→反切（支架光滑面朝下）。

反向模具：順向晶片→反切（支架光滑面朝下）；反向晶片→順切（支架光滑面朝上)。

3.4.2.2　測試

1. 測試時的作業標準

(1)如圖3.41所示，按測試機操作說明，開啓測試機，按任務單上晶片型號，設定好測試參數。具體步驟：

a.打開測試機電源進入主功能表頁面，選擇第三項（修改型號），輸入待測試晶片的測試範圍值。

b.確認後再選擇第5項（測量），將材料固定在測試夾具上，將正向電流調到20 mA，反向漏電壓傳統二元、三元、四元材料調為6 V，藍、白光等雙電極材料調為5 V。

c.將測試前之亮度進行調整。

(2)將前切好的材料置於測試機左邊臺面，左手取材料放在測試機夾具上，用腳踏住氣壓開關，測試機探針壓住材料半切腳，將LED點亮。

(3)檢查LED的外觀和電性能，若電腦螢幕上顯示綠圈，表示該產品為良品，其他顏色均為電性不良品。

(4)將測試的不良品用標示好的不良品盒盛裝，良品放入右邊臺面的鋼盤，並包裝好。

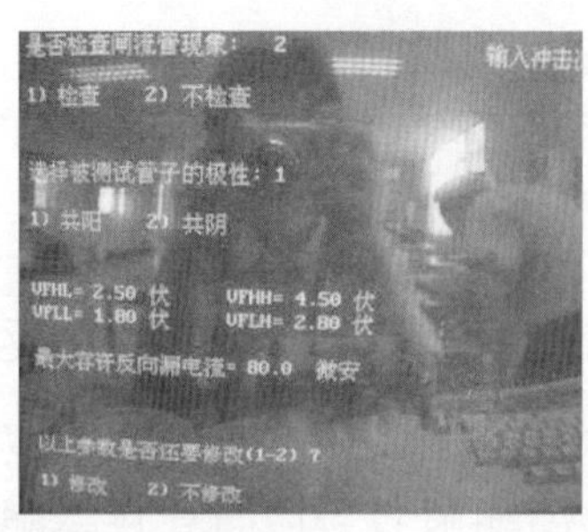

圖3.41　LED的測試

2. 測試時的注意事項

(1)注意參數務必按工程設定標準調試，不能設置過嚴或過鬆。

(2)測試時，材料一定下壓到位，注意其極性，小心探針壓住手指。

(3)外觀檢查LED是否有異物、刮傷、氣泡、偏心、支架插深、插淺、插反、多膠、少膠、毛邊等主要外觀不良的現象。

(4)作業過程中必須戴手套。

(5)藍光、白光、藍綠光、紫光產品在作業過程中須戴靜電環，並使用負離子產生器。

(6)測試機要有良好的接地。

3.4.2.3　後切

後切的作用就是把支架正負極切成兩個不同長度的引腳，以便用戶使用時分辨LED的極性。

圖3.42　後切作業

1. 後切時的作業標準

(1)如圖3.42所示，插好電源接頭及氣壓源，使用的電源爲220 V。

(2)按所生產產品要求的尺寸調好模具。

(3)打開電源開關，踩腳踏開關觀察下切速度，必要時調整調速閥。

(4)將待切的支架平置於刀模上，底部平行於擋條上。

(5)踩一下腳踏開關，即完成一次全切動作，以此迴圈作業。

(6)將全切好的材料用包裝袋裝好。

2. 後切時的注意事項

(1)後切材料必須是質檢員檢驗過的合格材料。

(2)模具調理須平行。

(3)放入支架時支架底部一定要平行抵在模具上。

(4)空氣壓縮必須保持在4 kg/cm^{2}以上。

(5)調速閥不可調整過慢或過快。

(6)注意操作安全，小心傷手。

(7)戴手套作業，機台須接有地線，切高檔雙線產品時須使用負離子產生器。

3.4.2.4　包裝

1. 包裝時的作業標準

(1)將鋼盤內待包裝的材料，裝入塑膠袋（分普通及防靜電袋）。

(2)如材料需分光，材料轉分光進行後續作業，如材料不需分光，繼續以下步驟。

(3)兩手儘量將裡面空氣排除，將包裝口對齊壓緊，如圖3.43(a)所示。

(4)然後再將材料放在封口機上，並按封口機操作說明進行封口，如圖3.43(b)所示。

(5)從包裝袋封口邊緣彎折相疊後用透明膠封好。

(6)將列印好的標籤貼於包裝袋一側。

(7)把紙箱倒放，將兩短邊和兩長邊分別折起來，使兩長邊壓住兩短邊，並用封箱膠帶將口封好。

(8)把封好口的產品裝入紙箱內，裝滿箱後，同樣使兩長邊壓住兩短邊，並用封箱膠帶將口封好。

(9)封箱後，在箱上寫上材料型號和數量等。

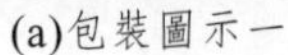

(a)包裝圖示一

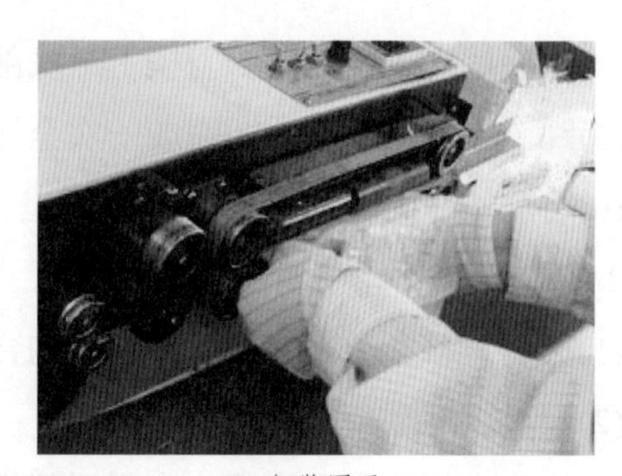

(b)包裝圖示二

圖3.43　LED包裝

2. 包裝時的注意事項

(1)材料倒至包裝袋時不能掉落至桌面或地面上，以防數量不足。

(2)封口前須將乾燥劑裝入塑膠袋。

(3)封口機溫度須調整適當，保證整齊美觀。

(4)列印標籤必須與任務單相符，不能漏貼標籤紙或標籤有錯誤。

(5)裝箱規格應與標準相符（正常是：ϕ5 mm的每小箱6千隻，ϕ3 mm的每小箱8千隻。特殊的按客戶要求）。

(6)藍光、藍綠光、白光、紫光等雙線產品，作業員須戴防靜電手套及靜電環，生產過程中須使用負離子產生器。

3.5　LED構裝製程指導書

3.5.1　T/B機操作指導書

文件編號：SD-YK-01

發行日期：

版本：B1

頁數：

1. 目的

明確機台操作規範，減少錯誤操作，保證機台正確使用。

2. 範圍

適用於某光電企業後測站T/B機。

3. 權責

(1)操作者按此規定作業。

(2)維護部門每天按本規定進行稽核。

4. 說明

1）開機程式

(1)開機前確認更換模具並將模具固定。

(2)依次將電源開關、油泵開關至「ON」位置，啓動機台。

2）作業程式

(1)將作業方式開關打至「手動」。

(2)按手動下降開關，檢查模具上下模間隙及工作合模是否正常。

(3)調整衝床時間、壓力及行程高度。

(4)試切一條材料，並對首件檢查觀察是否有毛邊、毛腳等品質不良的現象。

(5)將作業方式開關至「自動」位置，進入正常生產。

3）關機程式

(1)依次將油泵開關、電源開關至「OFF」位置。

(2)取下模具妥善放置。

4）注意事項

(1)如光電保護開關出現異常，應立即停止操作生產。

(2)在「手動」模式下光電保護開關不起保護作用。

(3)禁止單手非法操作機台。

5. 緊急事項

如遇到控制失常及其他異常狀況，請立即斷掉電源，通知維修人員處理。

3.5.2 AM機操作指導書

文件編號：SD-YK-02

發行日期：

版本：B2

頁數：

1. 目的

明確機台操作規範，減少錯誤操作，保證機台正確使用。

2. 範圍

適用於某光電企業晶圓固著站自動晶圓固著機。

3. 權責

(1)操作者按此規定作業。

(2)維護部門每天按本規定進行稽核。

4. 說明

1）開機程式

(1)插上電源，按下電源啓動開關及馬達電源開關啓動機台。

(2)依次打開溫度加熱開關、攝像鏡頭開關、燈源開關及監視器電源開關。

2）作業程式

(1)校對光點：在「Setup mode」功能表是中進入「0 Bondarm」功能表選擇「1 prepick posn」，按「Enter」鬆開吸嘴螺絲，然後選擇「0 pick posn」，在頂針帽上方放一反光片，按「Enter」，調節攝像鏡頭左右、上下位置使光點顯示在顯示幕十字線的中央，再鎖緊攝像鏡頭調節旋鈕，按「Enter」選擇「2 Bond posn」功能表，同樣完成光點校對按「Enter」選擇「1 prepick posn」功能表按「Enter」完成光點校對。此時再選擇「4 Blow posn」功能表移開銲臂，然後在「Setup mode」主功能表中選擇「2 Ejector」功能表，按「Enter」進入，選擇「2 Ejector up Level」按「Enter」，同樣完成頂針光點矯正，選擇「0 Eject home」讓頂針歸位。

(2)作晶片間距：首先裝好晶片環，然後在「Setup mode」功能表中選擇「3

XY Table」，按「Enter」進入，選擇「1 Teach pitch」，按「Enter」進入，再透過搖柄找一個晶片並移到顯示幕十字線中心，按「Enter」出現「Teach x2」，同理依次校正XY軸間距，完成XY軸間距設定。

(3)二值化圖像：在「Setup mode」菜單中進入「4 PR system」，按「Enter」進入「1 Video Level」找一顆晶片調節在十字線中心，按「Enter」用「adv」與「rtd」鍵調節黑白圖像對比度，使其黑白分明，邊界清晰。選擇「2」調節搜尋範圍，選擇「0 Load image」按「Enter」進入，再連續按三次「Enter」完成圖像存入電腦。

3）關機程式

(1)依次將溫度加熱開關、監視器電源開關、燈源開關及攝像鏡頭開關關閉。

(2)關掉主機電源開關及氣閥開關。

4）注意事項

(1)在校對光點、頂針時，禁止用手或其他東西搬敲頂針及銲臂。

(2)銲臂吸嘴固定螺絲一定要用專用M1.5內六角扳手拆卸，禁止用尖嘴鉗之類東西拆卸。

(3)非機台操作人員及非當站技術員禁止操作機台及調校改變機台參數。

5. 緊急事項

當機台出現異響、異味、馬達卡死發出嗡嗡響聲等異常時，應立即關斷電源並通知維修人員處理。

3.5.3　模具定期保養作業指導書

文件編號：SD-YK-03

發行日期：

版本：B3

頁數：

1. 目的

確保模具正常使用，保證產品品質。

2. 範圍

適用於某光電企業後測站所有半切模具。

3. 定義

(1)作業工具：乾淨破布，柴油，六角扳手，氣槍。

(2)作業時間：每半年保養一次。

4. 權責

(1)維護部依此定期保養作業指導書作業。

(2)維護部以此保養內容進行登錄。

5. 說明

1）作業內容

(1)用六角扳手把四個鋼珠套擋塊取下，放於柴油內浸泡清洗。

(2)把上模座取下放於木板上，用內六角扳手取下油缸連座，把它放入柴油內浸泡清洗。

(3)取下壓縮彈簧和鋼球套筒置於柴油內清洗。

(4)取下上壓力刀座彈簧、墊片和道柱置於柴油內清洗。

(5)卸下刀杆，取出上壓力刀座與上壓力刀於柴油內清洗。

(6)用六角扳手分別把上後刀和上前刀卸下，放入柴油內清洗。

(7)用乾淨破布沾少量柴油清除上模座上的鐵屑和雜物。

(8)依次把上壓刀、上壓刀座拉杆、上後刀、上前刀、道柱、墊片、上壓刀座彈簧、油缸連座還原。

(9)把下模座置於木板上，用內六角扳手取下上下間隙塊，置於柴油內清洗。

(10)用內六角扳手取下擋料片和下後擋座，置於柴油內清洗。

(11)用內六角扳手取下切刀置於柴油內清洗。

(12)用氣槍吹取下切刀刀槽內的鐵屑。

(13)依次把下切刀、下後擋座、擋料片以及上下間隙塊還原。

2）注意事項

(1)模具保養時，要用紙袋墊上並將螺絲放於鐵盒內，以免丟失。

(2)模具在卸裝過程中禁止用尖硬東西去敲擊。

3.5.4　排測機操作指導書

文件編號：SD-YK-04

發行日期：

版本：B4

頁數：

1. 目的

明確機台操作規範，減少錯誤操作，保證機台正確使用。

2. 範圍

適用于聯欣豐光電事業處後測站排測機。

3. 權責

(1)操作者按此規定作業。

(2)維護部門每天按本規定進行稽核。

4. 說明

1）開機程式

將機台後面電源開關撥至「ON」位置。

2）作業程式

(1)檢查測試台具確實連接於測試機之連器上。

(2)根據不同機種設定測試參數。

a.利用面板增加鍵「↑」或遞減鍵「↓」將依序移至所需要設定(或修改)的步驟。

b.使用面板數位鍵，輸入正確的參數值（最多四位數），若發現有錯則按清除鍵「CLR」進行修改。

c.如確認所輸入的資料無誤後，按「ENT」鍵將參數值存入永久記憶體內。

(3)將待測材料置於測試台具下，並踩下腳踏開關使探針與材料接觸，即測試材料一次。

(4)若需要重複測試，可按手動循環測試開關。

(5)檢視測試狀況，如測試良好則繼續下一待測材料之測試。

3）關機程式

將機台後面電源開關撥至「OFF」位置即可。

4）注意事項

手拿材料測試時，切勿將手指伸入測試座探針下，以免探針打傷手。

5. 緊急事項

如遇到控制失常及有其他異響、異味等不良狀況，請立即關閉開關，通知維護人員處理。

3.5.5 電子秤操作指導書

文件編號：SD-YK-05

發行日期：

版本：B5

頁數：

1. 目的

明確機台操作規範，減少錯誤操作，保證機台正確使用。

2. 範圍

適用於某光電企業所有電子秤。

3. 權責

(1)操作者按此規定作業。

(2)維護部門每天按本規定進行稽核。

4. 說明

1）開機程式

(1)調整電子秤的四個調整腳使水平指示器處於中心位置。

(2)將電子秤左側面電源開關撥至「ON」位置。

2）作業程式

(1)將事先準備好的托盤放在電子秤上，待讀值穩定後按「扣重」按鍵扣除托盤重量。

(2)秤重量時將待秤取的物料放在托盤上，液晶重量區顯示物料重量，按「TARE」後再添加物料，則只顯示添加物料的重量。

(3)如秤材料數量，則先根據不同材料設定其單重，即數相應數量的材料放入託盤裏，待重量區讀值穩定後，按「個數設定」鍵並輸入相應數量，此時在單重區顯示其單顆重，在總數區顯示其數量。

(4)設定完成後即可進入正常作業。

3）關機程式

將機台後面電源開關撥至「OFF」位置。

4）注意事項

(1)秤物料時要儘量將物料放置於托盤中心。

(2)讀值要以秤重穩定後的讀值爲準。

5. 緊急事項

如出現冒煙、異味等不良狀況，請立即拔掉電源，通知維護人員處理。

3.5.6　攪拌機操作指導書

文件編號：SD-YK-06

發行日期：

版本：B6

頁數：

1. 目的

明確機台操作規範，減少錯誤操作，保證機台正確使用。

2. 範圍

適用於某光電企業封膠站攪拌機。

3. 權責

(1)操作者按此規定作業。

(2)維護部門每天按本規定進行稽核。

4. 說明

1）開機程式

將面板電源開關撥至「ON」位置。

2）作業程式

(1)根據不同膠類設定攪拌時間（建議10M位置）。

(2)調整速度控制旋鈕至合適位置（40左右）。

(3)將配好膠的膠杯放在攪拌機卡座上，並將其鎖緊。

(4)按啓動按鈕開始攪拌，並適當調整其攪拌速度。

3）關機程式

將機臺面板上電源開關撥至「OFF」位置。

4）注意事項

機台在攪拌時，嚴禁用手拿取膠杯。

5. 緊急事項

如出現異響、異味等不良狀況，請立即拔掉電源，通知維護人員處理。

3.5.7 真空機操作指導書

文件編號：SD-YK-07

發行日期：

版本：B7

頁數：

1. 目的

明確機台操作規範，減少錯誤操作，保證機台正確使用。

2. 範圍

適用於某光電企業封膠站眞空機。

3. 權責

(1)操作者按此規定作業。

(2)維護部門每天按本規定進行稽核。

4. 說明

1）開機程式

將面板電源指撥開關撥至「ON」位置。

2）作業程式

(1)設定抽眞空溫度（45℃左右）。

(2)將攪拌好的膠杯放入眞空箱內，並將眞空箱門關嚴。

(3)將破眞空閥板撥至關閉位，按眞空馬達啓動按鈕「ON」，啓動抽眞空馬達。

(4)待眞空抽淨後，先關閉眞空馬達，再打開眞空閥去除眞空，然後再取出膠杯。

3）關機程式

將機臺面板上電源指撥開關撥至「OFF」位置。

4）注意事項

(1)抽眞空時，一定要將眞空閥關緊。

(2)眞空箱門密封玻璃嚴禁用尖硬東西去敲擊。

5. 緊急事項

如出現異響、異味等不良狀況，請立即拔掉電源，通知維護人員處理。

3.5.8　封口機操作指導書

文件編號：SD-YK-08

發行日期：

版本：B8

頁數：1-1

1. 目的

明確機台操作規範，減少錯誤操作，保證機台正確使用。

2. 範圍

適用於某光電企業所有封口機。

3. 權責

(1)操作者按此規定作業。

(2)維護部門每天按本規定進行稽核。

4. 說明

1）開機程式

(1)將封口機電源插頭插入AL220 V電源插座內。

(2)將電源開關撥至「ON」位置。

2）作業程式

(1)根據封口的材料選擇發熱方式的檔位元Single-Wire或Double-Wire。

(2)調節封口時間在0.2～1.2s，視材料的不同所設定時間也不同。

(3)平整地放入待封膠袋在封口處。

(4)踏腳板，待指示燈熄滅後輕輕地取出袋子。

3）關機程式

(1)將電源開關撥至「OFF」位置。

(2)將封口機電源插頭從AL220 V電源插座內拔下。

4）注意事項

(1)封口時間不可調的太長，否則會燒壞膠袋。

(2)在鬆開下腳踏板的瞬間不可用手觸摸發熱條，以防傷到手。

5. 緊急事項

如遇到控制失常及有其他不良狀況，請立即切斷開關電源，通知維護人員處理。

3.5.9　AM自動晶圓固著機參數範圍作業指導書（一）

文件編號：SD-YK-09

發行日期：

版本：B9

頁數：1-1

1. 目的

對機台參數進行標準化，確保機台性能良好，保證機台穩定性。

2. 範圍

適用於某光電企業晶圓固著站AM自動晶圓固著機。

3. 定義

(1)機台在交接班時須由維護部調校參數，生產部做參數記錄。

(2)機台在更換機種時須由維護部調校參數，生產部做參數記錄。

4. 權責

(1)生產部依此參數範圍生產作業。

(2)維護部依此參數範圍進行調機。

(3)品保部依此參數進行稽核。

5. 說明

1）內容

(1)吸嘴高度。

(2)晶圓固著高度。

(3)頂針高度。

(4)晶圓固著各項延遲時間。

2）注意事項

(1)在調校機台時，按照此參數範圍調整，不得超出此範圍。

(2)生產部在填寫參數記錄表時，須切實填寫，當發現參數不在正常範圍時，請通知維護部作參數調整。

3.5.10 AB自動銲線機參數範圍作業指導書

文件編號：SD-YK-010

發行日期：

版本：B10

頁數：

1. 目的

對機台參數進行標準化，確保機台性能良好，保證機台穩定性。

2. 範圍

適用於某光電企業銲線站AB自動銲線機。

3. 定義

(1)機台在交接班時須由維護部調校參數，生產部做參數記錄。

(2)機台在更換機種時須由維護部調校參數，生產部做參數記錄。

4. 權責

(1)生產部依此參數範圍生產作業。

(2)維護部依此參數範圍進行調機。

(3)品保部依此參數進行稽核。

5. 說明

1）內容

(1)銲線壓力。

(2)銲線時超音波釋放功率。

(3)超音波釋放功率時間。

(4)銲線熱板溫度。

2）注意事項

(1)在生產作業、調校機台時，按照此參數範圍調整，不得超出此範圍。

(2)生產部在填寫參數記錄表時，須切實填寫，當發現參數不在正常範圍時，請通知維護部作參數調整。

3.5.11 擴晶機操作指導書

文件編號：SD-YK-011

發行日期：

版本：B11

頁數：

1. 目的

明確機台操作規範，減少錯誤操作，保證機台正確使用。

2. 範圍

適用於某光電企業晶圓固著站擴晶機。

3. 權責

(1)操作者按此規定作業。

(2)維護部每天按本規定進行稽核。

4. 說明

1）操作者按此規定作業

(1)打開靜電離子風扇電源，並將擴晶機電源指撥開關撥至「ON」位置。

(2)加熱溫度設定在45～50℃範圍內並預熱15～25 min。

(3)將把手順時針旋轉90°，鬆開把手，打開內環壓圈。

(4)裝上內環，並把晶片藍膜黏在內環上（有晶片一面向上）。

(5)將內環壓圈緩慢壓下，並將把手逆時針旋轉90°，壓緊內環及晶片膜。

(6)連續緩慢通斷上頂托盤開關，將晶片膜擴開。

(7)放上外環，將內外環緊扣在一起，打開壓盤開關，用刀片圍壓環繞割一圈，將周圍膜割掉。

(8)關閉壓盤，托盤開關，順時針旋轉90°，打開把手，取出擴好的晶片環。

(9)關閉離子風扇電源，並將擴晶機電源指撥開關撥至「OFF」位置。

2）注意事項

(1)注意安全小心操作，以免壓傷手。

(2)撕晶片膠膜必須在離子風扇下，且慢慢撕膜。

(3)不用時將上頂開關打在中間位置。

5. 緊急事項

1）內容

(1)銲線壓力。

(2)銲線時超音波釋放功率。

(3)超音波釋放功率時間。

(4)銲線熱板溫度。

2）注意事項

如有異味、異響、動作異常時，請立即關閉電源，通知維護人員處理。

3.5.12 AM自動晶圓固著機易耗品定期更換作業指導書

文件編號：SD-YK-012

發行日期：

版本：B12

頁數：

1. 目的

明確機台穩定性，對易耗品（吸嘴、頂針、點膠頭）作定期更換，保證晶圓固著品質。

2. 範圍

適用於某光電企業晶圓固著站自動晶圓固著機。

3. 定義

(1)當機台易耗品配件達到使用壽命期限時須由維護部作更換，並由生產部填寫易耗品定期更換記錄表。

(2)當機台易耗品配件作更換後，由生產部作使用壽命記錄.（以生產產量「千」計算）。

4. 權責

1）生產部

依此規定作業。

2）品保部門按此規定進行稽核

(1)注意安全小心操作，以免壓傷手。

(2)撕晶片膠膜必須在離子風扇下，且慢慢撕膜。

(3)不用時將上頂開關打在中間位置。

5. 說明

1）內容

頂針的使用壽命期限為400k；點膠頭的使用壽命期限為1200k；吸嘴的使用壽命期限為6000k。

2）注意事項

(1)當該易耗品達到使用壽命期限時，必須進行更換。

(2)當更換配件後，須切實填寫易耗品定期更換記錄表，並切實做好使用壽命記錄。

3.5.13　瓷嘴檢驗作業指導書

文件編號：SD-YK-013

發行日期：

版本：B13

頁數：

1. 目的

保證瓷嘴可行性，確保瓷嘴性能良好。

2. 範圍

適用於某光電企業IQA瓷嘴進料檢驗。

3. 權責

(1)進料檢驗人員按此規定對瓷嘴進行檢驗。

(2)使用部門按此規定進行稽核。

4. 說明

檢驗內容〔瓷嘴型號爲UTS-15A-CM-1/16-XL〕。

(1)首先確認型號「UTS」是否正確。

(2)「15」表示瓷嘴內孔直徑（D），「15」型即爲D=1.5 mil。

(3)「A」表示瓷嘴的系列代號，無實際意義。

(4)「CM」表示瓷嘴的材質種類。

(5)「1/16」表示瓷嘴的外圓直徑，1/16=TD=1.587 mm。

(6)「XL」表示瓷嘴的長度，其中XL=11.10 mm。

5. 注意事項

(1)瓷嘴的表面不能有破損，殘渣等異物。

(2)瓷嘴內孔圓滑，不能有異物。

(3)在檢驗瓷嘴時，應小心謹慎，防止損壞瓷嘴。

6. 檢驗方法及標準見圖3.44

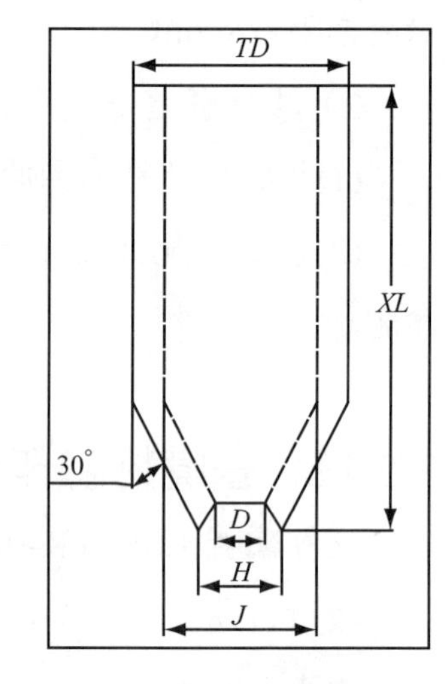

圖3.44　檢驗方法及標準

3.5.14　自動銲線操作指導書

文件編號：SD-YK-014

發行日期：

版本：B14

頁數：

自動銲線操作見圖3.45

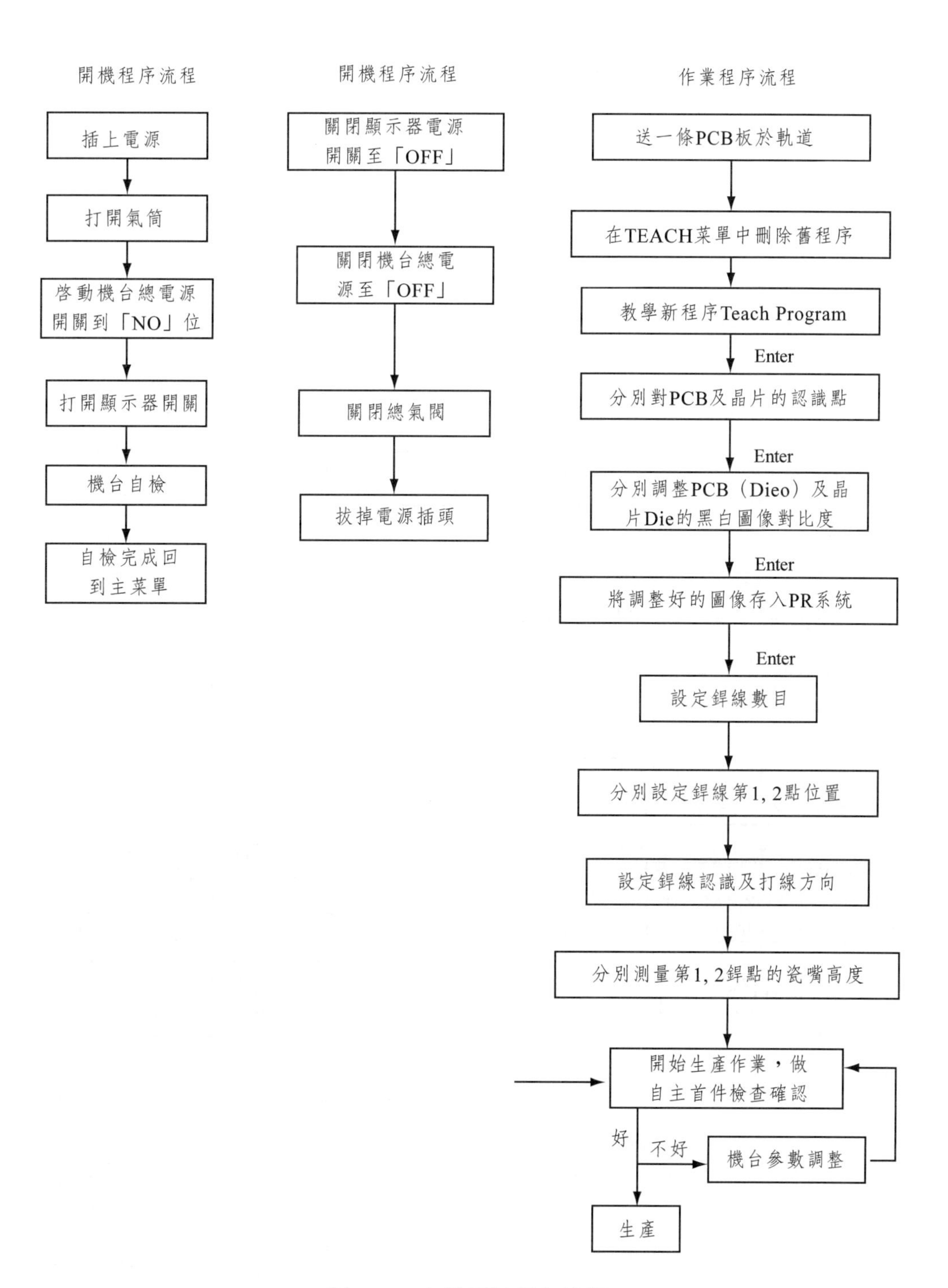

圖3.45 自動銲線操作流程

3.5.15 自動晶圓固著操作指導書

文件編號：SD-YK-015

發行日期：

版本：B15

頁數：

自動晶圓固著操作見圖3.46

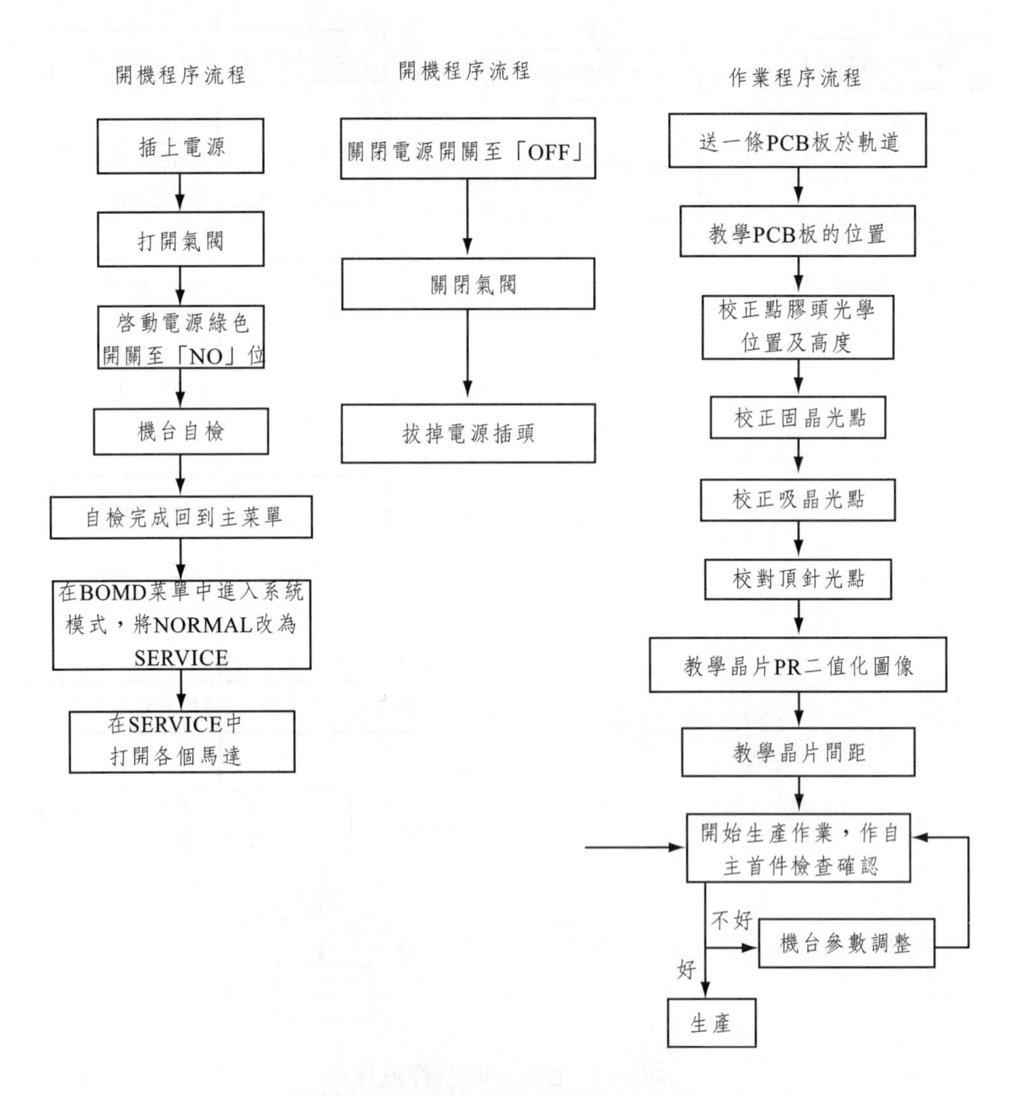

圖3.46 自動晶圓固著操作流程

3.5.16　手動銲線機操作指導書

文件編號：SD-YK-016

發行日期：

版本：B16

頁數：

1. 目的

明確機台操作規範，減少錯誤操作，確保機台設備正確安全使用。

2. 範圍

適用於某光電企業銲線站偉天星手動銲線機。

3. 權責

(1)操作者按此規定作業。

(2)維護部門每天按此規定進行稽核。

4. 說明

1）開機程式

(1)打開機台左面板上的紅色電源按鈕。

(2)順時針旋轉照明燈的旋鈕開關，打開照明燈。

2）作業程式

(1)機台進行復位：同時按下左面板上的復位按鈕與操縱盒上的操縱模式轉換開關約2s。

(2)復位檢測：按下操縱模式轉換開關，線夾如果動作說明沒有復位到，須重新執行復位。

(3)工作面高度檢測：把瓷嘴對在加熱平臺上方，按下操縱盒上的操作按鈕，瓷嘴慢速下降碰到工作臺後慢速返回並自動儲存檢測資料。

(4)「手動／自動過片」開關撥至「手動」位置，從工作臺軌道右邊放入一條已晶圓固著支架，按「手動過片」按鈕送入壓板。

(5)依據不同支架調整一銲與第二焊點的瞄準高度即按下操縱盒上的操作按鈕不放，把右面板上的調整開關撥至高度位置，再調整高度，調合適後放開操作按鈕，再調節第二焊點瞄準高度。

(6)高度調整適當後，把「手動／自動」開關撥至分步。

(7)依據不同支架調整寬度，即待一銲點焊完成後再次按下操作按鈕不放開，將右面板的調整開關撥至「寬度」位置，調整銲臂寬度至第第二焊點點正中心位元後放開操作開關，完成寬度調整。

(8)機台調整：

a.四大銲線要素調整：依所生產的材料配合調整超聲波功率、時間、銲線壓力及溫度具體調整範圍見表3.5。

表3.5 銲線四大要素調整範圍

超聲波功率		超聲波時間		壓力		溫度
1ST	2ST	1ST	2ST	1ST	2ST	160～250℃
2～4	3～7	2～4s	3～4s	2～5	3～7	

b.尾絲調節：將尾絲開關撥至「尾絲」位置待到完成第二焊點，銲頭上升到尾絲位置時，銲頭自動停止，此時調節尾絲調整螺絲，即可調至所需尾絲長度，調好後將「尾絲」開關撥回「指定」位置，則銲頭自動回到初始位置。

c.金球大小調節：金球大小可由尾絲長短及打火強度的配合調節來完成，在打火強度足夠大的情況下，打火強度越小，則金球越小，反之則越大。

d.弧度調整：

(a)調整銲頭拱絲位置的高度及打火火力強度均可改變弧度。

(b)調整夾絲片的間隙可改變弧度高度。

(c)調整壓絲綿的鬆緊高度可調整弧度高度。

(9)機台調試正常後手動焊一條材料並做首件檢查合格後，將「手動／自動過片」開關撥至「自動」位，進入正常生產。

3）關機程式

(1)將燈源開關逆時針旋轉關閉燈源。

(2)將左面板的電源開關撥至「O」位關閉總電源。

5. 注意事項

(1)機台工作時嚴禁用手觸摸工作臺。

(2)班前班後做好「5S（清理、整理、清潔、維持、素養五個詞日文的縮寫）」，嚴禁殘留金線進入機台內以防發生火災。

(3)緊固劈刀時，不可用力太大，否則易使換能器或劈刀螺絲滑牙。

(4)放電火花嚴禁用手或金屬物體碰觸，以免造成人身傷害。

6. 緊急事項

如遇到控制失常及有其他異常、異味等不良狀況，請立即關閉開關，並通知維護人員處理。

3.5.17　AM自動晶圓固著機參數範圍作業指導書（二）

文件編號：SD-YK-017

發行日期：

版本：B17

頁數：

1. 目的

對機台參數進行標準化，確保機台性能良好，保證機台穩定性。

2. 範圍

適用於某光電企業SMD晶圓固著站AM自動晶圓固著機。

3. 定義

(1)機台在交接班時須由維護部調校參數，生產部做參數記錄。

(2)機台在更換機種時須由維護部調校參數，生產部做參數記錄。

4. 權責

(1)生產部依此參數範圍生產作業。

(2)維護部依此參數範圍進行調機。

(3)品保部依此參數進行稽核。

5. 說明

1）內容

(1)吸嘴高度。

(2)晶圓固著高度。

(3)頂針高度。

(4)晶圓固著各項延遲時間。

2）注意事項

(1)在調校機台時，按照此參數範圍調整，不得超出此範圍。

(2)生產部在填寫參數記錄表時，須切實填寫，當發現參數不在正常範圍時，應及時通知維護部作參數調整。

3.5.18 AM自動晶圓固著機參數範圍作業指導書（三）

文件編號：SD-YK-018

發行日期：

版本：B18

頁數：

1. 目的

對機台參數進行標準化，確保機台性能良好，保證機台穩定性。

2. 範圍

適用於某光電企業SMD晶圓固著站AM自動晶圓固著機。

3. 定義

(1)機台在交接班時須由維護部調校參數，生產部做參數記錄。

(2)機台在更換機種時須由維護部調校參數，生產部做參數記錄。

4. 權責

(1)生產部依此參數範圍生產作業。

(2)維護部依此參數範圍進行調機。

(3)品保部依此參數進行稽核。

5. 說明

1）內容

(1)吸嘴高度。

(2)晶圓固著高度。

(3)頂針高度。

(4)晶圓固著各項延遲時間。

2）注意事項

(1)在調校機台時，按照此參數範圍調整，不得超出此範圍。

(2)生產部在塡寫參數記錄表時，須切實塡寫，當發現參數不在正常範圍時，應及時通知維護部作參數調整。

6. 晶圓固著參數高度範圍

如表3.6所示。

表3.6　晶圓固著參數

項目	參數範圍
吸晶高度（PICK LEVEL）	−8000～−11000
晶圓固著高度（BON在LEVEL）	−8000～−11000
頂針高度（EJECTOR LEVEL）	1000～16000

3.6　金線（或鋁線）的正確使用

鍵合金絲是由含金99.99%的純金拉製的，規格齊全（16～30 μm，或0.7～1.2 mil），常用包裝為500米／卷。它是具優異電氣、導熱、機械性能以及化學穩定性極好的內引線材料，主要作為半導體的構裝材料。純黃金製成，以絲狀連接導電並使用與發光元元件為主。當高速鍵合、表面光潔、焊接時成球性好，電性和鍵合性能優越，鍵合金絲用於晶片與外部電路主要的連接材料，耐腐蝕性、傳導性好，並能做到極高的鍵合速度，廣泛應用於LED行業及各種電晶體、積體電路（IC）、大型積體電路（LSI）、IC卡等半導體元件。適用於高頻、低溫及高速鍵合，精密間距與小尺寸鍵合，包括低長弧鍵合和倒裝焊為主。下邊給出兩種操作方法和步驟。

3.6.1 正確取出金線（或鋁線）和AL-4卷軸的方法與步驟

圖3.47是正確取出金線（或鋁線）和AL-4卷軸的方法與步驟。

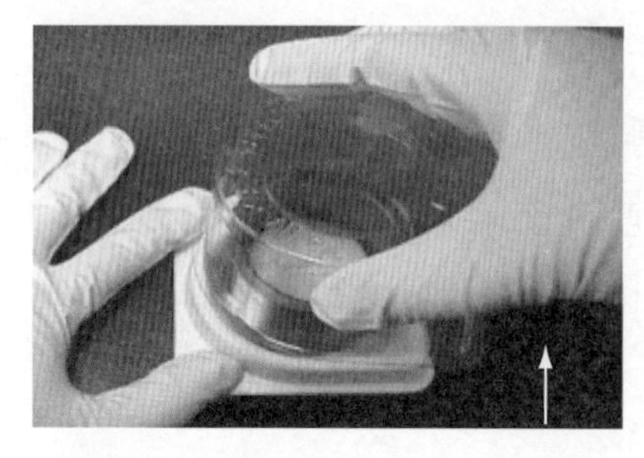

(1)先把手套戴上，並以垂直方向將蓋子取出

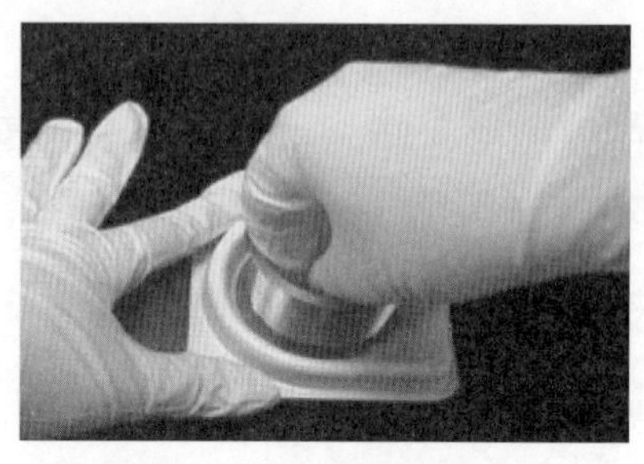

(2)把手指放入捲軸內側

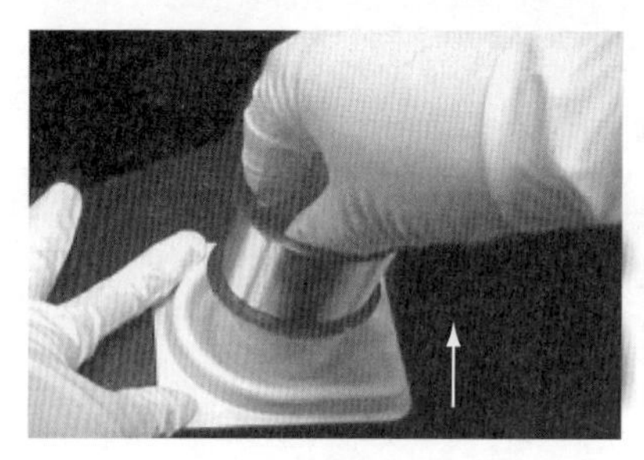

(3)小心地從盒子中拿出捲軸，注意不要觸及金線表面

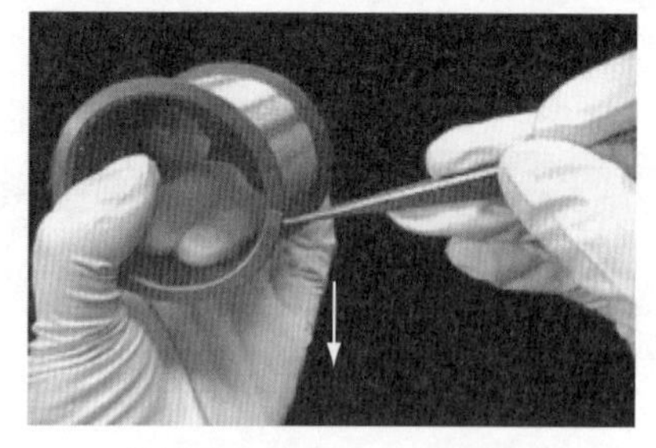

(4)按圖示方向，用攝子把最後一層的黏帶取出

(5)握住捲軸內側，把捲軸裝在轉軸上

(6)把金線取出使用

(7)取出空的捲軸

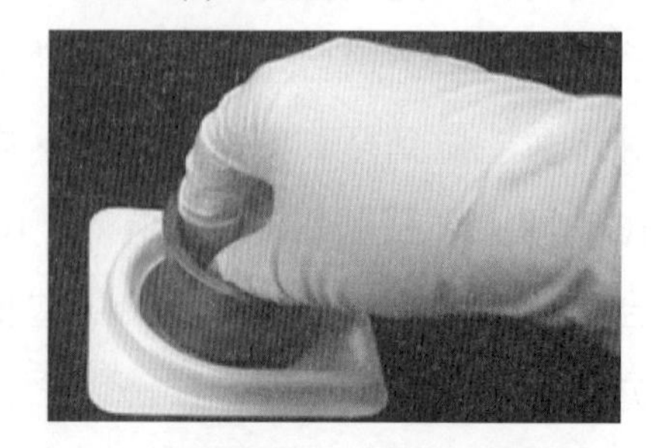

(8)將捲軸放回塑膠盒裡

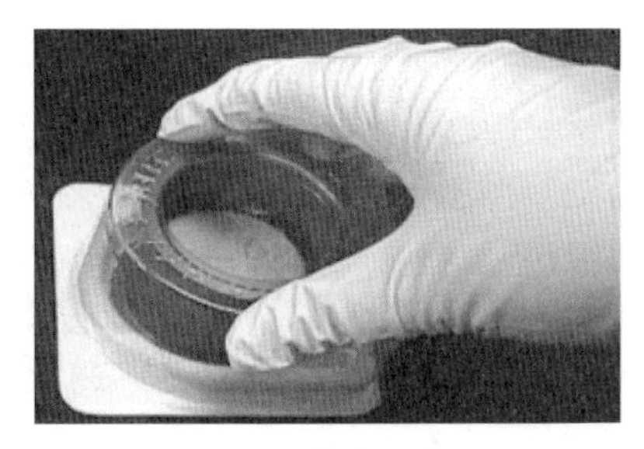

(9)將蓋子蓋回

(10)將所有用過的捲軸排放回塑膠盒內

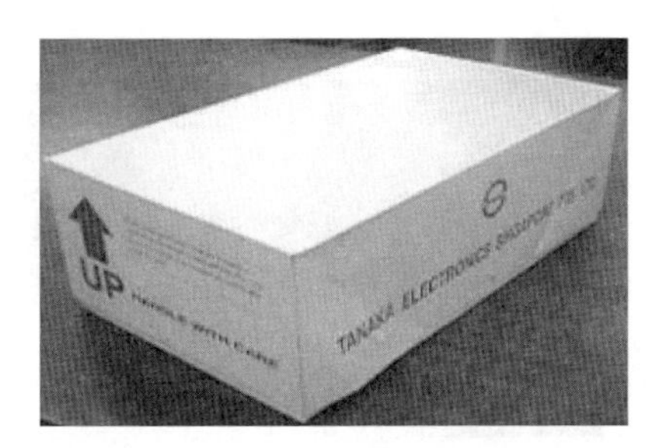

(11)放好後把它們蓋好

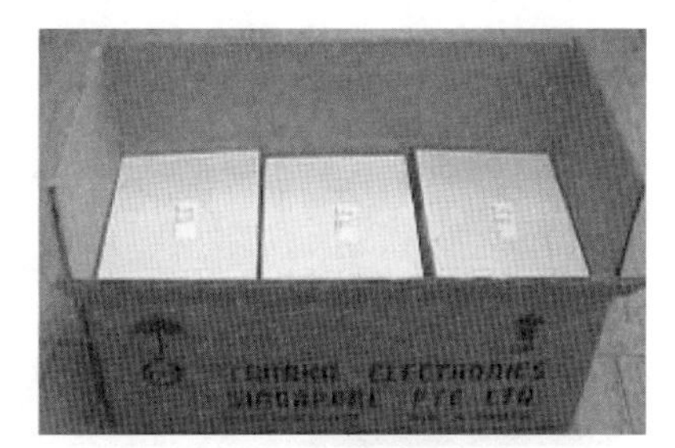

(12)把盒子整齊地放在箱裡

圖3.47　正確取出金線（或鋁線）和AL-4卷軸的方法與步驟

說明：

對於卷軸和塑膠盒、塑膠蓋以及其他的包裝材料，金線（或鋁線）生產商爲了保護環境而再迴圈使用。爲了有效地使用有限的資源，請您合作，跟著步驟(10)～(12)退還良好的空卷軸。

3.6.2　正確保存剩餘金線（或鋁線）和AL-4卷軸的方法與步驟

對沒有使用完的金線（或鋁線）要妥善保管，不僅保護好貴重金屬製品，還可以保證下次使用時金線（或鋁線）的品質。圖3.48是正確保存剩餘金線（或鋁線）和Al-4卷軸的方法與步驟。

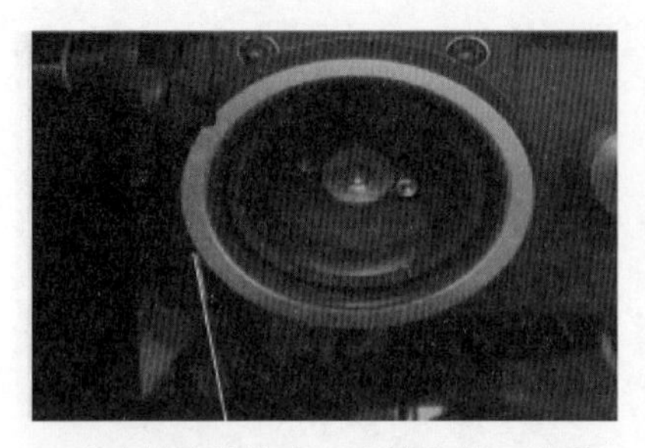

(1)在貼始端膠帶時，捲軸的缺口必須朝上放置

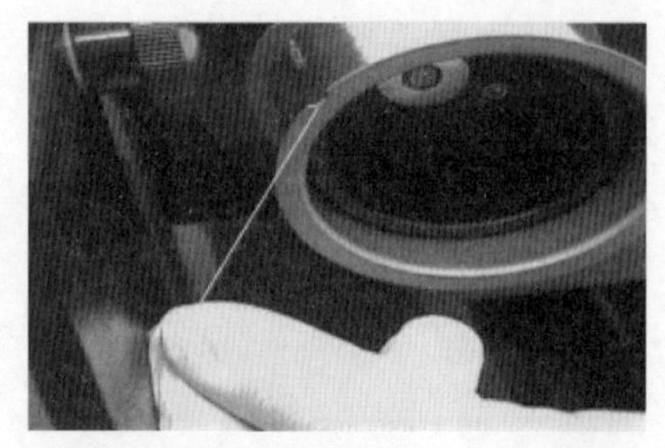

(2)用適當的力度拉緊粘線，讓金線與捲軸接觸

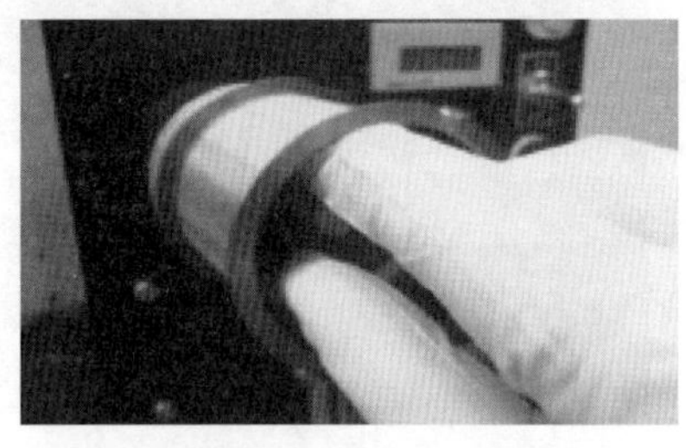

(3)貼上始端膠帶，粘住金線

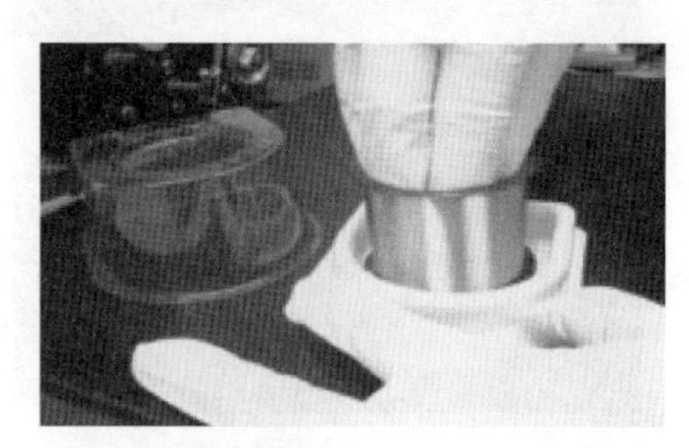

(4)從膠帶邊緣，去除多餘的金線

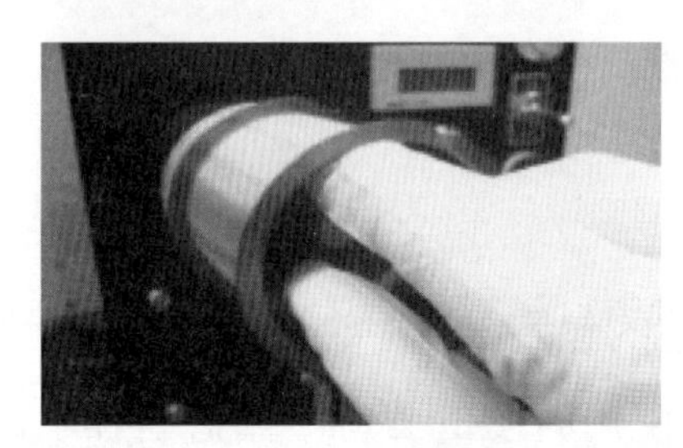

(5)取出捲軸

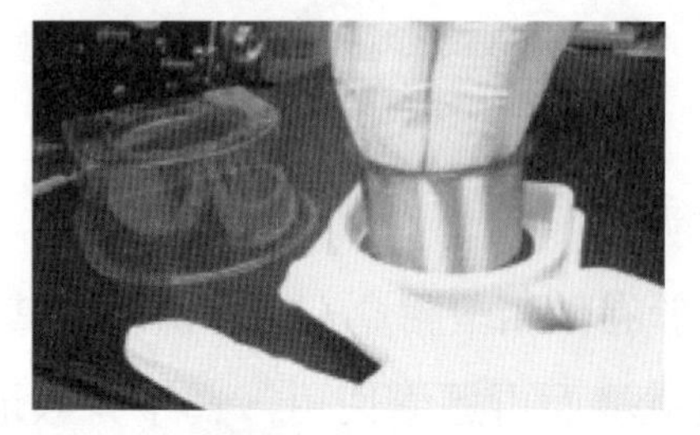

(6)將金線放回塑膠盒裡

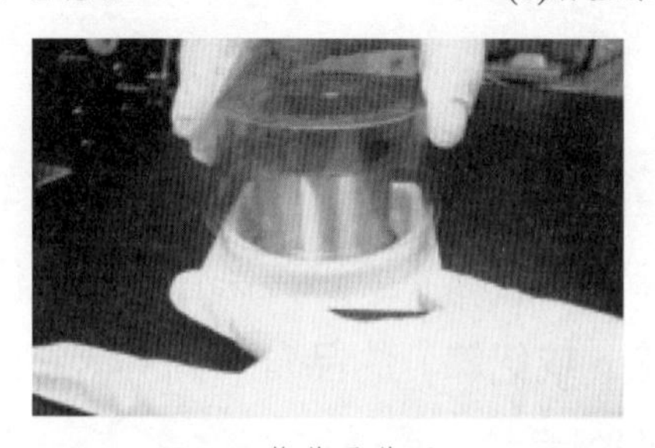

(7)將蓋子蓋回

圖3.48　正確保存剩餘金線（或鋁線）和A1-4卷軸的方法與步驟

第 4 章

LED的構裝形式

4.1 LED常見分類

LED應用日漸普及，其根據LED發光顏色、發光管出光面特徵、發光管結構、發光強度和工作電流、晶片材料、功能等標準有不同的分類方法。第1章中簡單介紹了LED的構裝分類，在此再介紹上述的前四種分類。

4.1.1 根據發光管發光顏色分類

根據發光管發光顏色的不同，可分成紅光LED、橙光LED、綠光LED（又細分黃綠、標準綠和純綠）、藍光LED等。另外，有的發光二極體中包含2種或3種顏色的晶片。根據發光二極體出光處摻或不摻散射劑、有色還是無色，上述各種顏色的發光二極體還可分成有色透明、無色透明、有色散射和無色散射4種類型。

4.1.2 根據發光管出光面特徵分類

根據發光管出光面特徵的不同，可分爲圓燈、方燈、矩形、面發光管、側向管、表面安裝用微型管等。圓形燈按直徑分爲ϕ2 mm、ϕ4.4 mm、ϕ5 mm、ϕ8 mm、ϕ10 mm及ϕ20 mm等。國外通常把ϕ3 mm的發光二極體記作T-1；把ϕ5 mm的記作T-1(3/4)；把ϕ4.4 mm的記作T-1(1/4)。由半值角大小可以估計圓形發光強度角分佈情況。從發光強度角分佈圖來分有三類：

1. 高指向性

一般爲尖頭環氧構裝，或是帶金屬反射腔構裝，且不加散射劑。半值角爲5°～20°或更小，具有很高的指向性，可作局部照明光源用，或與光檢出器聯用以組成自動檢測系統。

2. 標準型

通常作指示燈用，其半值角爲20°～45°。

3. 散射型

這是視角較大的指示燈，半值角爲45°～90°或更大，散射劑的量較大。

4.1.3　根據發光二極體的結構分類

根據發光二極體的結構，可分爲全環氧包封、金屬底座環氧封裝、陶瓷底座環氧封裝及玻璃封裝等。

4.1.4　根據發光強度和工作電流分類

根據發光強度和工作電流，可分爲普通亮度LED（發光強度<10 mcd）、高亮度LED（10～100 mcd）和超高亮度LED（發光強度>100 mcd）。一般LED的工作電流在十幾毫安培至幾十毫安培，而低電流LED的工作電流在2 mA以下（亮度與普通發光管相同）。

上文對LED分類中與LED構裝形式有關的屬於第二、三種分類。下面我們對LED的構裝形式進行簡單分類。

4.2　LED構裝形式簡述

無論何種LED產品，都需要針對不同構裝和結構類型設計出合理的構裝形式。LED只有經過構裝才能成爲終端產品，才能投入實際應用，因此，對LED而言構裝前的設計和構裝製程的品質控制尤爲重要。

4.2.1　為什麼要對LED進行封裝

4.2.1.1　對LED封裝的作用

LED構裝的作用是將外引線連接到LED晶片的電極上，不但可以保護LED晶片，而且達到提高發光效率的作用，所以LED構裝不僅僅只是爲了光輻射，更重要的是保護管芯正常工作。LED構裝既有電參數，又有光參數的設計及技術要求，並不是一項簡單的工作。

LED的核心發光部分是由p型和n型半導體構成的pn接面管芯，當注入pn接面的少數載流子與多數載流子複合時，就會發出可見光、紫外光或近紅外光。但pn接面區發出的光子是非定向的，即向各個方向發射的幾率相同，因此，並不是管芯產生的所有光都可以釋放出來，這主要取決於半導體材料的品質、管芯結構及幾何形狀、構裝內部結構與封裝材料，採用的構裝技術要能提高LED的內、外部量子效率。常規ϕ5 mm型LED構裝是將邊長為0.25 mm的正方形管芯黏結或燒結在引線架上，管芯的正極通過球形接觸點與金絲鍵合為內引線並與一個管腳相連，負極通過反射杯（也稱反光反射座）和引線架的另一個管腳相連，然後其頂部用環氧樹脂封裝。反射杯的作用是收集管芯側面、界面發出的光，向期望的方向角內發射。頂部封裝的環氧樹脂做成一定形狀，其作用是：

(1)保護管芯等不受外界侵蝕。

(2)採用不同的形狀和材料（摻或不摻散色劑），產生透鏡或漫射透鏡的作用，控制光的發散角。

(3)管芯折射率與空氣折射率相差較大，致使管芯內部的全反射臨界角很小，其有源層產生的光只有小部分被取出，大部分易在管芯內部經多次反射而被吸收，易發生全反射，導致光過多損失。選用相應折射率的環氧樹脂作過渡，可提高管芯的光發射效率。

4.2.1.2 對LED封裝的要求

用於封裝LED管殼的環氧樹脂須具有良好的耐濕性、絕緣性以及較高的機械強度，對管芯發出光的折射率和透射率高。選擇不同折射率的封裝材料、封裝幾何形狀，對光子取出效率的影響是不同的。發光強度的角分佈也與管芯結構、光輸出方式、封裝透鏡所用材料及其形狀有關。若採用尖形樹脂透鏡，可使光集中到LED的軸線方向，相應的視角較小；如果頂部的樹脂透鏡為圓形或平面型，其相應視角將增大。

一般情況下，LED的發光波長隨溫度變化的速率為0.2～0.3 nm/℃，溫度升高時，光譜寬度隨之增加，影響顏色的鮮豔度。另外，當正向電流流經pn接面時，發熱性損耗使接面區產生溫升，在室溫附近，溫度每升高1℃，LED的發光強度會相應地減少1%左右。保持色純度與發光強度非常重要，以往多採用減少其驅動電流的辦法來降低接面溫度，多數LED的驅動電流限制在20 mA左右。但是，LED的光輸出會隨電流的增大而增加，目前很多功率型LED的驅動電流可以達到70 mA、100 mA甚至1A級，因此，需要改進構裝結構。全新的LED構裝設計理念和低熱阻構裝結構及技術，可改善LED的熱特性。例如，採用大面積晶片倒裝結構，選用導熱性能好的銀膠，增大金屬支架的表面積，銲料凸點的矽載體直接裝在熱基座上，等等。此外，在LED應用設計中，PCB板等的熱設計、導熱性能也十分重要。

4.2.2　LED構裝形式

LED產品構裝形式五花八門，根據不同的應用場合、不同的外形尺寸、散熱方案和發光效果，設計和確定LED的構裝形式。目前LED構裝形式分類主要有：Lamp-LED, Flat pack-LED, SMD-LED, Side-LED, Top-LED, High Power-LED, Flip Chip-LED, Integration-LED等。

4.2.2.1　LED按構裝形式分類

1. 垂直LED（Lamp-LED）

Lamp-LED早期出現的是直插LED（也稱引腳構裝LED），它的構裝採用灌封的形式。灌封的過程是先在LED成型模腔內注入液態環氧樹脂，然後插入壓焊好的LED引腳架，放入烘箱中讓環氧樹脂固化後，將LED從模腔中脫離出即成型。由於製造技術相對簡單、成本低，有著較高的市場佔有率。

2. 平面構裝LED（Flat pack-LED）

LED發光顯示器的模組構裝屬於平面構裝技術，典型的構裝元件有數位管、米字管、符號管、矩陣管等組成各種多位元產品，由實際需求設計成各種形狀與結構。

3. 表面黏著式構裝LED（SMD-LED）

表面黏著式LED是貼於線路板表面的，適合SMD加工，可迴銲，很好地解決了亮度、視角、平整度、可靠性、一致性等問題，採用了更輕的PCB板和反射層材料，改進後去掉了直插LED較重的碳鋼材料引腳，使顯示反射層需要填充的環氧樹脂更少，目的是縮小尺寸，降低重量。這樣，表面黏著式構裝LED可輕易地將產品重量減輕一半，最終使應用更加完美。表面黏著式構裝LED可逐漸替代引腳式LED，應用設計更靈活，已在LED顯示市場中佔有一定的佔有率。

4. 側發光LED（Side-LED）

目前，LED構裝的另一個重點便是側面發光構裝。如果想使用LED當LCD（液晶顯示器）的背光光源，那麼LED的側面發光須與表面發光相同，才能使LCD背光發光均勻。雖然使用導線架的設計，也可以達到側面發光的目的，但是散熱效果不好。不過，Lumileds公司發明反射鏡的設計，將表面發光的LED，利用反射鏡原理來發成側光，成功地將高功率LED應用在大尺寸LCD背光模組上。

5. 頂部發光LED（Top-LED）

頂部發光LED是比較常見的表面黏著式發光二極體。主要應用於多功能超薄手機和PDA中的背光和狀態指示燈。

6. 高功率LED（High Power-LED）

爲了獲得高功率（也稱大功率）、高亮度的LED光源，廠商們在LED晶片及構裝設計方面向大功率方向發展。目前，能承受數W功率的LED構裝已出現。比如Norlux系列大功率LED的構裝結構爲六角形鋁板做底座（使其不導電）的多晶片組合，底座直徑31.75 mm，發光區位於其中心部位，直徑約爲（0.375×25.4）mm，可容納40支LED管芯，鋁板同時作爲散熱器。這種構裝採用常規管芯高密度組合構裝，發光效率高，熱阻低，在高電流下有較高的光輸出功率，也是一種有發展前景的LED固體光源。可見，功率型LED的熱特性直接影響到LED的工作溫度、發光效率、發光波長、使用壽命等，因此，對功率型LED晶片的構裝設計、製造技術顯得更加重要。

7. 覆晶構裝LED（Flip Chip-LED）

通常把晶片經過一系列技術後形成了電路結構的一面稱作晶片的正面。原先的構裝技術是在基板之上晶片的正面一直朝上的，而覆晶技術將晶片的正面反過來，在晶片和襯底之間及電路的週邊使用凸塊（看作竹棒）連接，也就是說，由晶片、襯底、凸塊形成了一個空間，而電路結構就在這個空間裏面。這樣構裝出來的晶片具有體積小、性能高、連線短等優點。

隨著半導體業的迅速發展，覆晶構裝技術勢必成爲構裝業的主流。典型的覆晶構裝結構是由凸塊下面的金屬層、銲點、金屬墊層所構成，因此金屬層在元件作用時的消耗將嚴重影響到整個結構的可靠度和元件的使用壽命。覆晶構裝LED就是倒裝銲結構的發光二極體。

8. 積體構裝LED（Integration-LED）

積體構裝也稱多晶構裝（Polycrystalline LED），積體構裝是根據所需功率的大小確定基板底座上排列LED晶片的數目，可組合構裝成1 W、2 W、3 W等高亮度的大功率LED。最後，使用高折射率的材料按光學設計的形狀對積體的LED進行構裝。這種晶片採用常規晶片，並高密度積體組合，其出光率高、熱阻低，可以根據用戶的要求來組合電壓和電流，也可以根據用戶的要求製作成不同的體積和形狀。另外，還有很時興的食人魚和功率型等構裝形式。

4.2.2.2　按LED晶片發光面分類

自20世紀90年代以來，LED晶片及材料製作技術的研發取得多項突破，透明基材梯形結構、紋理表面結構、晶片覆晶結構，商品化的超高亮度（1 cd以上）紅、橙、黃、綠、藍的LED產品相繼問市，2000年開始在低、中光通量的特殊照明中獲得應用。LED的上、中游產業受到前所未有的重視，進一步推動下游的構裝技術及產業發展，採用不同發光面形式與構裝尺寸、出光視窗形狀、不同發光顏色的管芯及其單色、雙色、或三色組合方式，可生產出多系列，多品種、多規格的產品。

LED產品的發光面和出光面類型見表4.1。當然也可根據發光顏色、晶片材料、發光亮度、尺寸大小等特徵來分類。單個管芯一般構成點光源，多個管芯組裝在一起可構成面光源和線光源，用作電子設備的資訊狀態指示及顯示。發光顯示器也是用多個管芯，通過管芯的適當連接（包括串聯和並聯）與合適的光學結構組合而成的，構成發光顯示器的發光段和發光點。表面黏著式構裝LED可逐漸替代引腳式LED，使應用設計更靈活，目前已在LED市場中佔有一定的佔有率，且有加速發展的趨勢。

表4.1 LED發光面和出光面類型

發光面類型	出光面類型	構裝結構
點光源（發光燈）	有圓形、矩形、多邊形、橢圓形、阻塞形、子彈型、凸形、弓形、雙頭形、側視形、菱形、圓柱形、三角形、凹面尖端形等形狀，透鏡尺寸各異	環氧樹脂全封、金屬（陶瓷）環氧樹脂構裝、表面黏著式構裝
面光源（面發光燈）	發光面積大，可見距離遠，視角寬，有圓形、梯形、三角形、平形、正方形、長方形等形狀，可拼裝成光陣列或某些專用線條，圓形信號或狀態指示用	雙列直插式、單列直插式、表面黏著式構裝
發光顯示器（線或面）	數位管、符號管、米字管、矩陣管、光柱顯示器等	表面黏著式、混合構裝

因為構裝形式的多樣性，我們不可能對各種構裝形式都進行詳述，在此只對Lamp-LED（引腳構裝LED）、Flat pack-LED（平面構裝LED）、SMD-LED（表面黏著式構裝LED）、食人魚和功率型構裝技術作簡單介紹。

4.3 幾種常用LED的典型構裝形式

4.3.1 lamp（引腳）式構裝

4.3.1.1 引腳構裝形式概述

LED腳式構裝採用引線架作各種構裝外形的引腳，是最先研發成功投入市場的構裝結構，品種數量繁多，技術成熟，構裝內結構與反射層仍在不斷改進。標準LED被大多數客戶認為是目前顯示行業中最方便、最經濟的解決方案，典型的傳統LED安置在能承受0.1 W輸入功率的構裝內，其90%的熱量是由負極的引腳架散發至PCB板，再散發到空氣中，如何降低工作時pn接面的溫升是構裝與應用必須考慮的。構裝材料多採用高溫固化環氧樹脂，其光性能優良，技術適應性好，產品可靠性高，可做成有色透明或無色透明和有色散射或無色散射的透鏡構裝，不同的透鏡形狀構成多種外形及尺寸，例如，圓形按直徑分為φ2 mm、φ3 mm、φ4.4 mm、φ5 mm、φ7 mm等數種，環氧樹脂的不同組分可產生不同的發光效果。圖4.1表示成品由引腳構裝之數種構裝樣品，有兩引腳構裝（單色或者白色），三引腳構裝（可以發出單色光，也可以發出兩種單色光的混合光），四引腳構裝形式（屬於紅、綠、藍全色光，可以發出單色光，也可以發出兩種單色或三種單色的混合光，混色比例合適時可以發出白光）。

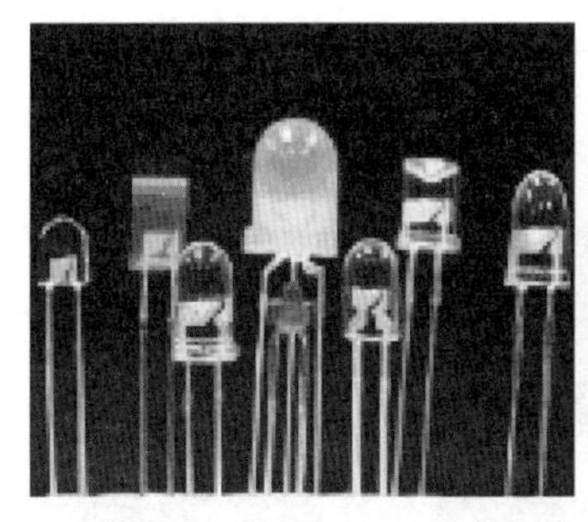
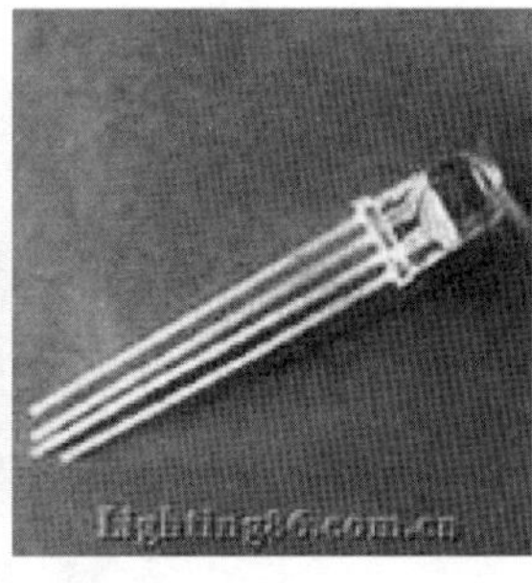

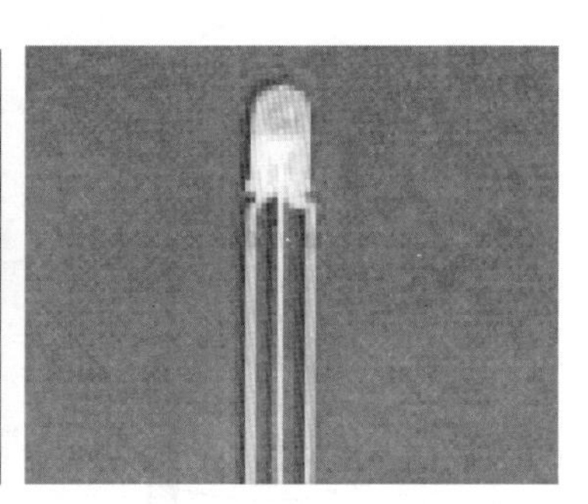

圖4.1　引腳構裝的數種構裝樣品

引腳構裝最突出特點就是可彎曲成所需形狀，體積小；金屬底座塑膠反射罩式構裝是一種節能指示燈，適作電源指示用；閃爍式將CMOS振盪電路晶片與LED管芯組合構裝，可自行產生較強視覺衝擊的閃爍光；雙色和三色型由兩種和三種不同發光顏色的管芯組成，構裝在同一環氧樹脂透鏡中，對於雙色管，除雙色外還可獲得第三種混合色，而對於三色管，除三色外還可獲得這三種的混合色，在大螢幕顯示系統中的應用極爲廣泛，並可構裝組成雙色和三色顯示元件；電壓型將恆流源晶片與LED管芯組合構裝，可直接替代5～24 V的各種電壓指示燈。面光源是多個LED管芯黏結在微型PCB板的規定位置上，採用塑膠反射框罩並灌封環氧樹脂而形成，PCB板的不同設計確定外引線排列和連接方式，有雙列直插與單列直插等結構形式。點、面光源現已開發出數百種構裝外形及尺寸，供市場及客戶使用。

4.3.1.2　引腳式構裝結構

1. 支架

圖4.2是引腳構裝的典型結構。圖4.3是典型的引腳構裝支架，支架的作用和功能在前面已經介紹過，它是承載晶片和對外進行電的互連元件。支架有分銅材和鐵材所製成，銅材要比鐵材導熱快，功率稍高或者使用要求較高的LED一般都

用銅支架。熱量的快速傳出，可以降低晶片溫度，於是採用銅材支架比鐵材的光衰時間大約長兩倍，故銅支架的LED壽命長。

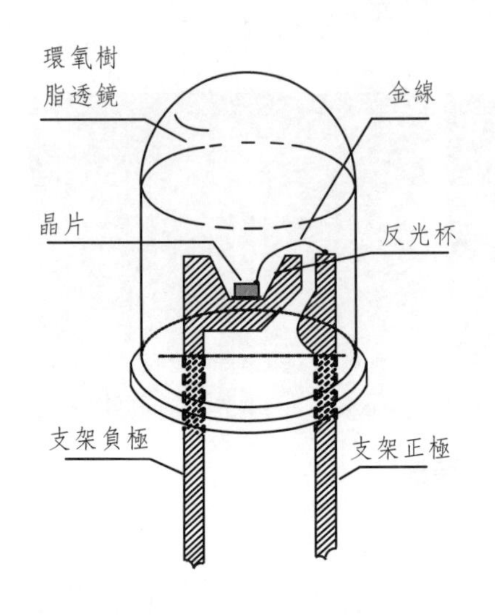

圖4.2 引腳式構裝結構圖

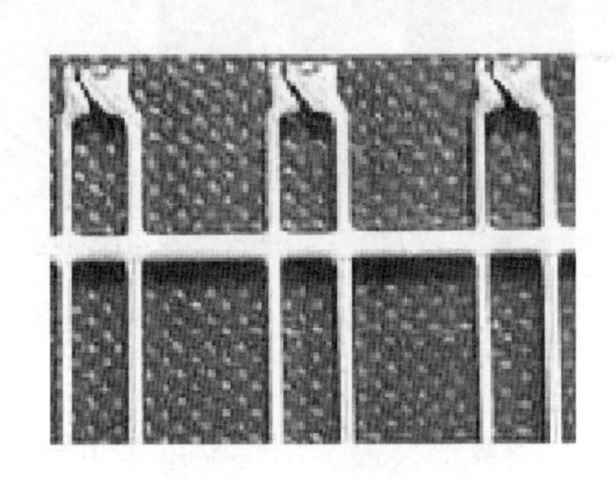

圖4.3 支架

2. 晶片

晶片在第2章給出了幾種常用的半導體材料禁帶寬度，禁帶寬度還與摻雜濃度有關。表4.2給出了更多的二元、三元和四元直接帶隙材料和對應的發光波長供構裝人員選用，表中同一組成的元素，其成分比可以微調禁帶寬度，即微調波長。在構裝時要根據用戶對波長的需求來選擇晶片。晶片用導電銀膠固定在引腳架大頭的反光杯下端，一般規定p型材料端與支架反光杯固定（晶圓固著），n型材料端通過金線或鋁線與支架另一端通過銲接而實現電氣連接（即金線的一端與晶片的上端銲接，另一端與小頭支架銲接）。由此可知，引腳架大頭端的引腳爲LED的負極，另一引腳則爲LED的正極。個別生產廠家也有與此相反的晶圓固著方式。需要注意的是，在晶圓固著時，晶片中心一定要位於環氧樹脂透鏡的主光軸上，並且晶片法線方向要平行於環氧樹脂透鏡的主光軸。若晶片在晶圓固著時出現傾斜現象，就會導致出光率降低，導致同一批產品的光參數不一致。

表4.2　LED晶片特性表

晶片型號	發光顏色	組成元素	波長 / nm	晶片型號	發光顏色	組成元素	波長 / nm
SBI	藍色	lnGaN/SiC	430	HY	超亮黃色	AlGaInP	595
SBK	較亮藍色	lnGaN/SiC	468	SE	高亮桔色	GaAsP/GaP	610
DBK	較亮藍色	InGaN/GaN	470	HE	超亮桔色	AlGaInP	620
SGL	青綠色	lnGaN/SiC	502	UE	最亮桔色	AlGaInP	620
DGL	較亮青綠色	LnGaN/GaN	505	UEF	最亮桔色	AlGaInP	630
DGM	較亮青綠色	lnGaN	523	E	桔紅	GaAsP/GaP	635
PG	純綠	GaP	555	R	紅色	GaAsP	655
SG	標準綠	GaP	560	SR	較亮紅色	GaAlAs	660
G	綠色	GaP	565	HR	超亮紅色	GaAlAs	660
VG	較亮綠色	GaP	565	UR	最亮紅色	GaAlAs	660
UG	最亮綠色	AIGaInP	574	H	高紅	GaP	697
Y	黃色	GaAsP/GaP	585	HIR	紅外線	GaAlAs	850
VY	較亮黃色	GaAsP/GaP	585	SIR	紅外線	GaAlAs	880
UYS	最亮黃色	AlGaInP	587	VIR	紅外線	GaAlAs	940
UY	最亮黃色	AlGaInP	595	IR	紅外線	GaAs	940

3. 金線和鋁線

金線和鋁線都可以作爲晶片與支架的電氣連接線。因爲金線比鋁線電阻率小，所以在要求品質比較高的LED中一般採用金線銲接。個別場合需要功率較高的引腳式構裝LED，對於較高功率的LED，銲線時往往採用線徑較粗的金線或鋁線，或者採用雙線銲接，這樣可以通過較大的工作電流，同時也提高了引線的抗衝擊能力。

4. 反光杯

反光杯製作時，都是製作在支架的大頭端，它的作用就是把晶片發出的光能通過反光杯的反射最大限度地提高LED的出光率。反光杯的形狀有圓錐狀、球面狀和非球面狀（如拋物面狀），如圖4.4所示。因爲非球面形狀加工難度大，所以製造廠商大都設計生產前兩種反光杯。按幾何光學原理，晶片放在反光杯的合適位置才能最大限度地提高出光率。假如採用拋物面反光杯，晶片尺寸又很小時，可視爲點光源，將晶片放在拋物面交點處，晶片發出的光經過反光杯反射可以成爲平行於拋物面主軸的平行光束。根據支架在環氧樹脂中的插入深度不同，LED晶片發出的光經環氧樹脂透鏡後，可得到不同發散角的光束。

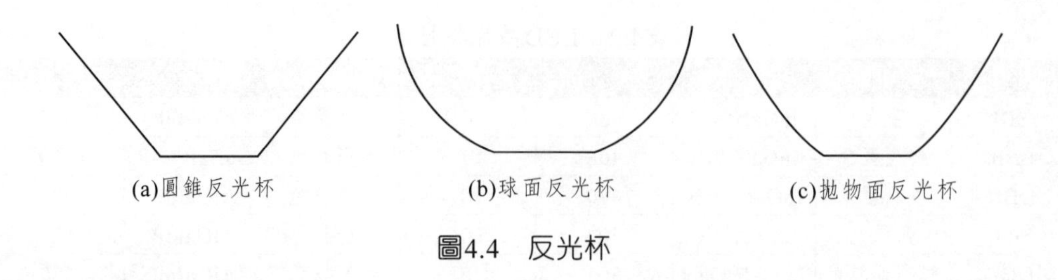

圖4.4　反光杯

5. 環氧樹脂或矽膠透鏡

環氧樹脂和矽膠在LED封裝中，不僅起到固定支架和晶片的作用，同時還可以通過控制它的形狀而實現一次配光的作用。用於封裝LED管殼的環氧樹脂須具有良好的耐濕性、絕緣性以及較高的機械強度，對管芯發出光的折射率和透射率高。選擇不同折射率的構裝材料、構裝幾何形狀，對光子取出效率的影響是不同的。若頂部的樹脂透鏡曲率半徑小可使光集中到LED的軸線方向，相應的視角較小；如果頂部的樹脂透鏡曲率半徑大或平面型，其相應視角將增大。圖4.5分別給出了單球面和單拋物面透鏡示意圖。

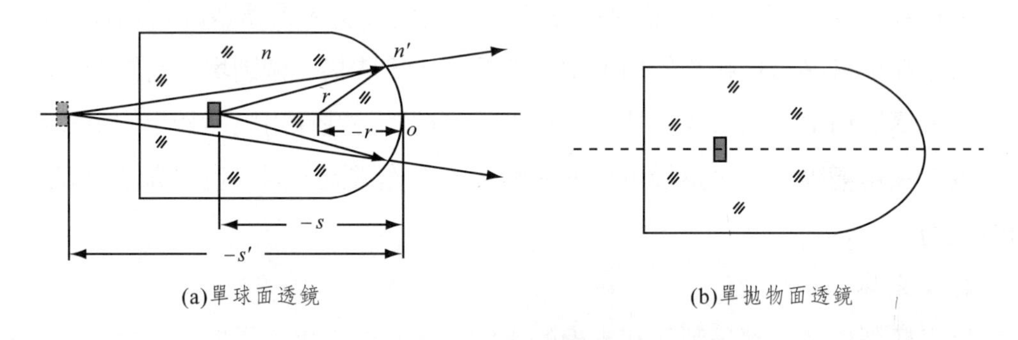

圖4.5　圓頂形透鏡

發光強度的角分佈也與管芯結構、光輸出方式、封裝透鏡所用材料及其形狀有關。環氧樹脂透鏡對晶片屬於成虛像的光學系統，它的作用就是控制出射光束的發散角度和光場分佈。環氧樹脂構裝形式各異，成形的樹脂也不同，有尖形透鏡、圓頂形透鏡、平面形透鏡、喇叭口形透鏡等。對於平面形透鏡LED一般用於指示燈，而圓頂形透鏡的LED不僅可以用於指示燈，還可以用於半導體照明光源；喇叭口形透鏡一般用於特殊場合，發出的光也呈現喇叭口光束。

圓頂形透鏡有球面和非球面之分，目前生產的圓頂形透鏡居多，在此以圓頂形透鏡爲例加以討論。對於環氧樹脂圓頂形透鏡，它屬於單球面透鏡，如圖4.5(a)所示。設環氧樹脂的折射率爲n（n = 1.52左右），空氣的折射率爲n'（n' = 1），單球面光學折射系統像方焦距爲f'，晶片發光面距球面定點的距離爲－s（根據笛卡爾符號法則），則晶片所成像的位置s'滿足物象關係式：

$$\frac{n'}{s'}-\frac{n}{s}=\frac{n'-n}{r} \tag{3.1}$$

式中，r爲環氧樹脂球面的曲率半徑。對應像距s'=∞時的物距即爲物方焦距：

$$f=s=-\frac{nr}{1-n} \tag{3.2}$$

對應物距s=∞的像距即爲像方焦距：

$$f'=s'=\frac{r}{1-n} \tag{3.3}$$

由式（3.1）可求得晶片的像距s'爲：

$$s'=\frac{sr}{s+n(r-s)} \tag{3.4}$$

因爲| s | > | r |，所以對於發光元件LED晶片的像距爲負值，即晶片成虛像。虛像像距的大小就決定了光束發散角的大小。

4.3.2　平面構裝

4.3.2.1　平面構裝概述

圖4.6是平面構裝的各種類型。

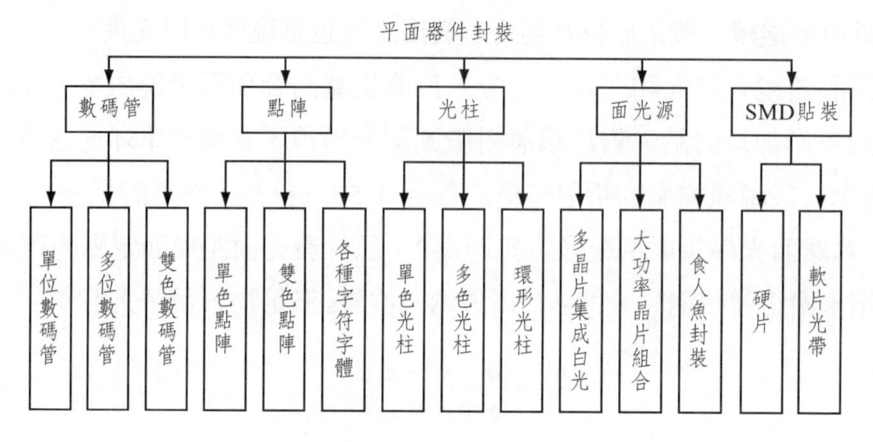

圖4.6　平面構裝類型

LED發光顯示器可由數位管或米字管、符號管、矩陣管組成各種多位元產品，由實際需求設計成各種形狀與結構。以數位管爲例，有反射罩式、單片積體式、單條七段式等三種構裝結構，連接方式有共陽極和共陰極兩種，一位元就是通常說的數位管，兩位以上的一般稱作顯示器。反射罩式具有字型大，用料省，組裝靈活的混合構裝特點，一般用白色塑膠製作成帶反射腔的七段形外殼，將單個LED管芯黏結在與反射罩的七個反射腔互相對位的PCB板上，每個反射腔底部的中心位置是管芯形成的發光區，用壓焊方法鍵合引線，在反射罩內滴入環氧樹脂，與黏好管芯的PCB板對位黏合，然後固化即成。圖4.7是數位管、矩陣管和米字管的實物外形。

(a)七段數碼管

(b)數位管和矩陣管

(c)米字管

圖4.7　數位管、矩陣管和米字管

反射罩式又分為空封和實封兩種，前者採用散射劑與染料的環氧樹脂，多用於單位、雙位元元件；後者上蓋濾色片與導光膜，並在管芯與底板上塗透明絕緣膠，提高出光效率，一般用於四位元以上的數位顯示。單片積體式是在發光材料晶片上製作大量七段數碼顯示器圖形管芯，然後劃片分割成單片圖形管芯，黏結、壓銲、封裝帶透鏡（俗稱魚眼透鏡）的外殼。單條七段式將已製作好的大面積LED晶片，劃割成內含一支或多支管芯的發光條，如此同樣的七條黏結在數字形的引腳架上，經壓焊、環氧樹脂構裝構成。單片式、單條式的特點是微小型化，可採用雙列直插式構裝，大多是專用產品。下邊只介紹單色數碼管、雙色點陣管和單色光柱三種構裝結構。

4.3.2.2　典型平面構裝元件結構原理

圖4.8是R5011和LG5011七段數位管的構裝結構和共陰共陽內部連線圖。5011A為共陰數位管內部連線，5011B為共陽數位管內部連線。其他型號的數位管構裝結構和內部連線都大同小異。

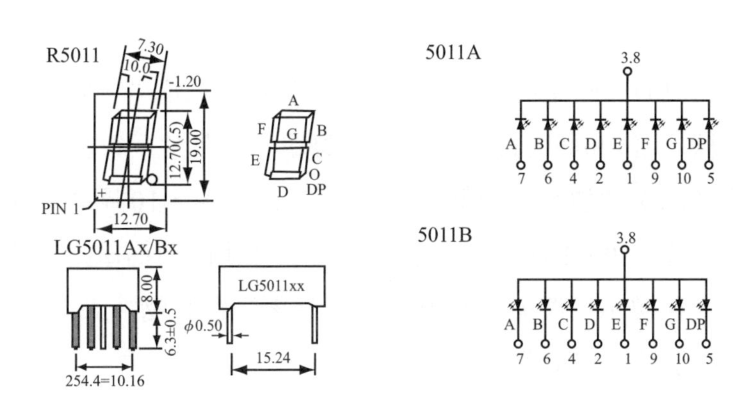

圖4.8　LED數位管構裝結構圖

圖4.9(a)為LDM-8188雙色點陣管構裝結構圖。圖4.9(b)為LDM-5188AHK和LDM-5188BHK內部連線圖，LDM-5188AHK屬於行共陰、列共陽內部連接，而LDM-5188BHK則屬於行共陽、列共陰內部連接。其他點陣管內部結構也都大同小異。LED光柱顯示器。它是在106 mm長度的線路板上，安置101支管芯（最多可達201支管芯），屬於高密度構裝，利用光學的折射原理，使點光源通過透明

罩殼的13～15條光柵成像，完成每管芯由點到線的顯示，構裝技術較爲複雜。

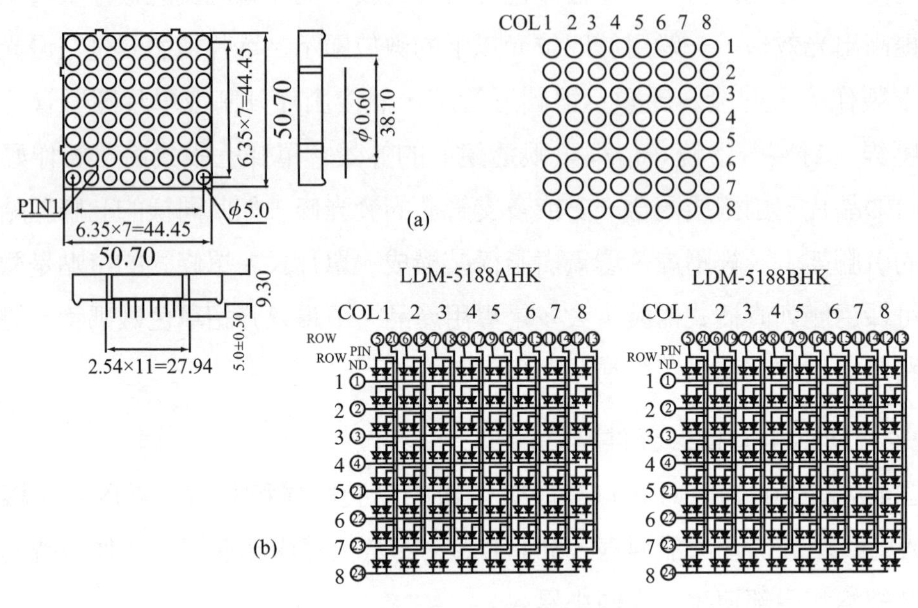

圖4.9 雙色點陣管構裝結構圖

圖4.10(a)爲LED光柱顯示器的基本結構。在這種結構中，將高亮度LED晶片排列成一條直線，將100個晶片分成10組，每組10個晶片。每組共用一個陰極，各組中號序相同的陽極連到陽極幹道Y_1, Y_2, …, Y_{10}上，10個陰極分別爲X_1, X_2, …, X_{10}，這樣就構成10×10的矩陣。由於本元件以矩陣掃描電路方式工作，故稱爲矩陣掃描式光柱顯示元件。圖4.10(b)是光柱顯示器實物。表4.3列出了幾種型號的LED光柱顯示元件的特性。

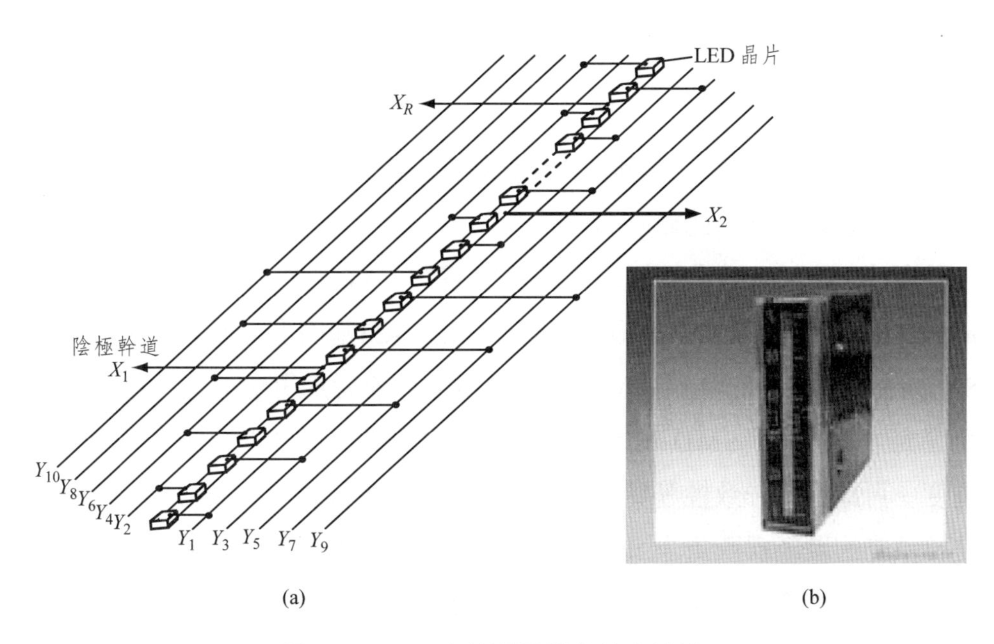

(a)　　(b)

圖4.10　LED光柱顯示器的基本結構

表4.3　幾種型號的LED光柱顯示元件的特性

參數 型號	外形尺寸／mm	工作電壓／V	發光顏色	光柱長度／mm	光柱寬度／mm	分辨力／%
GZQ-50型	50×15×6	3～12	綠、橙、紅	50	3～5	1
GZQ-100型	100×15×6	3～12	綠、橙、紅	100	3～5	1
GZQ-200型	200×15×6	3～12	綠、橙、紅	200	3～5	1

半導體pn接面的電致發光機制決定普通LED不可能產生具有連續光譜的白光（2007年Applied Physics Letters 91，161912報導稱，已研製出無螢光粉量子井單晶片白光LED），同時單支LED也不可能產生兩種以上的高亮度單色光，只能在構裝時借助螢光物質，藍或紫外LED管芯上塗敷螢光粉，間接產生寬頻光譜而成爲白光，或採用幾種（兩種或三種、多種）發不同色光的管芯構裝在一個元件外殼內，通過色光的混合構成白光LED。這兩種方法都取得實用化。目前高功率白光LED已用於街道路燈和景觀照明，預計從2010年開始白光LED會逐漸進入家庭照明，LED第四代照明光源已成爲全球新潮流。

4.3.3　表面黏著式（SMD）構裝

在2002年，表面黏著式構裝的LED（SMD-LED）逐漸被市場所接受，並獲得一定的市場佔有率，從引腳式構裝轉向SMD，符合整個電子行業發展大趨勢，很多生產廠商推出此類產品。

早期的SMD-LED大多採用帶透明塑膠體的SOT-23改進型，外形尺寸3.04 mm×1.11 mm，捲帶式容器編帶包裝。在SOT-23基礎上，研發出帶透鏡的高亮度SMD的SLM-125系列，SLM-245系列LED，前者為單色發光，後者為雙色或三色發光。近些年，SMD-LED成為一個發展熱點，很好地解決了亮度、視角、平整度、可靠性、一致性等問題，採用更輕的PCB板和反射層材料，在顯示反射層需要填充的環氧樹脂更少，並去除較重的碳鋼材料引腳，通過縮小尺寸，降低重量，可輕易地將產品重量減輕一半，最終使應用更趨完美，尤其適合戶內，半戶外全彩顯示幕應用。SMD-LED一般都是自動構裝，其特點是構裝一致性好，成品率高。

4.3.3.1　SMD構裝的技術

SMD構裝一般有兩種結構：一種為金屬支架片式LED，另一種為PCB片式LED。圖4.11是SMD的構裝流程。

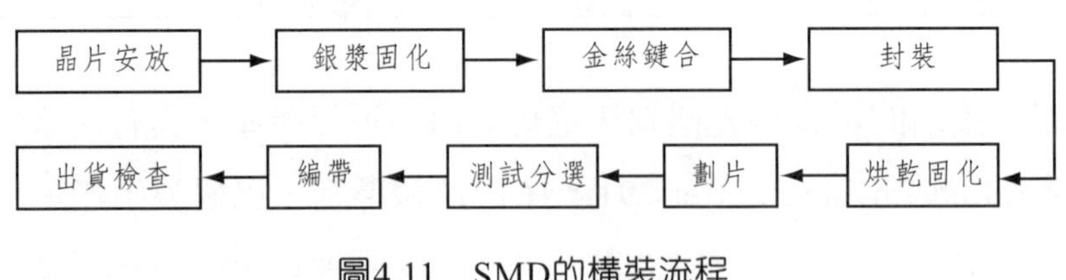

圖4.11　SMD的構裝流程

目前，很多廠家都利用自動化機器進行晶圓固著和銲線，所做出來的產品品質好、一致性好，非常適合大規模生產。

特別應當注意，在製作SMD白光LED時，因為元件的體積較小，點螢光粉是一個難題。有的廠家先把螢光粉與環氧樹脂配好，做成一個模子；然後把配好螢光粉的環氧樹脂做成一個膠餅，將膠餅貼在晶片上，周圍再灌滿環氧樹脂，進而製成SMD構裝的白光LED。圖4.12是幾款頂端發光的SMD發光二極體。

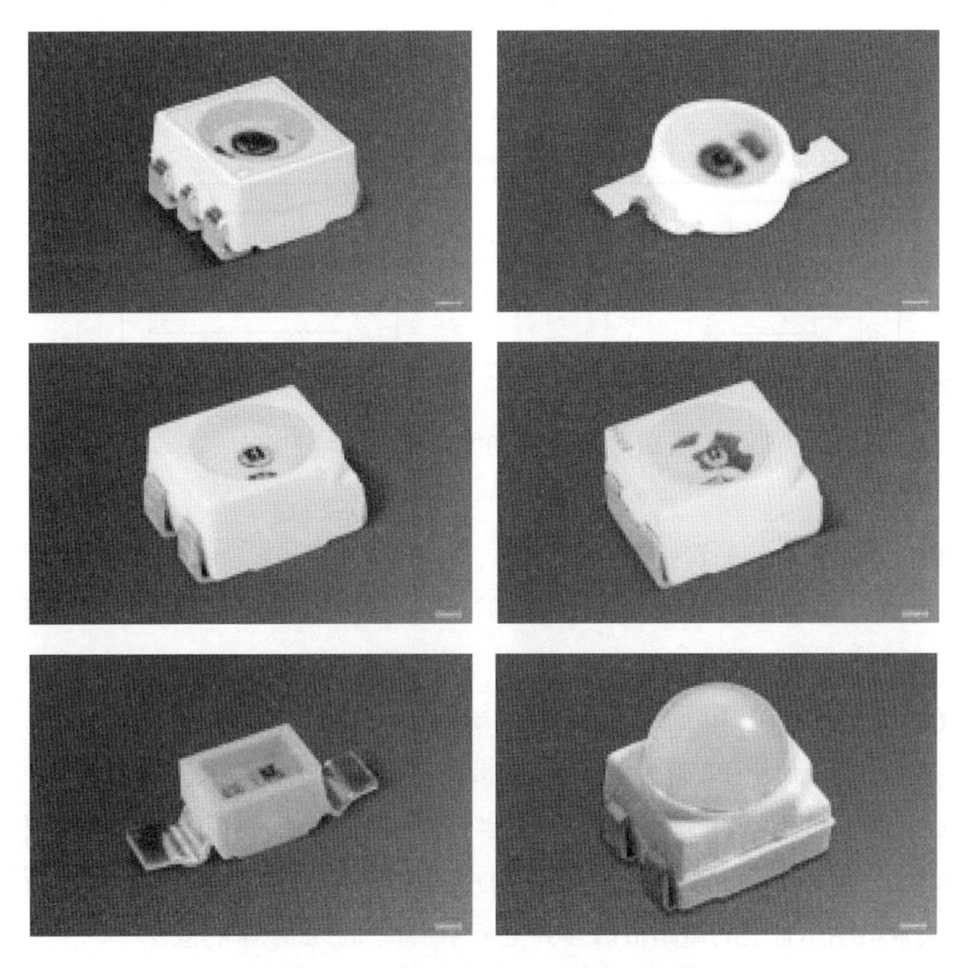

圖4.12　頂端發光的SMD發光二極體

4.3.3.2　測試LED與選擇SMD

對SMD構裝的LED進行測試，因為其體積小，不便於手工操作，所以必須使用自動測試的儀器。以PCB片SMD為例，對於如圖4.13所示的0603片式的SMD-LED，其尺寸為1.6 mm×0.8 mm×0.8 mm。

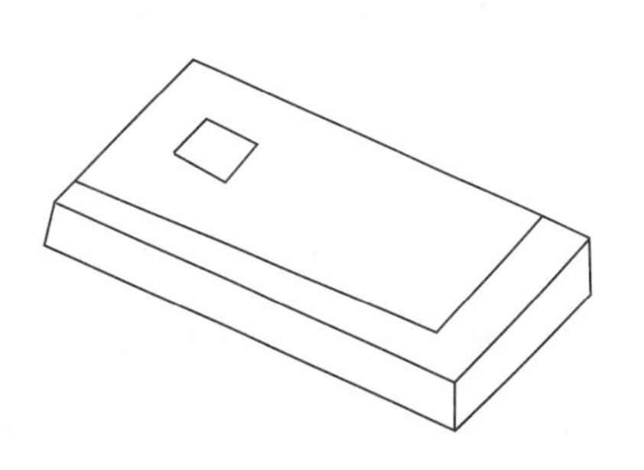

圖4.13　0603片式的SMD-LED

由於結構SMD型化，PCB的選材和版圖設計十分重要。綜合各方面考慮，選取厚度為0.30 mm、面積為60 mm×130 mm的PCB作為基板，在板上設計41組構裝結構，每組由44支片式LED連為一體。每個單元的圖示參見圖4.14。

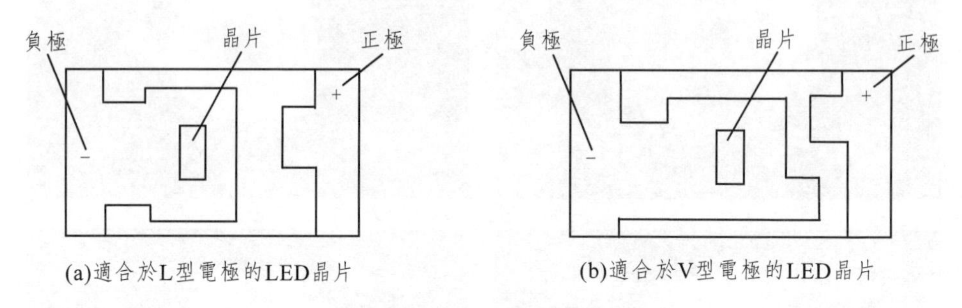

圖4.14　測試用的PCB的單元示意圖

對於PCB基板的品質要求包括：

(1)要有足夠的精確度：厚度的不均勻度<±0.03 mm，定位孔對電路板圖案偏差<±0.05 mm。

(2)鍍金屬的厚度和品質必須確保金絲鍵合後的拉力大於8g。

(3)表面無汙染，PCB上的化學物質要清洗乾淨，構裝時膠的黏合要牢固。

目前SMD的LED大量用在顯示幕上，其中把SMD片連接的部分直接與顯示幕的電路板用導熱膠黏合，讓SMD-LED產生的熱量傳導到顯示幕的電路板上。這樣熱量由顯示幕上的電路板散發到空氣中，有利於顯示幕的散熱。

隨著SMD的發展，今後的連接器會朝著SMD方向發展，實現小型化、高密度和鮮豔色彩，這樣顯示器的螢幕在有限的尺寸中可獲得更高的解析度。同時可實現結構輕巧化及良好的白平衡；並且半值角可達160°，而使顯示幕更薄，可獲得更好的觀看效果。

表4.4給出了常見SMD的幾種尺寸，以及根據尺寸（加上必要的間隙）計算出來的最佳觀視距離。銲盤是散熱的重要管道，廠商提供的SMD資料都是以4.0 mm×4.0 mm的銲盤為基礎的，採用迴銲可設計成銲盤與引腳相等。超高亮度LED產品可採用塑封帶引線片式載體PLCC-2構裝，外形尺寸為3.0 mm×2.8

mm，通過獨特方法裝配高亮度管芯，產品熱阻為400 K／W，可按CECC方式焊接，其發光強度在50 mA驅動電流下達1250 mcd。七段式的一位、兩位、三位和四位數位SMD顯示元件的字元高度為5.08～12.7 mm，顯示尺寸選擇範圍寬。PLCC構裝避免了引腳七段數位顯示器所需的手工插入與引腳對齊工序，符合自動拾取貼裝設備的生產要求，應用設計空間靈活，顯示鮮豔清晰。多色PLCC構裝帶有一個外部反射器，可簡便地與發光管或光導相結合，用反射型替代目前的透射型光學設計，為大範圍區域提供統一的照明，研發在3.5 V、1A驅動條件下工作的功率型SMD構裝。

表4.4　常見SMD-LED的幾種構裝尺寸

構裝形式	外形尺寸／mm	最小間距／mm	最佳觀察距離／mm	備註
PLCC-2	3.2×3.0	10	17	單管芯有利於散熱
1206	3.1×2.7	8	13.6	側光型、高亮度型
0805	2.1×1.35	6	11.2	
0603	1.7×0.9	5	8.5	向0402發展
PLCC-4	3.2×2.8	5	8.5	雙色或三色組合構裝

4.3.4　食人魚構裝

可以把LED的晶片構裝成圖4.15所示的食人魚形式，這種食人魚LED很受用戶的歡迎。為什麼把這種LED稱為食人魚呢？因為它的形狀很像亞馬遜河中的食人魚。用食人魚來命名LED發光元件的一種產品，是從國外傳入的。

食人魚LED產品有很多優點，由於食人魚LED所用的支架是銅製的，面積較大，因此傳熱和散熱快。LED點亮後，pn接面產生的熱量很快就可以由支架的4個支腳導出到PCB的銅帶上。這種LED食人魚管子比φ3 mm、φ5 mm引腳式的管子傳熱快，進而可以延長元件的使用壽命。一般情況下，食人魚LED的熱阻會比φ3 mm、φ5 mm管子的熱阻小一半，所以很受用戶的歡迎。

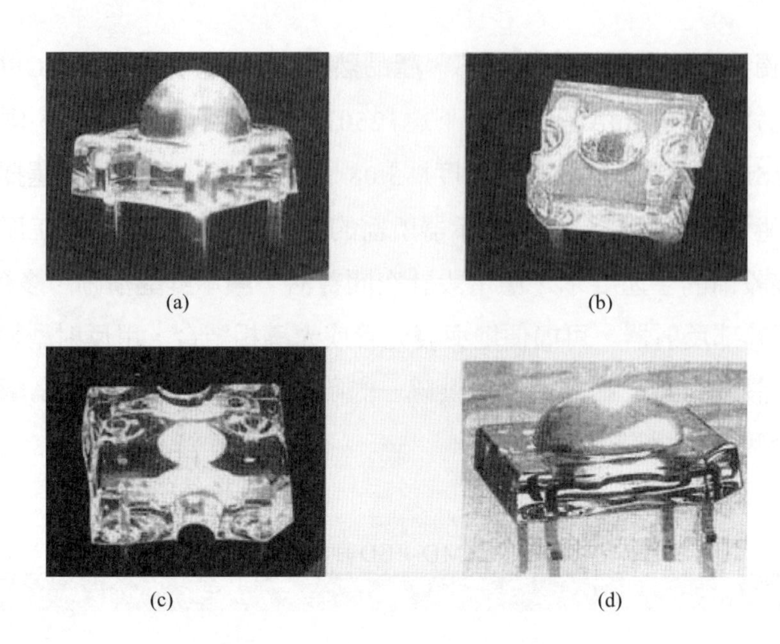

圖4.15　食人魚LED的構裝結構

4.3.4.1　食人魚LED的構裝技術

食人魚LED的構裝有其特殊性，首先要選定食人魚LED的支架，如圖4.16所示。根據每一個食人魚管子要放幾個LED晶片，需要確定食人魚支架中沖壓下去的杯形、大小及深淺。

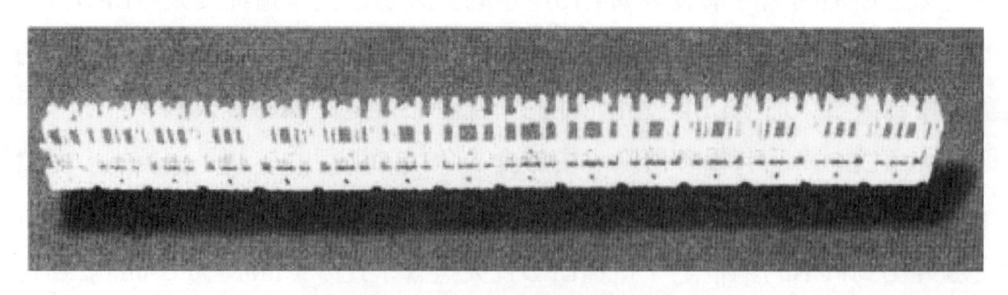

圖4.16　食人魚的構裝支架

在使用支架時要把它清洗乾淨，並將LED晶片固定在支架杯中。經過烘乾後把LED晶片兩極焊好，然後根據晶片的多少和出光角度的大小，選用相應的模粒。在模粒中灌滿膠，把焊好LED晶片的食人魚支架對準模粒倒插在模粒中。待膠乾（用烘箱烘乾）後，脫模即可。然後放到切模機上把它切下來，接著進行測試和分選。食人魚LED的技術指標與其他方式構裝的LED的技術指標是一樣的。對於多個晶片構裝在一個食人魚支架上時應考慮有關的熱阻，應儘量減小熱阻，以延長使用壽命。

由於食人魚LED有4個支腳，因此爲了把食人魚LED安裝在印製電路板上，應在其上留有4個洞。因爲LED的兩個電極連在4個支腳上，所以兩個支腳連通一個電極。在安裝時要確認哪兩個支腳是正極，哪兩個支腳是負極，然後進行PCB的設計。

食人魚構裝模粒的形狀也是多種多樣的，有ϕ3 mm圓頭和ϕ5 mm圓頭，也有凹型形狀的平頭形狀。根據出光角度的要求，可選擇各種構裝模粒。

4.3.4.2　食人魚LED的應用

食人魚LED越來越受到人們重視，因爲它比ϕ5 mm的LED要散熱好、視角大、光衰慢、壽命長。食人魚LED非常適合製成線條燈、背光源的燈箱和大字體槽中的光源。

因爲線條燈一般用來作爲城市高層建築物的輪廓燈，並且背光源的燈箱廣告屏和大字體的亮燈都是放置在高處，如果LED燈不亮或變暗，其維修十分困難。由於食人魚LED的散熱好，相對ϕ5 mm的普通LED，延長了光衰的時間，因此使用的時間也會長，這樣可以節省可觀的維修費用。

食人魚LED也可用做汽車的剎車燈、轉向燈、倒車燈。因爲食人魚LED的散熱方面有優勢，所以可承受70～80 mA的電流。在行駛的汽車上，往往蓄電瓶的電壓高低波動較大，特別是使用剎車燈的時候，電流會突然增大，但是這種情況對食人魚LED沒有太大的影響，因此其廣泛用於汽車照明中。

4.3.5　功率型構裝

LED晶片及構裝向高功率方向發展，在高電流下產生比ϕ5 mmLED大10～20倍的光通量，必須採用有效的散熱與不劣化的構裝材料解決光衰問題，因此，管殼及構裝也是其關鍵技術，能承受數W功率的LED構裝已出現。5 W系列白、綠、藍綠、藍的功率型LED從2003年初開始供貨，白光LED光輸出達187 lm，光效44.3 lm/W無光衰問題，開發出可承受10 W功率的大面積管。LED尺寸爲2.5 mm×2.5 mm，在5A電流下工作，光輸出達200 lm，作爲固體照明光源有很大發展空間。

進入21世紀後，LED的高效化、超高亮度化、全色化不斷發展創新，紅光、橙光LED的光效已達到100 lm/W，綠光LED爲50 lm/W，單支LED的光通量也達到數十流明。LED晶片和構裝不再沿襲傳統的設計理念與製造生產模式。在增加晶片的光輸出方面，研發不僅限於通過改變材料內的雜質數量、晶格缺陷和差排來提高內部效率，同時，如何改善管芯及構裝內部結構，增強LED內部產生光子出射的幾率，提高光效，解決散熱問題，進行取光和散熱基材最佳化優化設計，改進光學性能，加速表面黏著式構裝進程，更是LED研發的主流方向。

LED照明市場領先廠商Cree公司宣佈，其白光功率二極體實現161 lm/W的光通量，此光通量爲業界研發成果匯報中的最高水準。

這些結果再次彰顯了Cree持續專注的創新和研發，爲業界提供一流性能的長期承諾。Cree的測試表明，在4689 K的色溫條件下，1 mm×1 mm的LED可產生173 lm的光輸出，實現161 lm/W的光效。該測試是在室溫條件、驅動電流爲350 mA的情況下對標準LED進行的。Gree公司已研發出208 lm/W的白光LED。

Cree創始人之一，先進光電元件總監John Edmond表示：「Cree不斷發明、商業化並提供LED照明創新技術，旨在取代能效低的白熾燈泡。我們在光通量和光效方面的優勢來自於對點到點創新的專注，進而使LED照明技術滿足不斷增長的照明應用，同時節省能源、節約資金，並有助於保護環境。」

高功率LED和白光LED應用領域越來越廣泛，針對他們的構裝技術將在第5章中作專門介紹。

4.4 幾種前沿領域的LED構裝形式

LED元件的構裝已經有40年的歷史，近幾年，隨著LED產業的迅速發展，

LED的應用領域不斷擴大，對LED元件的構裝形式及性能提出了更高、更特別的要求。爲適應各種LED應用領域的不同要求，各LED構裝企業推出了各種性能先進可靠的LED元件，滿足了應用端的要求，同時也推動了LED構裝技術的進步。

4.4.1　高亮度、低衰減、完美配光的紅綠藍直插式橢圓構裝

在戶外大尺寸、高亮度、動態性、耐候性顯示領域，無疑LED顯示幕是唯一的選擇。近幾年，隨著性價比的提高，全彩LED顯示幕已取代單雙色顯示幕成爲戶外顯示幕的主流產品，在戶外廣告、資訊顯示、舞臺背景、樓宇裝飾、戶外招牌等領域大放異彩。2008年北京奧運會上高科技的LED顯示產品更是讓世人更深刻地認識了LED顯示的優勢所在。

目前戶外大型彩色LED顯示幕的顯示元件90%爲紅、綠、藍直插式橢圓形LED。由於每平方米戶外LED顯示幕包含上萬顆LED元件，每塊上百平米的彩色顯示幕包含有上百萬支LED，故此類顯示幕用途的橢圓形LED屬於高端LED領域，需具備如下主要優異特性：①高亮度；②高抗靜電；③一致性（波長、高亮、角度）；④低衰減；⑤低失效率；⑥紅綠藍配光一致性。

衆所周知，此領域的LED元件在一段時間內被國外品牌所壟斷。可喜的是，這兩年，中國國內構裝技術已有很大的進步，在上述6個方面已有趕超的可能。

1）高亮度方面

隨著晶片製造技術的進步，目前國產最高亮度的晶片已能接近或達到國際水準，進而達到高效節能的目的。

2）高抗靜電方面

目前的橢圓形LED抗靜電能力已達4000 V（人體模式），能滿足應用端苛刻的生產和應用環境。

3）高一致性方面

波長、亮度通過分光分色機能有效篩分。角度的一致性方面通過精密的晶圓固著、封膠和良好的技術管控，再加上優異的橢圓透鏡設計，能夠很好地達到同一機種不同批次角度的一致性，角度的離散性能控制在有效規格範圍之內。

4）低衰減方面

通過選用高抗UV性能的外封膠水、性能優異的晶圓固著低用膠及低熱阻的散熱結構設計，現已能有效控制LED的衰減，使紅、綠、藍的衰減保持一致或相差很小，使彩色LED顯示幕長時間使用不至於出現亮度下降、色彩失真的現象。

5）低失效率方面

通過選用高匹配性的構裝物料、先進的構裝技術和嚴格的品質管控，使得LED元件的失效率在正常工作3000h內小於3×10^{-5}，達到國際同類水準。

6）紅綠藍配光一致性方面

通過優異的電腦光學設計軟體及對構裝特性的透徹瞭解，設計出高度配光一致性的紅綠藍橢圓透鏡模具，使得LED全彩顯示幕在任意角度的白平衡具有相對一致性，進而保證LED彩色顯示幕的色彩還原性和逼真性。

以上6項性能的完美結合，才能符合高端全彩LED顯示幕的需求。

目前此類橢圓形紅綠藍LED在戶外全彩LED顯示幕應用中，國產LED已占居半壁江山，其中的高端產品已能與國外產品抗衡。

4.4.2 高防護等級的戶外型SMD

片型LED元件，尤其是頂部發光TOP型SMD具有小尺寸、超薄、高亮度、大角度等特點。但此類元件往往用於戶內，不具備戶外防護性能。隨著近幾年SMD戶外使用需求的增多，尤其是戶外全彩顯示幕及戶外樓宇亮化的需求，高防護等級的戶外型SMD應運而生。

SMD戶外全彩SMD屏，具有超小像素點間距、生產效率高、水準垂直角度大、混色效果好、對比度高等優點，隨著SMD的提高，現已能滿足20 mm點間距戶外顯示幕5000 nt（1 nt=1 cd/m^2）亮度的要求。

戶外高防護等級SMD滿足耐高溫、耐高濕、耐紫外線的苛刻條件，故在金屬支架與PPA材料的黏合性能、外封膠水的抗UV性能、PPA材料抗UV性能、外封膠水與PPA的黏合性能、外封膠水的滲透性能等關鍵要素上須全面通過選材、試驗技術和管控來解決。

目前具備高防護等級戶外型SMD的公司不多。預計此種類型SMD將極大地推動SMD戶外顯示照明的應用，減少以前因加裝防水設計而額外支出的成本，並能簡化設計。

4.4.3 廣色域、低衰減、高色溫穩定性白色SMD

在未來5年內，LED元件的一個重要應用領域將是大尺寸液晶顯示幕背光源，尤其是大尺寸液晶電視。傳統的液晶CCFL背光由於不環保、能耗高、色域窄、壽命短的缺點，正在被逐步淘汰。據報導，因LED背光源具有長壽命、低功耗、廣色域的優點，2009年7月份出貨的筆記本電腦液晶背光源中，LED背光已佔有40%的佔有率。

儘管液晶LED背光源除了白色SMD解決方案以外，還有RGB混色的解決方案，但因經濟和技術的原因，後者已基本退出市場，白色SMD是目前液晶LED背光的主流方案。

用於大尺寸液晶顯示幕背光源的白色SMD具備如下性能：①高光效、②低衰減、③廣色域、④高色溫穩定性。

目前廣色域白色SMD領先的光效水準平均在50～60 lm/W，不同尺寸的LED晶片、不同的構裝形式、不同的螢光粉配比會有不同的光效。廣色域白色SMD與非廣色域白色SMD光效還有較大差距，前者只有約60%左右，此方面還有待進一步提高，以降低能耗。

廣色域白色SMD低衰減水準是一項重要指標，除與常規白色SMD衰減因素相關外，還主要與廣色域螢光粉的穩定性相關，需選擇穩定性好的廣色域螢光粉以及相匹配的高性能螢光膠。

白色SMD廣色域決定了大尺寸液晶顯示幕色彩鮮豔度和逼眞度。故須選擇具有產生RGB三種波峰的高效率螢光粉來實現。目前常見的是R、G螢光粉配藍色晶片的方案。

廣色域白色SMD域穩定性將影響整個液晶顯示幕的色彩一致性和穩定性，因爲液晶背光模組通常由幾百顆SMD組成，這幾百顆SMD室溫長期穩定和一致性將直接影響液晶顯示幕的穩定色彩表現。

隨著大尺寸液晶顯示幕背光LED需求的強烈增加，廣色域SMD技術將更加完善和進步。

中國是LED構裝大國，也是LED的應用大國。LED應用的強烈需求將會促進中國LED構裝技術的發展和進步，中國LED構裝企業有望逐步佔領高端構裝技術領域。

第 5 章

高功率和白光LED構裝技術

5.1 高功率LED構裝技術

5.1.1 高功率LED和普通LED技術上的不同

高功率LED是LED節能燈的一種，相對於低功率LED來說，高功率LED單顆功率更高，亮度更亮，價格更高。低功率LED額定電流都是20 mA，額定電流大於20 mA的基本上都可以算作高功率。一般功率數有0.25 W，0.5 W，1 W，3 W，5 W，8 W，10 W，20 W，…，500 W等。高功率的亮度單位爲lm（流明），低功率的亮度單位一般爲mcd。兩單位無法換算。目前LED作爲一個新興的綠色、環保、節能光源被廣泛應用於手電筒、景觀照明、街道照明、汽車前燈、各種燈具。專家預測2010年LED開始進入家庭的綠色照明。圖5.1顯示了幾種高功率LED實物照片。

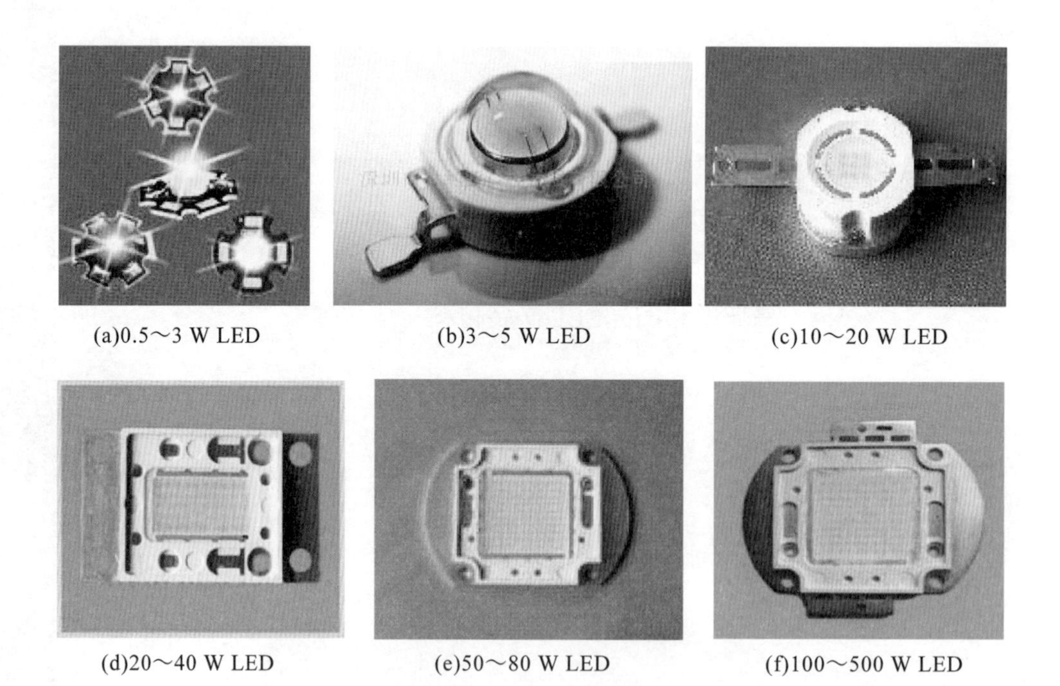

(a)0.5～3 W LED　(b)3～5 W LED　(c)10～20 W LED

(d)20～40 W LED　(e)50～80 W LED　(f)100～500 W LED

圖5.1　幾種高功率LED實物照片

高功率LED的目前分類標準有三種：

第一種是按功率高低分，構裝成型後按功率不同分類。

第二種可以按構裝技術不同分爲：大尺寸環氧樹脂（或矽膠）構裝、仿食人魚式環氧樹脂（或矽膠）構裝、鋁基板（MCPCB）式構裝、TO構裝、功率型SMD構裝、MCPCB積體化構裝等。

第三種是根據光衰程度不同分爲：低光衰高功率產品和非低光衰高功率產品。

高功率LED的熱阻直接影響LED元件的散熱。熱阻低，散熱好；熱阻高則散熱差，這樣元件溫升高，就會影響光的波長漂移。根據經驗，溫度升高1度，光波長要漂移0.2～0.3 nm，這樣會直接影響元件的發光品質。溫升過高也直接影響W級高功率LED節能燈的使用壽命。

演色性是高功率白光LED的重要指標，用於照明的白光LED的演色性必須在80以上。

高功率LED構裝由於結構和技術複雜，直接影響到LED的使用性能和壽命，這一直是近年來的研究熱點。高功率LED構裝的功能主要包括：

(1)機械保護，以提高可靠性。

(2)加強散熱，以降低晶片接面溫度，提高LED性能。

(3)光學控制，提高出光效率，優化光束分佈。

(4)供電管理，包括交流／直流轉變，以及電源控制等。

LED構裝方法、材料、結構和技術的選擇主要由晶片結構、光電／機械特性、具體應用和成本等因素決定。經過40多年的發展，LED構裝先後經歷了支架式（lamp-LED）、表面黏著式（SMD-LED）、功率型LED（Power-LED）等發展階段。隨著晶片功率的增大，特別是固態照明技術發展的需求，對LED構裝的光學、熱學、電學和機械結構等提出了新的、更高的要求。爲了有效地降低構裝熱阻，提高出光效率，必須採用全新的技術思路來進行構裝設計。

5.1.2 高功率LED構裝的關鍵技術

大功率LED構裝主要涉及光、熱、電、結構與工藝等方面，如圖5.2所示。這些因素彼此既相互獨立，又相互影響。其中，光是LED構裝的目的，熱是關鍵，電結構與技術是手段，而性能是構裝水準的具體體現。從技術相容性及降低生產成本而言，LED構裝設計應與晶片設計同時進行，即晶片設計時就應該考慮到構裝結構和技術。否則，等晶片製造完成後，可能由於構裝的需要對晶片結構進行調整，進而延長了產品研發週期和技術成本，有時甚至不可能。

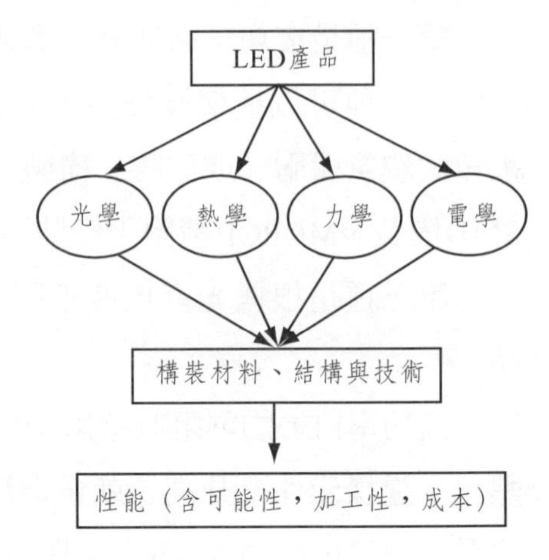

圖5.2　大功率白光LED構裝技術

具體而言，高功率LED構裝的關鍵技術包括以下幾方面。

5.1.2.1 低熱阻構裝技術

對於現有的LED光效水準而言，由於輸入電能的80%左右轉變成爲熱量，且LED晶片面積小，因此，晶片散熱是LED構裝必須解決的關鍵問題。主要包括晶片佈置、構裝材料選擇（基板材料、熱界面材料）與技術、散熱器設計等。

LED構裝熱阻主要包括材料（散熱基板和散熱器結構）內部熱阻和界面熱阻。散熱基板的作用就是吸收晶片產生的熱量，並傳導到散熱器上，實現與外界的熱交換。常用的散熱基板材料包括矽、金屬（如鋁，銅）、陶瓷（如Al_2O_3，AlN，SiC）和複合材料等。如：Nichia公司的第三代LED採用CuW做基板，將1 mm晶片倒裝在CuW基板上，降低了構裝熱阻，提高了發光功率和效率；Lamina Ceramics公司則研製了低溫共燒陶瓷金屬基板，如圖5.3所示，並開發了相應的LED構裝技術。該

圖5.3　低溫共燒陶瓷金屬基板

技術首先製備出適於共晶銲的高功率LED晶片和相應的陶瓷基板，然後將LED晶片與基板直接銲接在一起。由於該基板上集結了共晶銲層、靜電保護電路、驅動電路及控制補償電路，不僅結構簡單，而且由於材料熱導率高，熱界面少，大大提高了散熱性能，爲高功率LED陣列構裝提出了解決方案。德國Curmilk公司研製的高導熱性覆銅陶瓷板，由陶瓷基板（AlN和Al_2O_3）和導電層（Cu）在高溫高壓下燒結而成，沒有使用黏結劑，因此導熱性能好、強度高、絕緣性強，如圖5.4所示。其中氮化鋁（AlN）的熱導率爲160 W/m·K，熱膨脹係數爲4.0×10^{-6}/℃（與矽的熱膨脹係數3.2×10^{-6}/℃相當），進而降低了構裝熱應力。但是製作難度大，價格偏高，目前採用AlN基板進行構裝的很少。

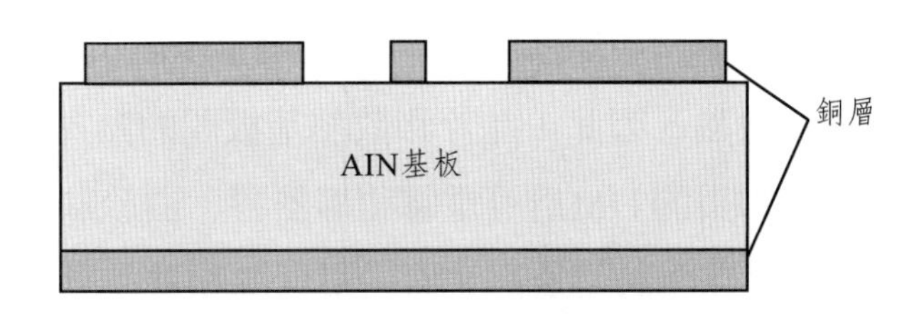

圖5.4　覆銅陶瓷基板截面示意圖

山東臨淄銀河高技術開發有限公司，在2009年研製成功的Film DCB（Film Direct Copper Bonded）超薄陶瓷基板，具有絕緣性能優良、低熱阻、優異的軟焊性和高附著強度的特點，並像PCB板一樣能蝕刻出各種圖形，具有很大的載流能力。因此，Film DCB已成爲中國自主研發，並大批量生產的高功率LED構裝基板材料。

銅有很好的導熱傳熱性能，故在銅基板上構裝LED電路，能迅速將高功率LED所產生的熱量迅速傳導出去。採用它是極佳的散熱解決方案，圖5.5是銅基板和陶瓷基板實物圖。

圖5.5　銅質和陶瓷基板實物圖

研究顯示，構裝界面對熱阻影響也很大，如果不能正確處理界面，就難以獲得良好的散熱效果。例如，室溫下接觸良好的界面在高溫下可能存在界面間隙，基板的翹曲也可能會影響鍵合和局部的散熱。改善LED構裝的關鍵在於減少界面和界面接觸熱阻，增強散熱。因此，晶片和散熱基板間的熱界面材料（TIM）選擇十分重要。LED構裝常用的TIM爲導電膠和導熱膠，由於熱導率較低，一般爲0.5～2.5 W/m・K，致使界面熱阻很高。而採用低溫和共晶銲料、銲膏或者內摻奈米顆粒的導電膠作爲熱界面材料，可大大降低界面熱阻。

5.1.2.2　高功率LED構裝電極形式和基材減薄技術

高功率LED元件代替低功率LED元件成爲半導體照明元件的必然趨勢。但是對於高功率LED元件的構裝方法我們並不能簡單地套用傳統的低功率LED元件的構裝方法與構裝材料。高的耗散功率，高的發熱量，高的出光效率給構裝技術、構裝設備和構裝材料提出了更高的要求。可採用如下方法：

(1)加大晶片尺寸法。

(2)矽基板倒裝法。

(3)陶瓷基板倒裝法。

(4)藍寶石基板倒裝法。

(5)AlGaInN／碳化矽（SiC）背面出光法。

可作爲基板的部分材料的導熱係數見表5.1。

表5.1　部分材料的導熱係數

材質	導熱係數（W/m · K）	材質	導熱係數（W/m · K）
碳鋼（C=0.5～1.5）	39.2～36.7	銀	427
鎳鋼（Ni=1%～50%）	45.5～19.6	錫	67
黃銅（70Cu-30Zn）	109	鋅	121
鋁合金（60Cu-40Ni）	22.2	純銅	398
鋁合金（87Al-13Si）	162	黃金	315
鋁青銅（90Cu-10Al）	56	純鋁	236
鎂	156	純鐵	81.1
鉬	138	氮化鋁陶瓷	160～200
鉑	71.4	鎢銅（CuW）	150～210

1. 氮化鎵基電極形式

氮化鎵基LED的電極有兩種結構：橫向結構（Lateral）和垂直結構（Vertical）。Lateral和Vertical分別簡稱L型電極和V型電極。L型電極的兩個電極在LED的同一側，電流在n型GaN層中橫向流動不等的距離，n型GaN層具有電阻，產生熱量，如圖5.6(a)所示。

另外，藍寶石晶片的導熱性能低。因此，高功率橫向結構氮化鎵基藍光LED需要解決下述問題：

(1)散熱效率低。

(2)發光效率仍需提高。

上述問題在很大程度上取決於LED的結構和生長基板。

2. 藍寶石基板減薄技術

圖5.6(b)是把藍寶石基板磨薄（或剝離）後倒置構裝的GaN基LED，因爲垂直結構的GaN基LED的兩個電極分別在GaN基LED的兩側，圖形化電極和全部的p型GaN層作爲陽極，所以電流幾乎全部垂直流過GaN基外延層，沒有橫向流動的電流。於是該構裝形式的電阻降低，沒有電流擁塞，其電流分佈均勻，充分利用發光層的材料，電流產生的熱量減小，電壓降低，抗靜電能力提高。圖5.7是帶有雙向保護二極體的倒裝高功率LED示意圖，它的抗靜電能力比圖5.6(b)的結構方式更強。

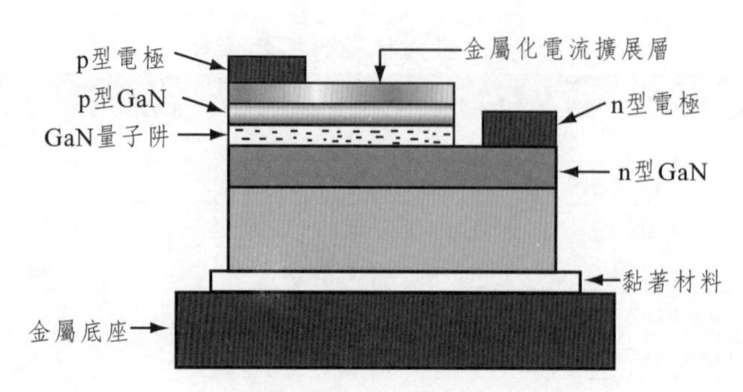

(a)正面出光大功率LED結構示意圖

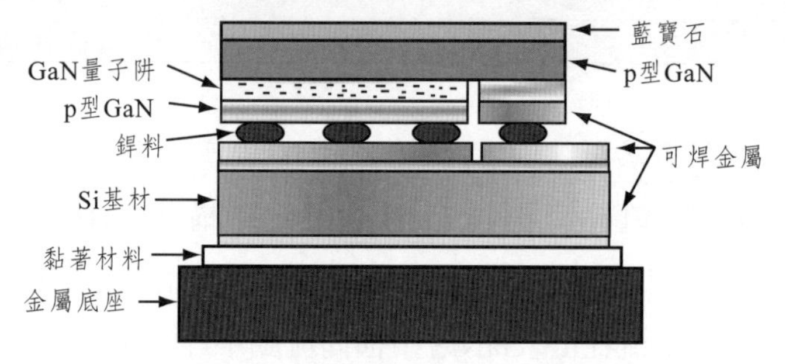

(b)倒裝焊大功率LED結構示意圖可銲金屬

圖5.6　正面出光和倒裝銲LED晶片結構示意圖

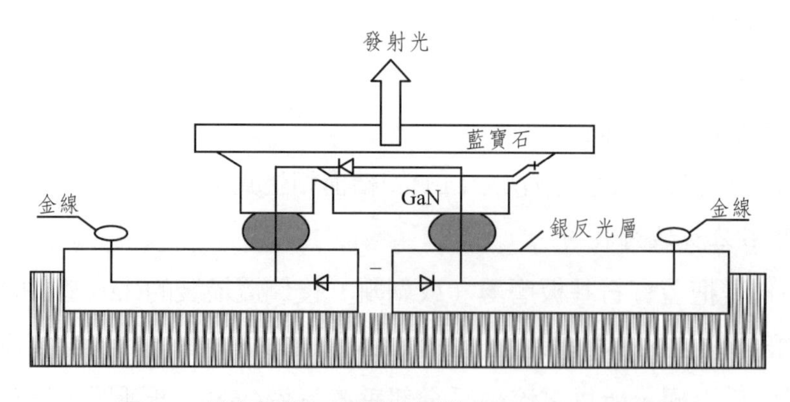

圖5.7　帶有保護二極體的倒裝高功率LED示意圖

使用具有高熱導率的支撐基板的垂直結構的GaN基LED還具有導熱性能高的優點。LED行業的大公司，例如，通用電氣、日亞、歐司朗、國聯及中國國內的許多構裝企業，至今還都在研究垂直結構LED的產業化技術。

1）倒裝藍寶石基板的機械研磨／拋光減薄方法

機械研磨／拋光的方法是最早採用的方法，但是由於當時研磨／拋光設備不夠精密及技術方面的原因，沒有產業化。最近，由於研磨／拋光設備的精度有很大的提高，使得部分晶片磊晶企業又重新使用機械研磨／拋光技術對藍寶石基板減薄。基本技術包括下述步驟：在生長GaN基磊晶層之前，機械研磨／拋光藍寶石生長基板使其厚度的均勻性（TTV）小於1 μm，機械研磨／拋光導電支撐基板，例如，導電矽晶片，使其厚度的均勻性（TTV）小於1 μm。然後，在藍寶石生長基板上生長中間媒介層和GaN基磊晶層（GaN基第一類型限制層、發光層、GaN基第二類型限制層等），其中，中間媒介層和生長於其上的第一類型限制層的總厚度大於機械研磨／拋光技術引進的不均勻性的總和（藍寶石生長基板的厚度的不均勻性，導電支撐基板的厚度的不均勻性，GaN基磊晶層的厚度的不均勻性，鍵合層的厚度的不均勻性，及後續的機械研磨／拋光藍寶石生長基板時引進的不均勻性），例如：大於3～5 μm。在氮化鎵基第二類型限制層上鍵合導電支撐基板（矽基板，銅，合金等）。

2）雷射剝離的方法（LLO）

是利用雷射能量分解GaN／藍寶石界面處的GaN緩衝層，進而實現LED磊晶片從藍寶石基板分離。技術優點是磊晶片轉移到高熱導率的散熱器上，能夠改善大尺寸晶片中電流擴展。n型面為出光面：發光面積增大，電極擋光小，便於製備微結構，並且減少刻蝕、磨片、劃片。更重要的是藍寶石基板可以重複運用。

3）豐田方法

豐田合成公司（TG）報告一種剝離的方法。基本技術包括下述步驟：在藍寶石生長基板上生長一金屬層（例如，鋁、金、鈦等），在金屬層上生長中間媒介層和GaN基磊晶層（包括GaN基第一類型限制層、發光層、GaN基第二類型限制層等）。在GaN基第二類型限制層上鍵合一導電支撐基板，加溫至金屬層熔化，分離藍寶

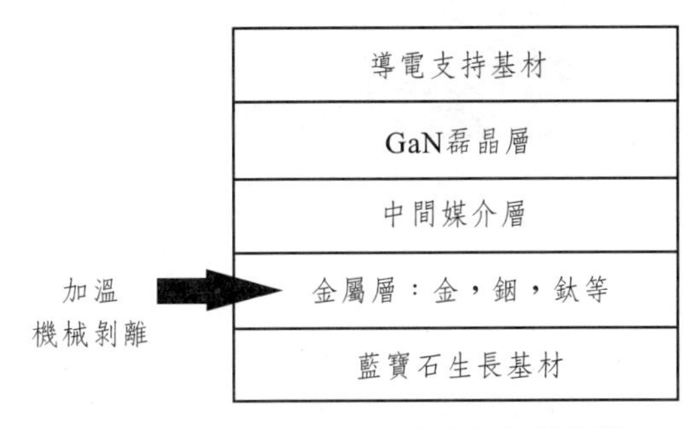

圖5.8　加溫機械剝離

石生長基板和GaN基結構的LED，如圖5.8所示。

5.1.2.3 陣列構裝與系統積體技術

1.LED構裝技術和結構發展過程

經過40多年的發展，LED構裝技術和結構先後經歷了4個階段，如圖5.9所示。

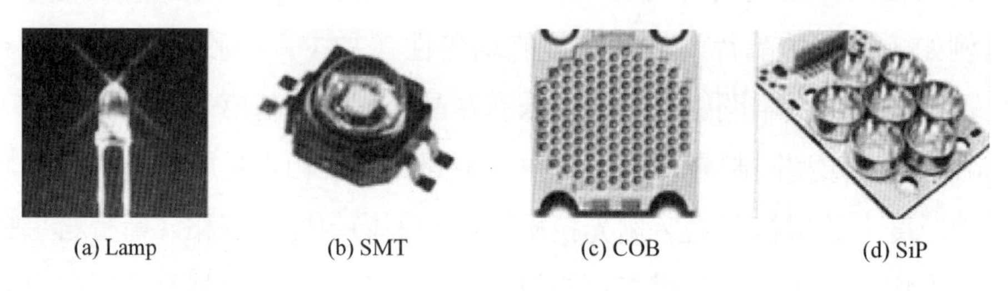

(a) Lamp (b) SMT (c) COB (d) SiP

圖5.9 LED構裝技術和結構發展

圖5.10是典型陣列構裝結構。圖5.10(a)的構裝結構是採用六角形鋁板作爲基板，鋁層導熱好，中央發光區部分可裝配40顆晶片，構裝可爲單色或多色組合，也可根據實際需求佈置晶片數和金線焊接方式。圖5.10(b)在同一基板上構裝了64顆晶片，功率達到220 W，實現了超高功率構裝。

(a)40晶片陣列構裝

(b)200 W超大功率陣列構裝

圖5.10 多晶片陣列構裝

2006年12月由武漢光電國家實驗室（籌）微光機電系統研究部、華中科技大學機械學院微系統中心和能源學院合作，採用陣列構裝和多項先進構裝技術，共同構裝出1500 W超高功率LED光源。圖5.11是科研人員在點亮1500 W超高功率LED。長時間點亮後，性能穩定，滿足照明功能需求。經測試，該構裝技術有效降低了LED接面溫度，改善了光源出光效果，提高了光源可靠性，解決了LED光源體積龐大、散熱能力不足、出光效果差的缺點，在單位面積內可提供更高的散熱解決方案，在國際上處於領先水準。

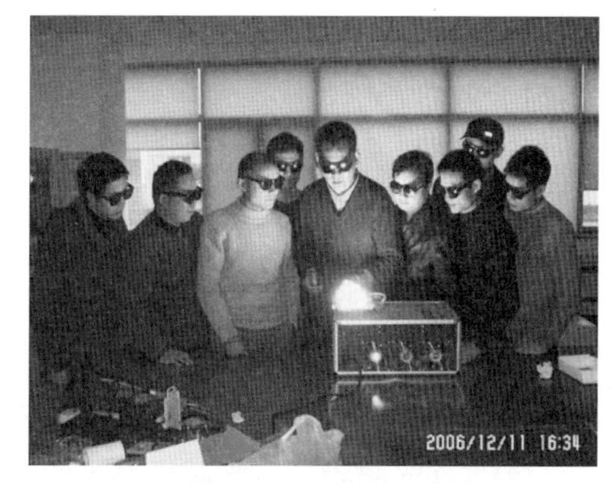

圖5.11　點亮的1500 W超高功率LED

2. 板上晶片直裝式（COB）LED構裝

COB（Chip On Board）板上晶片直裝技術，是一種通過黏膠劑或銲料將LED晶片直接黏貼到PCB板上，再通過引線鍵合實現晶片與PCB板間電互連的構裝技術。PCB板可以是低成本的FR-4 材料（玻璃纖維強化的環氧樹脂），也可以是高熱導的金屬基或陶瓷基複合材料（如鋁基板或覆銅陶瓷基板等）。而引線鍵合可採用高溫下的熱超音波鍵合（金絲球焊）和常溫下的超音波鍵合（鋁劈刀銲接）。COB技術主要用於高功率多晶片陣列的LED構裝，同SMT相比，不僅大大提高了構裝功率密度，而且降低了構裝熱阻（一般爲6～12(W/m·K)）。圖5.12是板上晶片直裝方式。

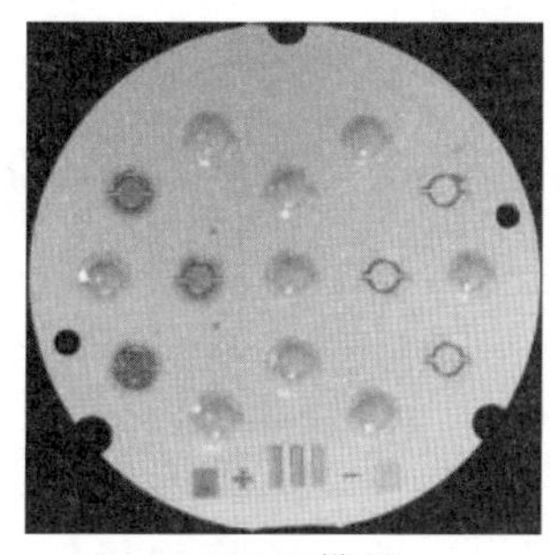

(a)10 W模組

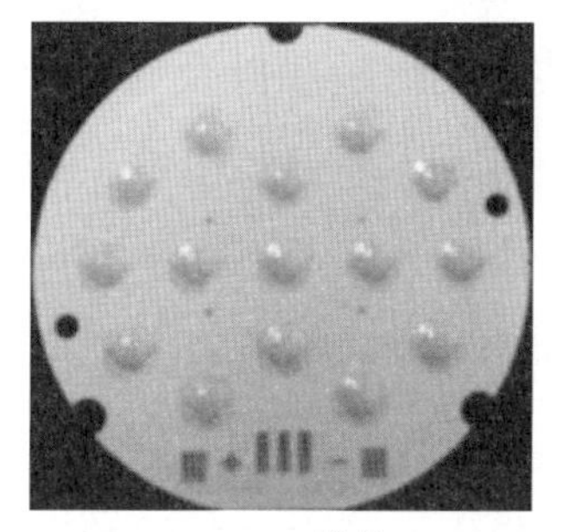

(b)17 W模組

圖5.12　板上晶片直裝（COB）

板上晶片直裝式（COB）LED構裝的注意事項：

1）散熱考慮

(1)晶片排列面積：要考慮散熱。

(2)晶片間距：考慮熱的串擾。

(3)晶片耐高溫性：考慮晶片內部溫度對光衰的影響。

2）光學設計

(1)一次光學設計：需考慮晶片排列，構裝及打線。

(2)二次光學設計：光源爲面光源排列，增加了二次光學設計難度。

3）可靠性

上百顆晶片構裝於同一片基板上，線路設計上必須考慮單一晶片損壞，不會影響其他晶片。

3. 系統構裝式（SiP）LED構裝

SiP（System in Package）是近幾年來爲適應整機的易攜帶性和小型化的要求而發展起來的，SiP-LED不僅可以在一個構裝內組裝多個發光晶片，還可以將各種不同類型的元件（如電源、控制電路、光學微結構、感測器等）積體在一起，構建成一個更爲複雜的、完整的系統。同其他構裝結構相比，SiP具有技術相容性好（可利用已有的電子構裝材料和技術）、積體度高、成本低、可提供更多新功能、易於分塊測試、開發週期短等優點。按照技術類型不同，SiP可分爲4種：晶片層疊型、模組型、MCM型和三維（3D）構裝型。

SiP LED構裝的核心技術爲：

(1)超低熱阻基材。

(2)嵌入式被動組建設計及製作。

多晶片陣列構裝是目前獲得高光通量的一個最可行的方案，但是LED陣列構裝的密度受限於價格、可用的空間、電氣連接，特別是散熱等問題。由於紫光晶片的高密度積體，散熱基板上的溫度很高，必須採用有效的散熱器結構和合適的構裝技術。常用的散熱器結構分爲被動和主動散熱。被動散熱一般選用具有高熱傳係數的散熱鰭片，通過散熱鰭片和空氣間的自然對流將熱量耗散到環境中。該方案結構簡單，可靠性高，但由於自然對流換熱係數較低，只適合於功率密度較低，積體度不高的情況。對於高功率LED構裝，則必須採用主動散熱，如鰭片+風扇、熱管、液體強迫對流、微通道製冷、相變製冷等。

4. 陶瓷可變電阻基板新型構裝技術

2010年2月26日高工LED新聞中心消息：日本TDK公司的電子元件製造銷售子公司TDK-EPC公司，開發出能將LED晶片尺寸控制在傳統構裝尺寸的2/3左右，「可變電阻基板」類似變阻器（Varistor），它以陶瓷爲材料製成，具有電容器性質，可以防止接上高電壓時LED零件被破壞。一旦提高電壓，電阻就會產生很大的變化，使接地側有大量電流流過，於是具有可避免短路的特性。圖5.13是傳統氧化鋁基板構裝結構演變到「可變電阻基板」的新型構裝結構。

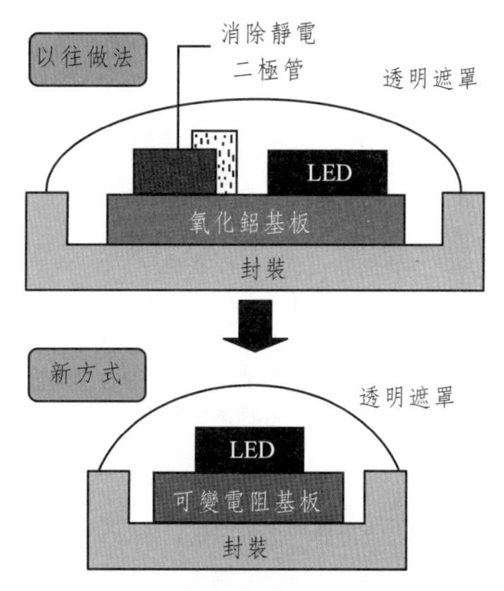

圖5.13　使用TDK基板的LED晶片

變阻器同時具有去除靜電的功能，因此基板上不需另外裝設解決靜電用的二極體零件，每個LED元件構裝所需的面積可控制在原面積的2/3。提高了構裝密度，可在相同面積下實現更高的亮度。再者，由於元件的構造變得單純，製造每個晶片所需花費的時間也得以減半。

可變電阻基板與一般LED用的氧化鋁基板相比，熱傳導效率較高，也可望發揮吸收熱能的作用。因爲冷卻效果一旦提升，亮度就會提高，也與LED性能的提升有關聯。與氧化鋁基板相比，該種新基板雖成本較高，但能縮短構裝時間。

因爲陶瓷可變電阻基板有利於高密度陣列構裝，所以用陶瓷可變電阻基板構成的百瓦至千瓦超高功率LED是今後高功率綠色光源的發展趨勢。

5.1.3　高功率LED構裝技術流程

高功率LED構裝技術流程見下表5.2。

表5.2　高功率LED構裝技術流程

流程圖	工序名稱	生產管制		品質管制	
		主要設備	主要項目	檢驗項目	檢驗方法
1	進料		規格、數量		
2	料檢（QA）			外觀、尺寸、包裝、光、電性、實用性	目視、顯微鏡、卡尺、投影儀、塞規、測試機
3 4	晶圓	固著顯微鏡、擴張機、自動晶圓固著機、烤箱	膠高、溫度、時間	外觀、推力	顯微鏡、推力計
5	銲線	自動銲線機	壓力（POWER）、時間、溫度	外觀、拉力顯	微鏡、拉力計
6	點螢光粉	電子秤、脫泡機、自動點膠機、自動補粉測試機、	配膠比例	外觀、尺寸	目視、卡尺、顯微鏡、色卡
7	烘烤	烤箱	溫度、時間、		溫度計
8	看外觀	顯微鏡	雜物、缺線、氣泡、其他不良	外觀	目視
9	熱測	LED測試機	缺亮、V_F、I_R、溫度、時間	缺亮、外觀、V_F、I_R	LED測試機、目視
	切單顆	壓單顆機台	尺寸	尺寸、外觀	卡尺、目視
10	分光分色	自動分光分色機	BIN等級	BIN等級	樣品校正複測
11	包裝	電子秤、計算機	數量	外觀、數量、包裝方式	目視、點數
2	QA			光電性、外觀、尺寸、包裝、數量	LED單顆測試機、卡尺、目視
	入庫		數量		
▽	出庫				

注：流程圖符號說明：□準備　◇品質檢驗　○操作　▽完成。

5.1.4　高功率LED的晶片裝架

5.1.4.1　裝架基礎

1. 目的

用銀膠將晶片固定在支架的載片區上，使晶片和支架形成良好的接觸。

2. 技術要求

(1)膠量要求。

晶片必須四面包膠，銀膠高度不得超過晶片高度的1/3。

(2)晶片的外觀要求。

晶片要求放置平整、無缺膠、黏膠、裝反（電極）、晶片無損傷，汙染。

3. 技術要求

材料使用保存條件如表5.3所示。

表5.3　構裝材料使用條件

材料名稱	溫度	濕度	儲存時間
銀膠	20～25℃	45%～75%	48小時
	0℃	45%～75%	3個月
	－15℃	45%～75%	6個月
支架	密封儲存於恆溫乾燥箱內		兩年
晶片	密封儲存於恆溫乾燥箱內		兩年

注：恆溫乾燥箱條件溫度：20～30℃，相對濕度：小於45%。

5.1.4.2　裝架設備

自動裝架機台如圖5.14所示。AD892M-06是全自動晶圓固著機，裝架是在它的機臺上進行的。裝架機台的操作注意吸嘴和點膠頭的選擇。不同規格的晶片要注意選擇不同大小的吸嘴和不同材質的吸嘴，一般來說吸嘴的內徑爲晶片大小的3/4左右即可，大晶片一般用軟吸嘴（如橡膠或者膠木等），而小晶片一般用鎢鋼吸嘴。但是有一些特殊的晶片可能要上機台試過後才能最後確定用什麼樣的吸嘴。

圖5.14　AD892M-06晶圓固著機的自動裝架機台

5.1.5 高功率LED的構裝晶圓固著

5.1.5.1 晶圓固著基礎

1. 目的

對銀膠加溫使其固化，進而可使晶片牢固地固定在LED支架上。

2. 晶圓固著

銀膠從冰箱中取出後，需在室溫下醒膠30 min。從膠瓶中取出適量銀膠，攪拌均勻，然後才能使用，常溫使用壽命不超過48h。

3. 裝架後銀膠燒結要求

1）燒結後銀膠外觀要求

還原固化後的銀膠呈銀白色，黏接牢固且無裂縫。

2）注意事項

(1)注意燒結時間、溫度是否爲設定値。

(2)燒結烘箱勿用於其他產品，避免污染。

(3)注意料盒開口是否置於烘箱出風口，以便熱風循環，使成品均勻受熱。

(4)燒結時，傳遞盒必須蓋上蓋子，以免粉塵污染產品。銀膠燒結須在烘箱中進行，圖5.15是烘箱的實物照片。

圖5.15 烘箱

晶圓固著時主要掌握好銀膠膠量的控制，這個關係到後面產品的性能，膠量控制不好容易出現的問題有短路、反向電流偏大、熱阻偏大等，這些都會影響產品壽命。所以膠量一定要控制好。另外還要注意的就是晶片位置的一致性，不要裝出來的晶片一個往左偏一個往右偏，這將大大影響後面鍵合程序的品質和速度，所以裝架時機台中心點的調試和晶片的放置也是非常重要的。

5.1.5.2　填膠設備

在此以塡膠機SEC-8600爲例簡單介紹它的使用方法。

SEC-8600混合定量灌注機是兩液自動混合及定量控制灌注設備，該設備主要體現在能適用於不同的二液混合比例（如：雙液環氧樹脂、雙液聚氨酯、雙液矽橡膠等兩液性樹脂材料），採用PLC+中文觸摸屏控制，方便人機溝通，由步進馬達精確控制螺桿比例，不僅可以控制單組分出膠，也可以控制雙組分出膠，能確保兩液型材料混合品質，定量輸出精確穩定，同時可以調節及設定液體輸出的分量。SEC-8600可更方便地適合兩種液料自動灌封，是一款功能齊備、造型優美、使用方便的新型雙液定量塡膠設備。圖5.16是SEC-8600塡膠機外形照片。

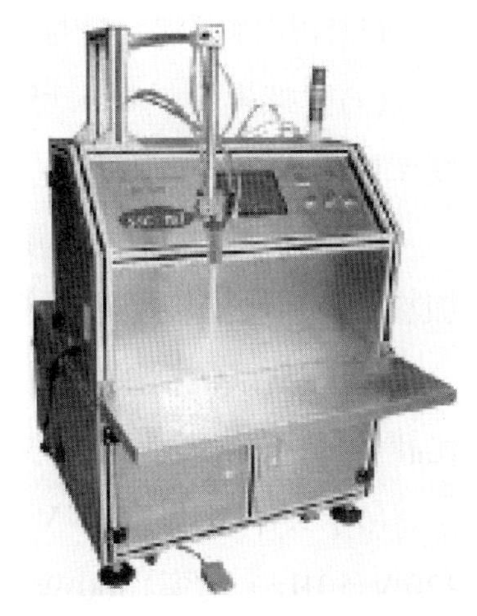

圖5.16　SEC-8600塡膠機

SEC-8600灌注機的配膠比從1：1～10：1自由調節，採用動態攪拌，使注膠更均勻。它具有兩種不同成分液體分開放置的裝置，當灌注時自動調整出膠比例進行動態混合，確保兩液型材料的混合品質。而且定量輸出精確穩定，同時可以調節及設定液體輸出的分量。它具有程序連續化、自動化、節省時間、提高混合後品質、無需經人工配料、隨時取用、免清洗、安全清潔，同時具有減少使用原料等如下特點：

(1)自動抽料：AB膠自動抽料的同時自動抽眞空。

(2)液位報警：上液位、下液位自動報警裝置。

(3)清洗功能：自動清洗。

(4)混合系統：動態混合。

(5)調節範圍：1：1～10：1自由調節。

(6)適用範圍：雙液環氧樹脂、雙液聚氨酯、雙液矽橡膠等兩液性樹脂材料。

主要技術參數：

(1)採用螺桿泵出料，根據不同膠水的黏度調節出膠速度，比例調節範圍

1：1-10：1可調。

(2)噴嘴部位帶有漏液防止閥，可有效地防止漏液。

(3)採用靜態混合攪拌系統，配自動清洗裝置，清洗方便。

(4)雙螺桿泵供料，可持續定量出膠，每次出膠量1g以上任意調節，出膠精度±1%。

(5)供料桶採用不銹鋼製作，A，B桶約為30L，A料桶為動態攪拌，料缸可加熱，外置發熱裝配，數位顯示、溫度可調。

(6)控制系統採用DSD+CDCD數位控制技術，步進馬達控制精確的比例泵配比計量，比例參數設定，文本顯示，方便人機溝通。

(7)工作電源220 V/50Hz，控制電源24 V/50Hz，發熱電源和功率220 V/50Hz，功率1000 W。

5.1.5.3 晶圓固著機設備

晶圓固著機是LED構裝線上的關鍵設備，中國國內外廠家生產的晶圓固著機型號繁多，有手動、半自動和全自動之分。在此只列舉三種晶圓固著機供讀者參考。

1. 威控DB-15S全自動晶圓固著機

圖5.17是威控DB-15S晶圓固著機。它是一款泛用型高速晶圓固著機，性能穩定，適合各類LED（SMD、Lamp、食人魚、高功率、點陣、數位管等）產品的晶圓固著，晶圓固著平均速度能到12k/h以上，月產能達到6kk。

DB-15S中／英操作界面，多功能視覺檢測系統，頂針／吸嘴高度自動測試，二次視覺補償功能採用側向CCD模組，具有即時晶圓固著點膠狀況回饋特殊光源設計，粗化晶粒可正確辨識的功能。

(1)工作臺設計：單一料盒設計，上下料輕巧快捷，上下料僅需4s。

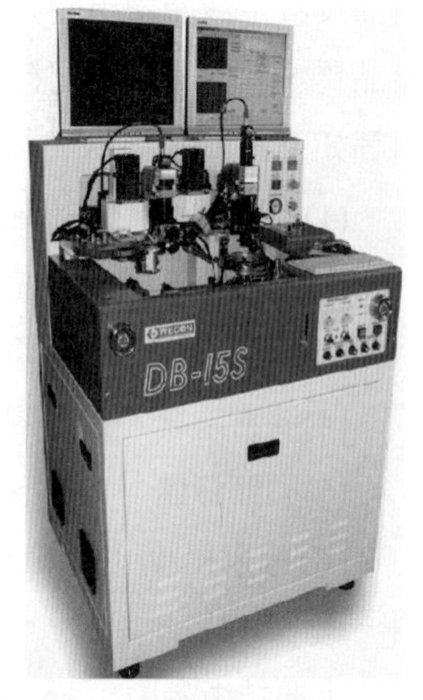

圖5.17　DB-15S晶圓固著機

(2)工作臺位置：面向操作員開放，使上下料方便快速。

2. AD809、AD892晶圓固著機

AD809和AD892自動晶圓固著機使用也很方便。圖5.18、圖5.19分別是AD809和AD892晶圓固著機。AD型晶圓固著機特點如下：

(1)頂針高度測試：自動偵測頂針高度，調試機台方便，延長頂針壽命。

(2)取放高度測試：自動偵測取放高度，會減少晶片破碎的可能性。

(3)晶片識別：特殊光源設計，可識別粗化表面晶片。

(4)點膠晶圓固著回饋：側向CCD模組可以即時回饋點膠晶圓固著情況，中／英文操作界面，便於操作員及技術員掌握設備的操作與調試。

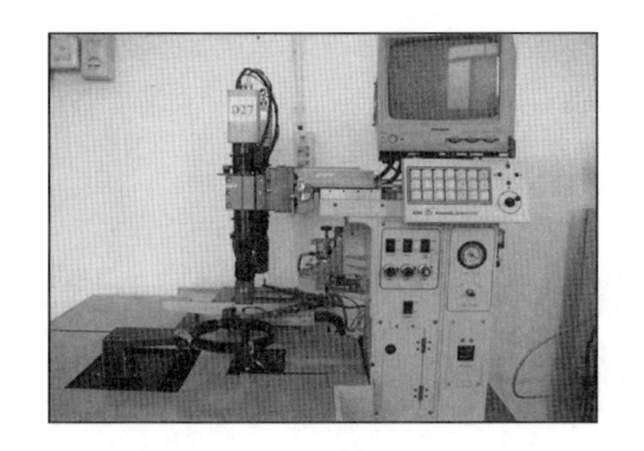

圖5.18　AD809晶圓固著機

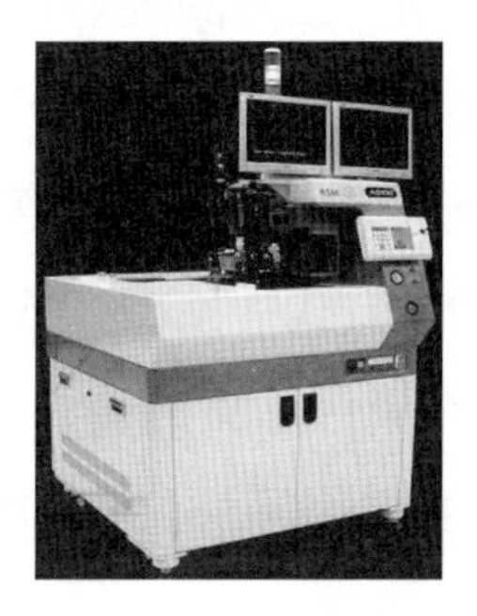

圖5.19　AD892晶圓固著機

3. 晶圓固著機操作說明

圖5.20是AD809A-03的操作面板圖，表5.4給出了模式、自動模式和FIN#功能鍵的作用：

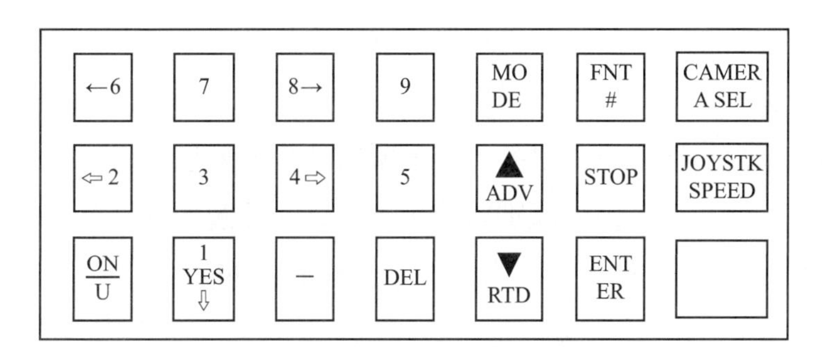

圖5.20　AD809A-03操作面板

表5.4　模式、自動模式和FIN#功能鍵

AUTO MODE自動模式	FIN#功能鍵	MODE模式
0.Auto Bond自動晶圓固著	0.LOADLF下料	0.AUTO自動
1.Single Cycle Bond固一顆晶片	1.INDEX送料	1.SETUP設定
2.Single LF Bond固一根材料	2.EPOXY點膠	2.PARA參數
3.NeW Wafer換新晶片	3.CLR-LF清洗軌道	3.SERV伺服
4.Miss Die Check Yes漏固感應器開關	4.BLOW吹氣	4.DIAG診斷
5.Wafer PRS Yes PR開關	5.ADOELE料盒前進一步	5.WHPAR軌道參數
6.Dispenser Yes點膠開關	6.HMOELE料盒歸位	
7.PRS Menu PR開始		

4. 高功率LED晶圓固著檢驗規範

(1)範圍：已晶圓固著LED半成品。

(2)使用設備：顯微鏡、鑷子、推力計。

(3)檢驗項目：外觀檢查、特性檢查、標示檢查。

(4)抽檢方式：抽檢方式有如下兩項：

a.工作機台每2h抽檢500PCS後做外觀檢查。

b.每次出烤箱抽5PCS進行特性檢查，做特性檢查之後材料需做夾掉晶片處理。

5. 記錄

(1)外觀檢查的結果記錄於晶圓固著檢查表。

(2)特性檢查的結果記錄於晶片推力記錄表（晶片推力要達到50gf以上）。

(3)每日烤箱的特性檢查結果記錄於強度試驗-R管制圖（取三個值）。

6. 標示檢查

流程單上型號與所載材料是否不符，支架塗色是否正確。

7. 外觀檢查

因為高功率LED構裝形式很多，管子所用晶片數量也不同，於是外觀檢查要根據不同構裝形式和管芯數量區別對待，最簡單的外觀檢查是單管芯LED。在此以單管芯為例給出生產線上常見的一些不合格產品的產生原因和其外觀圖，對於多管芯高功率LED的外觀檢查也可參照執行。表5.5是晶圓固著缺陷和產生原因。

表5.5　晶圓固著缺陷和產生原因

晶圓固著缺陷	外觀圖示	產生原因
位置不正	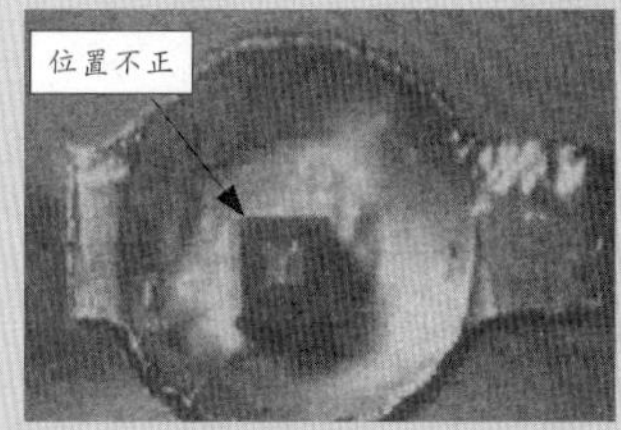 位置不正	晶片偏離反射座中心點的距離大於1/3寬度
晶片沾膠	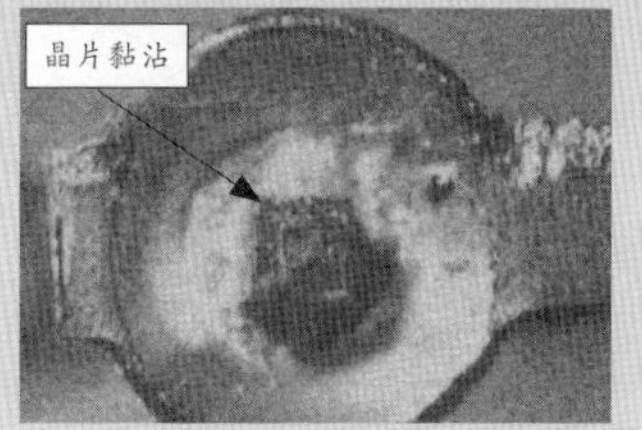 晶片黏沾	膠沾於晶片表面
支架短路	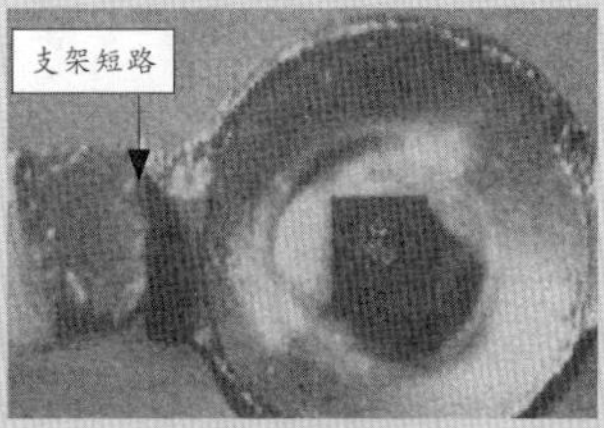 支架短路	支架變形後其大、小頭短接
銀膠點偏	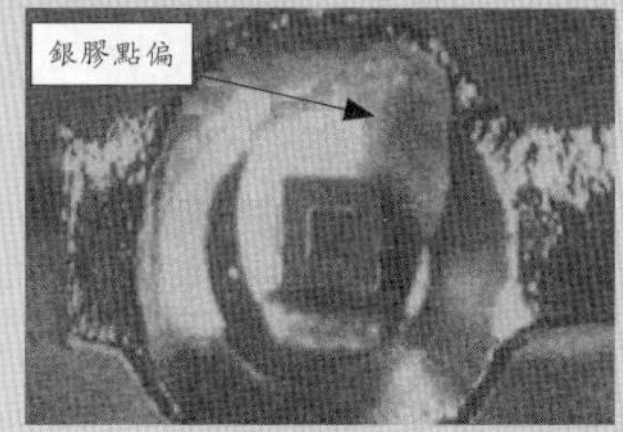 銀膠點偏	銀膠偏離反射座中心點的距離大於晶片1/4寬度
晶片破損	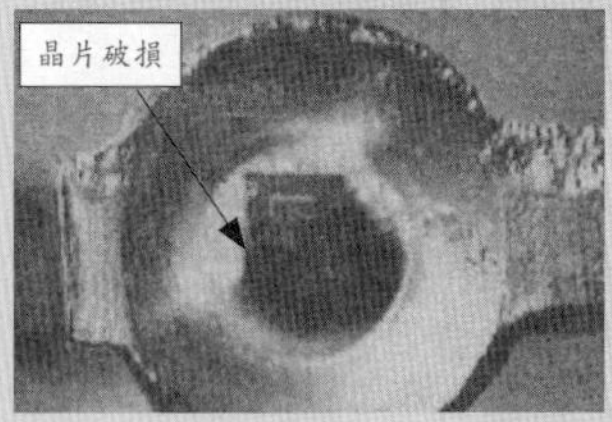 晶片破損	晶片破損大於晶片單邊寬度1/5或破損處斜角時，各單邊長大於2/5晶片或破損到鋁墊
銀膠過多	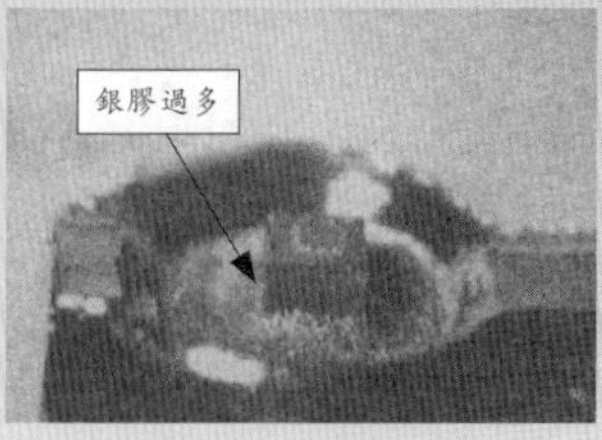 銀膠過多	普通晶片銀膠超過晶片高度的1/3

晶圓固著缺陷	外觀圖示	產生原因
銀膠短路	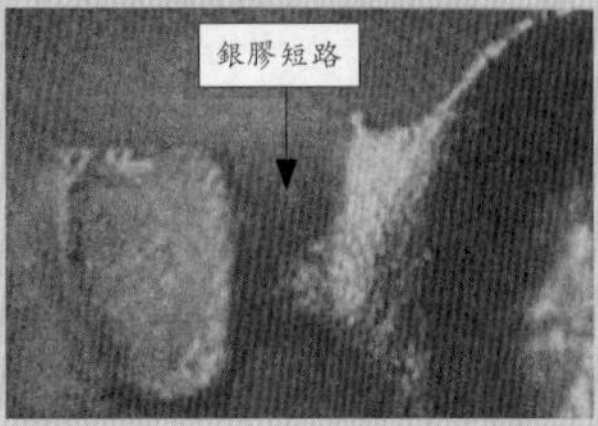	銀膠黏連接正、負極造成短路
漏固	略	遺漏未固
掉晶片	略	晶片受外力作用已脫落
晶片固錯	略	混入不同型號的晶片
翻晶片	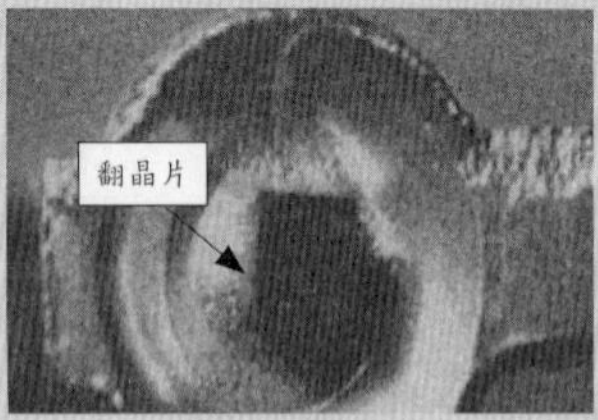	晶片的鋁墊未朝上方
錯方向	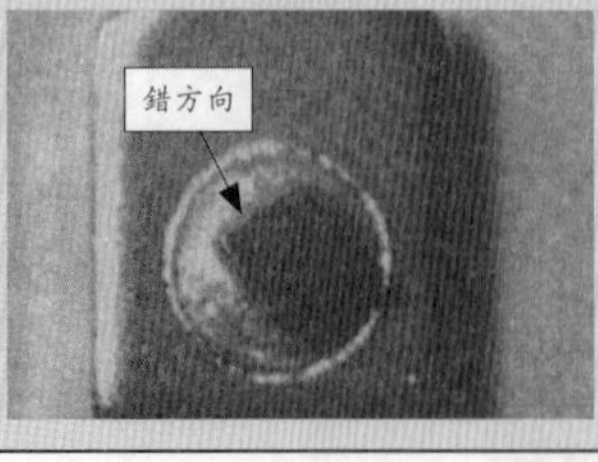	晶片轉向超過30°

晶圓固著缺陷	外觀圖示	產生原因
鋁墊刮傷	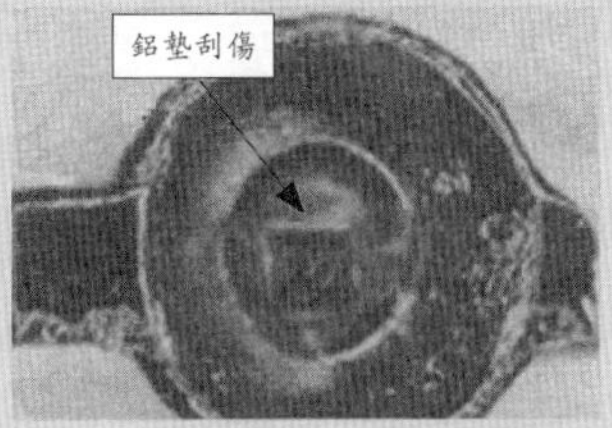	鋁墊刮傷面積大於鋁墊總面積的1/3
晶片傾斜	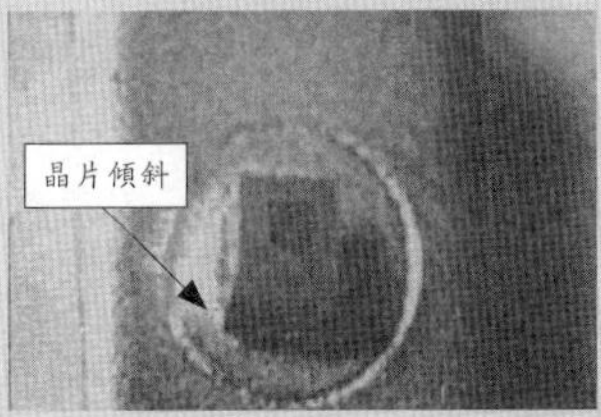	晶圓固著用力不當導致，不允許有傾斜現象
支架變形	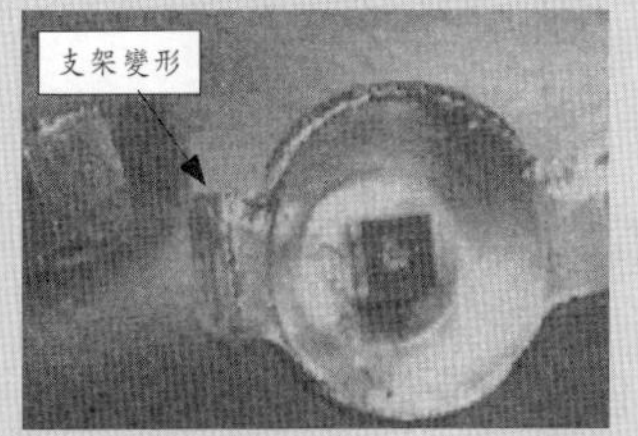	支架受外力作用，尺寸不在規格內
支架沾膠	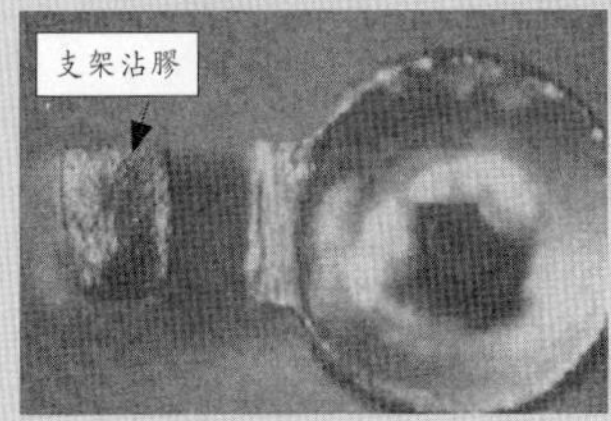	支架平面有1/4面積沾有銀膠
銀膠過少		普通晶片底部1/4周長，未在銀膠上且銀膠少於晶片高度的1/5
混料	略	混入不同型號的材料

晶圓固著缺陷	外觀圖示	產生原因
雜物	略	汙物最大尺寸不得超過5 mil
固重晶片		重疊晶圓固著

5.1.6 提高LED晶圓固著品質六大步驟

5.1.6.1 嚴格檢測晶圓固著站的LED原物料

1. 晶片

主要表現爲銲墊污染、晶片破損、晶片切割大小不一、晶片切割傾斜等。

預防措施：

嚴格控制進料檢驗，發現問題要求供應商改善。

2. 支架

主要表現支架尺寸偏差過大、變色生銹、變形等。來料不良均屬供應商的問題，應要求供應商改善和嚴格控制進料。

3. 銀膠

主要表現爲銀膠黏度不良，超過使用期限，儲存條件和解凍條件與實際標準不符等。針對銀膠黏度，一般經工程評估後投產不會有太多問題，但不是說該種銀膠就是最好的，如果發現有不良情況，可要求再作評估。而其他使用期限、儲存條件、解凍條件等均爲人爲控制，只要嚴格按SOP（標準作業程式）作業，一般不會有太多的問題。

5.1.6.2　減少不利的人為因素

1. 操作人員違章作業

例如不戴手套，銀膠從冰箱取出以後未經解凍便直接上線，以及作業人員不按SOP作業，或者對機台操作不熟練等均會影響晶圓固著品質。

預防措施：

領班加強管理，作業員按SOP作業，品保人員加強稽核，對機台不熟練的人員加強教育訓練，沒有工作證不准正式工作。

2. 維護人員調機不當

對策是提升技術水準。例如取晶高度，晶圓固著高度，頂針高度，一些延遲時間的設定，馬達參數，工作臺參數的設定等，均須按標準調校至最佳狀態。

5.1.6.3　保證不會出現機台不良

機台不良主要表現爲機台零配件和機械結構上，機台不良會對晶圓固著品質造成影響，因此，一定要確保機台各項功能正常。

5.1.6.4　執行正確的調機方法

(1)光點沒有對好。

對策是重新校對光點，確保三點一線。

(2)各項參數調校不當。

例如：pick level、bond level、ejector level、延遲時間、馬達參數等，增多幾步和減少幾步照樣可以做，但結果完全不一樣。同樣是頂針高度，當吸不起晶片時，有人把機台參數調整到最大，卻沒有去考慮頂針是否鈍掉或斷掉，結果造成晶片破損，T角偏移等。延遲時間和馬達參數的配合也是一樣，配合不好，焊臂動作會不一樣，同樣造成品質異常。

(3)二值設定不當。

初始使用晶圓固著機或者更換某種新型晶片後，往往需要摸索二值最佳設定值，因此，對二值設定不當的對策就是重新設定二值化。

(4)機台調機標準不一致。

例如：調點膠時，把點膠彈簧壓死，點膠頭一點彈性都沒有，結果怎樣調參數都沒用。又如勾爪的調校，勾爪上、下的勾進和彈出位移若不按標準去調，就很容易造成跑料和支架變形等。又如焊臂的壓力，如果不按標準去調，同樣會影響晶圓固著品質，而且用參數去調怎麼也調不好。

5.1.6.5 掌握好制程

(1)銀膠槽是否定時清洗。

(2)銀膠的選擇是否合理。

(3)作業人員是否佩戴手套、口罩作業。

(4)已晶圓固著材料的烘烤條件、時間、溫度。

5.1.6.6 保持環境符合要求

(1)灰塵是否過多。

(2)溫度、濕度是否在標準範圍。

5.1.7 高功率LED的構裝銲線

壓焊的目的是將電極引到LED晶片上，完成產品內外引線的連接工作。

LED的壓焊技術有金絲球焊和鋁絲壓焊兩種。對鋁絲壓焊的過程是：先在LED晶片電極上壓上第一點，再將鋁絲拉到相應的支架上方，壓上第二點後扯斷鋁絲。金絲球焊過程則在壓第一點前先燒個球，其餘過程類似。

壓焊是LED構裝技術中的關鍵環節，技術上主要需要監控的是壓焊金絲（鋁絲）拱絲形狀、銲點形狀、拉力。

對壓焊技術的深入研究涉及多方面的問題，如金（鋁）絲材料、超聲功率、壓焊壓力、劈刀（鋼嘴）選用、劈刀（鋼嘴）運動軌跡等。

對純金材料，主要注意：

(1)不得正負極焊反。

(2)焊接牢固，銲點不得過大。

(3)不能傷及晶片。

銲線時壓力的大小也是十分重要的，壓力過小會導致銲點不良、銲線不牢，壓力過大則可能傷及晶片。在這裏還有一個重要的問題，即銲線時間的長短，也就是說使用銲線機打線的時間控制。銲線時間過長，就可能造成銲點過大。由於焊接面在晶片上方，銲點所占面積的大小直接影響到發光面積的大小，也就是說焊接面越大，發光面越小，發光強度就影響越大。

5.1.7.1　焊接基礎知識

1. 目的

在壓力、熱量和超音波能量的共同作用下，使金絲在晶片電極和外引線鍵合區之間形成良好的歐姆接觸，完成內外引線的連接。

2. 技術要求

(1)金絲與晶片電極、引線框架鍵合區間的連接牢固；

(2)金絲拉力F：25 μm金絲F最小>5cN，F平均>6cN：32 μm金絲F最小>8cN，F平均>10cN；

(3)銲點要求：

a.金絲鍵合後第一和第二銲點點如圖5.21(a)、(b)所示。

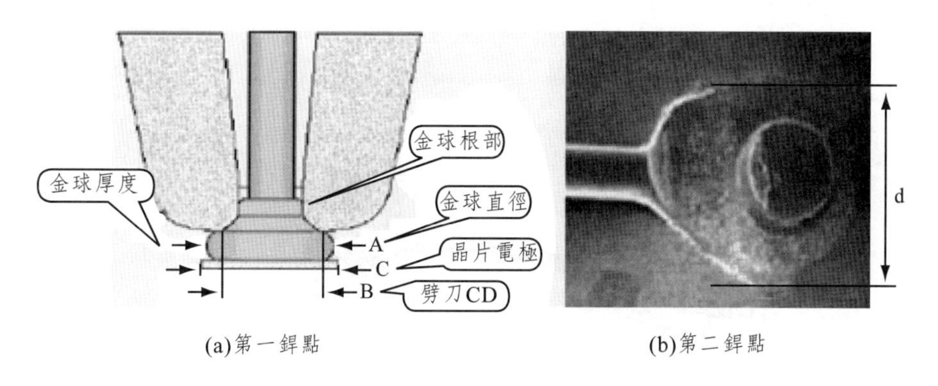

圖5.21　金絲鍵合後的第一和第二銲點

b.金球及契形大小說明。

金球直徑A：Φ25 μm金絲：60～75 μm，即爲Φ的2.4～3.0倍；

球型厚度W：Φ25 μm金絲：15～20 μm，即爲Φ的0.6～0.8倍；

楔形長度D：Φ25 μm金絲：70～85 μm，即爲Φ的2.8～3.4倍。

c.金球根部不能有明顯的損傷或變細的現象，楔形處不能有明顯的裂紋，如

圖5.22所示。

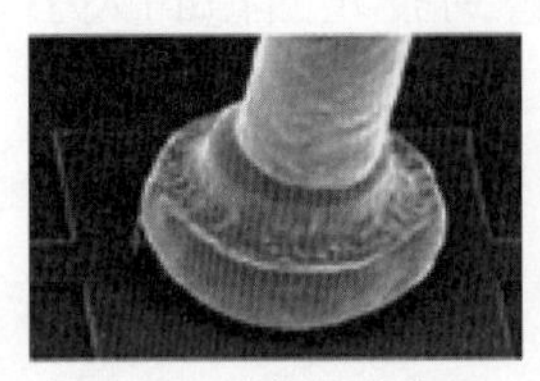
(a)金球根部合格

(b)金球根部損傷不合格

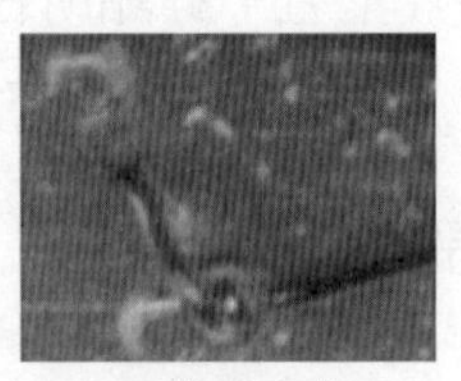
(c)楔形合格

圖5.22　金球根部和楔形合格與不合格圖片

3. 銲線要求

銲線要求與第3章要求相同，但對高功率的要求更高。各條金絲鍵合拱絲高度合適，無塌絲、倒絲，無多餘銲絲。

4. 金絲拉力

第一銲點金絲拉力以銲絲最高點測試，在顯微鏡下觀察，從銲絲的最高點垂直框架表面向上拉動來測試拉力，如圖5.23所示。

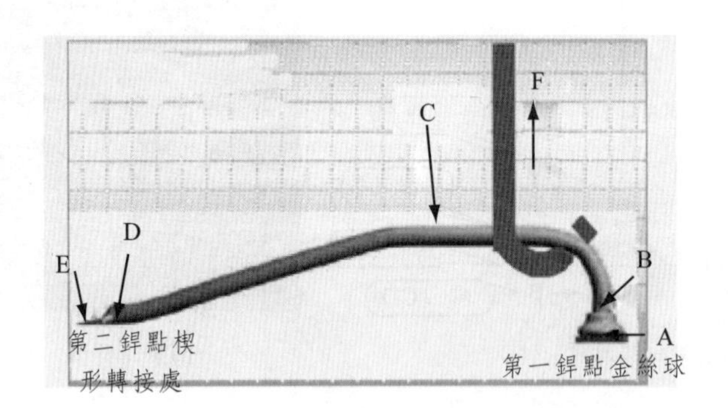

圖5.23　金絲拉力測試示意圖

鍵合拉力及中斷點位置要求見表5.6。

表5.6　鍵合拉力及中斷點位置要求

測試中斷點位置	說明	拉力值（金絲直徑φ=25 μm）		拉力值（金絲直徑φ=32 μm）		判定
		最小值F	平均值$\overline{F}$	最小值F	平均值$\overline{F}$	
A	球與電極相連處	不論F為何值				不合格
B	金球根部	=5cN	=6cN	=7cN	=10cN	合格
C	BD點之間	=4cN				合格
D	楔形與金線轉接處	=5cN				合格
E有殘金	支架與第二點楔形完全斷開	=5cN				合格
E無殘金	支架與第二點楔形部分斷開	不論F為何值				不合格

5. 技術條件

由於不同機台的參數設置都不同，所以沒有辦法統一。在這裏就簡單地說一下主要要設置的地方：鍵合溫度，第一、第二焊點的焊接時間，焊接壓力，焊接功率，拱絲高度，燒球電流，尾絲長度等。

6. 注意事項

(1)不得用手直接接觸支架上的晶片以及鍵合區域。

(2)操作人員須佩戴防靜電手環，穿防靜電工作服，避免靜電對晶片造成傷害。

(3)材料在搬運中須小心輕放，避免靜電產生及碰撞，需防倒絲、塌絲、斷線及黏附雜物。

(4)鍵合機台故障時，應及時將在鍵合的在製品退出加熱板，避免材料在加熱塊上烘烤過久而造成銀膠龜裂及支架變色。

5.1.7.2　矩陣構裝的引線鍵合

高密度、高頻率的LED矩陣格式要求LED採用金屬線進行互連。儘管有多種引線鍵合的方法，如球形焊和楔形焊，試驗資料顯示採用球形焊接機進行的鏈狀焊互連可獲得最好的結果。對於標準的球形／針腳焊，先形成球形，再將引線拉至針腳處鍵合，形成LED的互連。鏈形鍵合是球形／針腳焊的變體，針腳並不是終端，在它的上面又進行了線圈－針腳複合，以完成鏈式引線鍵合組。圖5.24顯示了利用引線鍵合機進行鏈式焊接，設置一個球—線弧—中間針腳—線弧—中間針腳—線弧。最後是一個線弧針腳，在每個終端針腳上形成一個球形針腳保證連接。鏈形焊使得產率更高，存在光閉塞會較少。拉力測試證明它具有更好的拉拔強度。圖5.24是高密度、高頻率的LED矩陣構裝的具有安全連接的鏈狀焊。

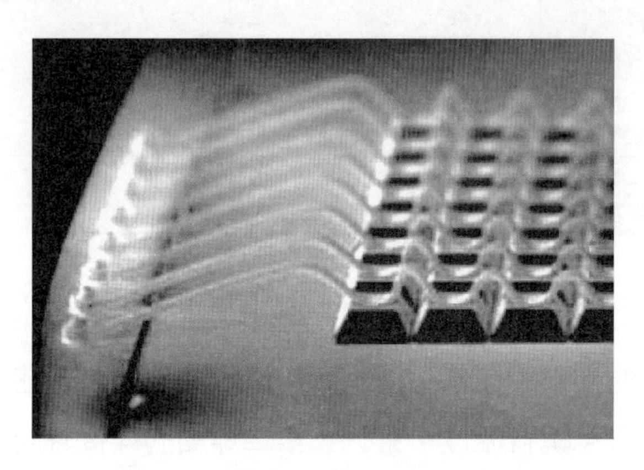

圖5.24　具有安全連接的鏈狀焊

5.1.7.3　鍵合設備

1. ASM立式機台

ASM太平洋科技有限公司是全球最大的半導體和發光二極體行業的積體和構裝設備供應商，它生產的ASM立式機台享有很高的聲譽，目前中國國內好多LED構裝企業使用ASM系列鍵合設備。圖5.25是ASM系列中的一種立式機台。其使用說明見機帶說明書。

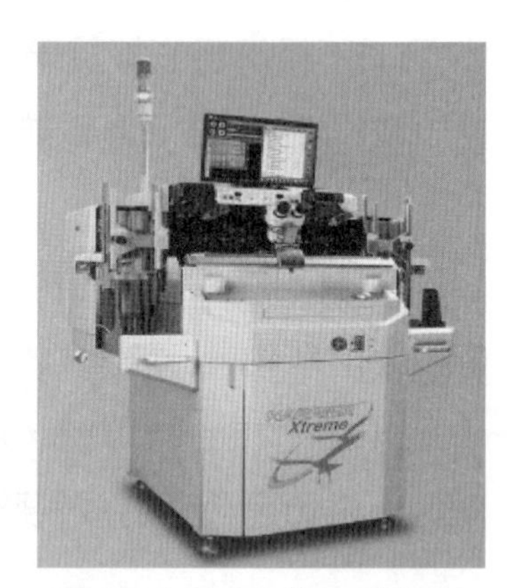

圖5.25　ASM的立式機台

2. 金線打線機

圖5.26是中國產金線打線機，焊接功能和自動化程度高，也被大量用於LED構裝企業的生產線上。其特點是：銲頭垂直上下運動，第二銲點自動，一焊第二銲點瞄準高度跳線線距實現數位控制。一焊第二銲點瞄準高度採用光電脈衝調節，方便使用，負電子高壓打火成球，金球大小控制精確，電磁控制壓力穩定

可靠，焊接一致性好。夾具採用步進電機驅動，移動快速，可靠精確。整機焊接的品質穩定可靠，一致性好，操作簡單，單班產量大（4～6 K/h）。產品用途金絲銲線機主要應用於高功率元件：發光二極體（LED）、雷射管（LD）、中小型功率三極管、積體電路和一些特殊半導體元件的內引線焊接。

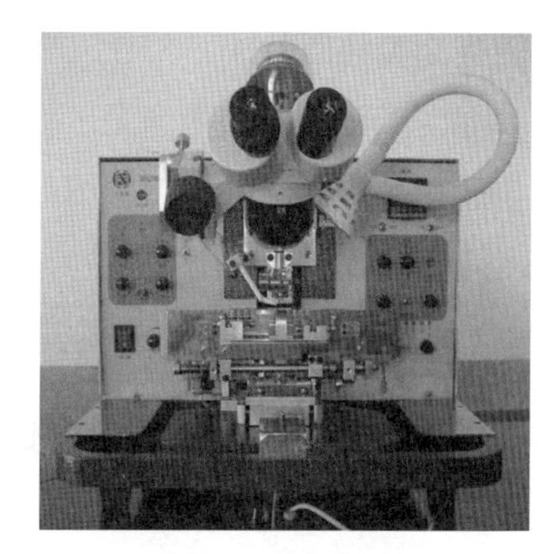

圖5.26　金線打線機

金線打線機是利用超音波摩擦原理來實現不同介質的表面銲接，是一種物理變化過程。首先金絲的首端必須經過處理形成球形（本機採用負電子高壓成球），並且對銲接的金屬表面先進行預熱處理；接著金絲球在時間和壓力的共同作用下，在金屬銲接表面產生塑性變形，使兩種介質達到可靠的接觸，並通過超聲波摩擦振動，使兩種金屬原子之間在原子親和力的作用下形成金屬鍵，實現了金絲引線的銲接。金絲球銲在電性能和環境應用上優於矽鋁絲的銲接，但由於用貴金屬的銲件必須加溫，應用範圍相對比較窄。

3. Maxum elite全自動銲線機

Maxum elite全自動銲線機是專爲滿足I/O數（引腳數）較少的市場需求而設計的最新機台，提供了一流的速度和生產能力，可實現產出的最優化。它以先進的技術和優異的可靠性爲基礎，採用了全球最快的視覺相機技術對其進行快速對準、原料夾運動和全線焊接。

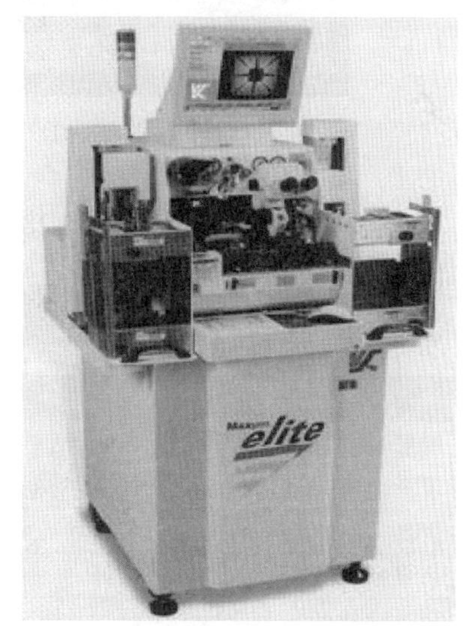

圖5.27　Maxum elite全自動銲線機

Maxum elite全自動銲線機的打線接合機台操作可能要稍微複雜一點，要設置的參數比較多，其中最主要也是最難的就是線形的設置，需要慢慢地摸索，一個好的操作員要做到沒有其他人比他更瞭解這個機台。由於參數設置導致可能出現的問題，在此就不再一一列舉。圖5.27是Maxum elite全自動銲線機的實物照片。

生產銲線機的廠商多，銲線機型號繁多，但產品品質都比較好。有手動、半自動和全自動之分，LED構裝企業可根據自己的實際情況進行設備選擇。

5.1.8　高功率LED構裝的未來

5.1.8.1　表面黏著式（SMD）和板上晶片直裝式（COB）構裝誰更佔有優勢

圖5.28是表面黏著式（SMD）和板上晶片直裝式（COB）高功率LED實物照片。在此用表5.7來說明它們各自的優點和不足。由表5.7可以看出，在未來高功率陣列式組裝方式上，SMD和COB可能要共存很長時間。

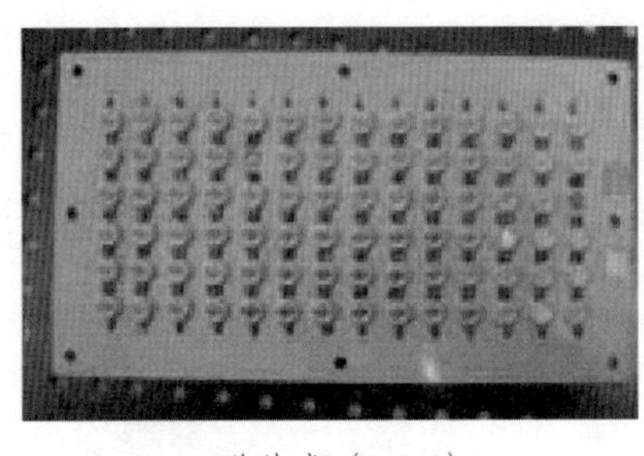

(a)貼片式（SMD）

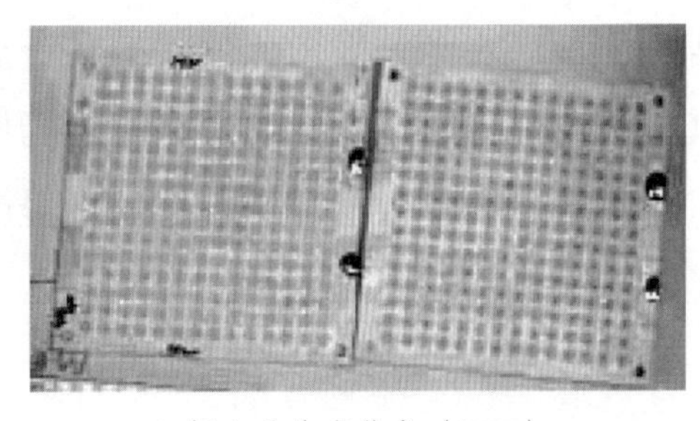

(b)板上晶片直裝式（COB）

圖5.28　表面黏著式和板上晶片直裝式

表5.7　SMD和COB的比較

構裝方式	SMD	COB
組裝成本	較高	較低
發光效率	較高（>60 lm/W）	略低（與反射杯、晶片排列有關……）
散熱	熱阻較高（>9 K/W）	熱阻較低（<5 K/W）
可靠性	較好	略差
光學設計	較容易	較難設計

5.1.8.2　LED真空包裝印刷構裝技術

LED眞空包裝印刷構裝技術是目前最先進的高功率LED構裝技術，其技術流程如圖5.29所示。該技術的最優勢在於生產效率高、成本低廉、各單元晶片電學、光學參數一致性好、同時解決了高功率散熱難題，為大規模化生產提供了一種先進的構裝技術。

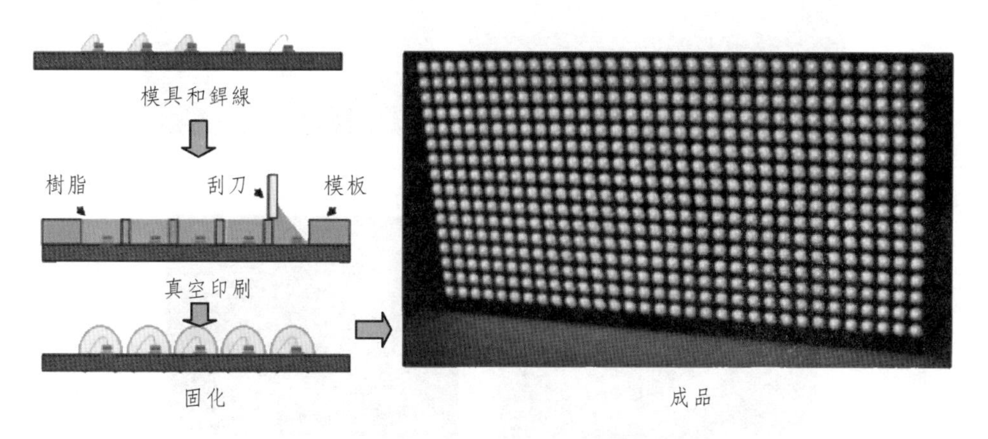

圖5.29　LED真空包裝印刷構裝流程

隨著新型材料的出現、設計方法及構裝技術的不斷改進，未來高功率LED將會有高出光率、低功耗、低光衰的新型構裝形式不斷湧現。

附：幾種典型高功率構裝圖片說明

(1)產品形式。

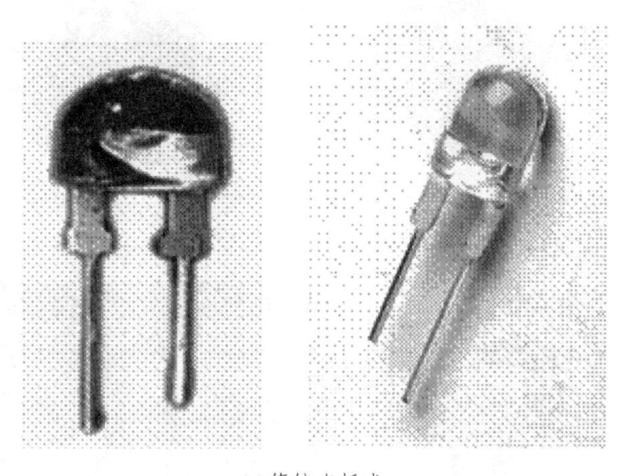

(a)傳統直插式

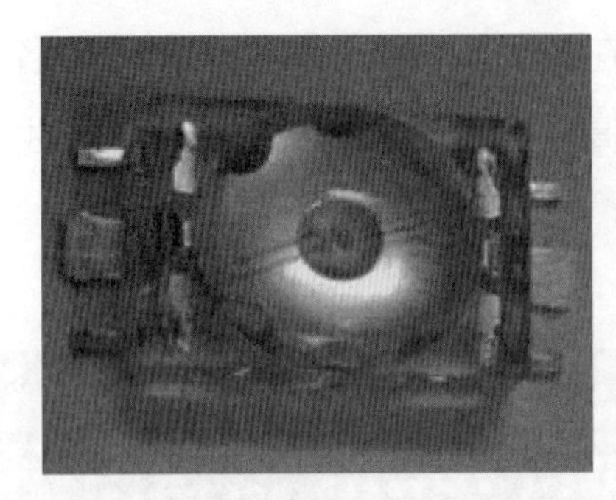

(b)仿食人魚式

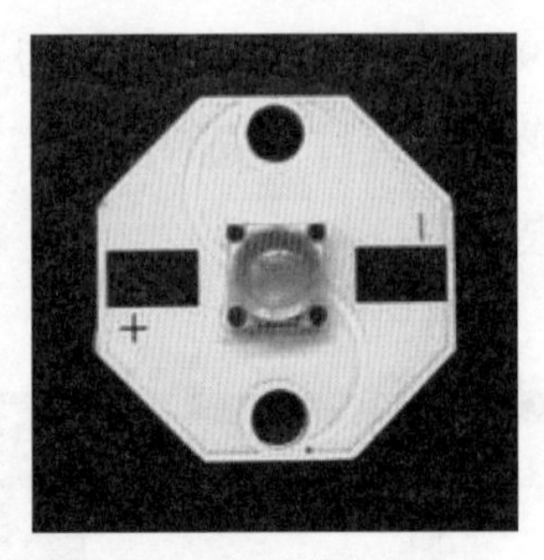

(c)鋁基板封裝式

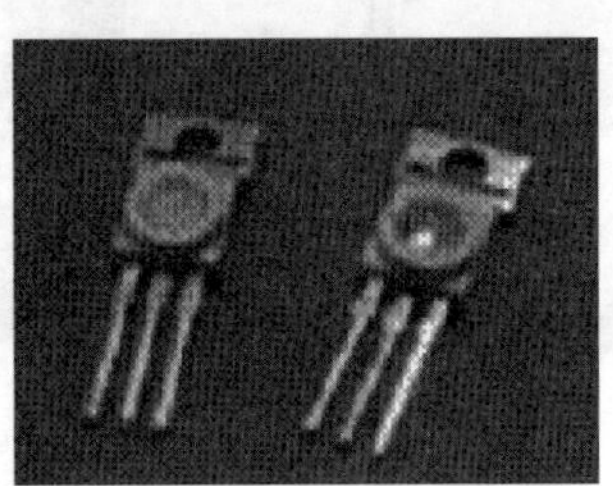

(d)TO封裝

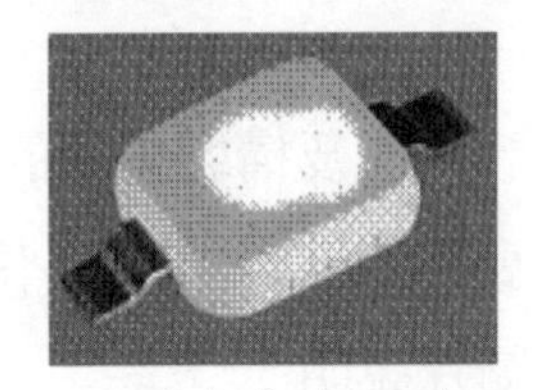

(e)貼片式（SMD）

(f)Emitter式

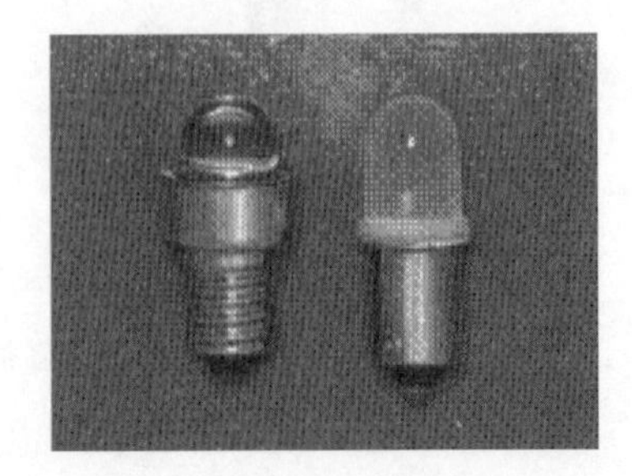

(g)燈泡式

(2)輸入功率：0.5 W，1 W，3 W，5 W，10 W，20 W，30 W，100 W，200 W，……

晶片組合：單晶片、多晶片組合積體。

(a)

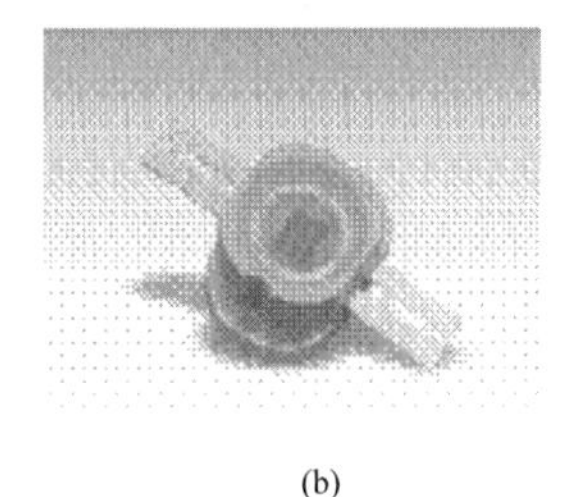
(b)

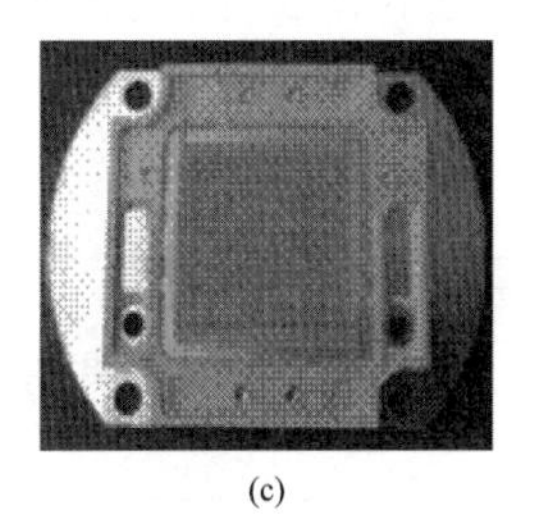
(c)

(3)透鏡構裝。

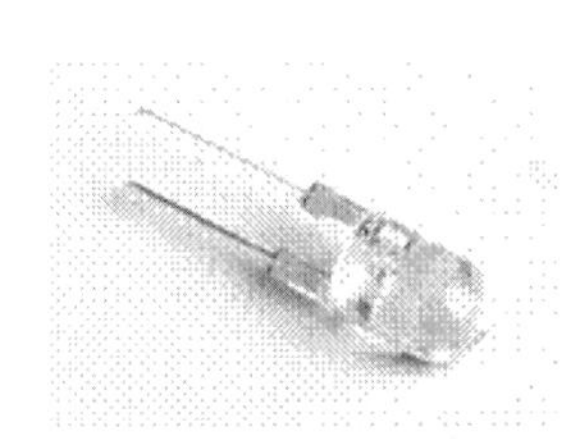
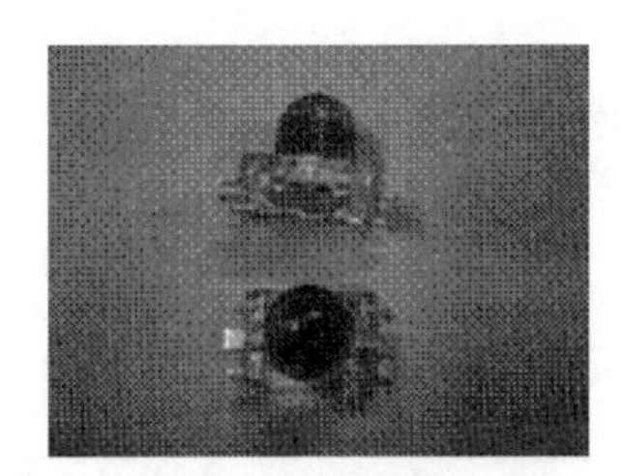

(a)環氧樹脂封裝

(b)光學矽膠直接灌裝

(c)光學透鏡+柔性光學矽膠灌裝

(d)軟性光學矽膠模壓成型

5.2 高功率LED裝架、點膠、晶圓固著操作規範技術卡

本節以圖表形式說明裝架、點膠和晶圓固著操作規範及注意事項，以供讀者參考。

標記		Top LED 裝架、點膠、晶圓固著	技術卡	FGI 08-056GK	第1頁
					共13頁

技術過程

1. 目的

(1)導電膠：用導電膠通過加熱燒結的方法使晶片牢固地黏結在支架上，並使晶片背面電極與支架形成良好的歐姆接觸。

(2)絕緣膠：用絕緣膠通過加熱燒結的方法使晶片牢固地黏結在支架上。

2. 技術要求

1）支架外觀

(1)裝架前後的支架無變形，鍍層無氧化發黃和起皺。

(2)燒結後支架無氧化發黃。

2）晶片外觀

(1)裝架後晶片電極清晰、表面無損傷、缺角。無斜片、倒片、碎片、漏裝、疊片等不良現象。

(2)晶片表面無黏膠，背部無藍膜殘餘。

3）黏結膠外觀

(1)燒結後黏結膠固化充分，色澤光亮，沒有受潮、變質等不良現象。

(2)晶片黏接推力符合4.6.4.2的規定。

(3)單電級晶片須特別注意黏結膠的受潮情況。

4）黏結膠、晶片、支架三者位置規範

(1)位置：黏結膠應該點在產品裝配圖所示位置的中心，最大偏移量是不得使黏結膠碰到碗壁或者超出電極區。對於有光學空間分佈要求的產品，偏移量須符合相應裝配圖的要求。晶片應位於黏結膠的中心位置。晶片必須四面包膠。

(2)膠量：裝架黏結膠高度控制在晶片高度的1/4～1/3之間。如圖5.30所示（其中：h=晶片高度；d=黏結膠高度）。無爬膠不良。晶片背部銀膠要求厚度均勻一致，同時不得太厚（不得高於20 μm）。

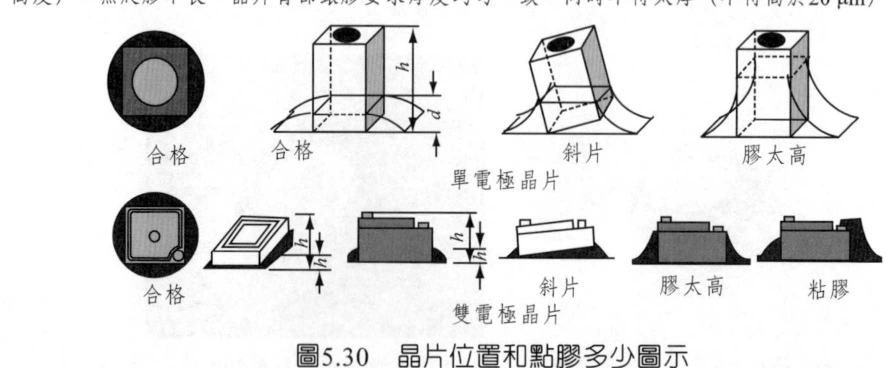

圖5.30 晶片位置和點膠多少圖示

										擬制		
更改標記	數量	文件號	簽名	日期	更改標記	數量	文件號	簽名	日期	審核		

標記		Top LED 裝架、點膠、晶圓固著	技術卡	FGI 08-056GK	第2頁
					共13頁

技術過程

5）各種不良圖示

圖5.31是各種固膠不良圖片。

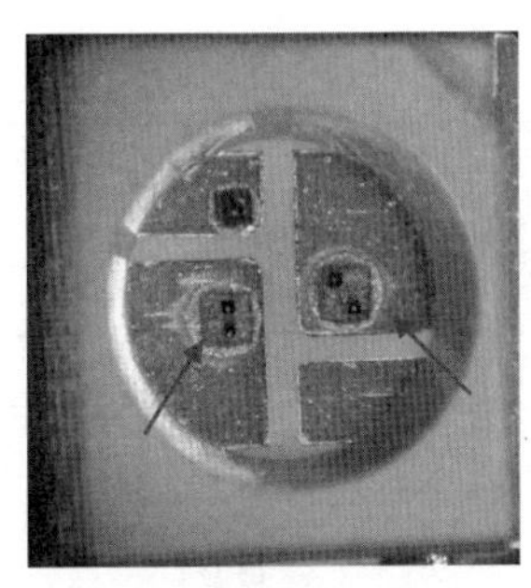

(a)銀膠吸潮變質：銀膠四周泛白

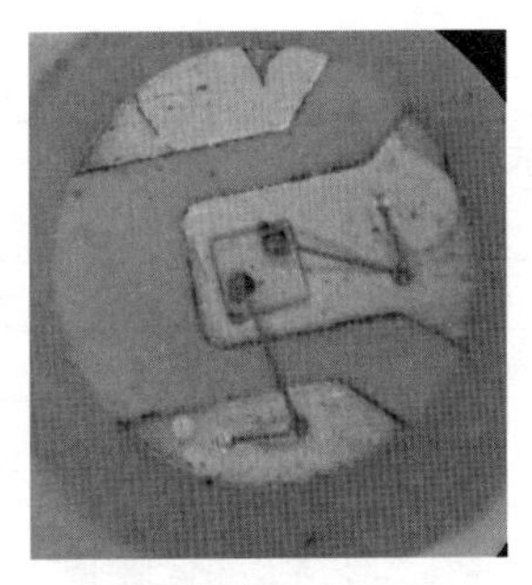

(b)支架生鏽、汙染

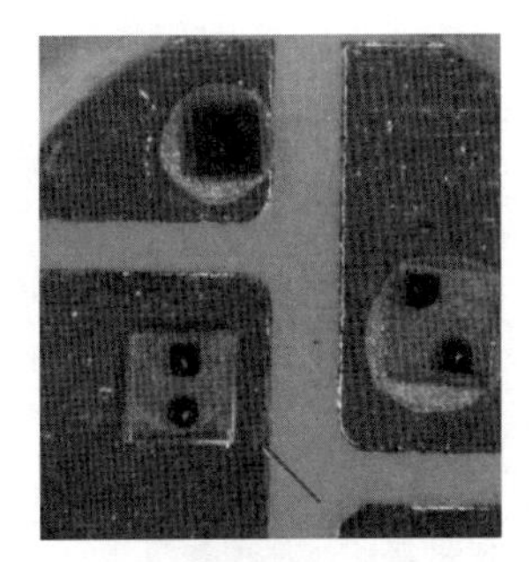

(c)銀膠膠量不足

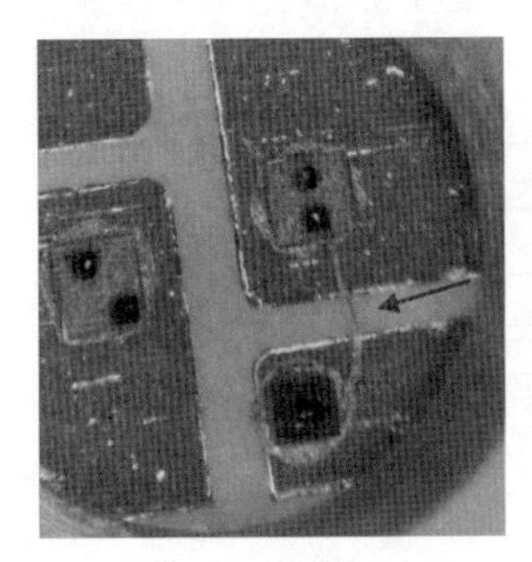

(d)雜質

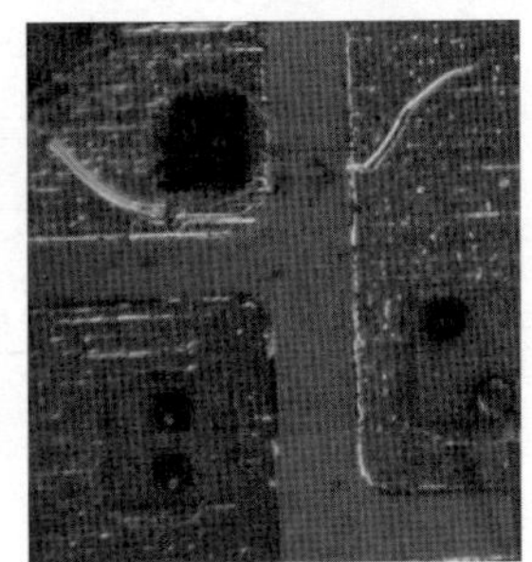

(e)碎片

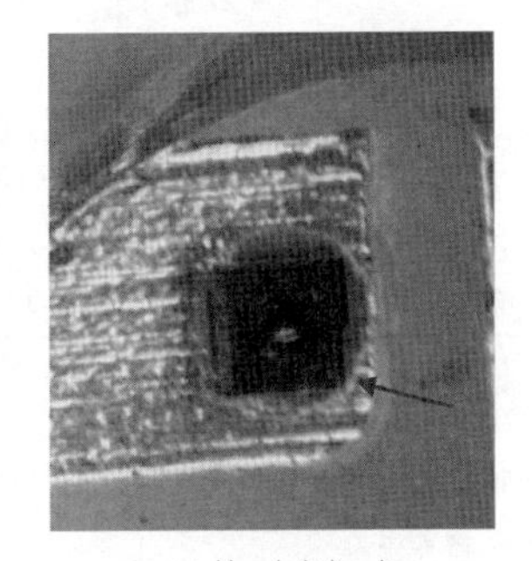

(f)缺（崩）角

圖5.31　不良圖示

3. 生產技術規範

1）靜電防護要求

InGaAIP晶片靜電電壓值　500 V，GaN晶片靜電電壓　100 V，作業時，必須穿防靜電服裝、配戴防靜電手套。GaN晶片在撕膜時必須使用去離子扇跟蹤吹撕開的缺口位置，撕膜速度盡量慢。

2）技術環境

溫度17～27℃；相對濕度30%～75%；生產操作在無塵室，淨化等級10萬級。

3）物料

(1)支架（高低功率支架均使用）：

作業前先挑出變形、發黃支架，把支架擺平、擺齊、使支架端面成為一個方向，待用。對於同一個工單，須採用同一貨源號的支架，若該貨源號確實無法滿足生產需求而須用另一個貨源號的支架，須先通知技術員，由技術員確認後方可使用，嚴禁不同廠家同種型號的支架混用。

										擬制		
更改標記	數量	文件號	簽名	日期	更改標記	數量	文件號	簽名	日期	審核		

標記		Top LED 裝架、點膠、晶圓固著	技術卡	FGI 08-056GK	第3頁
					共13頁

技術過程

(2)黏結膠：

a.黏結膠的使用／儲存的條件、時間規範見下表5.8。

表5.8 黏結膠的使用／儲存的條件、時間規範

1	銲膏回溫條件	膠的類型	存放條件	回溫溫度	回溫時間
		導電膠	0～5℃	室溫下	0.5～1h
		絕緣膠	-40～-20℃	室溫下	3～4h
2	存放期限	膠的類型	存放條件	存放期限	備註
		導電膠	0～5℃	1個月	
		絕緣膠	-40～-20℃	1個月	
3	使用期限	膠的類型	使用條件	可使用時間	備註
		導電膠	在室溫下	2d	・連續使用時，必須2天清洗一次膠盤。 ・無法連續使用時，每次添加的膠量應該在18h內用完；若用不完或停用18h以上，須清洗膠盤。
		絕緣膠	18～30℃	2d	
4	燒結條件	膠的類型	燒接面溫度	燒結時間	備註
		導電膠	(175±10)℃	60～70 min	
		絕緣膠	(145±10)℃	60～70 min	

b.導電膠的使用規範。

(a)領取時間：在剩餘最後一支針筒時領取新的原裝導電膠。

(b)分裝過程：

i從倉庫領來的導電膠，放在室溫下進行回溫後，把瓶子上產生的水氣用乾淨的無塵布擦淨；打開瓶蓋，用專用攪拌工具沿同一方向攪拌約10 min後，先分裝進針筒（依生產需要，每次分裝允許的數量≤7支針筒）；其餘的導電膠分裝進罐裝容器（A，B，C三罐），等待下一次的分裝；分裝完成後須立即送進0～5℃的冰箱保存，做好記錄。

ii攪拌工具用完後立即清洗，清洗時可先用包裝支架的白紙擦去大部分的黏結膠，之後放在超音波內用丙酮進行超音波清洗5 min，晾乾待下一次使用。

(c)分裝後的狀態標示。

i分裝進罐裝容器、針筒後，須採用皺紋膠布在罐裝容器、針筒上做狀態標示。標注型號、有效日期（指原裝容器上標示的材料有效日期），罐裝容器序號（A，B，C）／針筒序號。

如：型號：84-1LMISR4，有效日期：「080301-080331」，罐裝容器A/針筒1#。

ii導電膠在≤5℃的儲存條件下，必須於1個月內用完。回溫次數不得多於5次。

(d)分裝後的使用。

i分裝進針筒的導電膠在冰箱中放置時須指定人員每天旋轉針筒180℃，且非指定人員不得打開冰箱。由指定人員從冰箱中取出分裝進針筒的導電膠，按照技術要求進行銲料回溫（回溫條件參照技術卡中的表5.8），統一發給機台操作人員待用或加入機台膠盤。

										擬制		
更改標記	數量	文件號	簽名	日期	更改標記	數量	文件號	簽名	日期	審核		

標記		Top LED 裝架、點膠、晶圓固著	技術卡	FGI 08-056GK	第4頁
					共13頁

技術過程

ii回溫：生產使用時，針筒應垂直放置進行回溫；且須待導電膠回溫30 min後，方能使用。

iii每次加膠動作完成後，針筒必須立即放回0～5℃冰箱保存；非裝架使用的、未過期失效的導電膠在不用時也應該立即送入冰箱儲存。

(e)使用注意事項：

i連續使用時，必須2天清洗一次膠盤。

ii無法連續使用時，每次添加的膠量應能在18h內用完；若用不完或停用18h以上，須清洗膠盤。

iii銀膠一天使用完一支針筒（5 ml），未使用完的不再用於裝架，只供第二天點膠使用。

iv使用完後的針筒，不再放回冰箱，由專人統一回收，交廠統一進行處理。

c.絕緣膠的使用規範。

(a)從倉庫領來的絕緣膠，放在室溫下按照第5.1.2.2節表5.1要求進行回溫後，把瓶子上產生的水氣用乾淨的無塵布擦淨；打開瓶蓋，分裝進針筒（依生產需要，每次分裝允許的數量　5針筒）；其餘的未分裝絕緣膠放回倉庫；分裝完成後須立即送進0～5℃的冰箱保存，做好記錄。

(b)其他使用同導電膠。

4）吸嘴與晶片

吸嘴類別、型號，晶片類別、型號見表5.9。

表5.9　吸嘴使用規範

吸嘴類別	適用的晶片型號	使用壽命
鋼吸嘴	<10 mil	1年
橡膠／電木吸嘴	10 mil	45萬小時

5）點膠針使用壽命規範

1年更換一次。在自動裝架的點黏結膠過程中，如果經多次調節，膠量仍無法滿足技術要求時，須更換點膠針頭。

6）頂針更換

頂針每三個月更換一次，在自動裝架的點黏結膠過程中，如果經多次調節，膠量仍無法滿足技術要求時，須更換點膠針頭，並做好相對的記錄。

4.操作過程

1）支架式高功率作業流程

Lamp高功率LED作業流程也可參照圖5.32。

										擬制		
更改標記	數量	文件號	簽名	日期	更改標記	數量	文件號	簽名	日期	審核		

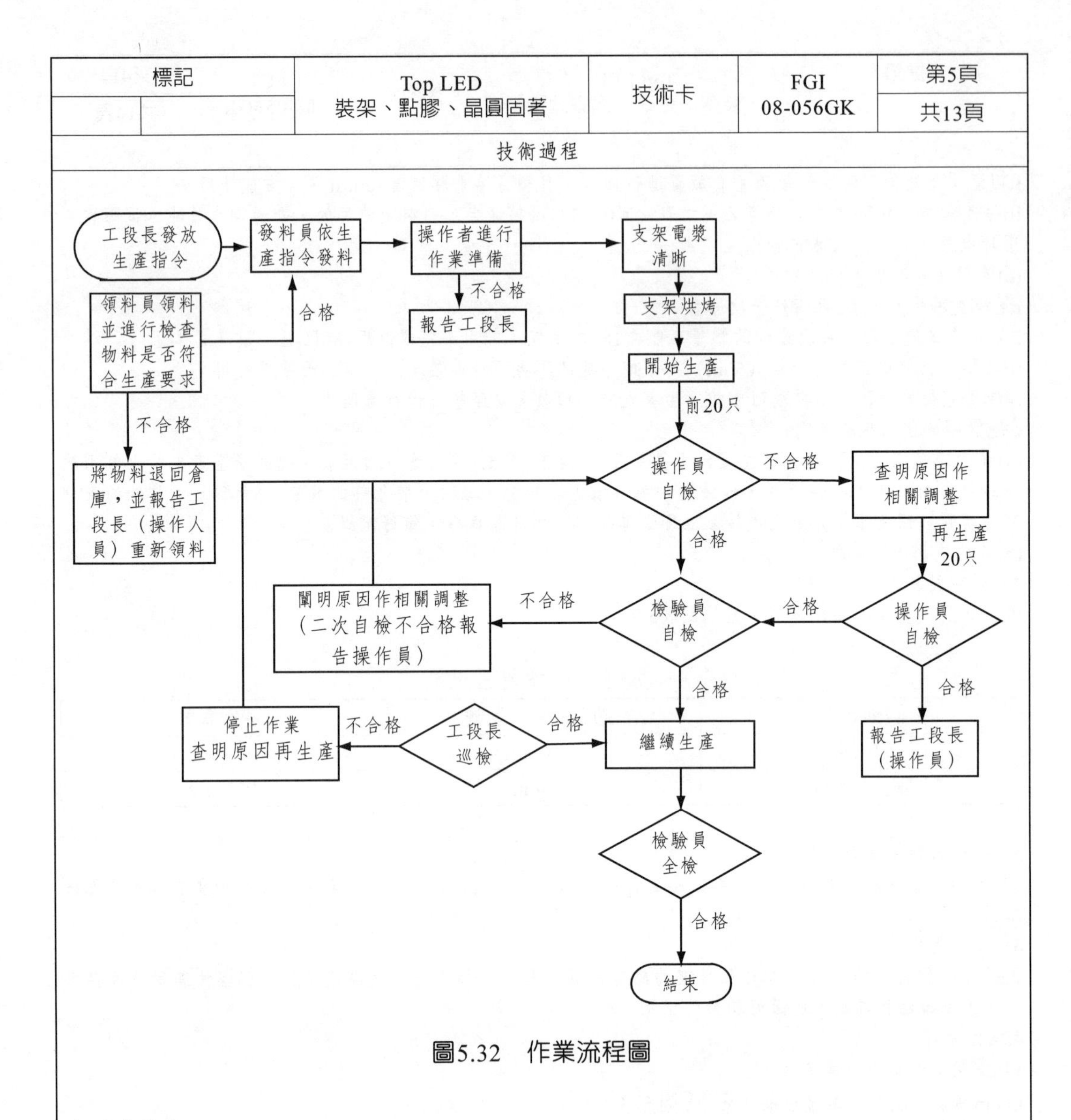

圖5.32　作業流程圖

2）作業準備

(1)按照電漿清洗機操作規範對支架進行電漿清洗。

(2)裝架前將支架放入烘箱內（150±10）℃，烘烤2h，取出後馬上進行電漿清洗後送裝架。一次烘烤支架的數量控制在4.5h以內用完。

(3)檢查生產技術條件（防靜電、環境）是否符合要求。

(4)作業前，必須先拿到該產品的裝配圖、生產結構清單以及作業指導書。

										擬制		
更改標記	數量	文件號	簽名	日期	更改標記	數量	文件號	簽名	日期	審核		

<table>
<tr><td colspan="2">標記</td><td rowspan="2">Top LED
裝架、點膠、晶圓固著</td><td rowspan="2">技術卡</td><td rowspan="2">FGI
08-056GK</td><td>第6頁</td></tr>
<tr><td></td><td></td><td>共13頁</td></tr>
<tr><td colspan="6">技術過程</td></tr>
</table>

(5)檢查來料，確認物料的品質狀況是否正常。每一個貨源號的支架、晶片都必須進行試流，試流合格後方可使用。對未經試流而生產急需的物料須在隨工單上貼「放行待確認」的黃色標籤。在生產的過程中同步進行物料的檢驗試流。

(6)作業準備過程中若發現異常，須立即報告科長、技術員。

3）物料可追溯性規範

(1)科長根據生產需求安排投料、發料，同時記錄投料晶片的貨源號。

(2)操作者在每次自動裝架前需檢查投料晶片是否與物料結構清單上的一致（包含晶片名稱、參數）。擴晶片前先將晶片上的標籤撕下（或剪下），統一貼在指定位置。同時在標籤空白處詳細記錄使用該張晶片的工單、批號，如圖5.33所示。

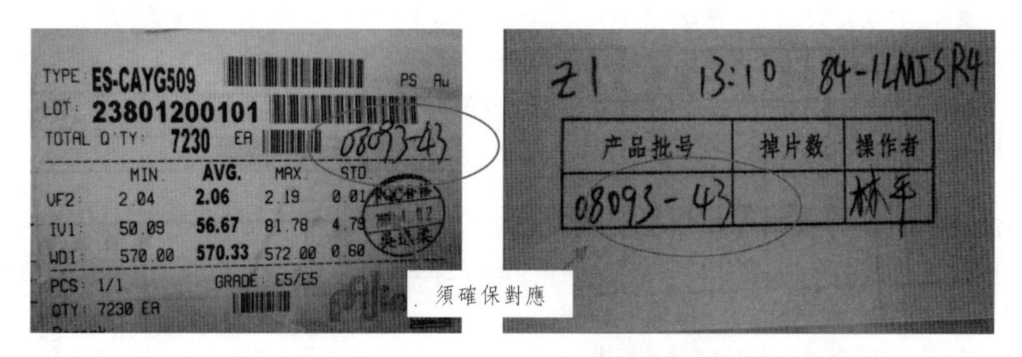

圖5.33　晶片標籤　　　圖5.34　燒結前跟隨產品的小紙片

(3)操作者裝架每一批產品之前須先寫好小紙片並放置在相對應的料盒中，小紙片必須包含如圖5.34所示的如下資訊：

a.操作者。

b.機台。

c.發工單號（小發工單號）。

d.裝架時間（精確到分鐘）。

e.黏結膠名稱。

(4)檢驗人員在首檢時核對晶片是否與物料結構清單上的要求相符。

(5)操作者每裝架完一批而單張晶片未用完的，繼續裝架下一個批號時應先放入小紙片，同時馬上將該批產品的發工單號、批號（與小紙片上須一致）直接寫在相對應的晶片標籤上。

(6)燒結時將產品連同小紙片一起送入烘箱進行燒結。

(7)科長（或者指定的專人）每天對晶片標籤進行收集，並統一張貼在指定的標籤本上。標籤本須保存4年以上。

(8)燒結後的產品統一由燒結人員將小紙片上的資訊轉到流程單上。並與實際產品一一對應放置。

										擬制		
更改標記	數量	文件號	簽名	日期	更改標記	數量	文件號	簽名	日期	審核		

標記		Top LED 裝架、點膠、晶圓固著	技術卡	FGI 08-056GK	第7頁
					共13頁

技術過程

4）用全自動裝架機裝架

(1)在膠盤內加上適量的、已按照技術條件回溫的黏結膠，依檢驗的情況調節膠量控制旋鈕。

(2)把已烘烤、清洗好的支架放入機台料盒待。

(3)打開機台晶片台上的去離子扇。

(4)按照全自動裝架機操作規範進行自動裝架。

(5)開始批量作業前必須對前20支裝架好的產品自檢合格後送檢驗員首檢，檢驗員按照技術要求進行產品首件檢驗，首檢：允許不良數Ac=0，實際不良數Re=1。檢驗合格後方可批量作業。

(6)將裝好晶片的支架從夾具內取出，整齊排放在鋁製傳遞盒中，按照4.3作好標示，由專人燒結。

(7)黏結膠同時使用導電膠和絕緣膠的產品，必須先裝架黏結膠為導電膠（燒接面溫度度為175℃）的晶片，並在燒結之後繼續裝架黏結膠為絕緣膠（燒接面溫度度為145℃）的晶片。

(8)裝架好的產品須在3h之內開始燒結。

5）自動裝架機相關零件的清洗

(1)自動裝架機膠盤的清洗。

a.清洗頻率：黏結膠連續使用須2天清洗一次膠盤。黏結膠無法連續使用，每次添加的膠量應能在18h內用完；若用不完或停用18h以上，也須清洗膠盤。

b.清洗方法：先用防潮包裝紙（支架包裝材料）直接去除膠盤上的黏結膠；之後，再用無塵布沾取無水乙醇進行第一次化學清洗，直至目視膠盤無殘餘的黏結膠；最後，須另換乾淨的無塵布，沾取無水乙醇進行第二次的化學清洗，直至乾淨的無塵布擦拭膠盤後不留髒汙。

c.膠盤清洗動作完成後，需於「換膠記錄表」上做好相關的記錄。

(2)自動裝架機吸嘴與頂針的清洗。

a.清洗頻率：依據「LED自動黏貼機維護保養規程」進行日常的清洗、維護、保養：1次／每班，每班開始作業前對自動裝架機吸嘴、頂針進行清洗工作。

b.清洗方法：用乾淨的無塵布沾取無水乙醇，直接對裝於機台上的吸嘴\頂針進行細緻的清洗、處理。

c.清洗工作完成後，須於「LED自動黏貼機日常維護保養表」上做好相關記錄。

(3)自動裝架機點膠針頭的清洗。

a.清洗頻率：1次／每班，每班開始作業前對自動裝架機的點膠頭進行清洗動作；每次更換黏結膠的種類或是型號，也必須進行點膠頭的清洗工作。

b.清洗方法：用乾淨的無塵布沾取無水乙醇，直接對裝於機台上的點膠針頭進行細緻的清洗、處理。

										擬制		
更改標記	數量	文件號	簽名	日期	更改標記	數量	文件號	簽名	日期	審核		

<table>
<tr><td colspan="2">標記</td><td rowspan="2">Top LED
裝架、點膠、晶圓固著</td><td rowspan="2">技術卡</td><td rowspan="2">FGI
08-056GK</td><td>第8頁</td></tr>
<tr><td></td><td></td><td>共13頁</td></tr>
<tr><td colspan="6">技術過程</td></tr>
</table>

6）燒結

(1)作業準備。

a.燒結人員：經過培訓、通過考試，具備獨立操作能力。

b.檢查烘箱是否運作良好。

c.確認每個料盒裡的產品都有產品小標籤。將使用不同黏結膠的產品分開。

d.作業準備過程中若發現異常，須立即報告科長、技術員。

(2)操作過程。

a.開啓烘箱電源，按照技術要求設定烘箱溫度、計時器，設定警示溫度約大於所對應燒接面溫度20℃，開啓警示開關。

b.待升溫到設定值後，將裝好晶片待燒結的在製品迅速送入烘箱；烘箱每一層只能放置3個料盒的在製品，三層的烘箱最多只允許放置9個料盒的在製品。

c.打開計時器進行燒結。

d.待烘箱自動關電源，烘箱內溫度降到100℃以下，取出在製品。

e.採用不同種類的黏結膠生產的在製品，燒結時不能共用一個烘箱。避免相互污染。

f.整個燒結過程，要求在「烘箱溫度記錄本」上做好記錄，且須記錄在製品實際的烘烤時間。

g.若燒結過程中，發生烘箱突然斷電的情況，嚴禁擅自打開烘箱，應立即回報科長、技術員處理；後續產品繼續燒結完成後，須在「生產流程單」上做好標示。

(3)烘箱的清潔。

a.清潔頻率：1次／1天，於每天早班上班前進行清潔工作。

b.清潔方法：每次清潔時，須用乾淨的無塵布沾取無水乙醇，仔細清潔烘箱的內壁、支撐架、進／出氣孔等部位；清潔完成後，須打開所有烘箱的門，擱置20～30 min。

c.檢查確認：使用前還須經專人或科長、技術員檢查合格後，方能開機運轉；檢查者可採用乾淨的無塵布擦拭烘箱，以檢查、確認烘箱的清潔狀態；整個清潔、檢查過程須記錄於「烘箱清潔記錄表」。

(4)晶片黏接拉力測試方法。

a.測試人員：經過培訓、通過考試，具備獨立操作能力。

(a)確認測試機台和儀器在計量的有效期內。

(b)確認靜電防護檢測合格。

(c)作業準備過程中若發現異常，須立即報告科長、技術員。

b.每爐燒結後的產品，隨機抽取20顆面積為13 mil×13 mil（1 mil=10^{-3} in=2.54×10^{-5} m）的單電極晶片進行拉力測試。並依技術卡下頁表5.10作出判斷。

c.記錄好測試拉力資料。

										擬制		
更改標記	數量	文件號	簽名	日期	更改標記	數量	文件號	簽名	日期	審核		

標記		Top LED 裝架、點膠、晶圓固著	技術卡	FGI 08-056GK	第9頁
					共13頁

技術過程

d.合格產品送入下一道程序，不合格時立即回報技術員。

表5.10　晶片拉力判定表

拉力測試情況	拉力值（晶片面積為13 mil×13 mil）		判定	異常處理
	最小值	平均值		
A晶片斷裂	≥ 80g	≥ 100g	合格	
B晶片被拉起	≥ 90g		合格	
C晶片和銀膠均被拉起	無論為何值		不合格	回報技術員

5.品質控制規則程序

1）目標

生產出的半成品符合技術卡第1頁中技術要求2，程序一次裝架合格率高於99.5%。

2）質控項目

產品必須符合2項所有裝架技術要求。拉力只在燒結後的檢驗中操作。

3）控制方法

(1)首件檢驗。

開始作業前（包括白班上午上班前、白班上午沒有更換品種時下午上班前、中晚班上班前、中晚班沒有更換品種時4h後、更換品種或人員、停機2h以上）裝架好的第1條（20顆）交給檢驗員首件檢驗，符合技術要求全部專案後方可進行批量的裝架作業，如果不合格必須請調機人員調試機台，調試合格後裝架1排交檢驗員檢驗。如果連續進行調整設備均未能符合技術要求，必須報告廠技術負責人，根據情況作適當處理。

(2)繪製R控制圖表：

QC員將每天測取的首件檢驗拉力資料填入記錄表中算出拉力的平均值和級差R，然後在座標圖上描點分別畫出R波動的曲線。按照TQM知識觀察和分析晶片的拉力是否處於受控狀態。若不在受控狀態，QC員以C級回報單的形式回報給技術人員、調機人員進行分析處理，廠品質科將回饋單備案。每月通過拉力控制圖計算各台設備的生產能力指數，交技術負責人分析、備案。

(3)生產能力指數CPK判斷標準值：CPK=1.33，技術員須依標準值進行判斷、分析。

4）對操作者要求

操作者按照首檢要求送檢驗員檢驗，檢驗員在25倍以上的顯微鏡下檢視產品外觀，判定是否符合技術要求中的項目，如符合則可繼續批量生產，不符合就必須調整設備參數，並進行首件檢驗，首件檢驗合格後方可批量生產，檢驗員首件檢驗須做記錄。

5）對檢驗員要求

檢驗員對裝架完的產品進行全檢，要在20倍以上的顯微鏡下檢視產品外觀，判定是否符合技術要求中的項目（除拉力），對不符合技術要求的產品挑掉剔除。同時做好檢驗記錄，做好資料收集，分析一次裝架不合格率是否在正常範圍，是否在受控的狀態，如果有異常品質波動必須報告技術負責人，查明原因，杜絕再次出現。

										擬制		
更改標記	數量	文件號	簽名	日期	更改標記	數量	文件號	簽名	日期	審核		

標記		Top LED 裝架、點膠、晶圓固著	技術卡	FGI 08-056GK	第10頁
					共13頁

技術過程

6）對技術員要求

技術員每天審核裝架的品質報表，確保裝架品質處於受控的狀態。

7）回報週期和異常情況的處理

回報週期和異常情況的處理見表5.11。

(1)回報週期。

一般的情況下，品質專案的有關資料及控制圖應每月回報一次到質控點負責人處，由其做定期分析。

(2)異常情況的處理。

a.當控制圖上的點超出控制線趨勢走向或檢驗結果異常時，QC員應該立即向技術員反應並填寫C級回報單，交技術員處理和解決。問題解決後應將結果填入回報單內，並將該單存入廠品質管制組。

b.技術員無法處理的時候，技術員應填寫C級回報單交廠品質管制組，廠品質管制組組織人員到現場分析並找出影響的原因，制定措施，盡快使生產恢復正常。

8)注意事項

(1)當所用的設備進行維修後或生產條件已變化應該重新核定控制圖。

(2)當發現嚴重的品質異常情況，應該立即停止生產上報廠領導。

表5.11　異常情況回報制度表

程序	異常情況	內部回報			外部回報		
		科長	技術員	設備管理員	C級	B級	A級
裝架	首檢不合格						
	二次首檢不合格	✓	✓				
	來料支架變形、發黃、起皺、掉鍍層>5條	✓	✓				
	單片晶片吸不起>30顆	✓	✓			✓	
	非正常停機>0.5h	✓		✓			
	非正常停機>2h	✓				✓	
	單批不合格總數>20顆	✓	✓				
	燒結後支架發黃、起皺、掉鍍層等異常>1條	✓	✓				
	晶片拉力不合格	✓	✓				
	相同B級回報>3次	✓					✓

注：每週對烘箱的溫度進行一次點檢測試，保障烘箱溫度受控。

										擬制		
更改標記	數量	文件號	簽名	日期	更改標記	數量	文件號	簽名	日期	審核		

標記		Top LED 裝架、點膠、晶圓固著	技術卡	FGI 08-056GK	第11頁
					共13頁

技術過程

6.異常處理

異常處理如表5.12所示。

表5.12 異常處理表

對應標準	不合格項目	自檢	首檢	抽檢、全檢	巡檢
支架外觀	變形（引線彎曲）	挑出，包裝好由科長統一退還品管	用鑷子對變形部位整形；不能整形剔除	同左	同左
	發黃	挑出，包裝好由科長統一退還品管	剔除	在隨工單上做「支架發黃」標示，同時回報科長、技術員	同左（如前已標示處理不再重標）
	鍍層剝落	挑出，包裝好由科長統一退還品管	剔除	在隨工單上做「鍍層剝落」標示，同時回報科長、技術員	同左（如前已標示處理不再重標）
晶片外觀	裝架不完整	可以補片	可以補片	——	可以補片
	漏晶片	可以補片	可以補片	——	可以補片
	黏結膠過少	剔除，可以補片	剔除，可以補片	剔除	剔除
	黏結膠過多	剔除，可以補片	剔除，可以補片	剔除	剔除
	晶片沒對準	剔除，可以補片	剔除，可以補片	剔除	剔除
	黏結膠沒對準	剔除	剔除	剔除	剔除
	斜片	扶正	扶正	剔除	剔除
	倒片	剔除，可以補片	剔除，可以補片	剔除	剔除
	晶片偏離中心	剔除	剔除	剔除	剔除
	電極偏移	剔除，可以補片	剔除，可以補片	剔除	剔除
	晶片爬膠	剔除，可以補片	剔除，可以補片	剔除	剔除
	晶片表面黏膠	剔除，可以補片	剔除，可以補片	剔除	剔除
	雙晶片	剔除	剔除	剔除	剔除
	晶片重疊	剔除，可以補片	剔除，可以補片	剔除	剔除
	晶片裂	剔除，可以補片	剔除，可以補片	剔除	剔除
	晶片碎	剔除，可以補片	剔除，可以補片	剔除	剔除
	有墨點晶片	剔除，可以補片	剔除，可以補片	剔除	剔除
	索引問題	剔除，可以補片	剔除，可以補片	剔除	剔除
	背面有明顯的殘膜	剔除，可以補片	剔除，可以補片	剔除	剔除
膠點	固化不充分、拉力不合格	——	重新燒結，在隨工單上做「固化不充分」標示，同時回報科長、技術員	——	——
產品型號	使用材料不對	停止生產，回報科長、技術員處理	同左	同左	同左

										擬制		
更改標記	數量	文件號	簽名	日期	更改標記	數量	文件號	簽名	日期	審核		

<table>
<tr><td colspan="2">標記</td><td rowspan="2">Top LED
裝架、點膠、晶圓固著</td><td rowspan="2">技術卡</td><td rowspan="2">FGI
08-056GK</td><td>第12頁</td></tr>
<tr><td></td><td></td><td>共13頁</td></tr>
<tr><td colspan="6">技術過程</td></tr>
</table>

7.注意事項

1）晶片不用時的保管

晶片不用時應該立即放入氮氣／電子乾燥箱內妥善保存。

2）支架保護

操作員、檢驗人員接觸產品時須戴指套。嚴禁徒手接觸支架，以免支架汙染或者受汗漬腐蝕而氧化發黃。

8.安全規範

1）上班工作前準備

上班工作前要檢查機台電源開關是否打開，儀器、設備的插頭是否插到位，否則應插好。自己不能操作的請調機人員或設備維護人員修理。

2）發現問題的處理

發現安全隱患應該立即排除或上報部門安全管理人員，並做書面記錄。

3）易燃易爆品的安全處理

電源插座、電熱源周邊是否堆放易燃易爆品，應該立即清理。

4）勞動防護

(1)嚴格按照規定的勞動防護作業，按照勞動保護要求配戴好防護用品。

(2)支架送乾燥箱時戴好防護手套，避免燙傷。

(3)操作員作業時肢體不能靠近機械轉動部分。

(4)如手不慎黏到銀膠，請立即用酒精、清水清洗。

5）下班時須做到

下班後檢查門窗是否按照要求關閉，各種用電設施、閘刀是否按照要求關閉。

										擬制		
更改標記	數量	文件號	簽名	日期	更改標記	數量	文件號	簽名	日期	審核		

<table>
<tr><td colspan="2">標記</td><td rowspan="2">Top LED
裝架、點膠、晶圓固著</td><td rowspan="2">技術卡</td><td rowspan="2">FGI
08-056GK</td><td>第13頁</td></tr>
<tr><td></td><td></td><td>共13頁</td></tr>
<tr><td colspan="6">技術過程</td></tr>
</table>

9.物料可追溯性規範

為加強產品的可追溯性，對晶片的可追溯性操作流程規範如下：

1）科長工作安排

根據生產需求安排投料、發料，同時記錄投料晶片的貨源號。

2）檢驗員在首檢晶片

檢驗員首檢投料晶片是否與物料結構清單上的要求相符。

3）操作員複檢晶片

(1)操作員在每次自動裝架前須檢查投料晶片是否與物料結構清單上的一致。

(2)操作員每裝架完一批而單張晶片未用完的，繼續裝架下一個批號時應先放入小紙片，同時馬上將該批產品的發工單號、批號（與小紙片上須一致）直接寫在對應的晶片標籤上。

(3)燒結時將產品連同小紙片一起送入烘箱進行燒結。

4）科長（或者指定的專人）對標籤的管理

每天對晶片標籤進行收集，並統一張貼在指定的標籤本上。標籤本須保存4年以上。

5）燒結員對資訊的處理

燒結員將燒結產品的小紙片資訊轉到流程單上，並與實際產品一一對應放置。

										擬制		
更改標記	數量	文件號	簽名	日期	更改標記	數量	文件號	簽名	日期	審核		

5.3　白光LED構裝技術

LED的發展雖然有幾十年的歷史，但在照明領域的應用還是新的技術。LED之所以受到人們的青睞，是因為它不僅能發出各種顏色的單色光，而且還能製成白光產品。白光是照明系統最主要的光源，所以對LED白光的開發和研究越來越受到業界的重視，隨著LED技術的快速發展，其發光效率逐步提高，LED的應用市場將更加廣泛，特別在全球能源短缺的背景下，LED在照明市場的前景更備受全球矚目。面對巨大的市場需求，世界各大公司紛紛加快研發創新的步伐。高功率白光LED目前實驗室裏已經達到208 lm/W的水準，大於100 lm/W的高功率白光LED已進入商業化。高功率、高光效率、低成本三大瓶頸正在被逐步突破。可以說，白光LED進入普通照明領域的曙光已經顯現。

圖5.35(a)是2005年各領域LED的市場佔有率，移動通信佔有率51%，字元／顯示佔有率14%，汽車佔有率14%，信號指示佔有率2%，低照度佔有率6%，其他佔有率13%。圖5.35(b)是2005～2010年各領域年度佔有率及預測。橫坐標是年份，縱坐標是價值／億美元，從圖5.35(b)可以看出，移動通信佔有率從2007年往後增幅很小，即佔有率降低；而在其他應用方面，尤其是在字元和顯示方面的百分比有很大的增幅。專家預言，2010年白光LED將會進入家庭照明，白光LED入戶後，其他方面的應用將會大幅度上升。圖5.36是部分白光LED產品外觀圖。

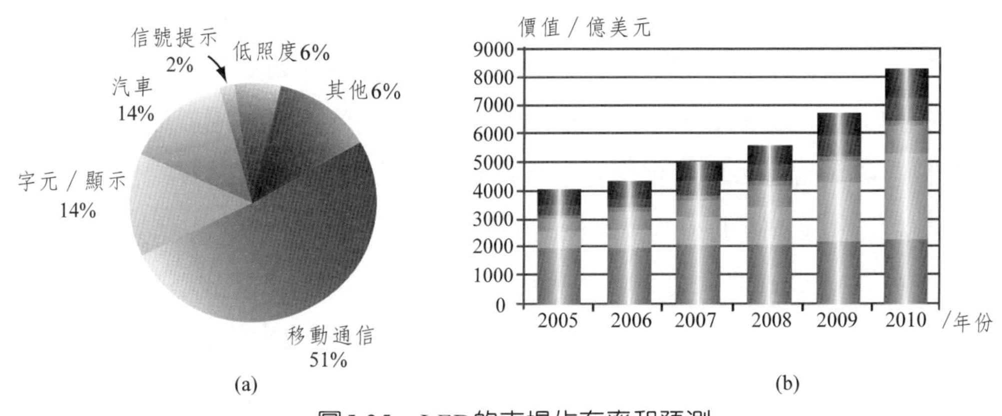

圖5.35　LED的市場佔有率和預測

圖5.36　部分支架、食人魚、基板、表面黏著式白光LED產品的外觀圖

本節將簡述白光LED的幾種製作方法和製作流程，探討構裝對白光LED可靠性和使用壽命有關的技術問題。在介紹白光LED構裝技術之前，先簡單回顧一下提高白光LED光效率的發展歷程。

5.3.1　白光LED光效率快速發展的歷程和電光轉換效率極限

5.3.1.1　白光LED光效率快速發展的歷程

這裡以2006年6月日亞化學發佈光效率100 lm/W的白色LED爲里程碑，對近年來LED光效率發展的進程作一個簡單整理。

1. 2006年6月日亞化學發佈光效率100 lm/W的白色LED

日亞化學開發出了發光效率爲100 lm/W的白色LED，從發光效率來說，性能超過了普及型螢光燈，可與發光效率較高的品種媲美。日亞化學工業即將供應樣品的白色LED在20 mA的輸入電流下可得到6 lm的光通量。屬於輸入電力僅爲0.06 W的低功率品種。日亞化學曾在學術會議上發表過113 lm/W的白色LED開發品。日亞化學還公佈了2007年以後的開發藍圖。

2. 2006年7月Cree開發出發光效率達131 lm/W的白光LED

2006年7月，美國Cree公司日前宣佈開發出了發光效率達131 lm/W的白光LED。該公司表示，此產品在LED業界將成爲新的標杆，強調了其發光效率之高。這一發光效率值已得到美國國立標準技術研究所（NIST）證實。131 lm/W的發光效率是施加20 mA電流時獲得的數值。色溫度爲6027 K。

3. 2006年12月日亞化學白色LED發光效率增至150 lm/W

日亞化學工業開發出了正向電流爲20 mA時、發光效率達到150 lm/W的白色LED，達到了現行業產品的1.5倍。如果只著眼於發光效率與其他光源進行比較，則此次白色LED的發光效率達到了提高演色性後的螢光燈（同等條件下發光效率爲90 lm/W）約1.7倍，爲白熾燈（同等條件下發光效率爲131 m/W）的11.5倍，甚至超過了普遍認爲發光效率最高的高壓鈉燈（發光效率爲132 lm/W）。

4. 2006年12月首爾半導體單晶片白光LED光效率達100 lm/W

韓國首爾半導體推出光效率爲100 lm/W的單晶片白光LED-P4。P4在最大驅動電流下的光通量爲240 lm，在350 mA下典型光效率爲100 lm/W，另一種光效率爲80 lm/W。首爾半導體評價，傳統LED可由多顆晶片實現100 lm以上的光通量，但P4卻是憑單顆晶片達到光通量240 lm的白光LED。

5. 2006年12月艾笛森單晶片白光LED最高亮度250 lm

台灣構裝廠艾笛森光電發表KLC8系列產品，此系列產品可提供最高達250 lm，1A的單晶片構裝亮度，並具有最高的發光效率100 lm/W，350 mA，產品壽命可達50h。其大範圍的動態作業特性（0～1A）適用於省電照明、情境照明等可調變照明燈具應用。KLC8一般出貨發光效率在350 mA作業電流下爲85 lm/W，此系列提供白光（4500～10000 K）及暖白（2800～3800 K）兩種LED光源，暖白LED的發光效率可達70 lm/W，350 mA，白光和暖白光均採用膠捲式構裝，適用於無鉛製程，具高度生產性。

6. 2007年2月CAO Group Dynasty系列LED光效率達100 lm/W

CAO Group公司的Dynasty-LED典型光效率從之前的50～70 lm/W上升至50～100 lm/W。Dynasty系列LED將多個標準LED晶片積體在一起以實現高光能量，使得每流明成本降得比預期還低，延長了工作壽命。採用水準360°、垂直270°的蝴蝶光束光學設計，構裝直徑僅9 mm，除傳統的表面貼裝外，還可進行Screw-in、Twist-in貼裝。其3D結構使燈泡的替換更爲方便，這點對液晶顯示器（LCD）背光源單個元件的換用尤其重要。產品顏色分爲紅光、藍綠光、綠光、黃光和藍光，白光色溫為5000～7000 K。

7. 2007年8月歐司朗發佈光效率達85 lm/W的紅色及橙色系LED

德國歐司朗光電半導體上市了最大發光效率高達85 lm/W的AlGaInP系列LED。共有5款產品，其中2款為紅色，其餘分別為紅橙色、橙色及黃色。主要面向汽車內裝照明、LED顯示器及娛樂設備等。此次的LED配備有使用「Thinfilm」技術的LED晶片。通過採用該晶片，紅橙色LED的發光效率提高到了該公司原產品「LxT67F」系列的3.5倍左右。光強度的最大值及最小值、發光峰值波長及發光效率如下（均為輸入20 mA電流時的數值）：紅色LED亮度為280～900 mcd，發光峰值波長為633 nm，發光效率為47 lm/W；另一款紅色LED對應的數值分別為355～1120 mcd、625 nm、65 lm/W。紅橙色LED的光強度、波長和光效率分別為560～1800 mcd、617 nm、85 lm/W；橙色LED的光強度、波長和光效率分別為560～1800 mcd、606 nm、85 lm/W；黃色LED的光強度、波長和光效率分別為355～1120 mcd、590 nm、60 lm/W。全部產品均採用表面貼裝型構裝。

8. 2007年9月西鐵城電子開發出540 lm照明用白色LED

西鐵城電子開發出輸入700 mA電流時可實現540 lm光通量的照明用白色LED「CL-L102-C7」系列。此次開發的白色LED是該公司正在銷售的「CL-L102-C3」系列（輸入350 mA電流時光通量為245 lm）的高功率型產品。新產品發光效率更高，輸入700 mA電流時為74 lm/W，輸入350 mA電流時為90 lm/W。此次的LED在光通量為150 lm時，輸入電流可降低160 mA，發光效率可大幅提高110 lm/W。新產品的外形尺寸為50 mm×7 mm×2 mm，色溫為5000 K。

9. 2007年9月日亞化學發佈350 mA時光效率為134 lm/W高功率白色LED

日亞化學工業發佈了輸入350 mA電流時，光通量為145 lm，發光效率為134 lm/W。與輸入電能相對應的光輸出效率為39.5%。該產品為YAG螢光粉及藍色LED晶片組合的品種，晶片面積為1 mm×1 mm，應用於一般照明設備，色溫為4988 K，接近一般照明設備的5000 K。為方便測定，還採用了脈衝電流輸入的方式。

10. 2008年5月日本LED照明推進協進會修改普通照明用白光LED開發藍圖

日本LED照明推進協進會（JLEDs）公開了照明器具用高功率白光LED的技

術開發藍圖，分別提出了白光普通產品（高效率型）、高顯色型產品以及燈泡色產品（燈泡色型），截止到2020年的發光效率目標等。按照目標，2015年前後發光效率預計達到150 lm/W。一般情況下，螢光燈中高效率產品的發光效率爲100 lm/W左右，白光LED的高效率型產品2008年內達到100 lm/W左右，高顯色型超過80 lm/W，燈泡色型達到70 lm/W左右。2015年前後，LED照明將在辦公室和住宅領域得以普及。

11. 2008年7月東芝將上市光通量爲90 lm的白色LED

東芝（美國）電子元元件公司上市輸入電流爲250 mA時，光束爲90 lm的白光LED「TL12 W02-D」。新款LED由2枚輸入電流爲250 mA，光束爲40 lm的該公司LED晶片構裝而成。當輸入電流爲250 mA、溫度爲25℃時能夠得到在CIE的色度圖座標（x=0.32，y=0.31）的白光。通過使用低熱阻構裝，提高了散熱性。工作溫度範圍爲-40～+100℃，接合區域溫度最高可達到110℃。正向電流爲250 mA時的正向電壓爲6.8 V。最大功耗爲2.4 W。表面安裝款式的外形尺寸爲10.5 mm×5.0 mm×2.1 mm。將應用於產業設備和民用設備。

12. 2008年10月Cree發佈光效率達157 lm/W的白色LED

Cree公司在瑞士召開的一個氮化鎵的研討會上宣佈其白光LED的實驗室水準已經達到157 lm/W。

13. 2009年12月Cree發佈光效率達186 lm/W的白色LED

LED照明廠商Cree公司宣佈，其白光高功率LED光效率已實現186 lm/W，此光效率爲業界研發成果彙報中的最高水準。這一結果顯示，Cree公司在持續提升其LED的性能。Cree的測試結果顯示，當相關色溫在4577 K時，LED可產生197 lm的光輸出，實現186 lm/W的光效率。該測試是在室溫條件、驅動電流爲350 mA的標準測試環境下對LED進行的。雖然這種性能水準的LED目前在Cree公司還沒有量產，但Cree公司將會繼續大批量供應業界最廣泛的光通量爲100 lm的LED產品。

14. 2010年1月Cree發佈光效率達208 lm/W的白色LED

2010年2月6日消息，美國知名LED晶片製造商Cree日前宣佈其白光高功率LED晶片光效率突破208 lm/W，Cree繼續保持在該領域的領先地位，如圖5.37所示。Cree公司在室溫條件下，驅動電流爲350 mA的標準測試環境中，當相關色溫在4579 K時，白光LED可產生208 lm的光輸出，光效率可達208 lm/W。Cree公司表示，該研發結果已在固態照明產業豎立了一座重要的里程碑，並將繼續發展，提高LED的產品性能。

圖5.37　Cree發佈光效率208 lm/W的白色LED

目前中國大陸LED構裝企業近2000家，其大部分LED構裝企業的白光LED光效率都達到和超過了120 lm/W。

5.3.1.2　白光LED電光轉換效率極限

爲了讓人們瞭解LED行業離最終的完美還有多遠，在這裡給出電光轉換效率的極限流明數。白光LED的極限驅動電壓是2.8 V，理論上的最低值，因此在理論出現突破之前，不會出現驅動電壓低於這個數值的白光LED。電能全部轉換爲光能的電光轉換效率是330 lm/W，暖白色的光效率會稍低。也就是說，一顆「完美」的1 W白光LED，在357 mA電流驅動下，正向壓降（V_f）爲2.8 V，發光通量爲330 lm（電能全部轉化爲光能的當量）。

目前市面上的LED產品，光效率最高120 lm/W，大約是理論值的34%。2010年1月Cree公司發佈的208 lm/W的白光LED，其電光轉換效率已達到64%，是目前國際上最高的電光轉換效率。如果人們能夠把電光轉換效率提高到90%以上，全世界照明用電就可以節省電能2/3以上。白光LED電光轉換效率極限值給人們指明了努力的方向。

Opto IQ在2008年8月18日報導，OLED電光轉換效率不會超過25%（原文：Plastic OLEDs may have efficiency limit of 25%）。這個數值大大低於之前預計的高達63%。但是OLED的研究者並不氣餒，因為從一開始，OLED面對的目標就是取代液晶顯示器（LCD），由於OLED造價低廉，發光角度和動態性能都遠遠超過LCD，即使效率僅有25%，也已經比需要依賴背光才能工作的LCD要高，所以在這一領域，OLED的優勢仍舊是不可取代的。

5.3.2　白光LED發光原理及技術指標

在產品發展方面，白光LED成為廠商們的重點開發專案。現今製造白光LED方法主要有六種：

(1)多色晶片白光LED。

(2)藍晶片+螢光粉白光LED。

(3)紫外線晶片+發紅／綠／藍光的螢光粉。

(4)藍晶片+ZnSe單結晶基板白光LED。

(5)光子晶體LED。

(6)量子阱白光LED。

白光是一種複色光，白光LED可以分為單晶片、雙晶片和三晶片等，以下將按照這一分類來介紹，還將介紹照明用白光LED的一些技術指標。

5.3.2.1　白光LED發光原理

1. 多色晶片白光LED

1）三晶片白光LED——（紅色（R）+綠色（G）+藍色（B））白光LED

圖5.38是三基色混色圖，白光可以由三基色按照一定比例混合而成。當混色比為43(R)：48(G)：0.009(B)時，光通量的典型值為100 lm，對應CCT標準色溫為4420 K，色座標x為0.3612，y為0.3529。

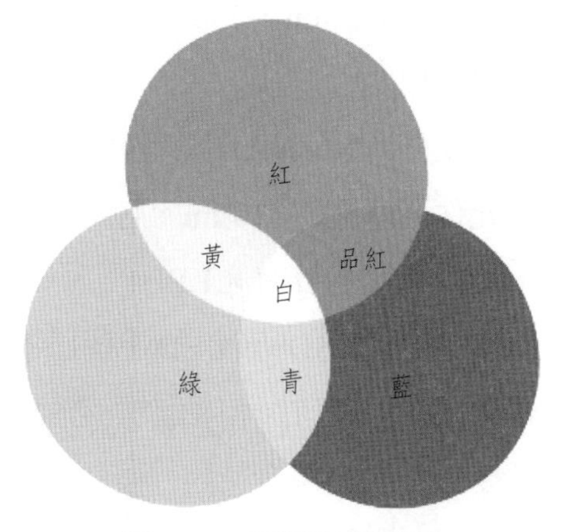

圖5.38　三基色混色圖

在一個管殼內同時構裝紅色晶片、綠色晶片和藍色晶片，當要求LED發出的白光是冷白色還是暖白色時，可以通過調整混色比來實現。圖5.39是三晶片白光LED。當一個綠晶片發出的光功率不能滿足混色比的要求時，還可以採用兩個綠晶片和一個紅晶片、一個藍晶片構裝在一個管殼內。

Philips公司用470 nm、540 nm和610 nm的LED晶片製成顯色指數Ra大於80的元件，色溫可達3500 K。如用470 nm、525 nm和635 nm的LED晶片，則缺少黃色調，顯色指數Ra只能達到20或30。

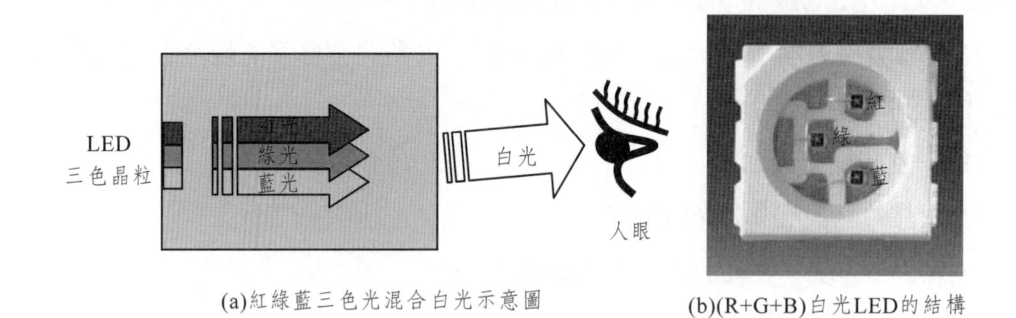

(a)紅綠藍三色光混合白光示意圖　(b)(R+G+B)白光LED的結構

圖5.39　RGB三色晶片白光LED

優點：效率高、色溫可控、顯色性較好。

缺點：三基色光衰不同導致色溫不穩定、控制電路較複雜、成本較高。

2）四晶片——（藍色+綠色+紅色+黃色）白光LED

採用465 nm、535 nm、590 nm和625 nm LED晶片可製成顯色指數Ra大於90的白光LED。

此外，Norlux公司用90個三色晶片（R、G、B）製成10 W的白光LED，每個元件光通量達130 lm，色溫爲5500 K。

2. 雙色晶片白光LED

可由藍LED+黃LED、藍LED+黃綠LED以及藍綠LED+黃LED製成，此種元件成本比較便宜，但由於是兩種顏色LED形成的白光其顯色性較差，只能在顯色性要求不高的場合使用。

3. 藍色單晶片+螢光粉白光LED

1）InGaN藍晶片+黃螢光粉（YAG）

日本日亞化學提出用藍光LED來激發黃色YAG螢光粉產生白光LED，爲目前市場主流方式。日亞化學所研發出的白光LED，其結構如圖5.40所示。在藍光LED晶片的週邊塡充混有黃光YAG螢光粉的光學膠，此藍光發LED晶片所發出藍光的波長約爲400～530 nm，利用藍光LED晶片所發出的光線激發黃光螢光粉產生黃色光。但同時也會有部分的藍色光發射出來，這部分藍色光加上螢光粉所發出的黃色光，即形成藍黃混合兩波長的白光。

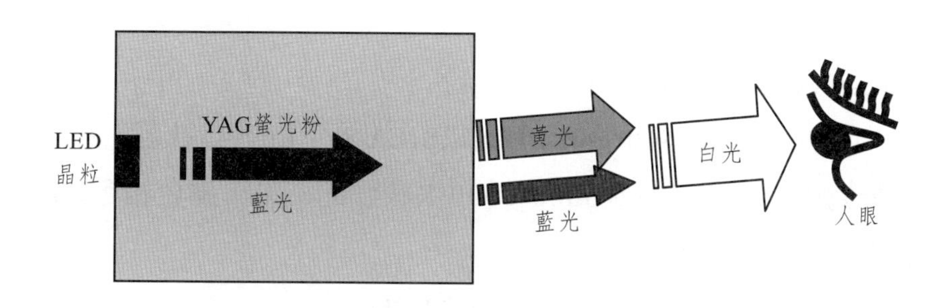

圖5.40　藍黃二色混合白光示意圖

優點：效率高、製備簡單、溫度穩定性較好、顯色性較好。

缺點：一致性差。由於藍光占發光光譜的大部分，因此，會有色溫偏高與不均勻的現象。基於上述原因，必須提高藍光與黃光螢光粉作用的機會，以降低藍光強度或是提高黃光的強度。藍光LED發光波長隨溫度提升而改變，進而造成白光源顏色不易控制。因螢光粉激發紅色光譜較弱，所以造成演色性（color rendition）較差現象。InGaN藍晶片+YAG黃螢光粉白光LED的光譜曲線見圖5.41。藍光峰值波長在460 nm，螢光粉被激發峰值波長爲580 nm，兩者合成後爲白光。

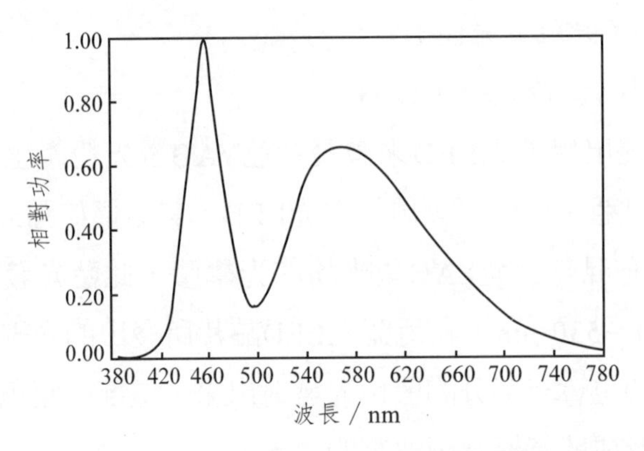

圖5.41　一種白光LED的光譜能量分佈

2）InGaN藍晶片+紅螢光粉+綠螢光粉

LumiLEDs公司採用460 nmLED配以$SrGa_2S_4$：Eu_2+（綠色）和SrS：Eu_2+（紅色）螢光粉，色溫可達到3000-6000 K較好的結果，顯色指數Ra達到82～87，較前述產品有所提高。

4. 紫外單晶片+紅、綠、藍螢光粉白光LED

InGaN紫外晶片+紅螢光粉+綠螢光粉+藍螢光粉可實現白光輸出，如圖5.42所示。

優點：顯色性好、製備簡單。

缺點：發光效率低。洩漏的紫外光對人眼有傷害。紫外光的波長越短時對人眼的傷害愈大，須將紫外光阻絕於白光LED結構內。再就是螢光粉溫度穩定性問題有待解決。

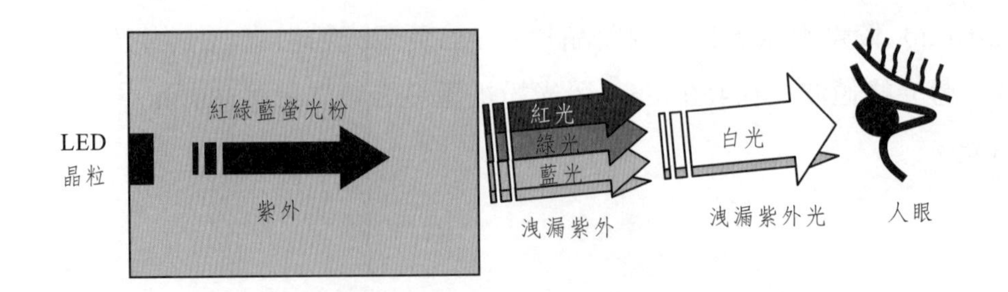

圖5.42　紫外光激發之白光發光二極體工作原理

目前白光LED是以紫外光（UV）或藍光晶片與螢光粉搭配而成的，其共同缺點爲發光亮度不足與均勻度控制不易。目前工業界以增加透光度與從晶粒導出或汲取出更多可用發光量來解決LED亮度不足之問題。例如使用透明導電材料以增加晶粒的出光量、改變晶粒磊晶或電極結構設計以便汲取出更多可用發光量。如要改善以上問題則一方面必須提升螢光粉的白光轉換效率與阻絕紫外光外漏，一方面是希望改進螢光發光量的同時亦可改善發光均勻度。

5. 藍LED+ZnSe單結晶基板白光LED

日本Sumitomo Electric亦在1999年1月研發出使用ZnSe材料的白光LED，其技術是先在ZnSe單晶基板上形成CdZnSe薄膜，通電後使薄膜發出藍光，同時部分藍光與基板產生連鎖反應，發出黃光，最後藍、黃光形成互補色而發出白光。由於也是採用單顆LED晶粒，其操作電壓僅2.7 V，比GaN的LED 3.5 V要低，且不需要螢光物質就可發出白光。因此預計將比GaN白光LED更具價格上的優勢，但其缺點是發光效率僅8 lm/W，壽命也只有8000h。ZnSe白光LED的結構如圖5.43所示。

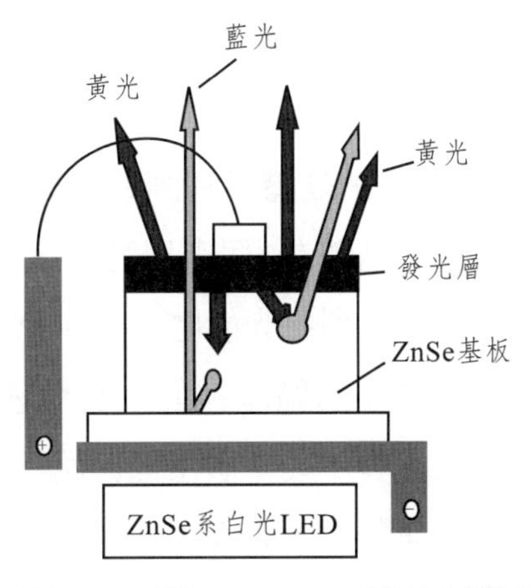

圖5.43　藍LED+ZnSe單結晶基板LED

6. 光子晶體白光LED

1）光子晶體特性與結構

光子晶體可以分爲一維、二維和三維光子晶體。而在這些結構當中，最出名的應該是三維光子晶體，但是三維光子晶體在製造上，就今天的技術而言是非常困難的。原因是目前主要研究的領域還是保留在二維光子晶體，所以，今天在LED領域競相開發的光子晶體LED，也是二維光子晶體。爲何運用光子晶體來製作LED，其目的就是要利用光子晶體的週期結構，人爲地控制光學特性。一維、二維和三維光子晶體如圖5.44所示。

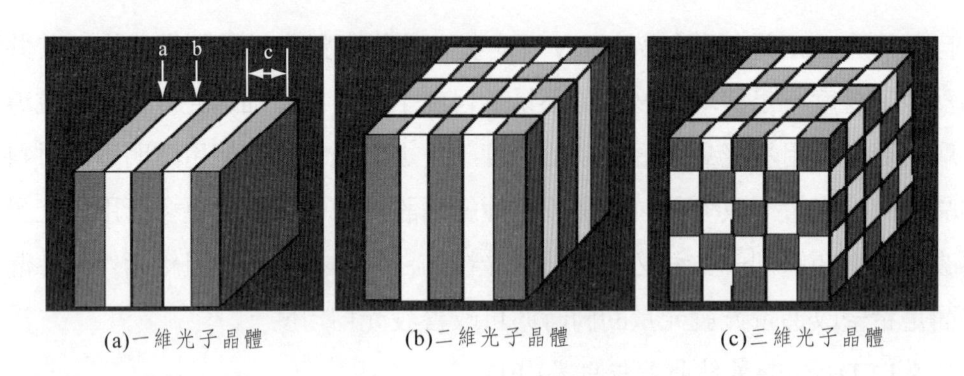

(a)一維光子晶體　(b)二維光子晶體　(c)三維光子晶體

圖5.44　光子晶體結構圖

2）光子晶體與有固態發光元件差異

光子晶體有3個光學特性，可以利用人工的方式來加以控制而達到不同的目的。①如果利用光能隙的話，就可以遮蔽光通過。利用這個特性可以把光鎖在一個相當狹小的區域裡面。目前產業界中，就有利用這個特性把光聚集在一個區域裡面，製作成一個積體光路。②就是光子晶體有異向性，光子晶體的光會朝向很多方向散射，原因是光子晶體可以隨著光的偏光角度，出現透光與不透光（某個角度它可以透過，但是有些角度沒辦法透過）。③光子晶體的曲線非常複雜、變化多端。因爲光子晶體的曲線變化非常快，非常不規則，所以只要波長稍有變化，那就可以看到進入光子晶體的光，它的角度就會偏離得非常大。採用光子晶體的好處是聚集度高、體積小、成本低。

3）利用光子晶體製作出LED

除此之外，光子晶體還有其他的特性。利用它的特性，可以製作出光子晶體LED。利用光子晶體的結構製作成LED比較簡單。相對光子晶體的入射光角度和繞射光角度是不受限制的。所以並不是利用特定的週期或波長來加強效率，這個特性對於LED來說是非常重要的。

利用藍光晶片製作白光LED。晶片發出藍色的光，藍光激發YAG螢光粉後部分轉換成黃光，利用藍色和黃色的光便合成白光。白光LED被應用在白光照明燈跟液晶背光的光源中，這種白光LED被稱爲固體白色照明。這種光有3個特色：體積小、省能源、壽命長，但是有一個很大的問題需要克服：即它發光效率還比較差，爲了解決這個問題，可利用光子晶體來解決。將光子晶體放在藍光LED裡，利用光子晶體來提高發光效率。這樣生產出的藍光光子晶體LED的特色是週期長。

4）光子晶體藍色LED運作原理

現有的LED結構，可以看到它的全反射，臨界角是比較小的，主要是因爲表面將光全部反射，相對的光子晶體藍色LED所設計出來的LED，由於繞射的關係，可以修正光的角度，修正後的光可以使臨界角變小，並可進入臨界角投射到外面，改善過的LED光會全部反射。從LED的活性層發射出來的光，可以360°反射出去，但以往的LED只能受限於臨界角，只能在臨界角範圍內發光，在臨界角內的光才能發射出去，我們知道臨界角範圍內的面積只占整個範圍的4%，所以光子晶體的光就比較廣，能有更多的面積將光反射出去，提高了發光效率。

7. 無螢光粉量子阱白光LED

爲了擺脫螢光粉對白光LED技術的枷鎖限制，提高LED的光子利用率，許多研究人員探索了各種技術方法來實現不需要螢光粉轉換類型的白光LED。InGaN/GaN多量子阱雙波長近白光LED，它是在同一塊藍寶石基板上分別生長$In_{0.2}Ga_{0.8}N$/GaN多量子阱結構和$In_{0.49}Ga_{0.51}N$/GaN多量子阱結構來得到白光，具體結構如圖5.45所示。

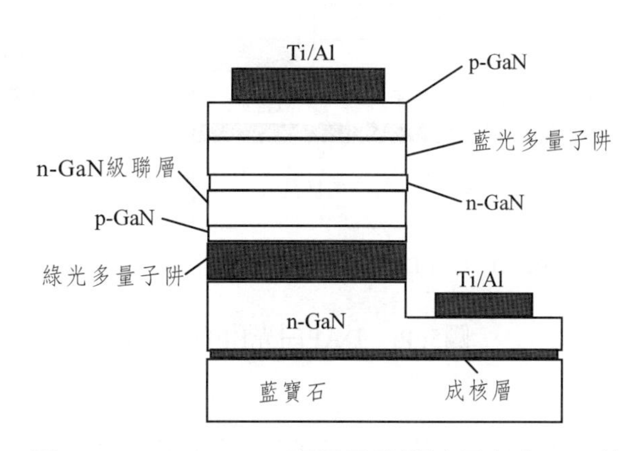

圖5.45　InGaN/GaN多量子阱雙波長白光LED結構示意圖

由於其結構類似pnpn閘流電晶體，並且展現出了高阻抗低電流的關閉狀態和低阻抗高電流的開啓狀態，因此，該晶片的面積是一般LED晶片面積的6倍，可達到1 mm×1 mm。這樣一來，LED的驅動電流也就相對變大。在低於200 mA的驅動電流下，可以得到這種近白光的光色座標爲（0.2，0.3），其輸出功率、發光效率和色溫分別達到了4.2 mW、81 lm/W和9000 K。施體-受體共摻白光LED，這種白光LED是用Si和Zn對InGaN進行同時摻雜。這種Si和Zn摻雜的$In_xGa_{1-x}N$-GaN多量子阱LED結構可以採用MOVPE的方法進行生長。在500～560 nm之間，可以得到寬頻波長的施體-受體對。Si和Zn會發生施體-受體對相關的寬頻輻射，而InGaN多量子阱LED發生帶邊輻射，兩者結合就會產生白光。這種Si和Zn摻雜的$In_xGa_{1-x}N$-GaN多量子阱LED的場致發光光譜與螢光粉轉換得到的白光LED的光譜非常相似，經過測量，其色溫爲6300 K，並且在低於20 mA的注入電流下得到色座標爲（0.316，0.312）。

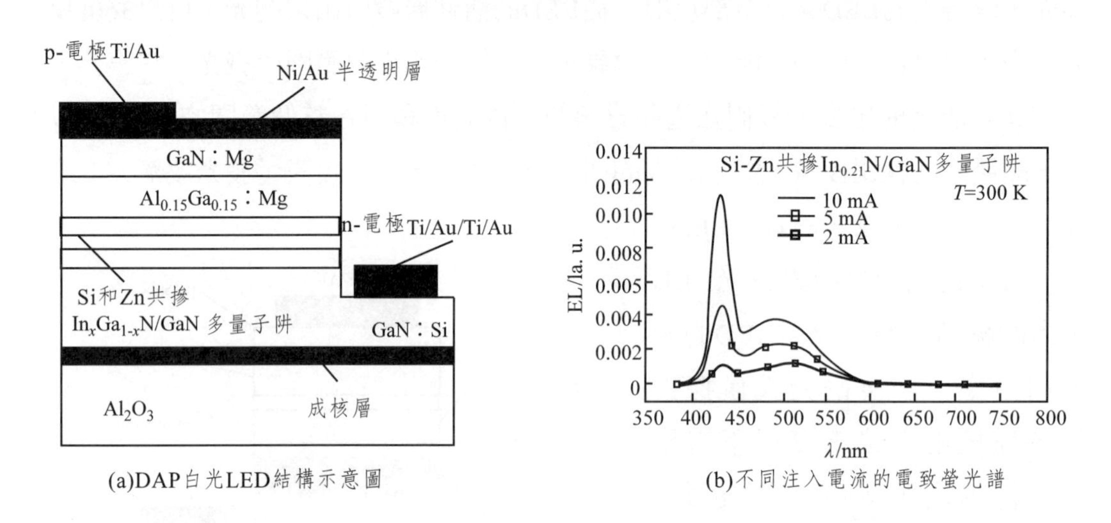

(a)DAP白光LED結構示意圖

(b)不同注入電流的電致螢光譜

圖5.46　DAP白光LED結構示意圖與注入電流不同的電致螢光譜

然而，目前的水準顯示，其發光效率比GaN基藍光LED激發螢光粉得到白光的發光效率要小得多，在注入同等電流10 mA下，這種LED的外量子效率僅爲5 lm/W，而藍光LED激發螢光粉的白光LED的量子效率爲100～150 lm/W。圖5.46(a)、(b)分別是這種白光LED的具體結構和注入電流不同的電致螢光譜。

5.3.2.2　白光LED特殊的技術指標

照明用白光LED不同於傳統的LED產品，在技術性能指標上有一些特殊要求。

光通量：用作照明的白光功率LED希望達到1000 lm。當然，光通量爲100 lm

和10 lm的功率LED也能達到要求較低的照明需求。由於15 W白熾燈效率較低，僅8 lm/W，所以一個15 W白熾燈的光通量，與25 lm/W的白光功率LED 5 W元件相當。

發光效率：目前產業化產品已從15 lm/W提高到120 lm/W，研究水準爲186 lm/W，最高水準已達208 lm/W。

色溫：在2500～10000 K之間，最好是2500～5000 K之間。

顯色指數：顯色指數Ra最好是100，目前可以達到85。

穩定性：波長和光通量均要求保持穩定，但其穩定性程度依照明場合的需求而定。

壽命：5×10^4～10×10^4h。

5.3.3　白光LED的技術流程和製作方法

當前大多數構裝廠商都是採用在LED藍光晶片上塗覆YAG螢光粉來製作白光LED，白光lamp-LED的作業流程如圖5.47所示。下面將對這種技術流程中的關鍵因素進行討論。

5.3.3.1　藍光晶片

選擇與螢光粉匹配的藍光晶片是製作好白光LED的第一步。波長爲430～470 nm的光都是藍光，需要選擇其中某一波長的藍光與螢光粉進行匹配，可以有效激發這種螢光粉，實現較高的內量子效率，進而獲得更大的光功率。

具體做法可以用螢光粉比較儀來選擇螢光粉，即用不同波長λ的藍光來激發它。哪一種在比較儀上顯示的相對比值最高，就選定這種螢光粉和這一波長的藍光晶片。一般激發螢光粉的藍光的波長寬度約爲2.5 nm。選擇這種波長是因爲生產晶片的廠家要更精確地挑選出光的波長也有困難，需要更精密的測試儀器，這會使製造成本提高。

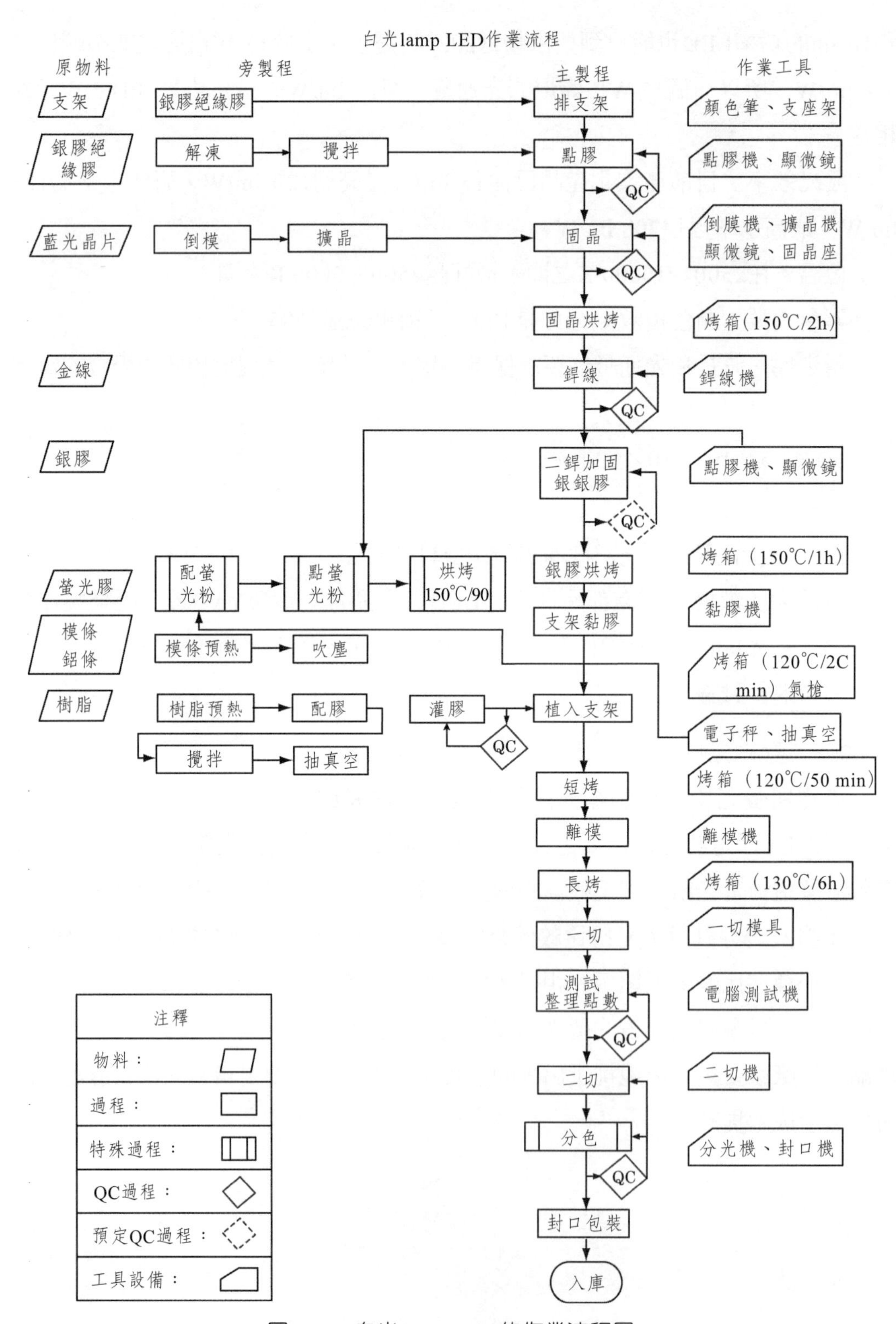

圖5.47　白光lamp-LED的作業流程圖

5.3.3.2　技術說明

LED外型環氧樹脂構裝主要有以下幾步：模條預熱—吹塵—樹脂預熱—配膠—攪拌—抽眞空—塡膠入支架。

所用物料：支架、LED晶片、銀膠或絕緣膠（解凍，攪拌）、晶片、金線、螢光粉、膠帶包裝、模條、導熱矽脂、銲接材料、樹脂（AB膠或有機矽膠）、各種手動工具、各種測試材料（如萬用表、示波器、電源等）。

5.3.3.3　固定晶片

製作白光LED時一定要把LED晶片固定在支架上（或散熱器上），所以必須選擇一種膠把晶片黏合在支架上。使用什麼膠要根據晶片來選定。

如果LED晶片是L型電極的，也就是說這種晶片是上、下各有一個電極，那麼要求晶片黏合的膠既要能導電，又要能把LED晶片上的熱量通過膠傳導到支架或散熱器上。所以，必須用導熱性能好、導電性能也好的晶圓固著膠。現在市場上有很多種可供選擇的膠。

如果LED晶片是V型電極的，也就是說在上面有兩個電極，下面沒有電極，因此下面就不允許導電。但是仍然需要導熱性能，所以必須使用絕緣導熱性能較好的膠。

絕緣導熱的膠與既導電又導熱的膠相比，後者的導熱性能更好。當LED晶片基板採用藍寶石時，有人爲了追求導熱性能更好，也可用既導電又導熱的膠作爲晶圓固著膠。圖5.48給出了將LED晶片使用導熱導電膠和導熱絕緣膠固定的示意圖。

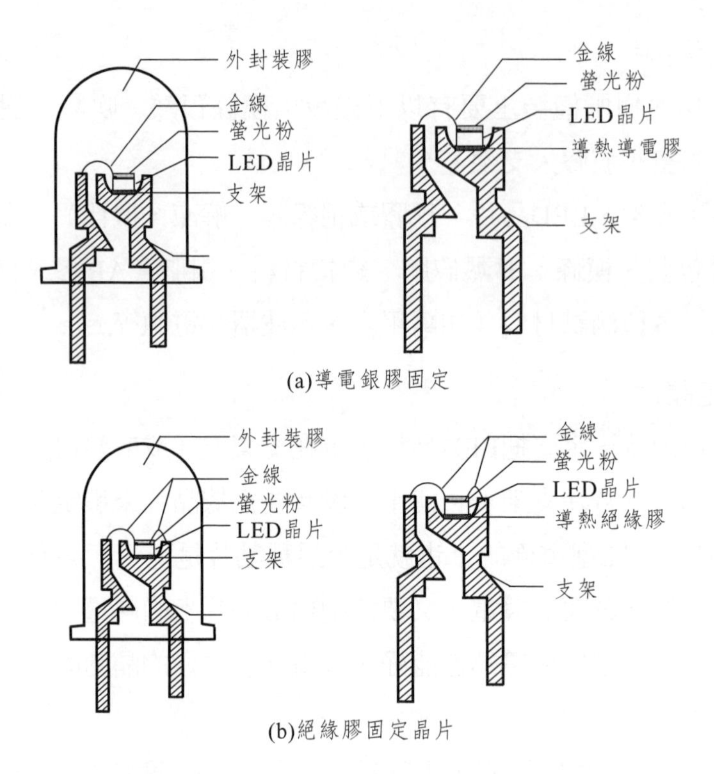

圖5.48　lampLED晶圓固著的兩種方法

5.3.3.4　銲線

LED晶片只是一塊很小的固體，它的兩個電極要在顯微鏡下才能看見，加入電流後它才會發光，在製作技術上除了要對LED晶片的兩個電極進行銲接。進而引出正負電極之外。在製作白光LED時，必須注意晶片p/n兩個電極的銲線，一般採用金線球銲的可靠性較好。特別需要注意的是，加在銲線上的壓力不要太大，一般在30～40g之間，壓力太大容易把電極打裂，而這種裂縫通過一般的顯微鏡都是看不見的。如果存在電極裂縫，那麼在通電加熱後，這個裂縫會逐漸變大，相對的漏電流也會增大，這樣LED在使用時會很快損壞。

5.3.3.5　填膠

常見直徑5 mm的圓柱形引腳式構裝LED技術就是將LED晶片黏結在引線架上（一般稱爲支架）。晶片的正極用金線鍵結連到另一引線架上，負極用銀漿黏結在支架反射杯內或用金線和反射杯引腳相連，然後頂部用環氧樹脂包封，做成直徑爲5 mm的圓形外形。

這種構裝技術的作用是保護晶片，銲線金線不受外界侵蝕。固化後的環氧樹脂，可以形成不同形狀而起到透鏡的功能。選用透明的環氧樹脂作爲過渡，可以提高晶片的出光效率。環氧樹脂構成的管殼具有很好的耐濕性、絕緣性和高機械強度，對晶片發出光的折射率和透光率都很高。

5.3.3.6　LED的生產環境

製作LED的生產環境要有一萬級到十萬級的無塵室，並且溫度和濕度都要求可調控。LED的生產環境中要有防靜電措施，室內的地板、牆壁、桌、椅等都要有防靜電功能，特別是操作人員要穿上防靜電服並戴上防靜電手套。

在LED晶片生產流程的每個程序中，都必須要有防靜電措施。例如，在將藍光晶片從藍膜上撕開時，會產生1000 V以上的靜電，足以將LED晶片穿透。在沒有靜電防護的情況下，當人體接觸LED時，人體上的靜電通過LED放電而導致LED晶片局部穿透。晶片由於靜電而被穿透後，將在LED的兩個電極有源層及電極界面和有源層體內形成結構缺陷。即使一定的載流子注入填充了所有的缺陷，但是多餘的載流子部分將發生輻射複合，並伴隨著光的輸出。

很難在測試時或開始使用時判定LED是否受到靜電損傷，但是在使用的過程中會不斷出現「黑燈」的現象。因爲這種LED在使用過程中其正向漏電流會逐漸變大，達到一定程度就不再正常工作。

爲了盡量降低靜電效應給元件帶來的破壞和影響，對生產LED的無塵室、整機裝配調整車間、精密電子儀器生產室都有嚴格的環境要求：

(1)地面、牆壁、工作台帶靜電情況：黃光室塑膠板地面的靜電電位約爲500～1000 V擴散間的塑膠牆地面爲700 V，塑膠頂棚爲0～1000 V。

(2)工作台面爲500～2000 V，最高可達5 kV。

(3)風口、擴散間鋁孔板的送風口爲500～700 V。

(4)人和服裝可爲30 kV，非接地操作人員一般可帶3～5 kV，高時可達10 kV。

(5)噴射清洗液的高壓純水爲2 kV，聚四氟乙烯支架有8～12 kV，晶片托盤爲6 kV，矽片間的隔紙可達2 kV。

5.3.3.7 烘烤晶片

在製作白光LED技術過程中，要隨著技術流程將LED晶片放進烘箱內烘烤三四次。應當合理控制烘箱的溫度和烘烤的時間，最好溫度不超過120℃；否則放在烘箱內的LED晶片溫度超過120℃後，將會損壞pn接面。因此，可以將烘烤的時間設定得長些，但是溫度最好不要高於120℃。

5.3.3.8 塗覆螢光粉

首先要把螢光粉和環氧樹脂調配好，調配的濃度和數量都要根據以往的經驗。這裡要特別強調的是，膠和螢光粉一定要充分攪拌均勻，要讓A、B膠充分混合。在點螢光粉（螢光粉和膠混合，即點膠）的過程中，螢光粉不能沉澱，濃度要始終保持一致。

點螢光粉所用的設備、裝膠的容器和針頭都要保持一定的溫度並不斷攪拌，防止膠凝固和螢光粉沉澱。點膠的針頭最好使用不黏膠的針頭，這種針頭只需輕輕一吹就會乾淨。在點膠過程中要保證針頭不會發生堵塞，並且出膠要均勻。這樣做才能使白光的色溫一致性較好。

目前生產白光LED的廠家，大多數是採用人工點螢光粉，點螢光粉的工人要經過長期的培訓，在掌握經驗後才能很好地完成這項技術。點螢光粉所用的點膠機有如下兩種：

1. lamp-LED黏膠機

圖5.49給出了支架式LED螢光粉黏膠機的示意圖。將螢光粉和膠配好後，均勻地分佈在滾筒上，滾筒不斷滾動，這樣膠就可以均勻分佈在滾筒的外壁上。把銲好金線的藍光晶片的整個支架（20粒）靠到滾筒上，滾筒上的螢光粉膠就會均勻地黏到20個晶片的支架「反射座」內。它只適用於低功率白光LED黏膠（點膠）。

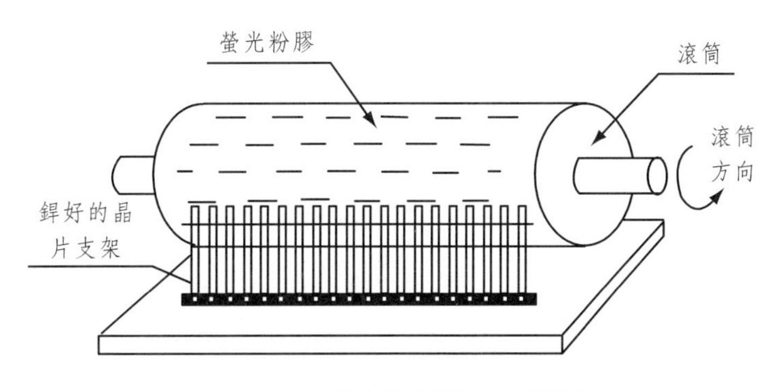

圖5.49　螢光粉黏膠機示意圖

2. lamp-LED點膠機

另一種是用自動配好螢光粉的膠從針頭滴到焊好LED的支架上，其工作原理就像塡膠機一樣。塡膠機一次可灌20粒，點螢光粉膠一般一次爲4～5粒。這種點膠機滴出來的膠量可以進行調節控制。裝在點膠機容器內的膠要保持一定的溫度，需要經常攪拌，這樣不會產生沉澱。以上兩種都適用於φ3 mm、φ5 mm等引腳式構裝的LED管子。圖5.50給出了lamp-LED螢光粉點膠機的示意圖。它也只適用於低功率LED的點膠。

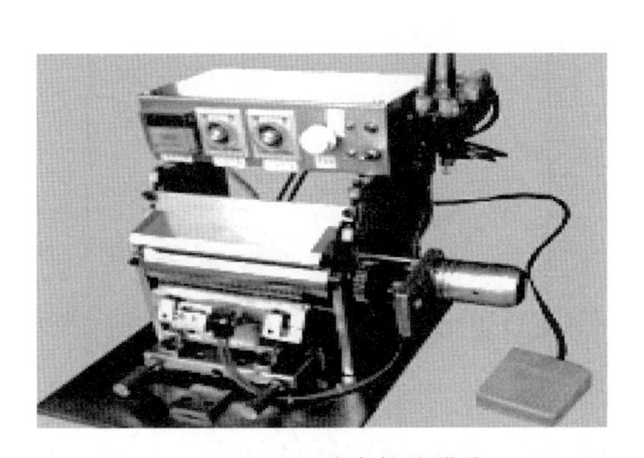

(a)lamp LED螢光粉點膠機

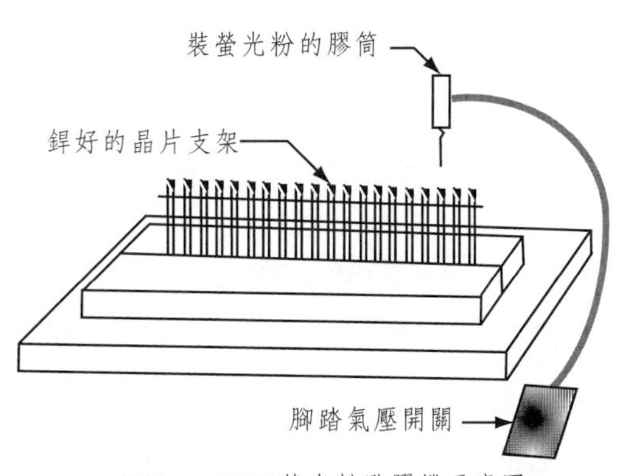

(b)lamp LED螢光粉點膠機示意圖

圖5.50　螢光粉點膠機及其示意圖

5.3.3.9　案例說明

(1)在LED引腳式構裝白光過程中，因爲元件的體積較小，點螢光粉是一個難題。有的廠家先把螢光粉與環氧樹脂配好，做成一個模子，然後把配好螢光粉的環氧樹脂做成一個膠餅，將膠餅貼在晶片上，周圍再灌滿環氧樹脂。但是要注意的是，點螢光粉膠時在周圍有氣泡，而在抽眞空時，沒有把氣泡處理乾淨，結果在焊接時，將熱量傳給晶片，使晶片周圍的氣膨脹，進而把螢光粉膠脹裂；或A、B膠沒有充分混合，膠調配不均，使螢光粉膠自己開裂。很多廠家在製造白光LED過程中，大都利用自動化機器進行晶圓固著和銲線，所做出來的產品品質好，一致性好，非常適合大規模生產。

(2)高功率LED構裝過程中，由於點亮時發熱量比較大，不用環氧樹脂，而是在LED晶片上蓋一層矽凝膠。這樣做一方面可防止金線熱脹冷縮與環氧樹脂不一致而被拉斷，另一方面防止因溫度高而使環氧樹脂變黃汙染。環氧樹脂在紫外光照射下容易分解老化，導致透光性能不好，所以在製作高功率白光LED（綠+紅+藍=白光）應該使用矽凝膠調和螢光粉；而LED晶片底層也用矽膠導熱，可大大提高使用壽命。

(3)提高白光LED光效率的方法。目前對藍光（或紫外光）晶片塗覆螢光粉製作白光LED，要從材料上，技術方面進行深入研究。使用矽膠拌螢光粉塗覆在藍光晶片上，雖然開始會出現光衰，但是隨著點亮時間的延長，又會慢慢提升光通量，進而達到延長使用壽命的目的。

5.3.4 高功率白光LED的製作

5.3.4.1 自動噴膠設備

高功率白光LED生產設備與其他高功率LED生產設備幾乎相同，除了本章5.1節介紹的設備以外，還需要手動或自動噴膠機。

製造高功率白光LED先把螢光粉和膠調配好，然後開出一個模子，把螢光粉膠刷在模子上，等它乾後成爲一片膠餅。再把膠餅蓋在銲好的高功率LED的晶片上，並用適量的膠把膠餅固定在晶片上。這樣做出來的LED色溫會比較一致，但生產效率較低。

爲了提高高功率LED塗覆螢光粉的一致性和生產效率，LED生產設備商製作出多種型號的螢光粉噴膠機，下邊給出兩種高功率LED全自動螢光粉噴膠機。

1. 高功率LED全自動螢光粉噴膠機（BXY-668A）

產品名稱：BXY-668A全自動螢光粉噴射式點膠機，如圖5.51所示。

圖5.51　全自動螢光粉噴膠機

適用黏著劑：環氧樹脂、矽樹脂、矽膠；適用黏著劑黏稠度可達5000CPS。

適用產品：相容食人魚、高功率LED、02、03、04等各種直插式支架。

最高產能：食人魚25k/h；直插式支架42 k/h。BXY-668A全自動螢光粉噴射式點膠機能夠精確控制中低黏度液體流量，精密的高速運動工作台配以先進的GREY圖像識別系統保證了點膠位置的精度，穩定的氣路系統及精確快速的噴射式點膠閥保障了較高的生產能力。具有如下特性：

(1)三軸運動系統、一體化工作台設計、減振基板，配以進口精密的Ball Screw（滾珠絲杆）和LM Guide（線性導軌），機台運行持久、平穩。

(2)全自動PR模式識別系統，定位精確。

(3)採用進口傳動零件，全新伺服系統，運動平穩速度快、移動精確、穩定性好。

(4)採用進口氣路元件，多級穩壓系統，氣壓穩定、精度高，穩定的氣壓系統保持膠量的一致性，並配以氣壓自動警示系統，使生產更加穩定。

(5)雙溫控系統，獨立操控，有效避免外界溫度變化對黏著劑的影響。

(6)三夾具工作台，自動迴圈工作，上下夾具無須等待。

機器參數：

(1)工作台行程：12 in×10 in（1 in=2.54 cm)。

(2)外觀尺寸：800 mm×760 mm×1380 mm。

(3)電源：220 V±5%。

2. 高功率LED智能噴膠機（MDP-2009S）

高功率LED智慧噴膠機（MDP-2009S）如圖5.52所示。

1）機器特色

(1)E-sight智慧全點識別定位系統。

(2)實現噴膠程序與LED製程的無縫連接，全面提高產品的優良率與生產的效率。

(3)全智慧化機台設計，實現單人操作機台。

(4)採用windows中文操作界面，界面良好。

2）性能描述

(1)適用於SMD、高功率等產品。

(2)適用於目前市場常用類型黏著劑（環氧系列與矽膠系列）。

(3)E-sight系統與精密伺服機構的完美結合，實現高精密、高效率、高品質的噴膠結果。

圖5.52　高功率LED智慧噴膠機

高功率白光LED的製作，隨著藍光LED晶片技術的不斷提高和構裝新材料的不斷出現，其構裝的技術也在不斷改進。

目前，市場上的高功率白光LED從1 W到幾十瓦都有，但1～3 W的白光LED採用單晶片LED構裝成點光源，而5 W以上的大多數白光LED是由高功率藍光LED晶片積體的，特別是10 W以上高功率白光LED一般都直接積體在鋁基板或銅基板上，然後做成條狀或圓盤狀的面光源。

5.3.4.2　高功率白光LED的三個通道

本章5.1節介紹了高功率LED的製作方法，在製作高功率白光LED時，也是用同樣的辦法把LED晶片固定在散熱器上的。

但是，高功率白光LED的構裝有其特殊性：一是高功率白光LED在構裝時必須用到螢光粉；二是高功率白光LED在構裝時的功率大、發熱量大。因此，在構裝高功率白光LED時，必須要考慮如下三個通道。

1. 電流通道

高功率白光LED通過電流比較大，一般是幾十毫安培到幾百毫安培，所以這種電流通道要考慮好。因此，選用的導電金線也要考慮使用比較粗的，每種金線的直徑大小與允許通過的最大電流都有相對的參考係數，可根據這種參考係數進行選用。

另一方面由於電流大，在開、關電源波動時有很大的衝擊電流，因此要求電通道耐衝擊。白光LED元件溫度差別也較大，因此用來構裝的各種材料的熱脹冷縮係數要選配好，特別是要考慮金線在熱脹的情況下能否承受大電流的衝擊。

2. 出光通道

光從藍光LED晶片發光層發出，如何讓一部分藍光激發螢光粉，進而發出黃光並和另一部分藍光合成白光，這是需要仔細研究的。螢光膠中螢光粉材料的比例、激發效率、顆粒度及噴塗厚度都會直接影響到藍、黃光的比例。由於高功率白光LED發熱量大、溫度高，環氧樹脂在高溫下會發黃變汙，因此降低了透光率，阻礙了出光通道，最終影響了出光。在選用出光通道的材料時，考慮到長期使用時由於紫外光照射，會使膠產生「玻璃化」，因此高功率白光LED的構裝膠在目前情況下應選爲矽凝膠（或矽樹脂）。

另一方面要考慮到折射率的因素，高功率白光LED的晶片折射率一般約爲3.0，構裝膠的折射率應選爲過渡值。LED光會從折射率約爲3.0的晶片發射到折射率爲1的空氣中，那麼中間層應選用多大的折射率呢？一般情況下，折射率應大於1.5，這樣出光效率才會高。

高功率白光LED出光的半強度角是由構裝膠和蓋殼決定的，這個半強度角要根據LED晶片的出光特性來設計，一般設計的角度是30°，60°，90°，120°等。根據LED晶片的出光位置，要把光強度「集中」起來向出光角度射出，這樣才能得到較大的光強度。

3. 熱通道

高功率白光LED發出的熱量大，如何讓熱量傳導出去，進而降低高功率白光LED中pn接面的溫度，這也是需要考慮的。高功率白光LED的熱通道是十分重要，它直接關係到高功率白光LED的使用壽命和光衰問題。LED晶片中的pn接面溫度升高，促使晶片溫度升高，然後晶片的溫度就會傳導到散熱器上。這中間應該配有較好的導熱材料，才能使晶片的溫度很快地傳到散熱器上。現在，這種導熱膠有很多種，要根據實際使用情況進行選擇。

目前，連接晶片與散熱器有兩種辦法：一是用晶圓固著膠把晶片與散熱器連接，二是用錫和金的合金進行共晶銲接。這兩種方法如果實現得很好，都會獲得良好的導熱效果。導熱還與晶片的接觸面積有關係，所以晶片與散熱器的接觸面積大，其導熱的面積也大，導熱也快。

這三個通道能否設計好，對於高功率白光LED來說是至關重要的。這三種通道最好都是獨立的，不要共用，特別是電流通道和熱通道不要共用。圖5.53是高功率白光LED的結構圖，圖5.54是高功率白光LED的電流通道、出光通道和熱通道示意圖。

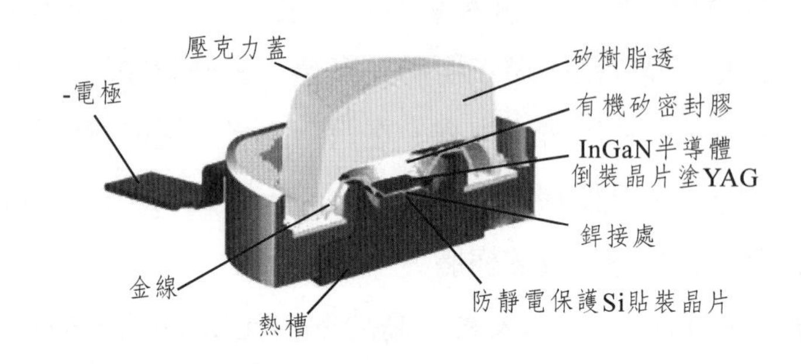

圖5.53　高功率白光LED的構造

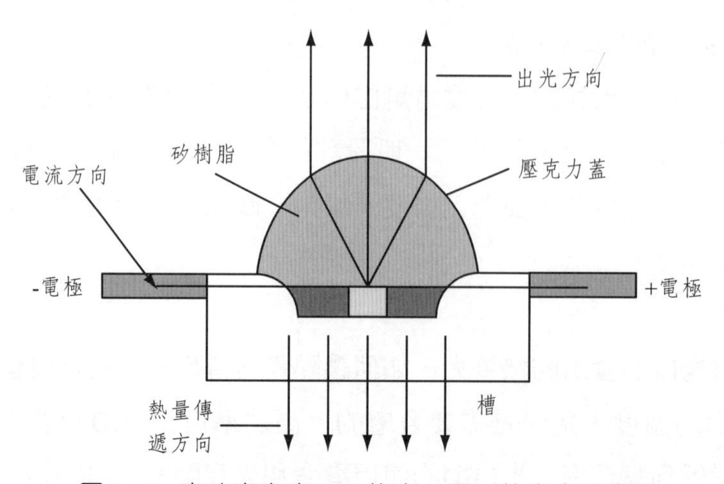

圖5.54　高功率白光LED的光、電、熱走向示意圖

5.3.4.3　高功率白光LED的評價

對於高功率白光LED，由於LED晶片和構裝所用的材料及技術不一樣，所得到的發光性能也不一樣。如何判斷一個高功率白光LED發光性能的優劣呢？一般可以通過以下幾個指標來評價：

(1)經過一段時間連續點亮，它的光通量衰減曲線是怎樣的？反向漏電有什麼變化？色溫有什麼變化？

(2)高功率白光LED的色溫分佈是怎樣的？光強度的分佈情況是怎樣的？

(3)熱阻大小是多少？

這幾個指標是判斷高功率白光LED發光性能優劣的重要指標。

5.3.5　白光LED的可靠性及使用壽命

照明光源經過一段時間點亮將會老化，實際上允許光通量維持率有一定的衰減，但其色溫仍應保持在一定範圍內。一旦光通量下降至初始值的50%之後，或者色溫變化大，超過額定標準，則該光源的有效使用壽命終止。這段時間稱爲光通量的半衰期，即該光源的半光衰壽命，簡稱白光LED的壽命。

目前，美國、日本生產的白光LED壽命可達1萬小時以上，中國生產的白光LED的壽命相差很多，有的廠家的產品可達上萬小時，有的產品則只有幾百小時。下面，我們就來探討白光LED可靠性與壽命的有關問題。

5.3.5.1　影響白光LED壽命的主要因素

白光LED的壽命主要取決於LED晶片的品質、LED晶片的設計和晶片的材料。以下因素都會對白光LED的壽命產生影響。

(1)晶片的導熱性。

(2)晶片的抗靜電性能。

(3)晶片的抗脈衝電壓和電流等。

因此，在製作白光LED時，首先要瞭解LED晶片的性能指標，同時還要瞭解白光LED使用的環境條件和允許的極限指標。這樣才能正確使用白光LED，使白光LED使用時間和可靠性達到最佳狀態。

5.3.5.2 技術流程對白光LED壽命的影響

除了晶片本身的品質因素之外，LED的技術流程還對其使用壽命有著顯著影響。下面討論如何更好地控制技術流程中的各個步驟與選用合適的輔助材料。

1. 構裝方法

有了好的LED晶片，還要有科學的構裝方法，這樣才能得到壽命較長的白光LED光源。

首先對白光LED構裝所用的材料進行分析。固定LED晶片所用的晶圓固著膠，有導電膠和絕緣膠之分，如果LED晶片為L型電極，就必須使用導電膠，這種晶圓固著膠既能導電又能導熱。如果LED晶片是V型電極，就要使用導熱性能好的絕緣膠作為晶圓固著膠。

其次是選用引腳式構裝的支架。目前支架由兩種材料做成：一種是鐵支架，外表鍍銀；另一種是銅支架，外表也是鍍銀。這兩種材料的導熱係數不一樣，相差比較大。一般用銅支架做成的LED要比用鐵支架做成的LED壽命長一倍以上。

2. pn接面的工作溫度

理論和實際值都已經證明，LED的壽命是與LED的pn接面工作溫度緊密相關的。pn接面的工作溫度一般在110～120℃之間，但在設計中，應當考慮長期工作的情況下，pn接面盡量保持在100℃左右。當LED晶片內接面溫升高10℃時，光通量就會衰減1%，LED晶片發光的主波長就會漂移1～2 nm。

對於白光LED來說，溫度對白光LED的壽命影響很大。一方面pn接面溫度升高，促使光衰增大；另一方面促使發光主波長漂移，同時也影響了光對螢光粉的有效激發，不但光衰增大，色溫也產生變化。因為主波長改變了，激發的黃光也發生變化，結果混合光就和原有光的色溫不一樣。

白光LED對溫度十分敏感，使用白光LED，要注意控制溫度，不讓pn接面的升溫超出額定值。進行構裝的廠家，千方百計考慮怎樣讓LED晶片內的熱量導出，但反過來外面的熱量也會通過LED的引腳傳導到晶片內部。例如，φ3 mm、φ5 mm的LED在安裝使用時，一定要經過銲接才能固定在PCB（印製電路板）上或者其他線路板上。

一般有兩種焊接方法：一是用烙鐵直接焊接，二是用波焊或浸焊。一般要使錫熔化的溫度爲230～260℃，所以焊接時間要短，一般規定在3s以內。如果引腳比較短，焊接速度還要更快，否則就會把烙鐵或錫爐中的熱量傳導到LED晶片內部，這種高溫會對LED造成一定的損壞。

在使用白光LED時，常會發現白光LED經過焊接後（或經波焊後）發生色溫變化，這種現象可能與下列情況有關：

(1)點螢光粉膠時在晶片周圍有氣泡，而在抽眞空時沒有把氣泡處理乾淨，結果在焊接時將熱量傳給晶片，使晶片周圍的氣泡膨脹，進而把螢光粉表面脹裂。

(2)可能螢光粉膠調配不均，沒有讓A、B充分混合，因此使螢光粉膠自己開裂；或者由於螢光粉膠沒有烘乾，也會出現裂縫。這兩種情況均會使螢光粉膠上出現裂縫，造成藍光直接從裂縫中射出，沒有激發螢光粉，進而使色溫發生變化。

5.4 高功率和白光LED構裝材料

隨著國際能源枯竭疑慮的不斷攀升，迫使人們不得不找尋既節能又兼顧環保的新技術產品。室內照明占整體能源消耗的33%，爲人類消耗能源的最主要項目，由此可見，人們若要節能首先必須降低照明用電，而半導體固態照明燈具（Solid State Lighting）不但具有高發光效率又符合環保的要求，因此LED照明成爲未來一般照明的最佳候選者。預計2010年全球LED產值市場規模將突破110億美元大關，成爲科技產業中最閃亮的明星產業之一。

高功率和白光LED的構裝材料和技術，既有與低功率LED構裝技術相同之處，又有其構裝的特殊性，在此給出高功率和白光LED與低功率LED的不同材料，以供讀者和LED構裝企業參考。

5.4.1 高功率LED支架

在LED構裝原物料的供應鏈中，晶片、支架和構裝膠中，其支架是最重要的原物料之一，也是LED構裝廠最主要的成本來源。高功率LED支架的作用和低功率LED支架作用相同，用來導電和支撐晶片。但是，因爲LED的功率大，故從結構上與第2章低功率支架有很大的不同。高功率LED支架有1 W、3 W、5 W、10 W、15 W、20～50 W、100～500 W等各種功率的支架。有鍍金、鍍銀支架，標準、非標LED支架，表面黏著LED支架，白色支架，黑色支架，耐高溫支架，凹杯支架，平頭支架，帶透鏡支架等。圖5.55和圖5.56是中國國內某廠商製作的幾種高功率LED支架和表面黏著式功率型LED支架。

圖5.55　高功率LED支架

(a)SMD-LED中功率型單晶3528-B

(b)SMD-LED多晶單色3528-Y

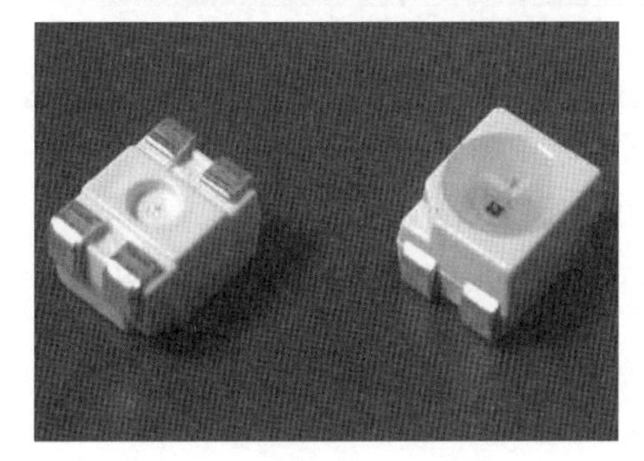

(c)SMD-LED功率型單晶3528-R

(d)SMD-LED功率型單晶3528-Y

圖5.56　表面黏著式功率型LED支架

5.4.1.1　高功率LED支架結構

高功率LED支架的生產商往往根據用戶要求和功率大小來確定所用材質的結構參數，在此以必奇股份有限公司K01-XX0X-XX系列和K02-XX02-XX系列為例，給出高功率LED支架的材質和結構參數，如表5.13所示。

表5.13　必奇股份有限公司高功率LED支架參數

K01-XX0X-XX										
產品型號	尺寸/mm									
	片長	片寬	總高	Pitch	銅柱型式	銅柱杯深	杯内尺寸	塑殼外徑	彎腳	塑膠材質
K01-XX01-X0	140	50	2.7	14.0	圓凹杯	0.5	2.10圓	8.0	無	HTN
K01-XX01-X1	140	50	2.7	14.0	圓凹杯	0.5	2.10圓	8.0	有	HTN
K01-XX02-X0	140	50	3.0	14.0	平頭	-	2.60圓	8.0	無	HTN
K01-XX02-X1	140	50	3.0	14.0	平頭	-	2.60圓	8.0	有	HTN

K01-XX0X-XX										
產品型號	尺寸/mm									
	片長	片寬	總高	Pitch	銅柱型式	銅柱杯深	杯內尺寸	塑殼外徑	彎腳	塑膠材質
K01-XX03-X0	140	50	2.7	14.0	圓凹杯	0.3	2.32圓	8.0	無	HTN
K01-XX03-X1	140	50	2.7	14.0	圓凹杯	0.3	2.32圓	8.0	有	HTN
K01-XX04-X0	140	50	2.8	14.0	方凹杯	0.3	1.3方	8.0	無	HTN
K01-XX04-X1	140	50	2.8	14.0	方凹杯	0.3	1.3方	8.0	有	HTN
K02-XX02-XX										
產品型號	尺寸 / mm									
	片長	片寬	總高	Pitch	銅柱型式	銅柱杯深	杯內尺寸	塑殼外徑	彎腳	塑膠材質
K02-XX02-X0	140	50	2.8	14.0	平頭	6	2.60圓	8.0	無	HTN
K02-XX02-X1	140	50	2.8	14.0	平頭	6	2.60圓	8.0	有	HTN

圖5.57、圖5.58是必奇股份有限公司的K01-XX01-11和巨集磊達電子塑膠（東莞）有限公司的Z0617-05XX/W-T（01F）兩種高功率LED支架的結構圖紙。

5.4.1.2 高功率LED支架使用注意事項

高功率LED支架一般要鍍金或鍍銀。鍍金支架儲存容易，對儲存條件不那麼嚴謹；而鍍銀支架則不然，爲了減少LED鍍銀支架在儲存及使用中的不良率，在使用時要注意以下事項：

1. LED鍍銀支架的電鍍要求

LED鍍銀支架是功能性電鍍，其次是支架的抗氧化性等功能。

2. 鍍銀層化學性質

單價銀在常規狀態下化學性質表現穩定，銀和水中的氧、空氣中的氧極少發生化學反應，但遇到硫化氫，氧化合物，紫外線照射及酸、鹼、鹽類物質作用則極易發生化學反應，其表現爲銀層表面發黃並逐漸變成黑褐色。雖然對電鍍後的LED支架的鍍銀層進行了微弱的有機保護處理，但抗變色性能依然很弱，所以在支架不走生產流程操作時，要密封保存。

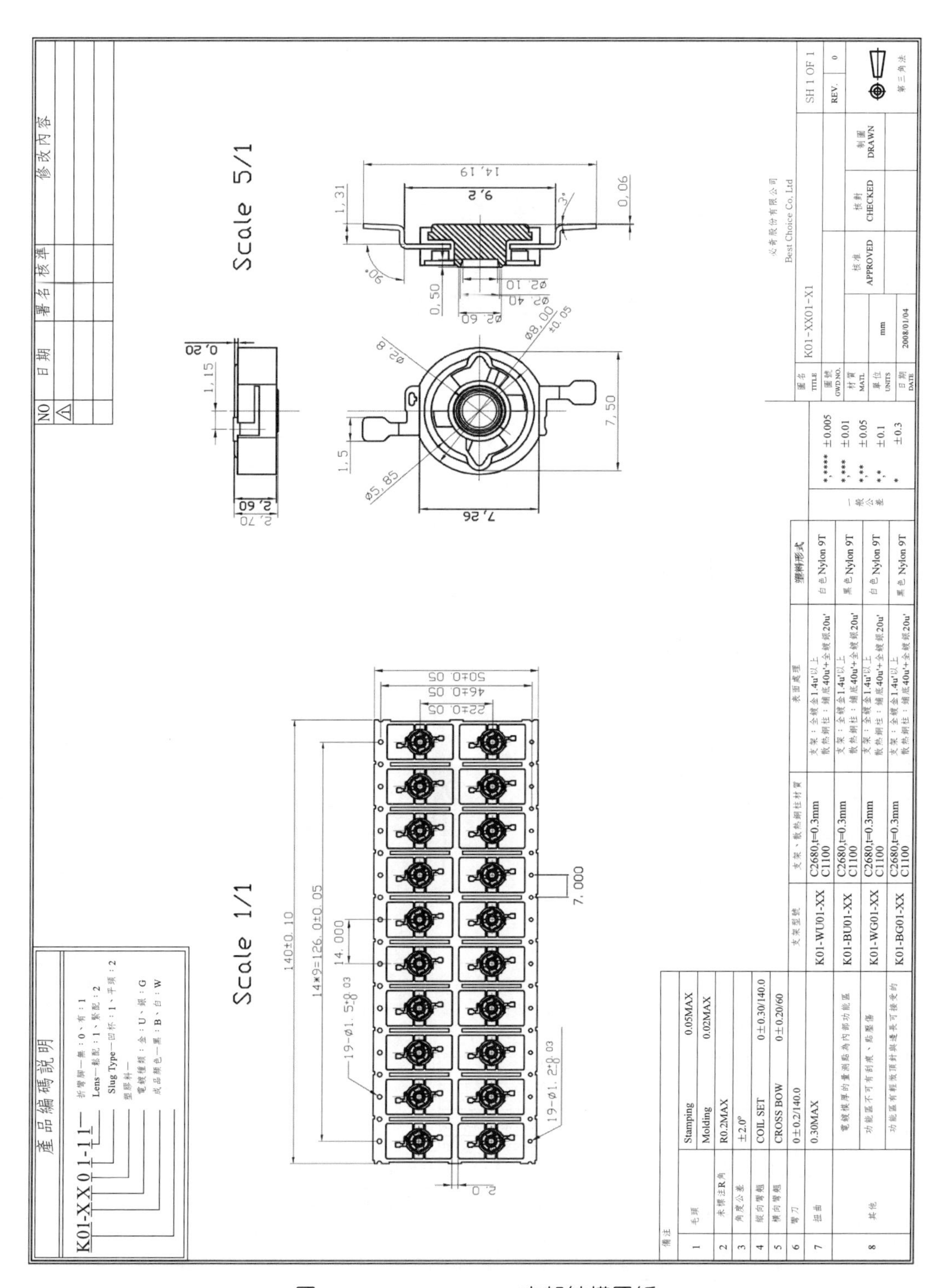

圖5.57　K01-XX01-11支架結構圖紙

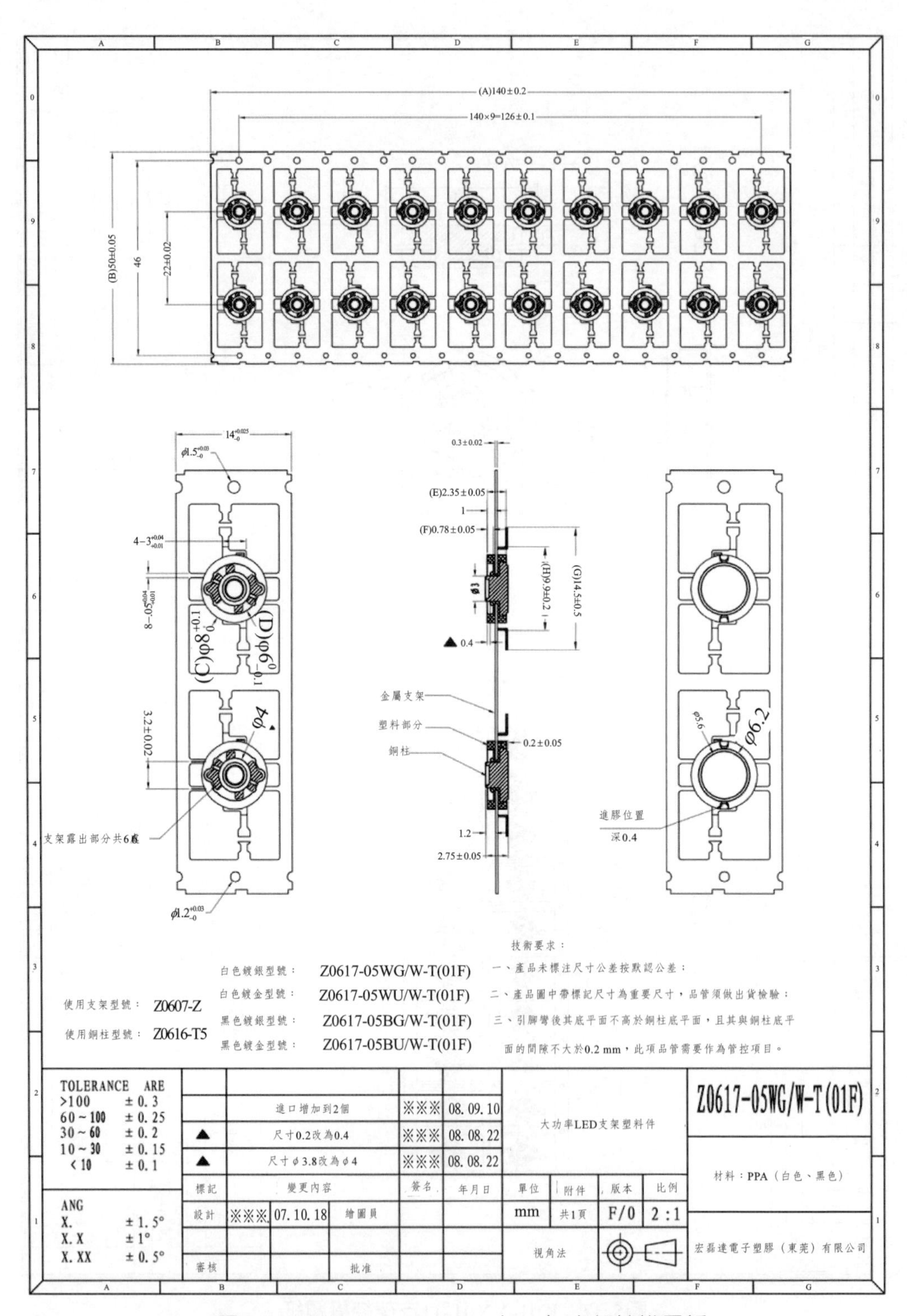

圖5.58　Z0617-05XX/W-T（01F）支架結構圖紙

3. 儲存使用中注意事項

(1)在未打開包裝的條件下，儲存放置條件：25℃以下，相對濕度<65%。

(2)LED鍍銀支架的包裝一旦打開，請注意以下事項：

a.請勿徒手接觸支架。徒手接觸支架，汗液會附著於支架表面，後續存放或烘烤中將加速支架鍍層變色氧化及支架基體生鏽氧化。若徒手接觸支架功能區，其銲線效果極差。

b.作業環境應保持恆定，控制於25℃以下，相對濕度<65%，以防止支架氧化生鏽。

c.在晝夜溫差極大時，應盡量減少作業環境中的空氣流動；長時間不作業的支架，應採用不含硫的框、箱予以密封保護。

d.LED支架在烤箱內，在維持烤箱正常運行下，其排氣口盡量關閉。

e.在低溫季節，要盡量減少裸支架在流程中的存放時間。因爲環境溫度較低時，大氣氣壓同時偏低，空氣污染指數較高，日常工作所產生的廢氣難以散發，容易與銀發生化學反應導致變色。

f.構裝完畢的產品應儘快鍍錫處理（含全鍍品），否則容易出現引線腳氧化，導致外觀不良及銲錫不良。

g.由於助銲劑呈酸性，因此產品銲錫以後須徹底清洗乾淨表面的殘留物質，否則可能在較短的時間氧化生鏽。

4. 支架放置注意事項

爲防止支架在重力擠壓下變形，支架堆放不得超過四層。在搬運支架過程中應輕拿輕放，拆開包裝時應用刀片劃開黏膠帶。

5. 支架的分批管理

由於支架衝壓模具是機械配合，須定期維護模具，以保證支架的機械尺寸在圖紙公差範圍內。爲了作業順暢，請做好支架的分批管制，以減少不同批支架的偏差。

(1)確認包裝箱上封箱色帶及生產日期編號，兩者能統一則以同批投料，否則請分開投料。

(2)檢驗時，請勿混放不同批次的產品。

(3)不同時間進料的支架盡量分開使用。

5.4.2 高功率LED散熱基板

5.4.2.1 LED末溫與發光效率及壽命的關係

一般而言，LED發光時所產生的熱能無法導出，將會使LED末溫過高，進而影響產品生命週期、發光效率、穩定性及壽命，末溫與發光效率之間的關係如圖5.59所示。當末溫度從25℃上升至100℃時，各種顏色發光管的發光效率將會衰退20%～75%，其中又以黃色光衰退75%最為嚴重。

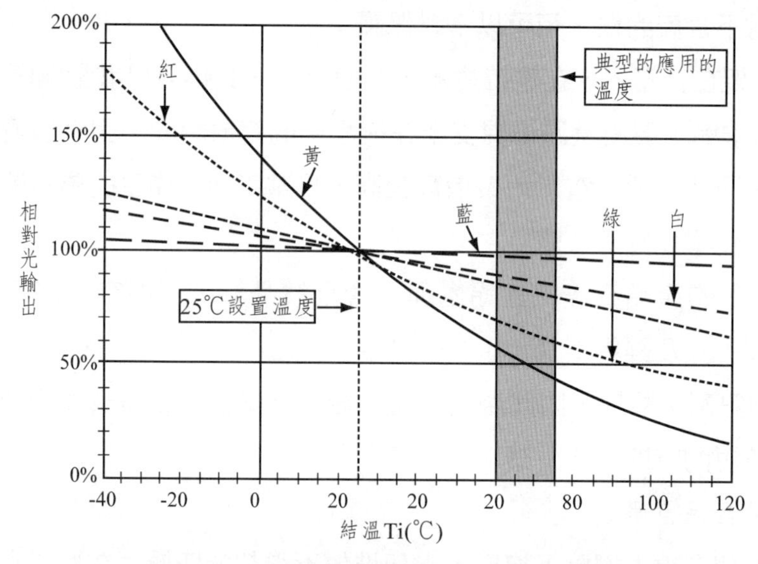

圖5.59 pn接面溫度與發光效率之間的關係

此外，LED的操作溫度愈高，其產品壽命亦愈短，如圖5.60所示。當操作溫度由63℃升到74℃時，LED平均壽命將會減少3/4，因此要提升LED發光效率，LED的散熱管理與設計便成為非常重要的課題。

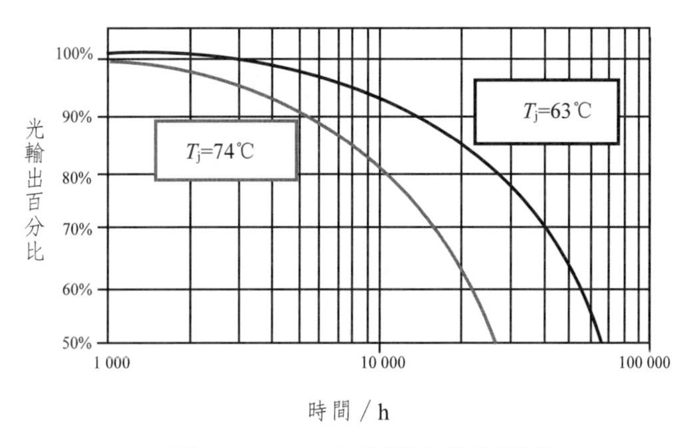

圖5.60　LED溫度與壽命的關係

依據不同的構裝技術，LED散熱方法亦有所不同。LED各種散熱途徑可由圖5.61加以說明。

一般而言，LED晶粒（Die）以打金線、共晶或覆晶方式連結於其基板上（Substrate of LED Die），進而形成LED晶片（chip）系統電路板（System circuit board）。因此LED可能的散熱途徑爲直接從空氣中散熱，如圖5.61途徑①所示。或經由LED晶粒基板至系統電路板再到大氣環境。

然而，現階段整個系統散熱瓶頸，多數發生在將熱量從LED晶粒傳導至基板再到系統電路板。此部分的可能散熱途徑：其一爲直接由晶粒基板散熱至系統電路板，如圖5.61途徑②所示，在此散熱途徑裡，

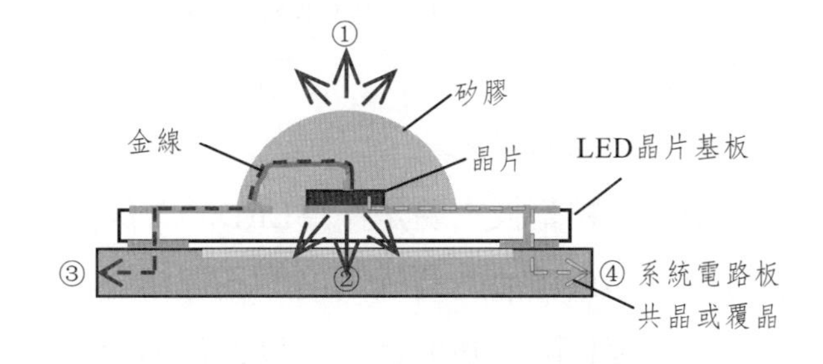

圖5.61　LED散熱途徑示意圖

LED晶粒基板材料的熱散能力是極爲重要的參數。其二，LED所產生的熱亦會經由電極金屬導線而至系統電路板，一般而言，利用金線方式做電極鍵結，散熱與金屬線的線徑、長度和幾何形狀有關，如圖5.61途徑③所示。因此近來採用共晶（Eutectic）或覆晶（Flip chip）接合方式，在設計時要大幅減少導線長度，並大幅增加導線截面積，進而使LED電極導線至系統電路板之散熱效率有效提升，

如圖5.61途徑④所示。

經以上散熱途徑分析可知，散熱基板材料的選擇與LED晶粒的構裝方式有關，在LED熱散管理上是極其重要的一環。

5.4.2.2 LED散熱基板的分類

LED散熱基板主要是利用其散熱基板材料本身具有較佳的熱傳導性，將熱源從LED晶粒導出。因此根據散熱途徑LED散熱基板可分為兩大類別，分別為系統電路板和晶粒基板。

1. 系統電路板

系統電路板是主要在LED散熱系統中最後將熱能導致散熱鰭片、外殼或大氣中的材料。近年來印刷電路板系統多以PCB為主，但隨著高功率LED需求的增加，PCB材料的散熱能力有限，使其無法應用於高功率LED，而高導熱係數鋁基板（MCPCB）利用金屬材料導熱性能優異的特性，已達到高功率產品散熱的目的。

隨著LED亮度與效能要求的持續發展，儘管系統電路板能將LED晶片所產生的熱有效地散到大氣環境，但是LED晶粒所產生的熱能卻無法有效地從晶粒傳導至系統電路板。當LED功率往更高效提升時，整個LED的散熱瓶頸將出現在LED晶粒基板處。

2. LED晶粒基板

LED晶粒基板主要是作為LED晶粒與系統電路板之間熱能導出的媒介，即由打線、共晶或覆晶的製程與LED晶粒結合。而基於散熱考慮，目前市面上LED晶粒基板主要以陶瓷基板為主，以線路製備方法不同大體分為厚膜陶瓷基板、低溫共燒多層陶瓷及薄膜陶瓷基板三種。而傳統高功率LED元件，多以厚膜或低溫共燒陶瓷基板作為晶粒散熱基板，再以打金線方式將LED晶粒與陶瓷基板結合，金線連結限制了熱量沿電極接點散熱效能。解決方式是尋找高散熱係數的基板材料，以取代矽基板、碳化矽基板、氧化鋁基板或氮化鋁基板。其中矽及碳化矽基板材料的半導體特性，使其現階段遇到較苛刻的考驗，而陽極化的氧化鋁基板的氧化層強度不足而容易碎裂導致導通，使其在實際應用上受限。因而，現階段較成熟且普遍接受度較高的是以氮化鋁作爲散熱基板。然而目前受限於氮化鋁基板不適用傳統厚膜製程，因此氮化鋁基板線路須以薄膜製程製備。以薄膜製程製備的氮化鋁基板大幅加速了熱量從LED晶粒經由基板材料至系統電路板的傳熱效能，進而達到高散熱效果，於是成爲2010年備受矚目的散熱板材。

5.4.2.3　常用構裝材料的技術指標

常用構裝材料的技術指標如表5.14所示。

表5.14　常用構裝材料的技術指標

材料	熱膨脹係數(20℃)/($\times 10^{-6} \cdot K^{-1}$)	導熱係數 / ($W \cdot m^{-1} \cdot K^{-1}$)	密度 / ($g \cdot cm^{-3}$)
Si	4.1	150	2.3
GaAs	5.8	39	5.3
Al_2O_3	6.5	20	3.9
AlN	4.5	250	3.3
Al	23	230	2.7
Cu	17	398	8.9
Mo	5.0	140	10.2
W	4.45	168	19.3
Kovar	5.9	17	8.3
Invar	1.6	10	8.1
W-10vol%Cu	6.5	209	17.0
Mo-10vol%Cu	7.0	180	10.0
Cu/Invar/Cu	5.2	160	8.4

5.4.2.4　高功率LED金屬基散熱基板

功率型LED基板材料要求有高的電絕緣性、高的穩定性、高的導熱性、與晶片相近的熱膨脹係數（CTE）、平整性和較高的強度。

金屬基印製板作爲散熱基板的一個門類，20世紀60年代由美國首創，由於其具備散熱性好、熱膨脹性小、尺寸穩定性高及遮罩性好等特點，被廣泛應用在高頻接收機、高功率模組電源、電子以及電信類產品上。特別是作爲高功率LED的散熱基板近幾年的用量越來越大。

雖然金屬基板在高密度和超高功率構裝時產生熱應力和翹曲，但在一般功率LED還是得到了廣泛應用，以下將對鋁散熱基板和銅散熱基板作簡單介紹。

1. 鋁基板

鋁基板一般用於1～5 W高功率LED的構裝上。功率再大LED如採用鋁基板，因熱膨脹係數大有導致晶粒脫落的危險。

1）鋁基板生產技術流程

高功率LED鋁基板的製作技術流程如圖5.62所示。

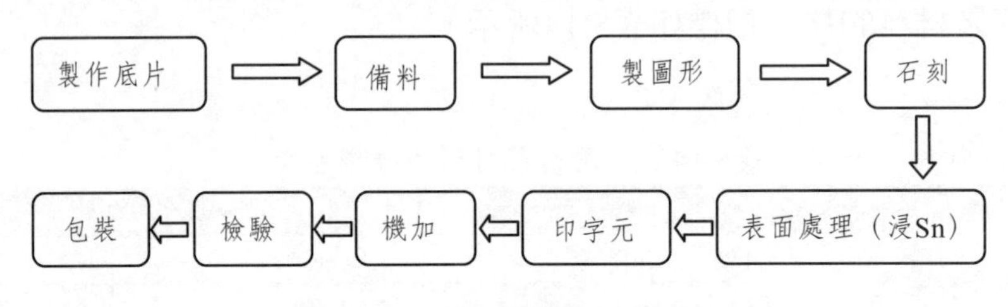

圖5.62　鋁基板製作技術流程

2）鋁基板的特點和參數

基材：鋁基板

產品特點：

(1)絕緣層薄，熱阻小。

(2)無磁性。

(3)散熱好。

(4)機械強度高。

產品標準厚度：0.8 mm, 1.0 mm, 1.2 mm, 1.5 mm, 2.0 mm, 2.5 mm,3.0 mm。

銅箔厚度：1.8 μm, 35 μm, 70 μm, 105 μm, 140 μm。

鋁散熱基板產品參數：

(1)國產料：絕緣層MP-100 μm，導熱係數0.5 W/(m · K)，熱阻1.80 K/W，穿透電壓4.5 kV(AC)。

(2)國產料：絕緣層MP-80 μm，導熱係數0.7 W/(m · K)，熱阻1.20 K/W，穿透電壓3.5 kV(AC)。

(3)日本料：絕緣層MP-60 μm，導熱係數1.8 W/(m · K)，熱阻0.45 K/W，穿透電壓5.5 kV(AC)。

(4)貝格斯料：絕緣層MP-60 μm，導熱係數1.8 W/(m・K)，熱阻0.45 K/W，穿透電壓5.5 kV(AC)。

2. 銅基散熱基板

1）銅散熱基板

傳統的銅散熱基板廣泛應用於電子行業，可用於功率電子元件和微電子元件，在微波通信、自動控制、航空航太、高功率LED等領域發揮著重要作用，並且在部分領域取代了鋁基板等構裝材料，同時也成爲構裝材料領域的研究重點。傳統銅散熱基板在超高功率構裝時和鋁散熱基板一樣，也會受到熱膨脹係數與晶粒熱膨脹係數匹配的影響。因此傳統銅散熱基板一般用於5 W以下LED的構裝。

2）新型銅基散熱基板

新型銅基散熱基板不僅熱導率高，同時可以與晶粒的熱膨脹係數相匹配，因此可以用於超高功率和高密度LED構裝。銅基散熱基板有Cu/C纖維基板構裝材料、層狀基板構裝材料、負熱膨脹基板構裝材料和輕質散熱基板構裝材料。

(1)Cu/C纖維基板構裝材料是各向異性散熱材料，採用粉末冶金法製備出Cu/C短纖維構裝材料，其熱物理性能則呈各向同性，C纖維含量爲13.8%、17.9%、23.2%（體積比）時，對應的熱導率（W/(m・K)）分別爲248.5、193.2、157.4，熱膨脹係數（$\times 10^{-6}$/K）分別爲13.9、12.0、10.8。

(2)前層狀散熱基板構裝材料主要有CIC（Cu/Invar/Cu）、CMC（Cu/Mo/Cu）、CKC（Cu/Kovar/Cu）等。美國AMAX公司和Climax Specialty Metals公司利用熱軋複合的方法生產出Cu/Mo/Cu構裝材料，Cu/Mo/Cu（1：3：1）的熱導率爲225 W/(m・K)，熱膨脹係數爲6.9×10^{-6} K^{-1}，密度爲9.8g/cm^3，電導率爲3.53×10^7S/m。

(3)負熱膨脹基板構裝材料是負熱膨脹材料與Cu複合，可在負膨脹材料體積分率較小的條件下獲得與Si、GaAs等半導體材料相匹配的熱膨脹係數，同時利用了Cu的熱導率大的優點。在ZrW_2O_8粉末表面預先化學鍍銅，然後採用熱等靜壓法（100MPa，500℃/3h）製備出Cu/75%（體積比）ZrW_2O_8複合材料，實測熱膨脹係數爲$(4\sim 5)\times 10^{-6}$/K。

(4)輕質散熱基板構裝材料Cu/SiC是利用銅和碳化矽高熱導率、碳化矽的熱膨脹係數小的優點製作的複合散熱基板。顆粒型Cu/SiC的熱導率在250～325 W/(m·K)之間，熱膨脹係數爲(8.0～12.5)×10^{-6}/K。Schubert等製備出熱導率（W/(m·K)）分別爲222、288、306的顆粒型Cu/SiC構裝材料，相對的熱膨脹係數（×10^{-6}/K）分別爲14.5、10.6和11.2。

5.4.2.5 陶瓷散熱基板

1. LED陶瓷散熱基板介紹

如何降低LED晶粒陶瓷散熱基板的熱阻是目前提升LED發光效率最主要的課題之一。若依製作方法可分爲厚膜陶瓷基板、低溫共燒多層陶瓷基板以及薄膜陶瓷基板三種。

1）厚膜陶瓷基板

厚膜陶瓷基板仍採用網印技術生產，即由刮刀將材料印製於基板上，經過乾燥、燒結、雷射等步驟製作而成，目前中國和台灣都有許多公司提供高性能的厚膜陶瓷基板。一般而言，網印方式製作的線路因爲網版張網問題，容易產生線路粗糙、對位不精準的現象。因此對於未來尺寸要求越來越小，線路越來越精細的高功率LED產品而言，厚膜陶瓷基板的精確度已逐漸不敷使用。

2）低溫共燒多層陶瓷基板

低溫共燒多層陶瓷技術，以陶瓷作爲基板材料，將線路利用網印方式印刷於基板上，再整合多層的陶瓷基板。而低溫共燒多層陶瓷基板的金屬線路層也是利用網印製程製備，同樣有可能因張網問題造成對位誤差，此外，多層陶瓷疊壓燒結後，還會考慮其收縮比例的問題。因此若將低溫共燒多層陶瓷使用於要求線路對位精準的共晶／覆晶LED產品，將更顯嚴謹。

3）薄膜陶瓷基板

爲了改善厚膜製程張網問題以及多層疊壓燒結後收縮比例問題，近來發展出薄膜陶瓷基板作爲LED晶粒的散熱基板。薄膜散熱基板運用濺鍍、電化學沉積以及黃光微影製程製作而成，具備：①低溫製程（300℃以下），避免了高溫材料破壞或尺寸變異的可能性；②使用黃光微影製程，讓基板上的線路更加精確；③金屬線路不易脫落等特點。因此薄膜陶瓷基板適用於高功率、小尺寸、高亮度的

LED，以及要求對位精確性高的共晶構裝製程。

2. 國際大廠LED產品發展趨勢

目前LED產品發展的趨勢，可從LED各構裝大廠近期所公佈的LED產品功率和尺寸得知，高功率、小尺寸的產品爲目前LED產業的發展重點，且均使用陶瓷散熱基板作爲其LED晶粒散熱的途徑。因此陶瓷散熱基板在高功率、小尺寸的LED產品結構上，已成爲相當重要的一環，表5.15是LED產品發展近況與產品類別。

要提升LED發光效率與使用壽命，解決LED產品散熱問題爲現階段最重要的課題之一。LED產業的發展也是以高功率、高亮度、小尺寸發展爲重點，因此提供具有高散熱性、精密尺寸的散熱基板，已成爲未來LED散熱基板發展的趨勢。現階段以氮化鋁基板取代氧化鋁基板，或是以共晶或覆晶製程取代打金線的晶粒／基板結合方式來達到提升LED發光效率爲研發主流。在此發展趨勢下，對散熱基板本身的線路對位精確度要求嚴謹，且要求具有高散熱性、小尺寸、金屬線路附著性好等特色，因此利用黃光微影製作薄膜陶瓷散熱基板，將成爲高功率LED散熱良方之一。

LED晶片基板，是屬於LED晶片與系統電路板兩者之間熱能導出的媒介，並藉由共晶或覆晶與LED晶片結合。爲確保LED的散熱穩定與LED晶片的發光效率，近期許多以陶瓷材料作爲高功率LED散熱基板得到廣泛應用，其種類主要有四種方法：①低溫共燒多層陶瓷（LTCC）；②高溫共燒多層陶瓷（HTCC）；③直接接合銅基板（DBC）；④直接鍍銅基板（DPC）。前兩種屬於早期技術，目前很少使用，而DBC與DPC則爲近幾年才開發成熟、量產化的專業技術。DBC仍利用高溫加熱將Al_2O_3與Cu板結合，其技術瓶頸在於不易解決Al_2O_3與Cu板間微氣孔產生的問題，這使得該產品的量產能力與良率受到較大的挑戰。而DPC技術則是利用直接被覆技術，將Cu沉積於Al_2O_3基板之上，其技術結合材料與薄膜技術，DPC技術產品爲近年最普遍使用的陶瓷散熱基板。

表5.15　中國國內外主要LED產品發展近況與產品類別

製造商	LED產品發展近況	產品圖片
Cree	Cree近期推出的光效率為XLamp\R XP series使用陶瓷基板作為材質	X Lamp® XP series
Osram	Osram近期發展高功率、小尺寸OLSN series以及SMD產品皆採用陶瓷散熱基板	OLSN series
Philips Lumileds	Philips Lumileds高功率LED近期發表產品，即有兩個系列採用陶瓷基板作為材質	Reble series
Nichia	Nichia預計於今年推出高功率產品，其產品也將使用陶瓷基板作為材質	119 series
億光	億光近期推出的炫表面貼高功率LED元件系列，Flash LED與SMD-LED產品均與陶瓷基板作為LED晶粒散熱材質	炫系列
愛笛森	愛笛森近期發表的產品均以小尺寸、高功率為主，包括Flash series與Federal series，也都以陶瓷基板作為材質	Federal

1）直接接合銅基板DBC（Direct Bonded Copper）

DBC直接接合銅基板，將高絕緣性的Al_2O_3或AlN陶瓷基板的單面或雙面覆上銅金屬後，經由高溫1065～1085℃的環境加熱，使銅金屬因高溫氧化、擴散與Al_2O_3材質產生共晶（eutectic）熔體，使銅與陶瓷基板黏合，形成陶瓷複合金屬基板，最後依據線路設計以蝕刻方式製備線路，DBC製造流程如圖5.63所示。

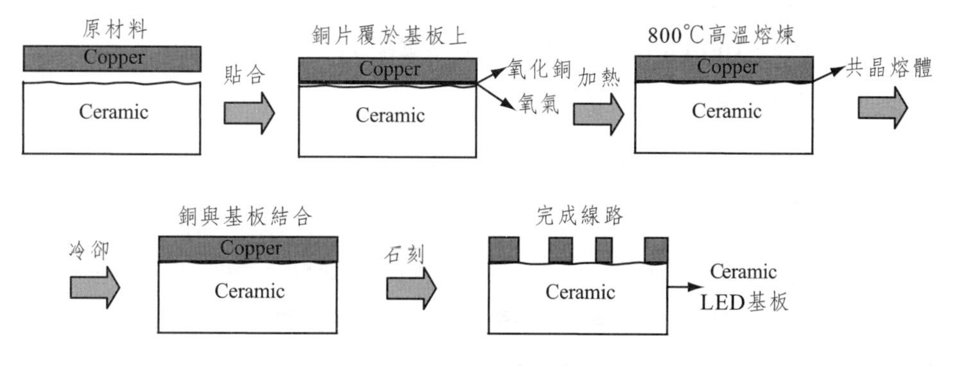

圖5.63　DBC製造流程圖

圖5.64是淄博市臨淄銀河高技術有限公司發明的銅粉印刷高功率LED散熱基板實物圖。生產技術與上述DBC技術不同，其步驟分為：①使銅粉表面形成均勻緻密的氧化膜，再與有機載體按照固相品質比(70～80)：(20～30)混勻，再軋成漿料；②在陶瓷基板上將上述漿料印刷或塗敷形成金屬導體膜並烘乾；③燒結：燒結峰值溫度為1060～1080℃。本發明製造出的陶瓷基板具有高導電、高導熱、高附著力、能夠進行二次圖形精細加工等優異性能，應用到高功率LED構裝中可以明顯提高工作壽命和可靠性。其材質、技術指標和產品特點如下：

圖5.64　銅粉印刷高功率LED散熱基板

(1)材質組成：

陶瓷材質：96%氧化鋁陶瓷；導體層：99.8%銅箔。銅／陶瓷採用高溫鍵結技術，結合層為銅鋁尖晶石結構。不含鉛、鉻、汞等環保標準禁止成分。

(2)技術參數：

a.導熱率：24 W/m．K。

b.導體層厚度：10～80 μm。

c.熱迴圈次數：大於5萬次。

d.抗拉強度：>300 kg/cm^2（銅層與陶瓷鍵結力）。

e.熱膨脹係數：7.4×10^{-6}/K。

f.可工作溫度：–55～600℃（惰性氣體下）。

(3)產品特點：

a.機械強度高、性能穩定；高熱導率、高絕緣強度、高附著力、防腐蝕。

b.極好的熱迴圈性能，迴圈次數達5萬次，可靠性高。

c.與PCB（IMS）一樣可石刻出各種線路圖形。

d.工作溫度範圍寬，適合共晶銲。

e.線膨脹係數與晶片接近，簡化構裝技術，大幅度提高可靠性、延長晶片工作壽命。

f.導熱性能優於目前常見的LTCC技術陶瓷基板。

該公司可根據客戶設計加工或仿作科銳、飛利浦、夏普等國際大廠陶瓷基板。選擇使用DCB／鋁基板複合銲接技術，無需使用昂貴的進口鋁基板，省去導熱矽脂，從晶片底部到鋁板熱阻可達0.25 K/W，是目前可靠性高、導熱性好的構裝基板材料。

2）直接鍍銅基板DPC（Direct Plate Copper）

以璦司柏DPC基板技術爲例：首先將陶瓷基板做前處理清潔，利用薄膜專業製造技術——眞空鍍膜方式於陶瓷基板上濺鍍結合於銅金屬複合層，接著以黃光微影的光阻被覆曝光、顯影、蝕刻、去膜技術完成線路製作，最後再以電鍍／化學鍍沉積方式增加線路的厚度，待光阻移除後即完成金屬化線路製作，詳細DPC生產流程如圖5.65所示。

3. 陶瓷散熱基板特性

表5.16是陶瓷散熱基板熱傳導率、技術溫度、線路製作方法、線徑寬度特性的比較。

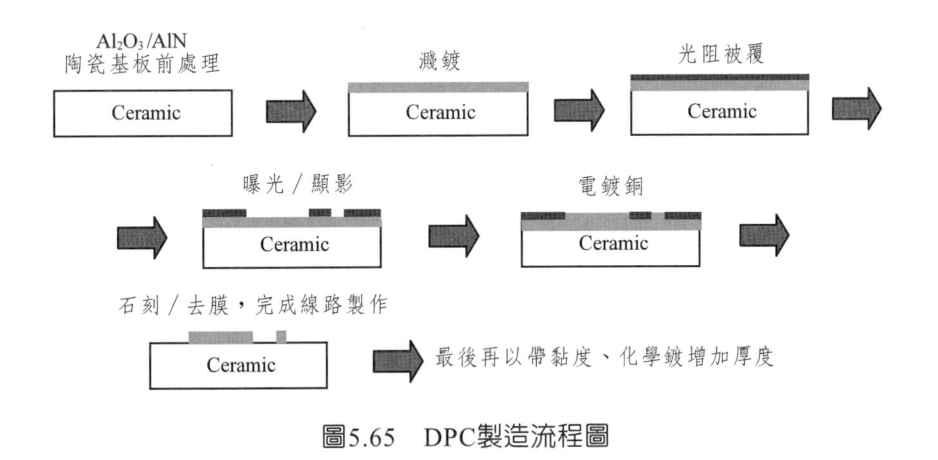

圖5.65　DPC製造流程圖

表5.16　陶瓷散熱基板特性比較

項目	LTCC	HTCC	DBC	DPC
熱傳導係數／(W/m・K)	2～3	16～17	Al_2O_3：20～24 AlN：130～200	Al_2O_3：20～24 AlN：170～220
技術溫度／℃	850～900℃	1300～1600℃	1065～1085℃	250～35℃
線路製作方式	厚膜印刷	厚膜印刷	微影製程	微影製程
線徑寬度／μm	150	150	150	150

5.4.3　高功率LED構裝用矽膠

因為在高功率LED構裝中，環氧樹脂受熱變黃而影響出光率，所以目前大於0.5 W的高功率LED已基本不再使用環氧樹脂構裝，而是普遍採用矽膠構裝。矽膠具有透光率高、折射率大、熱穩定性好、應力小、吸濕性低等特點，明顯優於環氧樹脂，在高功率LED構裝中得到廣泛應用。

矽膠由樹脂、活性體、誘發劑三種材料組成。道康寧、信越、東芝這三家公司出廠的產品中不會含有任何的非矽內的物質，大陸矽膠生產廠家的產品大部分也都符合高功率LED的構裝要求。

5.4.3.1 道康寧LED矽膠

1. 道康寧（Dow Corning）OE6351矽膠

表5.17 道康寧OE6351

產品分類	高功率LED，注模條膠水
產品型號	Dow Corning OE6351
產品簡介	道康寧OE6351為標準折射率的高硬度型號產品（折射率為1.40～1.45，硬度為Shore-A50）。硬度隨環境溫度變化較小，在較大波長區域具有優良的穿透性。而且硬度大於以往的低～中硬度彈性體，不易發黏。因此有望在LED構裝的組裝技術中防止構裝相互黏連、黏附汙物

(1)道康寧OE6351概述。

道康寧LED用構裝材料分爲標準折射率和高折射率兩種型號，每種型號都有多種硬度的產品（應力吸收能力優良的凝膠、具備柔軟性的彈性體、硬樹脂）。

(2)道康寧OE6351的性能。

道康寧OE6351（Dow Corning OE6351）爲標準折射率的高硬度型號產品（折射率爲1.40～1.45，硬度爲Shore-A50）。硬度隨環境溫度變化較小，在較大波長領域具有優良的穿透性，而且硬度大於以往的低～中硬度彈性體，不易發黏。因此在LED構裝的組裝技術中有防止構裝相互黏連、黏附汙物的優點。

高折射率型號構裝材料具有較高的光導出效率，但耐熱性方面存在問題。因此汽車、家電等LED晶片周圍環境溫度偏高之處需要採用耐熱性優良的標準折射率型號。

但道康寧OE6351在三種條件下加熱800h後的光穿透率基本沒有變化，顯示出了較高的長期穩定性。

2. 道康寧OE6250 LED矽膠

表5.18 道康寧OE6250

產品分類	高功率LED，注透鏡膠水
產品型號	OE6250
產品簡介	道康寧OE6250的折射率為1.41，凝膠，適合混螢光粉做構裝。

(1)道康寧OE6250概述。

折射率1.41，凝膠，適合混螢光粉做構裝。

(2)道康寧OE6250的性能。

a.雙成分凝膠，混合比例1：1。

b.適合LED傳統技術透鏡，注封。

3.道康寧JCR6175 LED矽膠

表5.19 道康寧JCR6175

產品分類	高功率LED混螢光粉膠水
產品型號	JCR6175
產品簡介	道康寧JCR6175的折射率為1.54。道康寧JCR6175的性能： ①雙成分彈性體，混合比例1：1；②高折射率；③適合LED構裝。

4. 道康寧OE6550 LED矽膠

表5.20 道康寧OE6550

產品分類	高功率LED混螢光粉膠水
產品型號	OE6550
產品簡介	道康寧OE6550的折射率為1.54，高硬度彈性體。

(1)道康寧OE6550概述。

折射率1.54，高硬度彈性體。

(2)道康寧OE6550的性能。

a.雙成分彈性體，混合比例1：1。

b.中等黏度，高折射率。

c.適合LED構裝。

5. 道康寧EG6301 LED矽膠

表5.21　道康寧EG6301

產品分類	表面黏著SMD構裝膠水
產品型號	EG6301
產品簡介	道康寧EG6301的折射率為1.41，道康寧EG6301的性能：①雙成分彈性體，混合比1：1；②加熱固化；③高透明度，長操作時間。

(1)道康寧EG6301概述。

折射率爲1.41。

(2)道康寧EG6301的性能。

a.雙成分彈性體，混合比1：1。

b.加熱固化。

c.高透明度，長操作時間。

以上道康寧矽酮LED，注封膠被設計成用來滿足LED市場的需要，包括高黏合、高純度、耐濕氣、高溫穩定性及光透射比。

矽酮材料可以吸收構裝內部由於高溫迴圈引起的應力，而保護晶片及其銲接金線。在電子工業迅速向無鉛製程發展中，矽酮壓封膠以其所顯示的在銲錫迴焊溫度時的優異穩定性而自然地適合於LED應用。

道康寧EG6301特性／優點：

a.優異的高溫穩定性——在操作及性能上有更高的可靠性。

b.濕氣攝取量低——在業界應用上有更高的可靠性。

c.可調節之模數——設計靈活性。

d.低離子含量。

e.優異的光學特性——可以被廣泛應用。

f.加速固化——無副產物並且收縮性小。

g.無溶劑——無危害性散發物。

5.4.3.2　道康寧高功率LED矽膠6865

6865M/N適用於高功率LED的模條，注封，達到耐溫、防潮、防震、絕緣、密封的目的。M成分和N成分混合後加溫固化後脫模，再進行老化，可以有效解決透鏡構裝不能過回銲的問題。6865有機矽膠可用作光電元件的透明注封，注封可減小震動、消除應力，也可作爲高功率晶片構裝的內塡充膠。圖5.71是6865包裝圖，表5.22是6865的典型技術指標。

5.4.3.3　信越LED矽膠

1. 信越矽膠

1）高功率用矽膠

SCR-1012，100℃/1h+構裝環氧的固化條件。

2）SMD TOP VIEW

3528 & 3020 SCR-1012/1012B-R/1016，100℃下1h+150℃下5h。

表5.22　高功率LED矽膠6865典型技術指標

序號		指標名稱		技術指標
固化前	1	外觀		無色透明液體
	2	黏度cps(25℃)	M組分	5000～7000
			N組分	3500～4500
	3	允許操作時間 / (h/ 25℃)		4
	4	混合比例		M：N=1：1
固化後	5	邵氏硬度Shore A		55～65
	6	體積電阻係數 / (Ω·cm)		1×10^{14}
	7	介電係數（1MHz）		3.5
	8	介質損耗因素（1MHz）		1×10^{-3}
	9	穿透電壓(50Hz)/(MV/m)		25
	10	延伸率 / psi		2800
	11	折射率		1.41
	12	透光率 / %，（450 nm，1 mm）		97.5%

注：道康寧矽膠的資料很多，可以向道康寧有機矽貿易（上海）有限公司索要資料。
1 psi=1 in^2=0.155 cm^{-2}。

5050 KER-2500LV 100℃下，1h+150℃下3h

SIDE VIEW SCR-1012/1012B-R。

3）HIGH POWER

有PC透鏡：混螢光粉KER6000，150℃/1h。

無PC透鏡：模條構裝。

KER-2500混螢光粉+KER2500 molding透鏡。

KER6100混螢光粉+KER2500 molding透鏡。

晶圓固著膠：KER3000-M2矽膠絕緣膠，無色透明，耐高溫，耐UV，老化信賴性出色，適合低功率。

4）LED的晶圓固著

SMP2800矽膠導電銀膠，灰色，耐高溫，耐UV，老化信賴性出色，適合高功率LED的晶圓固著。

2. lamp兩引線直插式

電流在20～30 mA，功率1 W以下（點矽膠在晶片上，外面再構裝環氧樹脂）。

1）混合螢光粉產生白光SCR-1012（SCR系列中1011已經不再推薦）

混合螢光粉的矽膠黏度不能太低，因爲太低的時候螢光粉會出現沉澱，所以這裡SCR1016不合適點螢光粉的方式使用。建議固化條件：100℃/1h，然後構裝上環氧樹脂之後按照環氧樹脂的固化條件固化即可。實驗結果也證明，推薦的固化條件下，矽膠與環氧樹脂之間的空隙是最小的。

2）晶圓固著KER-3000-M2

固化條件：100℃/1h+170℃/2h。

3. SMD用矽膠（一般晶片1 mm×1 mm，電流小於350 mA，功率1 W以下）

1）建議SMD矽膠型號

(1)對於3528和3020型，建議SCR-1012/1012B-R（點螢光粉使用）或者SCR-1016（不點螢光粉時可以使用，1016的耐高溫性比1012要好一點）。

建議固化條件：100℃/1h+150℃/5h，或者90℃/2h+150℃/5h。

(2)對於5050型，建議KER-2500LV。

建議固化條件：100℃/1h+150℃/3h。

2）Side view（側光源）

注封膠SCR-1012/1012B-R。

晶圓固著膠均爲KER-3000-M2。

固化條件：100℃/1h+150℃/2h，或者100℃/1h+170℃/2h（在別的元件能夠承受溫度的條件下，提高固化溫度或者延長時間是爲了解決固化抑制的問題）。

4. High Power（高功率）

帶PC透鏡型：KER6200（注封）果凍膠，黏度3000左右，常溫24h固化（或者50℃/4h，加高溫度可減少固化時間）；常溫固化時比較方便，有利於解決透鏡脫離的現象。KER6000（配螢光粉），150℃/1h固化。

無透鏡型：模條構裝。

KER-2500/KER6100（相對於道康寧DC6336/6301），此膠對PPA的黏結性比道康寧膠好。

高功率晶圓固著膠：

KER-3200-T1（LED雙電極用絕緣晶圓固著矽膠）。

SMP-2800晶圓固著膠是單電極用的導電矽膠。

KER-2500甲基系列。折射率沒有苯基系列高，但是，苯基系列長時間使用後的穩定性不如甲基系列。

KER2700用於高功率陶瓷支架，玻璃技術表面黏著構裝。

5.4.4　高功率晶片

5.4.4.1　晶片廠商

LED晶片生產廠商眾多，產品型號繁多，性能參數各異，產品品質也略有差異。雖然晶片廠商眾多，但有部分廠商還處在建廠和小批量生產階段，因此目前LED晶片不能滿足中國近2000家構裝企業的構裝需求。中國國內外LED晶片廠商都能生產低功率LED晶片，而高功率晶片除國外幾家廠商外，中國國內幾乎是空白，即便是國外供應商大都只能生產單片功率在5 W以下的晶片，因此高功率LED目前仍處在多晶片構裝爲主的階段。現在對中國大陸和台灣及國外LED晶片品牌廠商歸類如下：

1. 大陸LED晶片廠商

三安光電（簡稱S）、上海藍光（簡稱E）、士蘭明芯（簡稱SL）、大連路美（簡稱LM）、迪源光電、華燦光電、南昌欣磊、上海金橋大晨、浪潮華光、河北立德、河北匯能、深圳奧倫德、深圳世紀晶源、廣州普光、揚州華夏積體、甘肅新天電公司、東莞福地電子材料、清芯光電、晶能光電、中微光電子、乾照光電、晶達光電、深圳方大、上海藍寶等。

2. 台灣LED晶片廠商

晶元光電（簡稱ES）、聯詮、元坤、連勇、國聯、廣鎵光電、新世紀、華上（簡稱AOC）、泰穀光電、奇力、鉅新、光宏、晶發、視創、洲磊、聯勝（簡稱HPO）、漢光（簡稱HL）、光磊（簡稱ED）、鼎元（簡稱TK）、曜富洲技（簡稱TC）、燦圓、聯鼎、全新光電、華興、東貝、光鼎、億光、佰鴻、今台、菱生精密、立基、光寶、宏齊等。

3. 國外LED晶片廠商

惠普（HP）、科銳（Cree）、日亞化學（Nichia）、豐田合成、大洋日酸、東芝、昭和電工（SDK)、Lumileds、旭明（Smileds）、Genelite、歐司朗（Osram）、GeLcore、首爾半導體、普瑞、韓國安螢（Epivalley）等。

有關晶片結構和參數可到中國國內外各晶片廠商網站查詢，例如Cree網站http://www.cree.com/就有功率大小不同、發光中心波長不同、結構尺寸不同的各種型號晶片。

5.4.4.2 部分廠商幾種高功率LED晶片參數

美國普瑞（Bridgelux）、美國科銳（Cree）和台灣旭明（Semileds）三家晶片廠商的部分藍光和綠光晶片的結構、尺寸、產品規格、抗靜電能力、生產技術、性能價值比等，如表5.23所示。

表5.23 普瑞、科銳和台灣旭明公司高功率LED晶片參數

名稱	普瑞（Bridgelux）	科銳（Cree）	旭明（Semileds）
公司背景	美國	美國	美資台灣產
晶片結構	雙電極，水準電極	單電極，垂直式電極	單電極，垂直式電極
晶片尺寸	24 mil, 38 mil, 45 mil, (50 mil)	24 mil, 28 mil; 40 mil; 60 mil	24 mil, 28 mil, 40 mil, 45 mil, 60 mil
產品規格	藍光系列	EZ1000(40)	

名稱	普瑞（Bridgelux）	科銳（Cree）	旭明（Semileds）
產品規格	BXCA4545xxx-D 255～345 mW 445～470 nm	300 mW 450～470 nm (300～380 mW)	SL-V-B60AC 550～1000 mW/700 mA 450～465 nm
	BXCA4545xxx-C 240～255 mW 445～470 nm	200 mW 450～470 nm (200～300 mW)	SL-V-B45AC 400～600 mW/350 mA 450～465 nm
	BXCA3838xxx-C 220～255 mW 445～470 nm	130 mW 520～535 nm (130～150 mW)	SL-V-B40AC2 600～850 mW/700 mA 450～465 nm
	BXCA3838xxx-B 185～220 mW 445～470 nm	80 mW 520～535 nm (80～130 mW)	SL-V-B40AC 290-550 mW/350 mA 450-465 nm
	MKO4545Cxxx-C 230～260 mW 445～470 nm	EZ700(28)	SL-V-B40EC 350～550 mW/350 mA 450～465 nm
	MKO2424cxxx-M 50～100 mW 445～470 nm	200 mW 200～260 mW 450～470 nm	SL-V-B28AD 200～400 mW/350 mA 50～465 nm
	綠光系列	180 mW 180～240 mW 450～470 nm	SL-V-G40AC 10～20 cd/350 mA 500～535 nm
	MKO4545Cxxx-M7 5～150 mW 520～535 nm	160 mW 160～220 mW 450～470 nm	
	MKO2424Cxxx-M 25～43 mW 520～535 nm	EZ600(24)	
抗靜電能力（ESD）	3 kV	1 kV	500 V
出口專利	有	有	無
生產技術	產品良率高，批次差異不大	產品良率較高，批次差異大，生產成本高	產品良率低，批次差異大，生產成本高
MULTI-CHIP的LED構裝	適合多晶片並聯或者串聯	不適合多晶片連接	不適合多晶片連接
產品可靠性	好	好	一般
LM/W/$（價比）	好	一般	一般

注：表中資料來自LED時代：http://ledage.eefocus.com/article/09-07/1402501247796771.html。中國國內有些LED晶片廠家生產的晶片品質接近國外同類產品水準，其性能價值比也比較高，已被眾多構裝企業所採用。

5.4.5 白光LED螢光粉

5.4.5.1 概述

LED螢光粉近幾年發展非常迅速，美國GE公司持有多項專利，中國國內也有一些專利報導。藍光LED激發的黃色螢光粉基本上能滿足目前白光LED產品的要求，但還需要進一步提高效率，降低粒度，最好能製備出直徑3～4 nm的球形螢光粉。

20世紀90年代中期，日本日亞化學公司的Nakamura等人經過不懈努力，突破了製造藍光LED的關鍵技術，並由此開發出以螢光材料覆蓋藍光LED產生白光光源的技術。半導體照明具有綠色環保、壽命超長、高效節能、抗惡劣環境、結構簡單、體積小、重量輕、回應快、工作電壓低及安全性好的特點，因此被譽爲繼白熾燈、日光燈和節能燈之後的第四代照明電光源，或稱爲21世紀綠色光源。美國、日本及歐洲均投入大量人力和財力，設立專門的機構推動半導體照明技術的發展。

5.4.5.2 化學成分及特性

螢光粉的種類、化學組成及特性如表5.24所示。

5.4.5.3 LED螢光粉的應用

1. 實現白光發射

LED燈被譽爲第四代光源，其中白光源毫無疑問是需求量最大的，所以LED螢光粉在實現白光發射領域應用最廣泛。LED實現白光有多種方式，而開發較早、已實現產業化的方式是在LED晶片上塗敷螢光粉而產生白光發射。

LED採用螢光粉產生白光主要有三種方法，但它們並沒有完全成熟，由此嚴重地影響白光LED在照明領域的應用。

第一種方法：藍光LED晶片+黃色螢光粉，該技術被日本Nichia公司壟斷。這種方案有一個原理性的缺點，就是該螢光體中Ce^{3+}離子的發射光譜不具連續光譜特性，顯色性較差，難以滿足低色溫照明的要求，同時發光效率也不夠高，需要通過開發新型的高效螢光粉來改善。

表5.24　螢光粉的種類、化學組成及特性

種類	名稱	組成	特性
1	Ce^{3+}活化的稀土釔鋁石榴石體系（YAG）	$Y_3Al_5O_{12}$：Ge, $Y_3Ga_5O_{12}$：Ge, $(Y_1+aGda)_3(Al_{1-b}Gab)_5O_{12}$：Ge, YAG：Ge, M	發射高效的綠、黃、橙黃可見光，物理化學性能穩定
2	Ce^{3+}或Eu^{2+}活化的硫代鎵鹽	MGa_2S_4：Ce^{3+}, MGa_2S_4：Eu^{2+}, (M=Ca, Sr, Ba)	藍綠色可見光製備複雜，性能不穩定，易潮解
3	鹼土金屬硫化物，硫化鋅型硫化物	CaS：Eu^{2+}, (Ca,Sr)S：Eu^{2+}, CaS：Ce^{3+}, ZnS：Cu	發射綠、紅可見光，不穩定，易潮解
4	Eu^{2+}活化的鋁酸鹽	$SrAl_2O_4$：Eu, $SrAl_2O_4$：Eu, Dy, $SrAl_{14}O_{25}$：Eu, $SrAl_{14}O_{25}$：Eu, R	發射綠、黃綠可見光，具有很長的餘暉，不穩定，易潮解
5	Eu^{2+}活化的鹼土金屬鹵磷酸鹽	$(Sr, Ca)_{10}(PO_4)_6Cl_2$：Eu, (Ba, Ca, $Ng)_{10}(PO_4)_6Cl_2$：Eu,	發射藍、藍綠光，$\lambda \leq 440$ nm以下激發
6	Eu^{2+}活化的鹵矽酸鹽	$Sr_4Al_3O_8Cl$：Eu^{2+}等	發射藍綠光、綠光
7	Mn^{4+}活化的氟砷酸鎂	$6MgO.As_2O_5$：Mn, 3.5 MgO. $0.5MgF_2GeO_2$：Mn	發射紅光（635 nm），$\lambda \leq 440$ nm以下激發

第二種方法：藍光LED+綠色螢光粉+紅色螢光粉。通過晶片發出的藍光與螢光粉發出的綠光和紅光複合得到白光，顯色性較好。但是這種方法所用螢光粉的有效轉換效率較低，尤其是紅色螢光粉的效率需要較大幅度的提高。

第三種方法：紫光LED+三基色螢光粉（多種顏色的螢光粉）。利用該晶片發射的長波紫外光（370～380 nm）或紫光（380～410 nm）來激發螢光粉而產生白光發射，該方法顯色性更好，但同樣存在和第二種方法相似的問題。且目前轉換效率較高的紅色和綠色螢光粉多爲硫化物體系，這類螢光粉發光穩定性差、光衰較大，因此開發高效率、低光衰的白光LED用螢光粉迫在旦夕。

2. 利用某波長LED發光效率高的優點製備其他波長LED

雖然不使用螢光粉，就能製備出紅、黃、綠、藍、紫等不同顏色的彩色LED，但由於這些不同顏色LED的發光效率相差很大，採用螢光粉以後，可以利用某些波長LED發光效率高的優點來製備其他波長的LED，以提高該波長的發光效率。例如有些綠色波長的LED效率較低，台灣廠商利用我們提供的螢光粉製備出一種效率較高，被其稱爲「蘋果綠」的LED用於手機背光源，取得了較好的經濟效益。

3. 將發光波長有誤差的LED重新利用

LED的發光波長現在還很難精確控制，因而會造成有些波長的LED得不到應用而出現浪費。例如需要製備470 nm的LED時，可能製備出來的是從455 nm到480 nm範圍很寬的LED，發光波長在兩端的LED只能以較低廉的價格處理掉或者廢棄，而採用螢光粉可以將這些所謂的「廢品」轉化成我們所需要的顏色而得到利用。

4. 讓LED光色更柔和、鮮豔

雖然在LED上最廣泛的應用是在白光領域，但由於其特殊的優點，採用螢光粉以後，有些LED的光色會變得更加柔和或鮮豔，以適應不同的應用需要，在彩色LED中也能得到一定的應用。但螢光粉在彩色LED上的應用還剛剛起步，需要深入研究和開發。

LED螢光粉製造廠商很多，螢光粉品質、光衰和發光效率也有所不同，表5.25給出了中國國內外廠商生產的部分型號的螢光粉。

表5.25　用於白光LED的部分螢光粉

黃色螢光粉（Yellow Phosphor）					
TMY-000901-448455	TMY-000902-455460	TMY-000432-460465	TMY-080911-465470	TMY-011001-470473	TMY-001002-473476
TMY-000501-448455	TMY-000502-455460	TMY-000753-460465	TMY-050565-465470	TMY-050070-470473	TMY-065065-473476
TMY-000601-448455	TMY-000602-455460	TMY-000642-460465	TMY-060665-465470	TMY-060070-470473	TMY-060065-473476
TMY-100530-450460	TMY-100535-457465	TMY-100550-465470	TMY-100536-460465	TMY-200562-450470	TMY-200571-455475
TMY-400532-450460	TMY-500550-455465	TMY-500560-450470	TMY-500570-455465		
橙色螢光粉（Orange Phosphor）					
TMO-100582-390480	TMO-300600-0000B5	TMO-300585-0001K2			
綠色螢光粉（Green Phosphor）					
TMG-300562-001B80	TMG-300563-002B80	TMG-300530-01B200	TMG-300525-02B200		
紅色螢光粉（Red Phosphor）					
TMR-200616-380475	TMR-200647-380490	TMR-300595-01C090	TMR-500630-254530		
藍色螢光粉（Blue Phosphor）					
TMB-300460-000P01					
高功率螢光粉（HiPower Phosphor）					
TMO-100582-390480	TMO-300600-0000B5	TMO-300585-0001K2	TMG-300562-001B80	TMG-300563-002B80	TMG-300530-01B200
TMG-300525-02B200	TMR-200616-380475	TMR-200647-380490	TMR-300595-01C090	TMR-500630-254530	TMR-500650-255530
TMY-100550-465470	TMY-100536-460465	TMY-200562-450470	TMY-200571-455475	TMY-300564-001B61	TMY-300565-001B65
TMY-300566-002B65	TMY-300567-002B67				
YAG螢光粉（YAG Phosphor）					
TMY-000901-448455	TMY-000902-455460	TMY-000432-460465	TMY-080911-465470	TMY-011001-470473	TMY-001002-473476

TMY-000501-448455	TMY-000502-455460	TMY-000753-460465	TMY-050565-465470	TMY-050070-470473	TMY-065065-473476
TMY-000601-448455	TMY-000602-455460	TMY-000642-460465	TMY-060665-465470	TMY-060070-470473	TMY-060065-473476
TMY-100530-450460	TMY-100535-457465	TMY-100550-465470	TMY-100536-460465	TMY-200562-450470	TMY-200571-455475
TMY-400532-450460	TMY-500550-455465	TMY-500560-450470	TMY-500570-455465		
矽酸鹽螢光粉（SSE Phosphor）					
TMY-300564-001B61	TMY-300565-001B65	TMY-300566-002B65	TMY-300567-002B67	TMO-100582-390480	TMO-300600-0000B5
TMO-300585-0001K2	TMG-300562-001B80	TMG-300563-002B80	TMG-300530-01B200	TMG-300525-02B200	TMR-300595-01C090
TMB-300460-000P01					
氮化物螢光粉（Oxynitride Phosphor）					
TMY-500550-455465	TMY-500560-450470	TMY-500570-455465	TMR-500630-254530	TMR-500650-255530	

表5.26～表5.33給出了表5.25中部分螢光粉的技術參數，如果讀者需要表5.25中其他型號的螢光粉，可到中國國內外螢光粉供應商深圳市圖盟商貿有限公司網站查詢，或者直接與公司聯繫索要詳細資料。也可根據需求使用其他廠商生產的螢光粉。圖5.66～圖5.73是對應表5.26～表5.33給出的螢光粉的包裝圖。

表5.26　三種黃色螢光粉參數

TMY-000901-448455			
用途	製造白光LED（Use For White LED）		
成分	YAG	比重	4.30g/cm^3
粒度	<8 μm	產地	日本
激發波長	448～455 nm	X	0.431
發射波長		Y	0.549
顏色	黃色	技術資料	深圳市圖盟商貿有限公司
TMY-000902-455460			
用途	製造白光LED（Use For White LED）		
成分	YAG	比重	4.30g/cm^3
粒度	<8 μm	產地	日本
激發波長	455～460 nm	X	0.438
發射波長		Y	0.545
顏色	黃色	技術資料	深圳市圖盟商貿有限公司
TMY-000432-460465			
用途	製造白光LED（Use For White LED）		
成分	YAG	比重	4.40g/cm^3
粒度	<8 μm	產地	日本
激發波長	460～465 nm	X	0.461
發射波長		Y	0.529
顏色	黃色	技術資料	深圳市圖盟商貿有限公司

TMY-000901

TMY-000902

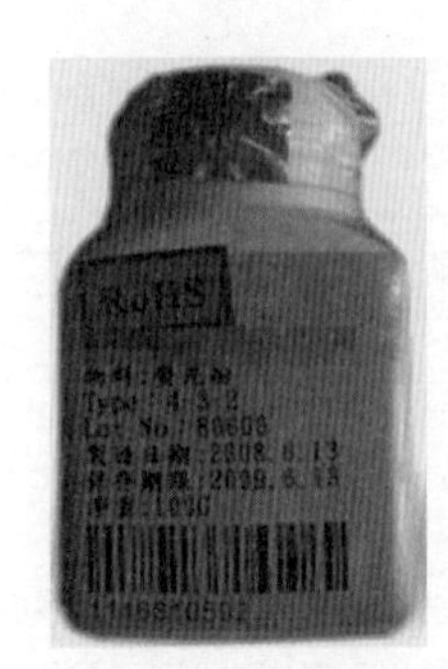

TMY-000432

圖5.66　YAG黃色螢光粉包裝圖

表5.27　三種橙色螢光粉參數

TMO-100582-390480（橙色）			
用途	製造白光LED（Use For White LED）		
成分	矽酸鹽	比重	4.75g/cm^3
粒度	<25 μm	產地	日本
激發波長	390～480 nm	X	0.532
發射波長	582 nm	Y	0.465
顏色	橙色	技術資料	深圳市圖盟商貿有限公司
TMO-300600-0000B5（橙色）			
用途	製造白光LED（Use For White LED）		
成分	矽酸鹽	比重	3.80g/cm^3
粒度	<12 μm	產地	韓國
激發波長	450～470 nm	X	0.590
發射波長	600 nm	Y	0.405
顏色	橙色	技術資料	深圳市圖盟商貿有限公司
TMO-300585-0001K2（橙色）			
用途	製造白光LED（Use For White LED）		
成分	矽酸鹽	比重	3.95g/cm^3
粒度	<12 μm	產地	韓國
激發波長	450～470 nm	X	0.545
發射波長	585 nm	Y	0.455
顏色	橙色	技術資料	深圳市圖盟商貿有限公司

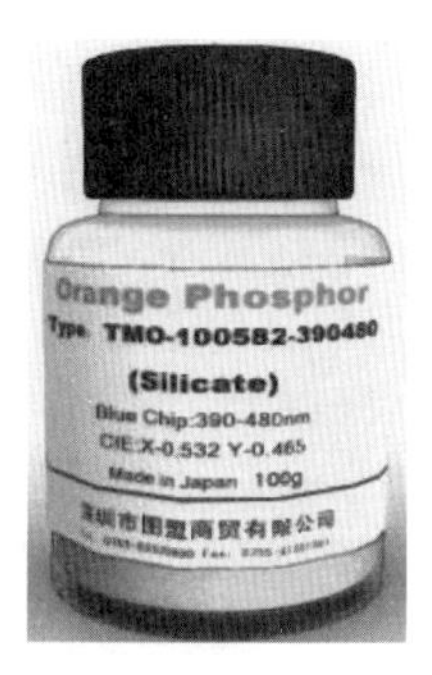

TMO-100582

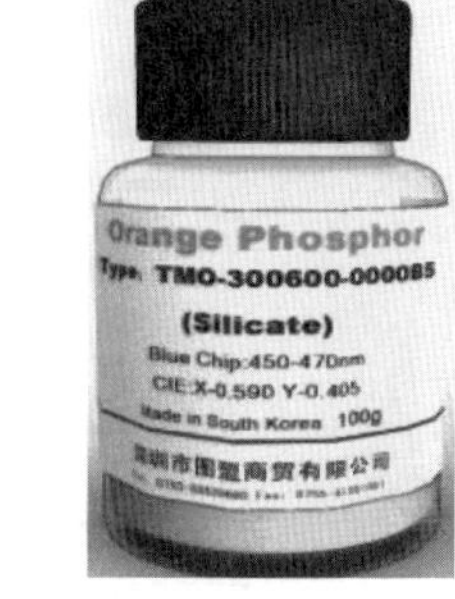

TMO-300600

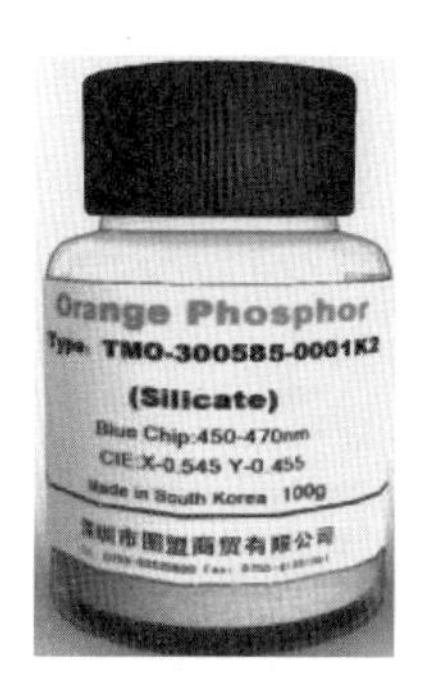

TMO-300585

圖5.67　橙色螢光粉包裝圖

表5.28　三種綠色螢光粉參數

TMG-300562-001B80（綠色）			
用途	製造白光LED（Use For White LED）		
成分	矽酸鹽	比重	3.85g/cm^3
粒度	<12 μm	產地	韓國
激發波長	450～470 nm	X	0.455
發射波長	562 nm	Y	0.545
顏色	綠色	技術資料	深圳市圖盟商貿有限公司
TMG-300563-002B80（綠色）			
用途	製造白光LED（Use For White LED）		
成分	矽酸鹽	比重	3.85g/cm^3
粒度	<12 μm	產地	韓國
激發波長	450～470 nm	X	0.450
發射波長	563 nm	Y	0.535
顏色	綠色	技術資料	深圳市圖盟商貿有限公司
TMG-300530-01B200（綠色）			
用途	製造白光LED（Use For White LED）		
成分	矽酸鹽	比重	3.85g/cm^3
粒度	<12 μm	產地	韓國
激發波長	450～470 nm	X	0.281
發射波長	530 nm	Y	0.645
顏色	綠色	技術資料	深圳市圖盟商貿有限公司

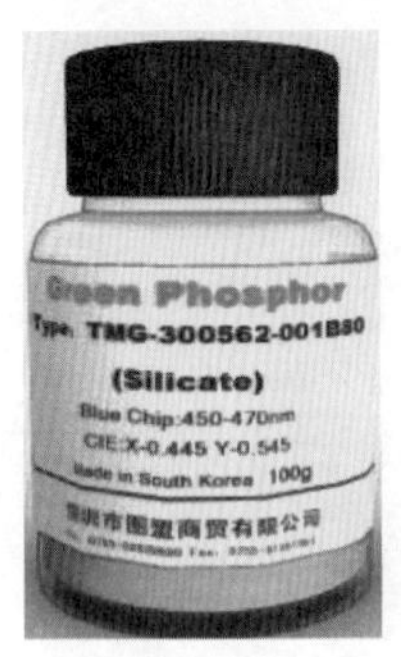

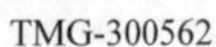

TMG-300562

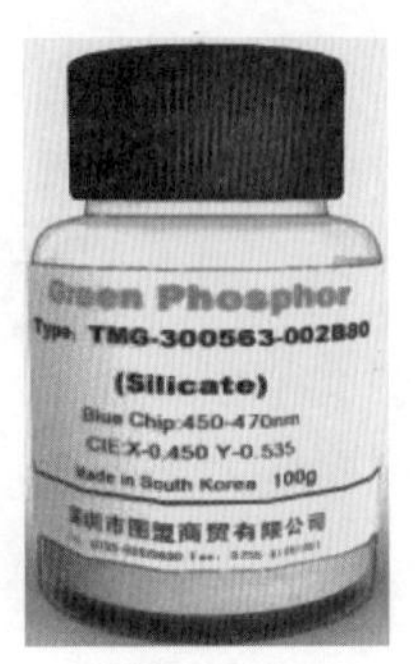

TMG-300563

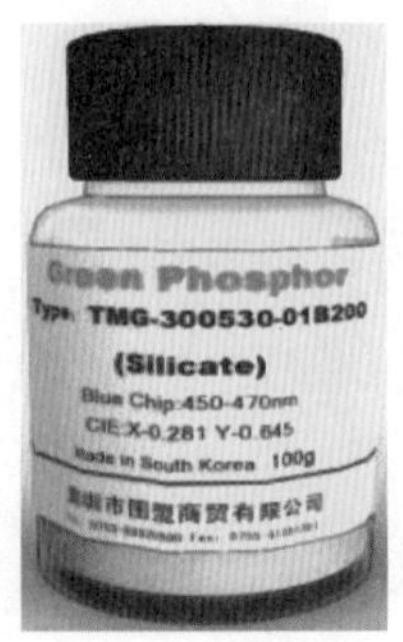

TMO-300530

圖5.68　綠色螢光粉包裝圖

表5.29　三種紅色螢光粉參數

TMR-200616-380475（紅色）			
用途	製造白光LED（Use For White LED）		
成分	硫硒化鎘	比重	
粒度	<10 μm	產地	美國
激發波長	380～475 nm	X	0.636
發射波長	616 nm	Y	0.331
顏色	紅色	技術資料	深圳市圖盟商貿有限公司
TMR-200647-380490（紅色）			
用途	製造白光LED（Use For White LED）		
成分	硫硒化鎘	比重	
粒度	<18 μm	產地	美國
激發波長	380～490 nm	X	0.688
發射波長	647 nm	Y	0.317
顏色	紅色	技術資料	深圳市圖盟商貿有限公司
TMR-300595-01C090（紅色）			
用途	製造白光LED（Use For White LED）		
成分	矽酸鹽	比重	3.90g/cm^3
粒度	<12 μm	產地	韓國
激發波長	450～470 nm	X	0.538
發射波長	595 nm	Y	0.457
顏色	紅色	技術資料	深圳市圖盟商貿有限公司

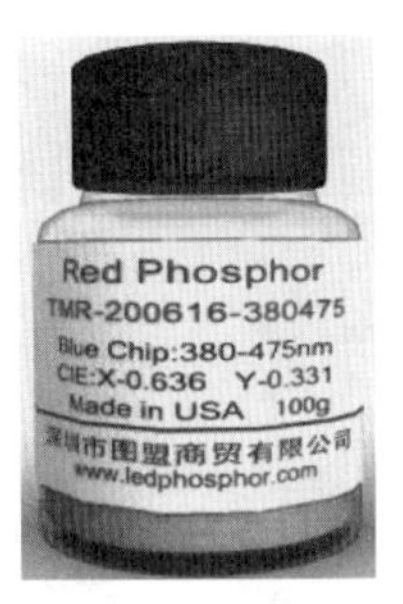

TMR-200616

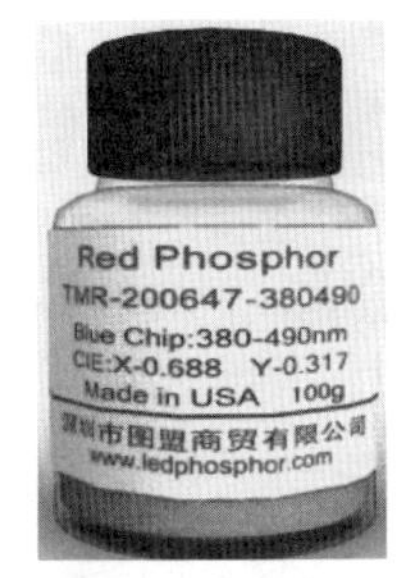

TMR-200647

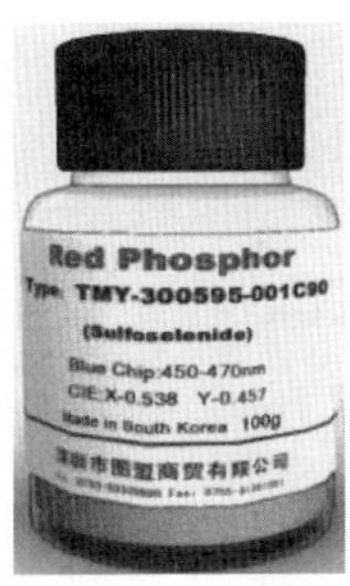

TMR-300595

圖5.69　紅色螢光粉包裝圖

表5.30　一種藍色和三種高功率螢光粉參數

TMB-300460-01BP01（藍色）			
用途	製造白光LED（Use For White LED）		
成分	硫硒化鎘	比重	3.85g/cm^3
粒度	<12 μm	產地	韓國
激發波長	455～465 nm	X	0.140
發射波長	460 nm	Y	0.080
顏色	藍色	技術資料	深圳市圖盟商貿有限公司
TMO-100582-390480（高功率黃色）			
用途	製造白光LED（Use For White LED）		
成分	矽酸鹽	比重	4.75g/cm^3
粒度	<25 μm	產地	日本
激發波長	390～480 nm	X	0.532
發射波長	582 nm	Y	0.465
顏色	橙色	技術資料	深圳市圖盟商貿有限公司
TMO-300600-0000B5（高功率黃色）			
用途	製造白光LED（Use For White LED）		
成分	矽酸鹽	比重	3.80g/cm^3
粒度	<12 μm	產地	韓國
激發波長	450～470 nm	X	0.590
發射波長	600 nm	Y	0.405
顏色	橙色	技術資料	深圳市圖盟商貿有限公司
TMO-300585-0001K2（高功率黃色）			
用途	製造白光LED（Use For White LED）		
成分	矽酸鹽	比重	3.95g/cm^3
粒度	<12 μm	產地	韓國
激發波長	450～470 nm	X	0.545
發射波長	585 nm	Y	0.455
顏色	橙色	技術資料	深圳市圖盟商貿有限公司

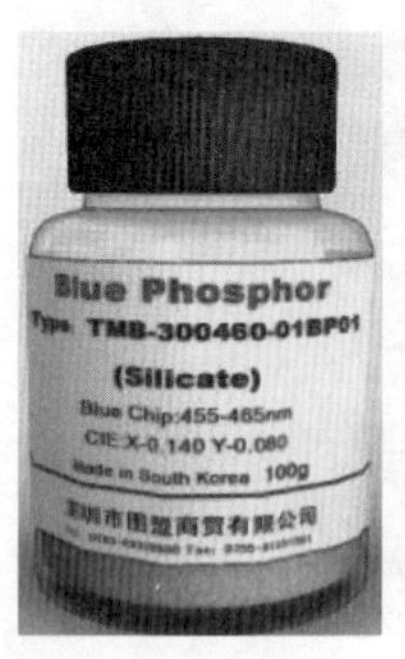

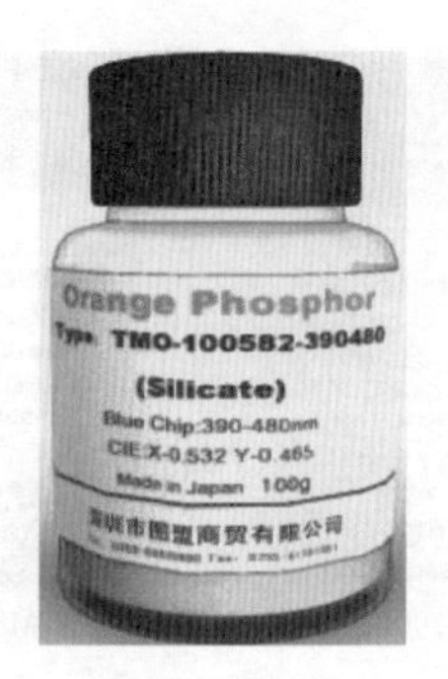

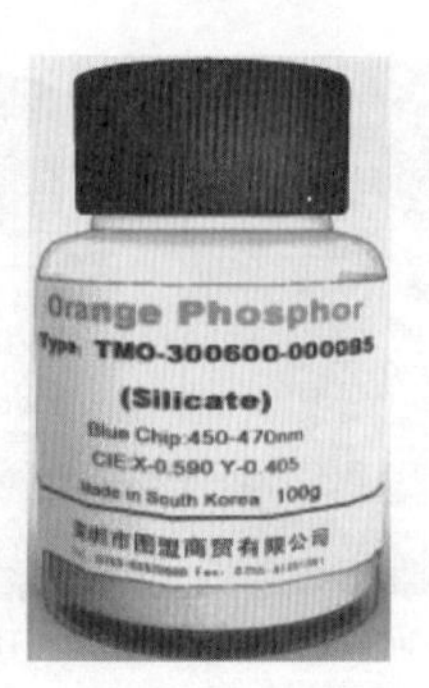

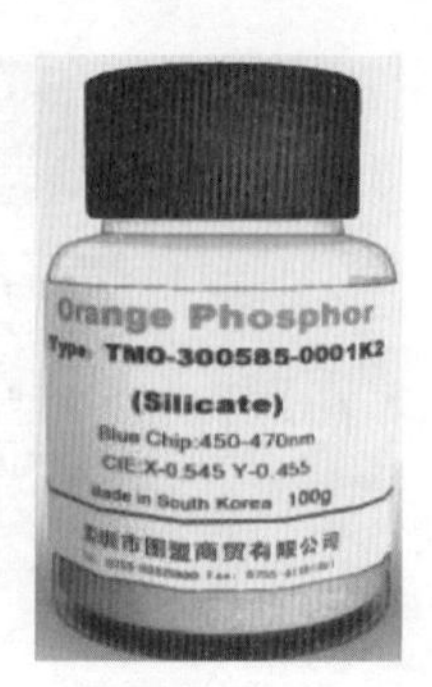

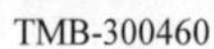

TMB-300460　TMO-100582　TMO-200600　TMO-300585

圖5.70　藍色和高功率螢光粉包裝圖

表5.31　三種YAG螢光粉參數

TMY-000901-448455（黃色）			
用途	製造白光LED（Use For White LED）		
成分	YAG	比重	4.30g/cm³
粒度	<8 μm	產地	日本
激發波長	448～455 nm	X	0.431
發射波長		Y	0.549
顏色	黃色	技術資料	深圳市圖盟商貿有限公司
TMY-000902-455460（黃色）			
用途	製造白光LED（Use For White LED）		
成分	YAG	比重	4.30g/cm³
粒度	<8 μm	產地	日本
激發波長	455～460 nm	X	0.438
發射波長		Y	0.545
顏色	黃色	技術資料	深圳市圖盟商貿有限公司
TMY-000432-460465（黃色）			
用途	製造白光LED（Use For White LED）		
成分	YAG	比重	4.40g/cm³
粒度	<8 μm	產地	日本
激發波長	460～465 nm	X	0.461
發射波長		Y	0.529
顏色	黃色	技術資料	深圳市圖盟商貿有限公司

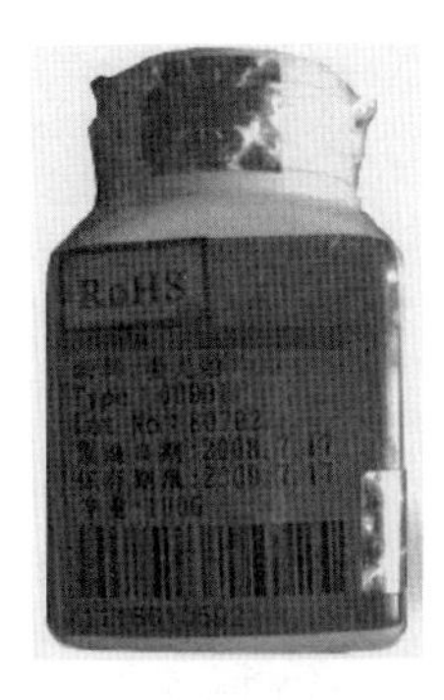

TMY-000901

TMY-000902

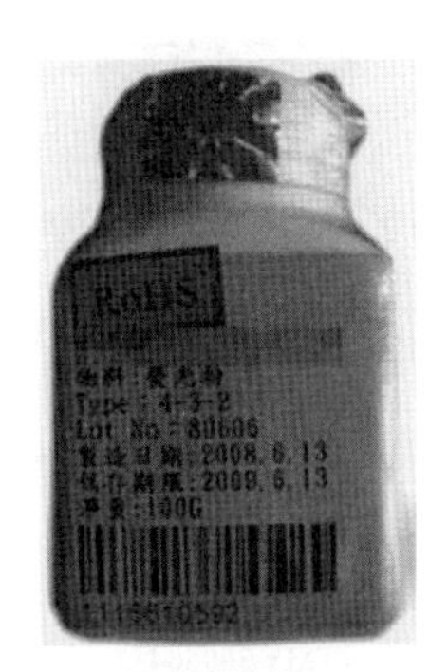

TMY-000432

圖5.71　YAG黃色螢光粉包裝圖

表5.32　三種矽酸鹽螢光粉參數

TMY-300564-001B61（黃色）			
用途	製造白光LED（Use For White LED）		
成分	矽酸鹽	比重	3.95g/cm³
粒度	<12 μm	產地	韓國
激發波長	450～470 nm	X	0.460
發射波長	564 nm	Y	0.530
顏色	黃色	技術資料	深圳市圖盟商貿有限公司
TMY-300565-001B65（黃色）			
用途	製造白光LED（Use For White LED）		
成分	矽酸鹽	比重	3.95g/cm³
粒度	<12 μm	產地	韓國
激發波長	455～470 nm	X	0.455
發射波長	565 nm	Y	0.535
顏色	黃色	技術資料	深圳市圖盟商貿有限公司
TMY-300566-002B65（黃色）			
用途	製造白光LED（Use For White LED）		
成分	矽酸鹽	比重	3.90g/cm³
粒度	<12 μm	產地	韓國
激發波長	450～470 nm	X	0.455
發射波長	566 nm	Y	0.535
顏色	黃色	技術資料	深圳市圖盟商貿有限公司

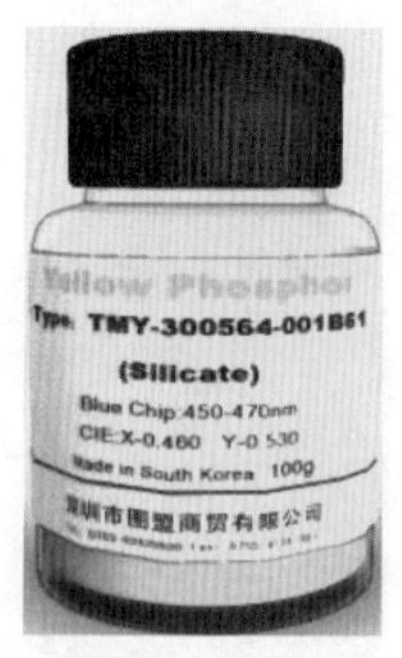

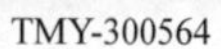

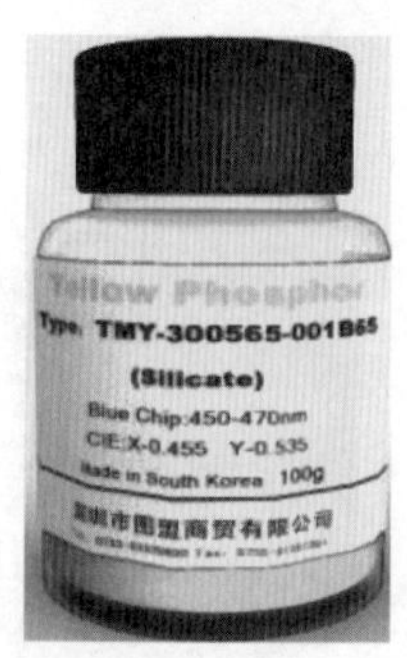

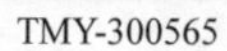

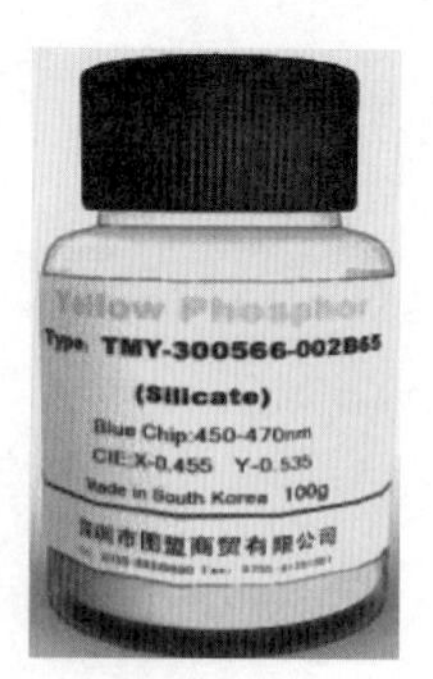

TMY-300566

圖5.72　矽酸鹽黃色螢光粉包裝圖

表5.33　三種氮化物螢光粉參數

TMY-500550-455465（黃色）			
用途	製造白光LED（Use For White LED）		
成分	YAG	比重	4.30g/cm^3
粒度	<10 μm	產地	中國
激發波長	455～465 nm	X	0.430
發射波長	550 nm	Y	0.550
顏色	黃色	技術資料	深圳市圖盟商貿有限公司
TMY-500560-450470（黃色）			
用途	製造白光LED（Use For White LED）		
成分	YAG	比重	4.30g/cm^3
粒度	<10 μm	產地	中國
激發波長	450～470 nm	X	0.440
發射波長	560 nm	Y	0.530
顏色	黃色	技術資料	深圳市圖盟商貿有限公司
TMY-500570-455465（黃色）			
用途	製造白光LED（Use For White LED）		
成分	YAG	比重	4.30g/cm^3
粒度	<10 μm	產地	中國
激發波長	455～465 nm	X	0.470
發射波長	570 nm	Y	0.510
顏色	黃色	技術資料	深圳市圖盟商貿有限公司

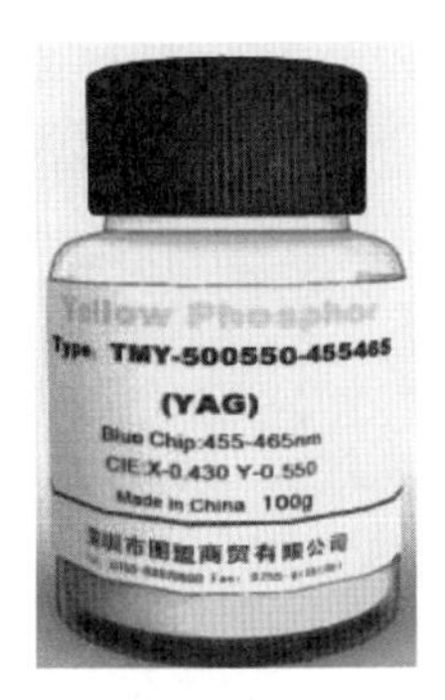

TMY-500550

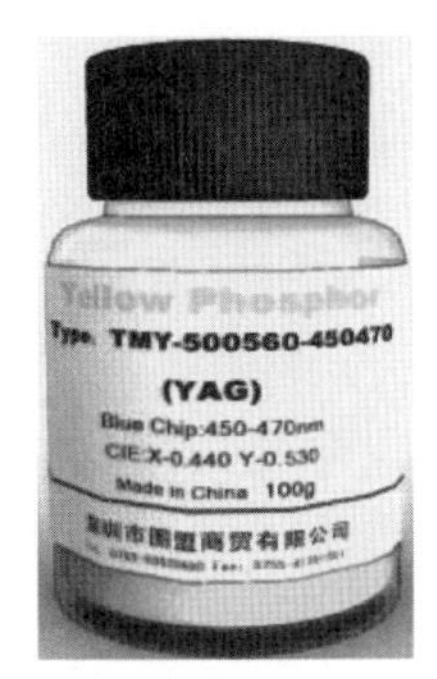

TMY-500560

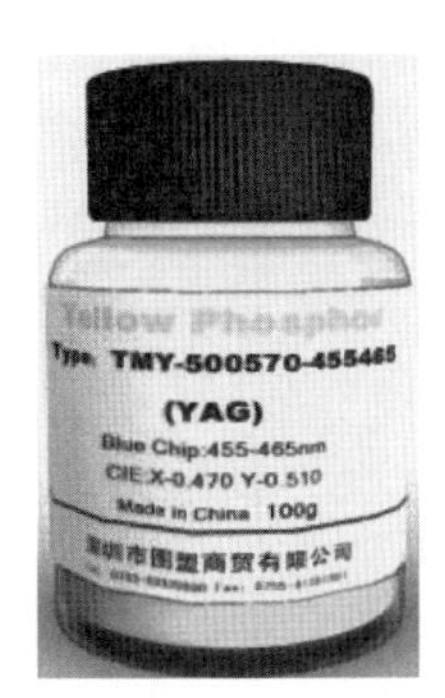

TMY-500570

圖5.73　YAG黃色螢光粉包裝圖

第 6 章

LED構裝的配光基礎

6.1　構裝配光的幾何光學法

6.2　基於蒙地卡羅（Monte Carlo）模擬方法的配光設計

6.3　LED測量模型及求解

6.4　C++MFC程式、Matlab和TracePro

6.5　LED構裝的光學電腦類比、結果分析和新設計

6.1　構裝配光的幾何光學法

6.1.1　由折射定律確定LED晶片的出光率

一、折射定律用於半導體晶片

根據光的折射定律，光線從光密介質晶片向光疏介質空氣行進時，會發生全反射，條件是入射角須大於臨界角，如圖6.1所示。圖中光線1以小於臨界角射向晶片與空氣的界面，折射光線1'以大於入射角的方向進入空氣；光線2以臨界角入射到界面，則折射光線2'沿界面折射；光線3以大於臨界角入射到界面，此時產生全反射，反射角與入射角相等。

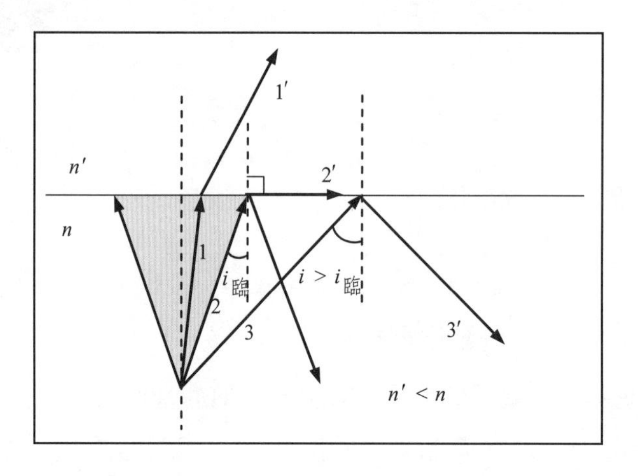

圖6.1　光線從光密進入光疏介質的折射反射

由折射定律：

$$n\sin i = n'\sin i' \qquad (6.1)$$

因空氣折射率近於1，在臨界條件時折射角$i' = 90°$，則入射角i稱爲臨界角；則在臨界條件下

$$n\sin i = n'\sin i' = 1 \qquad (6.2)$$

於是得i = arcsin1/n。在此以InGaAlP晶片爲例，因爲InGaAlP折射率n = 3.3，所以i = 17.6°，也就是說晶片內只有±17.6°的這部分光錐可射出晶片，其餘部分被反射回晶片，這部分射出的光錐在整個2π空間所占的比重，即爲出光率。出光率η_0 = 2×17.6°/360° = 9.8%，可見InGaAlP晶片出光率非常低。對於其他半導體LED晶片，因爲n > 3.0，故出光率也很低。

二、晶片對出光率的影響

1. 晶片出光率對光效率的影響

晶片的電光轉換效率（光效率）是晶片的光功率（光通量）和電流注入功率之比，單位是lm/W。

晶片的光效率可表示爲

$$\eta = \eta_j \cdot \eta_i \cdot \eta_f \cdot \eta_0 \tag{6.3}$$

式中，η_j爲元件的注入電功率效率；η_i爲內電光轉換效率；η_f爲電子輸送效率；η_0爲出光率。其中摻入雜質大幅提高了注入功率，外質技術的成熟提高了內電光轉換效率；在pn接面上開鑿量子井芯技術提升了電子輸送效率，也就是說η_j、η_i、η_f均達90%以上，再提高這三者其空間有限，即對提高總光效率的貢獻不大。而LED晶片的出光率η_0很低，不到10%，稍有改進對光效率的提高便有顯著的作用。晶片的光效率幾乎取決於晶片的出光率。

2. 晶片出光率對發熱量的影響

前述LED的出光率不到10%，90%的光線返回晶片，最終消耗轉化爲熱能，使晶片溫度升高，光衰加劇，光效率變差，壽命減短。也就是說LED發出的光，90%不僅無用，而且危害極大，這個問題若不解決，LED簡直無法使用。解決方法很多，最新報導的解決方法是直接在晶片外質時製造微球（或微稜錐）結構提高出光率。在晶片外質時同時製造微結構，使LED發光層發出的光，直接進入微結構而使大部分光線可直接進入空氣層，在晶片底部增大反射率，反射回晶片的光線由底部再反射回來被利用，如此多次反覆出光率大爲提高。

三、LED構裝配光時技術參數不一致對出光率的影響

1. LED構裝配光導致的技術參數不一致性

目前大部分LED產品構裝時用環氧樹脂在晶片和空氣之間加一光學透鏡來提高出光率，使出光率可提高50%左右，但其構裝仍沿用了電子構裝的概念，僅將元件放置在所謂的「包裝物」內，而光電子構裝更應考慮它對光學性能的要求。因爲LED的主要用途是作爲光源使用，這一光源已非點光源，而是一個面光源加光學透鏡，且具備光軸的簡單光學系統。同型號的LED構裝時應有光軸定位，並應標示光束形態（如會聚度或發散度）。這樣才能確定這一簡單的「光學系統」的像點在何處，而此像點對於今後使用時或測試時卻是其發光的物點（絕大部分是虛物點），這是極其重要的參照點。現在的問題是同型號的LED不僅對光軸沒有加以定位，而且不同型號的LED透鏡系統根據需求形狀各異，且原標示和定位也都欠缺，這樣就會導致測量誤差達到百分之十幾。這麼大的誤差在光學測量中簡直難以置信。

2. 配光時晶片位置對出光率的影響

圖6.2中，o爲球面的球心，s爲LED晶片距球面頂點的距離，s'則爲晶片的像距。從晶片中心點發出的光線經透鏡折射後向光軸靠近。其虛像點o'在晶片之左側，更加偏離折射球面的球心。

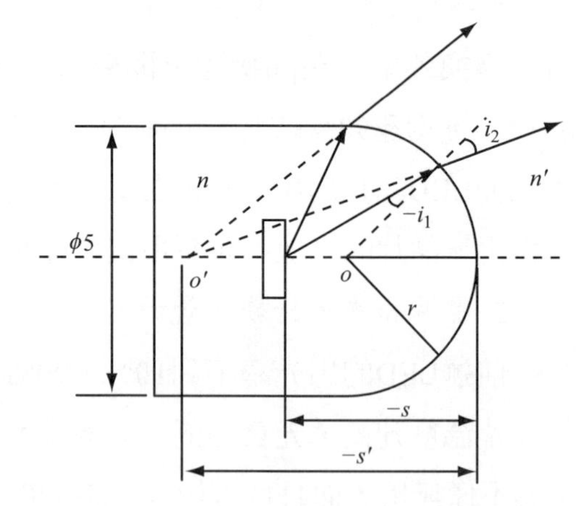

圖6.2　晶片經環氧樹脂透鏡折射

設r = 2.5 mm，s = 4 mm，n = 1.49，n' = 1；根據物像關係的阿貝不變數原理，在近軸區內有

$$\frac{n'}{s'}-\frac{n}{s}=\frac{n'-n}{R} \tag{6.4}$$

則晶片在光軸的不同位置時，光線經球面折射後有不同像面位置，如表6.1所示。

表6.1　光線經過球面後的不同像面位置

s(mm)	−2.5	−3	−4	−5	−6	−7
s'(mm)	−2.5	−3.3	−5.66	−9.8	−19.1	−59.3

當晶片位置處於球面處，像與物點重合（s = −2.5 mm, s' = −2.5 mm），光線沿原方向射出球面，則光強度分佈具有餘弦輻射體的特點，即晶片之像o'爲虛像，位於球面頂點之左，此o'即爲LED向外發射的發光點所在位置。對於使用者或測量者眞正要注意的是這個點而不是晶片位置，也不是頂點位置。CIE爲了較眞實地反應光度學定義的發光強度，而推薦了平均LED光強度概念，並同時推出兩個測量標準條件，見表6.2。

表6.2　CIE推薦LED測量標準條件

CIE推薦	LED頂端到探測口距離	立體角	平面角
條件A	316 mm	0.001sr	2°
條件B	100 mm	0.01sr	6.5°

其實符合遠場條件316 mm，其立體角並不等於0.001sr；符合近場條件100 mm，其立體角也不等於0.01sr。因爲射出光線的交點並不在頂點上，而隨晶片位置和球面曲率的不同而異。一般在與光線行進方向相反的頂點之左處，這就帶來了測量誤差。而IEC似乎已經看到了這一點，它規定了近場條件B，但立體角寫成<0.01sr。由此可知，晶片在光軸的不同位置不僅射出光的角度不同，而且出光率也不同。

3. 晶片傾角對出光率的影響

小功率的LED晶片面積大都在0.2 mm×0.2 mm.，大功率LED的晶片面積達1 mm×1 mm以上，相對R = 2～6 mm的晶片位置已不滿足點光源，而是一個面光源，而面光源的安裝傾角對光度測量的影響是很大的，見圖6.3。圖中：dA_s爲原發光面積；dA爲受光平面；θ_1爲發光面法線N_1與光軸的夾角；θ_2爲受光面（或測量裝置的光檢測器光敏面）法線N_2與光軸的夾角。

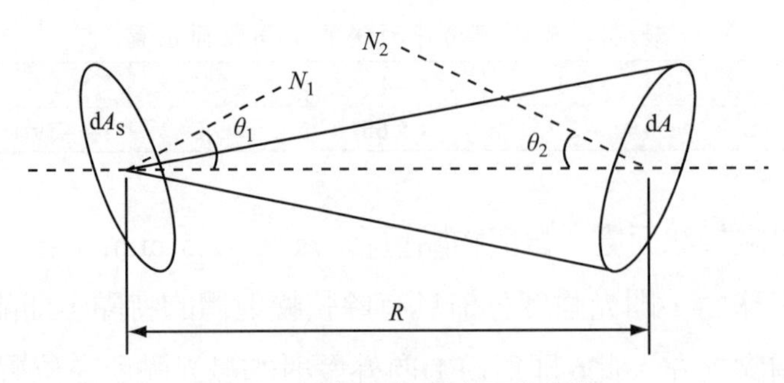

圖6.3　發光面與受光面的關係

則受光面上的照度

$$E = \frac{I}{r^2}\cos\theta_2 \tag{6.5}$$

式中，光強度$I = L \cdot dA_s\cos\theta_1$，所以受光面的照度爲

$$E = \frac{I}{r^2}\, dA_s \cos\theta_1 \cos\theta_2 \tag{6.6}$$

式中，L爲發光晶片的光亮度。由此可以看出，受光面上的照度E與發光晶片的安裝傾角的餘弦成正比。而當前的情況是廠家在黏接晶片時注意晶片位於碗杯的中心，而忽視了晶片傾角的校正，同型號的LED在不對晶片傾斜角定位時，勢必導致出光率的不一致。

四、對LED配光時提高出光率的途徑

1. 降低射出面兩邊介質的折射率差，增大射出光錐，有光的臨界角

$$(l, m, n) \tag{6.7}$$

若n'趨近於n，則$i_{臨}$趨近於90°，這意味著出光率趨近100%；若$n' > n$，則臨界角不存在，光線不僅全部穿透射出面（不考慮截至吸收損耗），而且向法線靠近。

(1)尋找低折射率的晶片材料。

若晶片折射率降至2.3，則$i_{臨} = \arcsin 1/2.3 = 25.8°$；出光率$\eta_0 = 14.3\%$；提高了46%。

(2)增加中間過渡層：如環氧樹脂、矽膠，甚至特種玻璃等。

對於過渡層的要求：

a.透氣、無色。

b.中間層的折射率$n_{中}$盡量接近$n_{芯}$，使晶片進入中間層的臨界角加大。

舉例：若$n_{中} = 1.49$（環氧樹脂），則$F(x, y, z) = 0$，式中，$n_{總} = n+1$，n爲晶片折射率。則出光率$\eta_0 = 14.9\%$；若$n_{中} = 2.3$（特種玻璃），則$i_{臨} = \arcsin 2.3/3.3 = 44.2°$，出光率$\eta_0 = 24.5\%$；由此可見，效果是很明顯的。

c.可塑性或可加工性。使其射出具有曲面等形狀，以便使進入中間層的光線多折射到空氣層，若中間層仍爲平面，則對出光率的提高毫無貢獻。

如圖6.4在臨界條件下，$n_1 \sin i_1 = n_2 \sin i_2 = n_3 \sin i_3$，則$i_1 = \arcsin 1/n$，與光線從晶片直接進入空氣的臨界角一樣，並無改善。

大於i_1進入中間層的光線，因爲在中間層產生了全反射，到不了空氣層，所以必須改變射出面形狀。如球形、橢圓型、微稜錐體。以目前使用最廣的球面透鏡爲例，來分析它的光路。

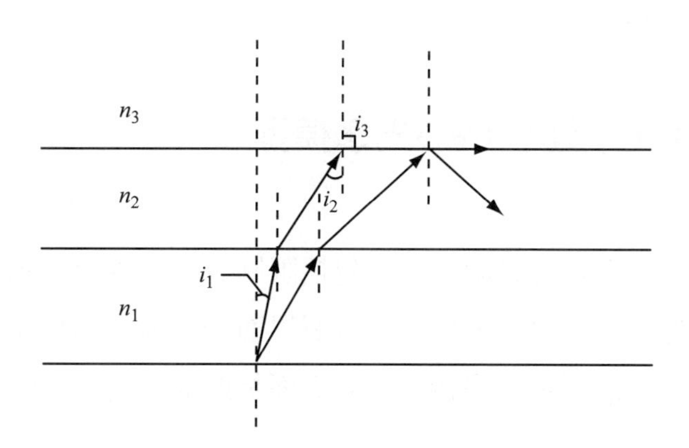

圖6.4　光在三種介質界面的反射與折射

2. 增加出光面穿透率的措施

(1)由於光從pn接面的p型區射出，對GaN晶片，在p型區表面蒸鍍一層半透明的Ni-Au導電薄膜。膜層太薄時，導電性不佳；但膜層太厚又影響出光率，要在兩者之間折中。爲改善上述狀況，採用氧化錫銦（ITO）薄膜代替Ni-Au，透光率大於80%。

(2)改變晶片表面微結構，在其上形成微球面或微稜錐面結構，以改變其射出光線的入射角，使其大部分光線大於臨界角射向表面，可大大提高出光率和簡化結構。如日本東芝在LED表面塗敷一層液體玻璃，加熱至玻璃硬化。再在玻璃表面覆蓋一層聚合物（聚苯乙烯與聚甲基丙烯酸甲酯加聚所得）並將其加熱至200℃左右，使其中聚苯乙烯形成球體，再使用離子蝕刻去掉聚甲基丙烯酸甲酯，使表面上形成球狀聚苯乙烯，然後將這些聚苯乙烯球遮住，再使用離子蝕刻技術去掉未經遮蓋的玻璃和半導體基板，最後形成了高400 nm～500 nm、相隔爲150 nm～200 nm的球狀聚苯乙烯。

3. 去除塗層，採用倒裝技術增加出光率

(1)將n型區對光產生吸收的GaS層去除，並鍍上反射層（Ag或Al），這一改變可將射向底面的光線幾乎全部反射回出光面，再次被利用，可大幅提高出光率，並降低溫度。

(2)將透明基板GaP置換GaS並利用倒裝技術，將GaP作爲出光面，又可大大提高出光面的透光率。

6.1.2　由幾何光學建立LED光學模型

一、光學模型

晶片是LED光學系統的光源，一般包括限制層、有源層、基底、電極等幾個部分。光子在有源層中產生，先經晶片各層界面的折射，再經晶片和環氧樹脂界面的折射以及反光杯的反射，最後經透鏡表面折射進入空氣。一般情況下可以假設：

1.晶片放置在反光杯的底部；

2.晶片的出光面爲上表面以及4個側面，上表面射出的光線佔總光線的絕大部分，光子從這5個表面隨機射出，滿足Lambertian分佈；

3.反光杯爲鏡面反射。基於上述假設，建立LED光學模型，如圖6.5所示。根據不同光線對射出光強度影響的不同，把晶片發出的光線分爲三類：

Ⅰ類爲從晶片射出直接射向球面的光線。這類光線是整個光學系統中最主要的，它們對LED輸出光強度貢獻最大；

Ⅱ類爲從晶片射出後經反光杯作用的光線。這類光線對輸出光強度的影響取決於光線經反光杯作用後偏離法向角度的大小；

Ⅲ類爲從晶片射出後直接射向圓柱面的光線。該類光線對輸出光強度的影響很小，經界面折射之後在觀察屏上將形成圓形的、沿徑向漸遠漸弱的背景光分佈。

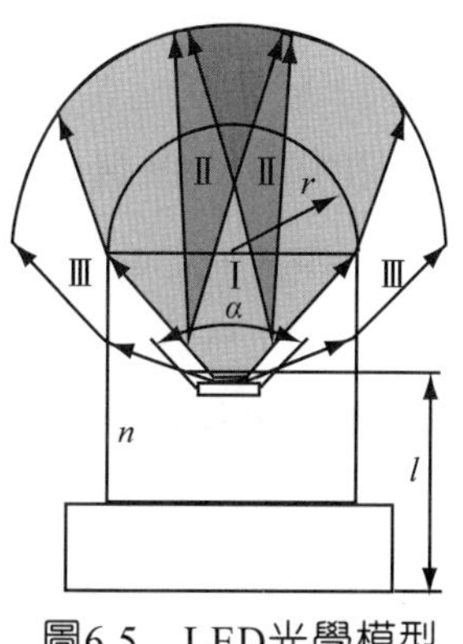

圖6.5　LED光學模型

由於晶片上表面射出的光線佔總光線的絕大部分，且光線射出滿足Lambertian分佈，如圖6.6所示。因此，該表面發光強度空間分佈可表示爲

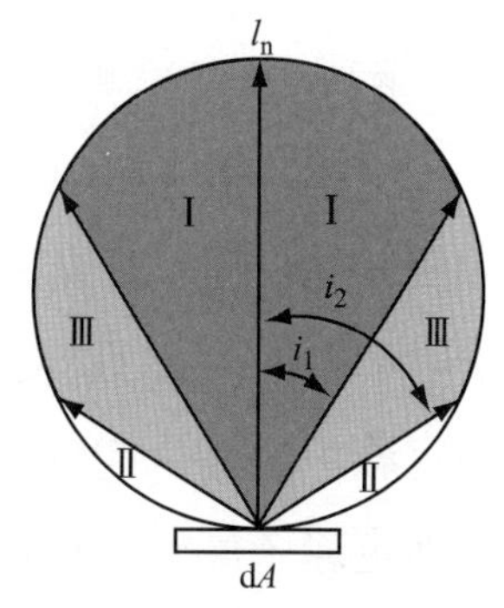

圖6.6　晶片出射光的分佈

$$I_i = I_N \cos i \qquad (6.8)$$

式中，I_N爲發光面在法線方向的發光強度，I_i爲和法線成任意角度i方向的發光強度。且該發光表面各個方向的亮度是一個常量L，則有

$$L(i) = \frac{I_i}{\mathrm{d}A\cos i} = \frac{I_0}{\mathrm{d}A} = L \qquad (6.9)$$

這樣在平面孔徑角爲i的立體角範圍內發出的光通量可表示爲

$$\phi\ (i) = L\mathrm{d}A \int_{\varphi=0}^{\varphi=2\pi} \int_{\theta=0}^{\theta=i} \sin\theta\cos\theta\,\mathrm{d}\theta\,\mathrm{d}\phi \qquad (6.10)$$

可知，餘弦輻射體向2π立體角空間發出的總光通量爲

$$\varphi = \pi L dA \qquad (6.11)$$

因此，根據圖6.2所示，Ⅰ類光線所具有的光通量在總光通量中所佔的比例爲

$$\eta_1 = \sin^2 i_1 \tag{6.12}$$

Ⅱ類光線所具有的光通量在總光通量中所佔的比例爲

$$\eta_2 = 1 - \sin^2 i_2 \tag{6.13}$$

Ⅲ類光線所具有的光通量在總光通量中所佔的比例爲

$$\eta_3 = \sin^2 i_2 - \sin^2 i_1 \tag{6.14}$$

式中：η_1、η_2、η_3隨反光杯的張角α、晶片深度l以及透鏡尺寸等參數的變化而變化。

二、配光效果檢測

木林森電子有限公司提供的3AB4SC26藍光管，光源高度爲5.3 mm，晶片尺寸爲30.48 μm，反光杯張角爲α = 95°，支架的插入深度爲l = 2.5 mm，環氧樹脂折射率爲n = 1.53以及主波長爲460 nm。在模型參數中，對環氧樹脂進行材料屬性定義，對晶片的5個出光表面進行面光源屬性定義，對反光杯的內表面進行面屬性定義，最後用TracePro軟體對光線進行追跡，得到依據模型的該LED的相對射出光強度分佈曲線，如圖6.7所示。由此可以看出。大約在±10°角內的光強度最強，而在其他角度的光強度比較弱，且分佈比較均勻。光強度的分佈與光源高度、晶片尺寸、反光杯張角都有關係。由此可知在構裝的配光設計時，改變LED的幾何參數就可以改變它的光強度分佈。

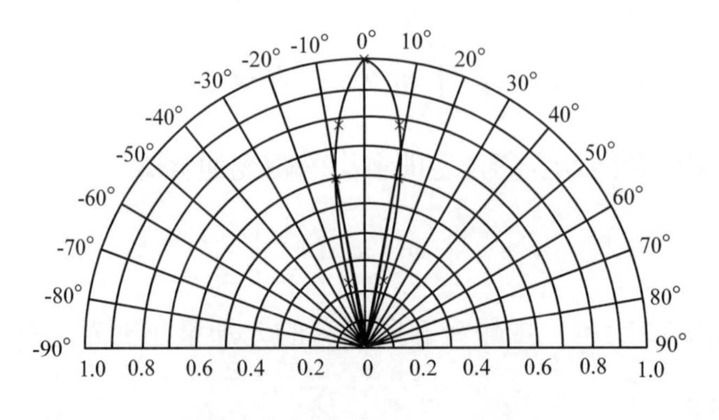

圖6.7　LED的光強分佈曲線

6.1.3 用光學追跡軟體TracePro進行計算分析

影響LED光強度分佈的因素很多，在此利用光線追跡軟體TracePro對LED的光強度分佈作進一步分析。根據發光二極體的結構特點，在構裝前的配光設計中，在此以圖6.5中所示的反光杯的張角α、插入深度l、環氧樹脂的折射率n以及透鏡的曲率半徑R為主要的影響因素進行光強度分佈模擬。

一、反光杯張角α對光強度分佈的影響

一般LED的反光杯為圓錐形，反光杯張角α的大小可以決定光子經過反光杯後分佈的張角大小。不同張角的反光杯對光強度分佈的影響如圖6.9所示。

圖6.8(a)、(b)、(c)對應的發光座張角分別為55°、80°、90°，對應的法向光強度分別為1.304 cd、1.519 cd、1.482 cd。

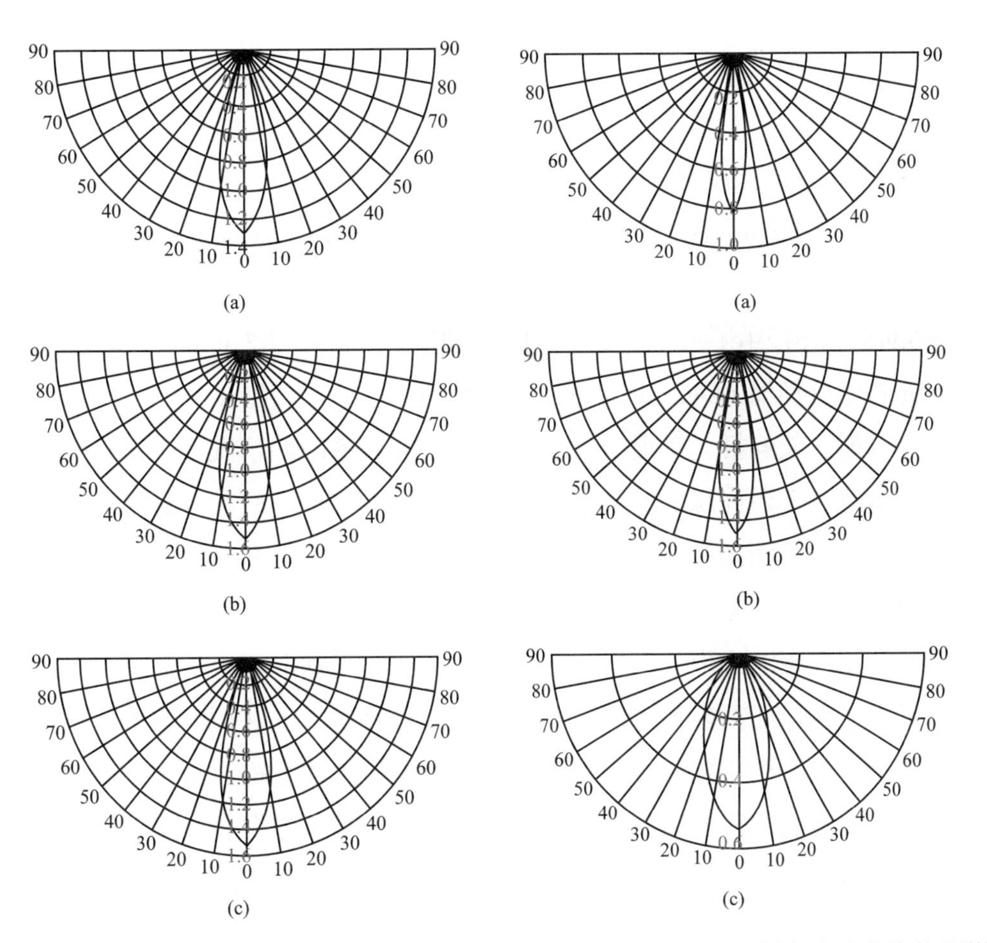

圖6.8　不同張角的反光碗對光強的影響　圖6.9　支架插入深度對光強度分佈的影響

法向光強度取決於Ⅰ類光線所佔比例和Ⅱ類光線中經反光杯作用後直接射向球面的光線所佔的比例，以及這些射向球面的光線經球面折射後偏離法向的角度。

在僅改變反光杯的張角，而保持反光杯的高和底面直徑以及LED其他參數不變的條件下，當反光杯的張角很大時，Ⅰ類光線的比例不變，Ⅲ類光線的比例增大，Ⅱ類光線的比例減小，而且Ⅱ類光線經反光杯作用後偏離法向的角度隨著張角的進一步增大而增大，導致直接從球面射出的光線將減少，因而法向光強度有減小的趨勢。當反光杯的張角很小時，Ⅰ、Ⅲ類光線的比例減小，Ⅱ類光線的比例增大。然而Ⅱ類光線經反光杯作用後偏離法向的角度隨著張角的進一步減小而增大，同樣導致直接從球面射出的光線減少，因而法向光強度也有減小的趨勢。因此，隨著張角由小變大，最大光強度先變大後變小。同時，由圖6.8可知，張角的變化並未引起半功率角大幅度變化，即半功率角變化很小，具有很好的指向性。

二、晶片深度對光強度分佈的影響

構裝時支架的插入深度l決定了LED的射出角參數和法向光強度。改變晶片深度，光強度分佈變化如圖6.10所示。

圖6.9(a)、(b)、(c)對應的插入深度l分別爲1.6 mm、2.3 mm、3.5 mm，對應的法向光強度分別爲0.841 cd、1.512 cd、0.549 cd。

在僅改變支架的插入深度，而不改變LED其他參數的情況下，當反光杯離球面頂端較遠時，Ⅰ類光線的比例減小，Ⅱ類光線的比例不變，Ⅲ類光線的比例增大。由於晶片離球面頂端較遠，當Ⅰ類光線射到球面時，將有很大一部分光線產生全反射從除了球面之外的其他面射出，並且產生全反射的光線所佔的比例隨著晶片離球面頂端距離的增大而增大，進而導致法向光強度變小。

當反光杯離球面頂點較近時，Ⅰ類光線的比例增大，Ⅱ類光線的比例不變，Ⅲ類光線的比例減小。由於晶片離球面頂端較近，Ⅰ類光線入射到球面的入射角變小，經球面折射之後光線偏離法向的角度變大，光線變得發散，光強度分佈比較均勻，導致法向光強度變小。只有當晶片離球面頂端的距離使得Ⅰ類光線比例較大，經球面折射後偏離法向的角度較小，且產生全反射的光線較少時，法向光強度才能達到最大。

因此，隨著晶片深度的增大，法向光強度先變大後變小。同時，隨著晶片深度的增大，半強度角將逐漸變大。

3. 環氧樹脂折射率對光強度分佈的影響

由於LED構裝材料、晶片材料以及空氣折射率之間的不匹配，在界面上不可避免要發生全反射現象。環氧樹脂折射率在影響LED外部出光效率的同時，也影響著LED的光強度分佈，如圖6.10所示。

圖6.10(a)、(b)、(c)對應的環氧樹脂折射率分別為1.44、1.58、1.60，對應的法向光強度分別為1.318 cd、1.473 cd、1.470 cd。

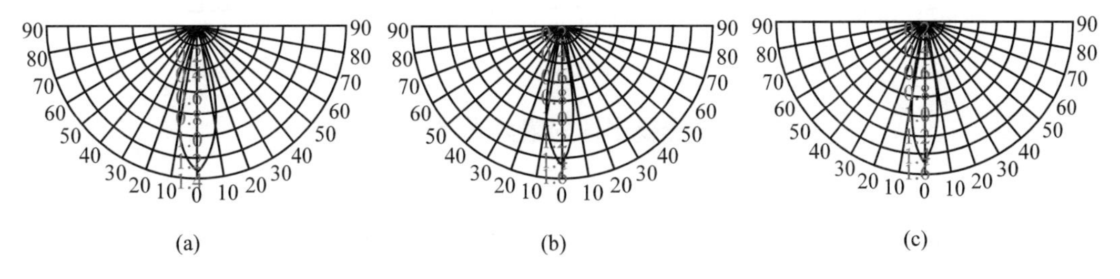

圖6.10　環氧樹脂折射率對光強分佈的影響

在LED諸多參數中，在僅改變環氧樹脂折射率的情況下，隨著環氧樹脂折射率的增大，當光線的入射角小於發生全反射的臨界角時，Ⅰ、Ⅱ、Ⅲ類光線的比例不變，然而由於折射率的增大，入射到球面的Ⅰ類光線經球面折射後偏離法向的角度減小，射出光線變得集中，進而導致法向光強度變大。

當折射率增大到使得光線的入射角大於臨界角時，雖然Ⅰ、Ⅱ、Ⅲ類光線的比例不變，但由於Ⅰ類光線有很大一部分光線產生全反射，並且發生全反射光線的比例隨著折射率的增大而增大，進而導致法向光強度減小。

因此，當折射率變大時，法向光強度先變大後變小。同時，由圖6.10可知，隨著折射率的增大，半功率角減小。

4. 環氧樹脂構裝透鏡的半徑對光強度分佈的影響

環氧樹脂構裝配光透鏡根據用途不同其透鏡參數各異。透鏡的尺寸決定著LED的光強度分佈，一般LED採用球面透鏡，球面透鏡具有聚光作用，能使LED具有很強的指向性。模擬設計時，改變透鏡半徑，光強度分佈就隨之改變，半徑對光強度分佈的影響如圖6.11所示。

圖6.11(a)、(b)、(c)對應的透鏡半徑R分別爲1 mm、1.5 mm、4 mm，對應的法向光強度分別爲0.817 cd、1.437 cd、0.409 cd。

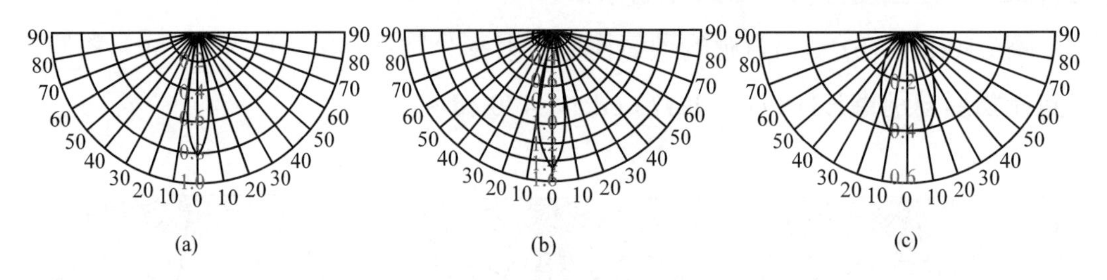

(a) (b) (c)

圖6.11 透鏡半徑對最大光強度的影響

保持LED管的側壁圓柱半徑與透鏡半徑相等，在僅改變透鏡半徑，而不改變LED其他參數的情況下，當透鏡半徑較小時，Ⅰ類光線的比例減小，Ⅱ類光線的比例不變，Ⅲ類光線的比例增大。由於透鏡半徑較小，Ⅰ類光線射到球面之後將有很大一部分光線發生全反射，同時Ⅱ類光線經反光作用後射到球面的光線將減少，進而導致法向光強度變小。

當透鏡半徑較大時，Ⅰ類光線的比例增大，Ⅱ類光線的比例不變，Ⅲ類光線的比例減小。由於透鏡半徑較大，Ⅰ類光線以及Ⅱ類光線中經反光杯作用後射到球面的光線入射角偏小，在經球面折射之後偏離法向的角度增大，光線發散，光強度分佈比較均勻，因而法向光強度有減小的趨勢。

當透鏡半徑增大到使得Ⅰ類光線的比例較大，且光線經球面折射後偏離法向的角度很小，而產生全反射的光線較少時，此時最大光強度能達到最大。

由此可知，隨著透鏡半徑的變大，最大光強度先變大後變小。同時，半強度角變大。

利用光線追跡軟體TracePro進行配光類比設計，結果顯示有良好反應的LED光強度分佈情況。通過改變實際LED構裝光學結構參數，如反光杯的張角α、支架插入深度l、環氧樹脂折射率n以及透鏡半徑R，這4個參數是影響LED光強度分佈的主要因素，對構裝配光設計人員及構裝製造過程和生產特定光強度分佈需求的LED具有實際指導意義。

6.2　基於蒙地卡羅（Monte Carlo）模擬方法的配光設計

蒙地卡羅法廣泛應用於金融工程學、宏觀經濟學、計算物理學（如粒子運輸計算、量子熱力學計算、空氣動力學計算）等領域。本節中將介紹MC方法，利用MC方法得到亂數，作為模擬LED的晶片的光源。並提出基於MC方法之LED模型的建立，列出LED模型的數學運算式，為C++編寫MFC程式提供數學基礎。

6.2.1　蒙地卡羅法概述

蒙地卡羅法又稱隨機抽樣技巧或統計試驗方法。半個多世紀以來，由於科學技術的發展和電子電腦的發明，這種方法作為一種獨立的方法被提出來，並首先在核武器的試驗與研製中得到了應用。蒙地卡羅法是一種計算方法，但與一般數值計算方法有很大區別。它是以機率統計理論為基礎的一種方法。由於蒙地卡羅法能夠比較逼真地描述事物的特點及物理實驗過程，解決一些數值方法難以解決的問題，因此該方法的應用領域日趨廣泛。

對LED的光學結構進行優化，包括對晶片的光學結構和構裝的光學結構之重新設計和優化，以使光分佈滿足應用場合對照明器的要求。以往的研究中都是採用幾何光學的方法對所提出的結構進行類比仿真和優化，這種方法對單根光線的行進方向可以準確控制，而對整體的光強度分佈則難以表現，因此對大面積晶片和小構裝結構顯得不夠精確和難以優化。

採用蒙地卡羅隨機模擬方法進行模擬，可以獲得所提出的LED光學結構較精確的光分佈，不僅適用於點光源的情況，對重新設計的新結構、大尺寸晶片和各種構裝結構都有較好的適用性。在此針對構裝的光學結構進行討論來說明採用蒙地卡羅法的準確、高效的特點。此方法同樣適用對晶片光學結構的優化。

6.2.2 蒙地卡羅基本思想

當所求問題的解是某個事件的機率，或者是某個隨機變數的數學期望值，或者是與機率、數學期望值有關的量時，通過某種試驗的方法，求得該事件發生的頻率，或者該隨機變數若干個具體觀察值的算術平均值，通過它得到問題的解。這就是蒙地卡羅法的基本思想。

當隨機變數的取值僅爲1或0時，它的數學期望值就是某個事件的機率。或者說，某種事件的機率也是隨機變數（僅取值爲1或0）的數學期望值。

因此，可以通俗地說，蒙地卡羅法是用隨機試驗的方法計算積分，即將所要計算的積分看作遵從某種分佈密度函數f(r)之隨機變數g(r)的數學期望值：

$$\langle g \rangle = \int_{0}^{\infty} g(r)f(r)\mathrm{d}r \tag{6.15}$$

通過某種試驗，得到N個觀察值r_1，r_2，…，r_N（用機率語言來說，從分佈密度函數$f(x)$中抽取N個子樣r_1，r_2，…，r_N），將相對應的N個隨機變數$g(r_1)$，$g(r_2)$，…，$g(r_N)$的算術平均值

$$\bar{g}_N = \frac{1}{N}\sum_{j=1}^{N} g(r_j) \tag{6.16}$$

作爲積分的估計值（近似值）。

爲了得到具有一定精確度的近似解，所需試驗的次數是很多的，通過人工方法作大量的試驗相當困難，甚至是不可能的。因此，蒙地卡羅法的基本思想雖然早已被人們提出，卻很少被使用。本世紀四十年代以來，由於電子電腦的出現，使得人們可以通過電子電腦來類比隨機試驗過程，把巨大數目的隨機試驗交由電腦完成，使得蒙地卡羅法得以廣泛地應用，在現代化的科學技術中發揮應有的作用。

我們可以看出蒙地卡羅法常以一個「機率模型」爲基礎，按照它所描述的過程，使用已知分佈抽樣的方法，得到部分試驗結果的觀察值，進一步求得問題的近似解。

6.2.3　蒙地卡羅求解步驟

用MC方法求解問題的過程一般分爲三個步驟：

(1)建立與問題相關的一個隨機模型，在其上形成某個隨機變數，使它的某個數位特徵正好問題的解。或者說，建立或描述問題的機率過程。

對於本身就具有隨機性質的問題，如粒子輸運問題，主要是正確描述和模擬這個機率過程，對於本來不是隨機性質的確定性問題，比如計算定積分，就必須事先建立一個人爲的機率過程，它的某些參量正好是所要求問題的解。即要將不具有隨機性質的問題轉化爲隨機性質的問題。

(2)對模型進行大量的隨機類比實驗，進而獲得隨機變數大量的實驗值（抽樣值）。即通過模擬實驗得到總體的一個子樣，每個抽樣值就是子樣中的一個元素。或者說，實現從已知機率分佈的抽樣。

建立了機率模型以後，由於各種機率模型都可以看作是由各種各樣的機率分佈構成的，因此產生已知機率分佈的隨機變數（或隨機向量），就成爲實現蒙地卡羅法模擬實驗的基本手段，這也是蒙地卡羅法被稱爲隨機抽樣的原因。最簡單、最基本、最重要的一個機率分佈是(0, 1)上的均勻分佈（或稱矩形分佈）。亂數就是具有這種均勻分佈的隨機變數。亂數序列就是具有這種分佈之總體的一個簡單子樣，也就是一個具有這種分佈之相互獨立的隨機變數序列。產生亂數的問題，就是從這個分佈的抽樣問題。在電腦上，可以用物理方法產生亂數，但價格昂貴，不能重複，使用不便。另一種方法是用數學遞推公式產生。這樣產生的序列，與眞正的亂數序列不同，所以稱爲僞亂數，或僞亂數序列。不過，經過多種統計檢驗表明，它與眞正的亂數，或亂數序列具有相近的性質，因此可把它作爲眞正的亂數來使用。由已知分佈隨機抽樣有各種方法，與從(0, 1)上均勻分佈抽樣不同，這些方法都是藉由隨機序列來實現的，也就是說，都是以產生亂數爲前提。由此可見，亂數是我們實現蒙地卡羅模擬的基本工具。建立各種估計量：一般說來，建立了機率模型並能從中抽樣後，即實現模擬實驗後，我們就要確定一個隨機變數，作爲所要求問題的解，我們稱它爲無偏估計。

(3)計算處理類比的結果，進而產生待求數位特徵的估計量給出問題的解及解的精確的估計。或者說，建立各種統計量的估計。

一般來說，建立了機率模型並能從中抽樣後，即能實現數位類比試驗後，我們就要確定一個隨機變數作爲所要求問題的解成爲某種數字量的估計量。如果這個隨機變數的數學期望值正好是所求問題的解，我們稱這種估計量爲無偏估計。

6.2.4 蒙地卡羅法的特點

一、蒙地卡羅的優點

表6.3是蒙地卡羅法的特點。

表6.3 蒙地卡羅法的特點

優點	缺點
1.能夠比較逼真地描述具有隨機性質事物的特點及物理實驗過程。	1.收斂速度慢。
2.受幾何條件限制小。	2.誤差具有機率性。
3.收斂速度與問題的維數無關。	3.在粒子輸運問題中，計算結果與系統大小有關。
4.具有同時計算多個方案與多個未知量的能力。	
5.誤差容易確定。	
6.程式結構簡單，易於實現。	

1. 能夠比較逼眞地描述具有隨機性質事物的特點及物理實驗過程

從這個意義上講，蒙地卡羅法可以部分代替物理實驗，甚至可以得到物理實驗難以得到的結果。用蒙地卡羅法解決實際問題，可以直接從實際問題本身出發，而不從方程式或數學運算式出發。它有直觀、形象的特點。

2. 受幾何條件限制小

在計算s維空間中的任一區域Ds上的積分

$$g = \int \cdots \int g(X_1, X_2, \cdots, X_S)\mathrm{d}x_1 x_2 \cdots x_s \qquad (6.17)$$

無論區域Ds的形狀多麼特殊，只要能給出描述Ds幾何特徵的條件，就可以從Ds中均勻產生N個點（$X^{(j)}{}_1, X^{(j)}{}_2, X^{(j)}{}_S$）得到積分的近似值爲

$$\bar{g}_N = \frac{D_S}{N} \sum_{j=1}^{N} g\left(X_1^{(j)}, X_2^{(j)}, \cdots, X_s^{(j)}\right) \qquad (6.18)$$

其中*Ds*爲區域*Ds*的體積。這是數值方法難以作到的。

另外，在具有隨機性質的問題中，如考慮的系統形狀很複雜，難以用一般數值方法求解，而使用蒙地卡羅法，不會有原則上的困難。

3. 收斂速度與問題的維數無關

由誤差定義可知，在給定置信水準情況下，蒙地卡羅法的收斂速度爲$O(N^{-1/2})$，與問題本身的維數無關。維數的變化只引起抽樣時間及估計量計算時間的變化，不會影響誤差。也就是說，使用蒙地卡羅法時，抽取的子樣總數N與維數s無關。維數的增加，除了增加相應的計算量外，不影響問題的誤差。這一特點，決定了蒙地卡羅法對多維問題的適應性。而一般數值方法，比如計算定積分時，計算時間隨維數的冪次方而增加，而且，由於分點數與維數的冪次方成正比，需佔用相當數量的電腦記憶體，這些都是一般數值方法計算高維數積分時難以克服的問題。

4. 具有同時計算多個方案與多個未知量的能力

對於那些需要計算多個方案的問題，使用蒙地卡羅法有時不需要像常規方法那樣逐一計算，而可以同時計算所有的方案，其全部計算量幾乎與計算一個方案的計算量相當。例如，對於遮罩層爲均勻介質的平板幾何，要計算若干種厚度的穿透機率時，只需計算最厚的一種情況，其他厚度的穿透機率在計算最厚一種情況時稍加處理便可同時得到。

另外，使用蒙地卡羅法還可以同時得到若干個所求量。例如，在模擬粒子過程中，可以同時得到不同區域的通量、能譜、角分佈等，而不像常規方法那樣，需要逐一計算所求量。

5. 誤差容易確定

對於一般計算方法，要給出計算結果與實際值的誤差並不是一件容易的事情，而蒙地卡羅法則不然。根據蒙地卡羅法的誤差公式，可以在計算所求量的同時計算出誤差。對很複雜的蒙地卡羅法計算問題，也是容易確定的。

一般計算方法常存在有效位數損失問題，而要解決這一問題有時相當困難，蒙地卡羅法則不存在這一問題。

6. 程式結構簡單易於實現

在電腦上進行蒙地卡羅法計算時，程式結構簡單，分塊性強，易於實現。特別是，基於C++的面向物件方法和多繼承性所設計的MFC程式更容易理解和實現。只要稍微有一點C++知識的設計者都可以模擬。

二、蒙地卡羅的缺點

1. 收斂速度慢

如前所述，蒙地卡羅法的收斂速度為$O(N^{1/2})$，一般不容易得到精確度較高的近似結果。對於維數少（三維以下）的問題，不如其他方法好。

2. 誤差具有機率性

由於蒙地卡羅法的誤差是在一定置信水準下估計的，所以它的誤差具有機率性，而不是一般意義下的誤差。

3. 在粒子輸運問題中計算結果與系統大小有關

根據經驗顯示，只有當系統的大小與粒子的平均自由路徑可以相比較時（一般在十個平均自由路徑左右），蒙地卡羅法計算的結果較為滿意。但對於大系統或小機率事件的計算問題，計算結果往往比實際值偏低。而對於大系統，數值方法則是適用的。因此，在使用蒙地卡羅法時，可以考慮把蒙地卡羅法與解析（或數值）方法相結合，取長補短，既能解決解析（或數值）方法難以解決的問題，也可以解決單純使用蒙地卡羅法難以解決的問題。這樣，可以發揮蒙地卡羅法的特長，使其應用範圍更加廣泛。

6.2.5　蒙地卡羅法的收斂性和誤差

蒙地卡羅法作爲一種計算方法，其收斂性與誤差是普遍關心的一個重要問題。

一、蒙地卡羅法的收斂性

蒙地卡羅法是由隨機變數X的簡單子樣X_1，X_2，…，X_N的算術平均值爲

$$\overline{X}_N = \frac{1}{N}\sum_{j=1}^{N} X_j \tag{6.19}$$

作爲所求解的近似值。由大數定律可知：如X_1，X_2，…，X_N獨立同分佈，且具有有限期望值（E(X)<∞），則

$$P\,[\lim_{N\to\infty}\overline{X}_N = E\,(X)] = 1 \tag{6.20}$$

即隨機變數X簡單子樣的算術平均值，當子樣數N夠大時，以機率1收斂於它的期望值E(X)。

二、蒙地卡羅法的誤差

蒙地卡羅法的近似值與實際值的誤差問題，機率論的中心極限定理給出了答案。該定理指出，如果隨機變數序列X_1，X_2，…，X_N獨立同分佈，且具有有限非零的平方差σ^2，即

$$0 \neq \sigma^2 = \int [x - E(x)]^2 f(x)\mathrm{d}x < \infty \tag{6.21}$$

$f(X)$是X的分佈密度函數，則

$$\lim_{N\to\infty} P\left(\frac{\sqrt{N}}{\sigma}\,|\overline{X}_N - E(X)| < x\right) = \frac{1}{\sqrt{2\pi}}\int_{-x}^{x} e^{-t^2/2}\,\mathrm{d}t \tag{6.22}$$

當N夠大時，有如下的近似式

$$P\left(|\overline{X}_N - E(X)| < \frac{\lambda_a \sigma}{\sqrt{N}}\right) \approx \frac{2}{\sqrt{2\pi}}\int_{0}^{\lambda_a} e^{-t^2/2}\,\mathrm{d}t = 1 - \alpha \tag{6.23}$$

其中，α稱爲置信度，$1 - \alpha$稱爲置信水準。

這顯示，不等式 $|\overline{X}_N - E(X)| < \frac{\lambda_a \sigma}{\sqrt{N}}$ 近似以機率 $1 - \alpha$ 成立，且誤差收斂速度的階爲 $O(N^{1/2})$。

通常，蒙地卡羅法的誤差 ε 定義爲 $\varepsilon = \frac{\lambda_a \sigma}{\sqrt{N}}$。

上式中 λ_α 與置信度 α 是互相對應的，根據問題的要求確定出置信水準後，查標準常態分佈表，就可以確定出 λ_α。

下面給出幾個常用的 α 與的數值：

α	0.5	0.05	0.003
λ_α	0.6745	1.96	3.00

關於蒙地卡羅法的誤差需說明兩點：

第一，蒙地卡羅法的誤差爲機率誤差，這與其他數值計算方法是有區別的。

第二，誤差中的均方差 σ 是未知的，必須使用其估計值來代替，在所求量的同時，可計算出 $\hat{\sigma}$，爲

$$\hat{\sigma} = \sqrt{\frac{1}{N}\sum_{i=1}^{N} X_i^2 - \left(\frac{1}{N}\sum_{i=1}^{N} X_i\right)^2} \qquad (6.24)$$

三、蒙地卡羅法的效率

一般來說，降低平方差的技巧，往往會使觀察一個子樣的時間增加。在固定時間內，使觀察的樣本數減少。所以，一種方法的優劣，需要由平方差和觀察一個子樣的費用（使用電腦的時間）兩者來衡量。這就是蒙地卡羅法中效率的概念。它定義爲 $\sigma^2 \cdot c$，其中 c 是觀察一個子樣的平均費用。顯然 $\sigma^2 \cdot c$ 越小，方法越有效。

6.2.6 LED構裝前光學和數學模型的建立

LED構裝光學結構的類比必須建立在正確有效的模型上。所建立的模型要求盡量反應LED構裝光學結構的主要特徵。抓住影響LED光分佈的主要因素，簡化

計算模型，抽樣出最簡潔有效的LED構裝光學結構模型。

在此對以傳統常規構裝形式的低功率LED建立仿眞模型，並進行Monte Carlo方法的模擬，然後對模擬的結果與實際樣品的測量結果進行比較分析。一方面通過對模型的修改和對類比方法的改進，驗證MC模擬方法的正確性；另一方面對傳統LED發光的構裝形式的模擬分析，加深對傳統LED構裝光學結構中各個部分對光分佈影響的理解，進而結合幾何光學的光源設計方法指導對LED構裝光學結構的改進和優化。以此爲基礎提出光效率更高且適合用作光源的LED構裝光學結構的新形式。

常規形式低功率LED管的傳統構裝形式如圖6.12所示。二極體發光晶片置於支架上的反光杯中，整個支架構裝在透明的環氧樹脂材料中，整個構裝光學結構形成了幾個主要的界面：

(1)半導體發光晶片與環氧樹脂材料所形成的界面；

(2)反光杯與環氧樹脂形成的界面；

(3)空氣與環氧樹脂材料所形成的界面。

這樣我們在LED模型的抽象時就只需要關注四個方面：

(1)LED晶片發出的光子；

(2)晶片與樹脂構裝的界面形狀；

(3)反光杯與樹脂構裝的界面形狀；

(4)環氧樹脂與空氣的界面的形狀。

抽樣時，著重於LED光子的生成和各個界面形狀之數學模型的建立。

LED晶片在模擬時，可以把其處理爲點光源，因爲LED晶片被樹脂材料緊密包圍著，無空隙，LED晶片發出的光子直接進入環氧樹脂材料，所以我們可以認爲樹脂對光子的取出效率爲100%。光子通過LED晶片與環氧樹脂的界面無損耗。

反光杯與樹脂材料形成的界面，由於反光杯內表面非常的光滑，可以認爲其光的反射率爲100%。因此，光子到達反光杯並被反射時，沒有透射光子的損耗，也沒有折射現象。在模擬時我們將反光杯視爲鏡面反射。

環氧樹脂與空氣的界面是整個LED構裝結構與空氣的界面。由於環氧樹脂與空氣的折射率不同，光子經過這個面時要發生折射現象，而且一般環氧樹脂的折射率大於空氣的折射率，所以在這個界面是光子從光密介質進入光疏介質，在此界面必定會發生反射、折射或者全反射現象。光子經過這個界面將發生很大的轉變，進而對LED射出光的光分佈有很大的影響。

常規形式LED構裝光學結構的模型如圖6.13(a)、6.13(b)所示。基於蒙地卡羅法的LED光學結構模型的類比所依據的思想是：採用亂數產生器產生與晶片的光分佈相似的亂數分佈，每個亂數對應於晶片發出的一個光子。在不考慮晶片光學結構的情況下，同時也是爲了便於模擬結果的分析，在此將發光晶片簡化等效爲一點光源，所產生的光子分佈與以點光源爲球心的球均勻分佈之亂數分佈相當。因此，基於蒙地卡羅法的LED構裝光學結構模型，類比時用球空間內均勻分佈的亂數類比晶片點光源的光分佈。根據幾何光學的原理可以追蹤每個隨機產生的光子從晶片發出後與各構裝界面的作用（反射、全反射、折射、吸收等），以及與構裝材料的作用（如內俘獲損耗等）這一系列過程，對大量這種過程的結果統計便可求解此模型的光分佈。

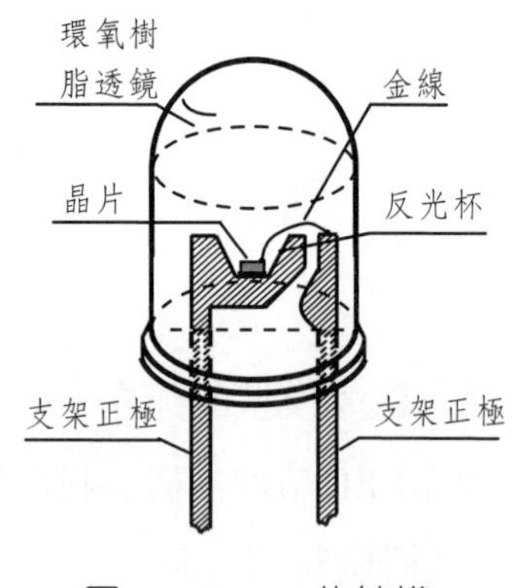

圖6.12　LED的結構

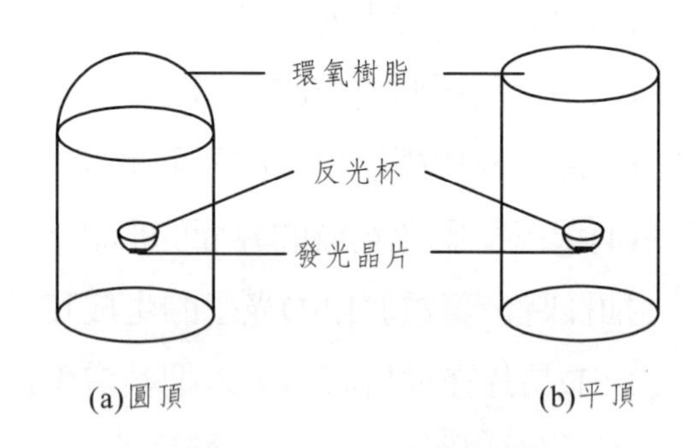

圖6.13　LED的光學結構模型

一、LED發光晶片模型的建立

LED發光二極體結構中，最重要的是LED發光晶片，通常LED晶片內部包括限制層、有源層、基底、電極等幾部分。晶片是將電能轉化爲光能的半導體，光子主要從有源層發出。常用的LED晶片尺寸有：8、9、12、14 mil等不同的規格。

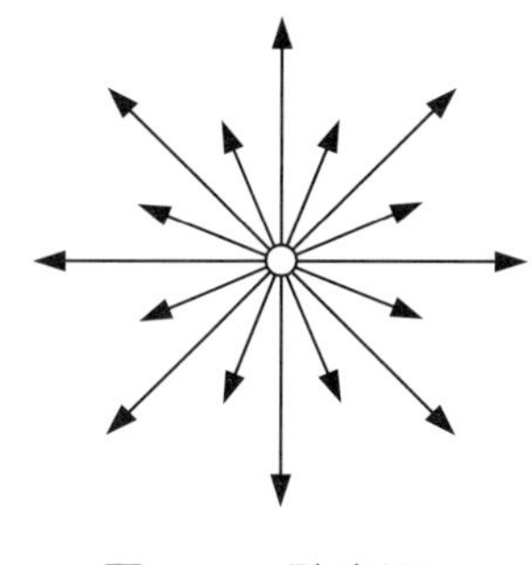

圖6.14　點光源

當不考慮LED發光晶片的光學結構，同時爲了便於類比結果的分析，圖6.14是將發光晶片等效爲一個點光源，這樣晶片產生的光分佈與以點光源爲球心的球均勻分佈之亂數分佈相差不大。所以，基於MC方法的LED構裝光學結構，類比時用球均勻分佈的亂數作爲LED晶片點光源的光分佈。從幾何光學的理論出發，我們可以追蹤到每個隨機光子（亂數）與各個構裝界面的作用，如反射、全反射、折射、吸收等，並且可以光子與環氧樹脂的作用（內損耗等）過程。經過大量的光子的這種過程，我們可以得到結果的統計，然後就可以求出LED模型的光分佈。

1. MC方法的亂數光子的產生

在模型中，將LED發光晶片視爲點光源。其發出的光爲空間球均勻分佈，因此，光子的發出具有隨機性，我們將採用MC方法產生亂數。

MC產生亂數的一個重要方法就是線性同餘法。線性同餘法是現在產生亂數最常用的方法。線性同餘法又稱爲乘加同餘法，是產生僞亂數的重要方法。

產生僞亂數的乘加同餘方法是由Rotenberg於1960年提出來的，由於這個方法有很多優點。乘加同餘方法的一般形式是，對任意初始值x_1，僞亂數序列由下面遞推公式確定：

$$x_{i+1} = a \cdot x_i + c \ (\mathrm{mod}\ M) \tag{6.25}$$

$$\xi_{i+1} = \frac{x_{i+1}}{M},\ i = 1, 2, \cdots \tag{6.26}$$

其中，a和c為常數。

乘加同餘法的最大容量，有如下結論：如果對於正整數M的所有素數因數P，下式均成立：

$$a = 1 \ (\text{mod } P) \tag{6.27}$$

當M為4的倍數時，下式成立：

$$a = 1 \ (\text{mod } 4) \tag{6.28}$$

c與M互為素數，則乘加同餘法所產生的偽亂數序列可達到最大可能值為M。

為了便於在電腦上類比使用，通常取：

$$M = 2s \tag{6.29}$$

其中，s為電腦中二進位數字的最大可能有效位數。

$$\begin{cases} a = 2b + 1 (b \geq 2) \\ c = 1 \end{cases} \tag{6.70}$$

這樣在計算中可以使用加法和迴圈C++語法，提高計算速度。

經過MC方法產生的偽亂數序列，其重複週期跟電腦的位元數有很大關係。電腦位元數越大重複週期越長，一般32位已經足夠大。

2. 晶片為面光源的模型

對於真實的LED來說，其LED晶片並不是一個點而是一個相似於立方體的模型。圖6.15是把發光二極體的發光面等效成面型光源，此時，發光點在發光面上的分佈是隨機的。可以把晶片的面光源分成為的點光源陣列，對陣列中的每一個點光源位移後，採用MC方法進行模擬統計其結果，將每一個點光源的統計結果求和得到最終的統計值。

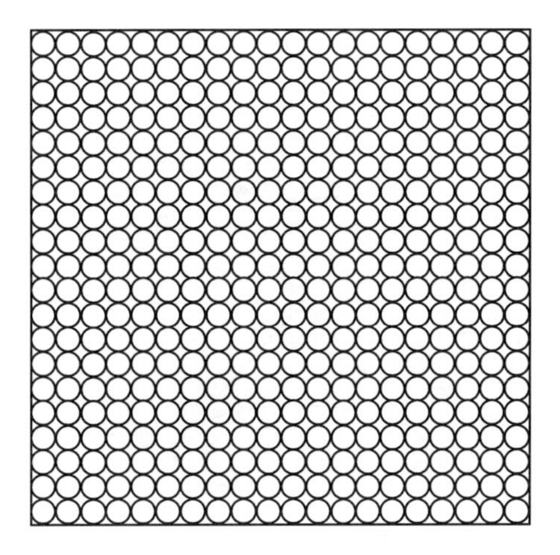

圖6.15　面光源

二、LED反光杯模型的建立

圖6.16所示，反光杯也稱反光杯，主要有三種形式：圓錐反光杯、球面反光杯和拋物面反光杯。市面上最常用的反光杯是圓錐型的，因此本論文將以圓錐反光杯爲研究目標。

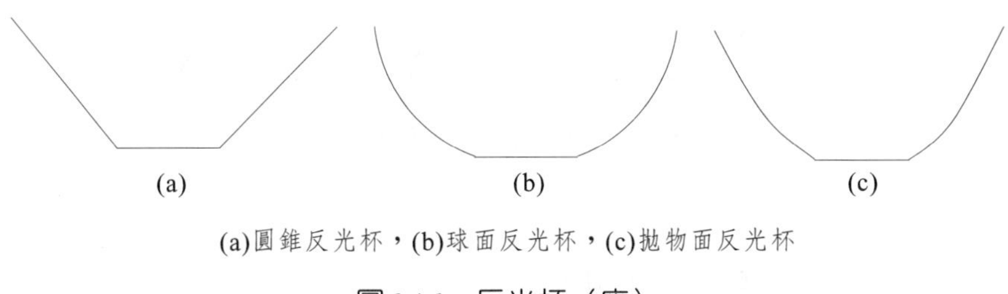

(a)圓錐反光杯，(b)球面反光杯，(c)拋物面反光杯

圖6.16　反光杯（座）

對於圓錐反光杯可以由圖6.17建立圓錐曲面方程式，其方程式爲

$$z^2 = a^2 \cdot (x^2+y^2) \qquad (6.71)$$

其中，$a = \mathrm{c}\ \tan\alpha$。M點座標$(x, y, z)$，$\alpha$爲旋轉直線與$z$軸的夾角。

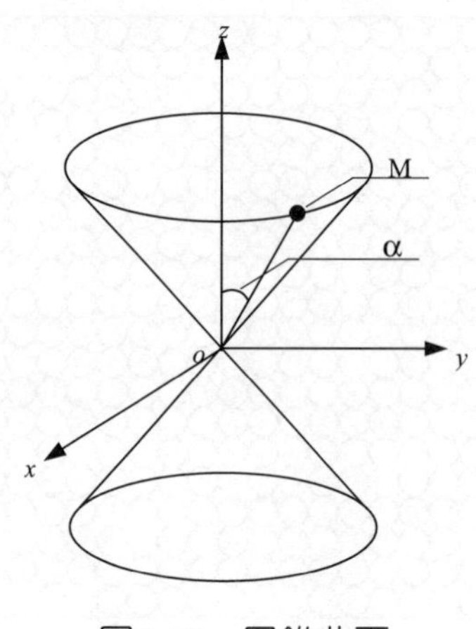

圖6.17　圓錐曲面

在模擬時，我們只要知道圖6.18反光杯的寬度W、高度H和夾角α，就可以唯一確定此反光杯的大小和形狀。

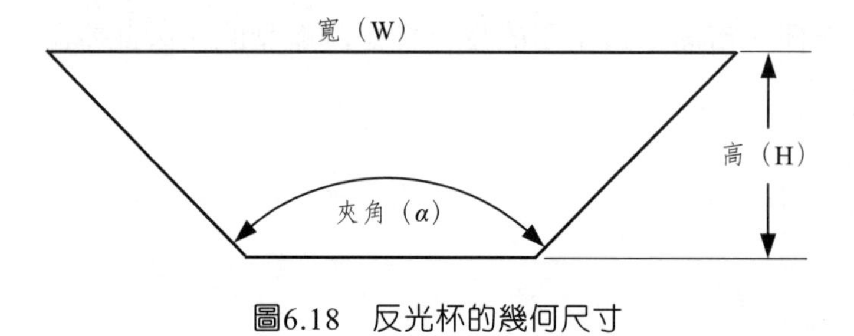

圖6.18　反光杯的幾何尺寸

三、LED環氧樹脂或矽膠模型的建立

普通LED環氧樹脂封裝形狀可以理解爲圓柱和半球的組合，在建立模型時，將LED環氧樹脂封裝分解爲圓柱面和半球面，如圖6.19所示。

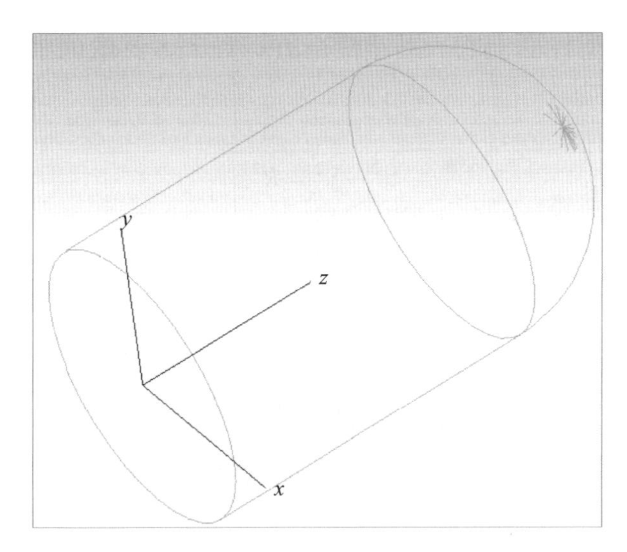

圖6.19　環氧樹脂封裝

(1)圓柱型環氧樹脂

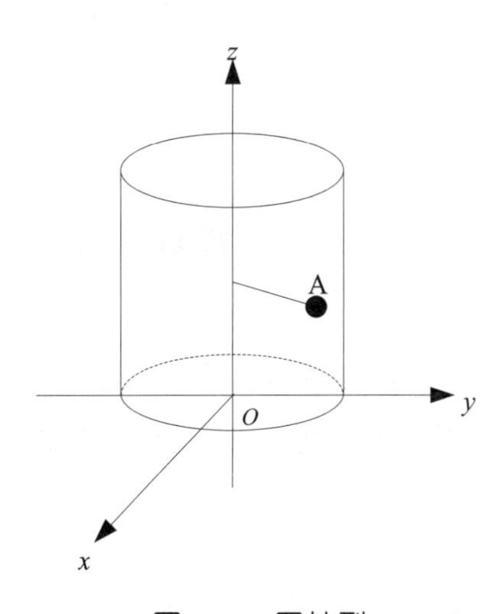

圖6.19　圓柱型

對於普通的直插式發光二極體，其構裝側面是圓柱形的。在模擬時，只需要將圓柱的曲面方程式描述出來即可，並在圓柱面上定義環氧樹脂材料的各種屬性，我們就可以類比LED側面圓柱的特性。

設圖6.19圓柱型柱面上的一點座標爲$A(x, y, z)$，其底面半徑爲R，則圓柱曲面的方程式爲

$$x^2 + y^2 = R^2 \tag{6.72}$$

其中，$Z \in (-\infty, +\infty)$，在實際仿眞模型中Z的範圍爲：$0 \leq Z \leq H$，其中H爲圓柱的高。

(2)半球型環氧樹脂

直插式LED的頂部爲半球形，半球形樹脂相當於一個透鏡，其在LED構裝中起到光學聚光的作用。與圓柱形一樣，可以在類比時建立它的數學模型。

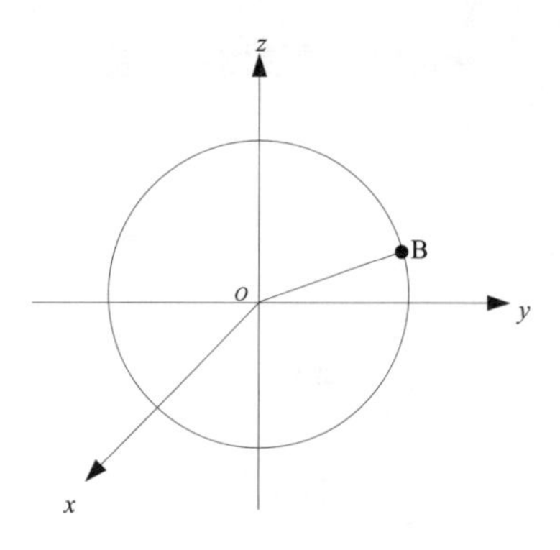

圖6.20　空間球體

在圖6.20空間球體中，設其半徑爲R，球面上的任意一點的座標爲B(x, y, z)，中心位於空間坐標系的原點。則圓球的球面方程式爲：

$$x^2 + y^2 + z^2 = R^2 \tag{6.73}$$

在模擬仿眞中，要想獲得在圓球的某一個半球，只需要將z的座標設置在（O, R）的範圍即可。在仿眞中，爲了方便我們可以移動z的座標，進而獲得必要的模擬結果。

6.2.7　蒙地卡羅法的電腦求解過程

在第5節中建立了LED基於MC方法的數學模型，但要在電腦上進行類比，

還必須將模型轉化爲資料以供電腦辨識，通過電腦超強的資料計算和輸出能力，最終我們可以得到結果並通過電腦螢幕或者印表機輸出[33]。本節主要簡略討論電腦的類比過程，亦即LED數學模型的電腦求解。

1. LED的光子運動

LED發光二極體是通過晶片將電能轉化爲光能，進而輸出光子。當光子遇到各個界面時，由於界面材料的性質不同，大量光子在界面會發生折射、反射、吸收和全反射等現象[40]，進而會改變光子的運動方向。

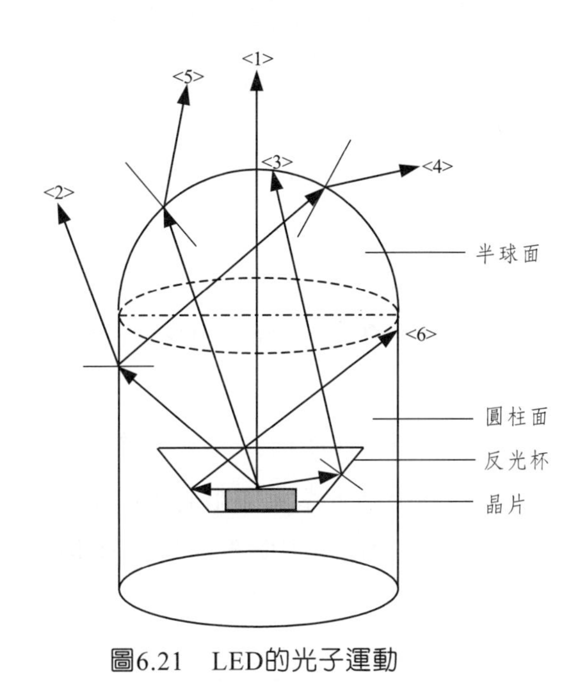

圖6.21　LED的光子運動

如圖6.21是LED光子運動示意圖。晶片產生光子的方向是隨機的，光子可能到達反光杯，與反光杯作用；光子可能到達環氧樹脂的圓柱側面，與圓柱側面作用；光子可能到達環氧樹脂的半球面，與半球面作用。下面分析光子與各個界面的作用。

(1)光子與反光杯的作用

光子的射出方向是任意的，總有一部分光子會到達反光杯，與杯面發生作用。如圖6.21中標示的光線〈3〉。

在模擬時，因爲反光杯的內表面是鏡面反射，所以到達反光杯的光子在杯面上全部被反射了。在此界面上不存在光子的吸收損耗如圖6.22所示。

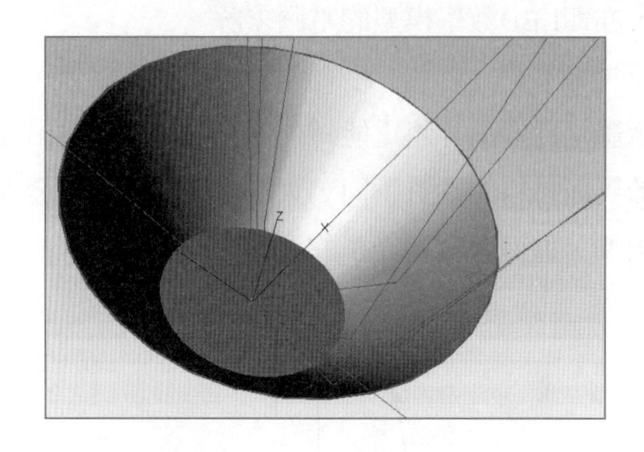

圖6.22　光子與反光杯作用

(2)光子與圓柱面的作用

晶片發出的光子其方向不確定，一部分直接到達LED圓柱的側面，圖6.21中的光線〈2〉和光線〈6〉。

由於LED圓柱的側面是環氧樹脂構裝，環氧樹脂對光子具有吸收作用，又因爲環氧樹脂和空氣的折射率不同，環氧樹脂的折射率（n = 1.52）大於空氣的折射率（n = 1），所以光子到達環氧樹脂界面時會發生吸收、反射、全反射、折射等現象。

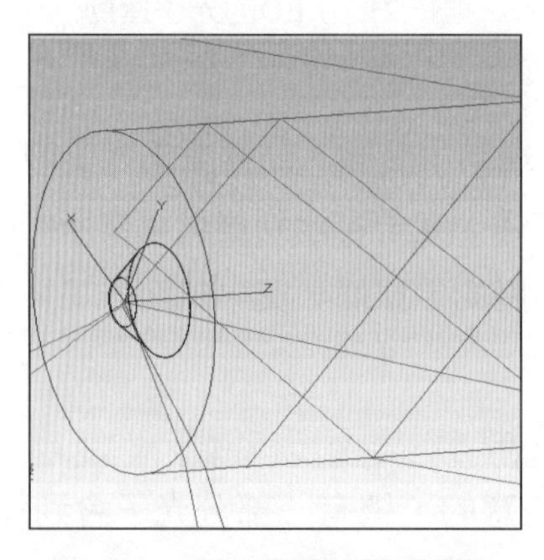

圖6.23　光子與圓柱界面作用

圖6.23中晶片發出的光子碰到圓柱面時有的被反射，有的被折射，還有的被反射以後又折射出去，此圖反應了環氧樹脂作爲LED構裝材料的屬性。

(3)光子與半球面的作用

光子射出晶片後有一部分直接到達了LED的半球面，也用一部分被反光杯或者圓柱面反射的光子也到達了LED的半球面，如圖6.1〈1〉、〈3〉、〈5〉、〈6〉光線所示。

從半球面中心出發的光線在經過球面時直接射出，不會發生折射、全反射現象。但在LED構裝中，晶片往往不在球面中心，所以光子到達球面時方向與法線有一定的夾角，光子在球面上會發生反射、折射和全反射等現象，並且樹脂構裝的半球面也吸收光子。

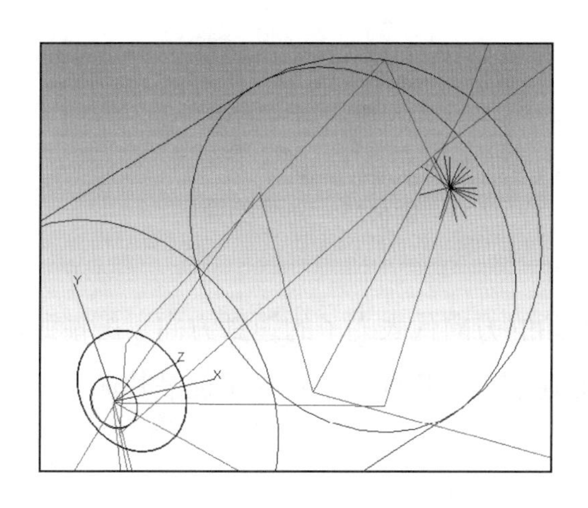

圖6.24　光子與半球面作用

由圖6.24可以看出光子到達球面時，有的光子被折射出球面，有的則被反射回球面內部。

(4)光子路徑

上面分析的光子與反光杯、圓柱面和半球面的作用，作用時光子會發生反射、吸收、折射、全反射等現象。而反射的光子又可以與反光杯、圓柱面和半球面作用，只要光子沒有折射出構裝面，那麼光子一直在LED內部與界面相互作用直至射出界面，框圖6.25顯示了光子的這種運動過程。

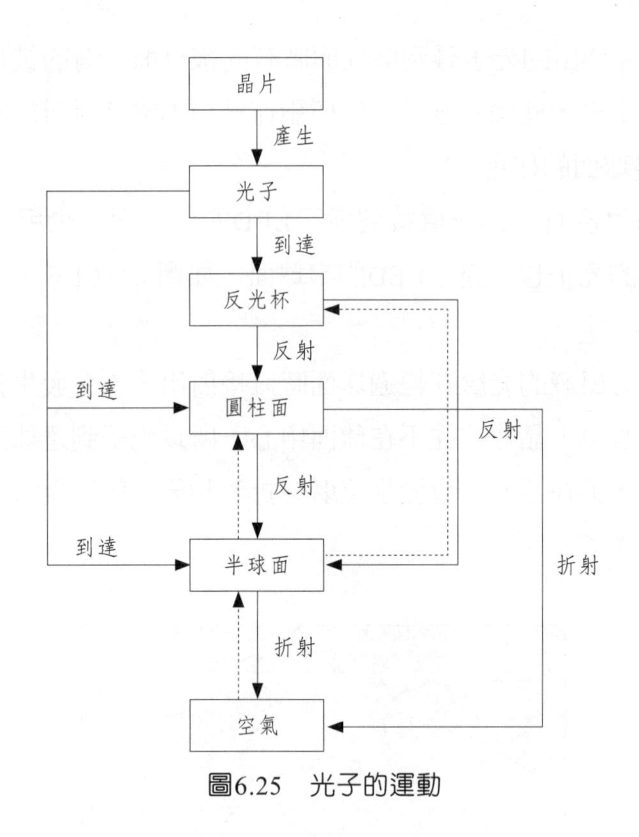

圖6.25 光子的運動

在圖6.25中，箭頭的方向代表光子的運動方向，細箭頭表示光子在LED內部各個界面的反射和直達運動，粗箭頭表示光子從晶片產生和被圓柱面或者半球面折射到空氣中。

2.光子與界面的數學運算

在模擬中，光子的運動方向以及與各個界面的作用是用數學式子和資料來表述的。因此，需要將光子方向和光子與界面的作用描述爲數學運算式，並且光子與界面的作用會分爲兩種情況：直接射出的光子與界面作用和反射的光子與界面作用，接下來本文將建立它們的數學運算式。

(1)光子出射的直線運動方程式

在6.2.6節中用MC方法產生了亂數。模擬時取三個亂數作爲光子的方向向量(l, m, n)，假設知道了光子的起始位置(x', y', z')。由光子的方向向量和光子的起始位置就可以得到光子行進的直線方程式爲

$$\frac{x-x'}{l}=\frac{y-y'}{m}=\frac{z-z'}{n} \quad (6.74)$$

其中，(x', y', z')爲光子的出發點，(x, y, z)爲光子飛行方向所在直線上的某一點，(l, m, n)爲方向向量。

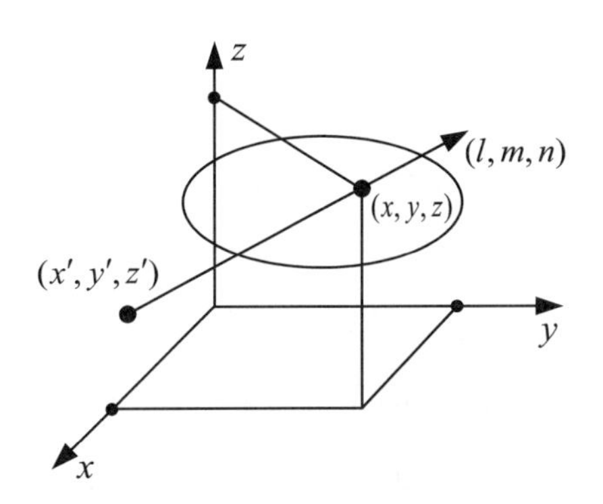

圖6.26　光子路徑向量關係

如圖6.26所示，構成方向向量的三個亂數爲[−1, 1]之間的實數，負號表示光子反方向運動。

(2)直射光子與構裝表面的碰撞位置

a.光子與反光杯表面的碰撞位置

$$\begin{cases}\dfrac{x-x'}{l}=\dfrac{y-y'}{m}=\dfrac{z-z'}{n}=t \\ z^2=a^2\cdot(x^2+y^2) \\ a=ctg(a)\end{cases} \quad (6.75)$$

經過式（6.75）式的計算，可以得到光子與反光杯表面的碰撞位置，設位置座標爲$A(x_a, y_a, z_a)$。z的範圍在反光杯的底面和頂面座標之間。

b.光子與圓柱面的碰撞位置

$$\begin{cases}\dfrac{x-x'}{l}=\dfrac{y-y'}{m}=\dfrac{z-z'}{n}=t \\ x^2+y^2=R^2\end{cases} \quad (6.76)$$

由式（6.76）計算得到光子與圓柱面的碰撞位置，設位置座標爲$B(x_b, y_b, z_b)$。Z的範圍在圓柱面的底面和頂面座標之間。光子與半球面的碰撞位置爲

$$\begin{cases} \dfrac{x-x'}{l}=\dfrac{y-y'}{m}=\dfrac{z-z'}{n}=t \\ x^2+y^2+x^2=R^2 \end{cases} \tag{6.77}$$

由式（6.77）式計算得到光子與半球面的碰撞位置，設位置座標爲$C(x_c, y_c, z_c)$。Z的範圍在半球面的中心和中心加半徑之間。

3. 光子在構裝表面的反射和折射

光子的反射：光子沿直線到達構裝界面時與界面有一個交點，反光杯爲A，圓柱面爲B，半球面爲C。並且知道了光子的方向向量即有三個隨機陣列成的向量(l, m, n)，要求光子在反光杯、圓柱面或者半球面上的反射光線，可以先求出反射角，要求反射角必須求出界面上的法線向量，如圖6.27所示。

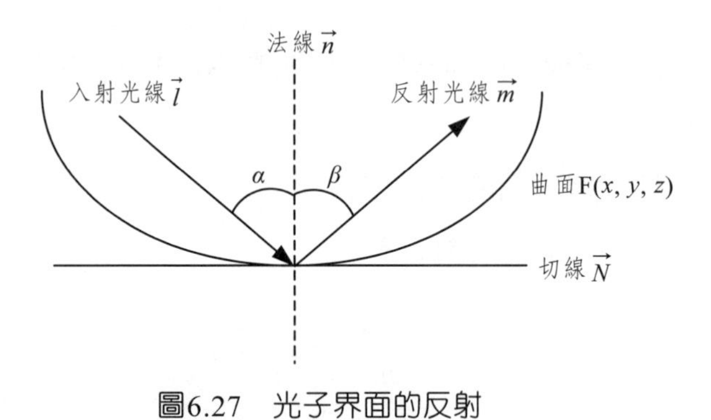

圖6.27　光子界面的反射

法線向量$\vec{n}$：

各個面的曲面方程式$F(x, y, z) = 0$在交點A、B或C處的法線方向向量，可以由空間幾何得到，在交點處曲面方程式對x、y、z的偏導數即爲法線的方向向量。

$$\vec{n}\left[\frac{\partial F(x,y,z)}{\partial x}, \frac{\partial F(x,y,z)}{\partial y}, \frac{\partial F(x,y,z)}{\partial z}\right] \tag{6.78}$$

由入射光線的方向向量(l, m, n)和法線向量$\vec{n}$，根據向量的夾角公式

$$\cos\langle\vec{a},\vec{b}\rangle=\vec{a}\cdot\vec{b}/(|a||b|) \qquad (6.79)$$

可以得到光線的入射角α，由光線的鏡面反射原理知反射角等於入射角，所以有$\beta=\alpha$。

反射向量$\vec{m}$：

由交點座標A、B或C，入射角，法線向量三個要素可以確定反射向量$\vec{m}$。但是這種方法在計算過程中涉及到大量的乘除運算，餘弦、正弦、正切、餘切等三角運算，容易帶來錯誤。所以，本文不採用這種方式，而採用向量的向量運算法，向量運算的優點是計算過程中只需要加減運算。現討論如下：

設入射向量$\vec{l}$，反射向量$\vec{m}$，法向向量$\vec{n}$，則：

入射單位向量：$\vec{l}_0=\dfrac{\vec{l}}{|\vec{l}|}$；

法向單位向量：$\vec{n}_0=\dfrac{\vec{n}}{|\vec{n}|}$；

反射單位向量：$\vec{m}_0=\dfrac{\vec{m}}{|\vec{m}|}$。

由代數向量運算得：$\vec{m}_0=\vec{n}_0+\vec{l}_0$，進而可以得到反射向量。

由光子與曲面的交點和反射向量又可以確定一條光線，這種情況一直在LED構裝的內部進行，直至光子折射出LED。

(2)光子的折射

光子到達封裝界面時，有一部分光子被折射出了LED，並且光子只可能在圓柱面和半球面被折射，所以折射的光子的座標是B或者C。

在圖6.28中，設入射向量的夾角爲α，反射向量的夾角爲β，折射向量的夾角爲γ，環氧樹脂的折射率爲n_1，空氣的折射率爲n_2。

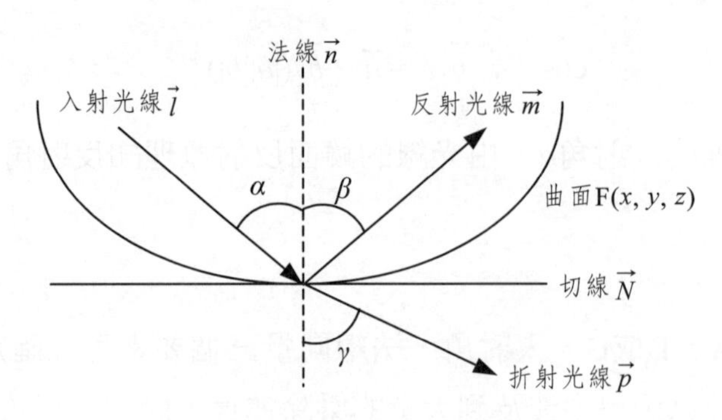

圖6.28　光子界面的折射反射

由向量關係知：$\vec{p}=\vec{m}-\vec{n}$ ，在反射向量中我們得到了反射角β和入射角α，所以有折射定律可知：

$$n_1 \cdot \sin\alpha = n_2 \cdot \sin\gamma \tag{6.80}$$

這樣我們就得到了光子的折射向量$\vec{p}$和折射角γ。

由折射點（B或C）、折射向量和折射角度，可以確定光子在空氣運動的方程式。

4. 光子反射率和折射率的確定

得到了光子在LED內與界面的交點、反射向量和折射向量。光子與每一個界面作用後，都可以得知光子的下一步的運動狀態（方向等）。若光子被反射，則光子以反射光線作爲新入射光線，可以重新求得光子與下一個界面的交點。

若是反光杯，則光子在面上的反射率視爲100%。其他界面（圓柱面和半球面）的反射率則根據菲涅耳反射定律確定其大小。由菲涅耳公式

$$R_F = \frac{1}{2}\left[\frac{\sin^2(\alpha-\gamma)}{\sin^2(\alpha+\gamma)} + \frac{\tan^2(\alpha-\gamma)}{\tan^2(\alpha+\gamma)}\right] \tag{6.81}$$

在不同入射角下（式中爲α入射角，γ爲折射角，R_F爲反射機率）光子的反射機率也不同，所以其折射機率R_P（$R_P = 1 - R_F$）也是變化的。如此，光子在界面不是被反射就是被折射，折射機率與反射機率的和爲1。

知道了入射角和反射角可以求的光子的反射機率，但是我們還不能確定這個

光子到底是折射還是反射，在這裡我們加入一個比較的變數，來作爲光子是反射還是折射的參考。

具體做法，晶片產生光子後，根據前面的公式計算出光子與界面作用後的入射角、反射角，帶入菲涅耳公式算出折射率，同時有MC方法產生一個亂數，亂數的範圍在[0, 1]之間。然後折射率與亂數進行比較，若折射率大於亂數，則光子被反射；若折射率小於等於亂數，則光子被折射出LED的結構。這樣，我們就可以確定光子到達界面時是被反射還是折射。

5. 光子的吸收

光子在LED構裝內部發生反射和吸收，存在吸收損耗。在模型建立以及電腦求解時，我們假設一個光子在LED內部發生1000次反射後仍未射出LED，則光子被吸收。

6.3 LED測量模型及求解

在前面，我們討論了表徵LED光源的光學參數以及其測量的工具，其中測量工具（積分球和角度分佈測試系統）是在工廠和實驗室經常用到的。而在類比中，我們需要將這種工具的主要工作原理描述爲數學模型，以便於建立的LED模型發出的光子作用，進而將這種作用輸出到電腦螢幕，得到LED類比的光學特性。

6.3.1 測量模型的建立

在模擬中，我們主要得到LED的光強度分佈圖、光照度三維分佈圖和空間類比配光曲線。實際中，用積分球和角度分佈測量系統實現對LED發出光的吸收、測試，在模擬中，我們可以建立一個光吸收面來匯聚光子，下面來建立這種吸收面。

6.3.2 測量量的求解

(1)光通量

根據光通量的定義，光通量的大小可以用光子的數量表示，所以在模擬時我們只要定義光子的隨機向量數目即可。例如我們可以定義出射光子的數目爲1000、10000、100000等，它們的不同是得到的光子的統計數目不一樣和電腦CPU的運行時間的長短不同。

(2)光強度分佈

光子從LED射出後如果與吸收面有交點，則次交點被記錄，交點的計算公式爲

$$\begin{cases} x = l\dfrac{U - z_0}{n} + z_0 \\ y = m\dfrac{U - z_0}{n} + y_0 \\ z = z_0 \end{cases} \tag{6.82}$$

其中(l, m, n)爲光子的射出方向向量，(x_0, y_0, z_0)爲光子的射出點座標，U爲座標原點與觀察屏間的距離。

將所有被吸收屏接受的交點，顯示在電腦的螢幕上，這就得到了光強度分佈圖。

光強度的配光分佈曲線，一般表示LED的發光強度用配光分佈曲線表示。我們對模擬的結果統計它的空間角度分佈，進而得到單位空間角度的光子數。單位立體角內的光子數即爲此空間角的發光強度，建立「立體角－光子數」的直角坐標系，進而可以很直觀的反應LED的配光分佈曲線。

(3)光照度分佈

爲獲得吸收屏上某一點的光照度值，可以統計落入以這個點爲中心的小區域內的光子數目並計算光照度值，作爲該點的平均光子數和平均照度值。

在此，我們可以將吸收屏劃分爲m×n個小區域，組成一個面陣。每個面陣上各點的值表達吸收屏上光照度的統計分佈情況。根據每個面陣點的光照度值作出平面光照度分佈三維圖形，可以直觀地表示出各點的光照度大小和各點光照度

值的相互比例。

6.4 C++MFC程式、Matlab和TracePro

在前面的章節中，本文介紹了LED的結構、光學特性、參數測量等，並且建立了基於蒙特卡羅（MC）方法的LED數學模型及其電腦的求解。在本節中，將進行LED模型參數和測量C++語言的電腦的實現，簡略介紹用到的C++MFC數學函數、圖像顯示函數及基於C++類的LED物件的實現。本節還對公司常用的光學類比設計軟體TracePro簡略介紹以及類比一個基於TracePro的LED模型仿眞的步驟。編寫的C++MFC程式與TracePro軟體結合可以很簡單直觀的表現出LED模型的光學特性，並可爲設計實用的LED產品作爲參考依據，程式執行後會產生兩個表徵LED發光特性的文字檔案，其中保存有重要資料，將資料導入Matlab中可以形象直觀的表現LED的光學特性。

6.4.1 LED的C++MFC程式和Matlab

LED的構裝模型和測量模型建立起來後需要轉化爲電腦語言，本論文將用C++面向物件的語言進行描述，並最終開發出一套可實際應用的MFC程式，使用的工具爲微軟的開發工具VC6.0。

一、光子方向向量（亂數）的C++實現

亂數是基於MC方法建立的。

1. 亂數流程圖

如圖6.29所示，當產生的亂數個數n大於輸入的亂數個數m時程式結束，並且寫入txt文本文檔。

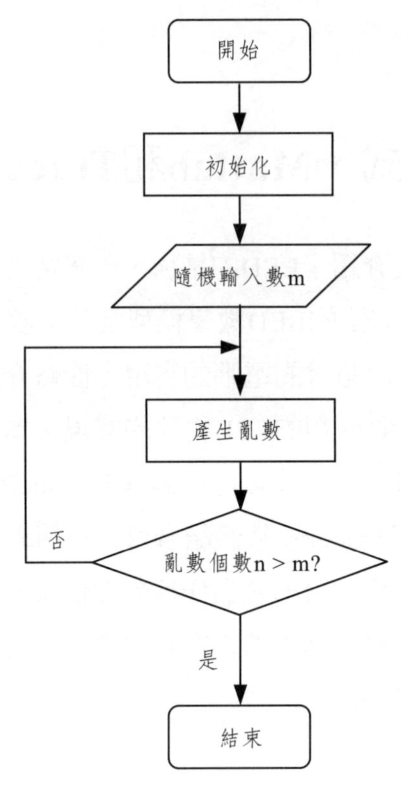

圖6.29 亂數流程圖

2. 用到的C++函數

產生亂數時主要用到C++的加、乘、除運算，例如產生一個亂數的C++程式如下：

```
double Cpower::rand0()
{
    unsigned long a;
    unsigned long b;
    unsigned long c;
    double d;
    a = seed0;
    b = 65531;
```

```
    c = a*b;
    seed0 = c+17377;
    d = (double)c/(double)4294967295;
    return d;
}
```

註：為了簡略和清晰，程式中變數的具體意義不再探討。具體程式請參看附錄。

文字檔案的輸出函數ofstream()，ofstream函數用於將記憶體中的資料轉到硬碟保存起來。MFC程式中的應用：

ofstreamfout("c:\\flux.txt");// 創建ofstream的物件fout，並且在C盤建立了一個名叫flux.txt的文字檔案

fout<<shuzu.grid_num[m][n]<<";//向flux.txt中寫入資料

fout.close();//關閉檔，並保存資料到硬碟

3. 光子在LED內部運動的C++實現

在圖6.1.4光子的運動中，給出了光子在LED內部的運動路徑，現在將這種路徑轉化為C++語言。

(1)光子運動流程圖

若被折射則光子射出LED。若光子在半球面被反射，則光子到達圓柱面，然後判斷光子是否被折射，若被折射則光子射出LED，若反射，則反射光子重新開始重複上面的步驟，直至光子被折射出LED。

(2)用到的C++函數

程式中涉及的基本的C++函數有加、減、乘、除、乘方、取餘、根式、迴圈等。根據LED構裝的特性，本文充分發揮了C++基於面向物件的類的設計方法。分別設計有反光杯類、半球面類、圓柱面類、控制按鈕類等，這樣在邏輯層次上十分的直觀明晰，完全克服了C語言在設計大型程式的代碼冗長和混亂，設計出的程式不易崩潰。

在程式MFC的編程中，設計工具VC6.0自動為我們加入類的巨集定義檔等程式資訊。

如圖6.30所示，晶片產生光子後首先判斷與反光杯界面是否有交點，如果有交點則光子被反射，然後判斷光子是否與半球面有交點，如果有，則判斷光子是否被折射。

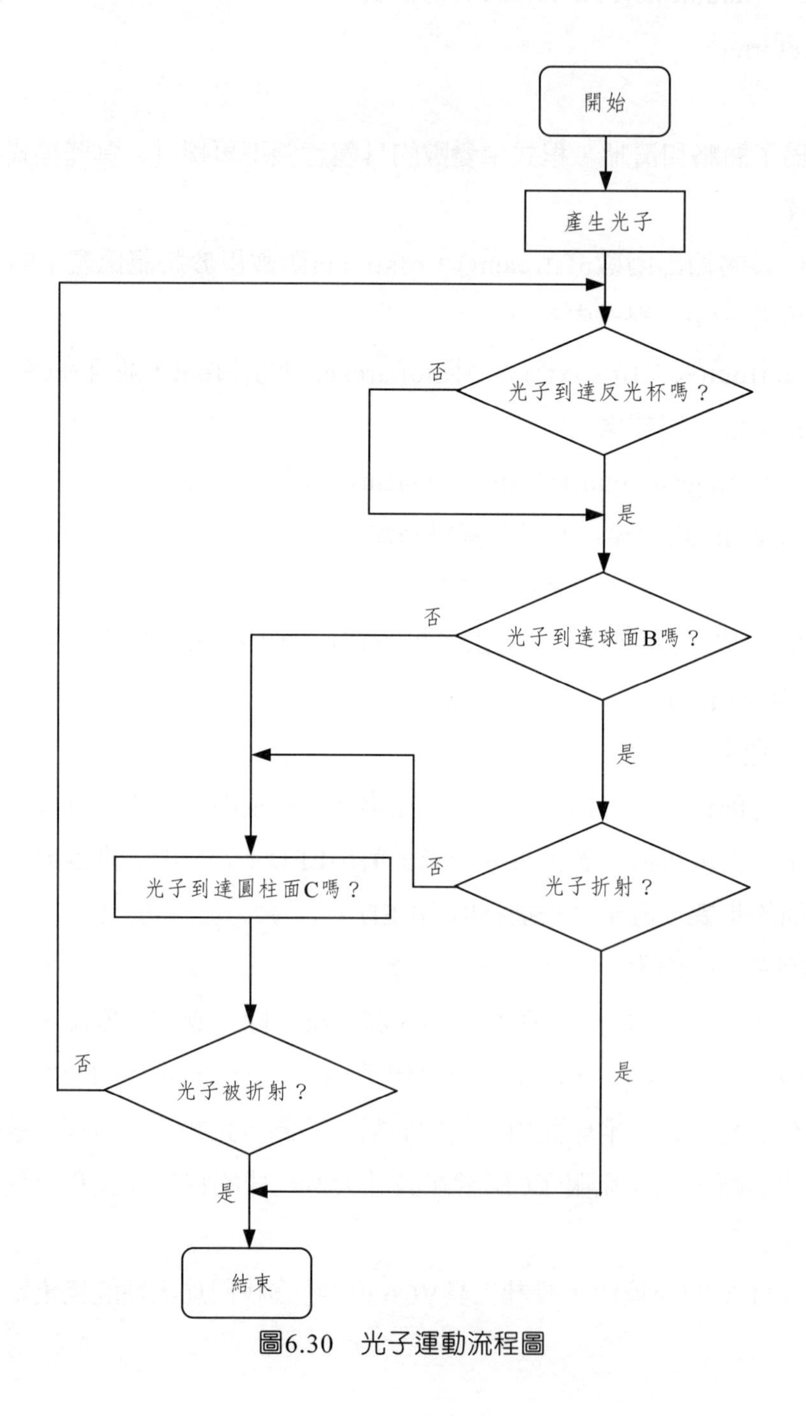

圖6.30　光子運動流程圖

4. 光子與吸收面作用的C++實現

光子射出LED界面後射向空間，LED與吸收面有一定的距離，並且吸收面有一定的大小，必定有一部分光子被吸收，一部分光子錯過了吸收面。

(1)光子與吸收作用的流程圖

圖6.31是光子與吸收面作用流程圖。從LED出射的光子，判斷是否與吸收面相交，若相交則記下相交點並在電腦螢幕上顯示，若不想交則LED重新發出光子繼續判斷。

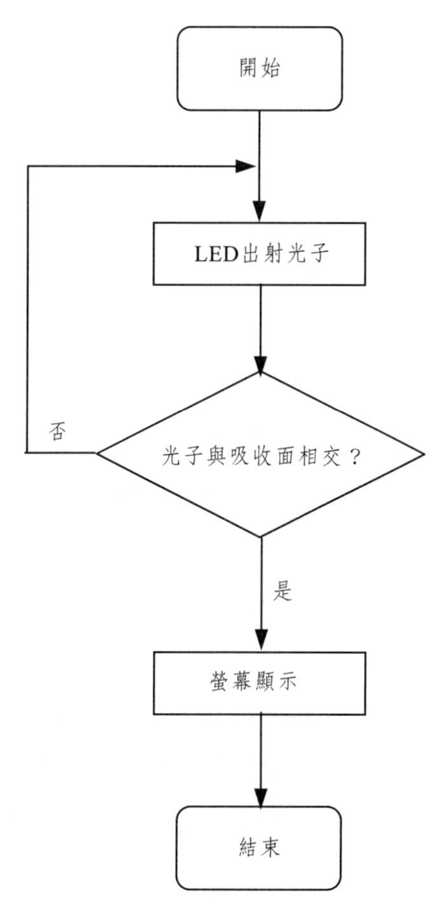

圖6.31　光子與吸收面作用流程圖

(2)用到的C++函數

光子與吸收面的作用，因爲在螢幕上要打點顯示，所以在C++MFC設計中最重要的就是圖像顯示函數的應用。

當我們建立MFC程式時，VC6.0自動生成電腦圖像顯示的類別，我們只要會用VC提供的這些類別就可以了。現舉例如下：

```
void CLedproView::OnDraw(CDC* pDC)
{
    CLedproDoc* pDoc  =  GetDocument();
    ASSERT_VALID(pDoc);
    // TODO: add draw code for native data here


    CRect rc;
    GetClientRect(&rc);
    CFont font;
    font.CreatePointFont（100,"楷體",NULL）;
    pDC- > SelectObject(&font);
    pDC- > SetTextColor(RGB(230,100,100));
    pDC- > TextOut（10,5,"紅點：光子從LED圓頂面射出"）;
    pDC- > SetTextColor(RGB(100,180,250));
    pDC- > TextOut（10,28,"藍點：光子從LED圓柱側面射出"）;
}
```

pDC是CDC類的一個指標，其內部擁有許多表示視窗的函數，利用這些函數我們可以實現設計非常完美的視窗界面，可以在界面上寫字、繪圖、上色等操作。CFont是表示字體屬性的類別，用其創造一個類物件font。

二、C++MFC在LED模型中的基本應用

1. 建立基本的MFC程式

打開VC6.0應用程式，點擊File→New→Projects→MFC AppWizard，然後填入工程的檔案名，點擊OK，工具就會自動創建一個基於MFC的工程檔，點擊執行會出現我們設計的程式，如圖6.32所示。

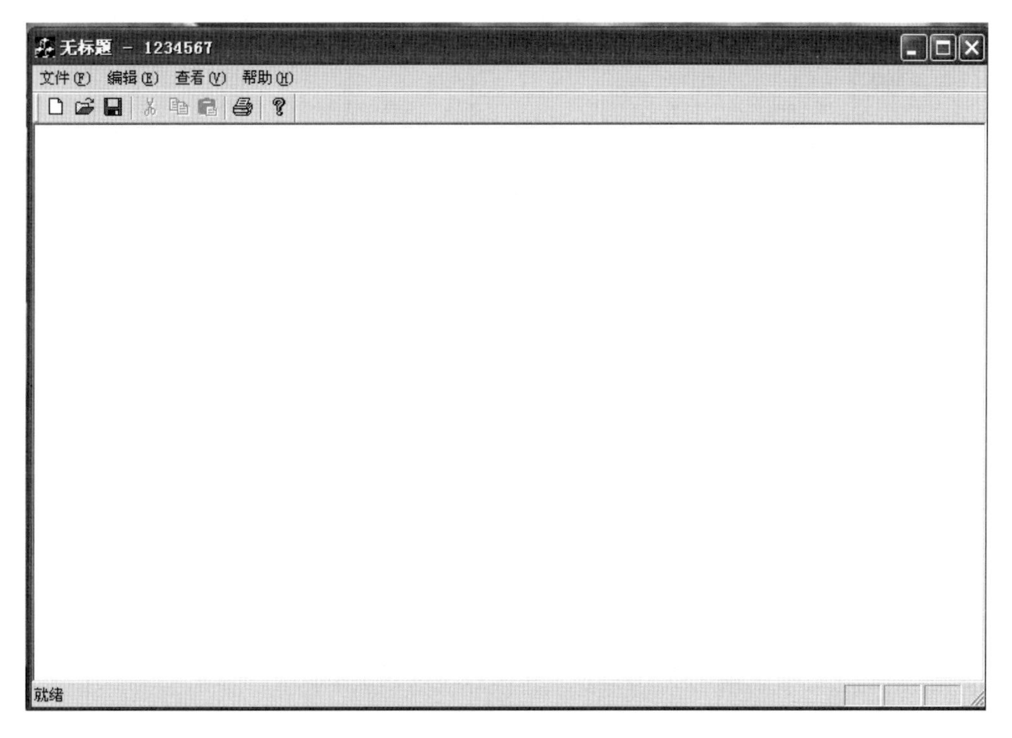

圖6.32　簡單MFC程式

2. 建立MFC程式的對話方塊

LED模型需要許多參數，以便於我們對LED模擬構裝的控制，所以在MFC程式中需加入基本的與電腦進行交互的界面——對話方塊。

在VC6的開發界面中點擊「ResourceView」，展開後有許多表示視窗的資源，如圖6.33所示。

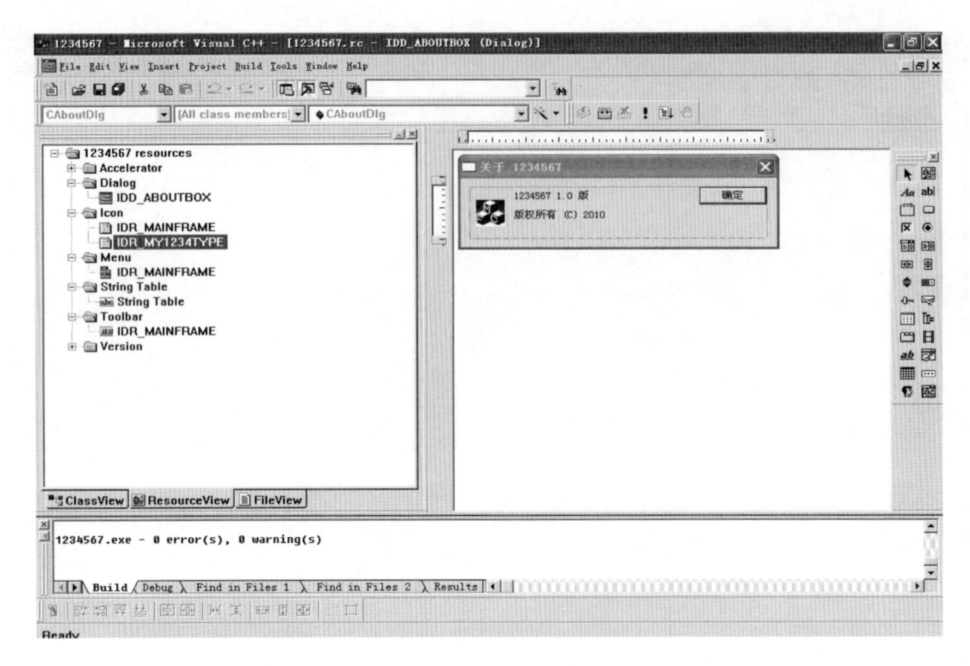

圖6.33　VC ResourceView程式視窗設計

分別點擊分叉樹，設計我們想要的視窗和對話方塊，如圖6.34所示。

圖6.34　對話方塊的設計

3. 對話方塊的程式實現

對話方塊建立後需要將對話方塊進行程式的實現，用於將輸入的資料進行命令運算。具體程式請參看LED C++程式附錄，執行如圖6.35。

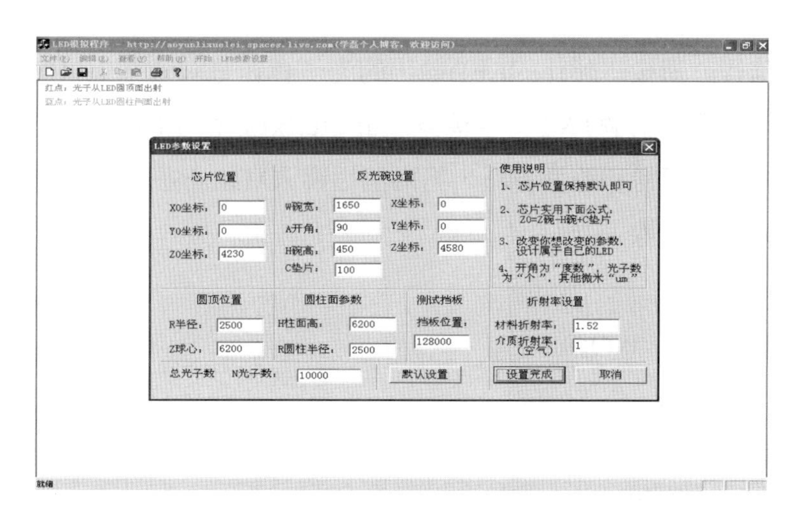

圖6.35　對話方塊的程式實現

4. 軟體成型與運用

經過上面3個步驟，再加入LED的C++語言設計程式，一款簡單的應用程式就完成了，在對話方塊輸入參數，執行後得到如圖6.36所示的光子分佈。

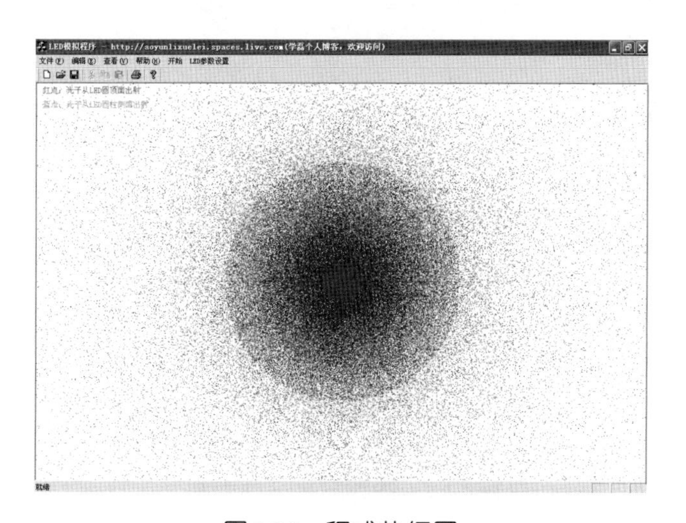

圖6.36　程式執行圖

三、MATLAB程式實現

Matlab是一款在各行各業非常實用的類比統計計算軟體，它可以非常方便的解決物理學、數學、經濟學等學科的問題。在本文中不會介紹Matlab的用法，只給出我們用到的Matlab程式。

當成功執行軟體後，類比的LED輸出的光子會在電腦螢幕上打點顯圖6.36，並且會在C盤下產生兩個TXT文字檔案「angle.txt」和「flux.txt」，分別表示LED空間配光曲線資料和照度資料，將兩個檔導入Matlab並執行的程式如下：

空間配光分佈曲線：

```
Clear
b = load('c:\angle.txt');
angle = -90:1:90;
plot(angle,b)
xlabel（'空間角度'）；
ylabel（'空間光強度'）；
```

執行空間配光分佈曲線後得到如圖6.37。

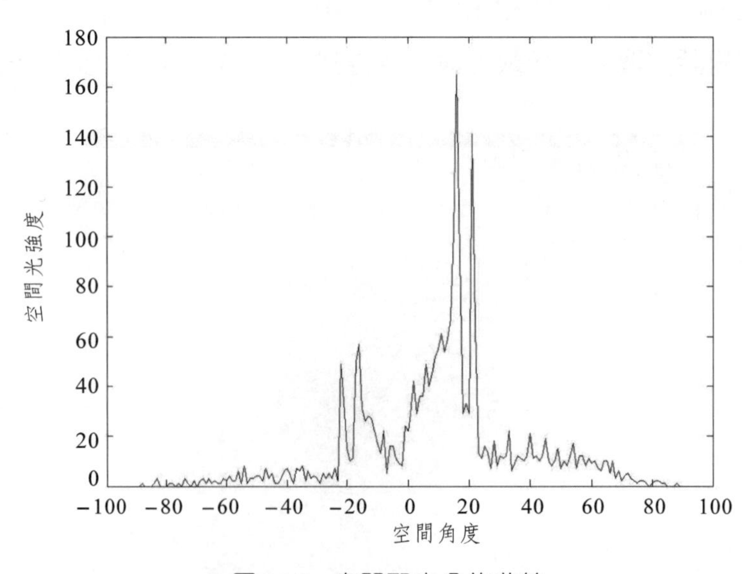

圖6.37　空間配光分佈曲線

圖6.38空間分佈曲線，x軸表示空間角度，空間角度的劃分是以光軸為0°，兩邊分別為正負度數，y軸表示單位空間角度的光子數。可以看出此LED的光強分佈曲線範圍在[−20, 20]，並且在的角度內發光強度最強，波峰最大。

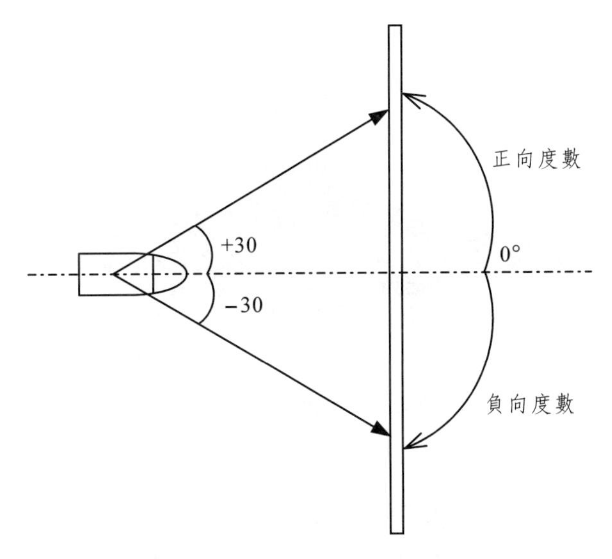

圖6.38　LED空間角度的劃分

光照度三維分佈圖

```
a = load('c:\flux.txt');
x = 0:1:150;
y = 0:1:150;
[X, Y] = meshgrid(x, y);
mesh(X,Y,a)
xlabel（'X---軸'）;
ylabel（'Y---軸'）;
zlabel（'光子數'）;
```

執行光照度三位分佈圖後得到圖6.39。

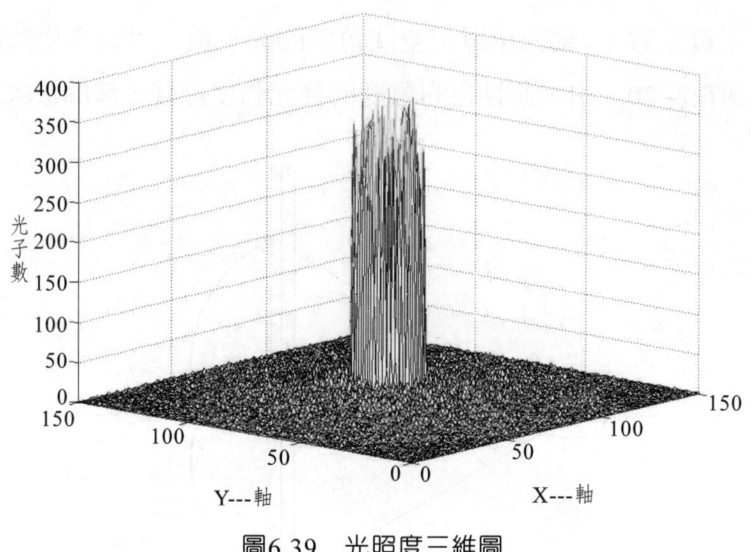

圖6.39　光照度三維圖

如圖6.39光照度三維圖，XY平面表示吸收面，並且將吸收面分爲個面陣，統計每個面陣裡的光子數可以得出圖6.39光照度的三維圖。光照度可以直觀的表現出LED的發光特性。

6.4.2　LED的TracePro模型的建立和類比

TracePro是一套普遍用於照明系統、光學分析、輻射度分析及光度分析的光線模擬軟體。Tracepro可以對光線進行有效和準確的分析，因此Tracepro具備處理複雜幾何的能力，以定義和跟蹤數百萬條光線；圖形顯示、視覺化操作以及提供3D實體模型的資料庫；導入和導出主流CAD軟體和鏡頭設計軟體的資料格式。

TracePro的使用分爲5步：

(1)建立幾何模型；

(2)設置光學材質；

(3)定義光源參數；

(4)進行光線追跡；

(5)分析模擬結果。

一、TracePro建立基本的LED模型

本節將利用TracePro軟體建立一個基本的LED模型，視頻教程在我的共用檔裡（http://cid-32605ffc25705090.skydrive.live.com/self.aspx/.Public/tracepro%20%20LED.zip）。

1. 反光杯的建立

打開TracePro軟體，點擊插入→幾何物件→圓柱/圓錐→圓錐，然後填入相對應的參數，如圖6.40。

圖6.40　反光碗參數設置

再次建立一個相差爲0.01的圓錐實體，將兩個實體做交集運算，最終得到反光杯的模型，如圖6.41所示。

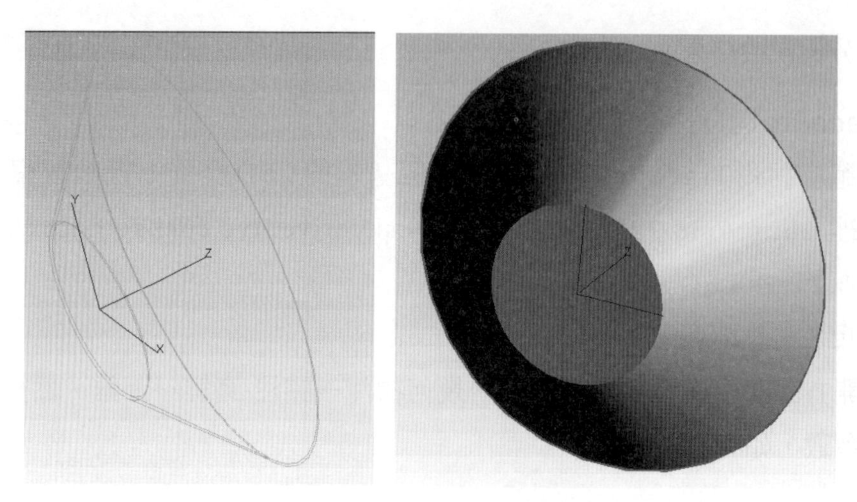

圖6.41　反光杯模型

2. 環氧樹脂模型的建立

點擊插入→幾何物件→圓柱／圓錐→圓柱，如圖6.40，填入相對應的參數，就會得到一個圓柱體。再點擊插入→幾何物件→球體，同樣輸入球體的參數，插入球體，然後將圓柱和球體做並集運算，得到圖6.42。

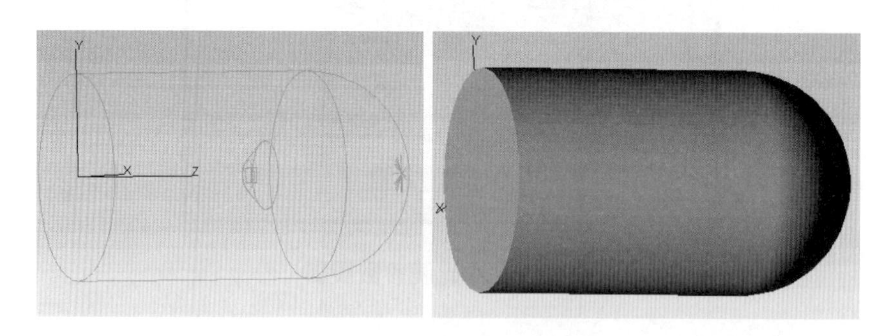

圖6.42　環氧樹脂模型

3. 吸收面的建立

點擊插入→幾何物件→方塊，如圖6.43。填入相對應的參數，插入即可。最終得到吸收面的模型，如圖6.44。

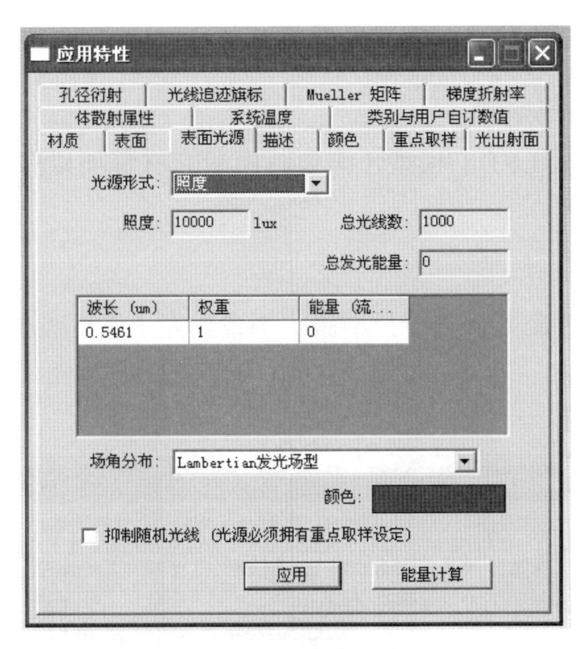

圖6.43　吸收面的建立

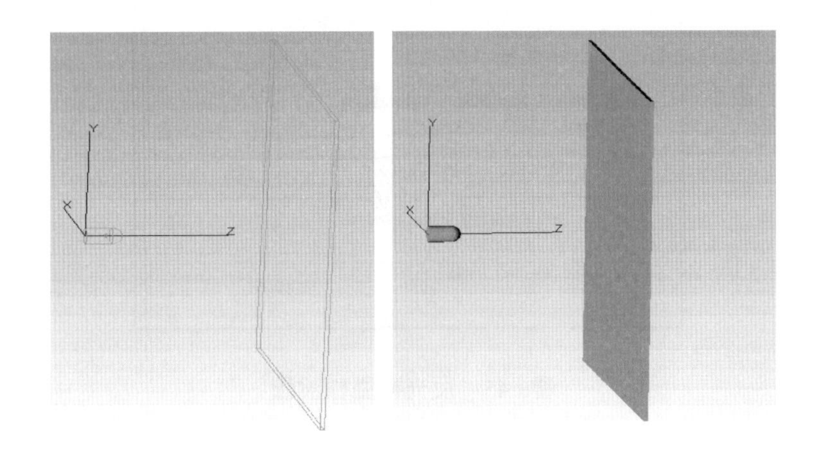

圖6.44　吸收面的建立

4. 晶片的建立

點擊插入→幾何物件→方塊。填入相對應的參數，插入即可。最終得到晶片的模型。

註：在建立模型時，一定要注意各個界面或者實體的位置參數，否則所建立

的LED模型將不合格。建立的模型也可以修改。

二、訂定材質和光源參數

在6.2.6節建立了LED的模型，需要將模型的材質加以訂定，以實現仿眞的需要。

1. 反光杯材質屬性

反光杯在LED內部定義爲全反射鏡，不會對光子發生吸收作用。在TracePro中的定義如圖6.45。

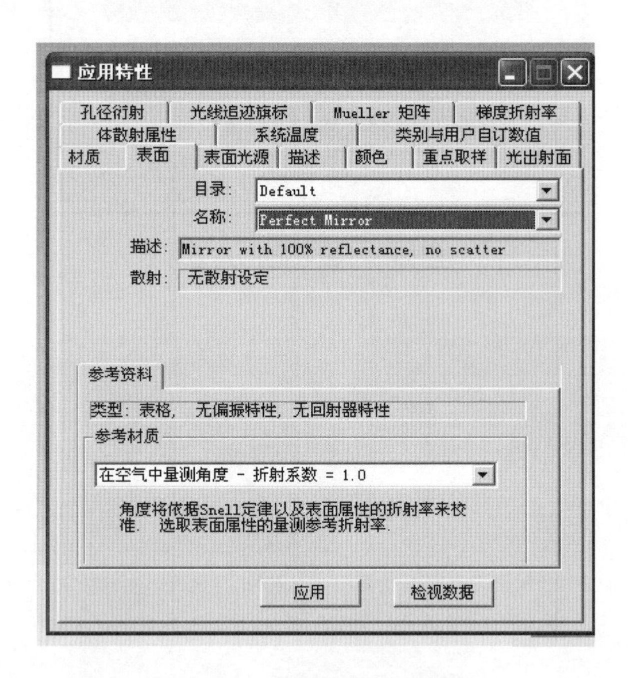

圖6.45　反光杯屬性設置

2. 環氧樹脂材質

環氧樹脂構裝不同於反光杯，環氧樹脂有光子吸收係數、光子折射率穿透率等。設置界面如圖6.46。

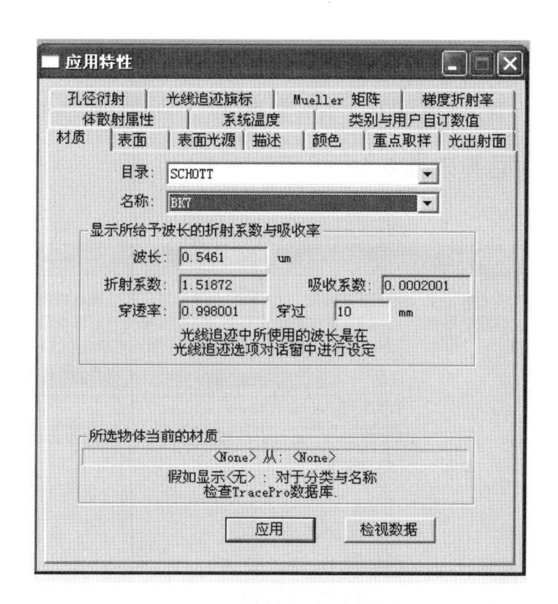

圖6.46　環氧樹脂材質參數

3. 晶片光源參數

設計的晶片爲一個立方體，設發光的面有5個，每個面有相同的光源定義參數，如圖6.47。

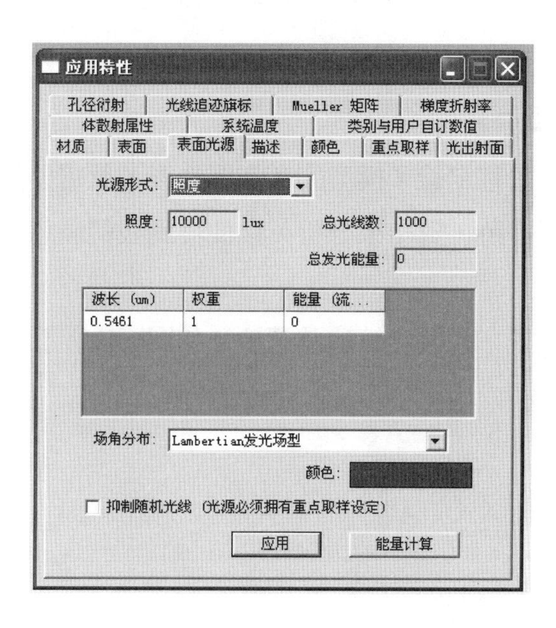

圖6.47　晶片光源參數

4. 吸收面材質屬性

因爲發出的光子一部分被吸收面完全吸收，所以吸收面應設爲完全（perfect absorber）吸收的面，定義如圖6.48。

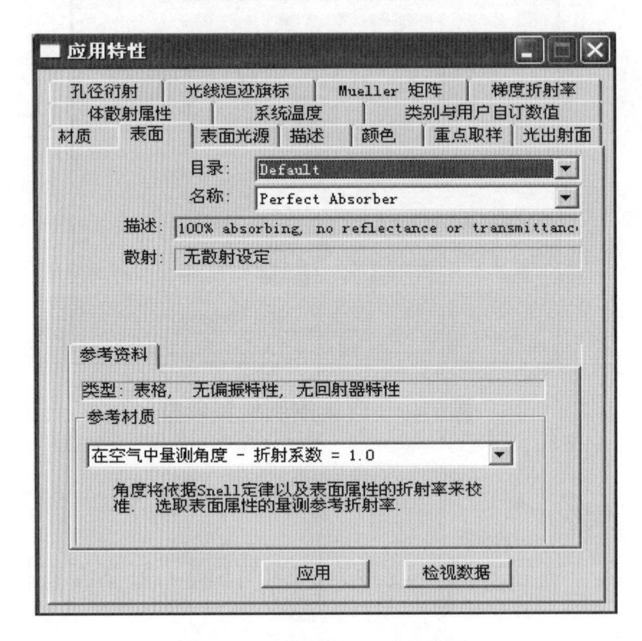

圖6.48　吸收面参數設置

三、光線追跡和結果分析

當LED模型建立並且定義了模型的各個屬性後，就需要對LED的特性進行定性分析，對光線進行追跡，對結果分析，以便得到我們滿意的設計。

1. 光線追跡

點擊光線追擊按鈕，設置光線追跡選項，如圖6.49所示。

圖6.49　光線追跡選項

點擊追擊光線後得到如圖6.50所示。

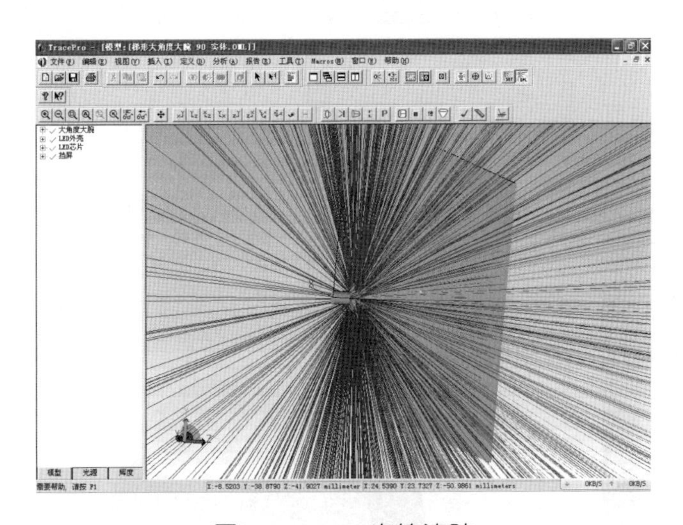

圖6.50　LED光線追跡

從圖6.50中，可以看到LED發出的光線，紅色的是光子從晶片頂面發出的，藍色爲反射出的光子，亮綠色是光子從晶片側面發出的。

2. 結果分析

LED的光學特性在前面已經討論，在TracePro中表現光學特性的是輻照度分析圖、空間光強度分佈、空間配光分佈曲線、直角坐標坎德拉分佈圖、極座標坎德拉分佈圖等。分別如圖6.51、圖6.52、圖6.53和圖6.54所示。

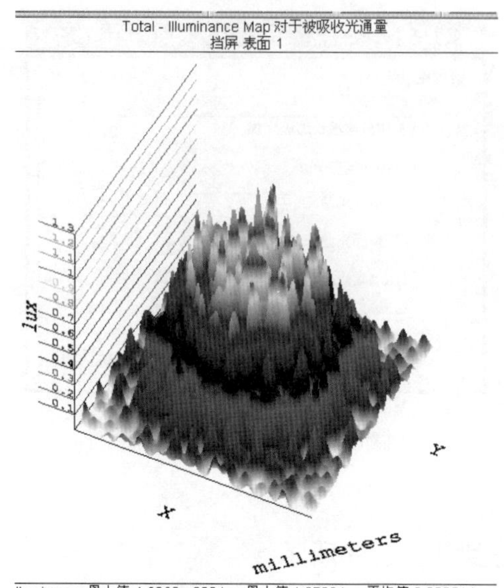

圖6.51 輻照度分析圖

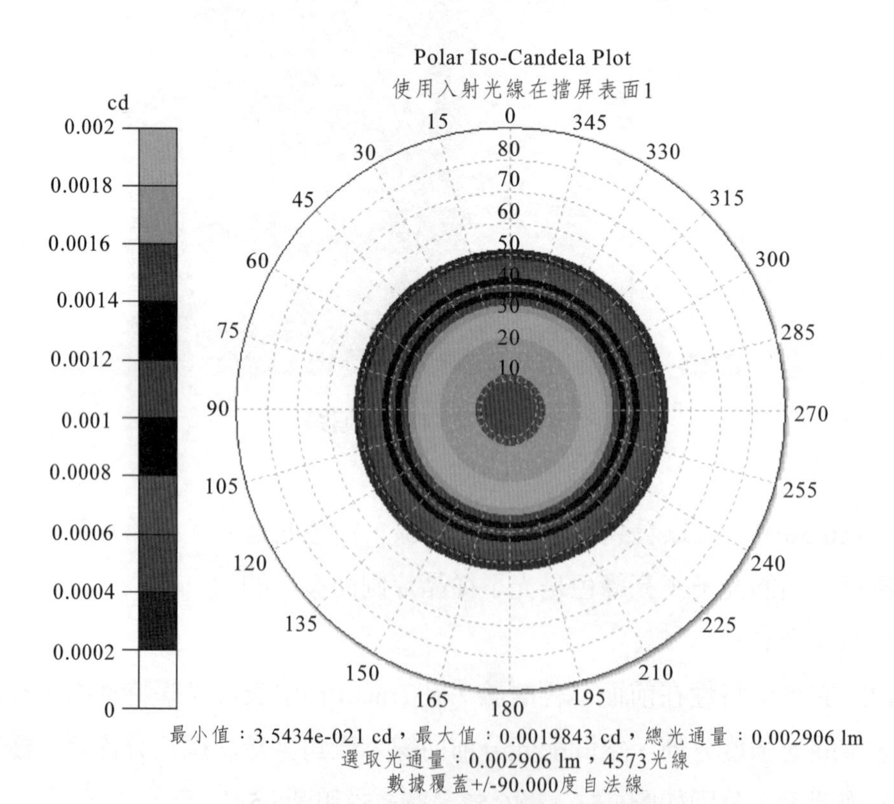

圖6.52 吸收面極座標坎德拉圖

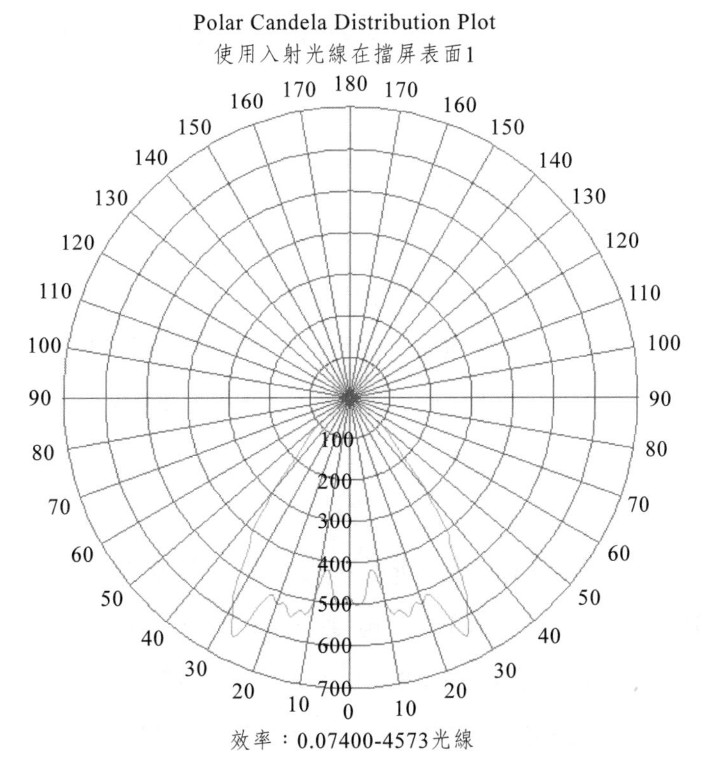

圖6.53 極座標配光分佈曲線

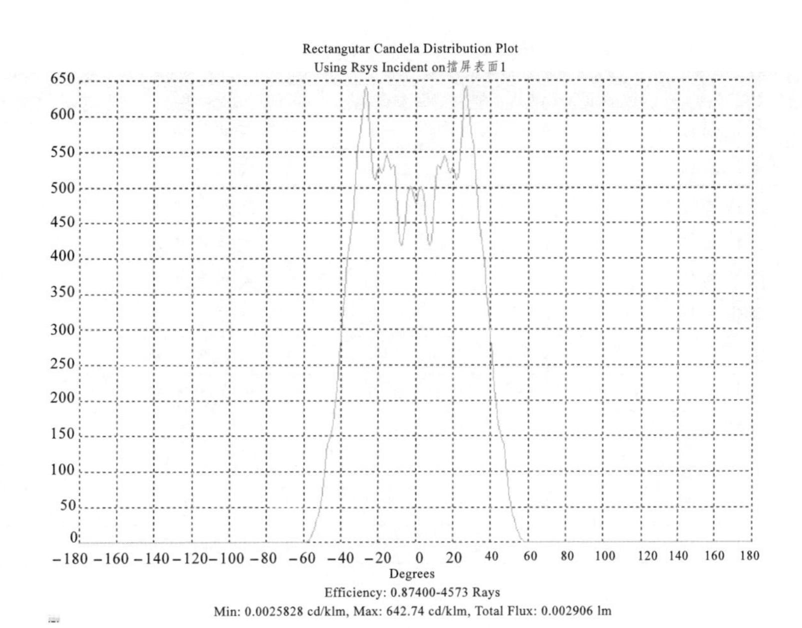

圖6.54 直角坐標配光分佈曲線

6.5 LED構裝的光學電腦類比、結果分析和新設計

在前面的幾節中闡述了LED的構裝結構、模型、基於MC方法的電腦求解以及根據MC方法編寫了實用的MFC程式，簡單介紹TracePro軟體的用法並製作了一個LED模型。本節將用MFC程式和TracePro類比幾種常見的LED構裝結構，並改變構裝結構的某些參數求得出影響LED光強度分佈、配光曲線、發光角度等光學特性的因素。把模擬結果以三種形式表示：光分佈點圖、配光分佈曲線、光照度三維分佈圖。對模擬的結果進行分析，並設計一款LED進行分析。

6.5.1 LED的選取

本節將對常見的傳統構裝LED進行模擬分析，外型選擇圓柱圓頂型構裝，反光杯分爲梯形大角度大座、梯形大角度小座、梯形小角度座等，晶片分爲點光源（MFC程式）和面光源（TracePro）。分別研究同一反光杯不同插入深度、同一深度不同反光杯的LED的光學特性，找出LED的規律特性和設計特性。如表6.4，是作爲本節研究的LED的參數。

表6.4 研究的LED參數

序號	LED外型	粗（半徑mm）	圓柱高（mm）	反光杯外型	插入深度（mm）
1#	圓頂圓柱	3	6	大角度大座	0
2#	圓頂圓柱	3	6	大角度大座	2
3#	圓頂圓柱	3	6	大角度大座	4
4#	圓頂圓柱	3	6	大角度大座	5
5#	圓頂圓柱	3	6	大角度小座	0
6#	圓頂圓柱	3	6	大角度小座	2
7#	圓頂圓柱	3	6	大角度小座	4
8#	圓頂圓柱	3	6	大角度小座	5
9#	圓頂圓柱	3	6	小角度座	0
10#	圓頂圓柱	3	6	小角度座	2
11#	圓頂圓柱	3	6	小角度座	4
12#	圓頂圓柱	3	6	小角度座	5

反光杯的大小是：大角度座開角爲90度，大腕爲座寬1.6 mm、高爲0.45

mm，小座爲座寬1.1 mm、高爲0.25 mm。小角度座爲開角70度、高爲0.32 mm、座寬1 mm。如圖6.16所示。

6.5.2　LED的類比和光學特性圖

圖6.55是大角度大座，0 mm插入深度LED光學特性，圖(a)爲MFC程式光子點分佈圖；圖(b)爲MFC程式配光分佈曲線；圖(c)爲MFC光照度三維分佈圖；圖(d)爲TracePro輻照度分析圖，圖(e)爲TracePro極座標配光曲線，圖(f)爲TracePro直角坐標配光曲線。吸收面與LED的距離統一設爲10 cm。

一、MFC程式、TracePro類比LED圖

1. 大角度大座

(1)1#座，0 mm插入深度

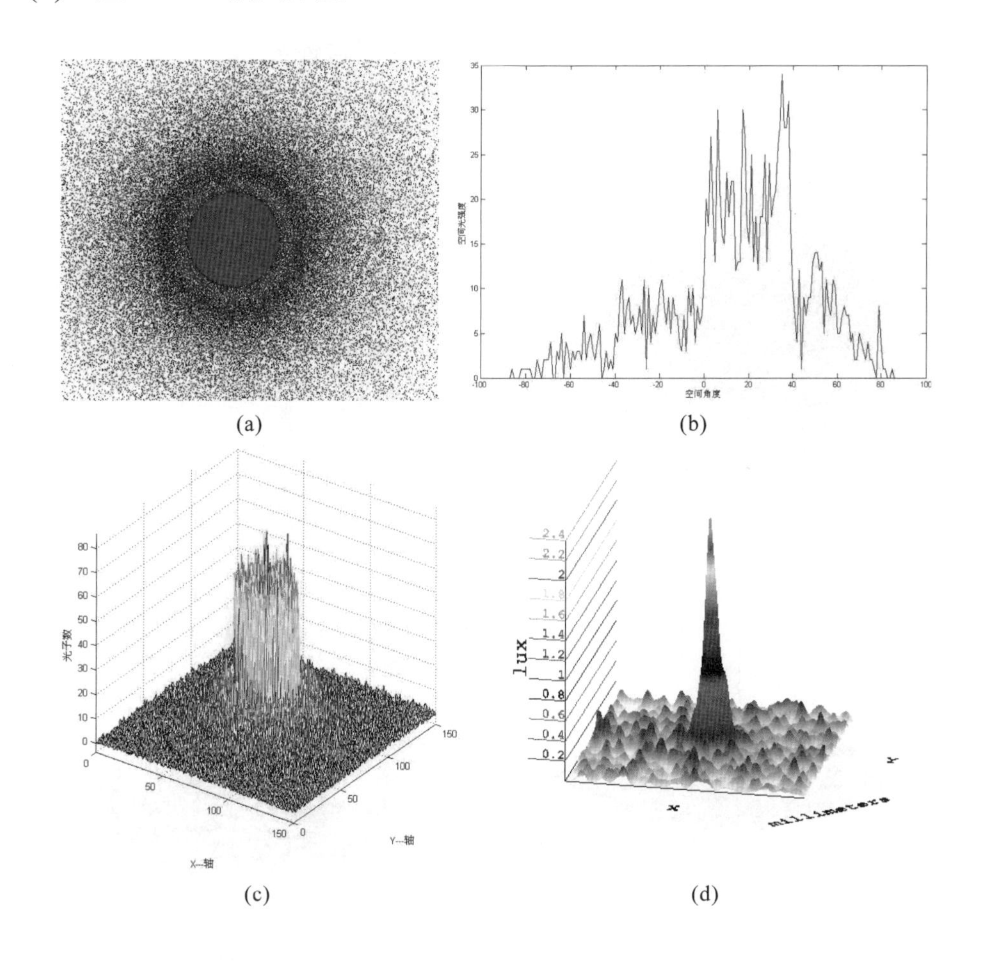

(a)　(b)

(c)　(d)

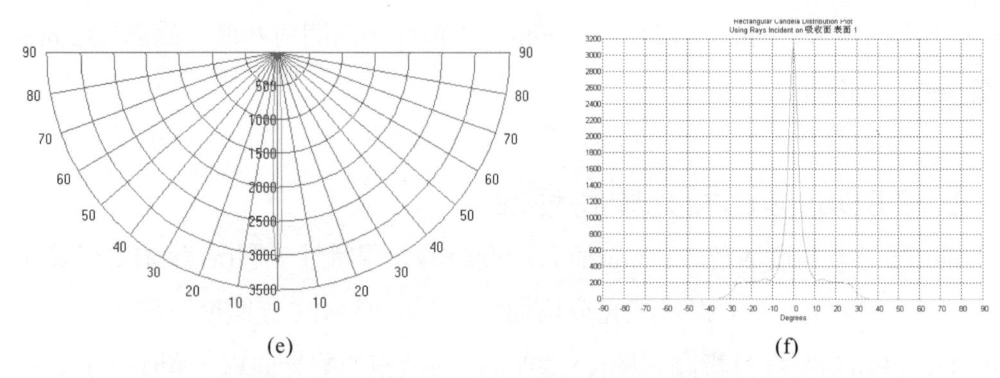

(e) (f)

圖6.55　大角度大座，0 mm插入深度LED光學特性

由上圖6.55知，採用大角度大座，0 mm插入深度構裝的LED其光強度分佈非常的集中，發光角度在–10度到10度之間，中心光斑明亮，光的方向性強。

(2)2#座，2 mm插入深度

圖6.56是大角度大座，2 mm插入深度LED光學特性。

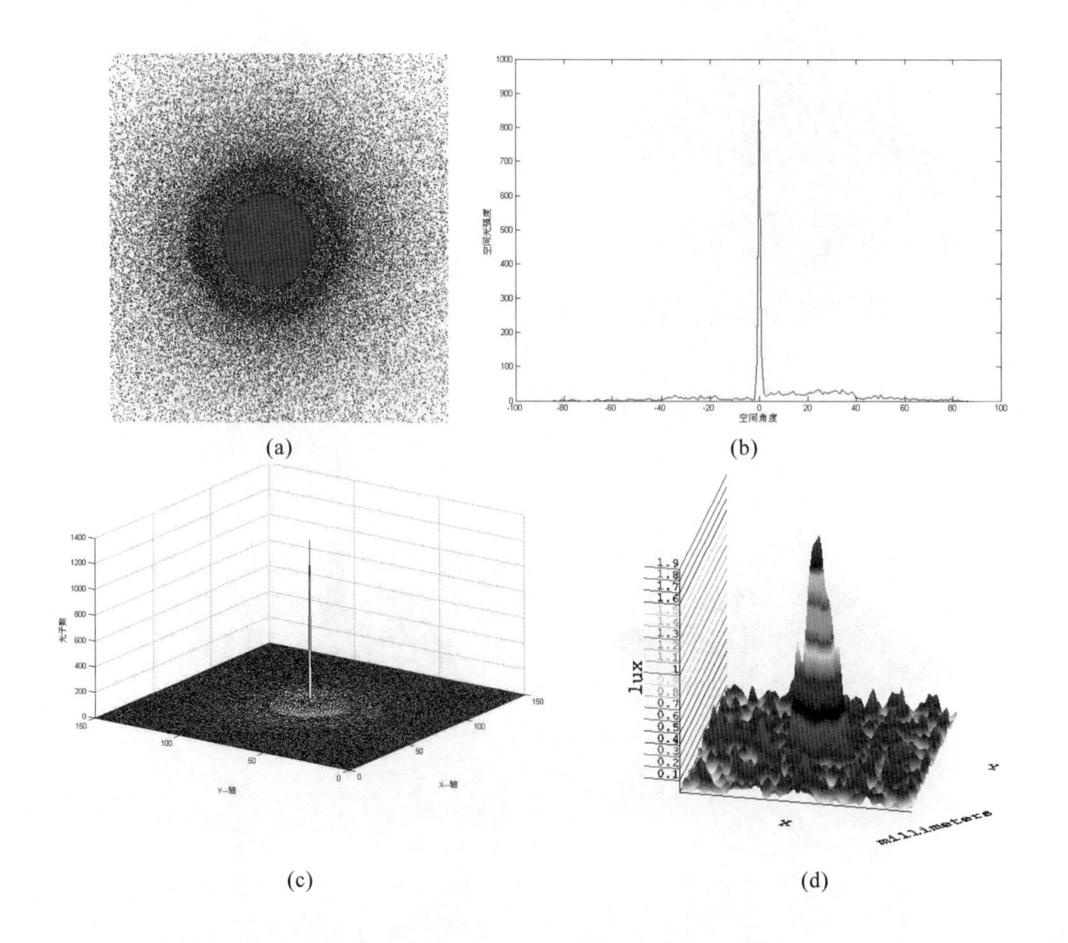

(a) (b)

(c) (d)

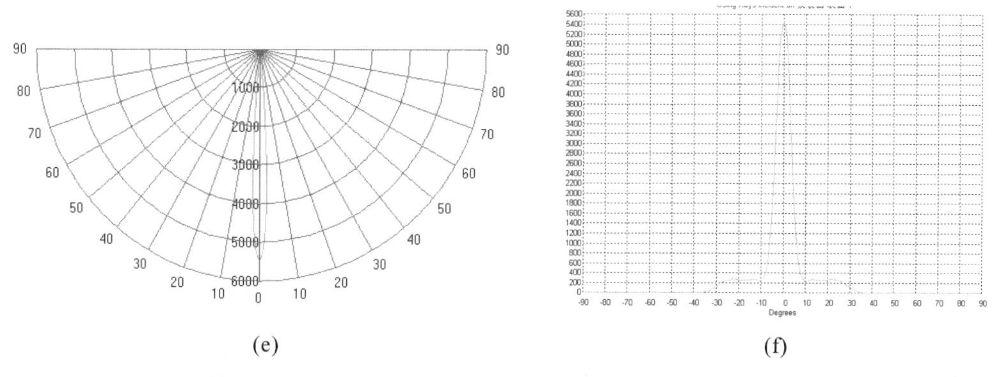

(e)　　　　(f)

圖6.56　大角度大座，2 mm插入深度LED光學特性

由上圖知，採用大角度大座，2 mm插入深度構裝的LED其光強度分佈非常的集中，發光角度在－10度到10度之間，中心光斑明亮，光的方向性強。與0 mm插入深度相比其方向性更強，如圖(b)。

(3)3#座，4 mm插入深度

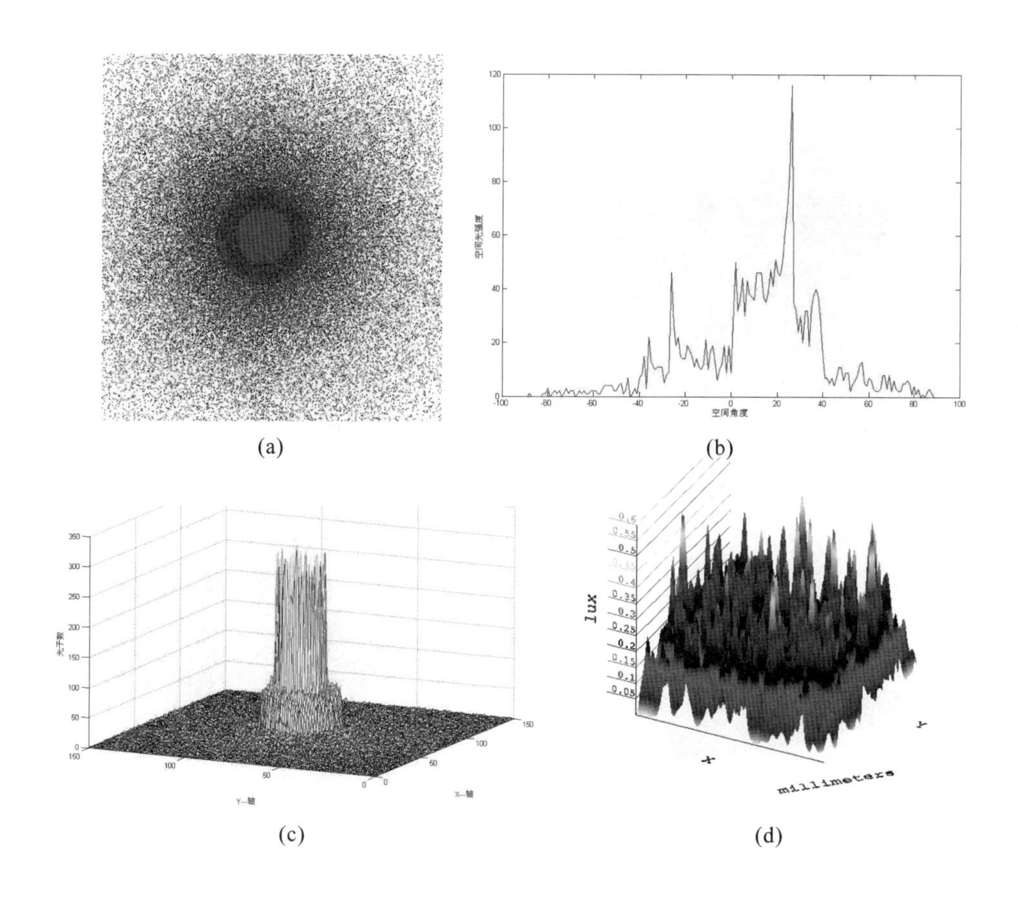

(a)　　　　(b)

(c)　　　　(d)

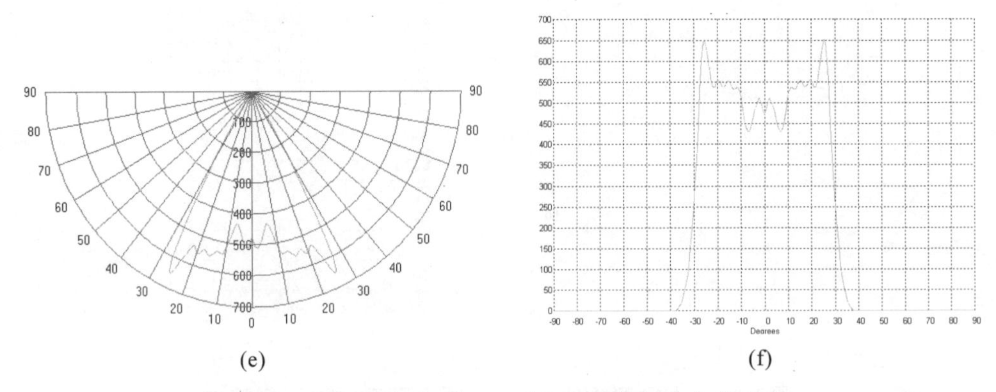

(e) (f)

圖6.57　大角度大座，4 mm插入深度LED光學特性

由圖6.57知，採用大角度大座，4 mm插入深度構裝的LED其光強度分佈比較分散，發光角度在−40度到40度之間，中心光斑暗淡，光的方向性弱。主要有三個峰值，中心峰值低於兩邊的峰值。

(4)4#座，5 mm插入深度

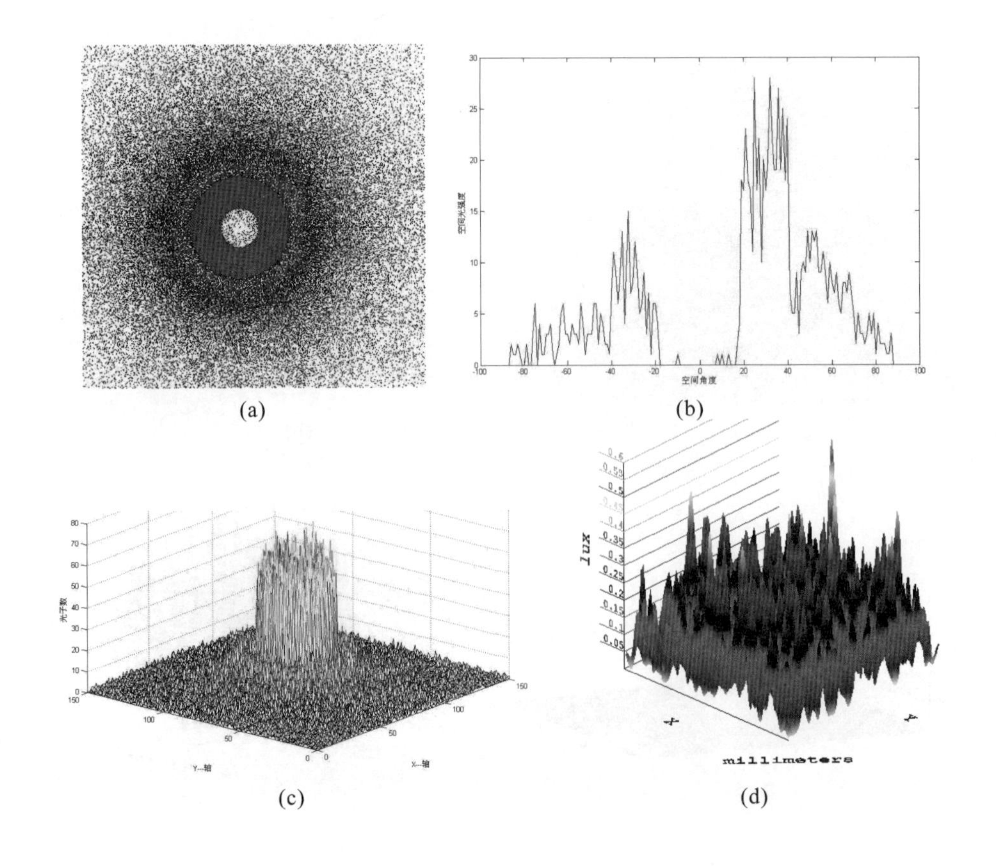

(a) (b)

(c) (d)

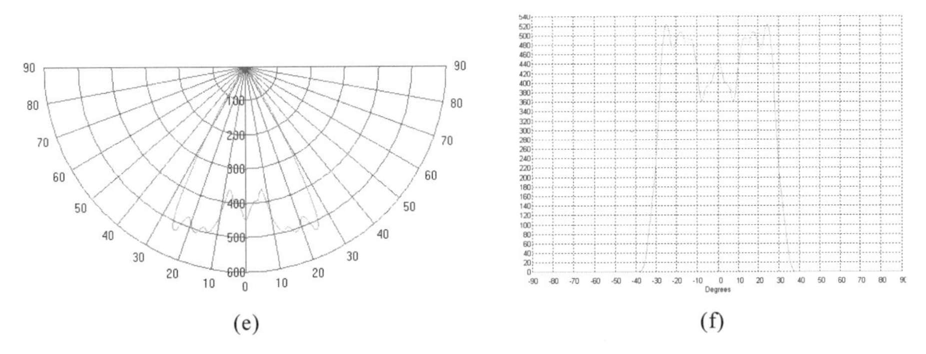

(e)　　(f)

圖6.58　大角度大座，5 mm插入深度LED光學特性

由圖6.58知，採用大角度大座，5 mm插入深度構裝的LED其光強度分佈非常分散，發光角度在−40度到40度之間，中心光斑暗淡，光的方向性很差。並且在光通量低的時候中心光強度幾乎為0，如圖(a)、圖(b)。主要有三個峰值，中心峰值低於兩邊的峰值。

2. 大角度小座

(1)5#座，0 mm插入深度

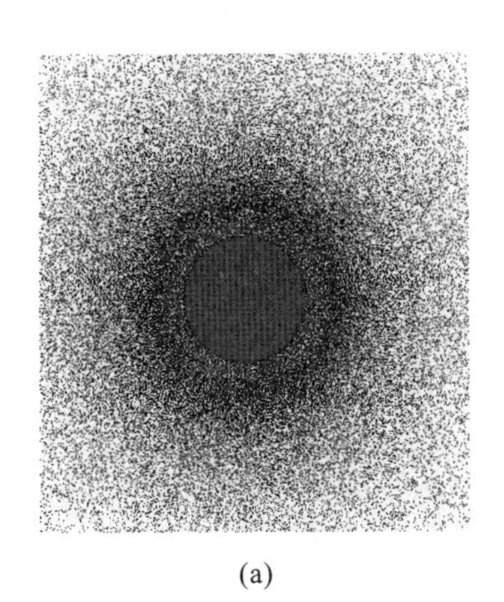

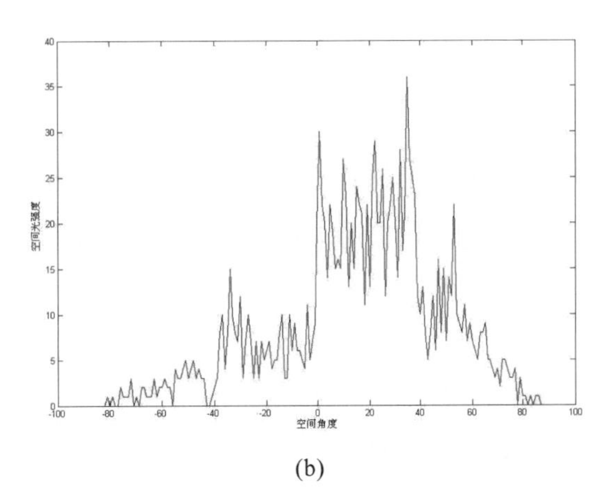

(a)　　(b)

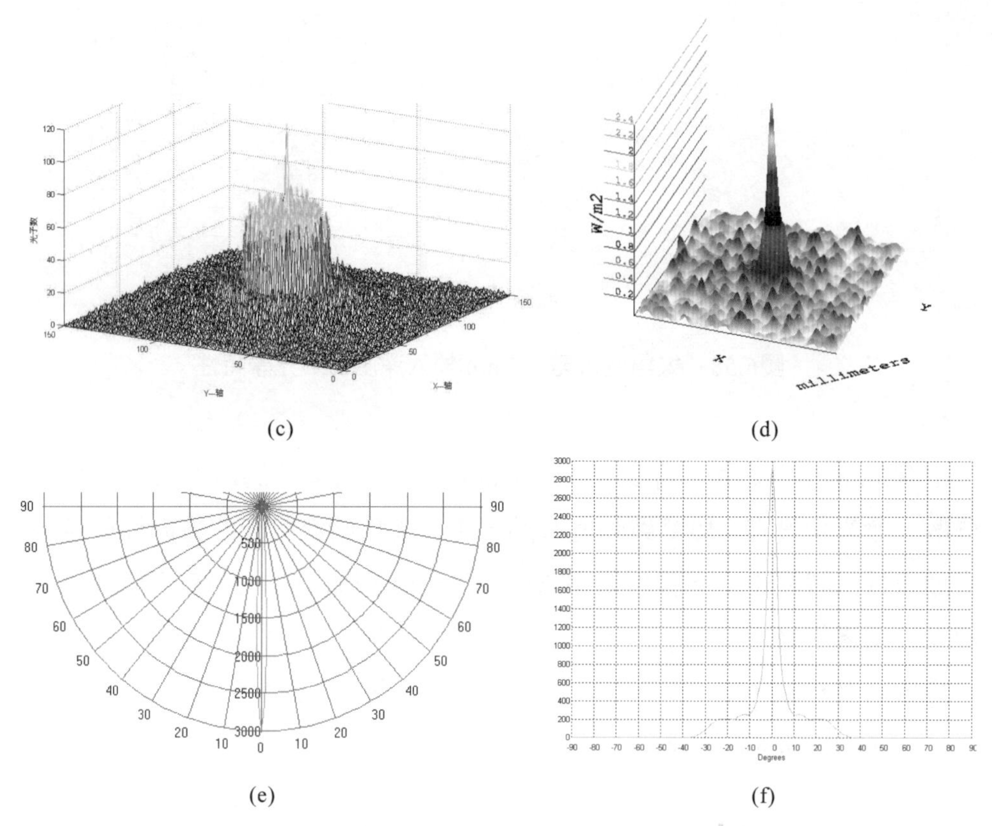

(c) (d)

(e) (f)

圖6.59 大角度小座，0 mm插入深度LED光學特性

由圖6.59知，採用大角度大座，0 mm插入深度構裝的LED其光強度分佈非常的集中，發光角度在-10度到10度之間，中心光斑明亮，光的方向性強。

(2)6#座，2 mm插入深度

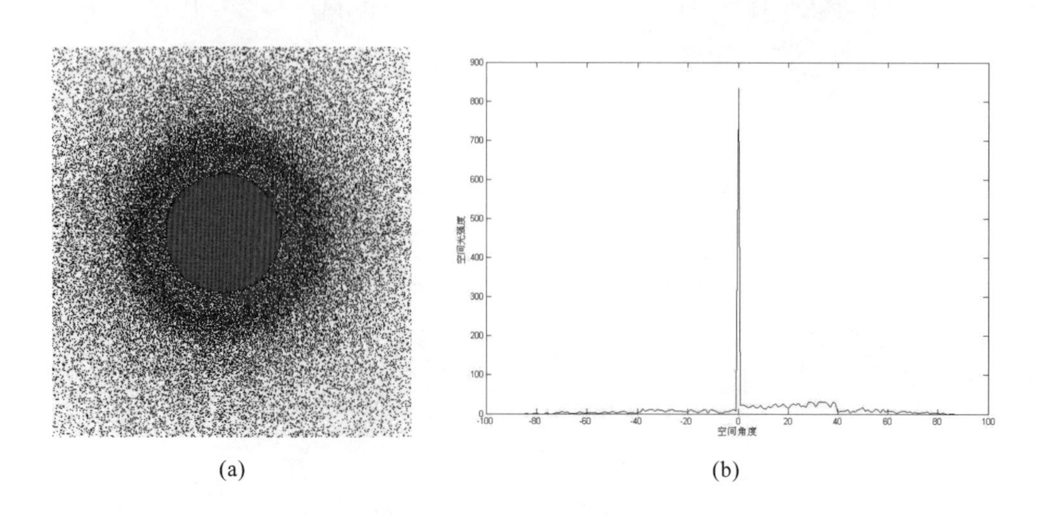

(a) (b)

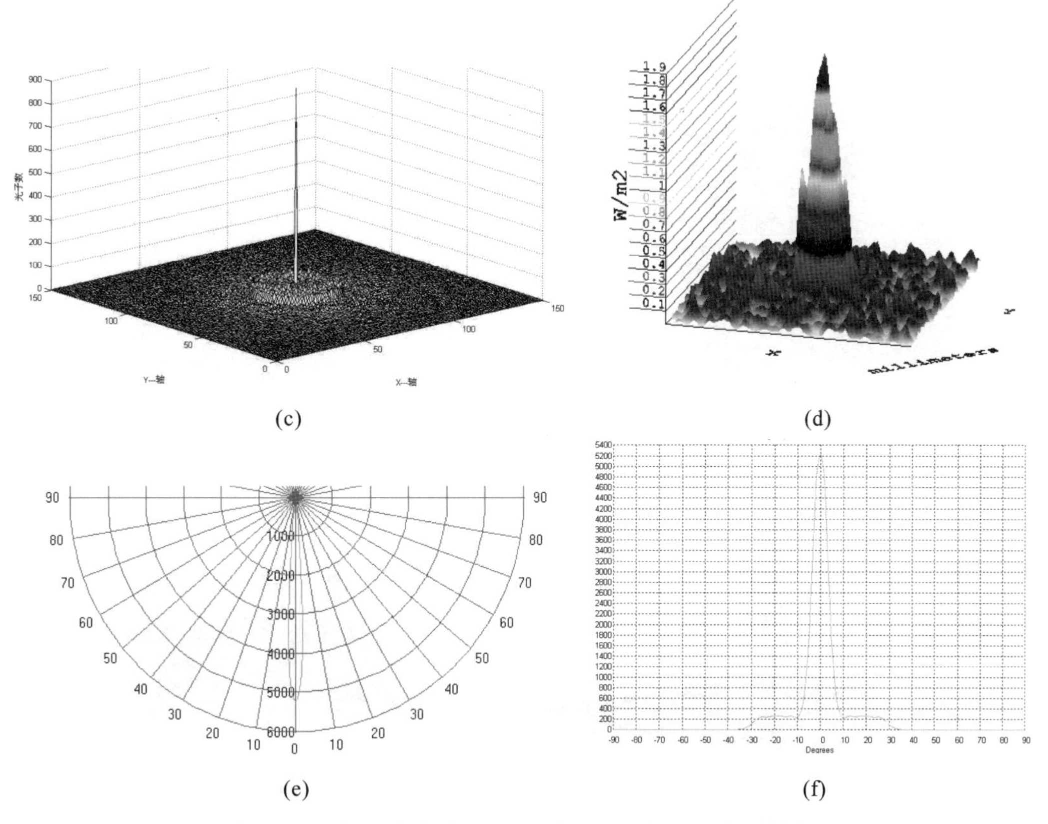

圖6.60　大角度小座，2 mm插入深度LED光學特性

由圖6.60知，採用大角度小座，2 mm插入深度構裝的LED其光強度分佈非常的集中，發光角度在-10度到10度之間，中心光斑明亮，光的方向性強。與0 mm插入深度相比其方向性更強，如圖(b)。

(3)7#座，4 mm插入深度

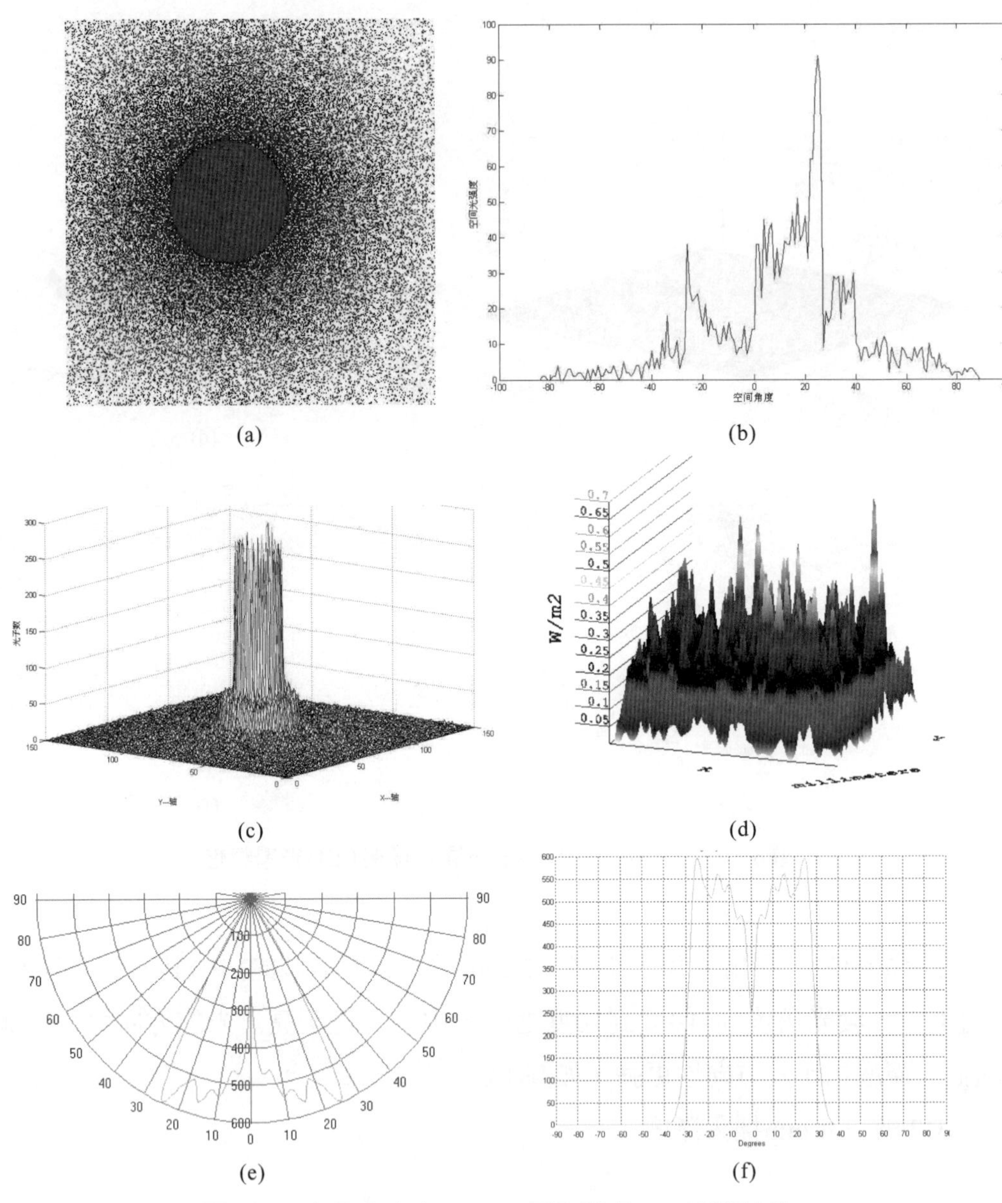

圖6.61　大角度小座，4 mm插入深度LED光學特性

由圖6.61知，採用大角度小座，4 mm插入深度構裝的LED其光強度分佈比較分散，發光角度在−40度到40度之間，中心光斑暗淡，光的方向性弱。主要有三個峰值，中心峰值低於兩邊的峰值。

(4)8#座，5 mm插入深度

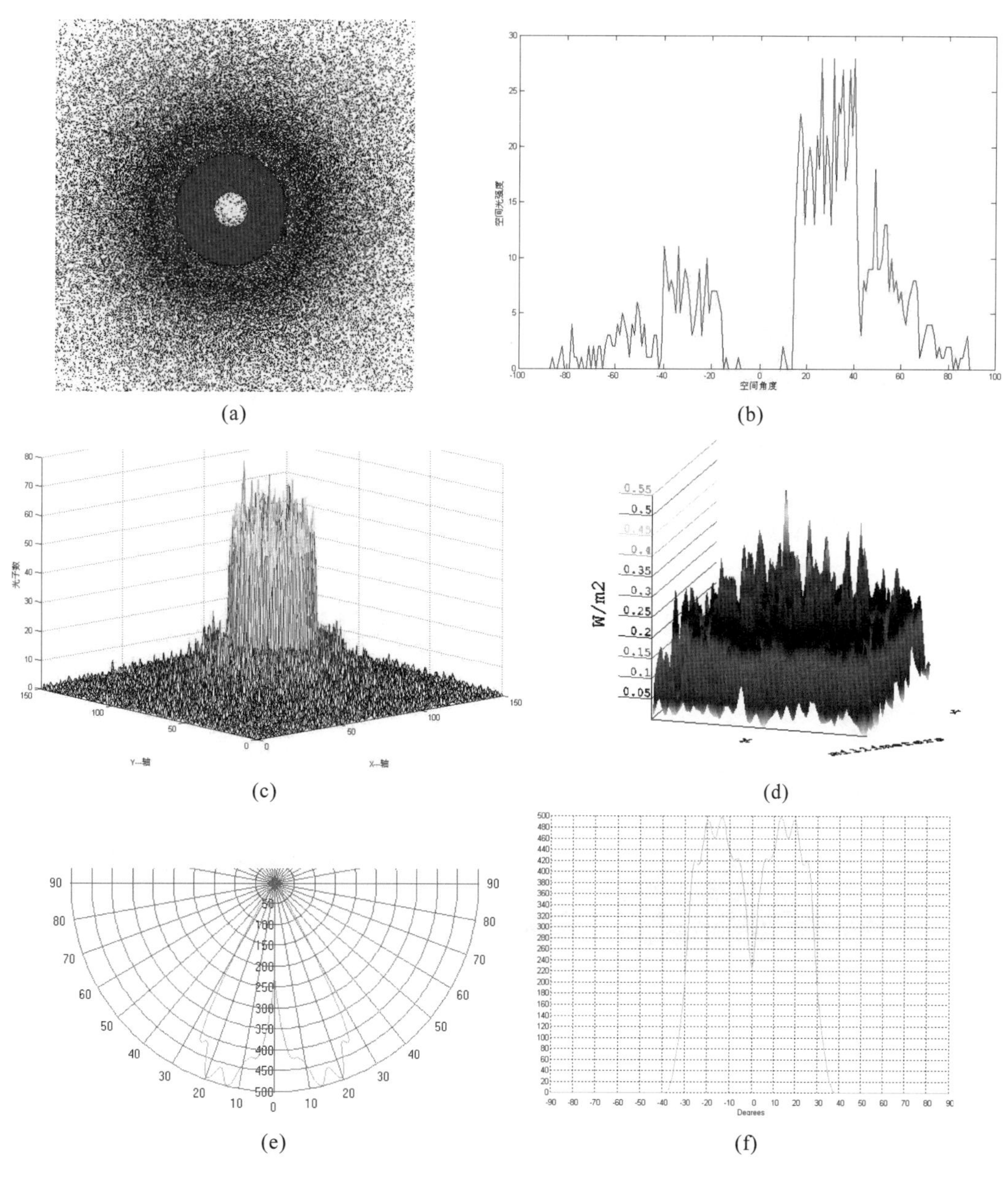

圖6.62　大角度小座，5 mm插入深度LED光學特性

由圖6.62知，採用大角度小座，5 mm插入深度構裝的LED其光強度分佈非常分散，發光角度在−40度到40度之間，中心光斑暗淡，光的方向性很差。並且在光通量低的時候中心光強度幾乎為0，如圖(a)、圖(b)。主要有三個峰值，中心峰值低於兩邊的峰值。

3. 小角度座

(1)9#座，0 mm插入深度

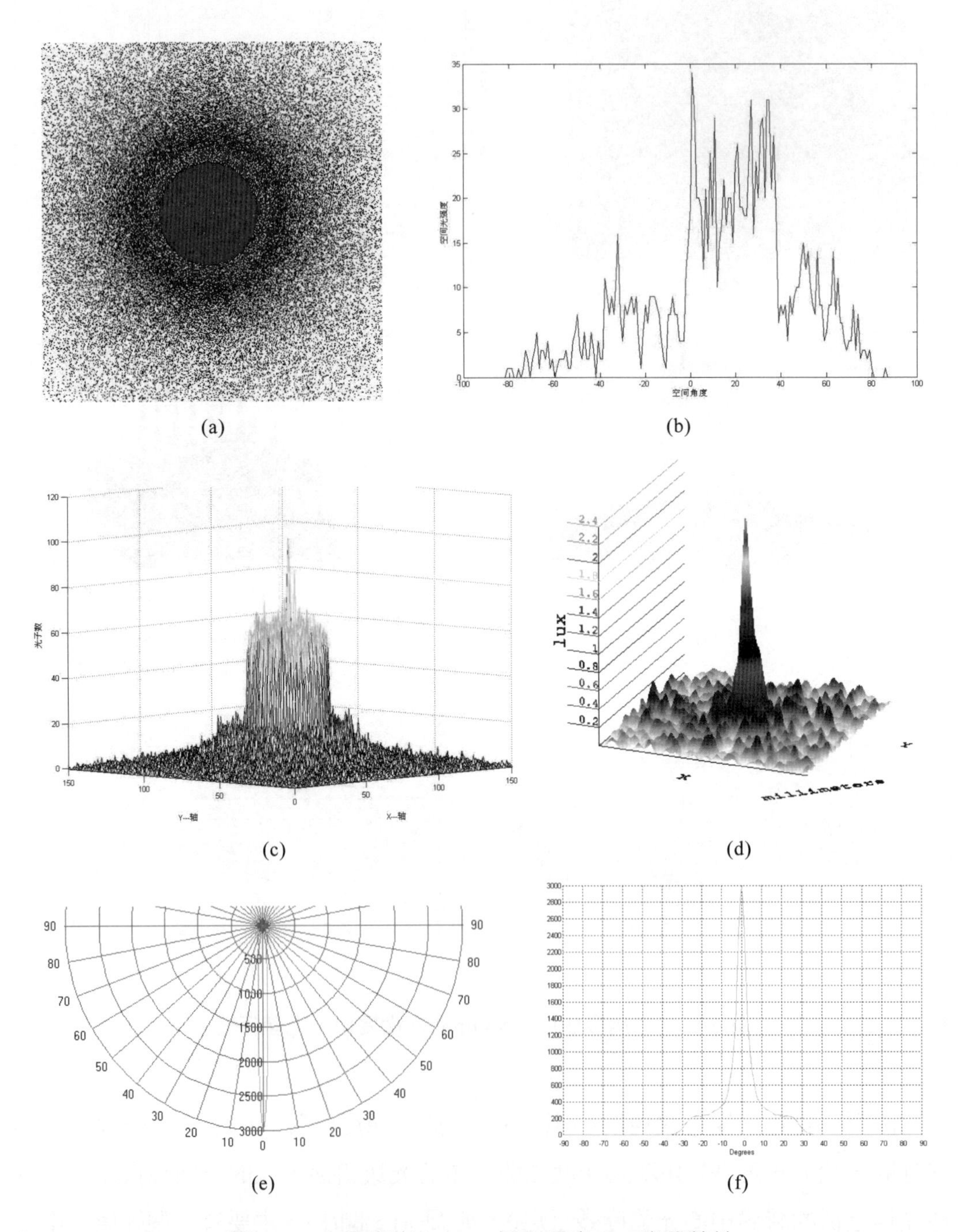

圖6.63　小角度座，0 mm插入深度LED光學特性

由圖6.63知，採用小角度座，0 mm插入深度構裝的LED其光強度分佈非常的集中，發光角度在–10度到10度之間，中心光斑明亮，光的方向性強。

(2)10#座，2 mm插入深度

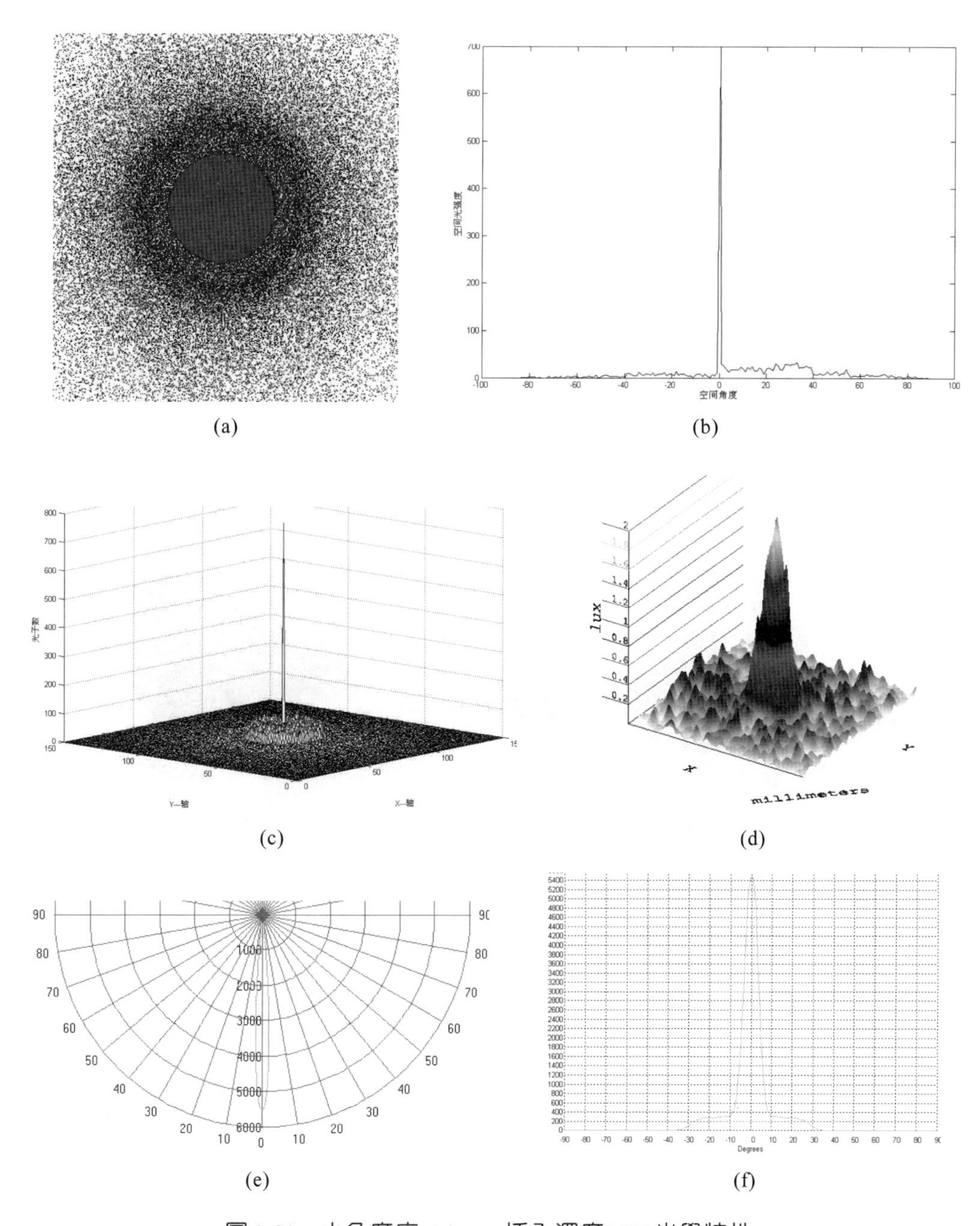

圖6.64　小角度座，2 mm插入深度LED光學特性

由圖6.64知，採用小角度座，2 mm插入深度構裝的LED其光強度分佈非常的集中，發光角度在－10度到10度之間，中心光斑明亮，光的方向性強。與0 mm插入深度相比其方向性更強，如圖(b)。

(3)11#座，4 mm插入深度

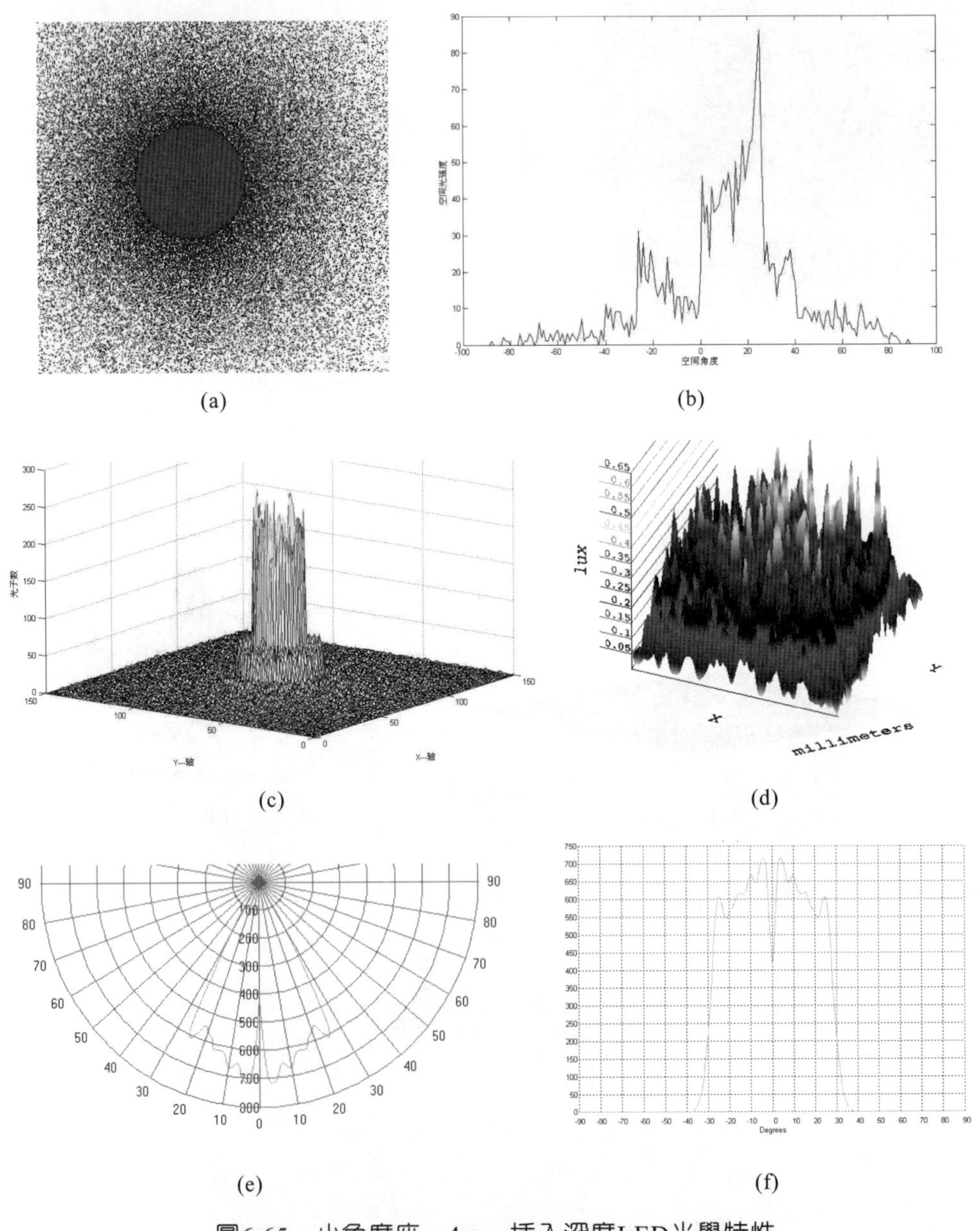

圖6.65　小角度座，4 mm插入深度LED光學特性

由圖6.65知，採用小角度座，4 mm插入深度構裝的LED其光強度分佈比較分散，發光角度在−40度到40度之間，中心光斑暗淡，光的方向性弱。主要有三個峰值，中心峰值低於兩邊的峰值。

(4)12#座，5 mm插入深度

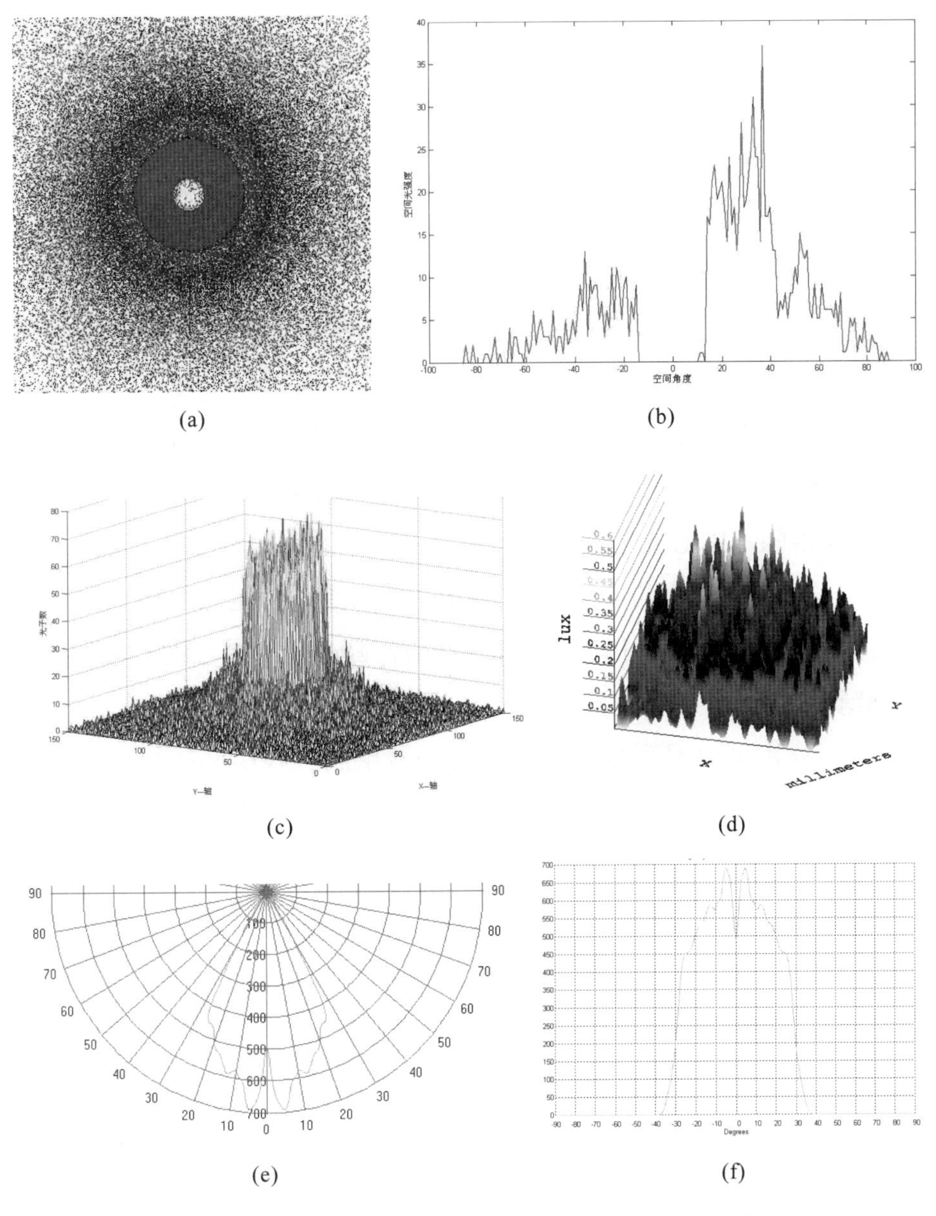

圖6.66　小角度座，5 mm插入深度LED光學特性

由圖6.66知，採用小角度座，5 mm插入深度構裝的LED其光強度分佈非常分散，發光角度在–40度到40度之間，中心光斑暗淡，光的方向性很差。並且在光通量低的時候中心光強度幾乎爲0，如圖(a)、圖(b)。主要有三個峰值，中心峰值低於兩邊的峰值。

二、LED光照度、配光分佈曲線分析

在模擬中，介質的折射率不同，封裝的環氧樹脂形狀不同都會影響LED的光照度和配光分佈曲線，本文只針對晶片的插入深度和反光杯的大小做了研究。

1. 同種LED不同晶片插入深度

第一節中主要對三種LED構裝：大角度大座、大角度小座、小角度座，進行了MFC程式和TracePro軟體類比。

上是大角度大座、大角度小座、小角度座的晶片的12種插入深度的光子分佈點圖、空間配光分佈圖、照度分佈圖。

對與同種LED不同晶片插入深度的類比圖中可以總結爲：當晶片插入深度比較淺時（0 mm、2 mm插入深度），LED的發光角度非常窄（–10度到10度），光的指向性非常強，中心光斑非常亮。當晶片插入深度比較深時（4 mm、5 mm插入深度），LED的發光角度變寬（–40度到40度），配光曲線分爲三個波峰（主峰和兩個次峰），並且主峰位置和次峰位置隨著LED晶片的插入深度增大而外移，主峰寬度增加，峰值逐漸減小，中心發光亮度減弱。

綜合以上分析可以得到結論：要使LED發出的光在中心處光強度更強更集中，要採用淺插入裝配；要使LED發出的光均勻柔和，發散角大，視野寬闊，應採用深插入裝配。

2. 不同種LED相同晶片插入深度

梯形大角度大座與梯形大角度小座：取它們的4 mm插入深度，可以分析得到：由於它們反光杯的射出角相同，但是高度不同，因此晶片在反光杯的相對位置不同，相對來說大座的張口變小了，小座的張口變大了，晶片發出的光子經過反光杯的反射後，從大座射出的光子比較集中，而小座的光子比較分散。

綜上可以得出結論：採用梯形大角度大座的LED，其發出的光線形成的光分

佈更集中，主峰光強度更強，如圖(e)、圖(f)。

梯形大角度大座與梯形小角度座：取它們的4 mm插入深度，可以分析得到：反光杯的張角的大小決定了光子射出LED在空間分佈的角度範圍，小角度座光分佈的更集中。如圖(e)、圖(f)。

綜上可以得出結論：小角度座的射出光較大角度大座的射出光更集中一些。

三、LED構裝的新設計

在第一節中分析了同一個LED不同晶片插入深度、不同LED同一晶片插入深度、同一插入深度不同反光杯的LED的光學特性，並得出幾個結論。

在此一款多晶片的LED，市面上能夠發出紅綠藍三基色的LED用的都是同一LED中構裝多個晶片。在這裡我們建立一個反光杯爲底面半徑1 mm、頂面半徑2 mm、高1 mm，圓柱爲底面半徑3 mm、高5 mm，半球面爲半徑3 mm的LED。類比三個不同的晶片插入深度（1 mm、2 mm、4 mm插入深度），其中發光晶片的個數爲5個，如圖6.67所示。得到圖6.68、圖6.69。

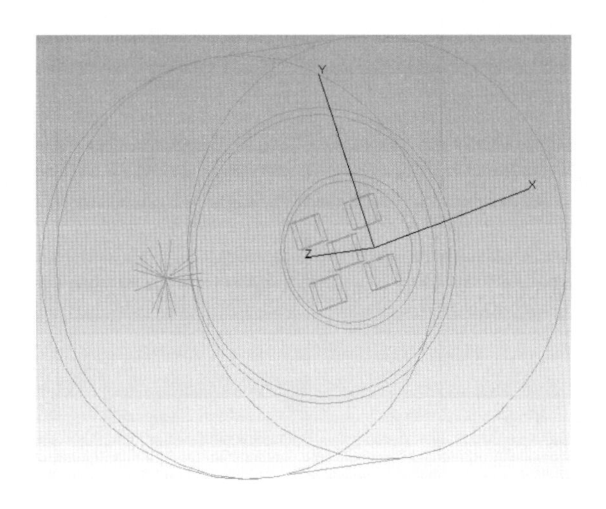

圖6.67　新設計LED

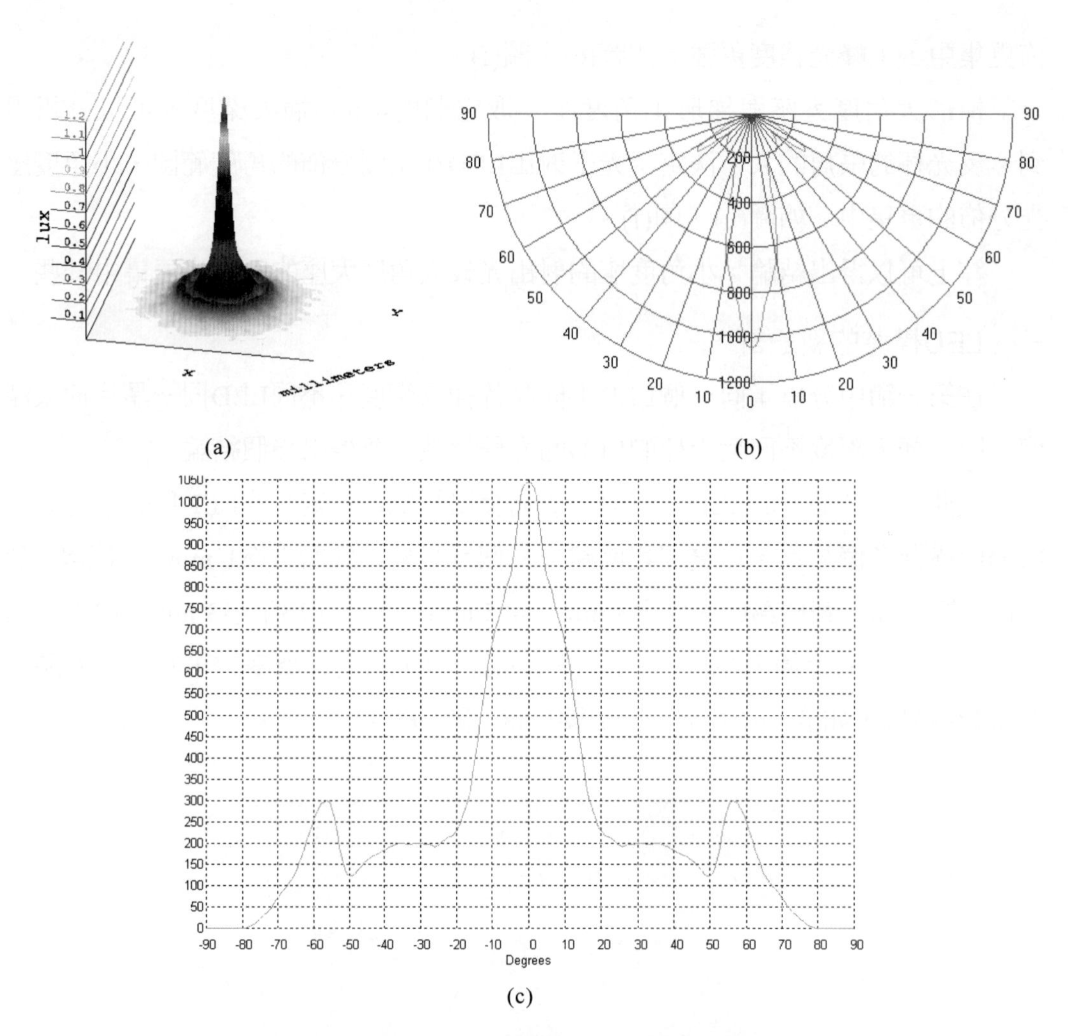

圖6.68　新設計1 mm插入深度LED光學特性圖

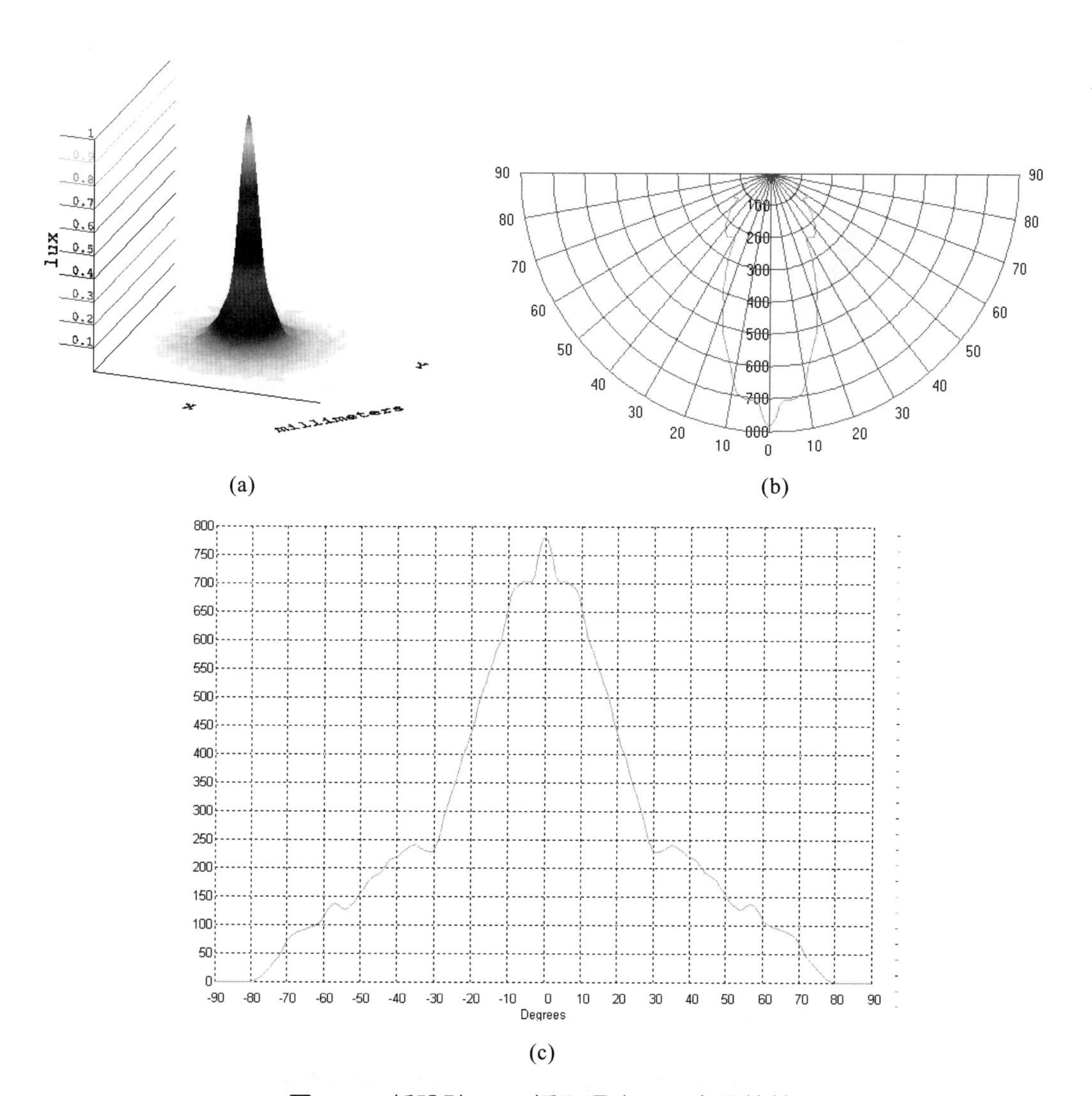

圖6.69　新設計2 mm插入深度LED光學特性

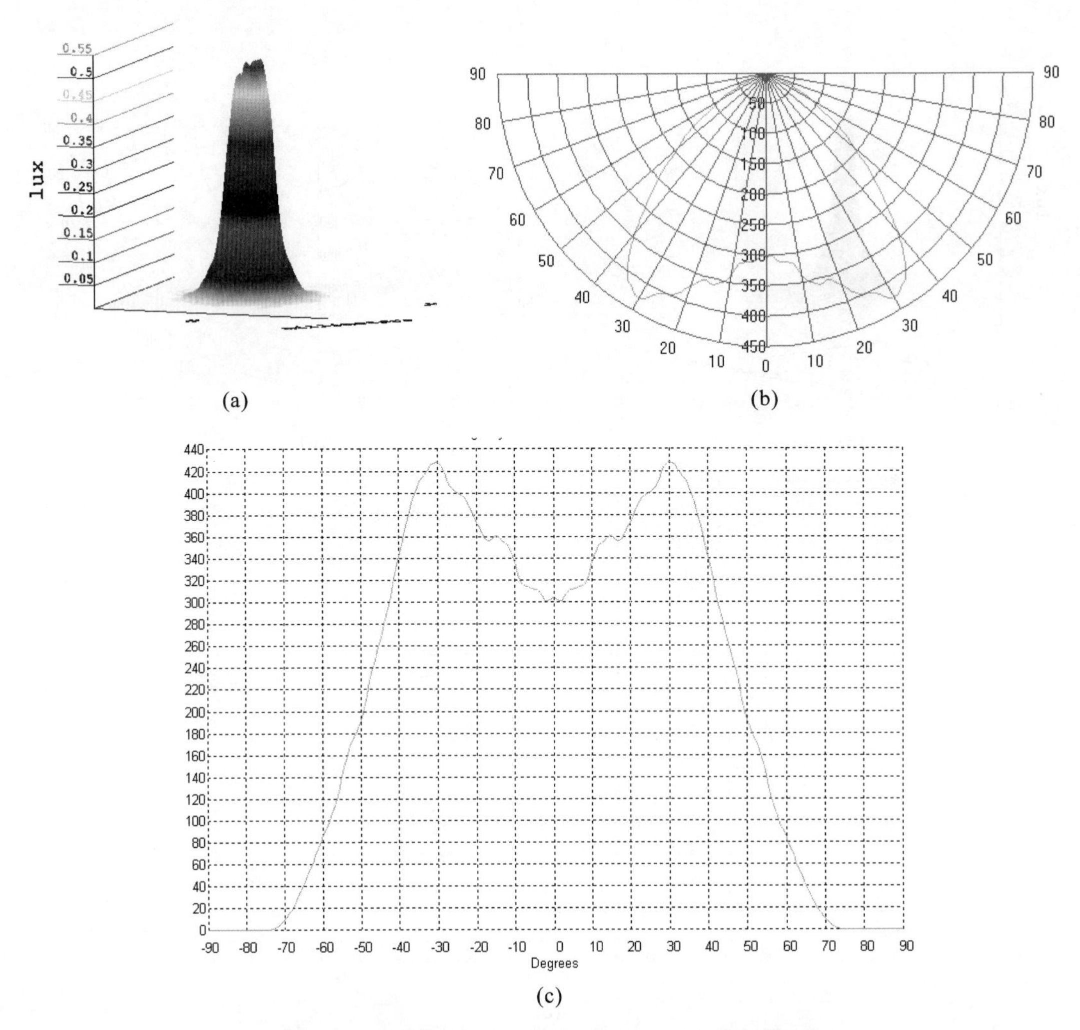

圖6.70　新設計4 mm插入深度LED光學特性圖

由圖6.68-圖6.70的1 mm、2 mm、4 mm插入深度的圖(c)，可以看出採用淺插入裝配的LED其中心光強度大，光線集中，主峰範圍小，方向性強；採用深插入裝配的LED中心峰值低於兩邊的峰值，中心光強度弱，光線分散，發光角度大。同樣驗證了同一LED不同插入深度的LED的特點。

採用多晶片結構的LED優點是：光通量大，發光強度度強，光線較均勻，適合做大功率LED，由於其多色性可以做爲室外廣告宣傳平面、LED顯示幕等。

五、配光總結

採用了蒙特卡羅（MC）電腦類比方法結合C++語言的MFC程式設計開發了一款類比LED構裝結構並可顯示分析LED光學特性（光分佈點圖、光照度三維分佈圖、空間配光曲線）的實用程式。MFC程式結合光學仿眞軟體TracePro和MATLAB分析了不同LED不同反光杯其不同插入深度的LED的光學特性，並得出了結論。

通過對傳統構裝（圓柱圓頂）LED不同插入深度和不同反光杯模擬結果的比較分析可以得到：

1.要獲得發光角度小、方向性好、發光強度度大、光照度大、光線集中的LED，需要採用淺插入小座構裝。

2.要獲得發光角度大、光線分散、光強度柔和均勻的LED，需要採用深插入大角度大座構裝。

本文還對多晶片LED結構進行了仿眞類比，多晶片LED與單晶片LED具有相同的光學特性，只是其發光強度更大、光照度更強，由於其多色性可以作爲顯示幕使用。

根據MC方法設計的MFC程式從一定程度上可以類比LED的光學特性，但是從第9節的圖(b)中可以看出其模擬的理想LED的空間分佈曲線不是對稱的，這可能出現在C++程式的處理上還有一些欠缺，C++程式還有待改進，界面還有待美化。由於C++程式編程目前用的比較少，大家更多的使用C#編程，C#比C++的效率高，程式更簡潔，要想使程式更完美應採用C#語言設計。所以MFC程式還有待進一步改進和優化。

第 7 章

LED的性能指標和測試

7.1 LED的電學指標

7.1.1 LED的正向電流I_F

LED正向電流是它的一項重要參數，對正向電流的定義、額定電流、極限電流、電流單位等技術指標的規定如下：

(1)定義：正向電流I_F（I_{FL}正向電流最小值，I_{FM}正向電流中間值，I_{FH}正向電流最大值）。

(2)單位：mA。

(3)使用條件：LED正常使用條件爲幾毫安培～幾安培（視LED功率大小而定）。

(4)極限值I_{FH}：允許加的最大的正向直流電流，超過此值可損壞二極體。

電流與相關電性參數的關係如下：

7.1.1.1 正向電流與電壓間的關係

圖7.1是LED正向電流與正向電壓的關係，橫坐標是正向電壓，縱坐標是正向電流。從圖可以看到，當正向電壓小於3 V時，LED正向電流很小，此時LED不發光，當正向電壓等於和大於3 V時，正向電流迅速增加，LED發光。額定工作電流的大小與LED的額定功率大小有關。

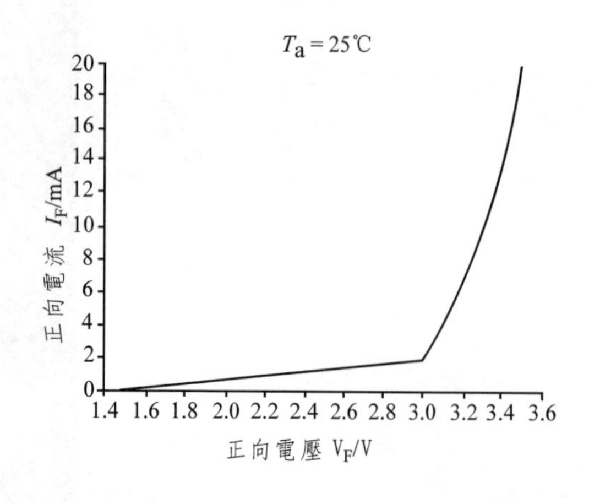

圖7.1 LED正向電流與電壓的關係

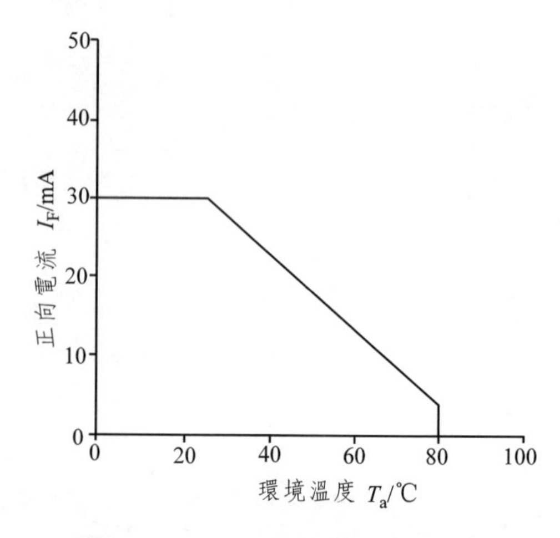

圖7.2 LED正向電流與溫度的關係

7.1.1.2　正向電流與溫度間的關係

圖7.2是LED正向電流與溫度的關係。橫坐標是溫度，縱坐標是正向電流。半導體發光二極體屬於溫度敏感元件，在溫度小於30℃時，正向電流幾乎不隨溫度變化；一旦溫度超過30℃，則正向電流隨溫度的升高而降低，發光強度和發光效率都將隨溫度的升高而降低。於是對於大功率LED的散熱問題尤爲重要。圖7.2還表明當在某一特定溫度時，產品可設定通過的電流值。

7.1.1.3　正向電流與發光強度的關係

圖7.3是LED正向電流與發光強度的關係。橫坐標是正向電流，縱坐標是相對發光強度。發光強度隨正向電流的增大而增加。需要說明的是，發光強度與結晶材料以及用以控制n、p層的雜質有關。

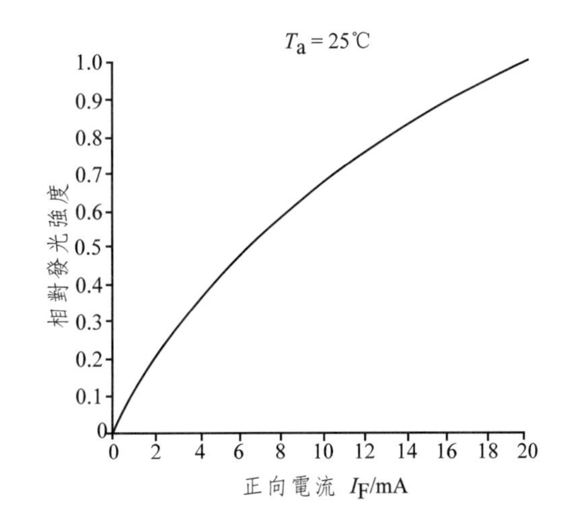

圖7.3　LED正向電流與亮度的關係

7.1.2　LED正向電壓V_F

(1)定義：正向電壓值V_F。

(2)單位：V。

(3)正常工作電壓：規格書等參數表所標示的工作電壓是在給定的正向電流下得到的。一般在I_F = 20 mA時測得。

(4)V_{FLL}：低正向電壓驅動時最小值。

(5)V_{FLH}：低正向電壓驅動時最大值。

(6)V_{FHL}：高正向電壓驅動時最小值。

(7)V_{FHH}：高正向電壓驅動時最大值。

7.1.3 LED電壓與相關電性參數的關係

7.1.3.1 V_F-I_F曲線（伏安特性曲線）

圖7.4是LED的伏安特性曲線。在正向電壓小於某一值時，電流極小，LED不發光。當電壓超過某一值後，正向電流隨著電壓迅速增加而發光。由V-I曲線可以得到發光管的正向電壓、反向電流及反向電壓等參數。

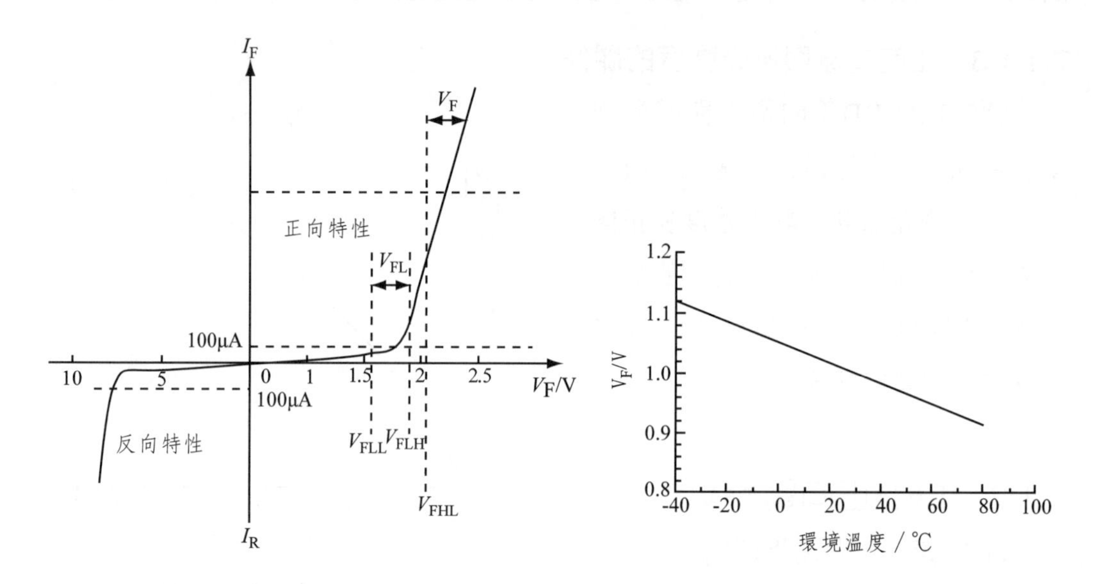

圖7.4 LED伏安特性曲線

圖7.5 LED正向電壓與溫度的關係

7.1.3.2 正向電壓與溫度間的關係

圖7.5給出了正向電壓和溫度間的關係，由圖可知：

(1)在外界溫度升高時，內阻變小，V_F將會下降。

(2)LED的pn接面溫度對LED的使用壽命、輸出光強度、主波長（顏色）等因素都有很大的影響，在超高亮度和功率型LED元件及陣列元件中，不合理的結構設計將導致pn接面的溫度升高，嚴重影響到LED的性能、使用壽命和可靠性。

7.1.3.3　熱阻的概念

1. 熱阻的定義

熱阻R_{th}的一般定義為：在熱平衡條件下，導熱介質在兩個規定點處的溫度差，即熱源。周圍環境之間的溫差（T_1 － T_2）與產生這兩點溫度差的耗散功率（P）之比，單位是℃/W或K/W。

$$R_{th}=\frac{T_1-T_2}{P} \quad (7.1)$$

定義假設了元件耗散功率全部產生了熱流，並且流經熱阻，其耗散功率是直流功率或交流電在一週期內的平均功率，元件熱阻的大小表徵了元件負載能力的強弱。

2. LED的熱阻

對於LED，熱源是指LED的pn接面處通過電流時的發熱，所以LED熱阻抗的一般表示公式為

$$R\theta_{(J-A)}=\frac{\Delta T_{(J-A)}}{P}=\frac{T_J-T_A}{P} \quad (7.2)$$

式中，$\Delta T_{(J-A)}$ ＝ T_J － T_A表示結點與周圍環境溫度的差值，單位為攝氏度（℃）；P為流經LED的熱功率，P ＝ $V_F I_F$ － $P_{光}$；$V_F I_F$為LED正向電壓與正向電流乘積，即LED消耗的功率，單位為瓦特（W）。

3. LED的熱阻模型

在功率型LED應用中，LED一般安裝在金屬線路板上，散熱器（外部散熱器）安裝在金屬線路板的另一面上。典型的LED應用構裝結構如圖7.6所示。從圖中可以看到它採用熱路徑和電路徑分離的設計方式。

對於圖7.6所示的功率型LED的應用，用熱阻模型對整個熱路徑上的熱傳導過程進行描述，如圖7.7所示。

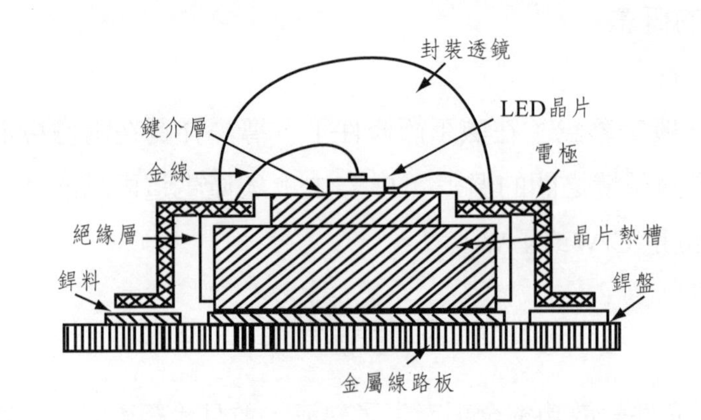

圖7.6　典型的LED構裝結構

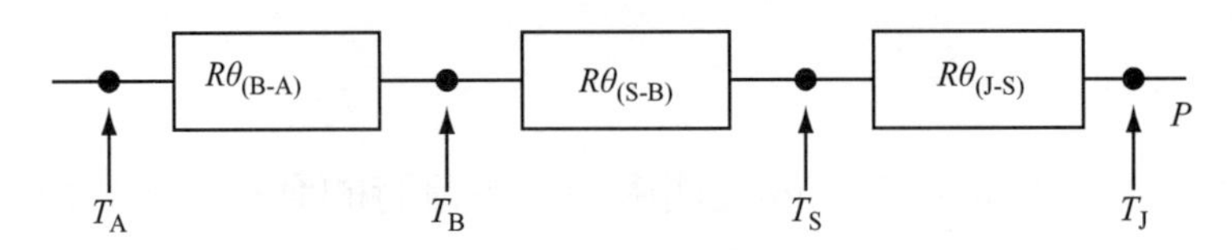

圖7.7　功率型LED應用的熱阻模型

LED元件加上外部散熱器的總熱阻可以表示爲從pn結到外界環境熱路上幾個熱阻之和，即

$$R\theta_{(J-A)} = R\theta_{(J-S)} + R\theta_{(S-B)} + R\theta_{(B-A)} = R\theta_{(J-B)} + R\theta_{(B-A)} \quad (7.3)$$

式中，$R\theta_{(J-S)}$爲LED元件內部熱阻，即pn結到元件內部散熱器（晶片散熱器）之間的熱阻；$R\theta_{(S-B)}$爲元件內部散熱器到金屬線路板之間的熱阻；$R\theta_{(B-A)}$爲金屬線路板通過外部散熱器到環境（空氣）之間的熱阻，在一定金屬板尺寸的範圍內，它隨著金屬板面積增加而近似線性減小；$R\theta_{(J-B)}$爲LED元件熱阻。

4. LED元件熱阻的測量

1）測量原理

當把LED構裝在金屬板和一個外部散熱器緊密接觸並置於一定溫度環境T_A中，LED從pn接面到外部環境－空氣的熱阻$R\theta_{(J-A)}$可根據下式計算：

$$R\theta_{(J-A)} = \frac{T_J - T_A}{P} = \frac{T_J - T_A}{I_F - V_F(1 - \eta_{光})} \quad (7.4)$$

式中，V_F爲LED通過電流I_F時的正向壓降；$\eta_{光}$爲元件的發光效率，因此，爲了測定LED的熱阻，關鍵是要測量LED的pn接面溫度T_J。在輸入電流恒定的情況下，許多半導體元件的結電壓與溫度具有良好的線性關係，可以利用正向壓降隨溫度的變化關係測量LED元件（或元件）的結構溫度以及熱阻。

當LED通過較小的正向電流時，pn接面溫度度的變化量（$\Delta T_{(J-A)} = T_J - T_A$）與相應的正向電壓的變化量就存在著很好的線性關係：

$$T_J - T_A = K\Delta V_F \quad (7.5)$$

2）測量電路和方法

(1)LED接面溫度的測量：

LED接面溫度的測量電路如圖7.8所示。首先給LED加上測試電流I_{F1}，測得此時的電壓V_{F1}。

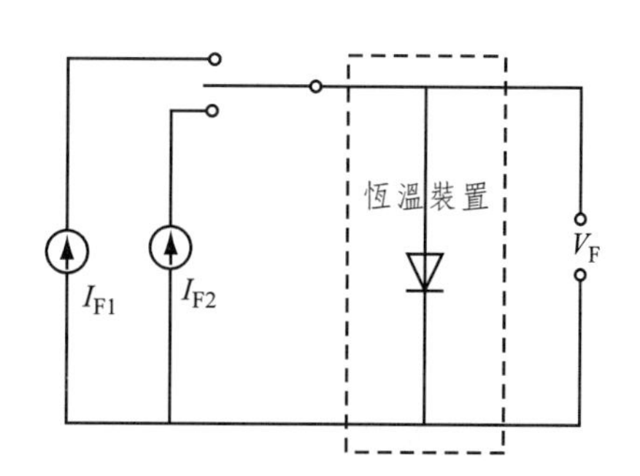

圖7.8　LED接面溫度測量電路

然後給LED加上電流I_{F2}取代電流I_{F1}，一段時間後（一般是幾秒鐘），待LED壓降穩定時測得V_{F2}，並得到耗散功率$I_{F2}V_{F2}$，最後用I_{F1}迅速取代I_{F2}，測得結壓降爲V'_{F1}，因此得：

$$\Delta V_F = |V'_{F1} - V_{F2}| \quad (7.6)$$

$$T_J = T_A + K\Delta V_F \quad (7.7)$$

(2)比例常數K的測試：

K值的測量是在兩種環境溫度下進行的。給LED加上額定工作電流，該電流在測試過程中應維持不變，在室溫T_L（20℃左右）下測量相應的正向壓降V_L，然後在恒溫裝置中使環境溫度升高爲T_H（80℃左右），待壓降達到穩定後測量得V_H。根據下式可計算K值：

$$K = \left|\frac{T_H - T_L}{V_H - V_L}\right| \quad (7.8)$$

7.1.4 反向電壓和反向電流的單位和大小

7.1.4.1反向電壓V_R

(1)單位：V；

(2)正常V_R設定值：5 V（也有的管大於100 V）；

(3)注意事項：在反向施加高電壓會導致元件受損，因此操作時須留意反向電壓的極限值。

7.1.4.2 反向電流I_R

(1)單位：μA；

(2)正常I_R讀值範圍：在V_R = 5 V條件下，反向電流值 < 5 μA，要求嚴格的高檔產品其反向電流值規定 < 1 μA。

7.1.5 電學參數測量

爲了測量輸入電壓隨溫度的變化係數，設計如圖7.9所示的測試系統。實驗中採用的恆溫烤箱控溫精度爲±1℃，電壓表精度爲1 mV。圖7.9中R_1是分流電阻，R_2用來調整流過LED的電流大小的可變電阻。通過R_1、R_2和電流供應器自身的輸出調節，可以精確控制流過LED的電流大小，保證整個實驗過程中，流過LED的電流值恆定。

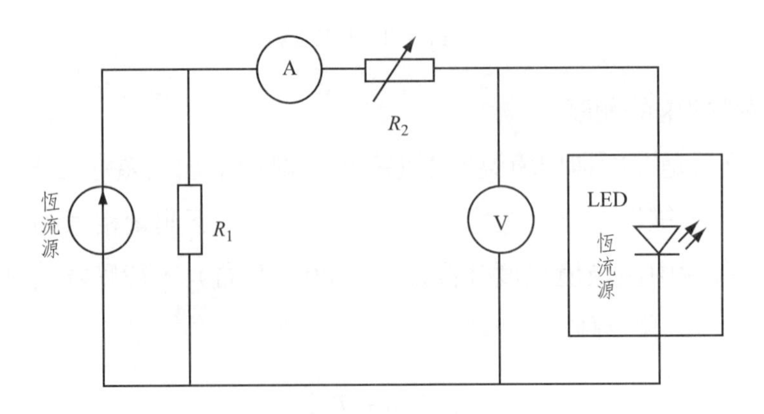

圖7.9 LED測試裝置

具體測試過程如下：

(1)將恆溫烤箱溫度設定為30℃。

(2)調整恆流源輸出及R_2大小，使得流過LED的電流為設定值（此實驗取14 mA、20 mA、26 mA），持續通電30 min以上，待LED輸入電壓穩定時，記錄相應電壓值填入表7.1。

表7.1　藍光LED電壓隨溫度的變化測試資料記錄

	條件專案	樣品一			樣品二		
晶片材料：InGaN/SiC；波長：470 nm；構裝形式：引線結構：Φ5；晶片尺寸：35 μm×350 μm	I_F/mA	14	20	26	14	20	26
	30℃, V_F/V	3.418	3.584	3.756	3.396	3.568	3.732
	40℃, V_F/V	3.383	3.559	3.731	3.368	3.537	3.705
	50℃, V_F/V	3.360	3.529	3.703	3.334	3.507	3.676
	60℃, V_F/V	3.323	3.500	3.678	3.309	3.483	3.636
	70℃, V_F/V	3.300	3.469	3.469	3.277	3.449	3.614

(3)將恆溫烤箱溫度設定為40℃，50℃，60℃，70℃。重複步驟(2)，測量，將各電流下相應的輸入電壓值填入表7.1。

(4)結果證明：在電流恆定情況下，隨著環境溫度的升高，LED兩端輸入電壓值減小。

7.2　LED光學特性參數

7.2.1　發光角度

(1)標示符號：$\theta_{1/2}$。

(2)單位：度（°）。

(3)定義：$\theta_{1/2}$是指發光強度值為軸向強度值一半的方向與發光軸向（法向）的夾角，稱為半值角。半值角的2倍稱為視角（或稱為半功率角），如圖7.10所示。

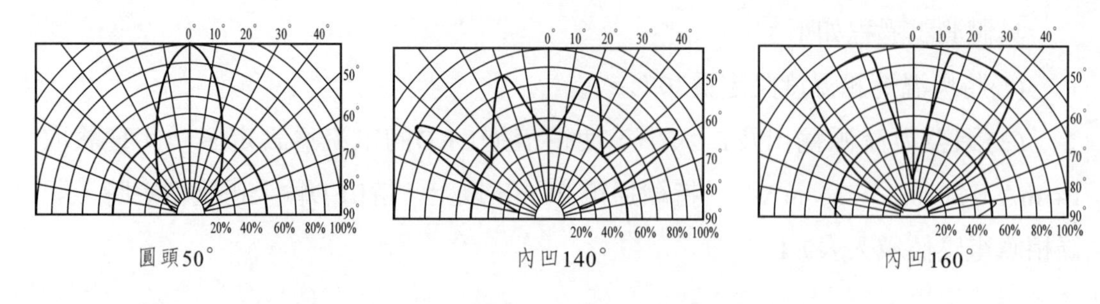

圖7.10 幾種LED的發光角度分佈

說明：

圖7.10給出的是每一種LED中一顆發光二極體的發光強度角分佈情況。0°處座標爲中垂線（法線），爲相對最大發光強度。離開法線方向的角度越大，相對發光強度越小。由此圖可以得到半值角或視角值。

7.2.2 發光角度測量

按圖7.11所示的測量方案，讓光電探測器沿半球空間緩慢掃描，發光強度下降一半時即可確定發光角度。

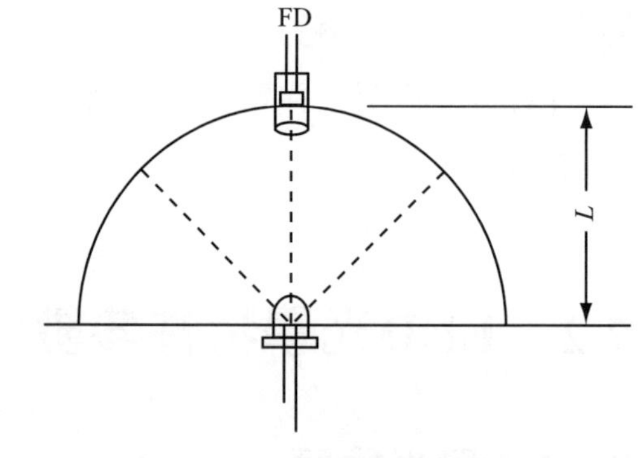

圖7.11 發光角度測量示意圖

說明：角度儀測量結構原則（L值決定原則）：

(1)模擬圓弧效果，光電探測器FD各點與LED等距；

(2)取光電探測器FD或LED尺寸較大者10倍長度以上。

7.2.3 發光強度I_v

7.2.3.1 發光強度的定義

發光強度$I_v = d\Phi/d\Omega$，即光源在指定方向的單位立體角內發出的光通量$d\Phi$。式中$d\Omega$是點光源S在某一方向上所張的立體角椎，如圖7.12所示。

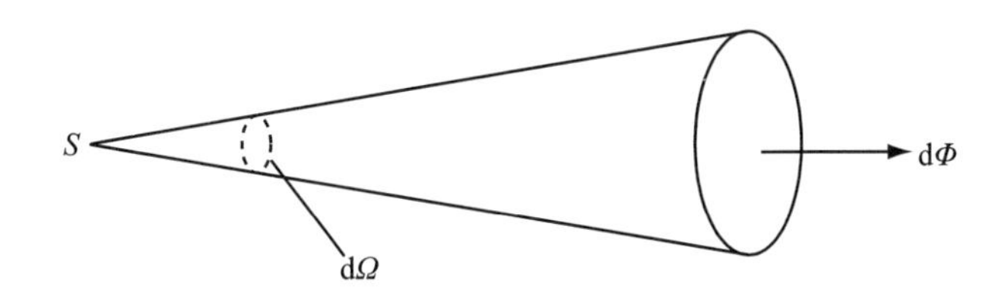

圖7.12　發光強度與光通量和立體角的關係

I_v即發光強度，表示光源在一定方向範圍內發出的光通量的空間分佈的物理量。LED所檢測的I_v值通常是指法線（對圓柱形發光二極體是指其軸線）方向上的發光強度。若該方向上輻射強度爲（1/683）W/sr時，則發光強度爲1坎德拉（符號爲cd）。因爲一般LED的發光強度較小，故發光強度常用毫坎德拉（mcd）作單位。

7.2.3.2　有關單位

發光強度單位爲cd；光通量單位lm；照度單位lux。

cd——坎德拉（candela）。1 cd是指點一支標準蠟燭，在一尺的距離所照射的亮度值，1 cd = 1000 mcd。

lm——流明（lummious）。點光源或非點光源在單位時間內所發出的可產生視覺（人能感覺出來的輻射通量）的能量，即輻射通量與視覺函數的乘積，以Φ表示，稱爲光通量。光通量的單位爲流明（lm），1 lm定義爲一國際標準燭光的光源在單位立體弧角內所通過的光通量。

lux——照度（Illuminance）。照度是指單位面積所照射的cd值，即被照物所承受的能量值。

7.2.3.3　人眼視覺函數（視見函數）

1. 視覺函數

(1)相等的輻射通量，由於波長不同，引起人眼的感覺也不同。設任一波長λ的光和波長爲555 nm的光，產生相同亮暗視覺所需的輻射通量分別爲Δε555和Δε(λ)，則比值υ(λ) = Δε555/Δε(λ)。υ(λ)稱爲視覺函數。人眼的視覺函數見表7.2，視覺函數表中資料是對大量人眼測試後得到的平均值。

(2)眼睛對各種不同波長的光的視覺敏感度：對黃綠光最敏感，對紅光和紫光較差，對紅外線和紫外光無視覺反應。

(3)在引起強度相等的視覺情況下，若所需的某一單色光的輻射通量越小，則說明人眼對該單色光的視覺敏感度越高。

圖7.13是人眼的視覺函數曲線。從圖7.13曲線可看出，人眼對波長λ = 550 nm的綠光反應（敏感度）最強。

2. LED的譜線寬度

人眼光譜回應譜幾乎呈對稱分佈，而人眼相應的譜線寬度（半功率寬$\Delta\lambda$）是波峰高度的二分之一處對應的波長間隔，如圖7.14示。

說明：

(1)LED的發射光譜線寬（$\Delta\lambda$）比黑體輻射要窄。

(2)室溫下，LED工作波長800～900 nm時，$\Delta\lambda$在25～40 nm；工作波長1000～1300 nm時，$\Delta\lambda$在50～100 nm，例如以Ⅲ-Ⅴ族化合物製成的LED，$\Delta\lambda$在30～50 nm。

(3)峰值波長會隨溫度的升高而作漂移（0.3～0.4 nm）。

表7.2　人眼視覺函數

λ/nm	υ(λ)	Δε(λ)	λ/nm	υ(λ)	Δε(λ)
380	0.0000	0.05	570	0.9520	649.0
390	0.0001	0.13	580	0.8700	593.0
400	0.0004	0.27	590	0.7570	516.0
410	0.0012	0.82	600	0.6310	430.0
420	0.0040	2.73	610	0.5030	343.0
430	0.0116	7.91	620	0.3810	260.0
440	0.0230	15.7	630	0.2650	181.0
450	0.0380	25.9	640	0.1750	119.0
460	0.0600	40.9	650	0.1070	73.0
470	0.0910	62.1	660	0.0610	41.4
480	0.1390	94.8	670	0.0320	21.8
490	0.2080	142.0	680	0.0170	11.6
500	0.3230	220.2	690	0.0082	5.59
510	0.5030	343.0	700	0.0041	2.78

λ/nm	υ(λ)	Δε(λ)	λ/nm	υ(λ)	Δε(λ)
520	0.7100	484.0	710	0.0021	1.43
530	0.8620	588.0	720	0.0010	0.716
540	0.9540	650.0	730	0.0005	0.355
550	0.9950	679.0	740	0.0003	0.170
555	1.0000	683.0	750	0.0001	0.820
560	0.9950	679.0	760	0.0001	0.041

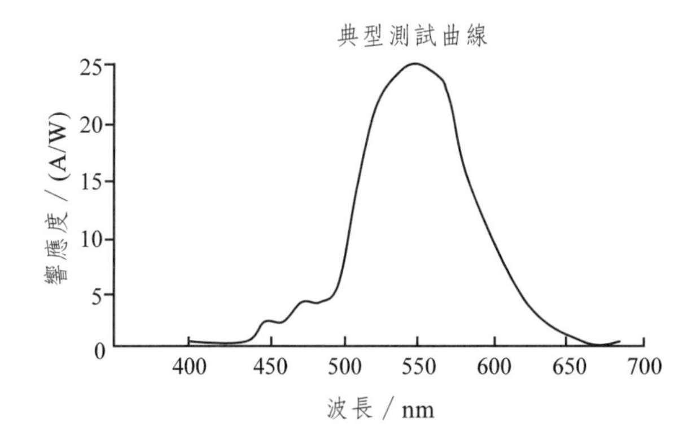

圖7.13　人眼視覺函數曲線

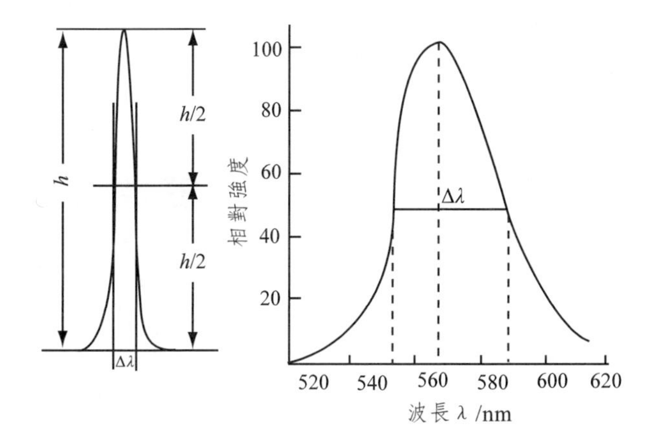

圖7.14　人眼光譜的半回應寬度

(4)半波寬越寬，光色就越模糊，對眼睛的刺激性較小，半波寬越窄，光色就越刺眼。

(5)要獲得精確的光色，必須留意使用的溫度。

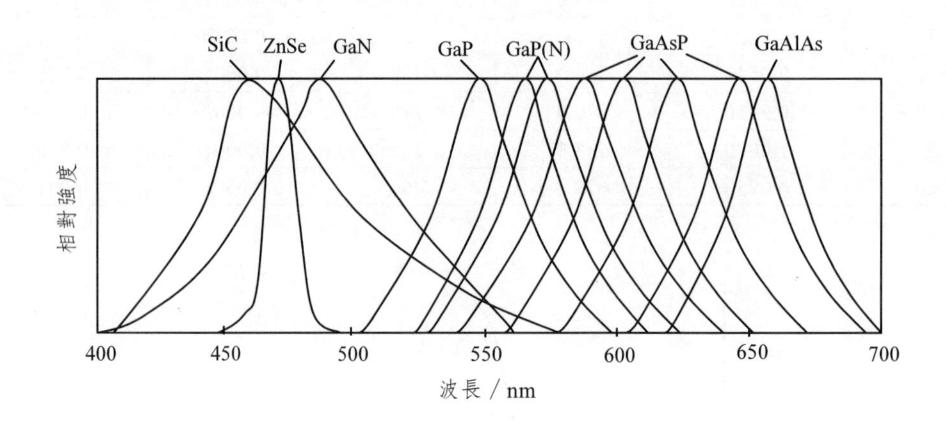

圖7.15　各種半導體發光材料的發光光譜

圖7.15是各種半導體發光材料製作的LED在室溫下的發光光譜。Ⅲ-Ⅴ族磷化物($Al_xGa_{1-x}In_yP_{1-y}$) 材料發光效率很高，從紅光（650 nm）到藍綠光（560 nm），爲直接帶隙發射。在此光譜內（$Al_xGa_{1-x}In_yP_{1-y}$）已經基本取代了內量子效率很低的間接帶隙材料GaP和GaAsP。圖7.16是AlGaInP材料LED的λ_P（峰值波長）與λ_D（人眼波長讀值）的關係。

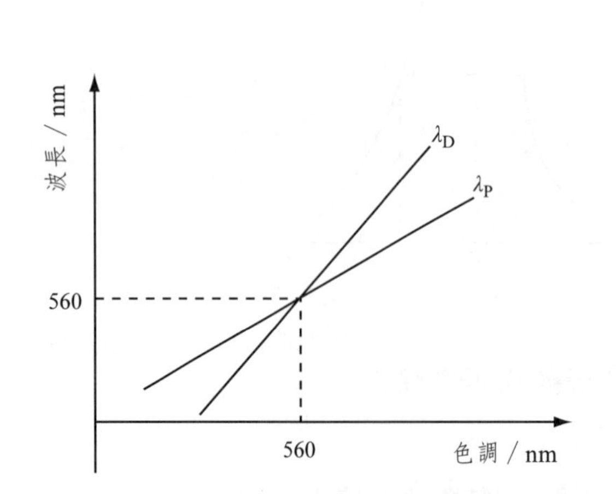

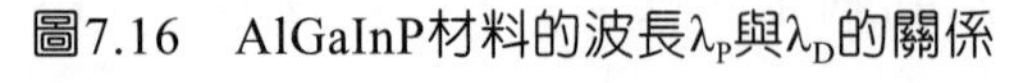
圖7.16　AlGaInP材料的波長λ_P與λ_D的關係

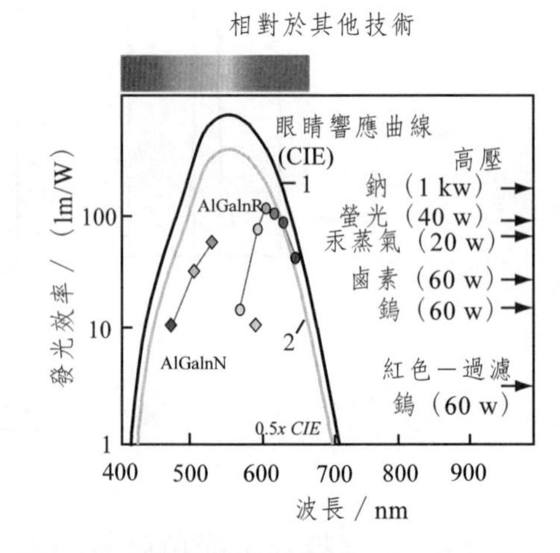

圖7.17　LED波長與發光效率（lm/W）曲線

3. AlGaInP-LED波長及發光效率的比較

圖7.17曲線1是眼睛視覺函數曲線，曲線2是AlGaInP-LED和AlGaInN-LED兩種材料摻雜後可能發出的光波長與發光性能（lm/W）曲線，並給出用兩種材料研發的LED波長和發光效率，同時給出了與高壓鈉燈、螢光燈、水銀燈、鹵素燈、鎢絲燈以及對鎢絲燈紅色濾光後發光效率的對比。

7.2.3.4　輝度

(1)定義：指發光物單位面積上所發出的能量值（光功率密度）。

(2)單位：mW/cm^2

注：

(1)mW屬輻射度量學單位（即發光體輻射出的電磁輻射照射到接受面，以單位面積輻射能爲單位）。

(2)mcd、lm、lux屬光度學單位（針對人眼制定的）。

(3)測試輝度時，光源與測試頭距離，CIE推薦採用31.6 mm，接受面積爲10 mm×10 mm。

7.2.4　波長（WL）

(1)波長（wavelength，簡寫爲WL）定義：電磁輻射的電場（或磁場）在空間峰-峰值間的長度。

(2)單位：nm。$1\ nm = 1\times10^{-9}\ m$，$1\ nm = 1\times10^{-6}\ mm$，$1\ nm = 1\times10^{-3}\ \mu m$。

(3)峰值波長λ。光譜特性曲線峰值對應的波長（此波長附近單位波長的輻射能最大），峰值波長λ由材料禁止能帶寬度E_g決定：

$$\lambda = 1240/E_g \tag{7.9}$$

可見光波長範圍380～780 nm。

$\because E_g = 1240/\lambda$

$$\therefore \begin{cases} E_g = 1\ 240/780 = 1.60\text{eV} \\ E_g = 1\ 240/380 = 3.26\text{eV} \end{cases}$$

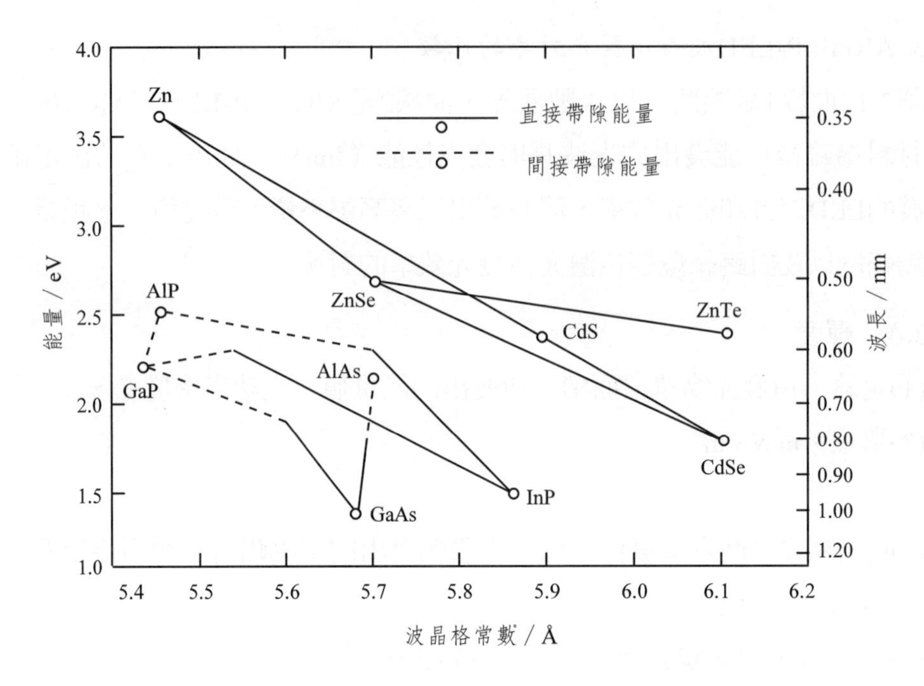

圖7.18　直接能帶隙與間接能帶隙及能量與晶格、波長的對應關係

圖7.18橫坐標是晶格常數，單位為埃（Å；縱坐標的左邊是能量，單位是電子伏特（eV），右邊是波長，單位是微米（μm）。圖中給出了GaAs、InP、AlP、ZnS、CdS、GaP、ZnSe、CdSe、ZnTe、AlAs的禁止能帶寬度、波長及晶格常數。對於多元晶片，只要改變晶片材料的組分比例，便可改變禁帶寬度，從而改變光波的波長。下邊以四元晶片（AlGaInP）為例加以說明。

由圖7.19可以看出，當Al含量越高時，E_g就越大，根據$\lambda = 1240/E_g(nm)$，λ值會變小。在四元晶片中，為何可生成紅、橙、黃、綠不同顏色的晶片？根據公式「$Al_xGa_{1-x}In_yP_{1-y}$」，依據所加元素比例的不同，從而得出想要的波長顏色。從圖7.19Al元素所加比例的多少可決定E_g大小，從而獲得不同的顏色。

對於可見光的二極體，討論時僅限於半導體禁帶寬度E_g介於1.60～3.26 eV材料。

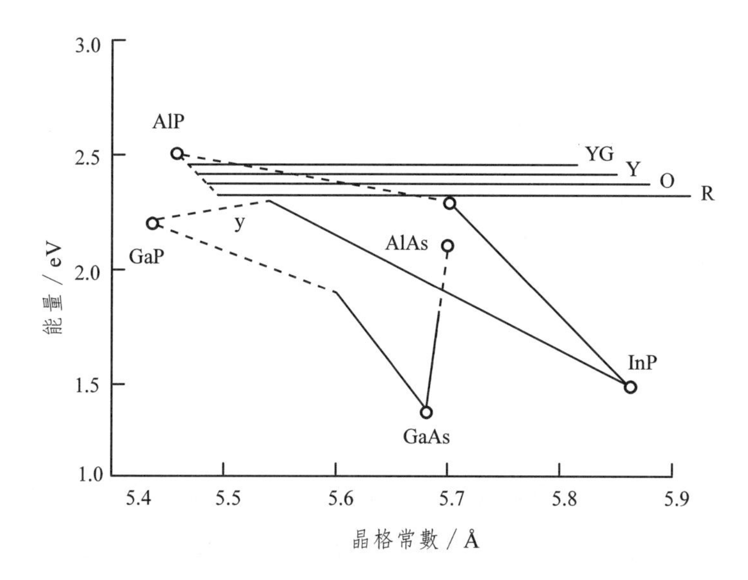

圖7.19　四元晶片AlGaInP各組分的禁帶寬度和晶格常數

7.2.4.1　儀器直讀波長λ_p

發光體或物體（經由反射或穿透）在分光儀上所測得的能量分佈，其峰值位置所對應的波長，稱爲λ_p（peak）。

7.2.4.2　峰值波長λ_p的測量

建立如圖7.20所示的LED相對光譜功率分佈測試裝置，LED放在一個直徑爲180 mm的積分球內，再加一個驅動LED的電流供應器，電流在1～100 mA可調（也可設置爲方波恒流源，電流在1～1000 mA可調），頻率爲1 kHz，占空比爲1/8。LED發的光通過光纖平行傳到凹面光柵單色儀的入射狹縫上，經凹面光柵繞射成像線上陣CCD的感光面上，線陣CCD上的各個像元對應LED各個波長的能量特徵，經CCD採樣、放大和A/D轉換（讀到強度後轉變成電流）後送入計算器，處理後即可獲得P(λ)，從而可求出λ_p。

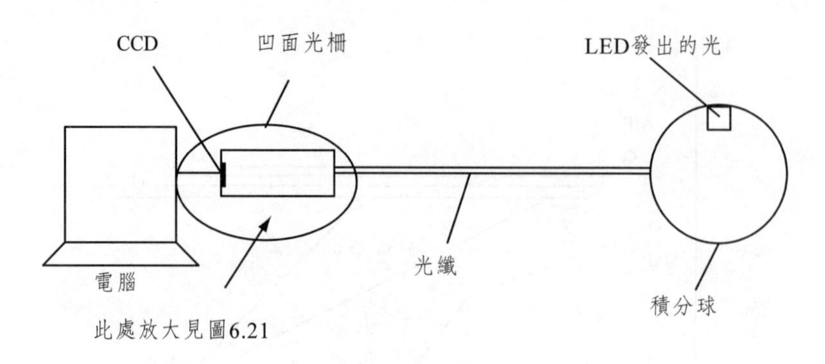

圖7.20　LED光譜功率測試裝置

註：溫度很容易影響光電探測器CCD，因此，開機後須熱機1 h，讓溫度穩定。背景光會隨溫度不同而不同，待機完成後須先歸零。圖7.21爲LED光譜功率測試裝置的CCD部分。

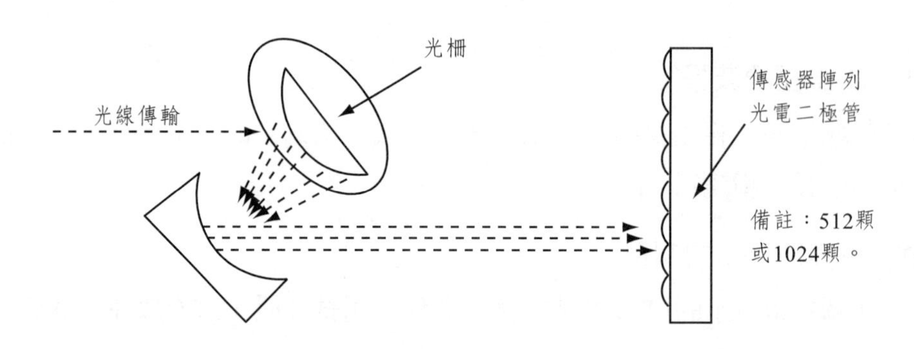

圖7.21　LED光譜功率測試裝置的CCD部分

7.2.4.3　人眼波長讀值λ_D

在人眼可見光區（380～780 nm），決定發光體或物體的光線主要在什麼波長，該波長稱爲人眼波長讀值λ_D（Dominat）。

註：若爲紅外線LED，須告訴客戶λ_P（Peak），而對於可見光LED，有些客戶亦要求提供λ_D（Dominat）。圖7.22是可見光的光譜範圍，大多數人的眼睛能夠對波長λ = 380～760 nm的可見光產生視覺。

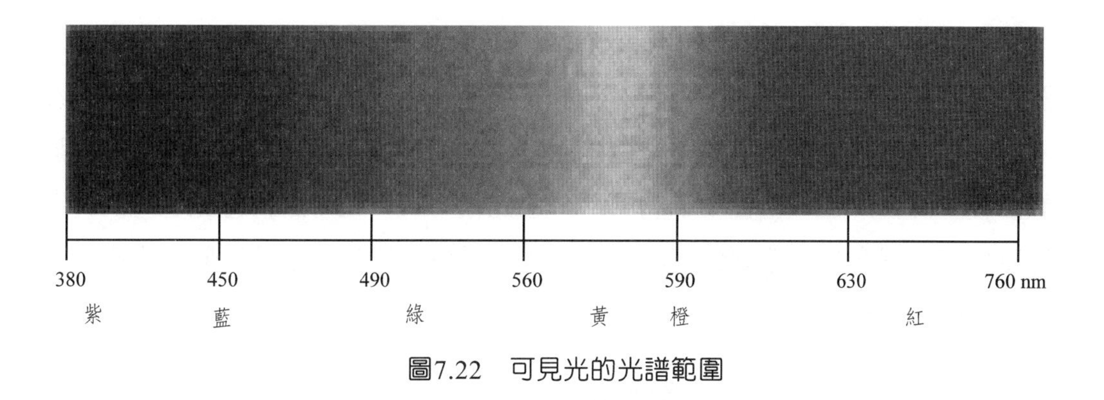

圖7.22　可見光的光譜範圍

7.3　色度學和LED相關色參數

最早定義爲CIE1931-XYZ系統，就是在RGB系統的基礎上，用數學方法，選用三個理想的原色來代替實際的三原色，從而將CIE1931-RGB系統中的光譜三刺激值$\bar{r}, \bar{g}, \bar{b}$和色度座標$x, y, z$均變爲正值。CIE即色度圖（也稱舌形圖）。

7.3.1　CIE標準色度學系統簡介

CIE色度學系統是以色光三原色RGB爲準，以光源、物體反射和配色函數計算出X, Y, Z刺激值，任何色彩都可以由RGB混色而成，再經過儀器測出光譜輻射能量和反射率值，即可計算出X, Y, Z三刺激值。由三色學說的原理，任何一種顏色可以通過紅、綠、藍三原色按照不同比例混合來得到。可是，給定一種顏色，採用怎樣的三原色比例才可以複現出該色，以及這種比例是否唯一，是需要解決的問題，只有解決了這些問題，才能給出一個完整的用RGB來定義顏色的方案。

7.3.1.1　顏色匹配實驗

把兩個顏色調整到視覺相同的方法叫顏色匹配，顏色匹配實驗是利用色光加色來實現的。在一塊白色螢幕上，上方投射紅（R）、綠（G）、藍（B）三原色光，下方爲待配色光C，三原色光照射白螢幕的上半部，待配色光照射白螢幕的下半部，白螢幕上下兩部分用一個黑擋屏隔開，由白螢幕反射出來的光通過小孔抵達右方觀察者的眼內。人眼看到的視場範圍在2°左右，被分成兩部分。在此實驗裝置上可以進行一系列的顏色匹配實驗。待配色光可以通過調節上方三原色的強度來混合形成，當視場中的兩部分色光相同時，此時認爲待配色光的光色與三原色光的混合光色達到色匹配。不同的待配色光達到匹配時三原色光亮度不同，可用顏色方程表示：

$$C = \bar{r}(R) + \bar{g}(G) + \bar{b}(B) \tag{7.10}$$

式中，C表示待配色光；(R)、(G)、(B)代表產生混合色的紅、綠、藍三原色的單位量；$\bar{r}$, $\bar{g}$, $\bar{b}$分別爲匹配待配色所需要的紅、綠、藍三原色的數量，稱爲三刺激值；「＝」表示視覺上相等，即顏色匹配。

7.3.1.2 CIE-RGB光譜三刺激値

國際照明委員會（CIE）規定紅、綠、藍三原色的波長分別爲700.0、546.1、435.8 nm，CIE-RGB光譜三刺激值是對317位元正常視覺者，用CIE規定的紅、綠、藍三原色光，在對等能光譜色從380～780 nm所進行的專門性顏色混合匹配實驗得到的。1931年，CIE給出了用等能標準三原色來匹配任意顏色的光譜三刺激值曲線，如圖7.23所示，這樣的一個系統被稱爲CIE-RGB系統。

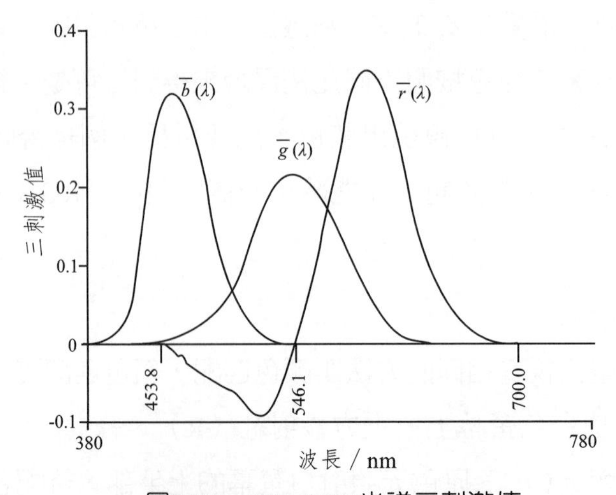

圖7.23　CIE-RGB光譜三刺激値

在上面的曲線中，曲線的一部分三刺激值是負數，這表明不可能靠混合紅、綠、藍三種光來匹配對應的光，而只能在給定的光上疊加曲線中負值對應的原色，來匹配另兩種原色的混合。對應於在式（7.10）中的權值會有負值，由於實際上不存在負的光譜強度，而且這種計算極不方便，不易理解，人們希望找出另外一組原色，用於代替CIE-RGB系統，因此，1931年的CIE-*xyz*系統利用三種假想的標準原色紅（R）、綠（G）、藍（B），使能夠得到的顏色匹配函數的三刺激值都是正值。

7.3.1.3　1931CIE-xyz系統

根據CIE推薦的紅（R）、綠（G）、藍（B）三原色的波長爲700.0、546.1、435.8 nm，它們在CIE1931-RGB系統和CIE1931-xyz系統的座標如下：

	RGB系統色度座標			XYZ系統色度座標		
	r	g	b	x	y	z
R	1,	0,	0	0.7347,	0.2653,	0.0000
G	0,	1,	0	0.2737,	0.7174,	0.0089
B	0,	0,	1	0.1665,	0.0089,	0.8246

對於光譜波長爲λ的顏色刺激，其r(λ)、g(λ)、b(λ)色度座標對x(λ)、y(λ)、z(λ)色度座標的轉換關係爲：

$$
\begin{aligned}
x(\lambda) &= \frac{0.490\ 00r(\lambda)+0.310\ 00g(\lambda)+0.200\ 00b(\lambda)}{0.666\ 97r(\lambda)+1.132\ 40g(\lambda)+1.200\ 63b(\lambda)} \\
y(\lambda) &= \frac{0.176\ 97r(\lambda)+0.812\ 40g(\lambda)+0.010\ 63b(\lambda)}{0.666\ 97r(\lambda)+1.132\ 40g(\lambda)+1.200\ 63b(\lambda)} \\
z(\lambda) &= \frac{0.000\ 00r(\lambda)+v0.010\ 00g(\lambda)+0.990\ 00b(\lambda)}{0.666\ 97r(\lambda)+1.132\ 40g(\lambda)+1.200\ 63b(\lambda)}
\end{aligned}
\qquad (7.11)
$$

用上式計算出CIE1931RGB系統中各波長的光譜在CIE1931-xyz系統中的相應色度座標，並將各波長的譜線座標點連接起來就成爲CIE1931色度圖，如圖7.24所示。

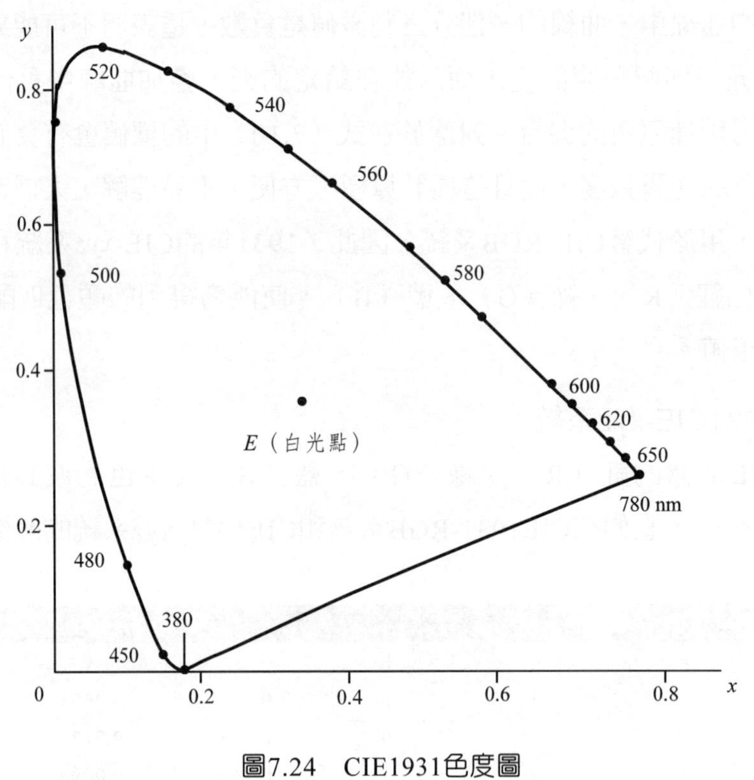

圖7.24　CIE1931色度圖

在求得光譜波長的x(λ), y(λ), z(λ)的基礎上，由下式可以計算出CIE1931色度系統中的光譜三刺激值$\bar{x}(\lambda)$, $\bar{y}(\lambda)$, $\bar{z}(\lambda)$。

$$\frac{\bar{x}(\lambda)}{x(\lambda)} = \frac{\bar{y}(\lambda)}{y(\lambda)} = \frac{\bar{z}(\lambda)}{z(\lambda)}$$

$$\bar{x}(\lambda) + \bar{y}(\lambda) + \bar{z}(\lambda) = 1 \tag{7.12}$$

由圖7.23的CIE1931-RGB系統把$\bar{r}(\lambda)$, $\bar{g}(\lambda)$, $\bar{b}(\lambda)$轉換成$\bar{x}(\lambda)$, $\bar{y}(\lambda)$, $\bar{z}(\lambda)$，則三條曲線稱為「CIE1931標準色度觀察者光譜三刺激值」，如圖7.25所示。這組曲線分別代表匹配各波長等能光譜刺激所需要的紅（X）、綠（Y）、藍（Z）三原色的量。

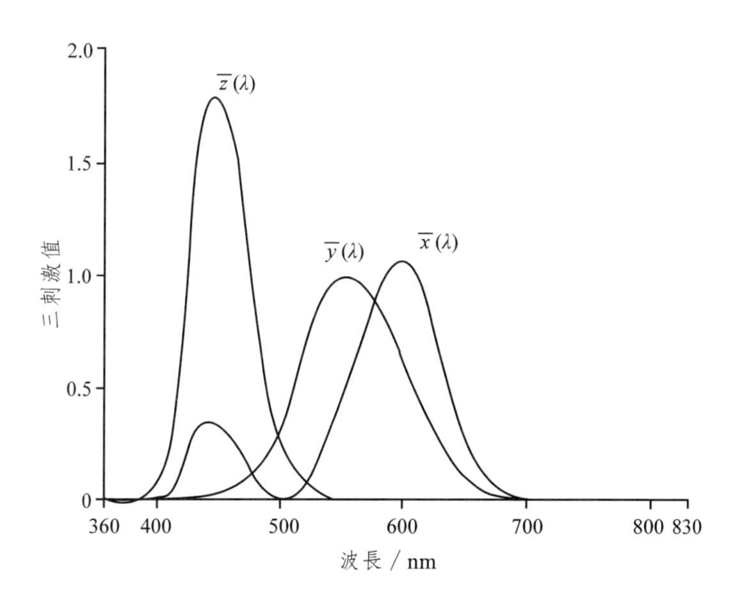

圖7.25　CIE1931標準色度觀察者光譜三刺激值

國際照明委員會規定CIE1931色度系統的$\bar{y}(\lambda)$與人眼的光譜光效率函數V(λ)一致，即有：

$$\begin{aligned}\bar{x}(\lambda) &= \frac{x(\lambda)}{y(\lambda)}V(\lambda)\\ \bar{y}(\lambda) &= V(\lambda)\\ \bar{z}(\lambda) &= \frac{z(\lambda)}{y(\lambda)}V(\lambda)\end{aligned} \tag{7.13}$$

7.3.1.4　色座標及主波長λ_D的計算

要確定LED元件的發光顏色，可以用顏色的色度座標及其主波長來描述。顏色感覺是由於LED光輻射源的光輻射作用於人眼的結果。因此，顏色不僅取決於光刺激，而且還取決於人眼的視覺特性，根據前面的論述，$\bar{y}(\lambda) = V(\lambda)$，如果已知元件的相對光譜能量P(λ)分佈函數，根據CIE的規定，那麼由它引起的CIE三刺激值X, Y, Z可以按下式計算：

$$X=K\int_{380}^{780}P(\lambda)\bar{x}(\lambda)\,d\lambda$$
$$Y=K\int_{380}^{780}P(\lambda)\bar{y}(\lambda)\,d\lambda \qquad (7.14)$$
$$Z=K\int_{380}^{780}P(\lambda)\bar{z}(\lambda)\,d\lambda$$

式中，K為調整因數。在實際計算色度座標X, Y, Z時，常用下面的求和來代替式（7.14）的積分式。

$$X=K\sum_{\lambda=380}^{780}=P(\lambda)\bar{x}(\lambda)\Delta\lambda$$
$$Y=K\sum_{\lambda=380}^{780}=P(\lambda)\bar{y}(\lambda)\Delta\lambda \qquad (7.15)$$
$$Z=K\sum_{\lambda=380}^{780}=P(\lambda)\bar{z}(\lambda)\Delta\lambda$$

式（7.14）和式（7.15）中的X, Y, Z即為CIE1931色度系統中的三刺激值。由式（7.14）和式（7.15）計算得到X, Y, Z三刺激值後可求得LED發光元件的色度座標為：

$$x=\frac{X}{X+Y+Z}$$
$$y=\frac{Y}{X+Y+Z} \qquad (7.16)$$

得到LED發光元件的色度座標，該發光體顏色的主波長就不難求得。為了說明「主波長」的概念，從前面的定義得知，需要一個參考照明體。如圖7.24，在色度圖中心的E點代表等能白光，它由三原色的各三分之一單位混合而成的，其色度座標為：$x_E = 0.3333$，$y_E = 0.3333$，$y_E = 0.3333$。可以把E點作為參考照明體。圖7.26中，S_1代表某一實際顏色，連接E和S_1並延長，與光譜軌跡線相交於λ_D點，則λ_D為S_1的主波長。根據加混色定律，S_1可以用E點光譜和波長為λ_D的光譜色相混合而獲得。

在圖7.26中，$\lambda_D = 573$ nm，稱573 nm為顏色S_1以E為參考照明體的主波長。由於選擇不同的參照照明體有不同的色度座標，對不同的顏色有不同的主波長，所以，在說明主波長時應附注所對應的參照照明體。

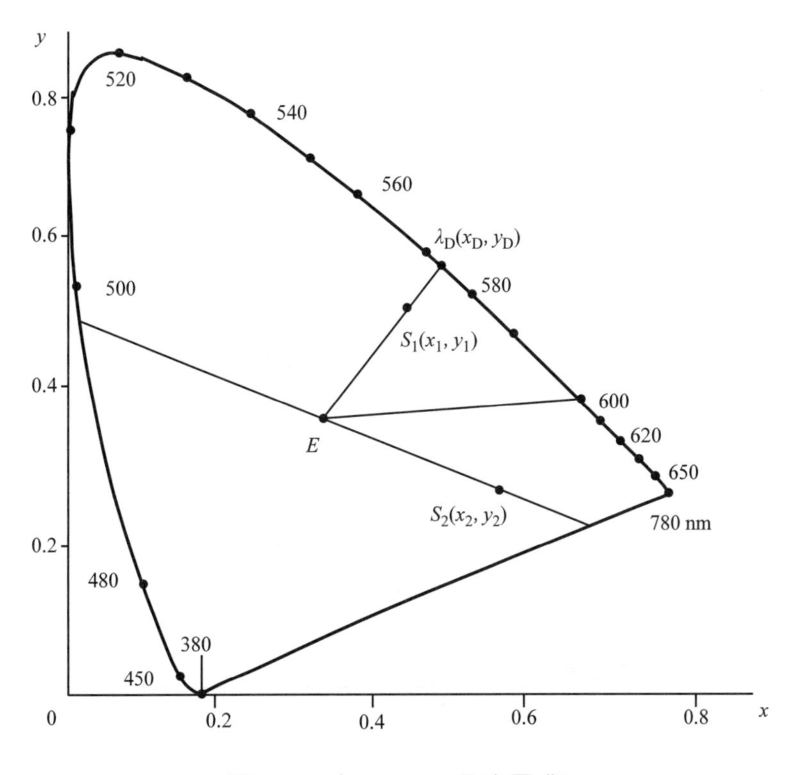

圖7.26　由CIE1931色度圖求λ_D

色度學中另一個重要的參數是純度，爲了瞭解這個參數，首先必須瞭解色度圖。在圖7.27得到LED光源在色度圖上的色度座標後，選定座標値$x_E = 0.3333$，$y_E = 0.3333$的點爲等能白光點，如果某光源位於色度圖的點F，其純度P_e定義爲：自E向F作一直線，與單色光軸相交於G，距離EF占總長EG的百分比，即

$$P_e = \frac{EF}{EG} \times 100\% \tag{7.17}$$

圖7.27中，F點的純度爲75%，G點的純度爲100%。

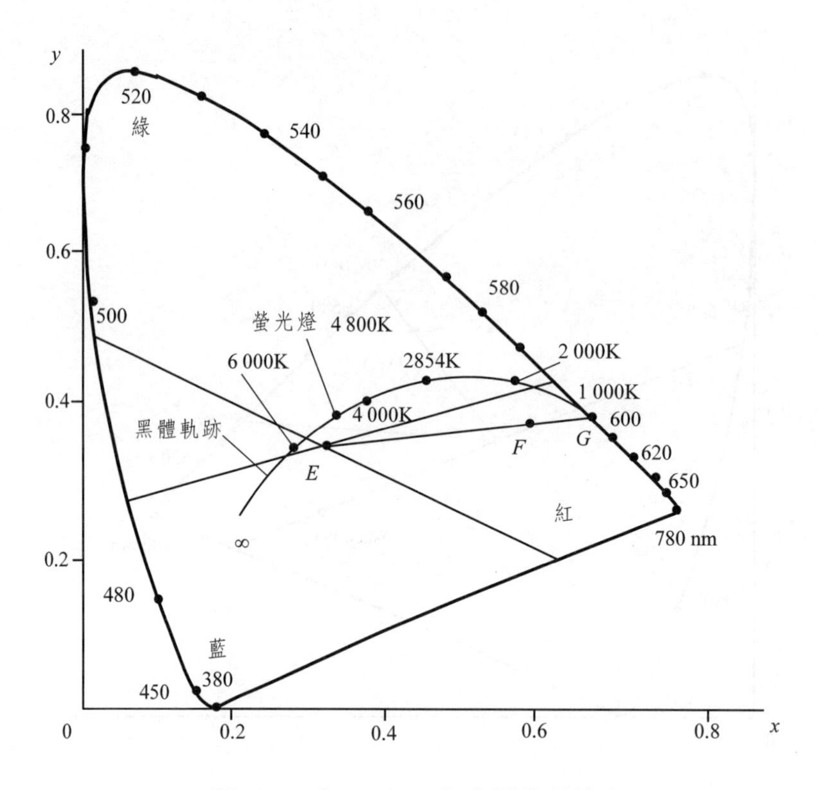

圖7.27　由CIE1931色度圖求色純度

7.3.2　顯色指數CRI

(1)顯色指數定義：顯色（顏色）指數以D65（白光參數）標準機測試，並以太陽光爲准頻譜讀取頻譜波形；

(2)顯色指數：CEI具體資料是以所占太陽光波的頻譜波形面積之比例得出的，如圖7.28所示。

注意：LED頻譜波形一定要在太陽光波形之內。

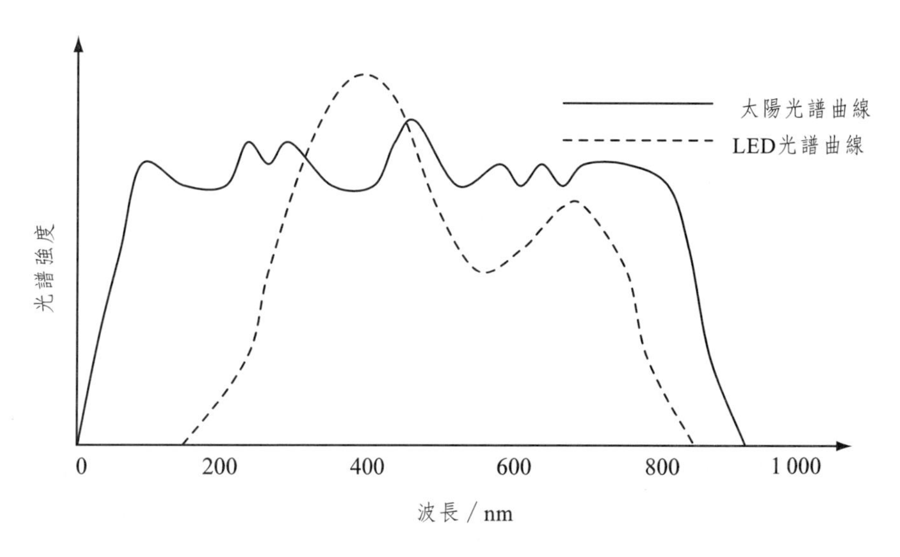

圖7.28　太陽光和白光LED的光譜曲線

7.3.3　色溫

當某輻射體與絕對黑體在可見光區域具有相同形狀的光譜功率分佈時的溫度，稱爲該輻射體的色溫。所謂黑體，是指能夠完全吸收由任何方向入射的任何波長的輻射的熱輻射體。不同溫度下，絕對黑體的色度座標見表7.3。將表7.3色度座標畫於色度圖上，即得到圖中的黑體軌跡。當某一光源的色座標（x, y）位於色度圖上的黑體跡線時，就以黑體的絕對溫度定義爲該光源的色溫。但是，有許多光源的色度座標並不在黑體軌跡上，就引出相關色溫的概念，即在色度圖上，和某一光源的色度座標點相距最近的那個黑體的絕對溫度就定義爲該光源的相關色溫。

表7.3　絕對黑體的色度座標

T/K	x	y
500	0.721	0.279
1000	0.652	0.345
1500	0.586	0.393
1800	0.549	0.408
2000	0.526	0.413

T/K	x	y
2300	0.495	0.415
5000	0.345	0.351
6000	0.322	0.331
7000	0.306	0.316
10000	0.280	0.288
24000	0.250	0.253
∞	0.240	0.234

定義：在一黑體環境中，金屬經高溫時所產生的顏色變化稱爲色溫。

圖7.28是太陽光和白光LED光譜曲線。從圖可知，太陽是寬光譜光源，屬於各種光頻成分的混合光，於是它發出的光呈白色。白光LED是在藍管的管芯上塗有紅、綠光螢光粉，螢光粉在藍光激發下發出了紅、綠光成分，於是合成光譜呈白色。到目前爲止，還沒有直接能發出白光的半導體材料。

7.3.4 國際標準色度圖

國際標準色度圖CIE分爲兩個標準（CIE. 1931、CIE. 1976），如圖7.29和圖7.30所示。

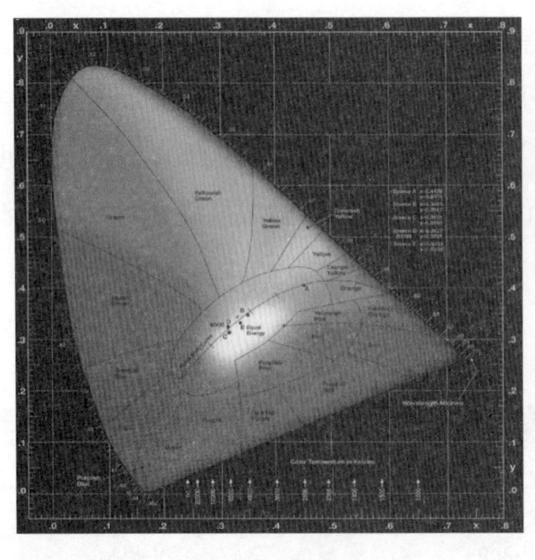

CIE 1931(一)

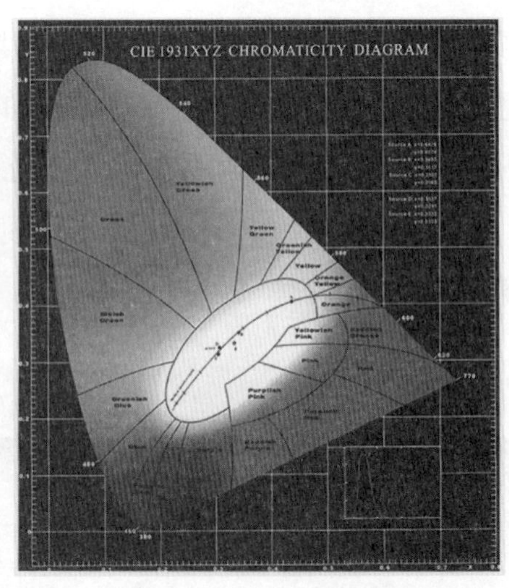

CIE 1931(二)

圖7.29　CIE 1931色度圖

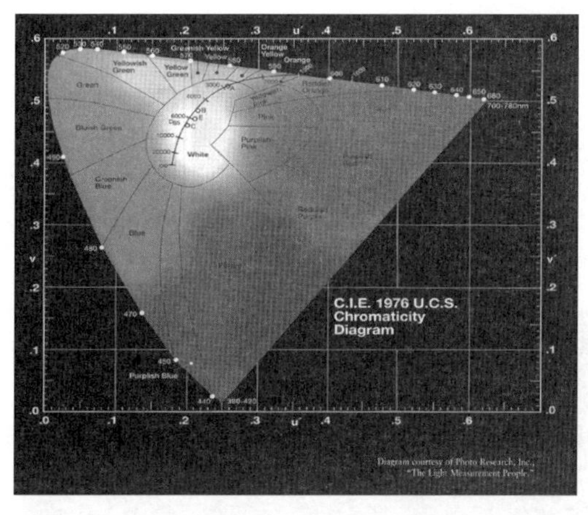

CIE 1976(一)

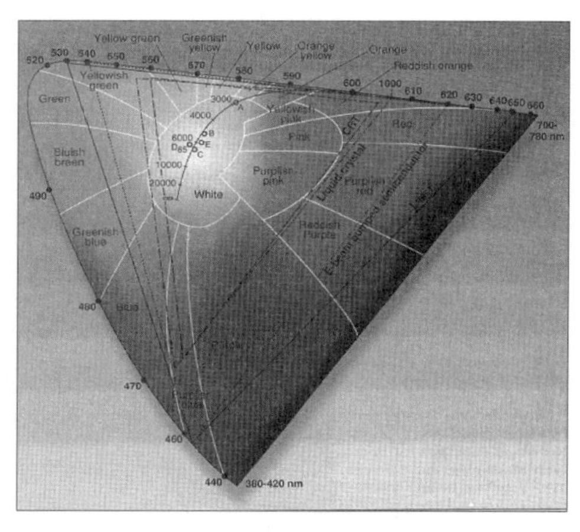

CIE 1976(二)

圖7.30　CIE 1976色度圖

7.3.5　什麼是CIE 1931

色彩是一個三度空間函數，所以應該由三度空間表示。圖7.31就是傳統色度學著作常用來表示顏色的紡錘體，任何一個顏色都在這個顏色立體中佔據一個位置。在顏色紡錘體的垂直軸線上表示白黑系列的亮度變化，頂都是白色，到底部是黑色。在垂直軸線上，從下向上，亮度越來越大；色調由水平圓周表示，圓周上不同角度的點代表了不同色調的顏色，如紅、橙、黃、綠、青、藍、紫等，圓周中心的色調是中灰色，它的亮度和該水平圓周上各色調的亮度相同；從圓心向圓周過渡表示同一色調下飽和度的提高；在顏色紡錘體的一個平面圓形上，它們的色調和飽和度不同，而亮度是相同的。

圖7.32是按人對顏色分辨能力構造的三度空間彩色立體。由於人類思維能力和表現能力的限制，三度空間的坐標系在實際應用中都暴露出了很大的局限性。

說明：顯示器的顯示採用的是色光加色法，色光三原色是紅、綠、藍三種色光。國際標準照明委員會（CIE）1931年規定這三種色光的波長是：

紅色光（R）：7000 nm；

綠色光（G）：546.1 nm；

藍色光（B）：435.8 nm。

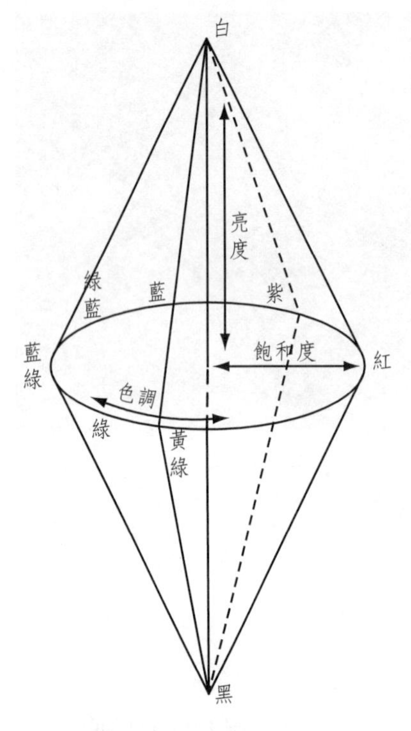

圖7.31　顏色紡錘體

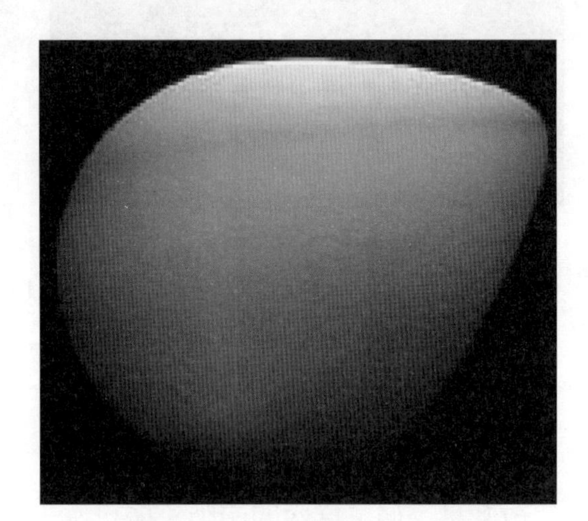

圖7.32　三度空間彩色立體圖

自然界中各種色光都能由這三種原色光按一定比例混合而成。

1個紅基色光單位（R）= 1光瓦；

1個綠基色光單位（G）= 4.5907光瓦；

1個藍基色光單位（B）= 0.0601光瓦；

其中，1光瓦 = 680 lm。所以，標準白光E白可以用每個基色單位爲1的物理三基色配出：

$$（E白）= 1(R) + 1(G) + 1(B) \tag{7.18}$$

說明：在以上定義的基礎上，人們定義這樣的一組公式

$$r = R/(R + G + B)$$
$$g = G/(R + G + B)$$
$$b = B/(R + G + B) \tag{7.19}$$

因爲$r + g + b = 1$，所以只需要給出r和g的值，就能唯一地確定一種顏色。這樣就可將光譜中的所有顏色表示在一個二維的平面內。由此便建立了CIE 1931-RGB表色系統如圖7.33所示。

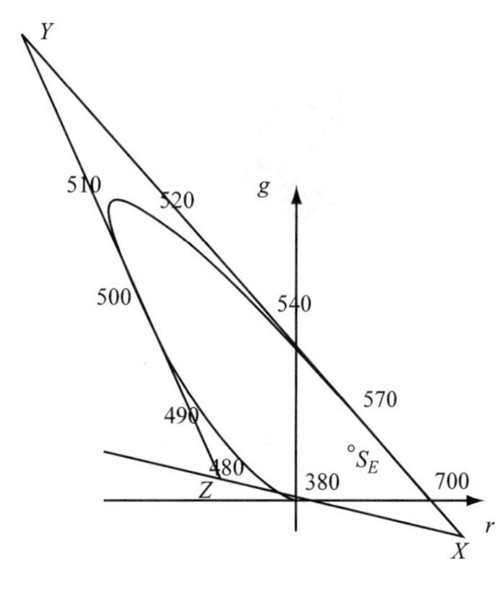

圖7.33　二維色度圖

說明：圖7.33表示方法中，r和g值會出現負數。由於實際上不存在負的光強，而且這種計算極不方便，不易理解，人們希望找出另外一組原色，用於代替CIE-RGB系統，因此，在1931年CIE組織建立了三種假想的標準原色、X（紅）、Y（綠）、Z（藍），以便能夠得到的顏色匹配函數的三值都是正值，而x、y、z的表達方式仍類似式（7.19）。由此衍生出的便是1931 CIE-色度系圖。色度系統圖是色度學的實際應用工具，幾乎關於顏色的一切測量、標準以及其他方面的延伸都以此爲出發點，因而是顏色視覺研究的有利工具。

圖7.34是一些典型彩色設備，在1931 CIE-XYZ系統中所能表現的色彩範圍（色域）。其中，三角形框是顯示器的色彩範圍，灰色的多邊形是彩色印表機的表現範圍。從色域圖上可以看到，沿著x軸正方向紅色越來越純，綠色則沿y軸正方向變得更純，最純的藍色位於靠近坐標原點的位置。所以，當顯示器顯示純紅色時，顏色值中的x值最大；類似地，顯示綠色時y值最大；根據系統的定義，在顯示藍色時則是$1 - x - y$的結果最大。

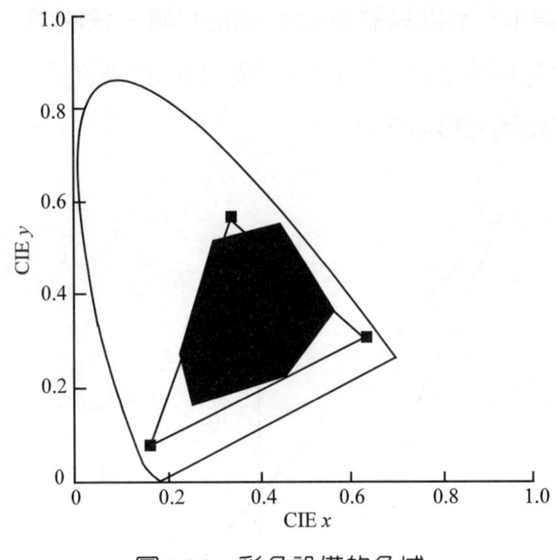

圖7.34　彩色設備的色域

7.3.6　CIE 1931 XY表色方法

在圖7.35所示的xy色度圖中，*x*色度坐標相當於紅原色的比例，*y*色度坐標相當於綠原色的比例。由圖中的馬蹄形的光譜軌跡各波長的位置可以看到：光譜的紅色波段集中在圖的右下部，綠色波段集中在圖的上部，藍色波段集中在軌跡圖的左下部。中心的白光點*E*的飽和度最低，光源軌跡在線飽和度最高。如果將光譜軌跡上表示不同色光波長點與色度圖中心的白光點E相連，則可以將色度圖劃分為各種不同的顏色區域。因此，如果能計算出某顏色的色度坐標*x*、*y*，就可以在色度中明確地定出它的顏色特徵。例如青色樣品的表面色色度坐標為$x = 0.1902$、$y = 0.2302$，它在色度圖中的位置為*A*點，落在藍綠色的區域內。當然不同的色彩有不同的色度坐標，在色度圖中就佔有不同位置。因此，色度圖中點的位置可以代表各種色彩的顏色特徵。但是，前面曾經討論過，色度坐標只規定了顏色的色度，而未規定顏色的亮度，所以若要唯一地確定某顏色，還必須指出其亮度特徵，也即是*Y*的大小。

$$\text{光反射率}\rho = \frac{\text{物體表面的亮度}}{\text{入射光源的亮度}} = \frac{Y}{Y_0}$$

所以亮度因子$Y = 100\rho$，既有了表示顏色特徵的色度坐標x、y，X有了表示顏色亮度特徵的亮度因子Y，則該顏色的外貌才能完全唯一地確定。爲了直觀地表示這三個參數之間的意義，可用一立體圖7.36形象表示。

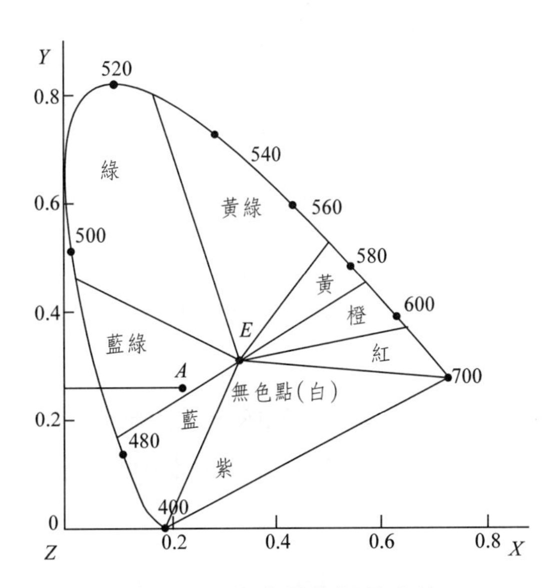

圖7.35　色度圖的標色方法

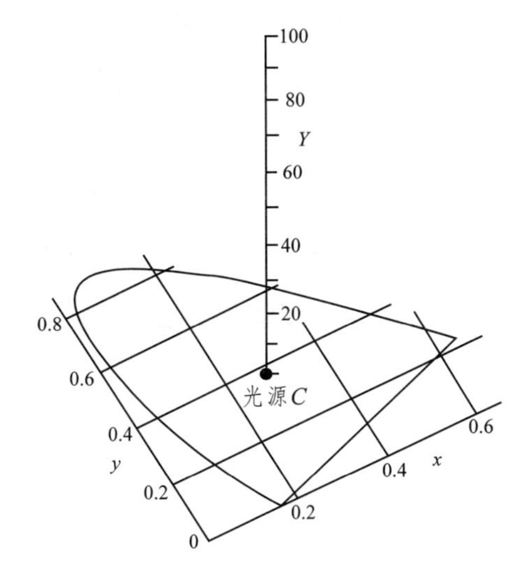

圖7.36　立體色度圖

7.4 用光色電參數綜合測試儀檢測LED

在此以杭州星譜光電科技有限公司生產的「SSP6612 LED光色電參數綜合測試儀」爲例進行LED參數的測量。

7.4.1 光色電參數綜合測試儀說明

圖7.37是SSP6612 LED光色電參數綜合測試儀外觀圖。用它可以對LED的光參數、色參數和電參數進行綜合測試。現對它的使用說明進行簡述。

(1)內置3000 mA電流供應器，測量各種LED的光色電參數，並得到相對光譜功率分布曲線和光強分布曲線。

(2)測量範圍包括普通2腳、3腳LED管、高功率管、貼片、食人魚、模組和數位管等各種規格LED。

(3)測量LED的電參數，包括反向漏流IR、正向壓降VF。

(4)測量LED的色參數，包括光譜半波寬、主波長、峰值波長、色純度、色坐標、色溫、顯色指數。

(5)測量LED的光參數，包括二度空間光強角分布、最大光強、動態光強、零度光強、半強度角、偏差角、光強擴散角、光通量。

(6)配合紅外探測器測量紅外發射管的光電參數。

(7)測量設定和控制完全電腦操作，軟件自帶數據庫，並能夠自動生成數據報表和統計報表。

(8)具有光參數、主波長、色坐標、色溫和顯色指數分辨顯示功能，分辨範圍能力最大可以設到256 bin方便與各種分光分色測試機配套。能夠自動分析LED電流與電壓、光通量、光強的相互關係曲線。

圖7.37　ssp6612 LED光色電參數綜合測試儀

7.4.2　光色電參數綜合測試儀的主要原理

7.4.2.1　積分球

積分球又稱爲光通球，廣泛應用於光度、色度及輻射度計量測試場合。

1. 積分球結構

積分球基本結構是由鋁或塑料等做成的一個內部空心球。球內壁上均勻噴塗多層中性漫反射材料，如氧化鎂、硫酸鋇、聚四氟乙烯等。球上開有多個開孔，作爲入射光孔、安裝探測器、光源等用。爲了防止入射光直接射到探測器上，球內還裝有遮擋屏，如圖7.36所示。

2. 積分球原理

光線由輸入孔入射後，光線在此球內部被均勻地反射及漫射，因此輸出孔所得到的光線爲相當均勻的漫射光束。而且入射光的人射角度、空間分布及極化皆不會對輸出的光束強度及均勻度造成影響。也因爲光線經過積分球內部的積分後才射出，因此積分球亦可當做一光強度衰減器。其輸出強度與輸入強度比約爲光輸出孔的面積比積分球內部的表面積。

7.4.2.2　角度光強分布測試系統

角度光強分布測試系統用於自動測試LED光強視角分布：單顆LED最大光

強、零度光強值、光強偏差角θ、光強擴散角θ以及LED兩端的負載電參數，提供$I-I_V$、$I-V_F$、$\theta-I_V$分布曲線分析功能。

1. 結構

圖7.37是角度光強分布測試系統，它由LED光強測試平台、V探測器與主機等組成，其中在SSP6612中是由三部分作爲整體的。光強的測量採用平方反比定律，即先用LED法向光照度進行測量，再用反比定律計算得到光強，如圖7.39所示。

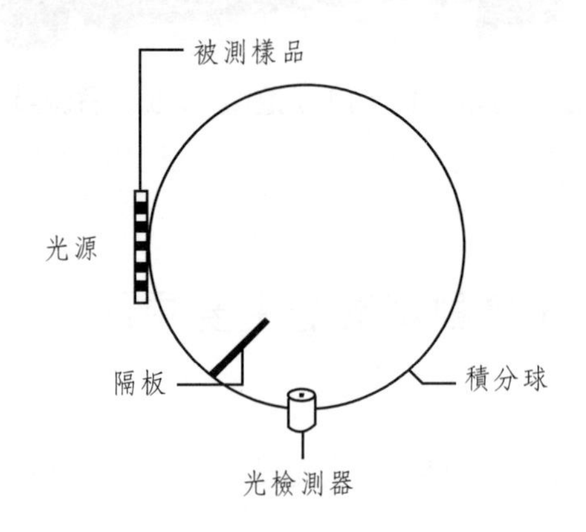

圖7.38　積分球的結構

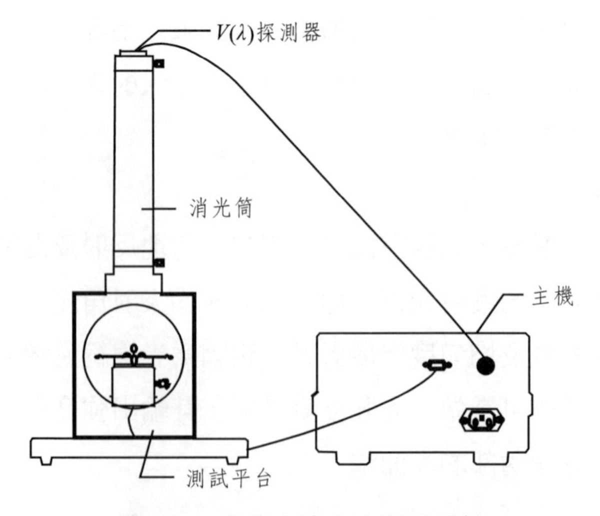

圖7.39　角度光強分布測試系統

2. 原理

旋轉平台底座是夾LED的夾具，有一個活動門，蓋住夾具上的LED，可以視爲不透光的黑箱（外界光的影響可以忽略）。LED發出的光通過消光筒的消光作用消去眩光，當光進入探測器的CCD感測器時，感測器將光信號轉化爲電信號，電信號輸送到主機，經處理後送入微型電腦軟體顯示。

國內外眾多廠家生產的LED綜合參數測試儀均大同小異，測量原理相同，測量精度也基本相同，於是現在國內LED構裝企業大都採用國產測試儀。

7.4.3　光色電參數綜合測試儀的軟件

測量軟件用杭州星譜光電科技有限公司制作的SSP6612配套的測試軟件，若採用其他公司測試設備，需要用該公司的配套軟件。

7.5　LED主要參數的測量

7.5.1　LED光度學測量

1. 光譜測量

基於SSP6612 LED的測量步驟：

(1)按下儀器主機面板上的開關，打開儀器主機。

(2)將待測的LED夾在積分球的夾具上，放入積分球中。

(3)打開微型電腦上的SSP6612 LED光色電參數綜合測試儀的配套測試程序。

(4)進入主界面進行相應的參數設置。圖7.40是白光LED的光譜特性曲線，該曲線是在藍光晶片塗佈螢光粉後，短波長的光激發螢光粉發出了峰值在550 nm附近的綠色螢光，與藍光合成爲白光。

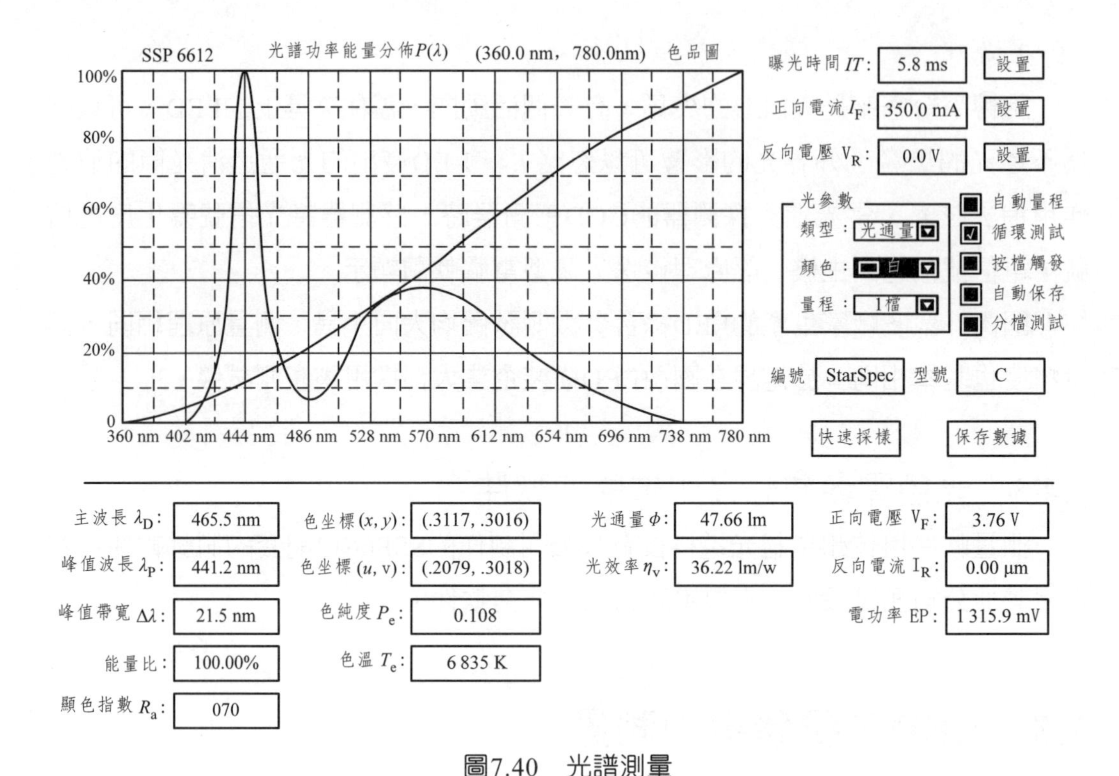

圖7.40　光譜測量

在界面裡可以得到LED的主波長、峰值波長、峰值帶寬、顯色指數、色坐標（CIE 1931（*XY*坐標），CIE 1964（UV坐標））、色溫、光通量、光效等一系列參數。

2. 發光強度測量

基於SSP6612 LED的發光強度測量步驟：

(1)按下儀器主機面板上的開關，打開儀器主機。

(2)將待測的LED夾在積分球的夾具上，放入積分球中。

(3)打開微型電腦上的SSP6612 LED光色電參數綜合測試儀的配套測試程序。

(4)按圖7.41進入主界面進行相應的參數設置。

與「光通量」測量不同的是，只要在軟件界面的「光參數」的「類型」選項中選擇「光強度」就可以在界面中讀取LED的發光強度。

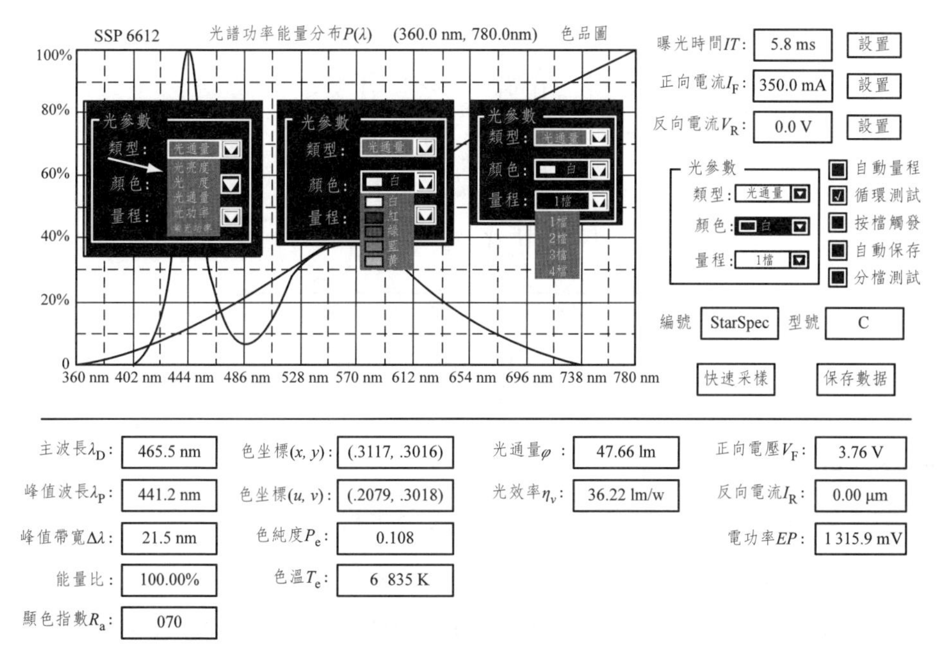

圖7.41　發光強度測量

3. LED相對光譜能量分布$P(\lambda)$

發光二極管的相對光譜能量分布$P(\lambda)$表示在發光二極管的光輻射波長範圍內，各個波長的輻射能量分布情況，通常在實際場合中用相對光譜能量分布來表示。一般而言，LED發出的光輻射，往往由許多不同波長的光所組成，而且不同波長的光在其中所佔的比例也不同。LED輻射能量隨著波長變化而不同，繪成一條分布曲線——相對光譜能量分布曲線。當此曲線確定之後，器件的有關主波長、純度等相關色度學參數亦隨之而定。LED的光譜分布與製備所用化合物半導體種類、性質及pn接面結構（外延層厚度、摻雜雜質）等有關，而與器件的幾何形狀、構裝方式無關。圖7.42繪出幾種由不同化合物半導體及摻雜製得LED光譜響應曲線。圖中：①藍色InGaN/GaN LED，發光譜峰λ_p = 460～465 nm；②綠色LED，發光譜峰λ_p = 550 nm；③紅色LED，發光譜峰λ_p = 680～700 nm；④紅外LED，發光譜峰λ_p = 910 nm；⑥矽光電二極管。

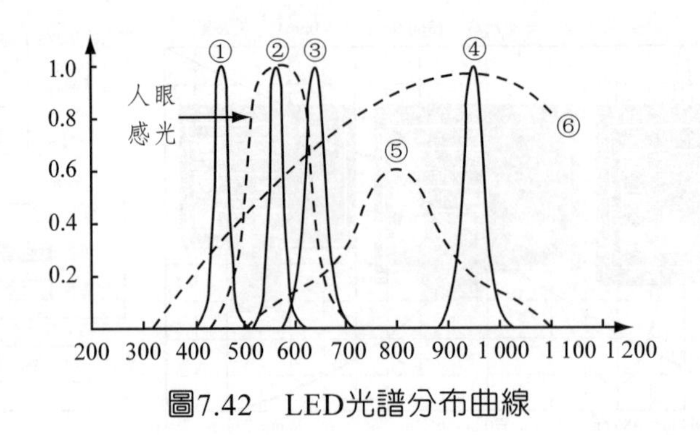

圖7.42 LED光譜分布曲線

基於SSP6612 LED的測量步驟：

(1)按下儀器主機面板上的開關，打開儀器主機。

(2)將待測的LED夾在積分球的夾具上，放入積分球中。

(3)打開微型電腦上的SSP6612 LED光色電參數綜合測試儀的配套測試程序。

(4)按圖7.43進入主界面進行相應的參數設置。

相對能量的測量與光譜測量基本相同，從界面中可以讀取能量比、色純度、色溫等。

4. LED的峰值波長λp和光譜半波寬Δλ

LED相對光譜能量分布曲線的重要參數用峰值波長λp和光譜半波寬Δλ這兩個參數表示。無論什麼材料製成的LED，都有一個相對光輻射最強處，與之相對應有一個波長，此波長爲峰值波長，它由半導體材料的帶隙寬度或發光中心的能階位置決定。光譜半波寬Δλ定義爲相對光譜能量分布曲線上，兩個半極大值強度處對應的波長差。

基於SSP6612的峰值波長和光譜半波寬的測量請參考LED光譜的測量。綠色譜線的半寬度似可直接由界面讀取其數值的大小，如圖7.44所示。

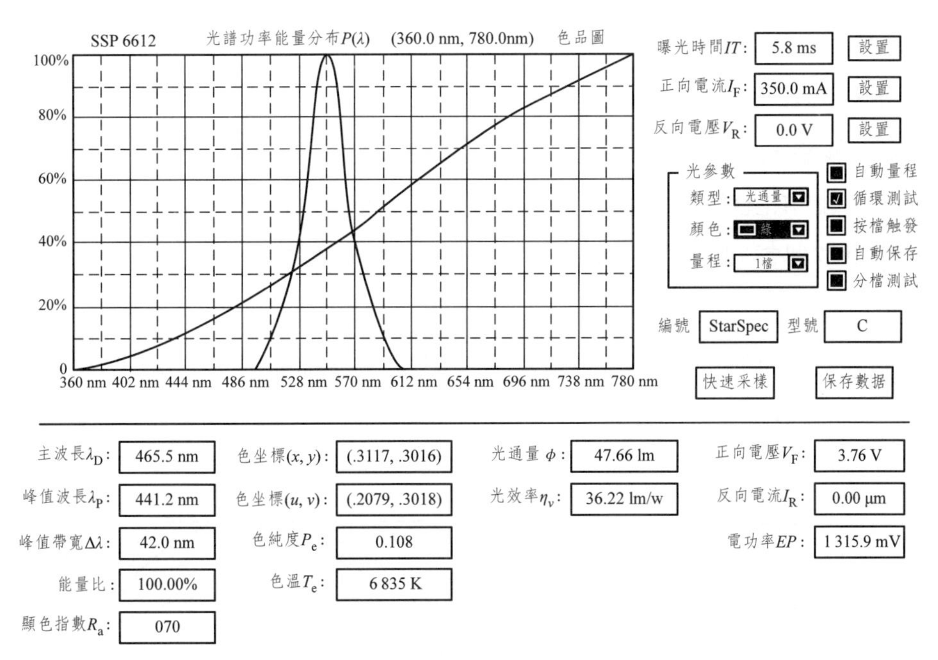

圖7.43　相對光譜能量分佈$P(\lambda)$

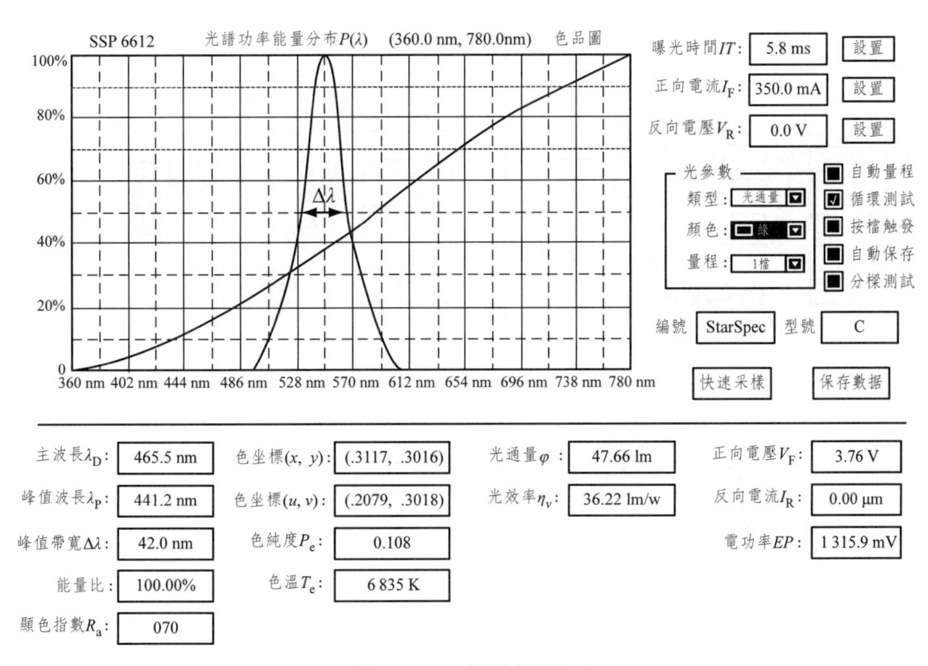

圖7.44　光譜線寬$\Delta\lambda$

5. LED光強角度分布測試

基於SSP6612 LED的測量步驟：

(1)按下儀器主機面板上的開關，打開儀器主機。

(2)將待測的LED夾在角度光強分布測試系統的測試平台上，合上外蓋。

(3)打開微型電腦上的SSP6612 LED光色電參數綜合測試儀的配套測試程序。

(4)進入主界面進行相應的參數設置，點擊「自動測試」按鈕，如圖7.45所示。

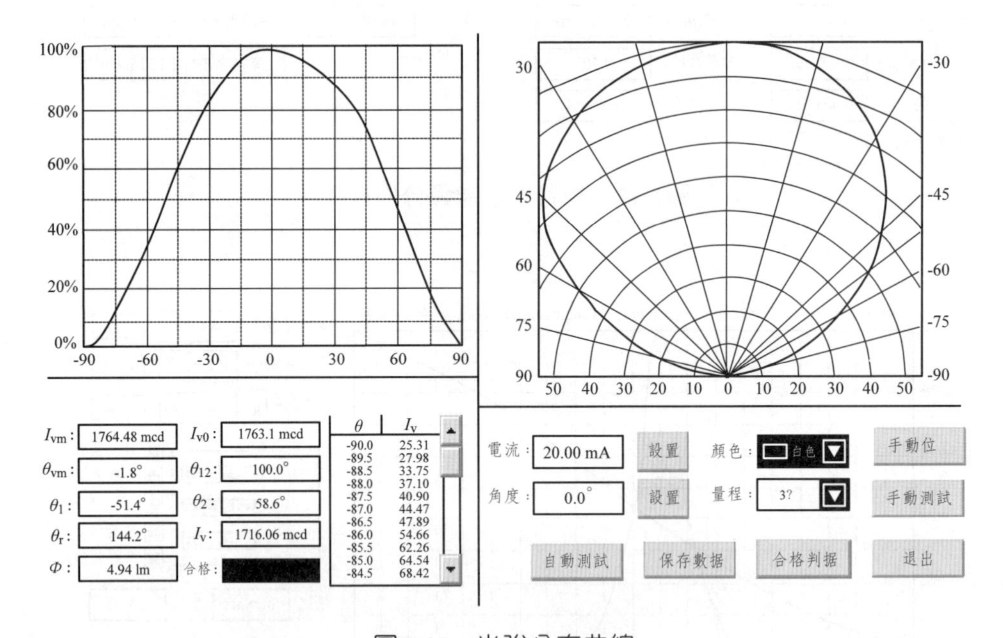

圖7.45　光強分布曲線

在界面中可以得到如下參數：

I_{vm}——最大光強值（測量一周後得到的最大的光強值）；

I_{v0}——0度光強值（法向位置對應的光強值）；

θ_{vm}——最大光強值（取得最大光強值所對應的角度）；

θ_{12}——半強度值（發光強度一半所對應的夾角）；

θ_1/θ_2——左右半角（左邊／右邊光強一半值對應的角度）；

θ_r——20%光強夾具（發光強度20%所對應的夾角）；

I_v——動態光強（表示當前位置所測量的光強值）；

Φ——光通量（LED的光通量值）。

7.5.2　LED色度學測量

基於SSP6612 LED色度的測量

LED的色度學測量與光通量的測量步驟相同，在界面中可以得到LED的色坐標、色純度等。打開軟件界面的「色品圖」按鈕，可以得到LED顏色在色品圖中的位置，用「+」表示出來，如圖7.46所示。

7.5.3　LED電參數測量

1. 基於SSP6612的LED伏安特性（IV）測試

(1)將LED放入夾具並置於積分球中。

(2)進入軟件界面，點擊「其他測量」的「I-V測試」選項，進入測試界面。如圖7.47所示。

(3)設置電流擋位、最小電流、最大電流、電流間隔等測試條件。

(4)點擊「開始測試」。

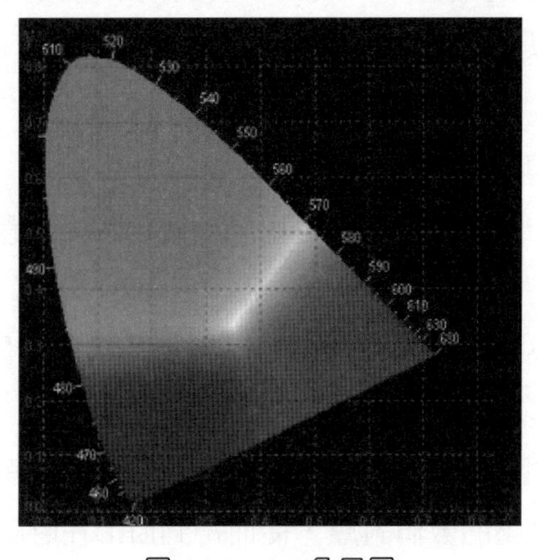

圖7.46　CIE色品圖

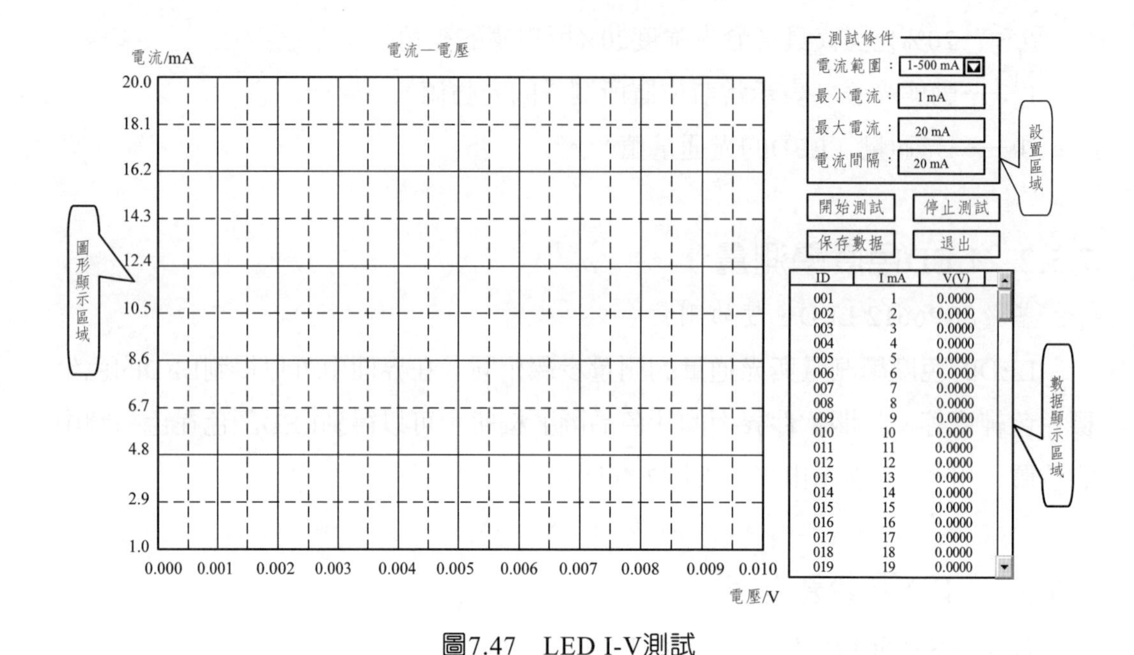

圖7.47 LED I-V測試

(5)在圖形區域中可以看到「電壓—電流」曲線，在數據區域中可以看到電流—電壓的數值對應，從而得到LED的電流—電壓關係。

2. 基於SSP6612的LED瞬態光衰測試

LED光衰是指LED經過一段時間的點亮後，其光強會比原來的光強要低，而低了的部分就是LED的光衰。一般LED構裝廠家做測試是在實驗室的條件下（25℃的常溫下），以20 mA的直流電連續點亮LED 1000 h來對比其點亮前後的光強。

(1)將LED放入夾具並置於積分球中。

(2)進入軟件界面，點擊「其他測量」的「IV測試」選項，進入測試界面。如圖7.48所示。

(3)設置採樣間隔、測試電流、光參數（類型、顏色、量程）等測試條件。

(4)點擊「開始測試」。

(5)在圖形區域中可以看到「電壓—時間／光參數—時間」曲線，在數據區域中可以看到時間—電壓的數值對應，從而得到LED在時間上的光衰。

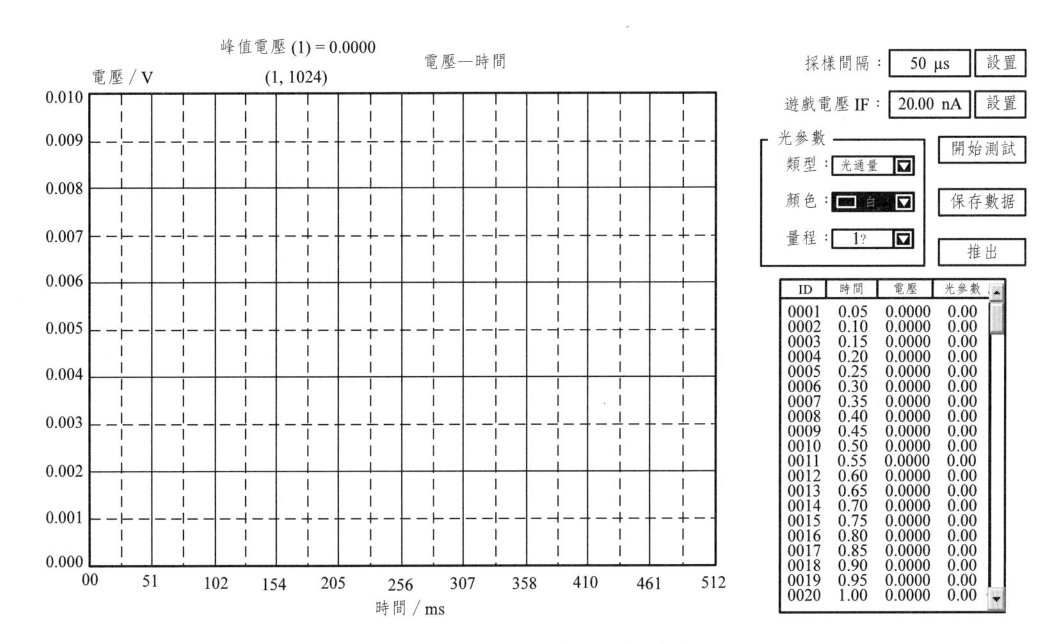

圖7.48　LED瞬態光衰測試

第 8 章

LED構裝防靜電知識

一旦企業掌控了LED的抗靜電水準就幾乎等於掌握了LED的可靠性。LED的抗靜電指標的好壞，不僅僅意味著能適用於各類電子產品和各種環境，還可以作爲LED各項指標可靠性的綜合體現，要提高LED的抗靜電，對LED晶片製造商和構裝商而言，抗靜電指標是一項最重要的品質指標。

8.1 靜電基礎知識

8.1.1 靜電基本概念

8.1.1.1 靜電（ESD）的定義

靜電——物體表面過剩或不足的靜止的電荷。

ElectroStaticDischarge（簡寫爲ESD）是英文「靜電放電」的意思。ESD是本世紀中期以來形成的以研究靜電的產生、衰減、靜電放電模型、靜電放電效應，如電流火花可引起的著火與爆炸、電磁效應可導致電磁干擾等。近年來，隨著科學技術的飛速發展、微電子技術的廣泛應用及電磁環境越來越複雜，對靜電放電的電磁場效應，如電磁干擾（EMI）及電磁相容性（EMC）問題，越來越重視。

8.1.1.2 靜電的種類和相關介紹

1. 靜電的種類

靜電一般分爲人體靜電、設備靜電、環境靜電。

研究靜電的學科稱爲靜電學，靜電學是18世紀以前以庫侖定律爲基礎建立起來的以研究靜止電荷及場作用規律的學科，是物理學中電磁學的一個重要組成部分。

靜電放電問題是從19世紀初到現在形成的以靜電學爲基礎而研究靜電危害及其防護和靜電應用技術的專門科學。其主要研究內容有：靜電應用技術，如靜電除塵、靜電複印、靜電生物效應；靜電防護技術，如電子工業、石油工業、兵器工業、紡織工業、橡膠工業、航太與軍事領域等防靜電危害問題。

在20世紀中期，隨著工業生產的高速發展以及高分子材料的迅速推廣應用，一方面，一些電阻率很高的高分子材料，如塑膠、橡膠等製品的廣泛應用以及現代生產過程的高速化，使得靜電能積累到很高的程度；另一方面，靜電敏感材料的生產和使用，如輕質油品、火藥、固態電子元件等，靜電在工礦企業部門的危害也越來越突出，靜電危害造成了相當嚴重的後果和損失，它曾使電子工業年損失達上百億美元，這還不包括潛在的損失。在航太工業，靜電放電造成火箭和衛星發射失敗，干擾航太飛行器的運行。

2. 靜電對電子產品存在的危害及特點

(1)隱蔽性。除非發生靜電放電，人體是不能直接感知靜電的，但是發生靜電放電時人體也不一定能有電擊的感覺，這是因爲人體感知的靜電放電電壓爲（2～3k）V，所以靜電具有隱蔽性。

(2)潛在性。即元件在受到ESD應力後並不馬上失效，而會在使用過程中逐漸退化或突然失效。這時的元件是「帶傷工作」。這是人們對靜電危害認識不夠的一個主要原因。實際上，靜電放電對元件損傷的潛在性和累積效應會嚴重地影響元件的使用可靠性。由於潛在損傷的元件無法鑒別和剔除，一旦在上機應用時失效，造成的損失就更大。而避免或減少這種損失的最好辦法就是採取靜電防護措施，使元件避免靜電放電的危害。

(3)隨機性。電子元件在什麼情況下會遭受靜電破壞呢？可以這麼說，從一個元件產生以後，一直到它損壞以前，所有的過程都受到靜電的威脅，而這些靜電的產生也具有隨機性，其損壞也具有隨機性。

(4)複雜性。靜電放電損傷的失效分析工作比較複雜，這是因電子產品的精、細、微小的結構特點而費時、費事、費錢，要求較高的技術，往往需要使用一些高精密儀器。即使如此，有些靜電損傷現象也難以與其他原因造成的損傷加以區別，使人誤把靜電損傷失效當做其他失效。這在對靜電放電危害未充分認識之前，常常歸因於早期失效或情況不明的失效，從而不自覺地掩蓋了失效的眞正原因。所以靜電對電子元件損傷的分析具有複雜性。

3. 可能產生靜電危害的製造過程

元件從生產到使用的整體過程中都可能遭受靜電損傷，依各階段可分爲：

(1)元件製造過程。

(2)印刷電路板生產過程。

(3)設備製造過程。

(4)設備使用過程。

(5)設備維修過程。

在整個過程中，每一個階段中的每一個小步驟，元件都可能遭受靜電的影響，而實際上，最主要而又容易疏忽的一點卻是在元件的傳送與運輸的過程。在這整個過程中，不但包裝因移動容易產生靜電外，而且整個包裝容易暴露在外界電場（如經過高壓設備附近，工人移動頻繁、車輛迅速移動等）而受到破壞，所以傳送與運輸過程需要特別注意，以減少損失，避免無謂的糾紛。

所以，從元件的製造、使用到維修的任一環節都有可能發生靜電危害。

8.1.2　靜電產生原因

8.1.2.1　物質結構

物質都是由分子組成，分子又由原子組成，原子由帶負電的電子和帶正電荷的質子組成。在正常狀況下，一個原子的質子數與電子數量相同（有質子np^+，電子ne^-，$n = 1, 2, \cdots$），正負平衡，所以對外表現出不帶電的現象。例如，A原子的電子繞其原子核運轉，一旦受外力影響後，外層會出現m個（$m = 1, 2, \cdots$）電子脫離軌道，離開原來的原子而侵入到原子B，A原子因缺少電子數而帶有正電，稱爲陽離子，B原子因增加電子數而帶有負電，稱爲陰離子，如圖8.1所示。

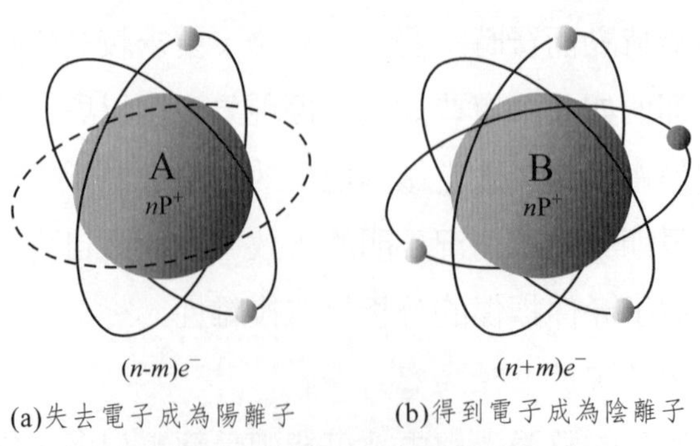

(a)失去電子成為陽離子　(b)得到電子成為陰離子

圖8.1　陽離子和陰離子

電子受外力而脫離軌道，這個外力包含各種能量，如動能、位能、熱能、化學能等，在日常生活中，任何兩個不同材質的物體接觸後再分離，即可產生靜電。

圖8.2是兩個不同的物體相互接觸，接觸後再分離就會使得一個物體失去一些電荷，如電子轉移到另一個物體使其帶正電，而另一個物體得到一些剩餘電子的而帶負電。分離的過程中電荷難以中和，電荷就會積累使物體帶上靜電。通常在從一個物體上剝離一張塑膠薄膜時就是一種典型的「接觸分離」起電，在日常生活中脫衣服產生的靜電也是「接觸分離」起電。

固體、液體甚至氣體都會因接觸分離而帶上靜電。爲什麼氣體也會產生靜電呢？因爲氣體也是由分子、原子組成，當空氣流動時分子、原子也會發生「接觸分離」而起電。所以在我們的周圍環境甚至我們身上都會帶有不同程度的靜電，當靜電累積到一定程度時就會發生靜電放電。

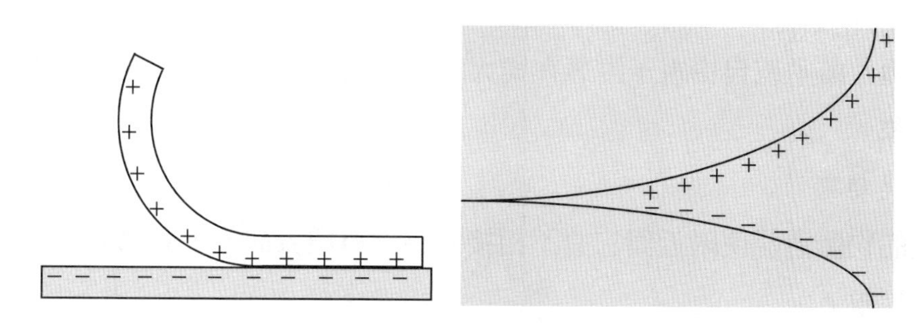

圖8.2　兩種物質界面靜電

8.1.2.2　產生靜電的物質內部特徵

(1)由於不同物質使電子脫離原來的物體表面所需要的逸出功有所區別，因此，當它們兩者緊密接觸時，在接觸面上就發生電子轉移。逸出功小的物質易失去電子而帶正電荷，逸出功大的物質增加電子帶負電荷。各種物質逸出功的不同是產生靜電的基礎。

(2)靜電的產生與物質的導電性能有很大關係，它們用電阻率來表示。電阻率越小，則導電性能越好。根據大量實驗資料得出的結論：電阻率爲$10^{12}\Omega \cdot cm$

的物質最易產生靜電，而大於$10^{16}\Omega \cdot cm$或小於$10^{9}\Omega \cdot cm$的物質都不易產生靜電。因此，電阻率是靜電能否聚集的條件。

(3)物質的介電常數是決定靜電電容的主要因素，它與物質的電阻率一起影響著靜電產生的結果。

8.1.2.3 產生靜電的外部條件作用

1. 摩擦起電

摩擦起電就是上述的接觸分離起電，接觸又分離造成正負電荷不平衡的過程。摩擦是一個不斷接觸與分離的過程。其主要表現形式除摩擦外，還有撕裂、剝離、拉伸、撞擊等。在工業生產中，如粉碎、篩選、滾壓、攪拌、噴塗、過濾、拋光等工序，都會發生摩擦起電。在日常生活，各類物體都可能由於移動或摩擦而產生靜電。如工作桌面、地板、椅子、衣服、紙張、卷宗、包裝材料、流動空氣等。

2. 附著帶電

某種極性離子或自由電子附著在與大地絕緣的物體上，也會使該物體呈現帶靜電的現象。

3. 感應起電

帶電的物體還能使附近與它並不相接的另一導體表面的不同部分出現極性相反的電荷現象。

4. 極化起電

某些物質，在靜電場內，其內部或表面的分子能產生極化而出現電荷的現象，叫靜電極化作用，如在絕緣容器內盛裝帶有靜電的物體時，容器的外壁也具有帶電性。

在接地良好的導電體上產生靜電後，靜電會很快洩漏到地面，但如果是絕緣體或接地不良，電荷則會越積越多，形成很高的電位。當帶電體與不帶電或與靜電電位很低的物體相互接近時，如電位差達到300 V以上，就會發生放電現象，並產生火花。

其他起電方式還有熱電和壓電起電、亥姆霍茲層、噴射起電等。

8.1.3　人體所產生的靜電

人體活動時可產生靜電。在乾燥的季節若穿上化學纖維衣服和絕緣鞋在絕緣的地面行走等活動，人身上的靜電可達幾千伏甚至幾萬伏。

表8.1是在兩種不同濕度（RH）條件下人體活動產生的靜電電位。

表8.1　兩種不同濕度條件下人體活動產生的靜電電位

人體活動	靜電電位（kV）	
	RH(10～20)%	RH(65～90)%
人在地毯上走動	35	15
人在乙烯樹脂地板上行走	12	0.25
人在工作臺上操作	6	0.1
包工作說明書的乙烯樹脂封皮	7	0.6
從工作臺上拿起普通聚乙烯袋	20	1.2
從墊有聚氨基甲酸泡沫的工作椅上站起	18	1.5

圖8.3是人體與乾燥桌面接觸時產生靜電示意圖。由圖8.3(a)可以看出人體不同部位相對於大地的電位是不一樣的，最高電位和最低電位可以相差5倍以上。圖8.3(b)是某作業人員在行走、坐下、單足提起、雙足垂下、站立不動等動作時，其身體某部位元靜電電位的變化情況。

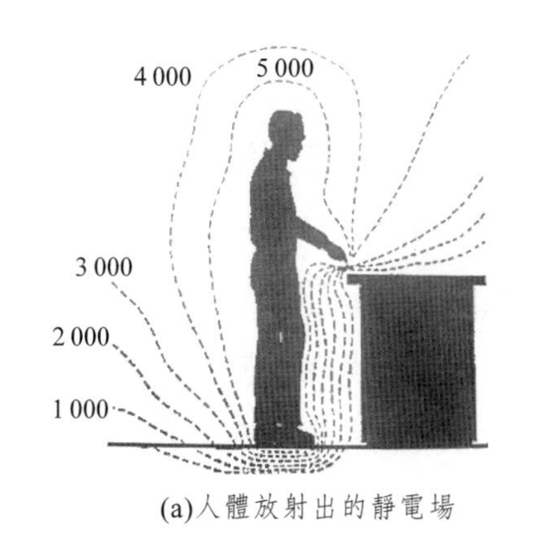

(a)人體放射出的靜電場

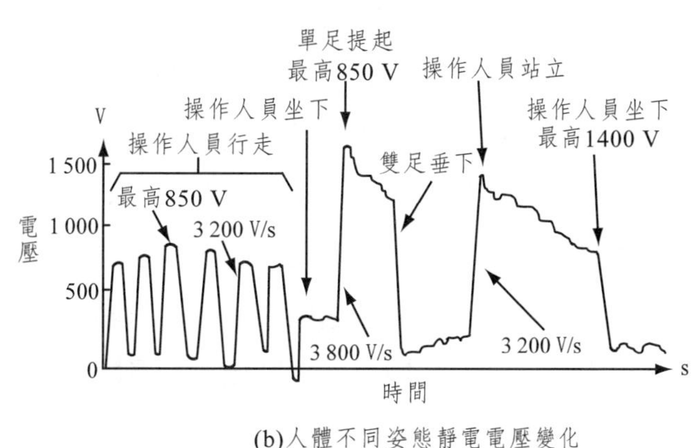

(b)人體不同姿態靜電電壓變化

圖8.3　人體靜電

人體不同器官對靜電的敏感程度相差很大，表8.2給出了人體三個典型器官對靜電的敏感程度。

表8.2　人體器官對靜電的敏感程度

人體感官	靜電值大小
手能感覺到（被靜電電擊感覺）	At3000 V
耳能聽得到（摩擦產生靜電發出聲音）	At5000 V
眼能看得到（摩擦產生靜電發出火花）	At10000 V

8.1.4　工作場所產生的靜電

1. 膠輪車行駛過程產生的靜電

汽車的輪胎屬於橡膠車胎，行駛時有很多相互摩擦的機件，故會產生和蓄積靜電，因爲車輪爲不導電橡膠製作，故汽車行駛時產生的靜電均無法自行消除。汽車有電子電路、燃油箱和油路，因靜電放電導致不少事故，甚至發生油罐車和煤氣罐車爆炸的嚴重事故，故人們往往在油罐車和煤氣罐車及易燃易爆的車輛上掛一拖地的金屬鏈，其目的就是釋放掉機動車積累的靜電，從而避免因靜電導致的事故發生。對於電子元件和電子產品生產車間，在用橡膠車搬運元件和產品時也容易導致元件的靜電損壞，因此要採取相應措施把橡膠車輪的靜電釋放掉。圖8.4是膠輪車在移動過程中產生的靜電。

2. 移動絕緣部件過程中所產生的靜電

電子產品和元件往往採用大量絕緣材料封裝和包裝，從生產到使用的全過程都遭受靜電破壞的威脅，圖8.5給出了絕緣性部件可產生1200 V左右的負電位。從元件製造到插件裝銲、整機裝聯、包裝運輸直至產品應用，都在靜電的威脅之下。在整個電子產品生產過程中，每一個階段中的每一個小步驟，靜電敏感元件都可能遭受靜電的影響或受到破壞，而實際上最主要而又容易忽視的一點卻是元件的傳送與運輸過程。在這個過程中，容易受外界電場（如經過高壓設備附近、工人移動頻繁、車輛迅速移動等）產生的靜電作用而破壞，所以在生產與運輸的各個環節都需要特別注意，以減少損失、避免無謂的糾紛。

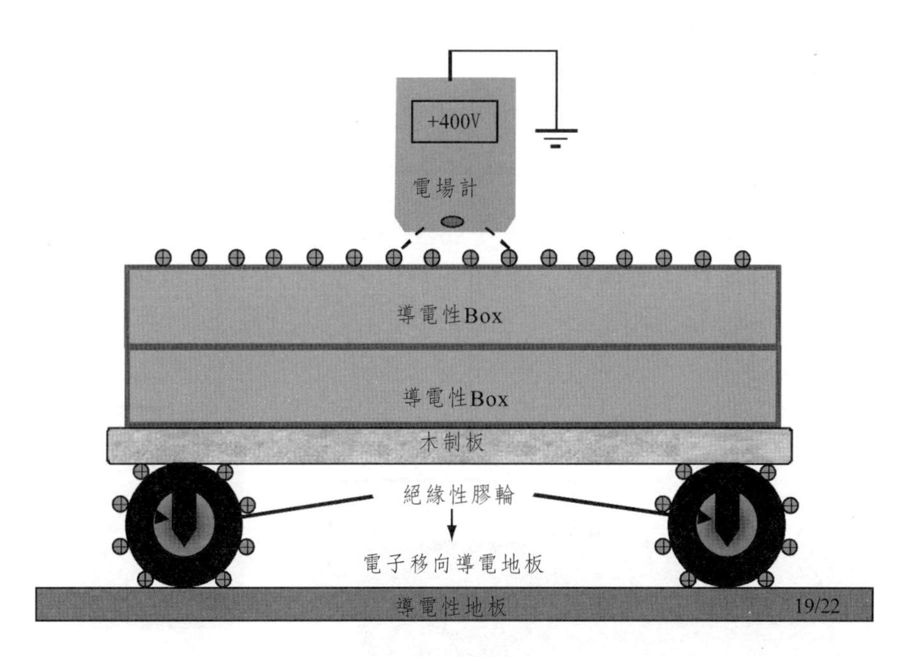

圖8.4 膠輪車行駛時的靜電

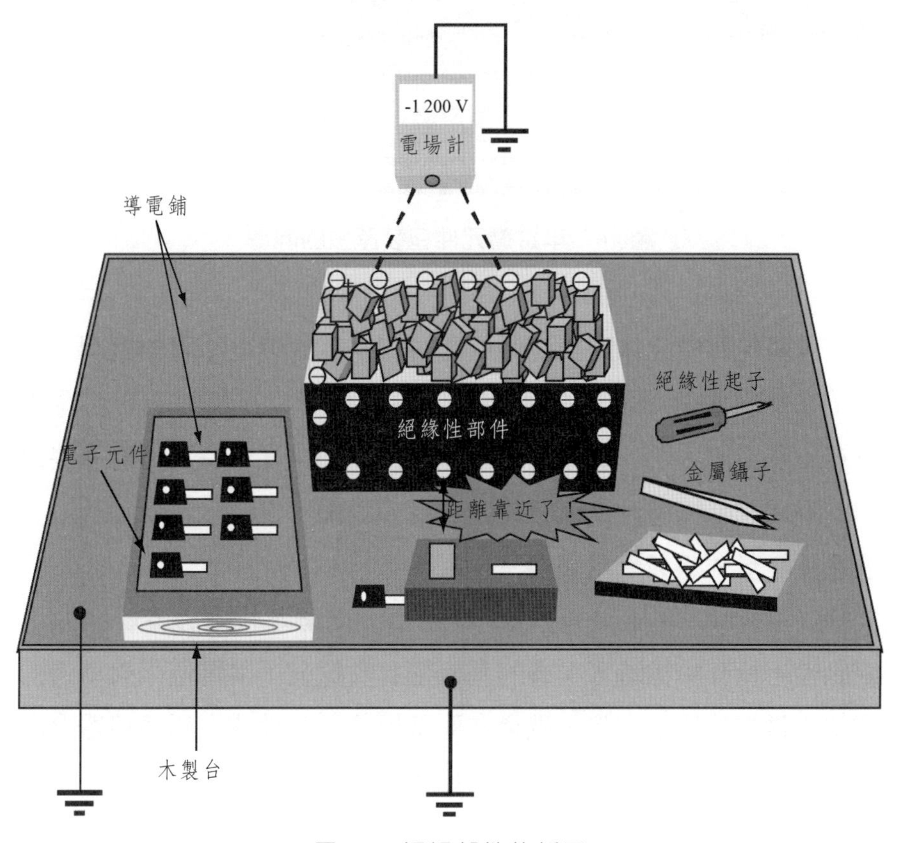

圖8.5 絕緣部件的靜電

3. 半導體元件包裝產生的靜電

圖8.6是半導體元件在放入塑膠製品的包裝材料過程中可以產生3000 V左右的負電位，在與比它電位低的物體接觸時就會產生火花放電，從而擊穿元件。半導體元件應盛放在「防靜電塑膠盛放器」或「防靜電塑膠袋」中，這種防靜電盛放器有良好導電性能，能有效防止靜電的產生。當然，有條件的應盛放在金屬盛放器內或用金屬箔包裝。

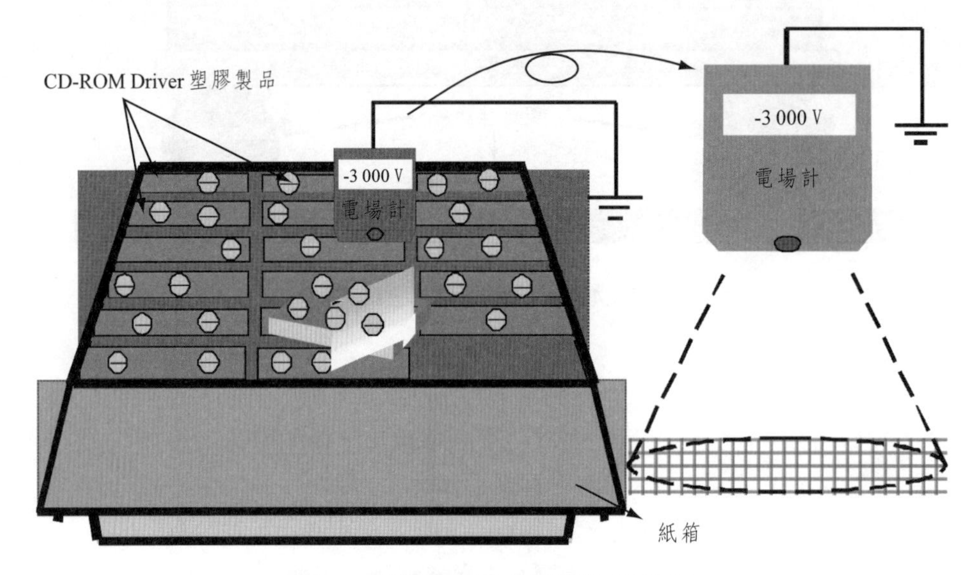

圖8.6　半導體元件包裝產生的靜電

車間在包裝半導體元件時，要保持環境有一定的濕度。實驗證明，北方地區或在乾燥的冬季，因靜電產生故障的事例要遠遠多於在東南沿海地區或其他季節，所以在一些重要場所、車間都應考慮保持一定濕度，特別是對那些封閉形的空調房間，不僅調溫控溫，更應有控制濕度的設備。

4. 乾燥環境條件下指套摩擦起電

圖8.7是在送風除塵器吹的乾燥風作用下，兩個基板處於乾燥狀態，作業過程遇到絕緣性手指套摩擦時，上邊的基板帶有負電荷，其電位相對下邊的基板而言爲負電位，當電位差很大時，就會在兩基板電子元件或金屬連接器之間產生火花放電，從而導致電路板上的電子元件損壞。

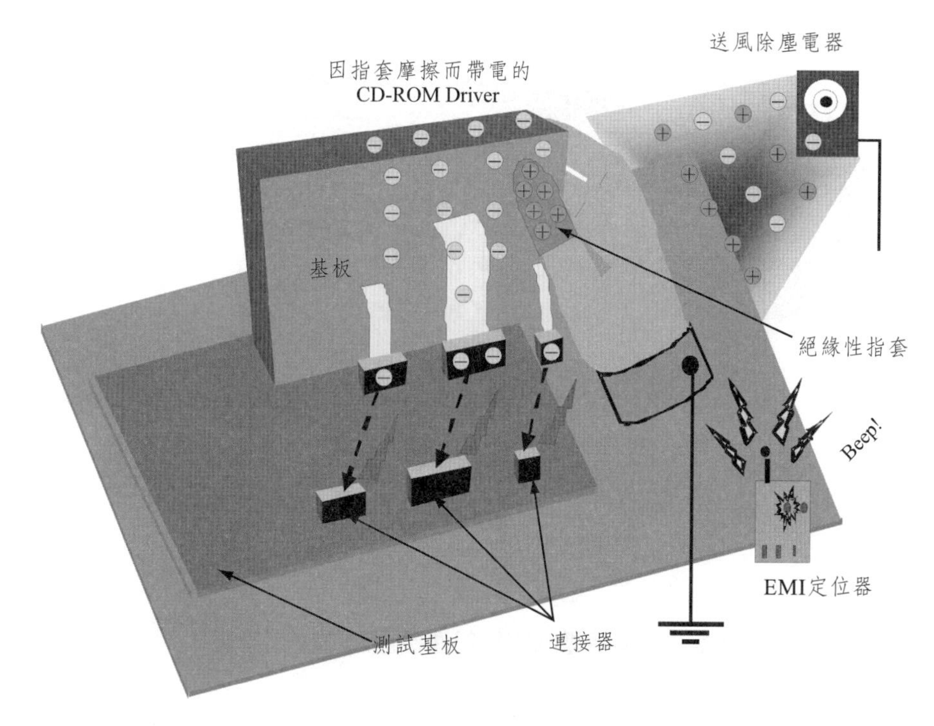

圖8.7　指套摩擦起電

5. 帶有靜電基板與連接元件的火花放電

圖8.8是感應起電放電。帶有負電荷的木盒，其上的金屬連接體也帶有負電荷，它所產生的電場使下邊基板上的金屬連接器的近端感應出正電荷，兩者間的電場足夠強時，就會使空氣電離而出現火花放電現象。

感應起電是導體內自由電荷在電場力作用下重新分佈，導體兩端出現等量正負感應電荷的現象。如何使兩個導體分別帶有異性電荷呢？其實感應帶電很簡單，先將兩導體相連接放入電場中產生靜電感應，在兩導體感應出正、負電荷後，使兩導體分離再移出電場，兩導體分別帶正、負電荷。但再生產和維修電子器材時感應起電也會擊穿半導體元件。

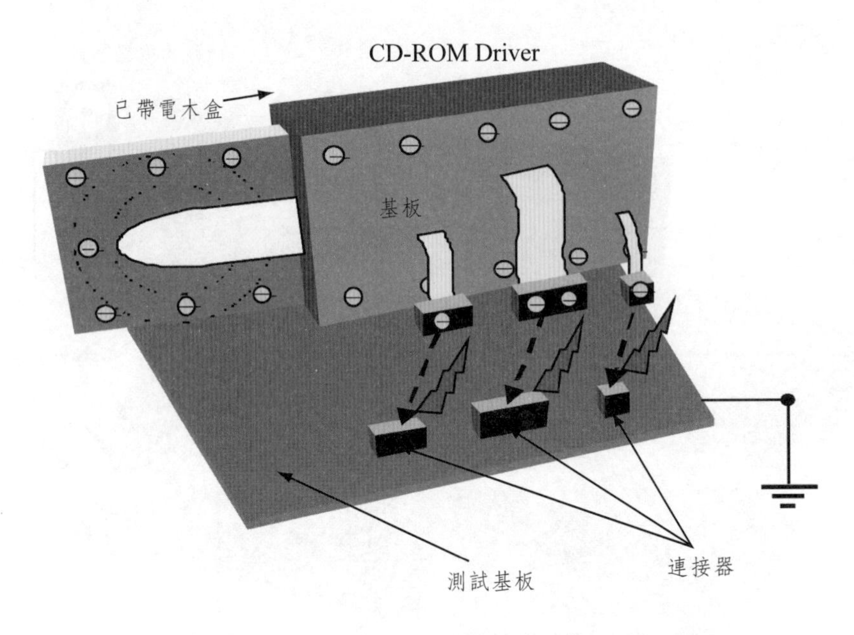

圖8.8　帶有靜電的基板與連接器間的火花放電

8.2　靜電的檢測方法與標準

8.2.1　靜電檢測的主要參數

8.2.1.1　電荷量

靜電的實質是存在剩餘電荷。電荷是所有的有關靜電現象本質方面的物理量。電位、電場、電流等有關的量都是由於電荷的存在或電荷的移動而產生的物理量。

表示靜電電荷量的多少用電量（Q）表示，其單位是庫侖（C），由於庫侖的單位太大通常用微庫（μC）或納庫（nC）：

1庫侖 = 1×10^6微庫

1微庫 = 1×10^3納庫

半導體元件製造管理過程中的靜電電荷量要求：

1nC（對應靜電電位50 V）

8.2.1.2　靜電電壓

由於在很多場合測量靜電電位較容易，所以靜電電位是一個常用的靜電參數，其單位爲伏，但由於靜電電位通常很高，因此常用一個較大的單位：千伏（kV），$1\ \text{kV} = 1 \times 10^3\ \text{V}$。

8.2.2　靜電的檢測方法

1. 非接觸電場計（靜電伏特計）Model 244A

圖8.9是日本株式會社生產的非接觸電場計，檢測時不受探頭設置距離的限制、快速回應（<2 ms、1 kV）和±3 kV的測量範圍，作爲靜電伏特計的標準器，其應用領域廣泛。

檢測範圍：±3 kV。

適用範圍：電子照相、乾式影印機、半導體元件和半導體產品生產等對電荷積累量的監測和管理。

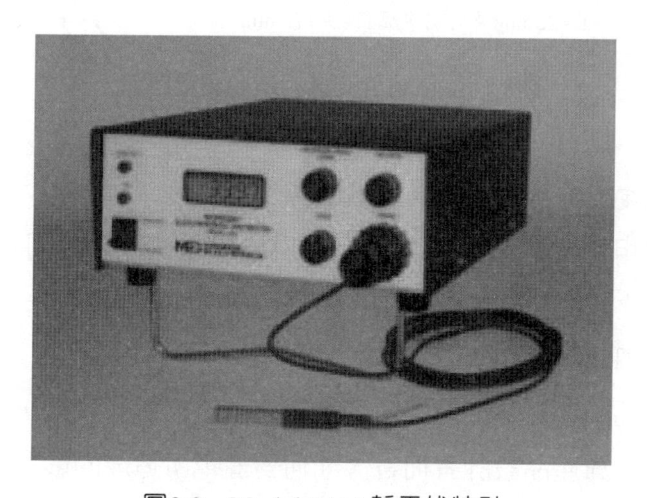

圖8.9　Model 244A靜電伏特計

2. 電場計的特點

(1)非接觸測定和數位顯示。

(2)測定距離是重要的因素——測定距離變化，表示電壓也跟著變動。

(3)測定器形式不同，測定範圍也不同，測定較小物體、會測得比實際帶電電壓小的電壓值。

電場計使用示意圖如圖8.10所示。

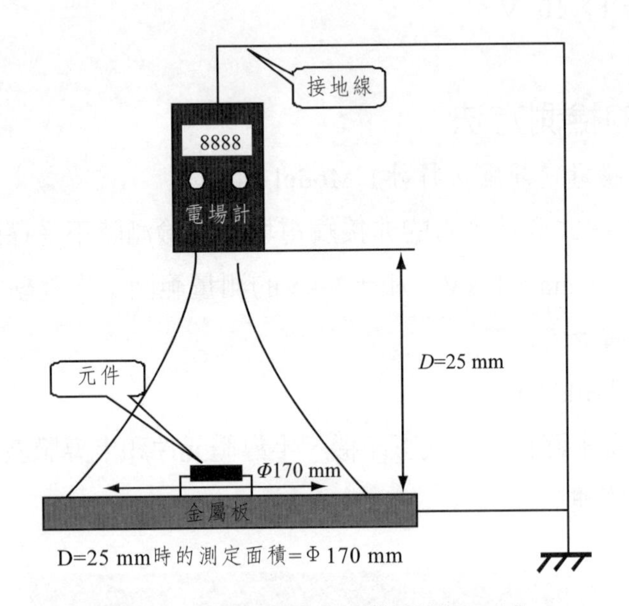

圖8.10　電場計測試距離和測量區域

3. 電場計測定距離和被測面的面積關係

電場計探頭相對被測面的距離越近，則被測到的面積就越小（即被測面直徑就越小），兩者之間的關係如圖8.11所示。

4. 靜電放電圖示

隨著電子產品的運算速度變快、體積變小、低耗電的演進，靜電放電造成的問題越來越嚴重，對產品設計者而言，如何對靜電所造成的影響做一個正確的量測與模擬估算，以快速找出產品中最脆弱的地方並提出解決方案，是目前最重要的課題。圖8.12是研究流體和實體靜電放電類比實驗裝置。

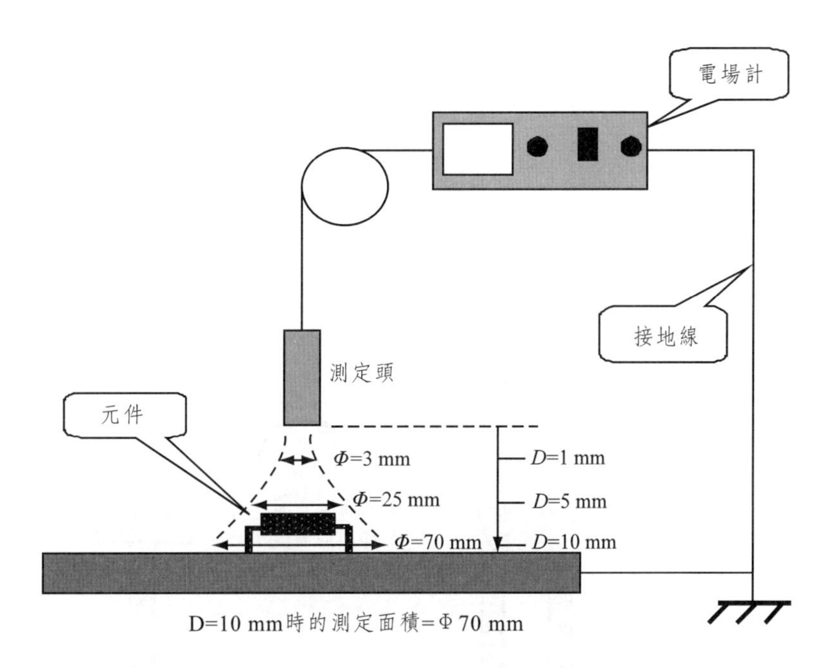

圖8.11　不同測定距離對應被測面直徑

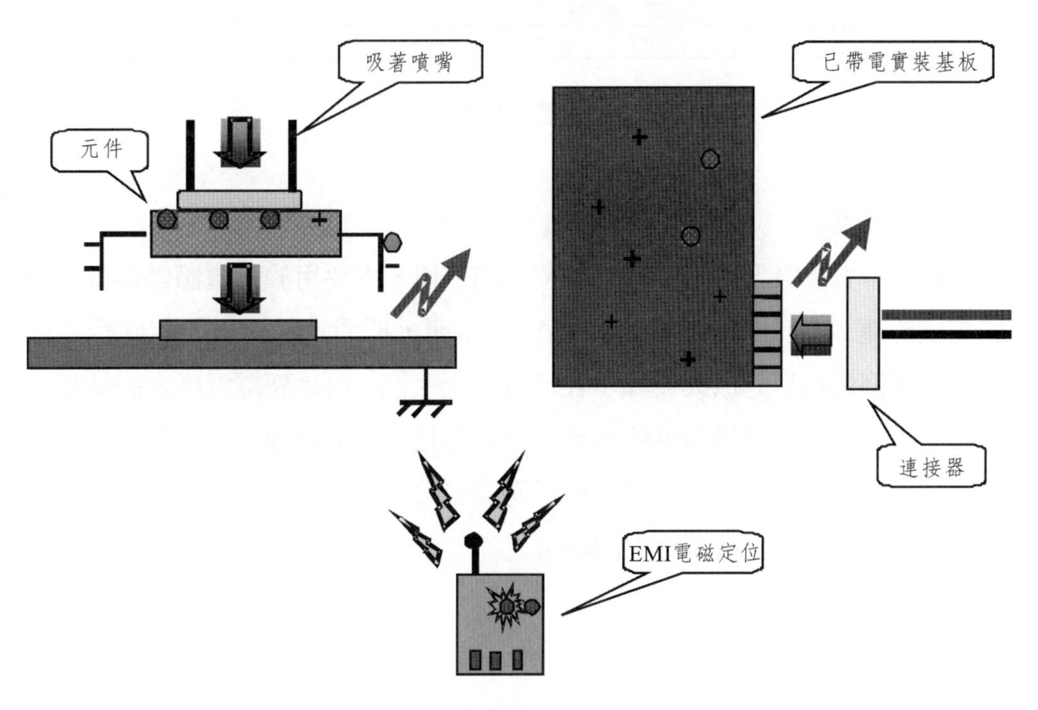

圖8.12　流體和帶電實體靜電放電

5. 作業人員帶電電壓的測定

人體電位測定器也叫帶電極板記錄儀，它可應用於室內防靜電工作臺的評價、監視空間離子平衡狀態、顯示人體帶電峰值電壓、檢測摩擦靜電及靜電感應等。圖8.13是用人體電位測定器檢測作業人員靜電電位示意圖。

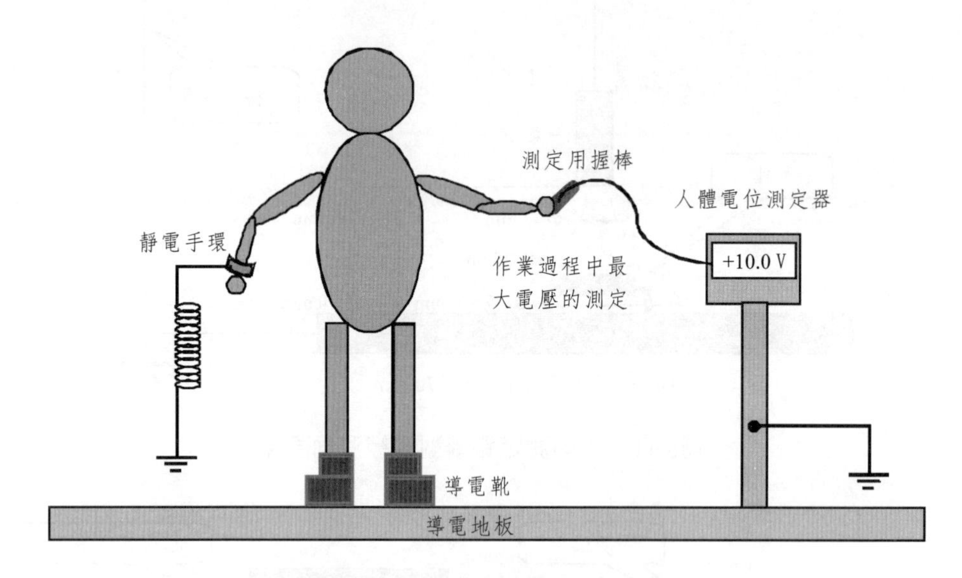

圖8.13　人體靜電電壓的測定

6. 靜電電壓表

靜電電壓表實際上屬於接觸式電位計的一種，主要用於帶電體儲存電荷後產生的高壓靜電測量。它是基於光槓桿放大原理，把固定電極內帶有同種電荷相排斥的金屬箔偏移用光放大後顯示在標度尺上。圖8.14是靜電電壓表的結構示意圖。在使用時，首先要接通用於點亮光標燈的12 V直流電源，並把接地鈕通過導線與大地相連接，對被測高壓帶電體通過導線接到靜電電壓表的高壓插孔，則可在標度尺的遊標處讀出被測靜電的電位。

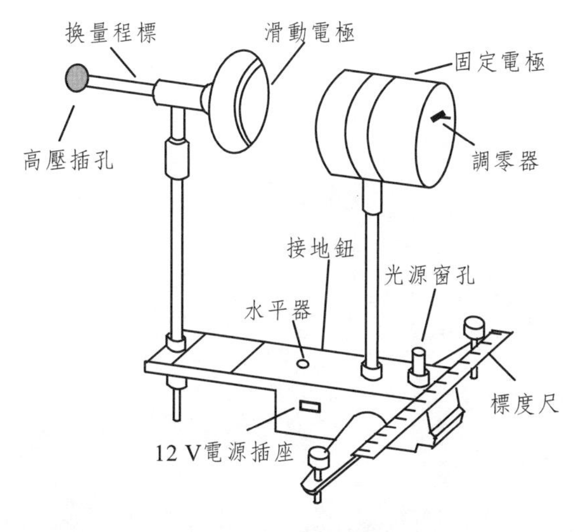

圖8.14　靜電電壓表

8.3　如何做好防靜電措施

8.3.1　靜電控制系統

防靜電控制系統一般包括儲藏櫃、PVC儲藏架、靜電測試設備、彈簧圈式文件夾、周轉箱、保護袋、電阻表、手腕帶測試器、腳墊測試器、搬運箱、防靜電工作服、手套、椅子、護腕、手指套、防靜電台墊、清潔劑、線圈、接地連線插頭、連地線、工具附件、防靜電地墊、防靜電台墊、金字塔形防靜電台墊、地墊（防滑類2 mm）、無塵防靜電台墊、地墊（無塵類2 mm）、菱形防靜電台墊、3 mm防靜電台墊（中間海綿狀）。圖8.15是防靜電控制系統示意圖。

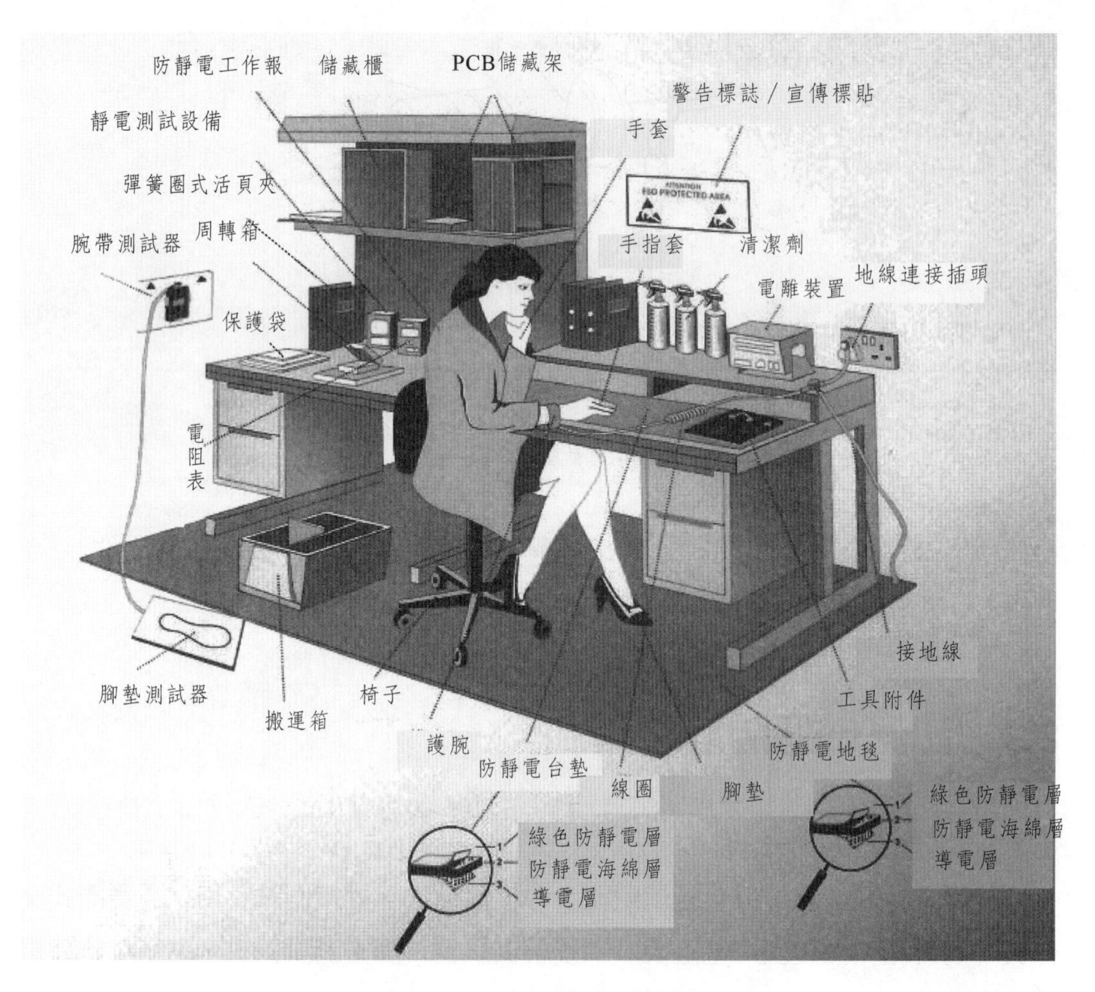

圖8.15　防靜電控制示意圖

8.3.2　人體靜電的控制

靜電可通過人體放電。通常情況下，靜電的電荷是會儲存在人體服裝上，只有在具備了放電條件時才會發生，我們很難預料什麼時候會放電，所以只能在可能的情況下，儘量減少放電的機會，或者說讓靜電通過一個比較安全的途徑消逝掉。

控制人體靜電的方法：

(1)要降低人體靜電，最有效的措施是讓人體與大地相「連接」即「接地」。

(2)人要穿上防靜電衣、防靜電鞋，帶上靜電手環。

(3)保持人體與大地相連，這就要求地面也是防靜電的才可以將人體的靜電導入大地，所以地面可以用防靜電地墊，防靜電複合膠板，並用防靜電接地線接好地，如經費充足，可選用防靜電活動地板，如果機房廠房已定且設備也已安裝好，又不想因裝防靜電器材對這些設備造成停產等影響時還是選用價格既低廉施工又簡單的防靜電地墊、防靜電複合膠板等。

(4)因人穿的襪子和鞋墊也能導電，故還可在機房或廠房的入口處放置「人體綜合電阻檢測儀」。

8.3.3　針對LED控制靜電的方法

(1)所有機器都必須接好地線。

(2)流水線會造成塑膠類產生摩擦的部位都須去除，或採用靜電消除器消除摩擦部件靜電。

(3)盛放藍光、翠綠光LED材料盤子須用不銹鋼盤，放材料的桌子要接地良好。

(4)傳送帶和工作臺表面的靜電要能自動排除。

(5)縮短銲接時間採用特殊銲接方式作業。如圖8.16所示，其銲接順序爲：1—2—3—4—5—6。

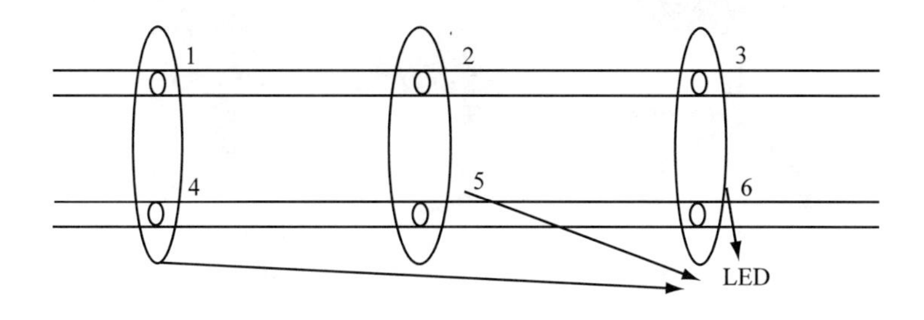

圖8.16　焊接順序

(6)剪腳時注意，剪刀不要同時剪兩根腳，要先剪一邊後再剪另一邊，且剪腳時剪刀不能接觸另一根角。

(7)膠質產品嚴禁摩擦，以防產生靜電，且上線前須用離子風扇消除膠殼表面的靜電。

(8)測試材料電性的測試機須定期檢測地線是否接地良好，測試電性是否穩定。

(9)電路設計應避免回流所產生的電荷對LED產生衝擊。

(10)檢測有無漏電的方法為：在LED的兩端加5 V的反向電壓，串聯一個電流錶，讀值小於50 μA為正常，如果大於50 μA屬於反向漏電。

(11)LED的銲接溫度在260℃以內，時間不超過5s，銲接點與膠體下緣距離在4.0 mm以上。

8.3.4 防靜電標準工作臺和工作椅

圖8.17是北京埃森恒信電子技術有限公司生產的防靜電標準工作臺和工作椅，為了對其有所瞭解，現對它們的性能和作用分別加以介紹。

圖8.17 防靜電工作臺和工作椅

8.3.4.1 防靜電工作臺

(1)整體防靜電，從源頭上杜絕潛在靜電對產品的威脅。

(2)高標準生產，產品符合中國GB3007—97防靜電標準和歐盟EN—61340防靜電標準，以及中國SJ/T11236—2001安全標準。

(3)臺面採用德國進口壓模防火板，具有防靜電、耐火和耐磨性。

(4)金屬部件由帶防靜電漆的優質冷軋板製成，堅固耐用。

(5)工作臺面和金屬部件爲永久性防靜電。

(6)工作臺可以平穩地調節高度，重心和水準也可以通過調節以適用於不同負載。

(7)標準防靜電臺面厚度25 mm。

8.3.4.2 防靜電工作椅

(1)防靜電工作椅專爲防靜電車間設計製造，堅固耐用。

(2)人性化設計的工作椅能提供舒適的工作環境。

(3)工作椅分PU工作椅、紡織面工作椅和聚氨酯工作椅三大類。

(4)防靜電型指數爲10^6～10^9Ω，導電型指數爲10^3～10^6Ω。

(5)金屬腳踏圈，腳輪，固定輪和可升降扶手可供選用。

電阻的測試設備建議採用美國材料與試驗協會標準ASTMF150—98《導電及靜電耗散型彈性地板電阻的測試方法》中5.2的B型規定的電極，採用100 V的測試電壓進行檢測。要盡可能在溫度（23±2）℃，濕度爲（50±5）%的環境下放置至少24h，並在這個環境下進行測試。表面電極間電阻測試時兩電極間的距離爲（300±1）mm。測試電壓爲100 V直流電壓，施加電壓10s或數位穩定後讀數。表8.3是防靜電標準工作平臺理化性能表，圖8.18是防靜電標準工作平臺的示意圖。

表8.3 防靜電標準工作平臺理化性能表

檢驗項目	單位／最大或最小	指標	試驗方法
表面電極間電阻	Ω	1.0×10^5～1.0×10^8	見上文
系統電阻	Ω	1.0×10^5～1.0×10^8	見上文
起電電壓	V最大	100	SJ/T10694—1996中5
耐磨性能	轉不低於	1000	GB/T17657—1999中4.38
甲醛釋放量	mg/l最大	0.5	GB18584—2001

檢驗項目	單位／最大或最小	指標	試驗方法
耐老化性能	——	無開裂	GB/T17657—1999中4.45
耐劃痕性能	——	無連續痕跡	GB/T17657—1999中4.29
耐污染性能	等級不低於	2	GB/T17657—1999中4.36

另外還有防靜電手套、防靜電服裝和防靜電鞋子。可有效地防止人體靜電的產生。

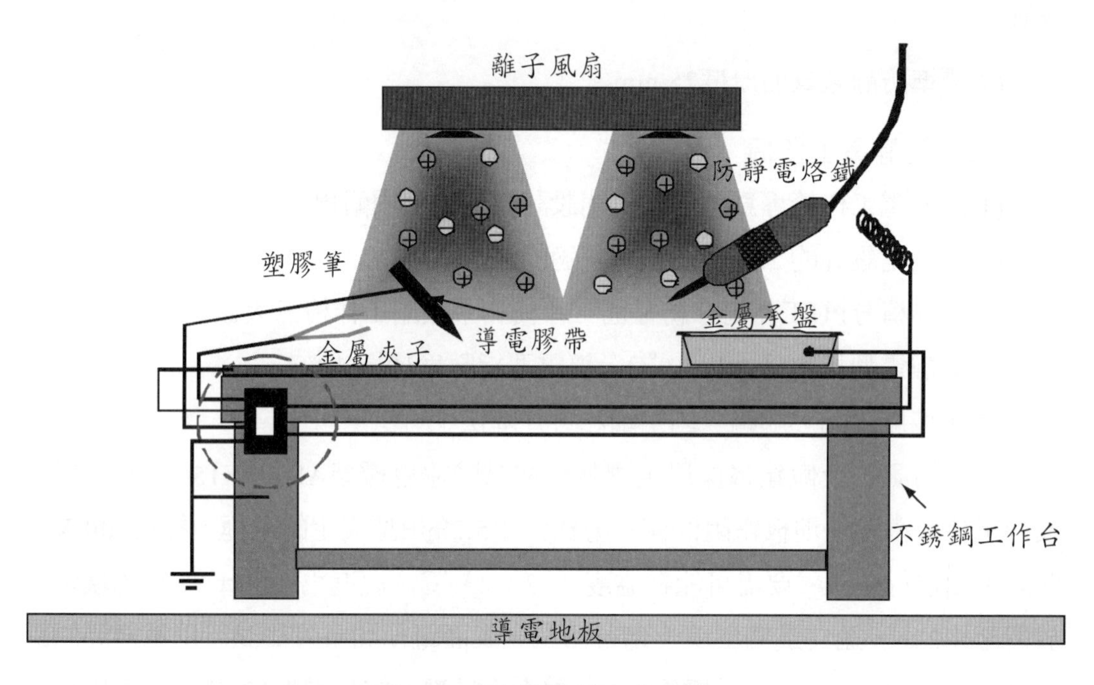

圖8.18　防靜電標準工作平臺

8.3.5　中華人民共和國電子行業防靜電標準

表8.4　防靜電標準

序號	標準號	標準名稱
1	GB12158—90	防止靜電事故通用導則
2	GB1410—89	固體絕緣材料體積電阻率和表面電阻率試驗方法
3	GB4655—84	橡膠工業靜電安全規程

序號	標準號	標準名稱
4	GB2439—81	導電和抗靜電橡膠電阻率（係數）的測定方法
5	GB11210—89	硫化橡膠抗靜電和導電製品電阻的測定
6	GB/T12703—91紡	織品靜電測試方法
7	GB2887—89	計算站場地技術條件
8	GJB/2105—98	電子產品防靜電放電控制手冊
9	GB/T14447—93	塑膠薄膜靜電性測試方法半衰期法
10	SJ20154—92	資訊技術設備靜電放電敏感度試驗
11	SJT11159—1998	地板覆蓋層和裝配地板靜電性能的試驗方法
12	SJT10174—91	積體電路防靜電包裝管
13	SJT10694—1996	電子產品製造防靜電系統測試方法
14	SJT10533—94	電子設備製造防靜電技術要求
15	SJT10630—1995	電子元元件製造防靜電技術要求
16	SJT30003—93	電子電腦機房施工及驗收規範
17	GJB1649—93	電子產品防靜電放電控制大綱
18	GJB2605—96	可熱封柔韌性防靜電阻隔材料規範
19	GJ50174—93	電子電腦機房設計規範
20	GJB3007—97	防靜電工作區技術要求
21	GJB1649—93	電子產品防靜電放電控制大綱
22	SJT10796—2001	防靜電活動地板通用規範
23	SJT11236—2001	防靜電貼面板通用規範

附　錄

附錄A　LED晶片特性表

A.1　LED晶片的作用

LED晶片爲LED的主要原材料，LED主要依靠晶片來發光。

A.2　LED晶片的組成

主要由砷（As）、鋁（Al）、鎵（Ga）、銦（In）、磷（P）、氮（N）、矽（Si）等幾種元素中的若干種組成。

A.3　LED晶片的分類

1. 按發光亮度分

(1)一般亮度：R、H、G、Y、E等。

(2)高亮度：VG、VY、SR等。

(3)超高亮度：UG、UY、UR、UYS、URF、UE等。

(4)不可見光（紅外線）：R、SIR、VIR、HIR。

(5)紅外線接收管：PT。

(6)光電管：PD。

2. 按組成元素分

(1)二元晶片（磷、鎵）：H、G等。

(2)三元晶片（磷、鎵、砷）：SR、HR、UR等。

(3)四元晶片（磷、鋁、鎵、銦）：SRF、HRF、URF、VY、HY、UY、UYS、UE、HE、UG。

A.4 LED晶片特性表（詳見下表介紹）

附表1 LED晶片特性表

晶片型號	發光顏色	組成元素	波長 / nm	晶片型號	發光顏色	組成元素	波長 / nm
SBI	藍色	InGaN/SiC	430	HY	超亮黃色	AlGaInP	595
SBK	較亮藍色	InGaN/SiC	468	SE	高亮橘色	GaAsP/GaP	610
DBK	較亮藍色	InGaN/GaN	470	HE	超亮橘色	AlGaInP	620
SGL	青綠色	InGaN/SiC	502	UE	最亮橘色	AlGaInP	620
DGL	較亮青綠色	InGaN/GaN	505	UEF	最亮橘色	AlGaInP	630
DGM	較亮青綠色	InGaN	523	E	橘紅	GaAsP/GaP	635
PG	純綠	GaP	555	R	紅色	GaAsP	655
SG	標準綠	GaP	560	SR	較亮紅色	GaAlAs	660
G	綠色	GaP	565	HR	超亮紅色	GaAlAs	660
VG	較亮綠色	GaP	565	UR	最亮紅色	GaAlAs	660
UG	最亮綠色	AlGaInP	574	H	高紅	GaP	697
Y	黃色	GaAsP/GaP	585	HIR	紅外線	GaAlAs	850
VY	較亮黃色	GaAsP/GaP	585	SIR	紅外線	GaAlAs	880
UYS	最亮黃色	AlGaInP	587	VIR	紅外線	GaAlAs	940
UY	最亮黃色	AlGaInP	595	IR	紅外線	GaAs	940

附錄B　中國大陸LED晶片企業大全

據LED產業研究機構LED inside統計，至2009年8月中國大陸現存LED晶片生產企業達62個，近幾年呈快速上漲的勢頭。1999年是中國LED晶片企業開始飛速發展的開始，在1998年中國僅有3個相關企業，1999年增加了6個，並從1999年至2009年每年都有2～7個企業進入LED晶片行業。

B.1　LED晶片企業區域分佈情況

至2009年8月中國大陸已經有15個省／直轄市進入LED晶片行業，廣東、福建企業數量明顯領先於其他地區，廣東有10個占16.1%，福建有8個占12.9%。國外半導體照明產業化基地在我國的省/直轄市，LED晶片企業數量都在4個或以上。國外半導體照明產業化基地在中國的省/直轄市廣東、福建、上海、河北、江蘇、江西、遼寧LED晶片企業合計41個，約占LED晶片企業總數的2/3。山東、湖北、浙江LED晶片企業數量也都在4個以上。

至2009年8月中國大陸已經有31個城市進入LED晶片行業，從城市看整體分佈較爲分散。國外半導體照明產業化基地廈門、上海、深圳、大連、石家莊、南昌、揚州LED晶片企業合計25個占40%。其他如武漢、北京、東莞LED晶片企業數量在3個以上，也發展良好。

廣東10個LED晶片企業主要分佈在深圳、東莞、廣州、江門4個城市，分別是深圳世紀晶源、深圳方大國科、深圳奧德倫、深圳鼎友、東莞福地、東莞洲磊、東莞高輝、廣州普光、廣州晶科、江門鶴山銀雨燈飾（眞明麗）。廣東LED晶片企業數量中國最多，但並沒有給市場留下LED晶片大省的印象，利用珠三角衆多LED封裝應用企業的優勢向市場提供更多優質的晶片是其發展方向。

福建8個LED晶片企業主要分佈在廈門、泉州、福州三個城市，分別是廈門三安、廈門安美、廈門明達、廈門乾照、廈門晶宇、泉州晶藍、泉州和諧、福建福日科。福建是中國LED晶片的生產重地，廈門三安、廈門安美、廈門明達、廈門乾照、廈門晶宇都已大規模量產，福建福日科在福州主要做構裝，其晶片廠設在北京。而泉州晶藍、泉州和諧都各自規劃投資5.5億美元的LED產業基地。福建將繼續在LED晶片領域發揮領導作用。

其他地區典型企業還有南昌欣磊、江西晶能、大連路美、上海藍寶、上海大晨、上海藍光、河北匯能、河北立德、杭州士蘭明芯、山東浪潮華光、武漢迪源、武漢華燦等。

B.2　企業類型

62個LED晶片企業中，中資29個占46%，外資14個占23%，中外合資19個占31%。外資和中外合資企業合計34個占一半以上達54%。外資和中外合資企業有廣東7個、福建6個、江西3個、遼寧3個、江蘇3個，這5個省外商投資相關LED晶片企業數量在3個以上，是外商投資LED晶片企業的主要省份。也可以看出這些地區在LED晶片企業招商引資方面做得比較好。

中國大陸LED晶片企業數量僅幾年時間就增長到了62個，近幾年每年進入的企業數量在6個以上，2009年前8個月更是新進入了7個企業，並且今後將會有更多的企業進入LED晶片行業。市場呈現一片紅火的場面，說明了市場對LED行業前景十分看好。這62個LED晶片企業規劃的產能預計是2008年年產量的多倍，如果全部釋放出來，中國大陸將會是世界上最主要的LED晶片生產基地，但這些企業要在市場中生存下來更需要在產品品質上取得突破，同時如何處理知識產權問題是今後所有企業面臨的難題。

中國大陸62個LED晶片企業中至今眞正大量生產的企業並不多，並且外延片主要還是依賴臺灣、美國等地區進口，LED晶片生產方面也更多地集中在小功率晶片。國內出現了武漢迪源、廣州晶科、西安華新、麗華等專注於大功率晶片生產的廠商，但從目前情況來看大功率晶片主要還是依賴進口。

目前中國大陸本土LED晶片企業因技術、設備配套等問題產能未發揮出來。除了少數幾個如廈門三安、武漢華燦、南昌欣磊、大連路美等產能利用充分外，大部分企業已有產能的產能利用率並不高。外資企業以臺灣、香港企業居多，部分企業已經量產，不少處於在建或擴產中，今後一兩年量產後將直接大幅度提高中國大陸LED晶片的產量。隨著行業的不斷成熟，中國大陸的LED晶片實際產能也將不斷擴大，同時LED行業的景氣將吸引更多的企業進入到LED晶片行業中來。

附表2　中國大陸LED晶片企業一覽表

省份／地區	企業名稱	省份／地區	企業名稱
廣東	東莞福地	山東	山東浪潮華光
	東莞高輝		山東璨圓
	東莞洲磊		濟甯藍光
	深圳世紀晶源		青島世紀晶源
	深圳方大國科		青島奧龍
	深圳奧倫德	河北	河北匯能
	深圳鼎友		河北立德
	廣州普光		河北同輝
	廣州晶科電子		河北青黃島鵬達
	廣東鶴山銀雨		河北榮毅新能源
福建	廈門三安	江蘇	揚州華夏
	廈門安美		揚州漢光
	廈門晶宇		鎮江奧雷
	廈門明達		無錫聯欣達
	廈門乾照		無錫盛德豐
	泉州和諧	湖北	武漢迪源
	福州晶藍		武漢華燦
	福建福日科		武漢元茂
			武漢光穀先進
江西	南昌欣磊（江西聯創）	浙江	杭州士蘭微
	江西晶能		寧波光磊
	廊坊清芯光電		溫州通領
	江西方大福科		溫州襄安中達
上海	上海藍寶	北京	北京長電智源
	上海藍光		北京同方
	上海大晨		北京睿源
	上海宇體		天津
	上海起鼎		天津三安
遼寧	大連路美晶片	甘肅	甘肅新天電子
	瀋陽方大	陝西	西安中為
	大連晶田		西安華新麗華
	大連巨能	湖南	湖南華磊

附錄C　國內外現有LED測試標準一覽表

C.1　國外相關標準現狀

1. 普通LED的測試標準

(1)IEC60747—5 Semiconductor devices Discrete devices and integrated circuits(1992)；IEC60747—5半導體分立元件及積體電路。

(2)IEC60747—5-2 Discrete semiconductor devices and integrated circuits-Part 5-2: Optoelectronic devices-Essential ratings and characteristics (1997-09)；IEC60747—5-2分立半導體元件及積體電路零部件5-2：光電子元件-分類特徵及要素（1997-09）。

(3)IEC60747—5-3 Discrete semiconductor devices and integrated circuits-Part 5-3: Optoelectronic devices-Measuring methods(1997-08)；IEC60747—5-3分立半導體元件及積體電路零部件5-3：光電子元件—測試方法(1997-08)。

(4)IEC60747—12-3 Semiconductor devices-part12-3: optoelectronic devices CBlank detail specification for light-emitting diodes CDisplay application(1998-02)；IEC60747—12-3半導體分立元件12-3：光電子元件—顯示用發光二極體空白詳細標準（1998-02）。

(5)CIE127—1997 Measurement of LEDs(1997)；CIE127—1997 LED測試方法（1997）。

(6)CIE/ISO standards on LED intensity measurements

2. CIE/ISO LED強度測試標準

國際照明委員會（CIE）1997年發表CIE127—1997LED測試方法，把LED強度測試確定為平均強度的概念，並且規定了統一的測試結構和探測器大小，這樣就為LED準確測試比對奠定了基礎，雖然CIE127-1997測試方法並非國際標準，但它容易實施準確測試比對，目前世界上主要企業都已採用。但是隨著技術的快速發展，許多新的LED技術特性及測試方法沒有涉及。

目前，隨著半導體照明產業的快速發展，發達國家非常重視LED測試標準的制訂。如美國國家標準檢測研究所（NIST）正在開展LED測試方法的研究，準備建立整套的LED測試方法和標準。同時，許多國外大公司的研究和開發人員正在積極參與國家和國際專業化組織，制訂半導體照明測試標準。如2002年10月28日，美國Lumileds公司和日本Nichia宣佈雙方進行各自LED技術的交叉授權，並準備聯合制訂功率型LED標準，以推動市場應用。

C.2　國內相關標準現狀

從20世紀80年代初起，中國相繼制定了一些與發光二極體相關的行業標準和國家標準。國內現有與LED測試有關的標準有：

(1)Sj2353.3－83半導體發光二極體測試方法。

(2)Sj2658－86半導體紅外發光二極體測試方法。

(3)GB/T12561－1990發光二極體空白詳細規範

(4)GB/T15651－1995半導體元件分立元件和積體電路：光電子元件（中國國家標準）。

(5)GB/T18904.3－2002半導體元件12-3：光電子元件顯示用發光二極體空白詳細規範（採用IEC60747－12-3：1998）。

(6)半導體分立元件和積體電路第5-2部分：光電子元件基本額定值和特性（中國國家標準制訂中）。

(7)半導體分立元件和積體電路第5-3部分：光電子元件測試方法（中國國家標準制訂中）。

(8)半導體發光二極體測試方法（中國光協光電元件分會標準，2002）。

附錄D　ASM-Eagle60和k&s1488機型銲線技術規範

壓銲的目的：將電極引到LED晶片上，完成產品內外引線的連接工作。

LED的壓銲技術有金線球銲和鋁絲壓銲兩種。金線球銲一般用於大功率LED的接合，其過程則在壓第一點前先燒個球，再將金線拉到相應的支架上方，銲接第二點後扯斷金線。鋁線壓銲一般用於小功率LED的接合，技術上主要需要監控壓銲金線（或鋁線）的拱絲形狀、銲點形狀和拉力。

銲線機打線的時間控制是其中的關鍵因素之一，銲線時間過短，會導致銲點虛銲或銲點不牢固；而銲線時間過長，就可能造成銲點過大。由於銲接面在晶片上方，銲點所占面積的大小直接影響到發光面積的大小，也就是說銲接面越大，對發光面越小，對發光強度的影響就越大。

下面介紹某公司的銲線技術規範。

D.1　範圍

1. 主題內容

本規範確定了壓銲的技術能力、技術要求、技術參數、技術調試程式、技術製具的選用及注意事項。

2. 適用範圍

(1)ASM-Eagle60和k&s1488機型。

(2)適用於目前線上加工的所有產品（包括小功率LED）。

D.2　技術

1. 技術能力

(1)接墊最小尺寸：45 μm×45 μm。

(2)最小接墊節距（相鄰兩接墊中心間距離）：≥ 60 μm。

(3)最低線弧高度：≥ 6 mil。

(4)最大線弧長度：≤ 7 mm。

(5)最高線弧高度：16 mil。

(6)直徑：ASM-Eagle60：Φ18～75 μm，K&S1488：Φ18～50 μm。

2. 技術要求

1）接合位置

(1)接合面積不能有1/4以上在晶片壓點之外，或觸及其他金屬體和沒有鈍化層的劃片方格。

(2)在同一銲點上進行第二次接合，重疊面積不能大於前接合面積的1/3。

(3)引線接合後與相鄰的銲點或晶片壓點相距不能小於引線直徑的1倍。

2）銲點狀態

(1)接合面積的寬度不能小於引線直徑的1倍或大於引線直徑的3倍。

(2)銲點的長度：接合面積的長度不能小於引線直徑的1倍或大於引線直徑的4倍。

(3)不能因缺尾而造成接合面積減少1/4，絲尾的總長不能超出引線直徑的2倍。

(4)接合的痕跡不能小於接合面積的2/3，且不能有虛銲和脫銲。

3）弧度

(1)引線不能有任何超過引線直徑1/4的刻痕、損傷、死彎等。

(2)引線不能有任何不自然拱形彎曲，且拱絲高度不小於引線直徑的6倍，彎屏後拱絲最高點與遮罩的距離不應小於2倍引線直徑。

(3)不能使引線下塌在晶片邊緣上或其距離小於引線直徑的1倍。

(4)引線鬆動而造成相鄰兩引線間距小於引線直徑的1倍或穿過其他引線和壓點。

(5)銲點與引線之間不能有大於30°的夾角。

4）晶片外觀

(1)不能因接合而造成晶片的裂紋、傷痕和銅線短路。

(2)晶片表面不能有因接合而造成的金屬熔渣、斷絲和其他不能排除的污染物。

(3)晶片壓點上不能缺絲、重銲或未按照打線圖的規定造成錯誤接合。

5）接合強度

(1)對於25 μm線徑拉力應大於5g，23 μm線徑大於4g，30 μm金線大於7g。

註：當做破壞性試驗時，中斷點不應發生在銲點上。

(2)對於25 μm線徑，要求金球剪切力大於25g。

6）框架不能有明顯的變形，管腳、基島鍍層表面應緻密光滑，色澤均勻呈銀白色，不允許有黏汙、水跡、斑點、異物、發花、起皮、起泡等缺陷

D.3　銲接技術參數

關鍵技術參數範圍

1）ASM-Eagle60銲線機

預熱溫度（Preheat Temperature）：220～230℃。

銲區溫度（Bond Site Temperature）：230～240℃。

附表3　Bond Parameters（接合參數）

參數名稱	Contact		Base	
	第一銲點	第二銲點	第一銲點	第二銲點
Time（時間）/ms	0～5	0～5	8～12	10～15
Power（功率）/Dac	0～60	0～60	55～85	100～170
Force（壓力）/g	50～180	80～180	55～85	100～170

附表4　Loop Parameters（弧形參數）

參數名稱	(Q)Auto Loop（自動成弧）		Square Loop（手動成弧）	
Loop Height（弧形高度）/mils	7～14		7～14	
Neck/Reverse Angle（瓶頸/倒角）	50～80	0～30	50～80	0～30
LHT Correction/Scale OS（弧度高度補償）	0～10	0	0～10	0
Span Length（弧形跨度）	——		10%～90%	
2nd Kink HT Factor（第二銲點高低因數）	——		20～70	
Pull Ratio（牽引比例）	0～15%		0～15%	
參數名稱	參數範圍			
Wire Size（線徑）/（0.1 mil）	8～15			
G.W.W.V（金絲球銲接電壓）	4500～5000			
EFO Current（燒球電流）/mA	5000～11000			
EFO time（燒球時間）/μs	1750～1850			
Ball Thickness（金球高度）/（0.1 mil）	6～8			

2）EFO Parameters K & S1488銲線機

預熱溫度（Preheat Temperature）：220～230℃。

銲區溫度（Bond Site Temperature）230～250℃。

附表5　Bond Parameters（銲線參數）

參數名稱	第一銲點	第二銲點
Bond time（焊接時間）	12～15	15～25
Bond power（焊接功率）	60～85	90～120
Bond force（焊接壓力）	50～75	90～120
Usg delay（打火延時）	0～20	0～50
Ramp up（逐增）	0～20	10～50
Ranp down（逐減）	0～20	10～50
Initial force（初始壓力）	0～200	0～250
Force time（壓力時間）	0～10	0～20
Force ramp time（壓力漸變時間）	0～10	0～20

附表6　Loop Parameters（弧形參數）

Loop type（弧形）	LF2 standard（LF2改擋標準）	work（工作）
Loop Height（弧形高度）/μm	180～300	180～300

附表7　EFO Parameters（燒球參數）

參數名稱	參數範圍
Wire Size（金線直徑）/(0.1 mil)	8～17
Ball size（金球大小）	1.8～2.5
EFO gap（燒球距離）	6～15
Tail length（尾絲長度）	75～150

注：Wire Size根據金線標稱線徑設置。

D.4　技術調試程式

1. 技術調試員基本職責

(1)以「品質」和「UPH」爲工作重點。

(2)從技術方面著手逐步消除影響品質和UPH的因素。

(3)進行過程監控。

(4)協助主管工作。

(5)監控當班期間技術參數的適應性並作適當調整。

(6)監控當班期間瓷嘴狀況並更換。

(7)夾具更換，調試和維護。

(8)填寫相關記錄。

2. 技術監控程式

1）監控人

技術調試員，技術工程師

2）監控項目及參數

(1)第一點時間（T_1）。

(2)第一點功率（P_1）。

(3)第一點壓力（F_1）。

(4)第一點功率輸出方式。

(5)第二點時間（T_2）。

(6)第二點功率（P_2）。

(7)第二點壓力（F_2）。

(8)第二點功率輸出方式。

(9)弧高。

(10)反弧。

(11)弧度因素。

(12)燒球尺寸（BS）。

(13)線徑尺寸（WS）。

(14)預熱時間（HT_1）。

(15)加熱時間（HT_2）。

(16)預熱溫度。

(17)銲區溫度。

(18)瓷嘴打線總數。

(19)規定的首件檢驗專案。

3）監控時機

(1)更換型號後。

(2)設備重新調試、維修後。

(3)交接班後。

(4)換瓷嘴、銅絲後。

(5)新材料、新技術投入生產後。

4）技術調試員作業依據

(1)《壓銲作業指導書》。

(2)《ASM銲線機使用手冊》。

(3)本檔中的相關條款。

D.5 技術制具的選用

1. 瓷嘴選用指導

瓷嘴的選用應綜合銅線線徑、鋁墊尺寸、鋁墊間距、相鄰弧高等因素來考慮。

1）根據線徑，選用瓷嘴孔徑，估算公式爲孔徑 = 金絲線徑+經驗值（0.5～0.8 mil）

應用範例：

(1)採用Φ23～Φ25 μm線徑產品選用孔徑（H）爲30 μm瓷嘴。如：UTS-30IE-CM-1/16-XL或UTS-30HE-CM-1/16-XL。K&S：CU-N8-1224-R35。

(2)採用Φ38～Φ42 μm金絲的產品，選用孔徑爲46～56 μm的瓷嘴。如：UTS-46JI-CM-1/16-XL或UTS-56LJ-CM-1/16-XL。

2）根據鋁墊尺寸選用內倒角直徑大小

估算公式爲內倒角直徑 = 鋁墊尺寸－經驗值（0.8～0.9 mil）。

3）根據鋁墊間距選用瓷嘴頭部直徑的大小

估算公式：頭部直徑 = 2×鋁墊間距－平均金球直徑。

鋁墊間距>110 μm，產品可靈活選用UTS或CU「打頭」的瓷嘴。

4）根據相鄰弧高和相鄰間距選用瓷嘴頭部形狀

(1)如果相鄰間距 ≤ 120 μm產品，一般選用CU「打頭」瓷嘴。

(2)如果相鄰間距 > 120 μm產品，一般選用UTS「打頭」瓷嘴。

2. 瓷嘴參數

附表8　瓷嘴參數名稱

1.TIP Stype瓷嘴頭部類型	7.Material材料
2.Face Angle頭部端面角	8.Finish表面處理狀況
3.Chamfer Angle內倒角角度	9.Tool Diameter瓷嘴外圓直徑
4.Hole Size內孔直徑	10.Tool Length瓷嘴長度
5.Tip Diameter瓷嘴頭部直徑	11.Main Taper Angle（MTA）外端面錐度（外端面夾角）
6.Chamfer Diameter倒角直徑	

(1)瓷嘴頭部類型（Tip Stype）：SBN–Fine Pitch with to deg Slinline Bottleneck(T)。

〔細間距，瓶頸端面角爲10°(T < 165 μm)〕UT–Standard capillary with Face Angle for non-Fine Pitch application。

〔普通型瓷嘴不適於細間距銲接使用〕CSA–Standard capillary with a 0° Face Angle for nin-Fine Pitch application。

〔普通型瓷嘴，頭部端面角爲0°，FA = 0°不適於細間距銲接使用〕。

(2)頭部端面角（Face Angle）：Z-00、F-40、S-80、E-110〔FA-頭部端面角〕。

(3)內倒角角度（Chamfer Angle）：Standard-90°(no need to specify)〔內倒角角度：標準爲90°〕。

附表9　瓷嘴參數

Hole Size（內孔直徑）	Tip Diameter（瓷嘴頭部直徑）	Chamfer Diameter（倒角直徑）
25 μm (.0010")	W = 70 μm (.0028")	A = 35 μm (.0014")
28 μm (.0011")	Y = 75 μm (.0030")	B = 41 μm (.0016")
30 μm (.0012")	Z = 80 μm (.0032")	C = 46 μm (.0018")

Hole Size（內孔直徑）	Tip Diameter（瓷嘴頭部直徑）	Chamfer Diameter（倒角直徑）
33 μm (.0013")	A = 90 μm (.0035")	D = 51 μm (.0020")
35 μm (.0014")	B = 100 μm (.0039")	E = 58 μm (.0023")
38 μm (.0015")	C = 110 μm (.0043")	F = 64 μm (.0025")
41 μm (.0016")	D = 120 μm (.0047")	G = 68 μm (.0027")
43 μm (.0017")	E = 130 μm (.0051")	H = 74 μm (.0029")
46 μm (.0018")	F = 140 μm (.0055")	I = 78 μm (.0031")
51 μm (.0020")	G = 150 μm (.0059")	J = 86 μm (.0034")
56 μm (.0022")	H = 165 μm (.0065")	K = 92 μm (.0036")
64 μm (.0025")	I = 180 μm (.0071")	L = 100 μm (.0039")
68 μm (.0027")	J = 200 μm (.0079")	M = 114 μm (.0045")
75 μm (.0030")	K = 225 μm (.0089")	N = 127 μm (.0050")

3. 壓焊夾具選用

1）壓焊夾具選用依據

(1)各機型夾具配置。

(2)構裝規格。

(3)框架載體尺寸。

(4)框架載體凹深。

2）壓焊夾具選用要求

(1)框架上機後，所有銲接區不能有鬆動現象。

(2)框架上機後要有足夠的銲接空間。

(3)要與機器工作臺相匹配。

D.6 注意事項

1. 瓷嘴更換

(1)進入瓷嘴更換狀態。

(2)旋轉手輪使壓銲頭移至視窗最左側前端附近（便於使用扭力計）。

(3)把新瓷嘴從換能器下孔穿入，換能器下端剛好與瓷嘴規頂端相接觸（或瓷嘴限位位置）。

(4)輕輕地用瓷嘴規（或鑷子）托住瓷嘴，然後用鈕力計鎖緊螺絲。

(5)進入USG校正程式，檢查R-Out（或Z-Ohm）值是否符合下列值。

a.ASM-Eagle60：Z-Ohm爲5～24範圍內，K&S1488：R-out爲13～30範圍內。

b.如上述值超出範圍，應更換瓷嘴螺絲後再試，如還超出範圍，通知技術人員維修。

c.更換換能器緊固螺絲需非常小心，應特別注意緊固螺絲的定位面方向。

d.避免或減小拆卸時的敲打行爲，預防或消除對換能器造成的潛在損壞隱憂。

2. 換夾具後

應及時用點溫計校正溫度。

3. 下一班交接班時

應如實相告本班未處理的機台及其存在問題。

4. 環境監控

相對濕度在30%～60%，正常工作；超過此範圍，停產。

5. 不要碰觸

不要碰觸軌道上的預加熱板，引線框架及壓板（200℃以上），以免燙傷。

6. 確認打火杆表面乾淨

以免在燒球時產生不正常的高壓放電，影響球形大小。

7. 必須戴上防靜電手套

以避免直接接觸引線框架、銅絲以及瓷嘴。

8. 壓銲時

嚴禁用手或金屬件接觸打火杆，以免電擊；嚴禁在工作臺上堆放雜物或將手放在升降機、壓銲頭、工作臺等運動部件上，以免引起設備故障或造成人身事故。

附錄E　LED部分生產設備保養和材料檢驗標準參考表

附表10　設備日常維護保養記錄表1

黏膠機	設備編號：							所在部門：						維護負責人：				
日常維護事項	日期	1	2	3	4	5	6	7	8	9	10	11	12	13	14	15	16	備註
1.機器表面是否清潔 2.滾動輪動作正常否	1月																	
	2月																	
	3月																	
	4月																	
	5月																	
	6月																	
	日期	17	18	19	20	21	22	23	24	25	26	27	28	29	30	31		備註
	1月																	
	2月																	
	3月																	
	4月																	
	5月																	
	6月																	

月維護事項	維護狀況	維護負責人	稽核人
1.馬達勻速檢測			
2.滾輪軸承潤滑			

異常狀況記錄

附表11　設備日常維護保養記錄表2

自動固晶機	設備編號：						所在部門：						維護負責人：					
日常維護事項	日期	1	2	3	4	5	6	7	8	9	10	11	12	13	14	15	16	備註
1.機器表面是否清潔 2.真空表、氣壓錶是否正常 3.開關裝置是否正常 4.膠台清潔 5.膠針、吸嘴頂針是否正常	1月																	
	2月																	
	3月																	
	4月																	
	5月																	
	6月																	
	日期	17	18	19	20	21	22	23	24	25	26	27	28	29	30	31		備註
	1月																	
	2月																	
	3月																	
	4月																	
	5月																	
	6月																	

月維護事項	維護狀況	維護負責人	稽核人
1.各活動部位潤滑保養			
2.清潔濾氣瓶			

異常狀況記錄

附表12　設備日常維護保養記錄表3

自動分光機	設備編號：						所在部門：						維護負責人：					
日常維護事項	日期	1	2	3	4	5	6	7	8	9	10	11	12	13	14	15	16	備註
1.機器表面是否清潔 2.顯示器是否正常 3.各按鍵是否正常 4.機箱內雜燈清潔 5.凸輪表面清理換油 6.離子風扇清潔 7.探針清洗（每週一次）	1月																	
	2月																	
	3月																	
	4月																	
	5月																	
	6月																	
	日期	17	18	19	20	21	22	23	24	25	26	27	28	29	30	31		備註
	1月																	
	2月																	
	3月																	
	4月																	
	5月																	
	6月																	

月維護事項	維護狀況	維護負責人	稽核人
1.各測試項目精度檢測			
2.活動部位潤滑保養			
3.落料氣閥動作檢測			
4.帶料總成軌道保養			

異常狀況記錄

附表13　發光二極體晶粒檢驗標準

<table>
<tr><td rowspan="2">發光二極管晶粒檢驗標準</td><td>文件編號</td><td colspan="3"></td></tr>
<tr><td>版本／版次</td><td></td><td>頁次</td><td></td></tr>
<tr><td colspan="5">1. 適用範圍
本標準適用於發光二極體用晶粒來料檢驗
2. 檢驗項目
包裝、資料、外觀、光電性能
3. 設備、儀器及工具
固晶、銲線、測試設備及製具
鑷子
顯微鏡
4. 抽樣方案
1）批的構成：每批進料的晶粒，由若干疊晶片紙組成，每疊晶片紙中又有若干張參數相同的晶片紙。每批進料的晶片紙總張數，即構成抽樣批
2）抽樣
批量30張以內，全檢
批量31～50張，抽30張
批量51～150張以內，抽50張
批量151～300張以內，抽80張
批量300張以上，抽120張
3）抽樣時一般按疊數抽，抽若干疊，其抽樣總張數符合抽樣標準即可，以便於倉庫晶粒的管理和投料。如有特殊情況，也可以每疊撕1～2張，樣本總張數符合抽樣標準</td></tr>
</table>

編制		審核		批准	

發光二極管晶粒檢驗標準	文件編號		
	版本／版次	頁次	

4）允收水準

(1)每張晶片允收水準

每張晶片有缺陷的晶粒數（ea）與該張晶片的晶粒總數之比

致命缺陷CR：0.5%

嚴重缺陷MA：1.0%

次要缺陷MI：2.0%

(2)批允收水準

批量（張）	抽樣（張）	判退標準（張）
30以內	全檢	0收1退
31～50	30	1收2退
51～150	50	2收3退
151～300	80	3收4退
301以上	120	5收6退

5）光電性能檢測

(1)下列情況晶粒光電性能可免檢，或採用先試投的辦法：

①老供應商　②晶粒品質比較穩定　③常規機種的常規晶粒

(2)下列情況的晶粒光電性能必須有工程部確認：

①新供應商　②品質不穩定　③第一次使用的新型號的晶粒

5.檢驗規格與判定標準（見下頁）

注：

CR—有危害使用者或攜帶者之生命或財產安全之缺點，稱為「嚴重缺點」

MA—喪失產品主要功能，不能達成製品使用目的的缺點，稱為「主要缺點」

MI—某一實體只存在外觀上的缺陷，實際上不影響產品使用目的之缺點，稱為「次要缺點」

編制		審核		批准	

發光二極管晶粒檢驗標準			文件編號		
			版本／版次		頁次
檢驗項目	檢驗規格說明		判定		
			MI	MA	CR
包裝檢驗	包裝不良	包裝破損或材料散落受損		MA	
		包裝不良、晶粒擠壓、翻倒		MA	
資料檢驗	型號與送檢單不符				CR
	藍膜、白膜與送檢單要求不符				CR
	標示數量與實際數量不符				CR
外觀檢驗	PVC變形	PVC膜變形，但不影響擴巴	MI		
	PVC破損	PVC膜有破損、針孔，擴巴破裂			CR
	晶粒間距不符	手動機台用，間距以1.0～1.5 ea晶粒寬為準，否則不符	MI		
		自動機台用，間距以1.0～1.5 ea晶粒寬為準，否則不符	MI		
	排列不均	DICE排列不整齊，行與列不成90°±5°	MI		
	外崩，有破損。破損面積>1/5晶粒面積				CR
	內崩，有裂紋，DICE有內崩、裂紋				CR
	銲墊延伸	延伸面觸及晶粒切割邊緣	MI		
	銲墊缺損	缺損面積小於銲墊面積之1/5	MI		
		缺損面積大於銲墊面積之1/5		MA	
	銲墊刮傷	刮傷面積小於銲墊面積之1/5	MI		
		刮傷面積大於銲墊面積之1/5		MA	
	晶粒傾倒	傾倒數量＜2‰	MI		
		傾倒數量＞2‰		MA	
	銲墊氧化	銲墊氧化變色嚴重，影響銲線及光電性能			CR
		銲墊氧化，但通過處理可銲上		MA	
光電性能檢驗	V_F異常	$I_F = 20$ mA時，V_F與規定不符			CR
	I_R不符	$V_R = 5$ V，$I_R > 10$ μA			CR
	拉力不符	DICE銲線點拉力<5g，排除作業原因			CR
	發光顏色不符	發光顏色與標示不符			CR
	V_F、I_V分檔不符	V_F、I_V值分檔或分檔比例與採購單不符			CR
編制		審核		批准	

發光二極管晶粒檢驗標準	文件編號			
	版本／版次		頁次	

6. 晶粒電參數技術要求

1）引用標準

SJ2248-82《半導體發光元件二、三類總技術條件》

S/T10416-93《半導體分立元件晶片總規範》

2）電參數

晶片類型	發光顏色	VR/V IR = 10 μA	VF/V IF = 10 mA
UR	紅色	≥ 8	≤ 2.2
SRD、SR	紅色	≥ 10	≤ 2.0
109SR、009SR	紅色	≥ 10	≤ 2.2
B501	紅色	≥ 10	≤ 2.2
RD、RDH	紅色	≥ 10	≤ 2.4
RDN、109RD RDLK	紅色	≥ 10	≤ 2.5
HO、HOH、、HON	橙色	≥ 20	≤ 2.3
YGU、YGHU、YGH	綠色	≥ 20	≤ 2.4
YGL、YGN	綠色	≥ 20	≤ 2.5
B301、H3C	黃色	≥ 10	≤ 2.2
HY、HYH	黃色	≥ 20	≤ 2.3
C430、C470	藍色	≥ 10	≤ 4.2
C505、C525	綠色	≥ 10	≤ 4.2

編制		審核		批准	

附表14　發光二極體支架檢驗標準

發光二極管晶粒檢驗標準	文件編號			
	版本／版次		頁次	

1. 適用範圍
   本標準適用於發光二極體用支架來料檢驗
2. 檢驗項目
   包裝、資料、數量、外觀、尺寸、鍍層
3. 設備、儀器及工具
   顯微鏡
   遊標卡尺（精度為0.02 mm)
4. 抽樣方案
   (1)按GB2828-87/MIL-STD-105E單次抽樣正常檢查抽樣表抽樣，檢驗水準一般為Ⅱ級
   (2)允收水準
      致命缺陷CR：0.25%
      主要缺陷MA：0.65%
      次要缺陷MI：2.5%
5. 檢驗規格與判定標準（見下頁）

編制		審核		批准	

<table>
<tr><td colspan="3" rowspan="2">發光二極管晶粒檢驗標準</td><td>文件編號</td><td colspan="2"></td></tr>
<tr><td>版本／版次</td><td>頁次</td><td></td></tr>
<tr><td rowspan="2">檢驗項目</td><td colspan="2" rowspan="2">檢驗規格說明</td><td colspan="3">判定</td></tr>
<tr><td>MI</td><td>MA</td><td>CR</td></tr>
<tr><td rowspan="2">包裝檢驗</td><td colspan="2">包裝破損，材料零亂，不便搬運</td><td></td><td>MA</td><td></td></tr>
<tr><td colspan="2">包裝內材料放置無序</td><td></td><td>MA</td><td></td></tr>
<tr><td rowspan="6">資料檢驗</td><td colspan="2">產品或包裝上無標籤，或標籤上的內容不全面（應包括生產廠商、型號、生產日期或批號）</td><td></td><td></td><td>CR</td></tr>
<tr><td colspan="2">標籤上的內容不規範</td><td></td><td>MA</td><td></td></tr>
<tr><td colspan="2">來料廠商與送檢單不符</td><td></td><td></td><td>CR</td></tr>
<tr><td colspan="2">型號、規格與送檢單不符</td><td></td><td></td><td>CR</td></tr>
<tr><td colspan="2">來料混有其他型號</td><td></td><td></td><td>CR</td></tr>
<tr><td colspan="2">廠商型號不明</td><td></td><td></td><td>CR</td></tr>
<tr><td>數量</td><td colspan="2">來料數量與實際數量不符</td><td></td><td>MA</td><td></td></tr>
<tr><td rowspan="9">外觀檢驗</td><td rowspan="3">支架生銹</td><td>支架頭部生銹</td><td></td><td></td><td>CR</td></tr>
<tr><td>支架管腳生銹</td><td></td><td>MA</td><td></td></tr>
<tr><td>支架橫筋生銹</td><td></td><td>MA</td><td></td></tr>
<tr><td rowspan="2">支架壓傷</td><td>1/3支架厚度 < 壓傷深度 < 1/2支架厚度</td><td></td><td>MA</td><td></td></tr>
<tr><td>壓傷深度 > 1/2支架厚度</td><td></td><td></td><td>CR</td></tr>
<tr><td rowspan="2">支架刮傷</td><td>1/3支架直徑 < 刮傷面積 < 1/2支架直徑</td><td></td><td>MA</td><td></td></tr>
<tr><td>壓傷面積 > 1/2支架直徑</td><td></td><td></td><td>CR</td></tr>
<tr><td rowspan="2">支架污染</td><td>污染面積 > 0.5 mm</td><td></td><td></td><td>CR</td></tr>
<tr><td>污染面積 < 0.5 mm</td><td></td><td>MA</td><td></td></tr>
<tr><td>編制</td><td></td><td>審核</td><td>批准</td><td colspan="2"></td></tr>
</table>

<table>
<tr><td colspan="4" rowspan="2">發光二極管晶粒檢驗標準</td><td colspan="2">文件編號</td><td colspan="2"></td></tr>
<tr><td colspan="2">版本／版次</td><td>頁次</td><td></td></tr>
<tr><td rowspan="2">檢驗項目</td><td colspan="4" rowspan="2">檢驗規格說明</td><td colspan="3">判定</td></tr>
<tr><td>MI</td><td>MA</td><td>CR</td></tr>
<tr><td rowspan="10">外觀檢查</td><td rowspan="8">支架變形</td><td rowspan="4">支架頭部變形</td><td colspan="2">反射座中心距與第二銲點中心距Y方向偏移超過0.08 mm</td><td></td><td>MA</td><td></td></tr>
<tr><td colspan="2">反射座中心距與第二銲點中心距Y方向偏移超過0.10 mm</td><td></td><td></td><td>CR</td></tr>
<tr><td colspan="2">反射座中心距與第二銲點中心距X方向偏移超過0.08 mm</td><td></td><td>MA</td><td></td></tr>
<tr><td colspan="2">反射座中心距與第二銲點中心距X方向偏移超過0.10 mm</td><td></td><td></td><td>CR</td></tr>
<tr><td rowspan="4">支架彎曲</td><td colspan="2">呈弧形彎曲θ > 5°</td><td></td><td></td><td>CR</td></tr>
<tr><td colspan="2">呈弧形彎曲θ < 5°</td><td></td><td>MA</td><td></td></tr>
<tr><td colspan="2">彎腳 > 0.5 mm</td><td></td><td></td><td>CR</td></tr>
<tr><td colspan="2">彎腳 < 0.5 mm</td><td></td><td>MA</td><td></td></tr>
<tr><td>表面不平</td><td colspan="3">固晶銲線點表面有凹凸不平</td><td></td><td>MA</td><td></td></tr>
<tr><td rowspan="2">表面受損</td><td colspan="3">固晶銲線點表面受損面積大於0.05 mm</td><td></td><td></td><td>CR</td></tr>
<tr><td></td><td colspan="3">固晶銲線點表面受損面積小於0.05 mm</td><td></td><td>MA</td><td></td></tr>
<tr><td rowspan="4">尺寸檢驗</td><td>長度不符</td><td colspan="3">公差尺寸超出±0.1 mm</td><td></td><td></td><td>CR</td></tr>
<tr><td>高度不符</td><td colspan="3">公差尺寸超出±0.1 mm</td><td></td><td></td><td>CR</td></tr>
<tr><td>定位孔徑不符</td><td colspan="3">公差尺寸超出±0.05 mm</td><td></td><td></td><td>CR</td></tr>
<tr><td>碗徑不符</td><td colspan="3">公差尺寸超出±0.05 mm</td><td></td><td></td><td>CR</td></tr>
<tr><td rowspan="3">鍍層檢驗</td><td rowspan="3">鍍層不良</td><td colspan="3">(175±5)℃烘烤2h後，起泡、變色、鍍層脫落現象</td><td></td><td>MA</td><td></td></tr>
<tr><td colspan="3">(230±5)℃的銲錫液中浸漬5s，固晶銲線區有脫錫現象</td><td></td><td>MA</td><td></td></tr>
<tr><td colspan="3">(230±5)℃的銲錫液中浸漬5s，其他區域脫錫面積大於5%</td><td></td><td>MA</td><td></td></tr>
<tr><td>編制</td><td colspan="2"></td><td>審核</td><td></td><td>批准</td><td colspan="2"></td></tr>
</table>

附表15　發光二極體銀膠檢驗標準

發光二極管晶粒檢驗標準	文件編號			
	版本／版次		頁次	

1. 適用範圍

本標準適用於發光二極體用銀膠來料檢驗

2. 檢驗項目

包裝、資料、外觀、性能

3. 設備、儀器及工具

固晶設備

冰箱

顯微鏡

攪拌器

4. 抽樣方案

(1)以瓶為單位全檢，若下列各項性能檢驗有2項以上判為MA或1項判CR，則該批銀膠判退（各項檢驗均須按銀膠使用規定操作）

(2)每批銀膠性能檢驗，可採用先試投，品質跟蹤，試投合格後再批量投產的方法，但包裝、資料、外觀等必須檢驗

(3)新的型號銀膠或同一型號不同廠商供應的銀膠，必須經工程部確認

5.檢驗規格與判定標準（見下頁）

編制		審核		批准	

發光二極管晶粒檢驗標準		文件編號			
		版本／版次		頁次	
檢驗項目	檢驗規格說明	判定			
		MI		MA	CR
包裝檢驗	運輸途中，未加冷氣措施				CR
	銀膠入庫後，在無冷氣措施條件下放置超過1h			MA	
	每瓶包裝無密封或密封條脫落、密封條被撕開			MA	
資料檢驗	型號與送檢單不符				CR
	銀膠瓶外未標注有效日期				CR
	標示數量與實際數量不符				CR
外觀檢驗	查看銀膠顏色，正常應為銀灰色				CR
	解凍1h後，在無塵處將銀膠攪拌30 min，觀察銀膠內有雜物、硬塊、過稀、過稠、水樣狀等				CR
性能檢驗	點膠時，銀膠黏性良好，易固晶，且固晶後晶粒上的銀膠應呈半球狀，否則判為MA			MA	
	點膠不順暢			MA	
	散膠			MA	
	（150±5）℃×2h不能正常固化			MA	
	光電性能：前測測試，由於銀膠因素導致V_F、I_R值過大				CR

編制		審核		批准	

附表16　發光二極體模條檢驗標準

<table>
<tr><td rowspan="2">發光二極管模條檢驗標準</td><td>文件編號</td><td colspan="3"></td></tr>
<tr><td>版本／版次</td><td></td><td>頁次</td><td></td></tr>
<tr><td colspan="5">1. 適用範圍
本標準適用於發光二極體用模條的來料檢驗
2. 檢驗項目
包裝、資料、外觀、尺寸、極性、性能
3. 設備、儀器及工具
烤箱
顯微鏡
遊標卡尺（精度為0.02 mm）
4. 抽樣方案
(1)按GB2828-87/MIL-STD-105E單次抽樣正常檢查抽樣表抽樣，檢驗水準為一般Ⅱ級
(2)允收水準
致命缺陷CR：0.25%
主要缺陷MA：0.65%
次要缺陷MI：2.5%
5. 檢驗規格與判定標準（見下頁）</td></tr>
</table>

編制		審核		批准	

<table>
<tr><td colspan="2" rowspan="2">發光二極體模條檢驗標準</td><td>文件編號</td><td colspan="3"></td></tr>
<tr><td>版本／版次</td><td></td><td>頁次</td><td></td></tr>
<tr><td rowspan="2">檢驗項目</td><td colspan="2" rowspan="2">檢驗規格說明</td><td colspan="3">判定</td></tr>
<tr><td>MI</td><td>MA</td><td>CR</td></tr>
<tr><td>包裝檢驗</td><td colspan="2">包裝損壞，材料散落</td><td></td><td>MA</td><td></td></tr>
<tr><td rowspan="2">資料檢驗</td><td colspan="2">來料廠商與送檢單不符</td><td></td><td></td><td>CR</td></tr>
<tr><td colspan="2">規格，型號與送檢單不符</td><td></td><td></td><td>CR</td></tr>
<tr><td rowspan="5">外觀</td><td colspan="2">模條鋼片生銹</td><td></td><td>MA</td><td></td></tr>
<tr><td colspan="2">模腔內壁模糊、針孔、劃痕</td><td></td><td></td><td>CR</td></tr>
<tr><td colspan="2">模條卡點斷裂、變形、鬆動</td><td></td><td></td><td>CR</td></tr>
<tr><td colspan="2">模條導柱斷裂、變形、鬆動</td><td></td><td></td><td>CR</td></tr>
<tr><td colspan="2">模粒表面有明顯劃痕</td><td></td><td>MA</td><td></td></tr>
<tr><td rowspan="3">尺寸</td><td colspan="2">模粒尺寸不符</td><td></td><td></td><td>CR</td></tr>
<tr><td colspan="2">卡點高度不符</td><td></td><td></td><td>CR</td></tr>
<tr><td colspan="2">模粒間距不符</td><td></td><td></td><td>CR</td></tr>
<tr><td>極性</td><td colspan="2">極性標識錯誤</td><td></td><td></td><td>CR</td></tr>
<tr><td>性能</td><td colspan="2">150℃×2h烘烤後模粒變形</td><td></td><td></td><td>CR</td></tr>
</table>

編制		審核		批准	

附表17　發光二極體環氧樹脂檢驗標準

<table>
<tr><td rowspan="2">發光二極體環氧樹脂檢驗標準</td><td>文件編號</td><td colspan="3"></td></tr>
<tr><td>版本／版次</td><td></td><td>頁次</td><td></td></tr>
<tr><td colspan="5">1. 適用範圍
本標準適用於發光二極體用環氧樹脂及固化劑來料檢驗
2. 檢驗項目
包裝、資料、外觀、性能
3. 設備、儀器及工具
電子秤
鋼杯
鋼匙
鑷子
烤箱
4. 抽樣方案
(1)抽檢總箱數的10%，檢查包裝、資料，再從前述各箱中各抽出一壺，檢查外觀、性能
(2)在檢驗中如有一項判為CR或MA，則該批判退
5. 檢驗規格與判定標準（見下頁）</td></tr>
</table>

編制		審核		批准	

<table>
<tr><td colspan="3" rowspan="2">發光二極體環氧樹脂檢驗標準</td><td colspan="2">文件編號</td><td colspan="3"></td></tr>
<tr><td colspan="2">版本／版次</td><td></td><td>頁次</td><td></td></tr>
<tr><td rowspan="2">檢驗項目</td><td colspan="3" rowspan="2">檢驗規格說明</td><td colspan="3">判定</td></tr>
<tr><td>MI</td><td>MA</td><td>CR</td></tr>
<tr><td>包裝檢驗</td><td colspan="3">包裝容器有破損，瓶蓋未旋緊，密封不良</td><td></td><td></td><td>CR</td></tr>
<tr><td rowspan="6">資料檢驗</td><td colspan="3">產品或包裝上無標籤，或標籤上的內容不全面（應包括生產廠商、型號、生產日期或批號）</td><td></td><td></td><td>CR</td></tr>
<tr><td colspan="3">標籤上的內容不規範</td><td></td><td>MA</td><td></td></tr>
<tr><td colspan="3">來料廠商與送檢單不符</td><td></td><td></td><td>CR</td></tr>
<tr><td colspan="3">型號、規格與送檢單不符</td><td></td><td></td><td>CR</td></tr>
<tr><td rowspan="2">全檢標籤，檢查製造期至到貨期是否超過半年</td><td colspan="2">在半年以上，十個月以下</td><td></td><td>MA</td><td></td></tr>
<tr><td colspan="2">十個月以上</td><td></td><td></td><td>CR</td></tr>
<tr><td rowspan="2">外觀檢驗</td><td colspan="3">膠液顏色有異常，A膠（樹脂）應為淡藍色黏稠液體，B膠（固化劑）應為無色透明液體</td><td></td><td>MA</td><td></td></tr>
<tr><td colspan="3">觀察膠質是否均勻，有無混濁，底部有無雜質或沉澱</td><td></td><td></td><td>CR</td></tr>
<tr><td rowspan="8">性能檢驗</td><td colspan="3">將作為樣本的A、B膠各瓶均倒出少許，按正常配比混合成複合樣本抽真空20 min不能達到脫泡標準</td><td></td><td>MA</td><td></td></tr>
<tr><td colspan="3">135℃×45 min烘烤後的膠體顏色異常</td><td></td><td></td><td>CR</td></tr>
<tr><td colspan="3">135℃×45 min烘烤後的膠體不能正常固化</td><td></td><td>MA</td><td></td></tr>
<tr><td rowspan="2">135℃×45 min烘烤後的膠體離模困難</td><td colspan="2">輕微</td><td></td><td>MA</td><td></td></tr>
<tr><td colspan="2">嚴重</td><td></td><td></td><td>CR</td></tr>
<tr><td colspan="3">在規定的使用條件下，膠不能正常固化（使用條件見相關作業指導書）</td><td></td><td></td><td>CR</td></tr>
<tr><td colspan="3">膠體固化後龜裂</td><td></td><td></td><td>CR</td></tr>
<tr><td colspan="3">將複合樣本在室溫下靜置4h，樣本硬化</td><td></td><td></td><td>CR</td></tr>
<tr><td>編制</td><td></td><td>審核</td><td></td><td>批准</td><td colspan="2"></td></tr>
</table>

參考文獻

[1] 毛興武，等。新一代綠色光源LED及其應用技術〔M〕。北京：人民郵電出版社，2008。

[2] 楊清德，康婭。LED及其工程應用〔M〕。北京：人民郵電出版社，2007。

[3] 陳元燈。LED製造技術與應用（第二版）〔M〕。北京：電子工業出版社，2009。

[4] 周志敏。LED照明技術與應用〔M〕。北京：電子工業出版社，2009。

[5] 周志敏，紀愛華。LED背光照明技術與應用電路〔M〕。北京：中國電力出版社，2009。

[6] LED照明推進協會。LED照明設計與應用〔M〕。北京：科學出版社，2009。

[7] E. Fred Schubert. Light-Emitting Diodes (Second Edition)[M]. England: Cambridge University Press, 2006.

[8] 陳大華。綠色照明LED實用技術〔M〕。北京：化學化工出版社，2009。

[9] 張慶雙。LED應用電路精選〔M〕。北京：機械工業出版社，2010。

[10] 熊建平，孫可平。靜電基礎理論與應用技術研究〔M〕。海口：南海出版公司出版，2002。

[11] 文茂強。LED技術全攻略-電子工程師必備手冊。〔EB/OL〕。http://forum.eet-cn.com/FORUM_POST_1000039167_1200054274_0.HTM,2007-11-14.

[12] 王賜然。成爲LED專家的秘藉基礎篇〔EB/OL〕。http://bbs.elecfans.com/dispbbs_54_80869.html, 2009-11-19.

[13] 關興國，嚴振斌，劉惠生等。AlGaInP紅、橙、黃光高亮度LED磊晶材料〔J〕。半導體情報，2000, 37(6): 50～54.

[14] 顏峻。小信號級LED光源封裝光學結構的類比、設計與實驗分析〔D〕。福州大學電子科學與應用物理系，2003。

[15] 蔣大鵬。白光LED及相關照明元件技術技術研究〔D〕。中國科學院長春光學精密機械與物理研究所，2003。

[16] 周建文。發光二極體封裝料研究設計〔D〕。四川大學高分子材料系，2002。

[17] 劉志勇。高亮度LED晶片製造技術知識挖掘技術的研究與應用〔D〕。廣東工業大學機電工程學院，2002。

[18] 杜洋。LED進化史〔J〕。無線電，2009(4)。

[19] 劉魯。HB-LED元件結構研究〔D〕。華南師範大學資訊光電子科技學院，2003。

[20] 王小麗，牛萍娟，李曉雲，等。高亮度大功率InGaAlP紅光LED晶片研製〔J〕。發光學報，2008, 29(2): 330～335。

[21] 彭冬生，王質武，馮玉春，等。矽襯底GaN基LED外延生長的研究〔J〕。壓電與聲光，2009, 31(4): 544～546。

[22] 王如剛，陳振強，胡國永。幾種LED襯底材料的特徵對比與研究現狀〔J〕。科學技術

與工程，2006, 6(2): 121～126。

[23] 孫梁，郗安民。LED晶片損壞和缺陷識別〔J〕。半導體光電，2009, 30(6): 883-892。

[24] 百度文庫。LED的分類及使用〔EB/OL〕。http://wenku.baidu.com/view/3a832460ddccda38376bafa5.html,2010-03-21.

[25] LED商業網。LED封裝技術、結構類型及產品應用前景〔EB/OL〕。http://www.ledb2b.cn/lib/0905/I08_81387.asp, 2009-5-8.

[26] 龍樂。發光二極體封裝結構及技術〔J〕。電子與封裝，2004, 4(4):24～28。

[27] Jung Kyu Parka, Ki Pyo Hong, Sung Yeol Park, *et dl*..Formation of large scale via slug for high power LED package[J]. *Journal of Ceramic Processing Research*, 2008, 9(3): 262～266.

[28] high-power LED arrays use optimized chip-on-board technology for brilliant performance [J]. *LEDs magazine*, 2007-2-11, 22～24.

[29] LEDs Magazine. 3D packages from Lednium provide wide-angle sources [J]. *LEDs Magazine ieview*, 2005, 15-16.

[30] LEDs Magazine. Packaged LEDs bonded to a metal PCB using thermal adhesive [J]. LEDs Magazine ieview, 2005, 27-28.

[31] 樂安迪。大功率LED封裝技術系列之固晶篇〔EB/OL〕。http://suyd6688.blog.163.com/, 2009-09-07。

[32] 樂安迪。大功率LED封裝技術系列之銲線篇〔EB/OL〕。http://suyd6688.blog.163.com/, 2009-09-07。

[33] 關鳴，董會甯，唐政維，等。大功率白光LED倒裝銲方法研究〔J〕。重慶郵電大學學報（自然科學版），2007, 19(6): 681-683。

[34] 錢可元，胡飛，吳慧穎，等。大功率白光LED封裝技術的研究〔J〕。半導體光電，2005, 26(6): 118-120。

[35] 陳明祥，羅小兵，馬澤濤，等。大功率白光LED封裝設計與研究進展〔J〕。半導體光電，2006, 27(6): 118-120。

[36] 張群。倒裝銲及相關問題的研究〔D〕。中國科學院上海冶金研究所，2001。

[37] 張劍銘，鄒德恕，徐晨，等.電極結構優化對大功率GaN基發光二極體性能的影響〔J〕。物理學報，2007, 56(10): 6003-6006。

[38] 劉一兵，丁潔。功率型LED封裝技術〔J〕。液晶與顯示，2008, 23(4): 508-512。

[39] 方圓，郭霞，王婷，等。鐳射剝離技術實現GaN薄膜從藍寶石襯底移至Cu底〔J〕。鐳射與紅外，2007, 37(1): 62-65。

[40] 沈培宏。照明級大功率LED技術〔J〕。燈與照明，2006, 30(1): 42-44。

[41] 張東春，孫秋豔，鄭繼雨。照明用發光二極體封裝技術關鍵〔J〕。節能技術，2005, 23(5): 430-432。

[42] 多普（天津）科技發展有限公司光電事業組。白光LED封裝流程及設備配置明細〔R〕。

[43] M.George Craford.High Power LEDs for Solid State Lighting: Status, Trends, and Challenges [J]. J. *Hight & Vis*, 2008, 32(2):58-62.

[44] 黃宏娟，李曉偉。封裝技術培訓〔R〕。中國科學院蘇州納米所。

[45] 王成，彭小利，宋樂義，等。95陶瓷散熱基片生產中若干品質問題〔J〕。眞空電子技術，2006(4): 78-81。

[46] 趙贊良，唐政維，蔡雪梅，等。比較幾種大功率LED封裝基板材料〔J〕。裝備製造技術，2006(4): 81-83。

[47] 陳煥庭，呂毅軍，陳忠，等。大功率AlGaInP紅光LED散熱基板熱分析〔J〕。光學學報，2009, 29(3): 805-810。

[48] 萬雲，顧向民，賈東旭。氮化鋁陶瓷基板的開發研究〔J〕。電磁避雷器，1994, 140(4): 35-40。

[49] 於博.高功率LED封裝探討與展望〔J〕。基礎電子，2008(7): 50-51。

[50] 陳強，譚敦強，余方新，等。功率型LED散熱基板的研究進展〔J〕。材料導報，2009, 23(12): 61-64。

[51] Schulz-Harder。陶瓷一銅接合基板（DBC）在功率模組的最近發展〔J〕。積體電路，2003(4): 52-55。

[52] 王常春，朱世忠，孟令江。銅基電子封裝材料研究進展〔J〕。臨沂師範學院報，2008, 30(6): 43-46。

[53] 萬國商業網。大功率LED矽膠〔EB/OL〕。http://china.busytrade.com/categories/list_selling.php?tbid = 4185222&cat id = 9192&cat_level = 3,2010-01-09.

[54] LED時代。螢光粉在LED製造過程的作用〔EB/OL〕。http://ledage.eefocus.com/article/09-10/1402521255155124.html,2009-10-10.

[55] 楊麗敏。如何有效地提高功率型LED封裝技術〔J〕。現代顯示，2008, 74(2): 63-66。

[56] 鐘傳鵬。大功率LED螢光膠封裝技術對其顯色性能的影響〔J〕。現代顯示，2009, 103(7): 56-60。

[57] 黃春英，陳修禹。多晶片陣列組合白光LED封裝研究〔J〕。煤礦機械，2009, 30(3): 63-65。

[58] 李君飛，饒海波，侯斌，等。功率型白光LED平面塗層技術研究〔J〕。技術技術與材料，2008, 33(4): 320-323。

[59] 許文翠，牛萍娟，付賢松，等。無螢光粉轉換白光LED的研究和進展〔J〕。光機電資訊，2009, 26(8): 25-29。

[60] 劉霽，李萬萬，孫康。白光LED及其塗敷用螢光粉的研究進展〔J〕。材料導報，2007, 21(8): 116-120。

[61] 方福波，王垚浩，宋代輝，等。白光LED衰減的光譜分析〔J〕。發光學報，2008, 29(2): 353-356。

[62] 王峰，袁曦明，王永錢，等。白光LED用黃色小顆粒螢光粉YAG：Ce，Gd的製備及性能〔J〕。化工新型材料，2008, 36(4): 63-65。

[63] 吳中林，徐華斌，劉傳先，等。大功率白光LED的封裝技術研究〔J〕。上海第二工業大學學報，2008, 25(3): 170-173。

[64] 王曉軍，黃春英，劉朝暉。高亮度高純度白光LED封裝技術研究〔J〕。電子與封裝，2007, 7(3): 16-19。

[65] 宋國華，宋建新，繆建文，等。白光LED能量轉換效率的研究〔J〕。元件製造與應用，2008, 33(7): 592-596。

[66] 毛建，王海嵩。新型LED氮氧化物螢光粉的開發與應用〔J〕。半導體照明，2009(7): 13-18。

[67] 梁超，何錦華，符義兵。高光效螢光粉封裝應用研究〔J〕。中國照明電器，2009(7): 7-10。

[68] 徐國芳，饒海波，余心梅，等。白光LED光斑均勻性的改進〔J〕。發光學報，2008, 29(4): 707-711。

[69] 張鑒，方帥，胡智文，等。LED封裝的一次光學系統優化設計〔J〕。半導體光電，2008, 29(5): 658-661。

[70] 呂正，趙志丹，樊其明，等。從LED的配光曲線談起〔J〕。中國照明電器，2004(10): 1-4。

[71] 顏峻，於映。基於蒙特卡羅模擬方法的光源用LED封裝光學結構設計〔J〕。發光學報，2004, 25(1): 90-93。

[72] 洪圖，李書平，康俊勇。不同結構參數氮化鎵基發光二極體晶片出光的蒙特卡羅方法模擬〔J〕。廈門大學學報，2009, 48(3): 326-329。

[73] 葉榮南，馬承柏。初探LED的出光率〔J〕。現代顯示，2006(69): 74-78。

[74] 屠大維，吳仍茂，楊恒亮，等。LED封裝光學結構對光強分佈的影響〔J〕。光學精密工程，2008, 16(5): 832-838。

[75] 楊亦紅。發光二極體特徵參數分析及其測試技術研究〔D〕。浙江大學資訊學院，2004。

[76] 郭慶，張亮。基於VC++的LED光電參數測試系統設計〔J〕。光機電資訊，2009, 26(6): 29-32。

[77] 高工LED。LED光色電參數綜合測試儀SSP6612〔EB/OL〕。http://www.gg-led.com/product-3669-38420-3.Html, 2010-01-28.

[78] 呂正，徐英瑩。LED計量基標準與現行測試標準的區別〔J〕。中國照明電器，2008(6): 27-30。

[79] 龍興明，周靜。多功能LED參數測試系統的研製〔J〕。半導體光電，2007, 28(2): 179-182。

[80] 蔡輝，王亞平，宋曉平，等。銅基封裝材料的研究進展〔J〕。材料導報，2009, 23(8):24-27。

[81] 圖盟科技。螢光粉大全〔EB/OL〕。http://www.ledphosphor.com/Index.asp。

新書主打推薦

擊點滑鼠　學習科技日文一把罩

快速讀懂日文資訊（基礎篇）—科技、專利、新聞與時尚資訊

作　　者　汪昆立
ISBN　978-957-11-6262-1
書　　號　5A79
出版日期　2011/05
頁　　數　272
定　　價　420元

本書簡介

◎收錄各種適合初學者之日文學習網站，點滑鼠即可輕鬆學日文。

◎循序漸進，讓你輕鬆突破學習日文四大難關。

◎助詞用法、動詞變化到長句解析，全部化整為零，難不倒你。

◎適合所有日文學習初階者。

理工人必讀微積分寶典

普通微積分
Brief Applied Calculus

作　　者　黃學亮
ISBN　978-957-11-6310-9
書　　號　5Q08
出版日期　2011/06
頁　　數：272
定　　價：450元

本書簡介

本書主要針對研習專業課程需以微積分作為基礎工具之科系學生編寫。

微積分對許多學生來說總有莫名的恐懼感，因此本書編寫時儘量避免使用艱澀論述，而以口語化敘述代之，期能消除傳統數學教材難以卒讀之感。

不斷練習是學習數學的必要手段，因此本書包含多元的題型演練及解說，以使讀者培養微積分基本應用能力，亦蒐集一些具啟發性的問題及例題供讀者砥礪微積分實力之用。

理工人必備
嚴選寫作工具書

研究資料如何找？
Google It！

作　者 童國倫　潘奕萍
ＩＳＢＮ 978-957-11-5799-3
書　號 5A76
出版日期 2009/12
頁　數 288
定　價 650

本書特色

◎著重Google能為學術研究者帶來哪些變化和幫助。
◎適合社會人文與自然科學各學科領域的大學生、研究生或研究人員閱讀參考。

本書簡介

撰寫Google的工具書不少，但是絕大部分都是Google的各項零星功能，本書則著重於Google能為學術研究者帶來哪些變化和幫助。附錄是期刊排名資料庫JCR以及ESI，由於許多人對於搜尋到的大量資料不知該透過何種工具進行篩選，在填寫各項研究成果表格時也常常不知如何進行，因此特別將這兩個資料庫的操作方式和意義加以說明，希望讀者能夠得到滿意的答案。

科技英語論文寫作
Practical Guide to Scientific English Writing

作　者 俞炳丰
校　訂 陸瑞強
ＩＳＢＮ 978-957-11-4771-0
書　號 5A62
出版日期 2009/07
頁　數 372
定　價 520

本書特色

從實用角度出發，以論述與實例相結合的方式介紹科技英語論文各章節的寫作要點、基本結構、常用句型、時態及語態的用法、標點符號的使用規則，常用詞及片語的正確用法以及指出撰寫論文時常出現的錯誤。

本書簡介

本書的英文例句和段落，摘自於許多學者的專著和五十餘種不同專業領域國際學術期物上的論文。附錄中列有投稿信函、致謝、學術演講和圖表設計及應用的注意事項等。適用於博士生、研究生、高中教師和研究院所的科學研究人員，還可用於對國際學術會議參與人員的培育。

國家圖書館出版品預行編目資料

LED構裝技術／蘇永道、吉愛華、趙超著.
--初版.—臺北市：五南，2011.08
面；　公分.
ISBN 978-957-11-6333-8（平裝）
1.二極體　2.光電工業
469.45　　100012220

5DD7

LED構裝技術

Packaging Technology for Light - Emitting Diode

作　　者 — 蘇永道　吉愛華　趙超
發 行 人 — 楊榮川
總 編 輯 — 王翠華
主　　編 — 王正華
責任編輯 — 楊景涵
封面設計 — 郭佳慈
出 版 者 — 五南圖書出版股份有限公司
地　　址：106台北市大安區和平東路二段339號4樓
電　　話：(02)2705-5066　傳　　真：(02)2706-6100
網　　址：http://www.wunan.com.tw
電子郵件：wunan@wunan.com.tw
劃撥帳號：01068953
戶　　名：五南圖書出版股份有限公司

台中市駐區辦公室/台中市中區中山路6號
電　　話：(04)2223-0891　傳　　真：(04)2223-3549
高雄市駐區辦公室/高雄市新興區中山一路290號
電　　話：(07)2358-702　傳　　真：(07)2350-236

法律顧問　林勝安律師事務所　林勝安律師

出版日期　2011年8月初版一刷
　　　　　2015年2月初版二刷
定　　價　新臺幣650元